普通高等教育电工电子基础课程系列教材

基于 Multisim 的电工电子技术

陶晋宜　李凤霞　任鸿秋　主编

机 械 工 业 出 版 社

本书是面向普通高等院校工科非电类专业编写的电工电子技术教材，全书包括与电路分析基础、模拟电子技术、数字电子技术、电机与控制，Multisim 软件概述等相关的 11 章内容。本书的主要知识点和例题用 Multisim 进行了仿真，尽可能地做到理论与实际相结合，对学生巩固所学知识起到了强化作用。本书部分章节还增加了电器实物的图形展示，以增加学生的感性认识。章后所配习题既适合书面计算，又适合仿真练习。

本书适合 50 ~ 80 学时，既适用于高等院校工科非电类专业的学生，又可以作为相关专业工程技术人员的参考用书。

本书配有免费电子课件和习题答案，欢迎选用本书作为教材的教师发邮件到 jinacmp@ 163. com 索取，或登录 www. cmpedu. com 注册下载。

图书在版编目(CIP)数据

基于 Multisim 的电工电子技术/陶晋宜，李凤霞，任鸿秋主编. —北京：机械工业出版社，2021. 2(2022. 6 重印)
普通高等教育电工电子基础课程系列教材
ISBN 978-7-111-67376-7

Ⅰ. ①基… Ⅱ. ①陶…②李…③任… Ⅲ. ①电工技术 - 高等学校 - 教材 ②电子技术 - 高等学校 - 教材 Ⅳ. ①TM②TN

中国版本图书馆 CIP 数据核字(2021)第 017677 号

机械工业出版社(北京市百万庄大街 22 号 邮政编码 100037)
策划编辑：吉 玲 责任编辑：吉 玲 张 丽
责任校对：潘 蕊 封面设计：张 静
责任印制：郜 敏
北京盛通商印快线网络科技有限公司印刷
2022 年 6 月第 1 版第 3 次印刷
184mm × 260mm · 22. 5 印张 · 558 千字
标准书号：ISBN 978-7-111-67376-7
定价：59. 80 元

电话服务
客服电话：010-88361066
010-88379833
010-68326294

网络服务
机 工 官 网：www. cmpbook. com
机 工 官 博：weibo. com/cmp1952
金 书 网：www. golden-book. com
机工教育服务网：www. cmpedu. com

前 言

本书为普通高等院校工科非电类专业“电工电子技术”课程的配套教材。该课程是一门重要的工程基础课程，课程内容涉及电气工程、电子信息工程以及控制工程等基本知识，涵盖电能利用和电信号处理这两个电气与电子技术领域的核心内容。本书的特点在于知识面宽，实践性强，内容与时俱进，具有综合性和跨学科的特色，可以为非电类各专业学生提供必要的电气工程、电子信息工程以及控制工程的基本知识，培养其解决电气信息类技术问题的能力，帮助其拓宽视野、建立工程意识、了解学科交叉融合。

Multisim 原是加拿大 IIT（Interactive Image Technologies）公司推出的 EWB（Electronics Workbench）中的一个组件名。美国 NI（National Instruments）公司并购 IIT 公司后，从 2006 年起推出的版本都称 NI Multisim，它将 Multisim、Ultiboard、MultiMCU 等组件打包到一起，以功能全面、界面友好、仿真操作临场感强的特点，受到广大电子技术人员的青睐。它可以采用图形方式创建电路，具有界面形象、直观、友好，操作简单方便，虚拟电子元器件和设备齐全，分析工具多而强等优点，可以在计算机上虚拟实验，非常适合电子课程的辅助教学。通过电路仿真实验，既可加深学生对所学知识的理解和掌握，又可培养学生的创新意识，同时还解决了有些高校因经费不足、设备有限，部分实验难以进行的问题。

针对目前理论教材实践性不够，仿真实验教材理论内容欠缺的问题，本着“适用、先进、精练、通俗”的编写原则，我们对现有授课教材进行了改写、补充。由于各专业学科各具特点，对“电工电子技术”课程的要求不尽相同，为了适应少学时的专业，本书加入了电工电子技术的基础理论与基本知识，使仿真内容与电工电子技术课程体系结合得更加紧密。

全书包括与电路分析基础、模拟电子技术、数字电子技术、电机与控制、Multisim 软件概述等相关的五方面内容。在每章中，基本上都将本章的主要内容和例题用 Multisim 进行了仿真，尽可能地做到理论与实际相结合，对巩固所学知识起到强化作用。部分章节还增加了电器实物的图形展示，以增加学生的感性认识。本书尽量选择一些既适合书面计算，又适合仿真的习题作为章后习题，做到既注重基础知识的学习，又重视实践能力的培养。

为方便读者对照阅读和理解，本书仿真图中的图形符号均保留书中所用仿真软件 Multisim 所生成的图形。

本书由太原理工大学电工基础教学部组织编写，陶晋宜、李凤霞、任鸿秋担任本书的主编，由陶晋宜负责对全书进行统稿。具体分工为：吴申编写第 1 章，高妍编写第 2 章，陶晋宜编写第 3 章，任鸿秋编写第 4 章，陈惠英编写第 5 章，乔记平编写第 6 章，王跃龙编写第 7 章，李凤霞编写第 8 章，白伟编写第 9 章，申红燕编写第 10 章，田慕琴编写第 11 章，李媛媛编写附录。太原理工大学电工基础教学部未参与本书编写的授课教师针对目前教材使用过程中发现的问题及不足，对本书提出了很多修改建议，在此深表谢意。

在编写过程中，我们还参考了一些优秀教材，在此向这些教材的作者表示衷心感谢。由于编者水平和实践经验有限，书中难免存在不妥之处，敬请各位读者不吝赐教、批评指正，以便今后进一步改进提高。

编 者

目　录

第1章　电路的基本概念、基本定律以及基本分析方法

本章从电路元件和电路基本物理量入手，重点介绍电路的基本概念、基本定律、基本定理及电路的几种常用基本分析方法，同时采用电路仿真软件 Multisim11.0 提供的虚拟电路实验室平台，对所讲述电路的基本定律和基本分析方法进行计算机仿真，使学生进一步加深对所学内容的理解，为今后学习各种类型的电工电子电路建立坚实、良好的基础。

1.1　电路、电路模型及电路中的基本物理量

1.1.1　电路及其作用

电路是指为实现和完成某种需要，将元器件或电气设备按一定方式组合起来，形成的电荷流通路径。

电路由电源(信号源)、负载、中间环节三部分组成。电源是能提供电能的能量转换装置，常见的电源有发电机、太阳能电池板、蓄电池、干电池等。它们分别把机械能、光能、化学能转化成电能。负载是消耗电能的能量转换设备，如电灯、电动机、电炉等，分别把电能变为光能、机械能和热能。电路的中间环节的类型和功能是多种多样的，简单的可以是一根导线，复杂的可以是超大规模集成电路或综合的电力传输电路。

电路的作用分两种：一是实现电能的传输、分配和转换；二是实现信号的传递与处理。如电炉在电流通过时将电能转换成热能，利用的是电能的做功本领；电视机将接收到的信号经过处理，转换成图像和声音等，利用的是电能便于传递处理的特点将信息传递到远方。

1.1.2　电路模型

每个实际电路都是按其需要由不同的实际元器件和部件组成的，它们的电磁性质比较复杂，为了便于对实际电路进行分析和数学描述，将实际元器件理想化，即在一定条件下，突出其主要电磁性质，忽略次要因素，把它近似地看作理想电路元器件。例如，一盏白炽灯，它除具有消耗电能的性质(电阻性)外，当电流流过时，根据物理学定律，通电导体还会产生磁场，故还具有电感的性质。但由于电感量很小，可忽略不计，所以白炽灯的电路模型是一个理想电阻。由理想元器件构成的电路，称作实际电路的电路模型，简称电路。

例如图1-1所示的手电筒的实际电路，图1-2所示的就是手电筒电路的电路模型。

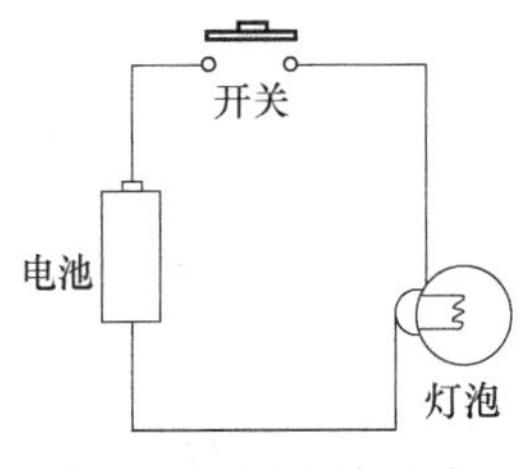

图1-1　手电筒电路

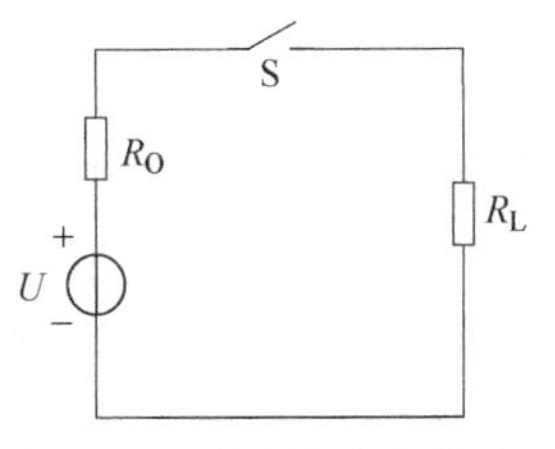

图1-2　手电筒电路模型

1.1.3 电路的基本物理量

1. 电流

用摩擦的方法可使物体带上正电荷或负电荷，这种电荷叫作静电荷。就像静止的空气和河水不能推动风车和水轮机一样，静电不能用于电器的驱动。如流动的空气和河水可以推动风车和水轮机一样，只有运动的电荷才能带动电器。要利用电能来驱动电器，需要有长时间持续存在的电流。物理学上把带电粒子的定向移动叫作电流，规定正电荷运动的方向为电流的方向，用符号 I 或 i 表示，电流单位为安(A)。

2. 电压

水压能驱使静止的水按一定方向流动。电压就是指能驱使导体中的电荷按一定方向运动的物理量，它的大小是反应电场力推动正电荷运动的能力，是对正电荷做功能力的表示。电路中 A、B 两点之间的电压在数值上等于电场力把单位正电荷从 A 点移动到 B 点所做的功。电场力推动正电荷沿着电压的方向运动，电位逐渐降低。规定电压的实际方向是从高电位指向低电位的方向，用符号 U 或 u 表示电压，单位为伏(V)。

3. 电动势

电动势是描述电源性质的重要物理量。在电源内部把正电荷从负极板移到正极板，这个过程电源力要对电荷做功，电荷所具有的能量增加，这个做功的物理过程就是产生电源的电动势本质。单位正电荷从负极板移到正极板对电荷所做的功，称为电源的电动势。规定电动势的实际方向由低电位指向高电位，用符号 E 或 e 表示电动势，单位为伏(V)。

4. 电功与电功率

电功就是电源所做的功。电流经过电器设备时，会发生能量的转换，能量转换的大小就是电流做功的大小，用符号 W 表示，单位为焦(J)。能量转换的速率就是电功率，即单位时间内能量转换的大小，简称功率。用符号 P 表示，单位为瓦(W)。

1.1.4 电路中基本物理量的参考方向

在电路分析中，对于元件我们关注的是它的电压和电流之间的关系，即外特性。在复杂电路中，某个支路的电流方向并不能事先准确判断出。故为了分析方便，在建立电路方程时，需要对这些元件中流过的电流和两端的电压先假定一个方向，这个任意假定的方向称为参考方向。当根据参考方向计算出电压或电流的值为正时，说明该电压或电流参考方向与实际方向一致；反之则相反。

参考方向的表示方法有多种，一般用箭头表示，如图 1-3a 所示，也可用参考极性“ + ”“ - ”表示，如图 1-3b 所示，还可用双下标表示，图 1-3c 中的电流 i_{ab}，表示电流由 a 端流向 b 端；u_{ab}表示电压降低的方向是由 a 指向 b。

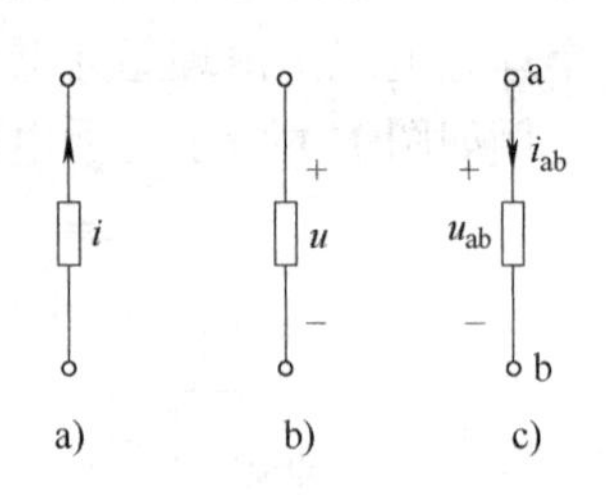

图 1-3　参考方向及其关联性

在分析电路时，需要考虑电压和电流参考方向二者之间的相对关系，当电压和电流的参考方向选取一致时，称为关联参考方向，如图 1-3c 所示，否则称为非关联参考方向。

在电路的分析计算中，引入参考方向后，元件的功率可按下式计算。

当元件两端电压和流过的电流为关联参考方向时，

$$P = UI \tag{1-1}$$

如果元件两端电压和流过的电流为非关联参考方向时，

$$P = -UI \tag{1-2}$$

此时若计算结果为 $P>0$ 时，表示元件在吸收功率，该元件为负载性质；反之，$P<0$ 时，表示元件是发出功率，该元件在电路中起电源作用。

【例 1-1】 在图 1-4 所示的电路中，已知：$U_1=20\text{V}$，$I_1=2\text{A}$，$U_2=10\text{V}$，$I_2=-1\text{A}$，$U_3=-10\text{V}$，$I_3=-3\text{A}$，试求图中各元件的功率，并说明各元件的性质。

解： 由功率计算的规定，可得

元件 1 功率 $P_1=-U_1I_1=-20\times2\text{W}=-40\text{W}$

元件 2 功率 $P_2=U_2I_2=10\times(-1)\text{W}=-10\text{W}$

元件 3 功率 $P_3=-U_3I_1=-(-10)\times2\text{W}=20\text{W}$

元件 4 功率 $P_4=-U_2I_3=-10\times(-3)\text{W}=30\text{W}$

元件 1 和元件 2 发出功率是电源，元件 3 和元件 4 吸收功率是负载。上述计算满足 $\sum P=0$，说明计算结果无误。

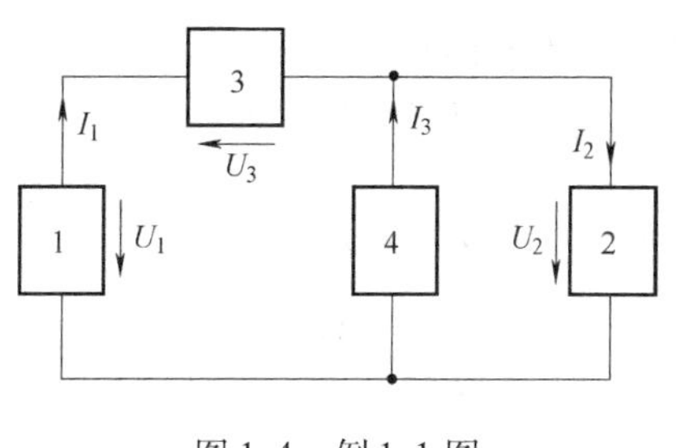

图 1-4 例 1-1 图

1.2 电阻元件及欧姆定律

1.2.1 电阻元件

电阻元件的主要特征是消耗电功率（将电能量转化成其他能量），它反映实际电路元件或设备消耗电能的特性，如电炉、白炽灯等，用符号 R 表示，单位为欧姆（Ω）。电阻元件的符号及外特性曲线如图 1-5a 所示。

如果电阻元件的外特性曲线（伏安特性）是一条通过坐标原点的直线，则称该电阻元件为线性电阻元件，如图 1-5b 中的曲线 1 所示，线性电阻元件的电阻值为一常数。图 1-5b 中曲线 2 所示为非线性电阻元件，非线性电阻元件的电阻值不是常数，其大小与通过它的电流或作用其两端电压的大小有关。

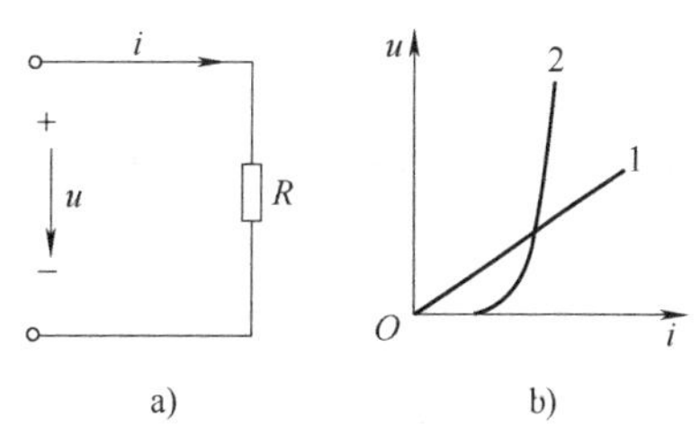

图 1-5 电阻元件的符号及伏安特性

当电路中所有元件的伏安特性都是线性时，该电路称为线性电路。含有非线性元件的电路，称为非线性电路。非线性电阻的电压、电流关系不符合欧姆定律。除非特别指明，本书中的“电阻”均为线性电阻。

1.2.2 欧姆定律

线性电阻两端的电压和流过它的电流之间的关系服从欧姆定律。如图 1-5a 所示，当 u 与 i 的参考方向为关联参考方向时，

$$u = Ri \tag{1-3}$$

为非关联参考方向时，

$$u = -Ri \tag{1-4}$$

式中，u 的单位为伏(V)；i 的单位为安(A)；R 的单位为欧(Ω)。常用辅助单位有千欧(kΩ)、兆欧(MΩ)或毫欧(mΩ)，$1\text{k}\Omega = 10^3\Omega$，$1\text{M}\Omega = 10^6\Omega$，$1\text{m}\Omega = 10^{-3}\Omega$。

电阻元件又称为耗能元件，在关联参考方向下，其消耗的功率为

$$p = ui = i^2R = \frac{u^2}{R} \tag{1-5}$$

从 t_1 到 t_2 的时间内，消耗的能量为

$$W = \int_{t_1}^{t_2} i^2 R \mathrm{d}t \tag{1-6}$$

其单位为焦(J)。

电阻元件的常用参数有电阻的阻值、额定功率和误差。一般用两种方法标注在电阻上。

(1) 直接标注法　把功率、阻值和误差直接标注在电阻上，也有使用类似科学计数法表示的，两位有效数字再加上后面零的位数。如 4.7kΩ = 4700Ω，可以记作 472，现在贴片电阻上都是按照后一种方式表示电阻值的，如图 1-6 所示。

(2) 色环标注法　通常分为三色环、四色环和五色环三种。以四色环为例，用四条不同颜色的色环来标注，其中三条色环用来表示电阻的阻值，另一条色环用来表示该电阻的误差相对值，如图 1-7 所示。色环颜色与数字的对应关系见本书附录 A。

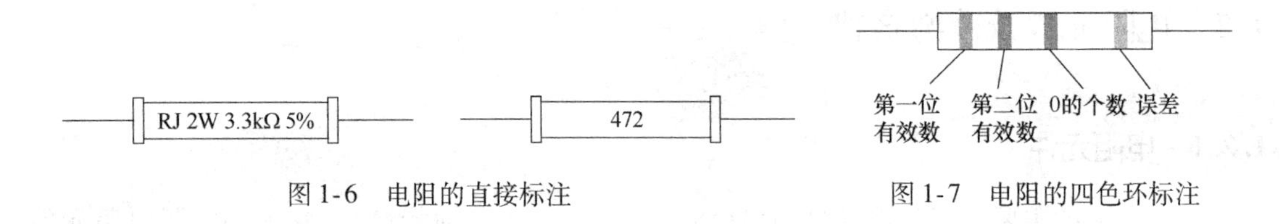

图 1-6　电阻的直接标注　　　图 1-7　电阻的四色环标注

1.3　电压源、电流源及其等效变换

1.3.1　理想电压源和理想电流源

理想电压源和理想电流源又称为恒压源和恒流源，理想电压源是电源的输出电压保持为某一个恒定值 U_S，而其输出电流由外部电路决定；理想电流源是电源输出的电流总能保持为某一个恒定值 I_S，而其两端电压由外部电路决定。它们的外特性和图形符号分别如图 1-8a、图 1-8b 和图 1-9a、图 1-9b 所示。

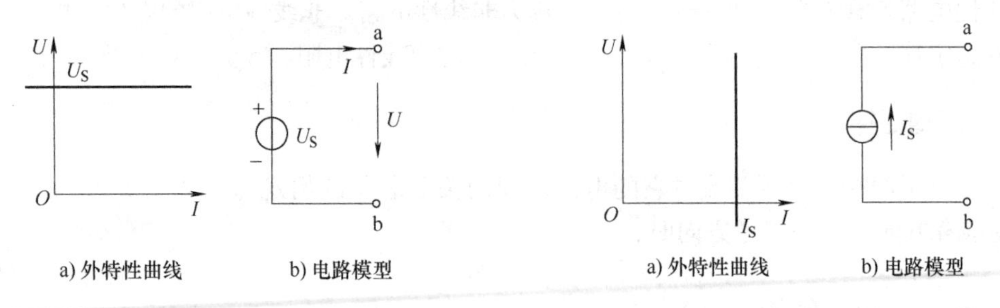

图 1-8　理想电压源外特性曲线和电路模型　　　图 1-9　理想电流源外特性曲线和电路模型

1.3.2　理想受控电源

理想电压源的输出电压和理想电流源的输出电流是不受外部电路控制的，故又称为独立电源。另有一类电源，它的电压源的输出电压或电流源的输出电流受电路中其他一些参数的控制，称为受控源，如图 1-10 所示为常见四种理想受控源模型。

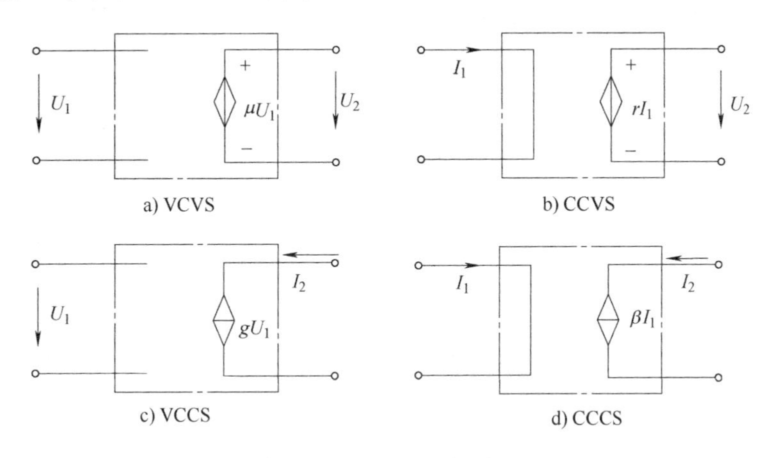

图 1-10　理想受控源模型

1）电压控制电压源（VCVS），如图 1-10a 所示，输出电压 $U_2=\mu U_1$，其中 μ 是电压放大系数、U_1 为输入电压。

2）电流控制电压源（CCVS），如图 1-10b 所示，输出电压 $U_2=rI_1$，其中 r 是转移电阻，单位是欧（Ω），I_1 为输入电流。

3）电压控制电流源（VCCS），如图 1-10c 所示，输出电流 $I_2=gU_1$，其中 g 是转移电导，单位是西（S），U_1 为输入电压。

4）电流控制电流源（CCCS），如图 1-10d 所示，输出电流 $I_2=\beta I_1$，其中 β 是电流放大系数，I_1 为输入电流。

如果上述式子中的系数 μ、r、g、β 是常数，则受控源的控制作用是线性的。

1.3.3　电源的两种模型及其等效变换

1. 电压源模型和电流源模型

在对电路进行分析时，实际电压源的输出电压或电流都会受到外电路的影响，可以用理想电压源与电阻元件的串联组合表征电压源的端口伏安特性。如图 1-11a、图 1-11b 所示为实际电压源外特性及电路模型。同样也可用理想电流源与电阻元件的并联组合表征电流源的端口伏安特性，即图 1-12a、图 1-12b 表示的实际电流源的外特性及电路模型。

电压源输出电压与电流之间的关系式为

$$U=U_S-IR_0 \tag{1-7}$$

式中，U 为电压源的输出电压；U_S 为理想电压源的电压；I 为电压源的输出电流；R_0 为电压源的内阻。

当向外电路供电时，电压源的输出电压 U 随负载电流 I 增大而逐渐降低；电压源的内阻越小，输出电压就越接近理想电压源的电压 U_S，当内阻 $R_0=0$ 时，电压源就是理想电压源。

电流源输出电流与电压之间的关系式为

$$I = I_S - \frac{U}{R_0} \tag{1-8}$$

式中，I 为电流源的输出电流；I_S为理想电流源的电流；U 为电流源的输出电压；R_0 为电流源的内阻。电流源输出电流 I 随负载电压 U 升高而减小；而电流源的内阻越大，输出电流就越接近理想电流源的电流 I_S，当内阻 $R_0 = \infty$ 时，电流源就是理想电流源。

a) 外特性曲线　　b) 电压源模型

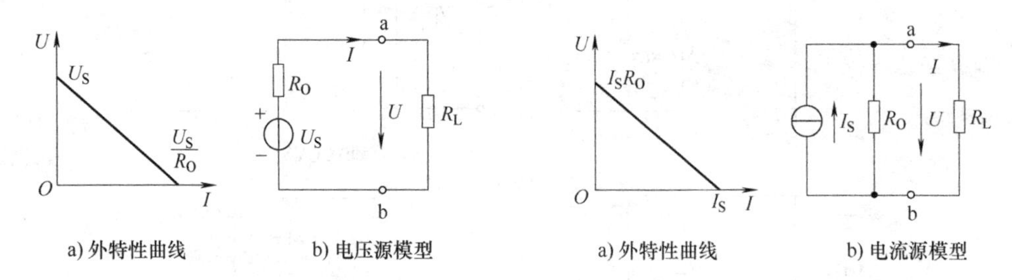

图 1-11　实际电压源外特性曲线及电路模型

a) 外特性曲线　　b) 电流源模型

图 1-12　实际电流源外特性曲线及电路模型

2. 实际电源两种模型的等效变换

由图 1-11 和图 1-12 可知，当实际电压源与实际电流源对 a、b 外端电路所起的作用相同时，即电压源和电流源对 a、b 外端的电路作用是等效的。在电路理论分析中，为更好、更方便处理不同结构的电路，常将电压源与电流源进行等效变换(见图 1-13)。其等效条件是

$$I_S = \frac{U_S}{R_0} \quad 或 \quad U_S = I_S R_0$$

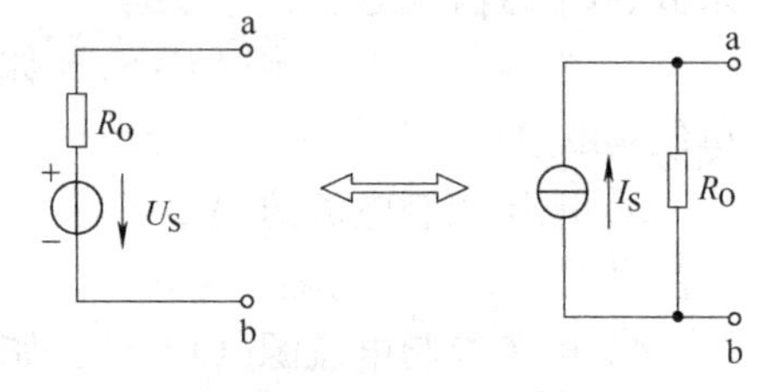

图 1-13　实际电源两种模型之间的等效变换

注意：

1）两种电源之间的等效关系是仅对外电路而言的，电源内部，一般不等效。

2）变换时应注意极性，I_S 的流出端一定要对应 U_S 的“+”极。

3）理想电压源和理想电流源之间不能进行等效变换。

【例 1-2】 试用电压源与电流源等效变换的方法计算图 1-14a 中 5Ω 电阻上的电流 I。

解法一：用理论求解。

解：在图 1-14a 中，将与 15V 理想电压源并联的 4Ω 电阻除去(断开)，并不影响该并联电路两端的电压；将与 3A 理想电流源串联的 1Ω 电阻除去(短接)，并不影响该支路中的电流，这样简化后得出图 1-14b 的电路。

图 1-14b 依次等效为图 1-14c ~ 图 1-14e，于是根据图 1-14e 得

$$I = \frac{24 - 10}{2 + 3 + 5}\text{A} = 1.4\text{A}$$

解法二：用 Multisim 仿真。

解：首先在电路工作窗口画出电路原理图。Multisim 的元器件库如图 11-5 所示，从电源库中调用电压源、电流源及接地端，从基本器件库调用电阻元件，指示器件库中调用电流表，并双击各元件，为元件赋值。画出仿真电路如图 1-15a ~ 图 1-15e 所示。单击 Multisim 软件右上角的仿真电源开关 按钮，就可得到仿真结果。

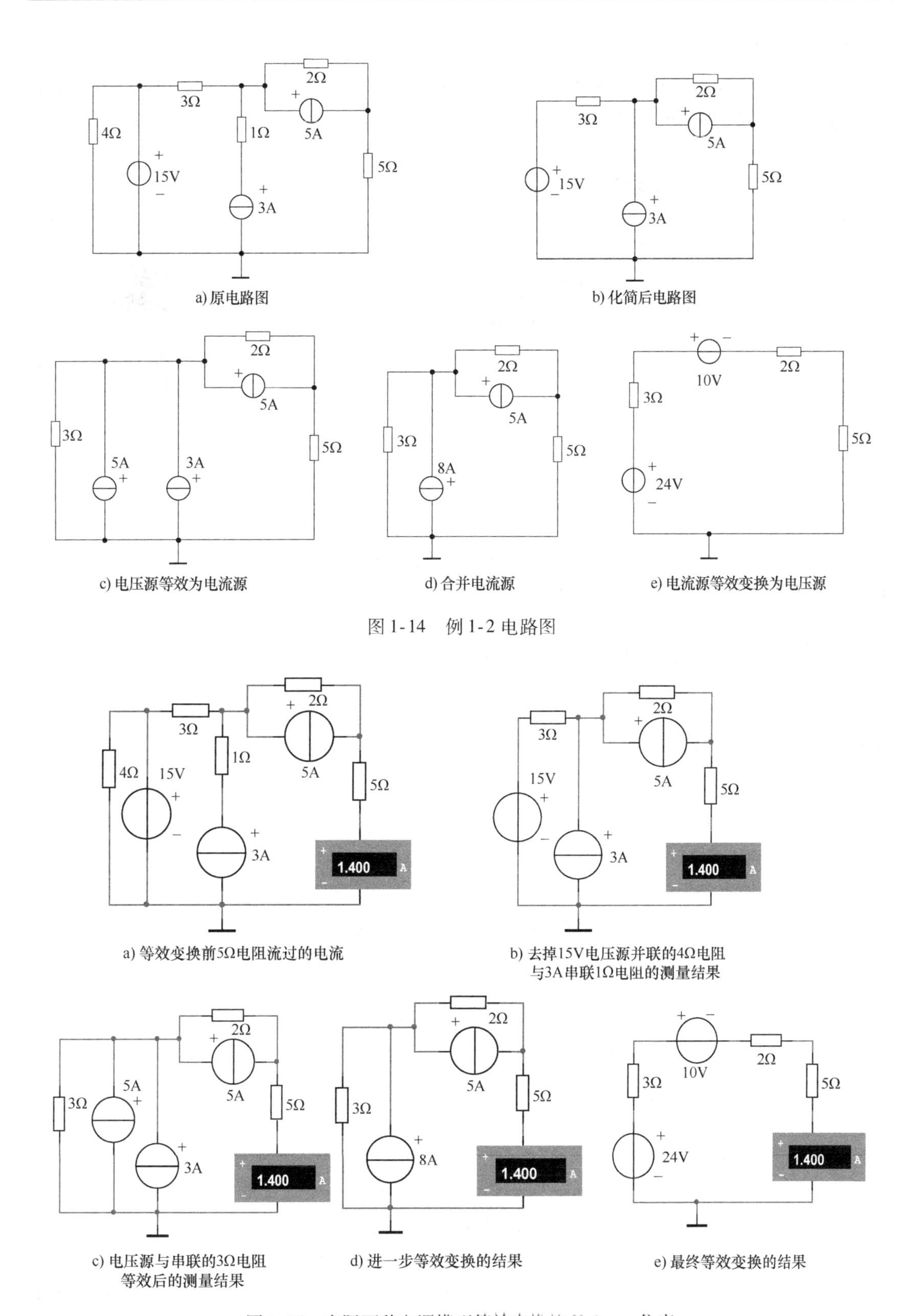

图 1-14　例 1-2 电路图

图 1-15　实际两种电源模型等效变换的 Multisim 仿真

结论：两种电源之间的等效关系对外电路是正确。

现在用 Multisim 仿真验证两种电源之间的等效变换对内部元件不等效，以图 1-15a 中 2Ω 电阻为例，按图 1-16 接好电路。

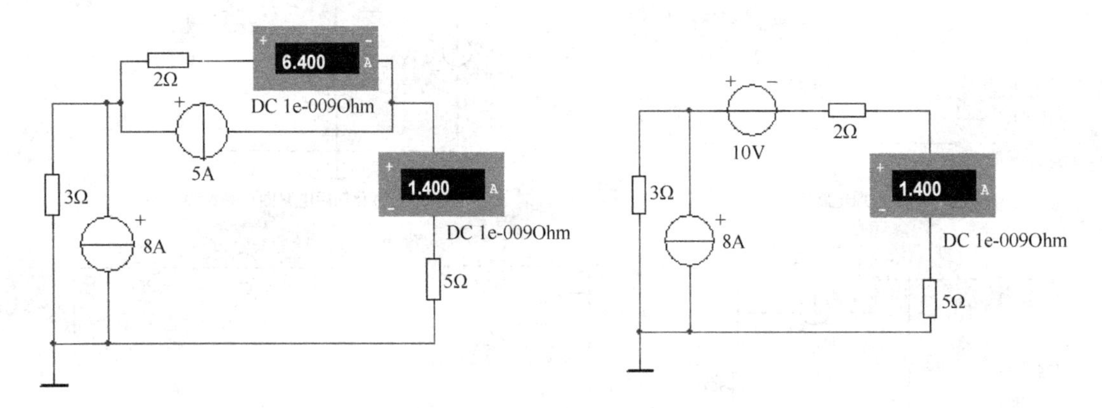

图 1-16　实际两种电源模型变换对内不等效的 Multisim 仿真

可通过 Multisim 仿真软件观察 2Ω 电阻上的电流，在变换前后的测量结果判定。通过软件可观察到变换前 2Ω 电阻上的电流为 6.400A，而变换后该电阻上的电流为 1.400A，两者电流值明显不同，由此可判定电源等效变换时，对内不等效的结论是正确的。

1.4　电路的工作状态和电气设备的额定值

1.4.1　电路的三种工作状态

在常见的照明电路中，当开关开启时，电灯点亮；当开关关闭时，电灯熄灭；当电源相线和中性线直接接在一起时，则会产生严重的短路事故，这三种情况对应的就是电路的三种工作状态，分别是有载工作状态，开路状态和短路状态。

1. 有载工作状态

在图 1-17a 中，当电源与负载接通，电路中有电流流过，这种工作状态称为有载工作状态。其电流大小为

$$I = \frac{E}{R_0 + R_L} = \frac{U_S}{R_0 + R_L} \tag{1-9}$$

式中，R_L 为负载电阻，R_0 为电源的内阻。

负载两端的电压也就是电源输出电压，即

$$U = E - IR_0 = U_S - IR_0 \tag{1-10}$$

此时电路中的功率平衡关系式为

$$P_{R_L} = P_E - P_{R_0} = EI - I^2 R_0 = UI \tag{1-11}$$

式中，电源产生的功率为 EI；负载消耗的功率为 UI；电源内部损耗的功率为 I^2R_0。

这时电源产生的电功率等于负载消耗的功率与电源内部损耗的功率之和。可见，电源输出的功率取决于负载所需功率的大小。负载越重，负载电流越大，相应的电源内部损耗也大，电源产生(转换)的能量也越多。

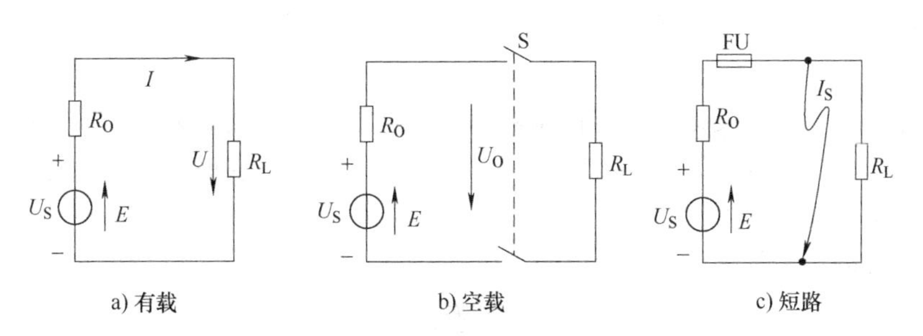

图 1-17　电路的三种状态

2. 开路(空载)状态

在图 1-17b 中，开关断开，电源与负载断开，电路中电流为零，电源产生的功率和输出的功率都为零，电路处于开路状态，也称为空载。此时电源两端的电压称为开路电压，用 U_0 表示，其值等于电源的电动势 E(或 U_S)，即

$$U_0 = E = U_S \tag{1-12}$$

3. 短路状态

在图 1-17c 中，由于某种原因，外电路两端短路，电源正负极被直接连接在一起，造成电源短路，称电路处于短路状态。

电源短路时，由于短路导致外电路的电阻为零，因此外电路两端的电压为零，流过负载的电流及负载的功率也都为零。这时电源的电动势全部加在内阻上，形成短路电流 I_S，即

$$I_S = \frac{E}{R_0} = \frac{U_S}{R_0} \gg I_N \tag{1-13}$$

而电源产生的功率将全部消耗在内阻中，即

$$P_E = EI_S = I_S^2 R_0$$

电源短路是一种严重事故。因为短路时在电流的回路中仅有很小的电源内阻 R_0，故短路电流很大，大大地超过电源的额定电流，可能致使电源遭受电磁力相互作用产生的机械损伤和电流通过电阻产生发热导致的材料热熔损伤。为了防止短路事故造成损伤，通常需要在电路中接入熔断器(FU)或自动断路器进行短路保护，当电路出现短路时，接入的熔断器(FU)或自动断路器动作，能迅速地把出现短路故障的这段电路从电网中切除，使电源、线路、开关等设备得到保护。有时，出于某种需要，可以人为地将电路中的某一段短接或进行某种可控的短路实验。

1.4.2　电气设备的额定值

在日常生活中，可以看到电气设备和电路元件的铭牌和外壳上标出的数据，这些数据就是它们的额定值，额定值通常包括额定电流、额定电压和额定功率等，只有按照额定值使用，电气设备和电路元件才安全可靠、经济合理。

额定电流、额定电压和额定功率分别用 I_N、U_N、P_N 表示。当电气设备和元件工作在额定状态时，称为满载；电流和功率低于额定值的工作状态称为轻载；高于额定值的工作状态称为过载。在过载情况下，可能会引起电气设备的损坏或降低使用寿命。例如一个标有 1W、400Ω 的电阻，即表示该电阻的阻值为 400Ω，额定功率为 1W，由 $P = I^2R$ 的关系，可

求得它的额定电流为 0.05A。使用时电流值超过 0.05A，就会使该电阻过热，严重时甚至损坏。

【例 1-3】 有一电源设备，额定输出功率为 400W，额定电压为 110V，电源内阻 R_0 为 1.38Ω，当负载电阻分别为 50Ω、10Ω 或发生短路事故时，试求该电源电动势 E 及上述不同负载情况下电源的输出功率。

解： 电源的额定电流为 I_N，计算公式为

$$I_N = \frac{P_N}{U_N} = \frac{400}{110}\text{A} \approx 3.64\text{A}$$

电源电动势为 E，计算公式为

$$E = U_N + I_N R_0 = (110 + 3.64 \times 1.38)\text{V} \approx 115\text{V}$$

(1) 当 $R_L = 50\Omega$ 时，求电路的电流 I，即 $I = \frac{E}{R_0 + R_L} = \frac{115}{1.38 + 50}\text{A} \approx 2.24\text{A} < I_N$，电源轻载。

电源的输出功率，即 $P_{R_L} = I^2 R_L = 2.24^2 \times 50\text{W} = 250.88\text{W} < P_N$，轻载。

(2) 当 $R_L = 10\Omega$ 时，求电路的电流，即 $I = \frac{E}{R_0 + R_L} = \frac{115}{1.38 + 10}\text{A} \approx 10.11\text{A} > I_N$，电源过载。

电源的输出功率，即 $P_{R_L} = I^2 R_L = 10.11^2 \times 10\text{W} \approx 1022.12\text{W} > P_N$，电源过载。

(3) 电路发生短路，求电源的短路电流 I_S，即

$$I_S = \frac{E}{R_0} = \frac{115}{1.38}\text{A} \approx 83.33\text{A} \gg I_N$$

如此大的短路电流如不采取保护措施迅速切断电源电流，电源及导线都有可能会毁坏。

下面用 Multisim 对电气设备工作状态仿真。在电路工作窗口画出电路原理图，从电源库、指示器件库和其他元件库中调用所需的电压源、电灯及熔断器元件，画出仿真电路如图 1-18所示。

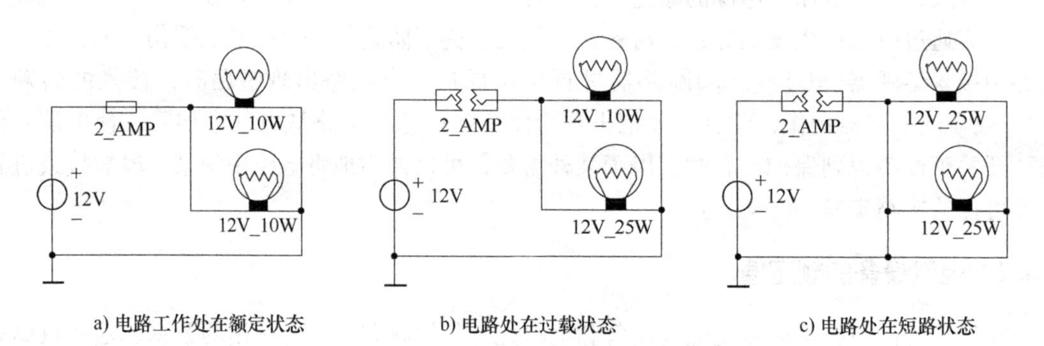

a) 电路工作处在额定状态　　b) 电路处在过载状态　　c) 电路处在短路状态

图 1-18　电路的工作状态

结论：图 1-18a 电路工作在额定状态，电灯点亮，电路正常工作。

图 1-18b 电路处在过载状态，超过熔断器的额定值，熔断器动作，熔体烧断，切断电路，电灯熄灭。

图 1-18c 电路处在短路状态，熔断器动作，熔体烧断，切断电路，电灯熄灭。

1.5　基尔霍夫定律

基尔霍夫电流定律和基尔霍夫电压定律是分析电路问题的基本定律。基尔霍夫定律是一个电路普遍适用的定律，既适用于线性电路也适用于非线性电路，它仅与电路的组成结构有关，而与构成电路的元件性质无关。基尔霍夫电流定律应用于节点，用于确定电路中各支路电流之间的关系；基尔霍夫电压定律应用于回路，用于确定电路中各部分电压之间的关系。

为了更好地掌握该定律，结合图 1-19 所示电路，先定义几个有关名词术语。

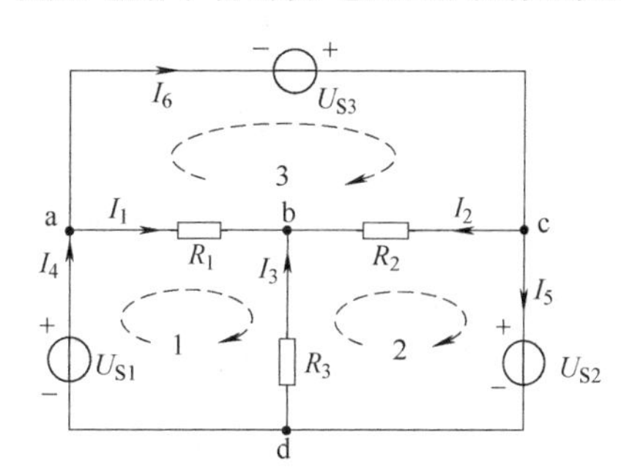

图 1-19　电路举例

支路：电路中流过同一个电流的分支电路称作支路。支路中流过的电流统称为支路电流，图 1-19 中共有 6 条支路。

节点：三条或三条以上支路的连接点。图 1-19 所示电路中的 a、b、c、d 点即为节点。

回路：电路中任一闭合路径。图 1-19 中共有 7 个回路。

网孔：内部不含有其他支路的单孔回路。图 1-19 中有 3 个网孔。

1.5.1　基尔霍夫电流定律(KCL)

1. 定律内容

在任一瞬时，流入某一节点的电流之和恒等于流出该节点的电流之和，即

$$\sum I_{\text{in}} = \sum I_{\text{out}} \tag{1-14}$$

如图 1-20 中，对节点 a 可写出

$$I_2 + I_S = I_1$$

整理可得

$$I_2 + I_S - I_1 = 0$$

即

$$\sum I = 0 \tag{1-15}$$

就是在任一瞬时，任一个节点上，流入该节点的电流代数和恒等于零。习惯上电流流入节点取正号，电流流出节点取负号。

2. 定律推广

基尔霍夫电流定律不仅适用于节点，也适用于任一个闭合面，这种闭合面有时也称为广义节点(扩大了的节点)。

如图 1-21 所示，已知 $I_1 = 2\text{A}$、$I_3 = -3\text{A}$、$I_4 = 5\text{A}$，求 I_2 的值。由上述可知，欲求未知量，可将闭合面看成一个广义节点，

则有

$$I_1 + I_2 + I_3 + I_4 = 0$$

得

$$I_2 = -4\text{A}$$

式中负号说明参考方向与实际方向相反。

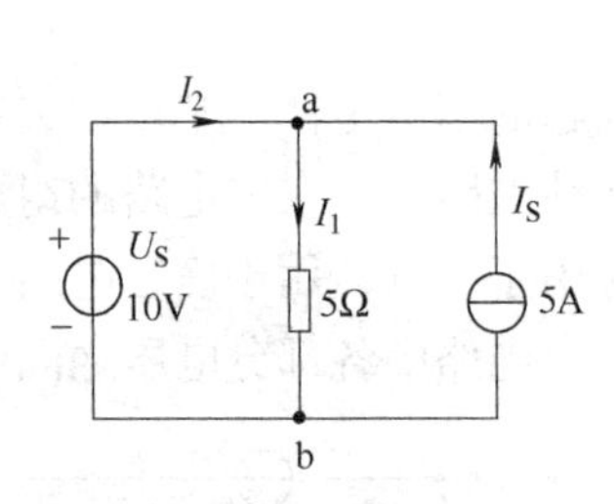

图 1-20 基尔霍夫定律

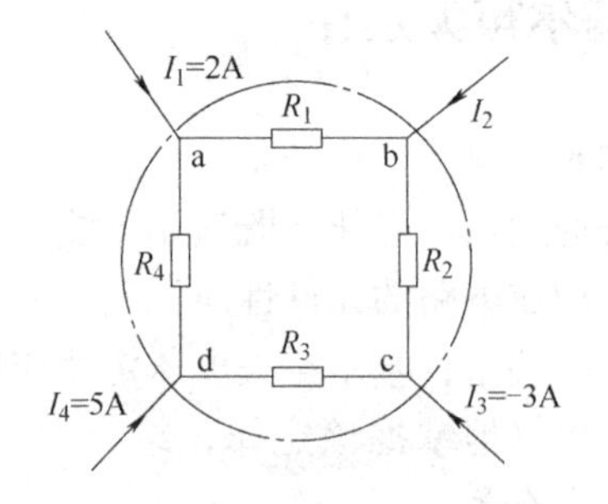

图 1-21 KCL 的推广应用

【例 1-4】 求图 1-22 所示的电路中各支路的电流和各元件的功率。

解法一： 用理论方法求解。

解： 图 1-22 中各元件电压相同，均为 $U_S = 10V$，

由欧姆定律得 $I_1 = \frac{10}{5}A = 2A$

由 KCL 对节点 a 列方程得 $I_2 = I_1 - I_S = (2-5)A = -3A$

电阻的功率为 $P_R = I_1^2 R = 2^2 \times 5W = 20W$

理想电压源的功率为 $P_{US} = -U_S I_2 = -10 \times (-3)W = 30W$（吸收 30W）

理想电流源的功率为 $P_{IS} = -U_S I_S = -10 \times 5W = -50W$（发出 50W）

解法二： 用 Multisim 仿真软件对此题仿真。

解： 首先在电路工作窗口画出电路原理图。从电源库、基本器件库和指示器件库中调用所需元件和仪表，并双击各元件，将元件设为所需数值。画出仿真电路如图 1-23 所示。单击 Multisim 软件右上角的仿真电源开关 按钮，就得到所求各支路电流，如图 1-23 所示。

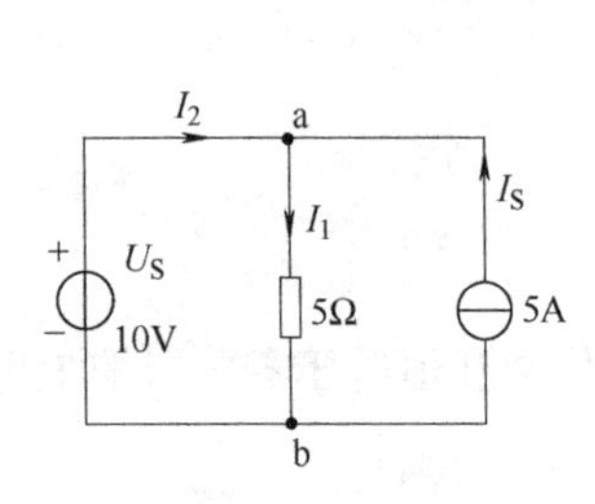

图 1-22 例 1-4 图

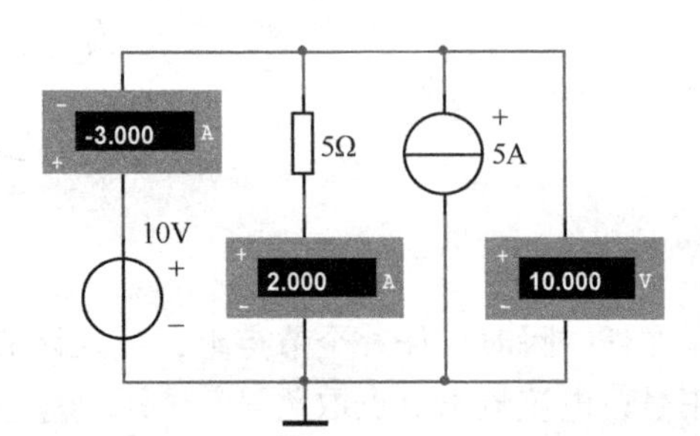

图 1-23 例 1-4 的 Multisim 仿真

结果：$I_1 = 2A$，$I_2 = -3A$，$U_{IS} = 10V$。

电阻的功率为 $P_R = I_1^2 R = 2^2 \times 5W = 20W$（吸收）

理想电压源的功率为 $P_{US} = -U_S I_2 = -10 \times (-3)W = 30W$（吸收）

理想电流源的功率为 $P_{IS} = -U_{IS} I_S = -10 \times 5W = -50W$（发出 50W）

使用功率表测量各个元件的功率如图 1-24a 所示，这个图中功率表的接法为功率表 1 和功率表 3 按测量电源发出功率的接法接入，功率表 2 按测量负载吸收功率的接法接入。图 1-24b为此时功率表的显示数据。

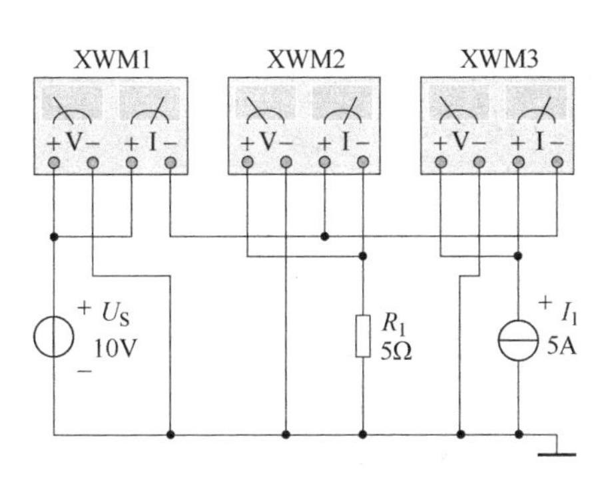

a) 功率表各自按电源和负载测量方法不同接入电路

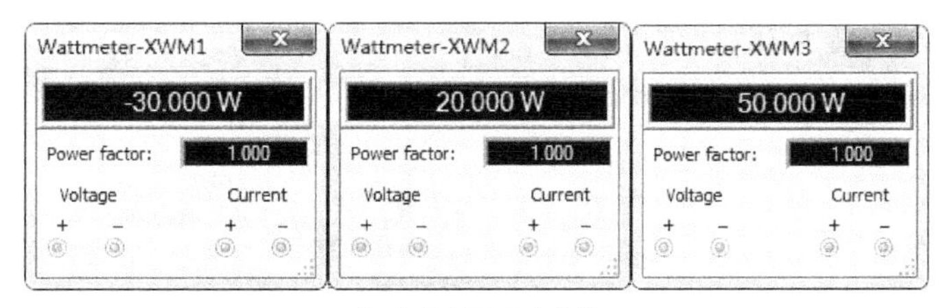

b) 功率表显示功率值

图 1-24　使用功率表测量各个元件的功率

从功率表显示数值可见，功率表 1 显示 −30W，为负值，说明电压源此时是吸收功率，在电路中作为负载出现，电阻吸收功率 20W，两者合计吸收功率 50W，电流源的功率表 3 显示为正值，说明其发出功率为 50W。吸收功率等于发出功率，电路功率平衡。

为了大家熟悉功率表的使用，再统一按照测量负载吸收功率的方法将功率表接入电路，如图 1-25a 所示，此时测到的功率正值表示为吸收功率，而负值则表示为发出功率，大家可进行对比。

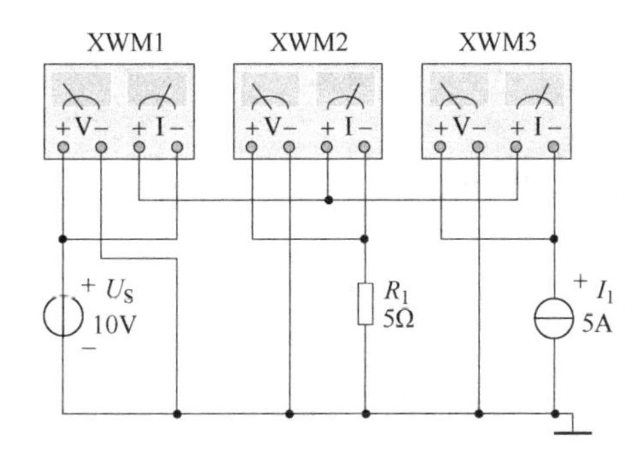

a) 功率表统一按负载测量方法接入电路

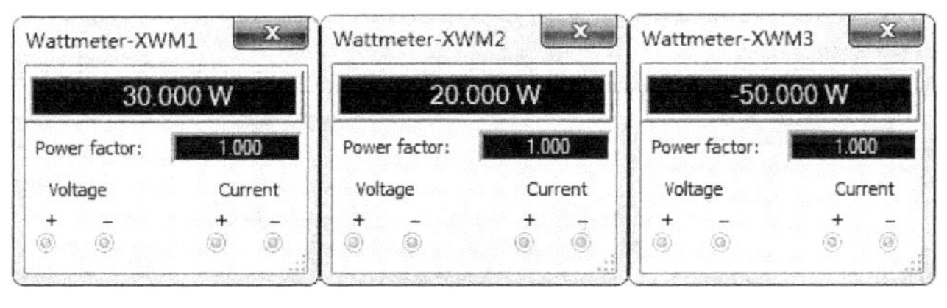

b) 功率表显示吸收功率值

图 1-25　按负载测量方法接入电路测量各元件的功率

从图 1-25b 显示的各个元件的吸收功率看，电路的功率也是平衡的，其中电流源的吸收功率为负值，说明其实际作用为发出功率。

1.5.2 基尔霍夫电压定律(KVL)

1. 定律内容

在任一瞬时，若沿任一闭合回路绕行一周，则在这个绕行方向上电位升高之和恒等于电位降低之和，即

$$\sum U_{升} = \sum U_{降}$$

如图 1-19，在回路 1(即回路 abda)的方向上，a 到 b 电位降低了 I_1R_1，b 到 d 电位升高了 I_3R_3，d 到 a 电位升高了 U_{S1}，则可写出

$$U_{S1} + I_3R_3 = I_1R_1$$

整理可得

$$I_1R_1 - U_{S1} - I_3R_3 = 0$$

即

$$\sum U = 0 \tag{1-16}$$

也就是说在任一瞬间，沿任一闭合回路的绕行方向，该回路中各段电压的代数和恒等于零。习惯上电位降低取正号，电位升高取负号。

2. 定律的推广

基尔霍夫电压定律不仅适用于闭合电路，也可以推广应用于开口电路。图 1-26 所示电路的开口端 AB 存在电压 U_{AB}，可以假想它是一个闭合电路，如按顺时针方向绕行此开口电路一周，根据 KVL 则有

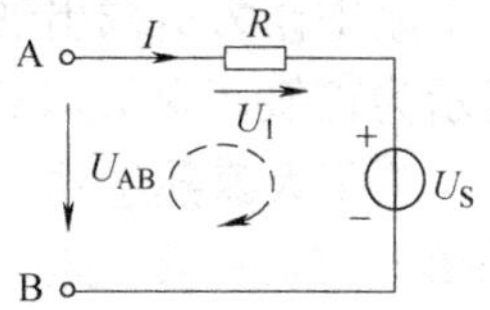

$$U_1 + U_S - U_{AB} = 0$$

整理后

$$U_{AB} = U_1 + U_S = IR + U_S$$

图 1-26　KVL 的推广

可见 A、B 两端开口电路的电压等于 A、B 两端支路各段电压之和。它反映了电压与路径无关的性质。

【例 1-5】 求图 1-27 所示电路中的电压及各元件的功率。

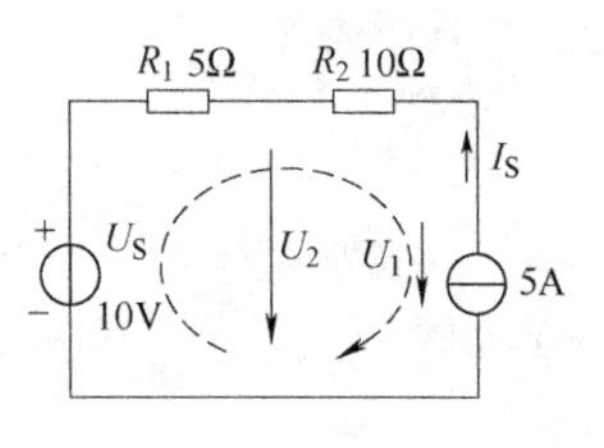

图 1-27　例 1-5 图

解法一： 用理论方法求解。

解： 图 1-27 中各元件电流相同，均为 $I_S = 5A$。

由 KVL 对回路列方程得

$$U_1 = 10I_S + 5I_S + U_S = (50 + 25 + 10)\text{V} = 85\text{V}$$

由 KVL 的推广可知

$$U_2 = U_S + 5I_S = (10 + 5 \times 5)\text{V} = 35\text{V}$$

5Ω 电阻的功率为

$$P_1 = I_S^2R_1 = 5^2 \times 5\text{W} = 125\text{W}(吸收)$$

10Ω 电阻的功率为

$$P_2 = I_S^2R_2 = 5^2 \times 10\text{W} = 250\text{W}(吸收)$$

理想电压源的功率为

$$P_{U_S} = U_SI_S = 10 \times 5\text{W} = 50\text{W}(吸收)$$

理想电流源的功率为

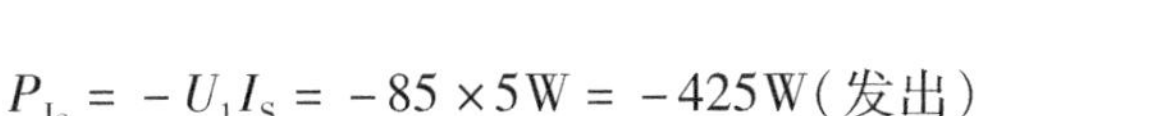

$$P_{I_S} = -U_1 I_S = -85 \times 5\text{W} = -425\text{W}(\text{发出})$$

以上计算满足功率平衡式，即 $P_{吸收} = P_{发出}$。

解法二： 用 Multisim 软件对此题仿真。

解： 首先在电路工作窗口画出电路原理图。从电源库、基本器件库和指示器件库中调用所需元件和仪表，并双击各元件，将元件设为所需数值。画出仿真电路如图 1-28 所示。单击 Multisim 软件右上角的仿真电源开关按钮，就得到所求电压 U_1、U_2，如图 1-28 所示。

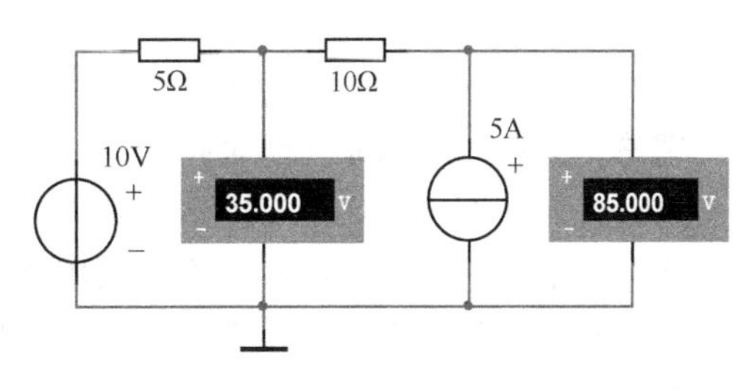

图 1-28　例 1-5 仿真结果

测量结果：$U_1 = 85\text{V}$，$U_2 = 35\text{V}$。

5Ω 电阻的功率为

$$P_1 = I_S^2 R_1 = 5^2 \times 5\text{W} = 125\text{W}(\text{吸收})$$

10Ω 电阻的功率为

$$P_2 = I_S^2 R_2 = 5^2 \times 10\text{W} = 250\text{W}(\text{吸收})$$

理想电压源的功率为

$$P_{U_S} = U_S I_S = 10 \times 5\text{W} = 50\text{W}(\text{吸收})$$

理想电流源的功率为

$$P_{I_S} = -U_1 I_S = -85 \times 5\text{W} = -425\text{W}(\text{发出})$$

可见：满足功率平衡式，即 $P_{吸收} = P_{发出}$。

1.5.3　基尔霍夫定律的应用

1. 支路电流法

支路电流法是以支路电流为未知量，应用 KCL 和 KVL 列出方程，而后求解出各支路电流的方法。支路电流求出后，支路电压和电路功率就很容易得到。支路电流法的解题步骤如下：

1）标出各支路电流的参考方向，确定支路数目。若有 b 个未知支路电流，则需列出 b 个独立方程。

2）根据节点数目 n，利用 KCL 列出 $(n-1)$ 个独立的节点电流方程。

3）利用 KVL 列出 $[b-(n-1)]$ 个独立回路电压方程。

4）联立解方程，求出各个支路电流。

【例 1-6】 试用支路电流法求解图 1-29 所示电路中的各支路电流。

解法一： 用理论方法求解。

解： 图 1-29 所示电路，它有 3 个未知支路，2 个节点。为求 3 个支路电流，应列出 1 个独立电流方程和 2 个网孔方程，整理可得

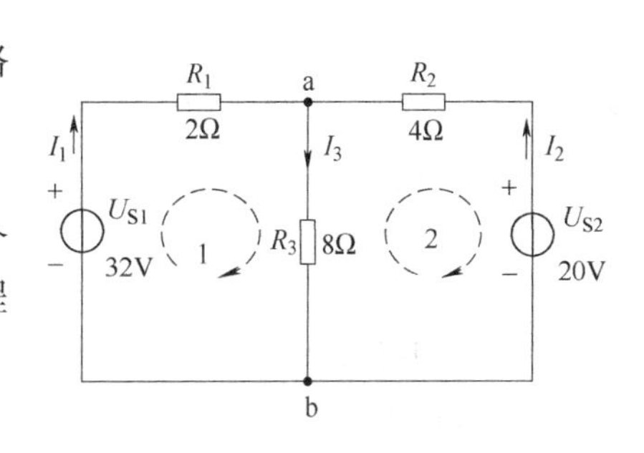

图 1-29　例 1-6 图

对于节点 a 有

$$I_1 + I_2 - I_3 = 0$$

对于网孔 1 有

$$I_1R_1 + I_3R_3 = U_{S1}$$

对于网孔 2 有

$$I_2R_2 + I_3R_3 = U_{S2}$$

代入数值联立求解，可得 $I_1 = 4\text{A}$，$I_2 = -1\text{A}$，$I_3 = 3\text{A}$。

解法二：用 Multisim 软件对此题仿真。

解：首先在电路工作窗口画出电路原理图，从电源库、基本器件库和指示器件库中调用所需元件和仪表，并双击各元件，将元件设为所需数值。画出仿真电路，如图 1-30 所示。要注意电流表连接的参考方向要与图 1-29 中各电流的参考方向一致。从正表笔流到负表笔。单击 Multisim 软件右上角的仿真电源开关 按钮，就得到所求各支路电流，如图 1-30 所示。

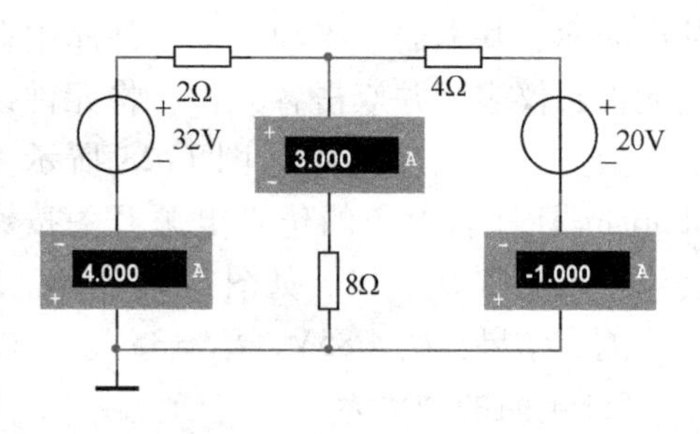

图 1-30　例 1-6 仿真结果

可得

$$I_1 = 4\text{A},\ I_2 = -1\text{A},\ I_3 = 3\text{A}。$$

2. 节点电压法

在电路的分析中，如果用支路电流法求解，所需方程数较多，计算难度大。而采用节点电压法可以有效降低求解电路的方程数量，所需方程的数量仅是电路节点数减一，即原方程组中独立节点电流方程的数量。

日常应用中经常会遇到节点较少而支路较多的电路，对这类电路一般采用节点电压法来分析计算更方便。

节点电压法的解题步骤如下：

1）标出各支路电流的参考方向，确定支路电流数量；

2）设定电路的电压参考点，标出其余节点对参考节点的节点电压；

3）根据欧姆定律列写各支路电流和相关节点电压的方程，即用节点电压表示支路电流；

4）列写基尔霍夫电流方程，并将支路电流换成节点电压，方程组的未知数为节点电压；

5）解该方程组，得到节点电压；

6）将解方程组得到的节点电压代入上面的欧姆定律中即可得到各支路电流。

节点电压法求解电路所需方程数量仅为基尔霍夫电流定律中的独立节点电流方程的数量，比用支路法解电路所需要的方程数量要少，而方程数量越少，解方程的难度越低，节点电压法因此而获得广泛的应用。

下面以图 1-31 所示电路为例，介绍节点电压法。

图 1-31 中有 3 个节点 a，b，c，以节点 c 为参考节点，则有两个节点电压 U_{ac} 和 U_{bc}，按节点电压法只需列出关于 a，b 两个节点的基尔霍夫电流方程，将节点电压表示的支路电流代入方程即可。

图 1-31　节点电压法

图 1-31 中电路有 5 条支路，3 个节点和 3 个网孔。

对于节点 a 有

$$I_1 - I_2 - I_4 = 0$$

对于节点 b 有

$$I_2 + I_3 - I_5 = 0$$

而根据全电路欧姆定律可得各支路电流为

$$I_1 = \frac{18 - U_{ac}}{3},\ I_2 = \frac{U_{ac} - U_{bc}}{3},\ I_3 = \frac{12 - U_{bc}}{2},\ I_4 = \frac{U_{ac}}{6},\ I_5 = \frac{U_{bc}}{2}$$

可见每个支路电流都是节点电压的函数，将各支路电流代入节点电流方程中并整理得

$$5U_{ac} - 2U_{bc} = 36$$

$$2U_{ac} - 8U_{bc} = -36$$

解该方程组得

$$U_{ac} = 10\text{V},\ U_{bc} = 7\text{V}$$

故可得

$$I_1 = \frac{18 - U_{ac}}{3} = \frac{8}{3}\text{A},\ I_2 = \frac{U_{ac} - U_{bc}}{3} = 1\text{A},\ I_3 = \frac{12 - U_{bc}}{2} = 2.5\text{A},$$

$$I_4 = \frac{U_{ac}}{6} = \frac{5}{3}\text{A},\ I_5 = \frac{U_{bc}}{2} = 3.5\text{A}。$$

从上面的计算中可以看出节点电压法的优点，该题若使用支路法求解，需要解五元一次方程组，其难度比解二元一次方程组要高很多。

节点电压法属于通过引入中间变量节点电压来降低方程组的维数，且该方法还可以方便地用于实验中，当已知各个电阻值时，可通过测量节点电压，经过简单的计算即可得到各支路的支路电流。

用 Multisim 软件对此题仿真，即首先在电路工作窗口画出电路原理图，从电源库、基本器件库和指示器件库中调用所需元件和仪表，并双击各元件，将元件设为所需数值。画出仿真电路如图 1-32 所示。单击 Multisim 软件右上角的仿真电源开关按钮，就得到所求各节点电压，如图 1-32 所示。节点电压测量与上述计算结果一致。

特别是当电路中节点数量仅为 2 个时，规定其中一个节点为参考节点，则另一个节点对该参考点的节点电压可直接使用一个公式得到，这就是弥尔曼定理。

再次强调，弥尔曼定理仅适用于只有两个节点的电路节点电压的计算，当电路节点数多于两个节点时，不能使用这个计算公式。

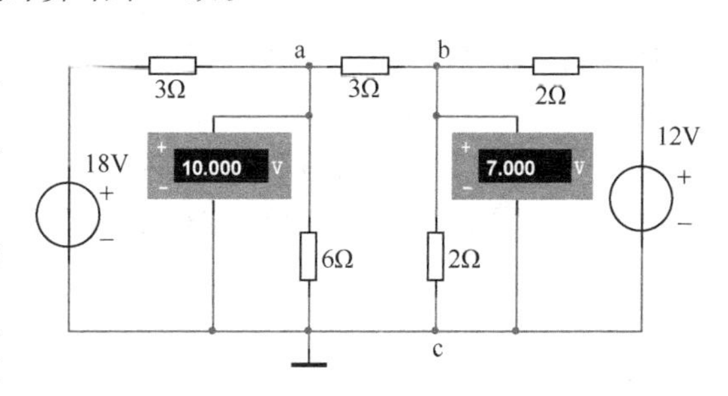

图 1-32　利用仿真软件测量节点电压

下面以图 1-29 所示两节点电路为例，介绍弥尔曼定理。

电路有 a、b 两个节点。设 b 为参考节点，则节点电压为 U_{ab}。

据两网孔列回路方程，即

$$U_{S1} = I_1 R_1 + U_{ab}$$

$$U_{S2}=I_2R_2+U_{ab}$$

可得各支路电流分别为

$$I_1=\frac{U_{S1}-U_{ab}}{R_1},\ I_2=\frac{U_{S2}-U_{ab}}{R_2},\ I_3=\frac{U_{ab}}{R_3}$$

将上述各式代入节点 a 的电流方程，即

$$I_1+I_2-I_3=0$$

经整理后可得两节点的节点电压公式为

$$U_{ab}=\frac{\dfrac{U_{S1}}{R_1}+\dfrac{U_{S2}}{R_2}}{\dfrac{1}{R_1}+\dfrac{1}{R_2}+\dfrac{1}{R_3}} \tag{1-17}$$

式(1-17)称为弥尔曼定理。仅适用于只有两个节点的电路。

在两节点电路中，若两个节点之间含有理想电流源支路，则节点电压的普遍公式为

$$U_{ab}=\frac{\sum\dfrac{U_S}{R}+\sum I_S}{\sum\dfrac{1}{R}} \tag{1-18}$$

在式(1-17)、式(1-18)中，若支路中电压源电压与节点电压的参考方向相同时取正，否则取负；当理想电流源电流与节点电压的参考方向一致时取负号，相反时则取正号。当支路含有理想电流源时，在式(1-18)分母中该电流源支路的电阻将不出现。

【例 1-7】 试用支路电流法和节点电压法，求图 1-33 所示电路中各支路电流。

解：(1) 支路电流法　图 1-33 所示电路中，因为含有理想电流源的支路电流 $I_S=2A$ 为已知，只有 I_1 和 I_3 是未知，可少列 1 个方程，只需列出 2 个方程。即

对于节点 a 有

$$I_1-I_3=I_S$$

对于网孔 1 有

$$I_1R_1+I_3R_3=U_S$$

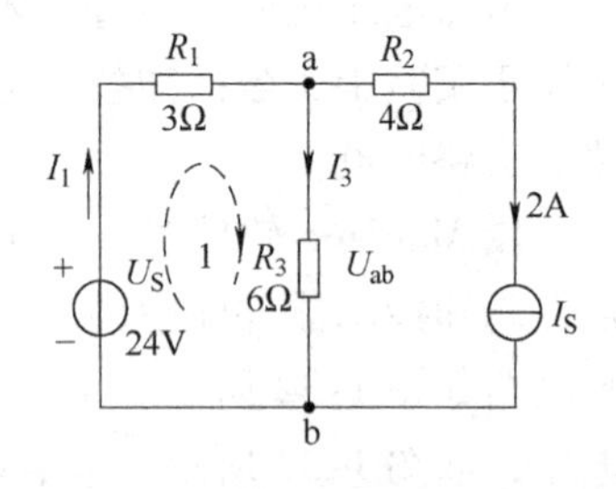

图 1-33　例 1-7 图

代入数值联立求解，可得 $I_1=4A$，$I_3=2A$。

用 Multisim 软件对此题仿真，即首先在电路工作窗口，画出电路原理图。从电源库、基本器件库和指示器件库中调用所需元件和仪表，并双击各元件，将元件设为所需数值。画出仿真电路，如图 1-34 所示。单击 Multisim 软件右上角的仿真电源开关按钮，就得到所求各支路电流，如图 1-34 所示。

可得 $I_1=4A$，$I_3=2A$，$I_S=2A$。

(2) 节点电压法　设 b 为参考节点。图 1-33 电路中有理想电流源支路，节点电压公式的分子中应增加理想电流源的代数和。在分母中，则不应计算与理想电流源串联的电阻，因为理想电流源支路中无论串入任何元件都不影响理想电流源的数值。图 1-33 的节点电压 U_{ab} 为

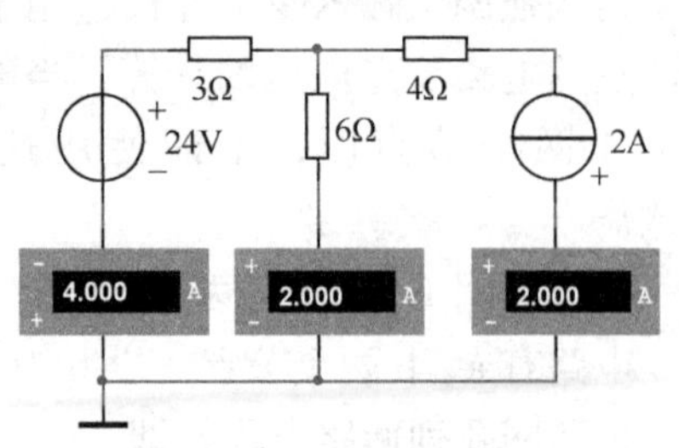

图 1-34　利用仿真软件测量各支路电流

$$U_{ab}=\frac{\frac{U_S}{R_1}-I_S}{\frac{1}{R_1}+\frac{1}{R_3}}=\frac{\frac{24}{3}-2}{\frac{1}{3}+\frac{1}{6}}\text{V}=12\text{V}$$

则各支路电流分别为

$$I_3=\frac{U_{ab}}{R_3}=\frac{12}{6}\text{A}=2\text{A},\qquad I_1=\frac{U_S-U_{ab}}{R_1}=\frac{24-12}{3}\text{A}=4\text{A}$$

比较上述两种解法可见，在支路数较少且电路中含有理想电流源支路时，应用支路电流法更显简单，而节点电压法对一些支路数较多而节点数较少的电路更适用。

用 Multisim 软件对此题仿真，即首先在电路工作窗口画出电路原理图。从电源库、基本器件库和指示器件库中调用所需元件和仪表，并双击各元件，将元件设为所需数值。画出仿真电路如图 1-35 所示。单击 Multisim 软件右上角的仿真电源开关按钮，就得到所求节点的电压值和各支路电流值，如图 1-35 所示。

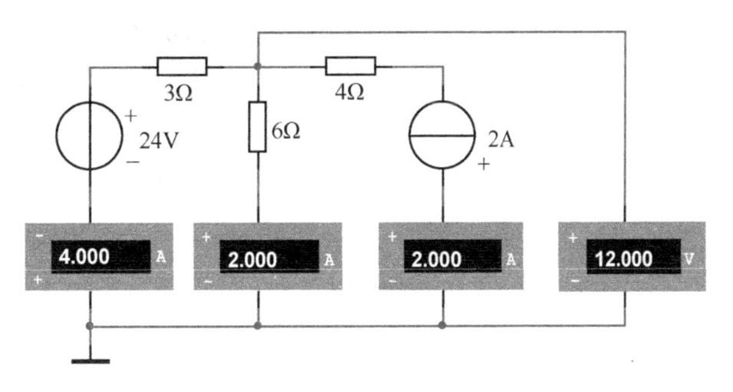

图 1-35　利用仿真软件测量节点电压和支路电流

可得 $U_{ab}=12\text{V}$，$I_1=4\text{A}$，$I_3=2\text{A}$，$I_S=2\text{A}$。

【例 1-8】　试用 Multisim 计算图 1-36 中各支路电流。

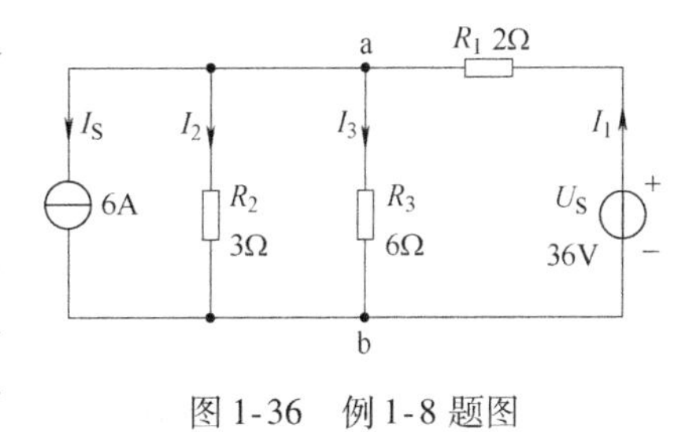

图 1-36　例 1-8 题图

解法一：用虚拟仪器直接测量法。

解：首先在电路工作窗口画出电路原理图。从电源库、基本器件库和指示器件库中调用所需元件和仪表，并双击各元件，将元件设为所需数值。画出仿真电路，如图 1-37 所示。单击 Multisim 软件右上角的仿真电源开关按钮，就得到所求各支路电流，如图 1-37 所示。

可见，满足 KCL，即 $I_1=I_S+I_2+I_3$[$12\text{A}=(6+4+2)\text{A}$]。

解法二：用直流工作点分析法。

解：使用分析法时需要特别关注元件的摆放方向与电路的参考方向的关系，因在分析法中，仿真软件并不知道如何对电路设置参考方向，故在计算时，其计算结果统一都按照电路元件的引脚号来确定，对两个引脚的负载类元件，按照实际方向从 1 引脚到 2 引脚的方向为正，否则为负值。电源类元件规定正好相反。

在电路工作窗口画出电路原理图。在菜单栏中选择“options”(操作)菜单下的“sheet properties”，弹出相应的对话框，单击“Circuit”(电路)选项卡，选中“net names”中的“Show all”(显示所有)，然后单击“确定”按钮，这时元件编号和节点编号就会自动显示在电路图上，如图 1-38 所示。设置方法如图 1-39 所示。

选择“Analysis”(分析)菜单下的“DC Operating Point Analysis”(直流工作点分析)项，在左侧备选窗口里选择要分析的电路参数项，添加到右侧的分析项窗口中，如图 1-40 所示；再单击“simulate”，分析结果便显示在“Analysis Graphs”(分析结果图)中，如图 1-41 所示。

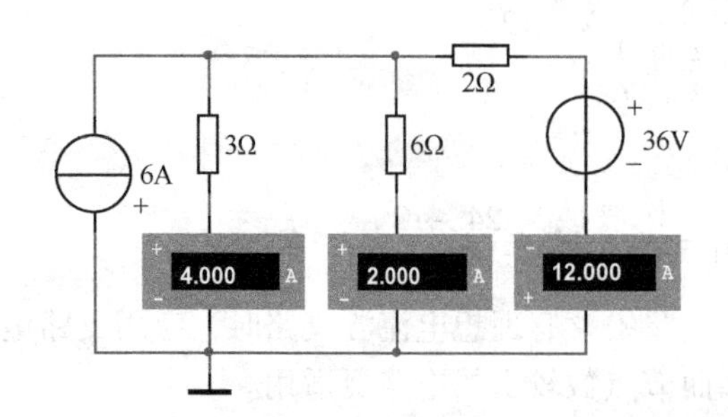

图 1-37　例 1-8 仿真图利用虚拟仪器测量各支路电流

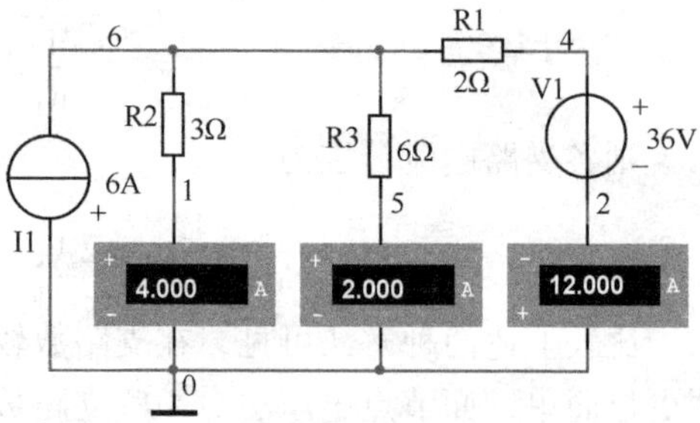

图 1-38　例 1-8 仿真图利用直流分析法

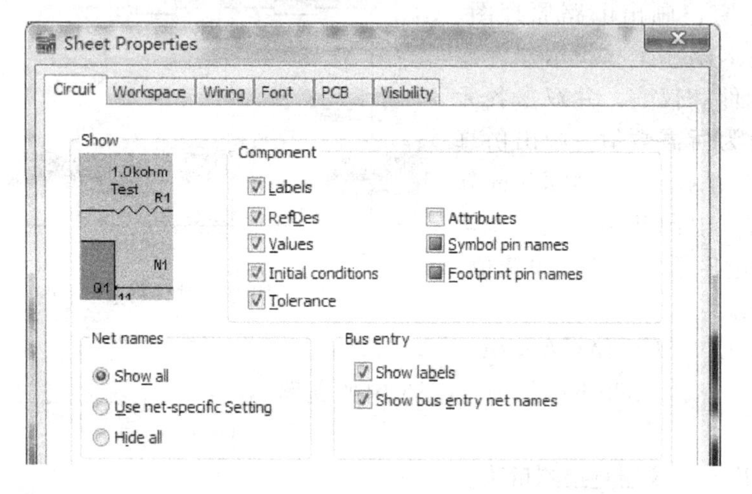

图 1-39　例 1-8 仿真图利用直流分析法的显示内容设置

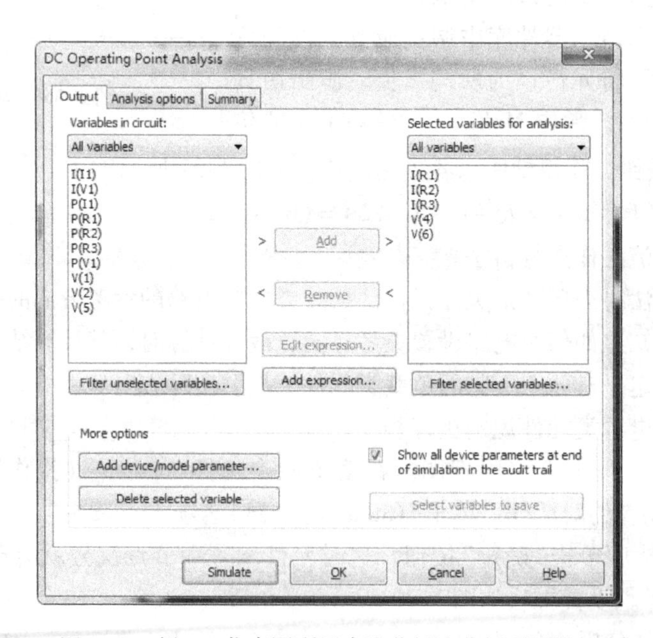

图 1-40　例 1-8 仿真图利用直流分析法分析项目设置

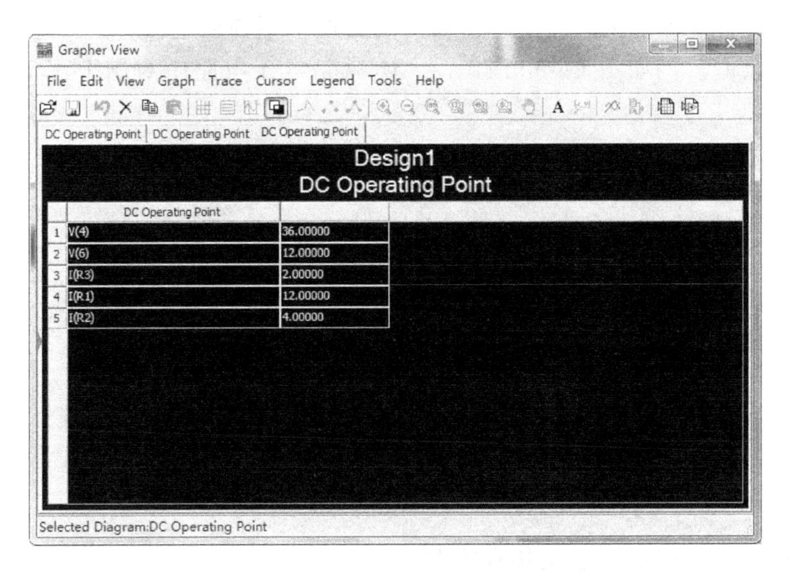

图 1-41　例 1-8 仿真图利用直流分析法分析的仿真结果

由分析结果可知，在图 1-38 中，节点 6 的电压 $U_6=12\text{V}$(即图 1-36 的 U_{ab})，图 1-41 所示电压源支路的电流(以图 1-36 所示的参考方向为准)为

$$I_1=I(R_1)=12\text{A},\ I_2=I(R_2)=4\text{A},\ I_3=I(R_3)=2\text{A}$$

满足 KCL，即 $I_1=I_S+I_2+I_3[12\text{A}=(6+4+2)\text{A}]$。

1.6　电路中的电位

分析电子电路时，若指定电路中的某一点为参考点，将参考点的电位定为零，电路中任一点与参考点之间的电压便是该点的电位。在电力工程中规定大地为零电位的参考点，在电子电路中则常以与机壳连接的输入和输出的公共导线为参考点，称为“地”，用符号“⊥”表示。

高于参考点的电位为正电位，其值为正，低于参考点的电位为负电位，其值为负。

如图 1-42 为选择 b 点作为参考点的电路，电位用单下标表示，这时各点的电位是

$$U_a=U_{ab}=60\text{V},\ U_b=0\text{V},\ U_c=U_{cb}=140\text{V},\ U_d=U_{db}=90\text{V}$$

参考点可以任意选择，参考点的不同，各点的电位值就不同。例如图 1-42 所示电路，若将参考点选定为 a 点，则各点的电位将是

$$U_a=0\text{V},\ U_b=-60\text{V},\ U_c=80\text{V},\ U_d=30\text{V}$$

由以上分析结果可得如下结论：

1）在电路图中不指明参考点的电位是没有意义的。

2）电路中参考点选择不同，则电路上各点的电位值就有可能不同。但是任意两点之间的电位差($U_{ab}=U_a-U_b$)是不变的，即电位是相对的，电位差(电压)是绝对的。

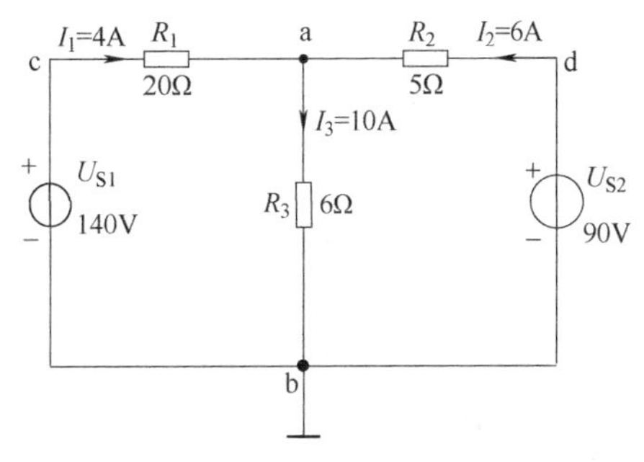

图 1-42　电路中的电位

在电子电路中，为了画图简便和图面清晰，通常不画出电源，只在电源的非接地端注明其电位的数值。例如图 1-43a 或图 1-43b 就是电子电路中对图 1-42 电路图的简化画法。

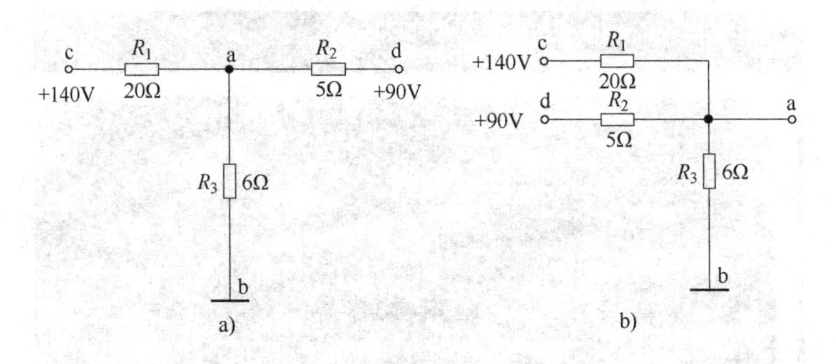

图 1-43　电子电路中对图 1-42 的简化电路画法

下面是 Multisim 对电路电位的仿真实验。

【例 1-9】 试用 Multisim 对图 1-42 的电路进行仿真。

解： 1）选择 b 点作为参考点，仿真电路如图 1-44 所示。

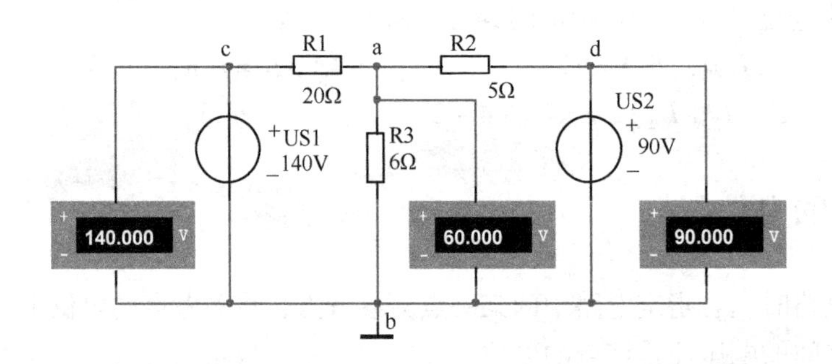

图 1-44　选择 b 点为参考点时各点的电位图

这时各点的电位是

$$U_a = U_{ab} = 60V,\ U_b = 0V,\ U_c = U_{cb} = 140V,\ U_d = U_{db} = 90V$$

2）选择 a 点作为参考点，仿真电路如图 1-45 所示。

各点的电位是

$$U_a = 0V,\ U_b = -60V,\ U_c = 80V,\ U_d = 30V$$

结论：由于参考点的不同，各点的电位不同。

3）任意两点之间的电压：以 b 点为参考点时，电压 U_{ab} 仿真电路如图 1-46；以 a 点为参考点时，电压 U_{ab} 如图 1-47 所示。

结论：任意两点之间的电位差（电压）U_{ab} = 60V 是不变的，与选择的参考点无关。

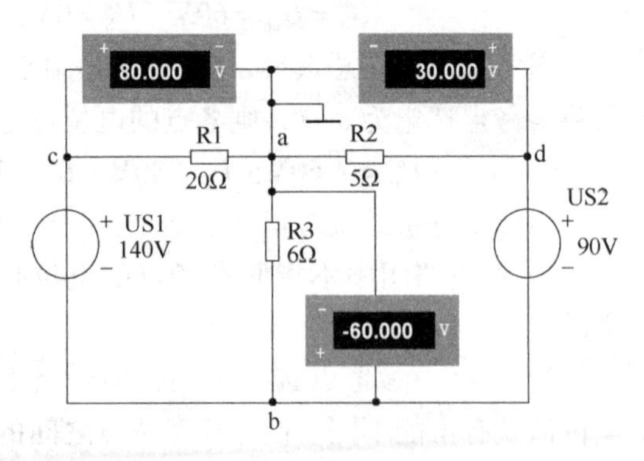

图 1-45　选择 a 点为参考点时各点的电位图

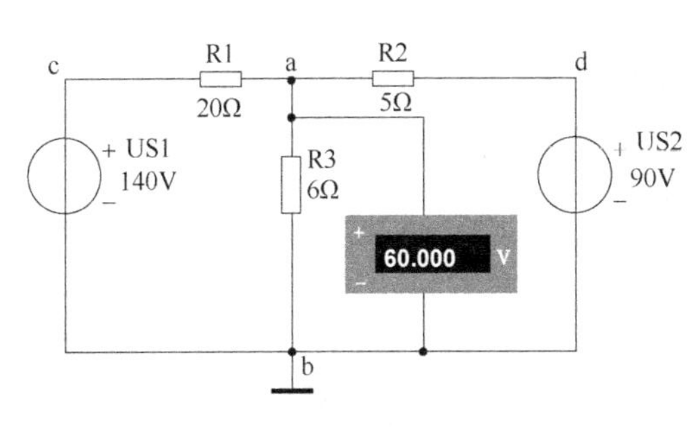

图 1-46　选择 b 点为参考点时 U_{ab} 的测量电路

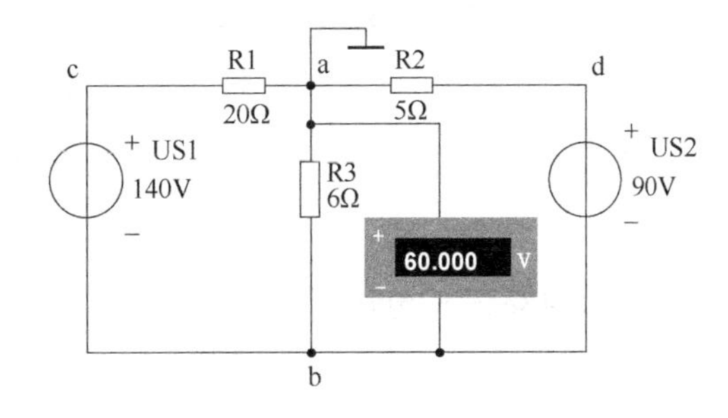

图 1-47　选择 a 点为参考点时 U_{ab} 的测量电路

1.7　叠加定理

1.7.1　叠加定理的描述

可叠加性是线性电路的一个重要特性。叠加定理：在多个独立电源共同作用的线性电路中，任一支路的电流(或电压)等于各个独立电源单独作用时在该支路中产生的电流(或电压)的代数和(叠加)。它反映了线性电路的两个基本特性：叠加性和比例性。

在叠加定理中，电源单独作用是指电路中某一电源起作用，而其他电源置零(即不作用)。具体处理方法为理想电压源去源后原位置处短路，理想电流源去源后原位置处开路。

叠加定理尤其在分析具有多个电源的线性系统时，当某一个独立电源发生变化，分析其变化对电路各部分产生的影响有特效。

下面通过例题说明应用叠加定理分析线性电路的步骤、方法以及注意的问题。

1.7.2　叠加定理的应用

【例 1-10】　图 1-48a 所示电路中，已知 $U_S=9V$，$I_S=6A$，$R_1=6\Omega$，$R_2=4\Omega$，$R_3=3\Omega$。试用叠加定理求各支路中的电流。

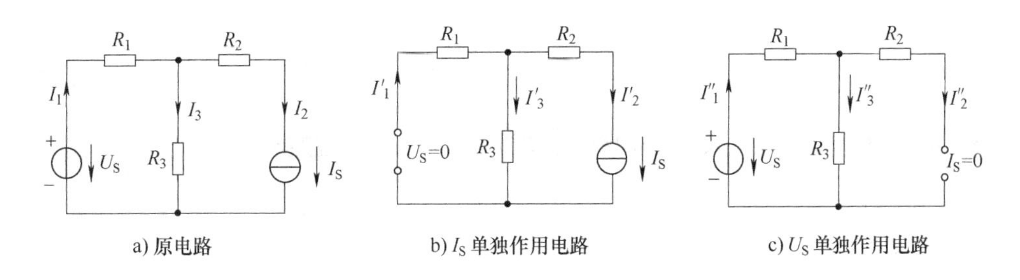

图 1-48　例 1-10 叠加定理应用举例

解： 1) 根据原电路画出各个独立电源单独作用的电路，并标出各电路中各支路电流(或电压)的参考方向。如图 1-48b 和图 1-48c 所示，画电路图时要注意去源的方法，理想电压源去源后原处短路($U_S=0$)，理想电流源去源后原处开路($I_S=0$)。

2) 按各电源单独作用时的电路图分别求出每条支路的电流(或电压)值。

由图 1-48b 理想电流源 I_S 单独作用时，

$$I_2' = I_S = 6\text{A}$$

$$I_1' = \frac{R_3}{R_1 + R_3} I_S = \frac{3}{6+3} \times 6\text{A} = 2\text{A}$$

$$I_3' = I_1' - I_S' = (2-6)\text{A} = -4\text{A}$$

由图 1-48c 理想电压源 U_S 单独作用时，

$$I_2'' = 0$$

$$I_1'' = I_3'' = \frac{U_S}{R_1 + R_3} = \frac{9}{6+3}\text{A} = 1\text{A}$$

3）根据叠加定理求出原电路中各支路电流(或电压)值。就是以原电路的电流(或电压)的参考方向为准，并以一致取正，相反取负的原则，求出各独立电源单独作用时在支路产生的电流(或电压)的代数和，即

$$I_1 = I_1' + I_1'' = (2+1)\text{A} = 3\text{A}$$

$$I_2 = I_2' + I_2'' = (6+0)\text{A} = 6\text{A}$$

$$I_3 = I_3' + I_3'' = (-4+1)\text{A} = -3\text{A}$$

这里要强调使用叠加定理时应注意的几个问题：

1）叠加定理只能用于计算和分析线性电路中的电压和电流，对非线性电路不适用。

2）要注意各电压、电流的参考方向，求和时要注意各电压、电流的正负值。

3）电路中某一电源起作用，而其他电源置零(即不作用)，理想电压源去源后原处短路，理想电流源去源后原处开路。

4）叠加定理只适用于线性电路中电流和电压的计算，而不能用来计算功率(电路的功率计算实际上属于二次函数)。

用 Multisim 软件对此题进行仿真。首先在电路工作窗口画出电路原理图。从电源库、基本器件库和指示器件库中调用所需元件和仪表，并依次双击各元件，将元件设为所需数值。画出仿真电路如图 1-49 所示。单击 Multisim 软件右上角的仿真电源开关按钮，就得到所求各支路电流，如图 1-49 所示。

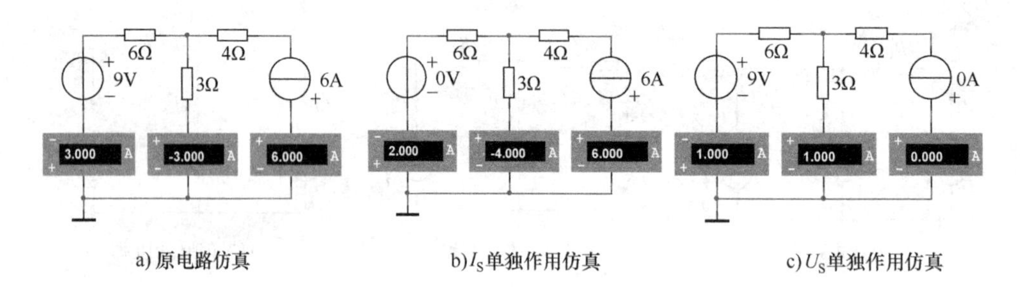

图 1-49　例 1-10 电路仿真

在仿真电路中，不拆除电源，而是直接将电源值设置为零，也可实现去源的效果，如图 1-50所示。

【例 1-11】 用叠加定理计算【例 1-10】所示电路中各支路的电流和各元件(电源和电阻)两端的电压，并说明功率平衡关系

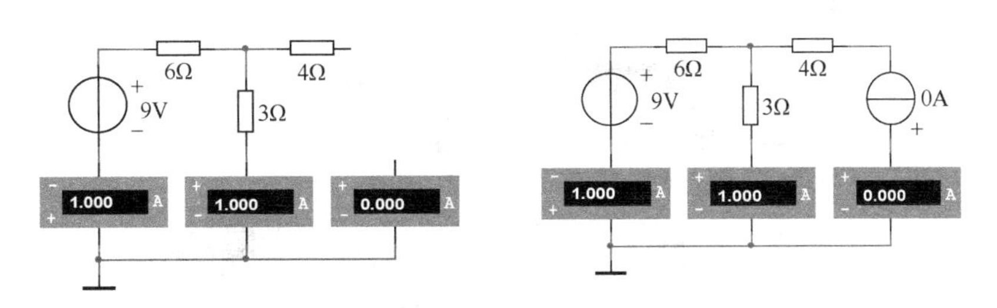

图 1-50　仿真中电流源值赋 0 与去源后开路效果对比

解： 1）I_S 单独作用各支路的电流，将 9V 电压源去源，接法如图 1-51 所示。

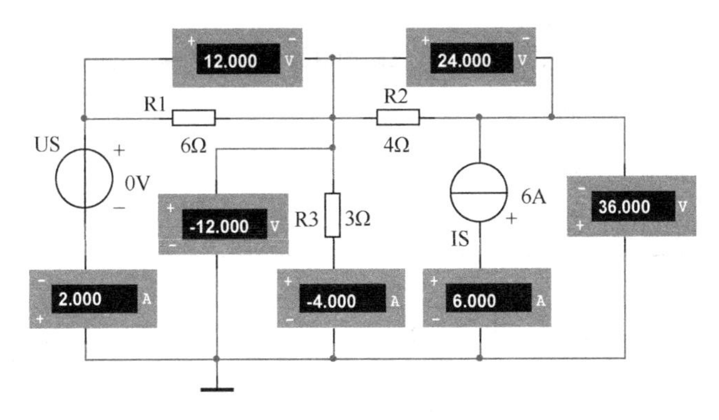

图 1-51　I_S 单独作用时各支路的电流及各元件两端的电压

2）U_S 单独作用时各支路的电流，将 6A 电流源去源，接法如图 1-52 所示。

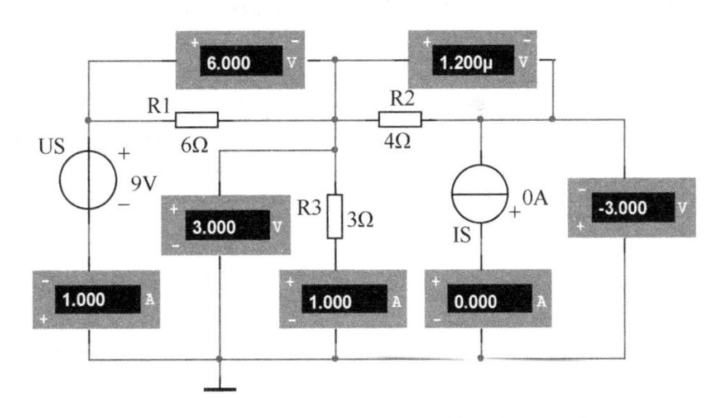

图 1-52　U_S 单独作用时各支路的电流及各元件两端的电压

3）I_S、U_S 共同作用各支路的电流，接法如图 1-53 所示。图 1-51 ~ 图 1-53 的仿真测量结果见表 1-1 ~ 表 1-3。

表 1-1　各支路电流

	I_1	I_2	I_3
I_S 单独作用	2A	6A	−4A
U_S 单独作用	1A	0A	1A
I_1、U_S 共同作用	3A	6A	−3A

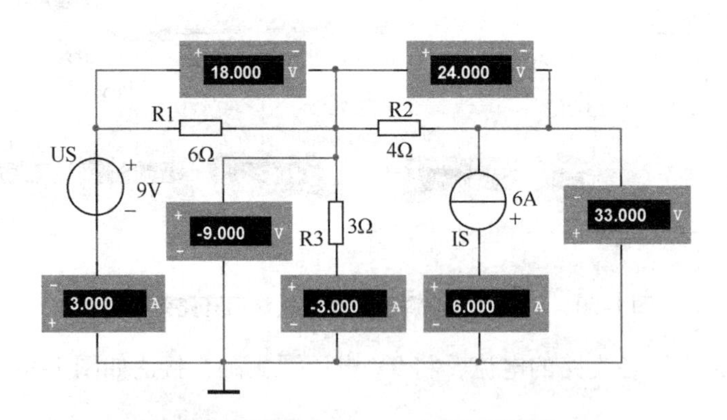

图 1-53　共同作用时各支路的电流及各元件两端的电压

结论：I_1 单独作用与 U_S 单独作用各支路电流的代数和，等于 I_1、U_S 共同作用时各支路的电流，因此支路电流符合叠加定理。

表 1-2　各元件两端的电压

	U_{R1}	U_{R2}	U_{R3}	U_{IS}	U_{US}
I_S 单独作用	12V	24V	-12V	36V	0V
U_S 单独作用	6V	0V	3V	-3V	9V
I_S、U_S 共同作用	18V	24V	-9V	33V	9V

结论：I_S 单独作用与 U_S 单独作用各元件电压的代数和，等于 I_S、U_S 共同作用时各元件电压，因此电压符合叠加定理。

表 1-3　各元件的功率

	P_{R1}	P_{R2}	P_{R3}	P_{IS}	P_{US}
I_S 单独作用	24W	144W	48W	-216W	0W
U_S 单独作用	6W	0W	3W	0W	-9W
I_1、U_S 共同作用	54W	144W	27W	-198W	-27W

结论：I_S 单独作用与 U_S 单独作用各元件功率的代数和，不等于 I_S、U_S 共同作用时各元件的功率，因此功率不符合叠加定理(表中“-”号表示该元件发出功率)。

功率不满足叠加定理，下面通过仿真软件 Multisim 验证表 1-3 中的功率值，为简单起见，在实验中只测量 R_3 这个元件的功率，观察电阻 R_3 在电流源 I_S 单独作用时，电压源 U_S 单独作用时以及电流源、电压源共同作用时，电阻 R_3 上的功率。利用仿真软件仿真测量元件 R_3 上面的功率电路图如图 1-54 所示。对应的功率表测量结果分别如图 1-55a、图 1-55b 以

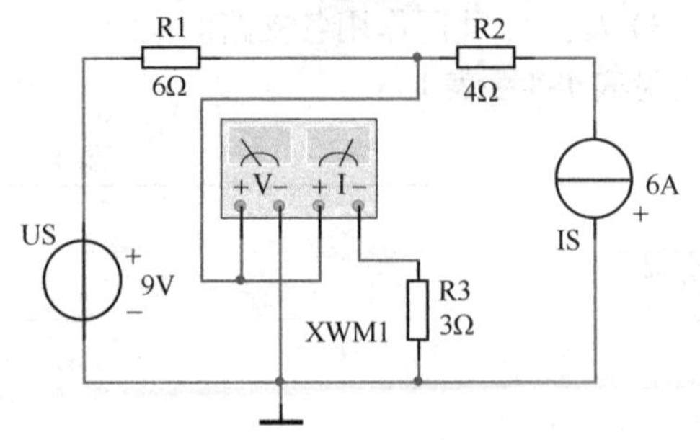

图 1-54　测量电阻 R_3 上功率的仿真电路图

及图 1-55c 所示，从图 1-55 中可明显看出功率不满足叠加定理。(48 + 3) W ≠ 27W，即叠加定理不能直接用来计算功率。

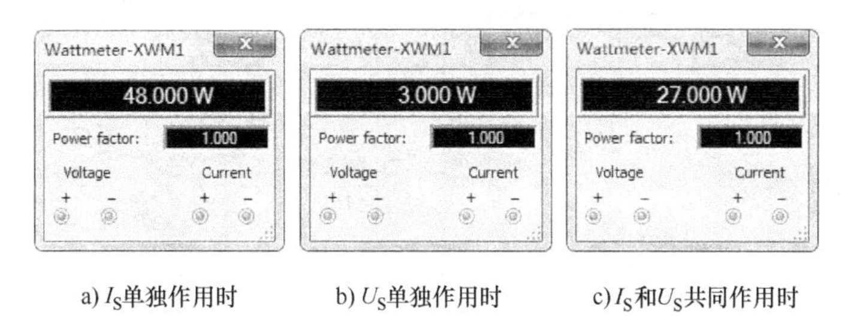

图 1-55　电路功率不能采用叠加定理进行计算的验证

1.8　等效电源定理

等效电源定理包括戴维南定理和诺顿定理。用电压源来等效代替线性有源二端网络的分析方法称为戴维南定理；用电流源来代替线性有源二端网络的分析方法称为诺顿定理。

1.8.1　戴维南定理

戴维南定理指出：任何一个线性有源二端网络(见图 1-56a)总可以用一个电压源(见图 1-56b)代替，其中电压源的电压 U_S 等于该有源二端网络端口的开路电压 U_0(见图 1-56c)，电压源的内阻 R_0 等于该有源二端网络中所有独立电源去除后对应的无源二端网络的等效电阻(见图 1-56d)。独立电源去除方法是：理想电压源去源后原位置处短路；理想电流源去源后原位置处开路。

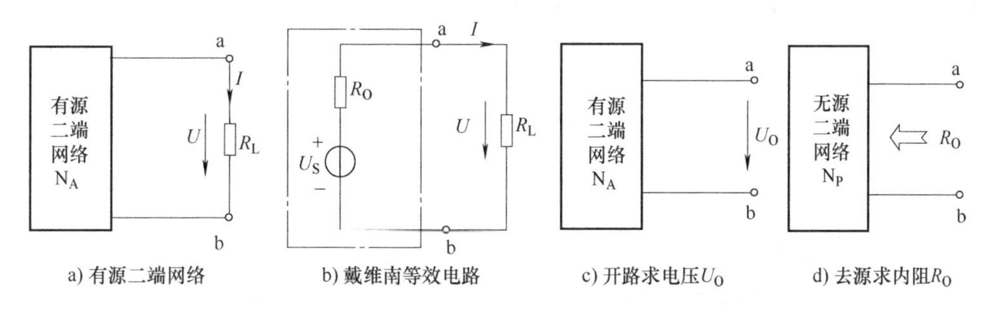

图 1-56　戴维南定理的图解表示

等效电源定理将一个线性有源二端网络简化为一个简单的电源模型，其处理过程中用开路一条支路(戴维南定理)或短路一条支路方式(诺顿定理)简化电路。根据该定理还可以推定线性有源二端网络的输出特性和电压源特性一致(戴维南定理)，或者也可以和电流源特性一致(诺顿定理)。等效电源定理尤其适用于电路中某一个负载电阻的阻值发生变化时，对该电阻上的电流及电压的分析计算。对于一个线性有源二端网络，虽然其内部电路结构未知，但只要确定该网络是线性的，则可在端口测量其开路电压和等效电阻后，即可完全确定其外特性。

下面通过例题来说明应用戴维南定理计算某一支路电流的步骤与方法以及要点。

【例 1-12】 用戴维南定理求图 1-57a 所示电路中电流 I。

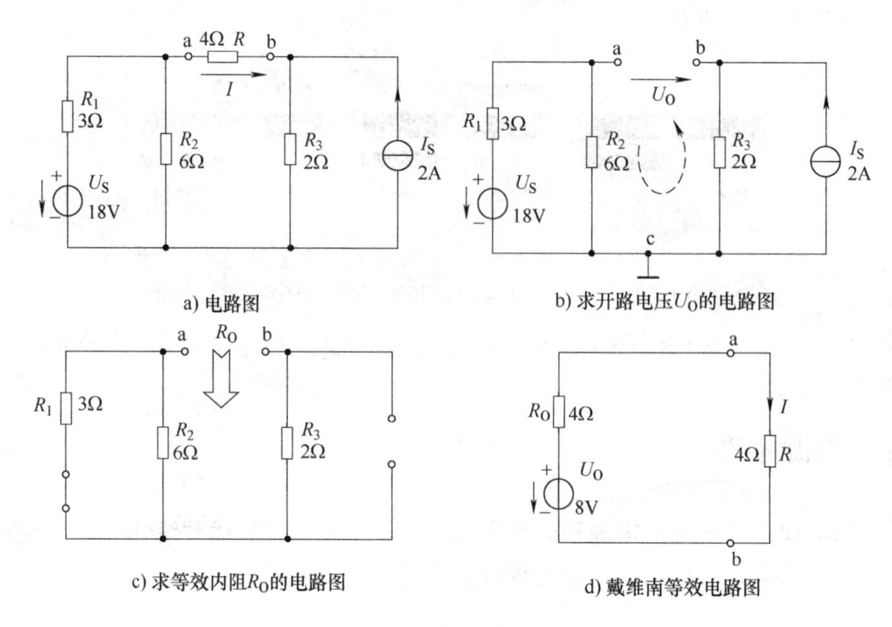

图 1-57　例 1-12 戴维南定理应用举例

解：(1) 求开路电压 U_0　将待求支路断开，求断开处 a、b 两端的开路电压 U_0，如图 1-57b所示，设 c 点为参考点，则

$$U_0 = U_{ab} = U_a - U_b = \frac{R_2}{R_1 + R_2}U_S - I_S R_3 = \left(\frac{6}{3+6} \times 18 - 2 \times 2\right)\text{V} = 8\text{V}$$

(2) 求等效内阻 R_0　将图 1-57b 中的理想电压源 U_S、理想电流源 I_S 去除，画出求等效内阻 R_0 的电路图 1-57c，即无源二端网络，则等效电阻为

$$R_0 = (R_1 // R_2) + R_3 = \left(\frac{3 \times 6}{3+6} + 2\right)\Omega = 4\Omega$$

(3) 求电流 I　画出图 1-57d 戴维南等效电路图，从 a、b 两端接入待求支路，可得

$$I = \frac{U_0}{R_0 + R} = \frac{8}{4+4}\text{A} = 1\text{A}$$

注意：戴维南定理讨论的是线性有源二端网络内部电路的简化问题，外部电路是线性的还是非线性的都可以使用这个定理。

用 Multisim 软件对此题进行仿真。首先在电路工作窗口画出电路原理图。从电源库和基本器件库中调用所需元件，并双击各元件，将元件设为所需数值。从指示器件库和仪器库中调用电压表和万用表，画出仿真电路如图 1-58 所示。单击 Multisim 软件右上角的仿真电源开关 按钮，就得到所求值如图 1-58 所示。图 1-59 为采用戴维南定理测量电流，结果如图 1-59 所示。

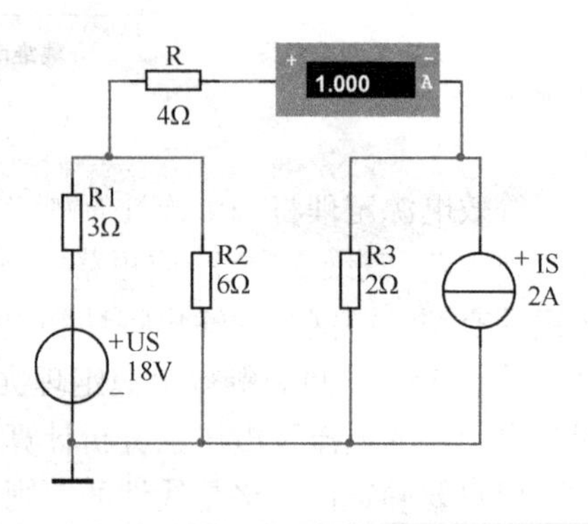

图 1-58　例 1-12 仿真直接测量电流

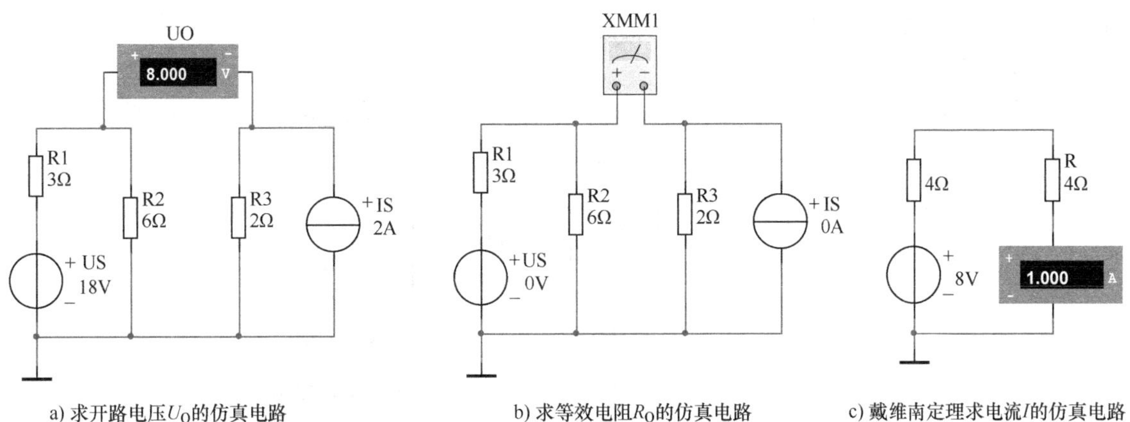

a) 求开路电压U_O的仿真电路　　b) 求等效电阻R_O的仿真电路　　c) 戴维南定理求电流I的仿真电路

图 1-59　例 1-12 按戴维南定理步骤的测量电路仿真

使用万用表中的测量电阻档测电路中电阻，测量时必须先将电路中的电源全部置零，或者是按照前面提到的去源的方法将理想电压源去源后原位置处短接，理想电流源去源后原位置处开路，才能进行电阻测量。如果没有将电路中的独立电源进行去源处理，此时测量出的电阻值必然会出错。

图 1-60　万用表测量电阻的选择及读数

图 1-60 所示电路去源后测量出的等效电阻为 4Ω。

下面讲到的诺顿定理其电路的等效电阻也需要按照这样的方法测量。

1.8.2　诺顿定理

诺顿定理：任何一个线性有源二端网络(见图 1-61a)，总可以用一个电流源(见图 1-61b)代替。其中电流源的电流 I_S 等于该有源二端网络端口的短路电流(见图 1-61c)，电流源内阻 R_0 等于该有源二端网络中所有独立电源不作用时对应的无源二端网络的等效电阻(见图 1-61d)。独立电源去除的方法是：理想电压源去源后原位置处短路；理想电流源去源后原位置处开路。

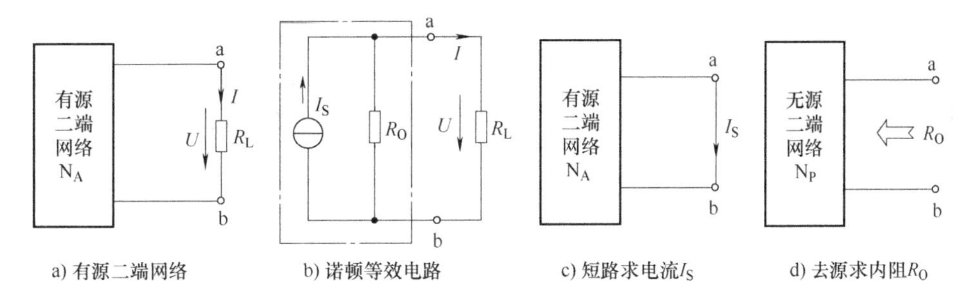

a) 有源二端网络　　b) 诺顿等效电路　　c) 短路求电流I_S　　d) 去源求内阻R_O

图 1-61　诺顿定理的图解表示

1.8.3　等效电阻的求解方法

若对有源二端网络的内部电路不了解，或不能直接用电阻串并联的方法求解时，线性二

端网络等效电阻 R_0 还有下述三种方法求解：

1. 开路短路法

求出开路电压和短路电流后，可以通过计算得出等效电阻值。电路如图 1-62 所示。

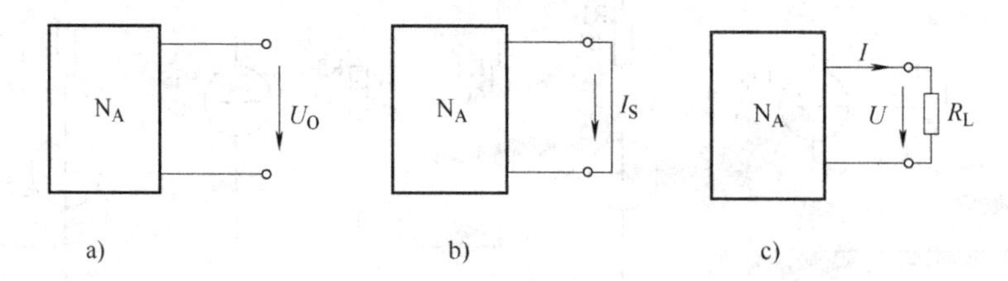

图 1-62　开路短路、外加电阻求线性二端网络的等效电阻 R_0

图 1-62a 计算出开路电压 U_0，图 1-62b 计算出短路电流 I_S，就可计算出等效电压源的等效电阻，即

$$R_0 = \frac{U_0}{I_S} \tag{1-19}$$

2. 外加电阻法

若有源二端网络端口不允许进行直接短接，则可先测出开路电压 U_0，再在网络输出端接入适当的已知负载电阻 R_L，如图 1-62c 所示。测量出 R_L 两端的电压 U，则有

$$R_0 = \frac{U_0 - U}{U} R_L = \left(\frac{U_0}{U} - 1\right) R_L \tag{1-20}$$

3. 外加电压求电流法(加压求流法)

将有源二端网络内部的独立电源去掉，在其端口处外加一个独立电源，求端口上电压与电流比值 $R_0 = \frac{U}{I}$，如图 1-63 所示。

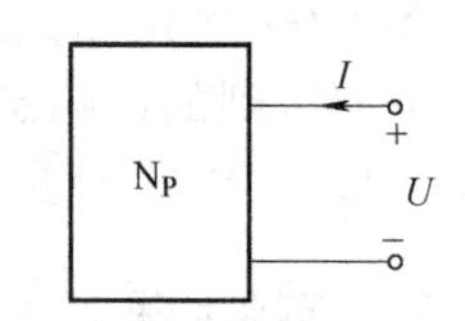

图 1-63　外加电源法求等效电路的 R_0

【例 1-13】　用戴维南定理求图 1-64 所示电路中 R_1 上的电流 I。

解： 1）先求 a、b 两端的开路电压 U_0。如图 1-65 所示。

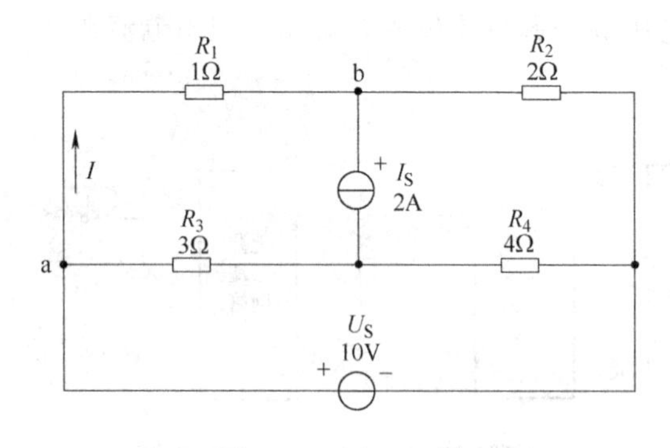

图 1-64　例 1-13 图

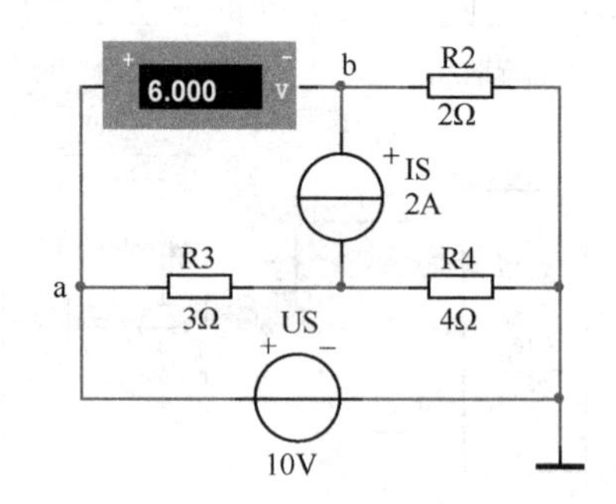

图 1-65　例 1-13 求开路电压仿真图

测量结果：$U_0 = 6V$。

2）求 a、b 两端的等效电阻 R_0。

解法一： 直接测量法。

解： 将有源二端网络的独立源去掉(电压源去源后原位置处短路，电流源去源后原位置处开路)，用万用表的电阻档直接测量。如图 1-66 所示。

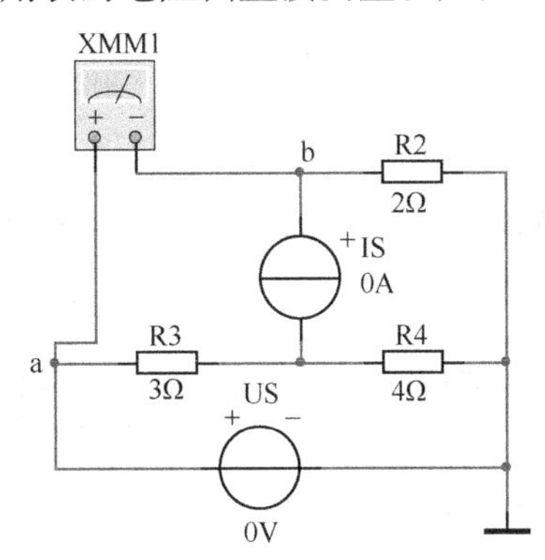

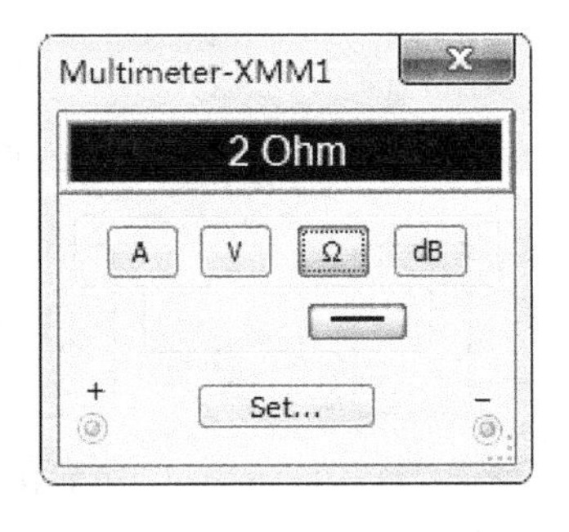

图 1-66　用万用表的电阻档直接测量 a、b 两端的等效电阻

解法二：开路短路法。

解：测量出开路电压 U_0 如图 1-65 所示，再测量有源二端网络 a、b 两端的短路电流 I_S，a、b 两端的等效电阻 R_0 等于开路电压除以短路电流。短路电流测量如图 1-67 所示。

故 a、b 两端的等效电阻为

$$R_0 = \frac{U_0}{I_S} = \frac{6}{3}\Omega = 2\Omega$$

除上述两种求戴维南等效电阻 R_0 的方法外，还有加压求流法，外接电阻法等。

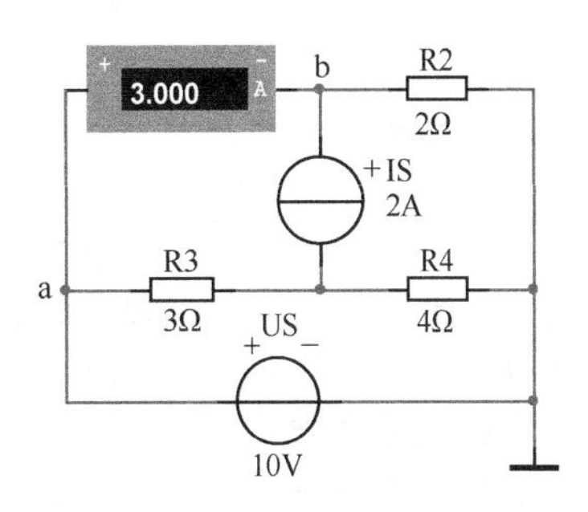

图 1-67　求有源二端网络 a、b 的短路电流 I_S

3）得到有源二端网络 a、b 两端的戴维南等效电路，如图 1-68 中左边虚线框内部分。再将电阻 R_1 接入，就可求出流过电阻 R_1 的电流。

所求电流：$I = 2\text{A}$。

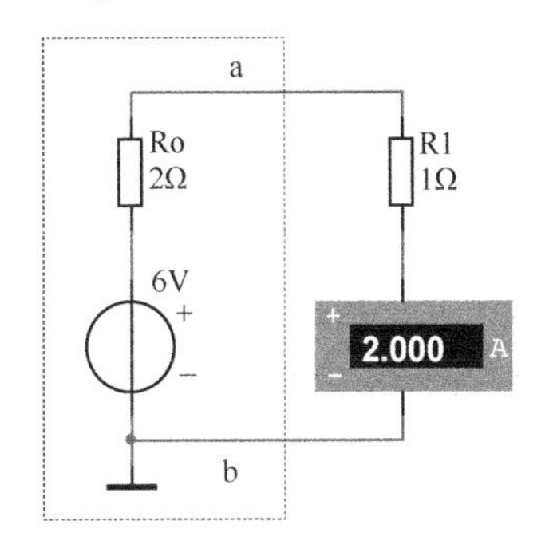

图 1-68　有源二端网络的戴维南等效电路电流测量

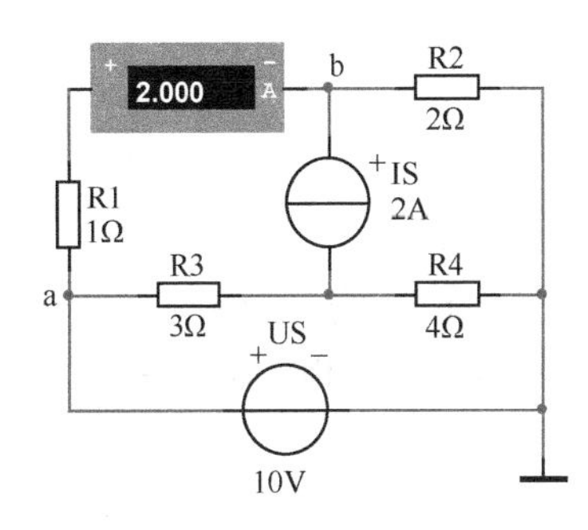

图 1-69　例 1-13 的直接测量电流

还可以在原电路上直接量出电流，按图 1-66 接好电路，打开仿真开关，直接显示该支路的电流：$I = 2\text{A}$。

比较图 1-68 和图 1-69 可见，直接测量所得电流值与采用戴维南定理所求结果相同。

习题

【概念题】

1-1　电路中电流电压参考方向如图 1-70 所示，已知 $I=-3\text{A}$，试指出哪些元件是电源性？哪些是负载性？

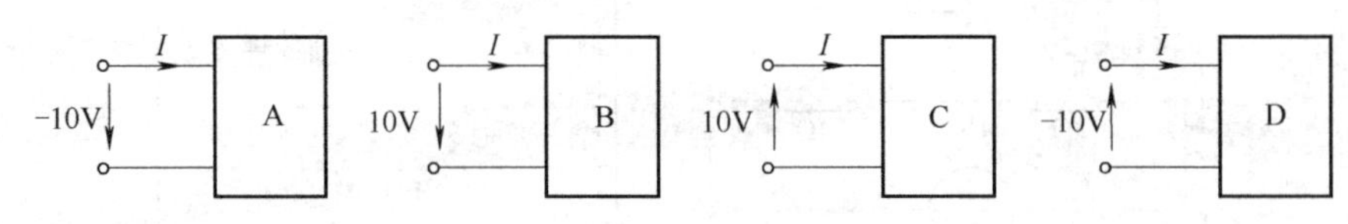

图 1-70　题 1-1 图

1-2　某电源的功率为 1000W，端电压为 220V，当接入一个 60W、220V 的电灯时，电灯是否会损坏？

1-3　一个理想电压源向外电路供电时，若在这个电源两端再并一个电阻，这个电阻是否会影响原来外电路的电压和电流？一个理想电流源向外电路供电时，若再串一个电阻，这个电阻是否会影响原来外电路的电压和电流？

1-4　理想电流源与理想电压源可以等效代替吗？

1-5　有人认为：凡是与理想电压源并联的理想电流源因其两端电压是固定不变的，故在电路中这个理想电流源不起作用；凡是与理想电流源串联的理想电压源通过其中的电流也是固定不变的，因而在电路中这个理想电压源也不起作用。请问这种观点是否正确？

1-6　叠加定理为什么不适用于非线性电路？

1-7　在线性电路中，叠加定理可以用来计算电路的功率吗？为什么？

1-8　戴维南定理适用范围是线性有源二端网络，那么，被划出去的支路是否也必须是线性的呢？

1-9　试用戴维南定理将图 1-71 所示的各电路化为等效电压源电路。

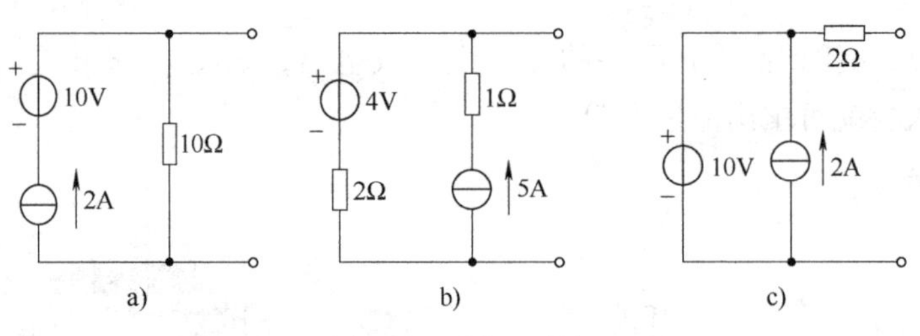

图 1-71　题 1-9 图

【分析仿真题】

1-10　试用电压源与电流源等效变换的方法计算图 1-72 中 2Ω 电阻上的电流 I。

1-11　在图 1-73 中，已知 $U_1=10\text{V}$，$U_{S1}=4\text{V}$，$U_{S2}=2\text{V}$，$R_1=4\Omega$，$R_2=2\Omega$，$R_3=5\Omega$，求开路电压 U_2。

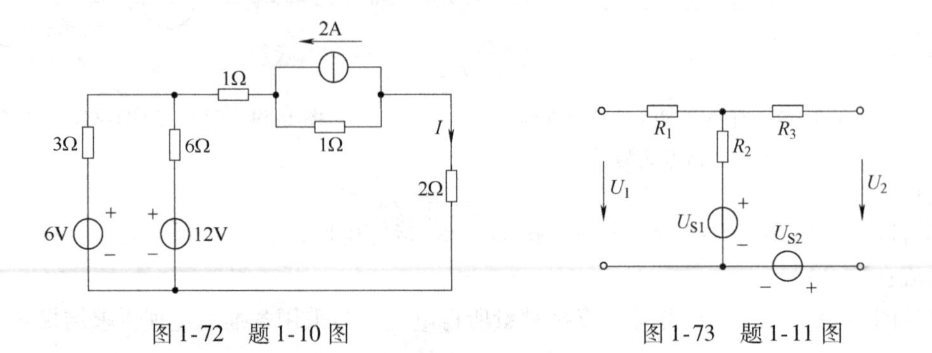

图 1-72　题 1-10 图　　图 1-73　题 1-11 图

1-12　试用支路电流法和节点电压法计算图 1-74 中各支路电流。

1-13　试用戴维南定理、诺顿定理和节点电压法求图 1-75 所示电路中的电流 I。

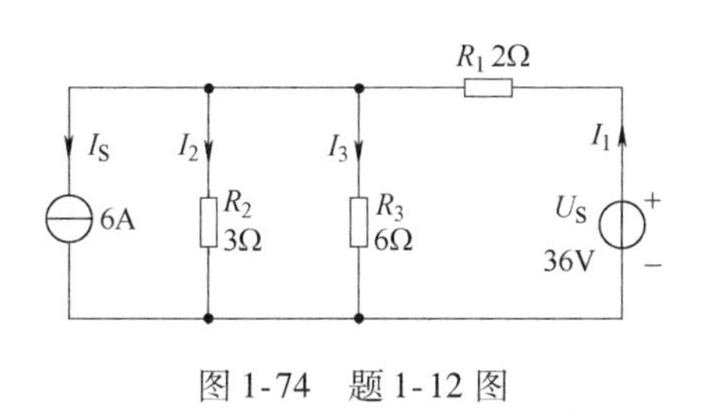

图 1-74　题 1-12 图

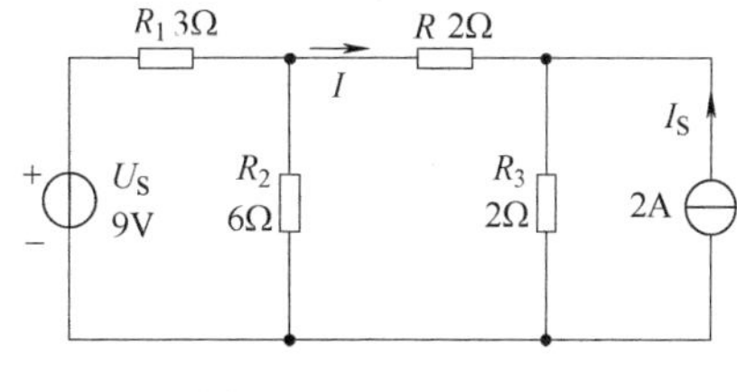

图 1-75　题 1-13 图

1-14　试用叠加定理计算图 1-76 所示电路中各支路的电流和各元件(电源和电阻)两端的电压，并根据功率计算说明电路中功率平衡关系。

1-15　试用戴维南定理计算图 1-77 所示电路中 4Ω 电阻的电流 I，并计算当该电阻变为 8Ω 时的电流 I。

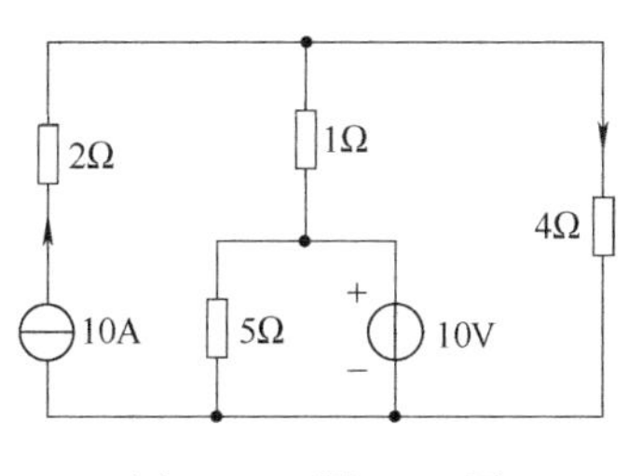

图 1-76　题 1-14 图

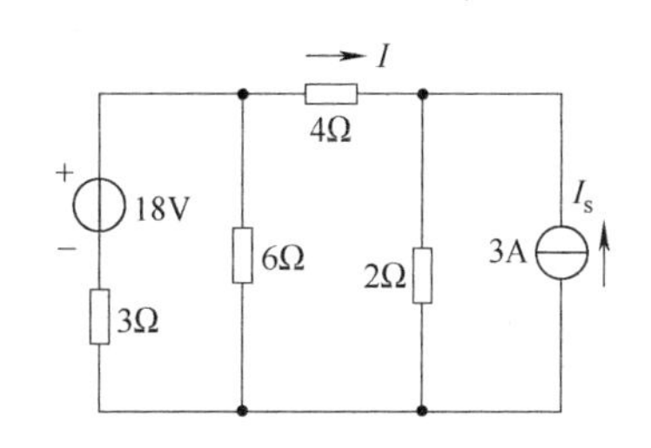

图 1-77　题 1-15 图

1-16　试用叠加定理求图 1-77 所示电路中 4Ω 电阻上的电流 I，并计算当图中的理想电流源 I_S 的电流变成 6A 时，在 4Ω 电阻上的电流 I。

1-17　试求图 1-78 所示电路中的电流 I 及理想电流源 I_S 的功率。

1-18　试求图 1-79 中 A 点的电位等于多少?

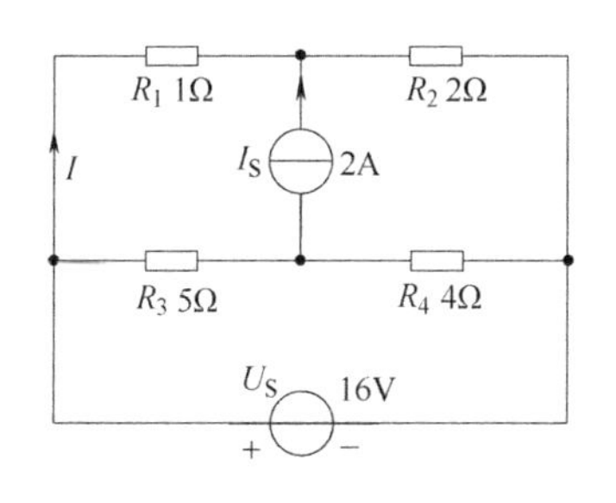

图 1-78　题 1-17 图

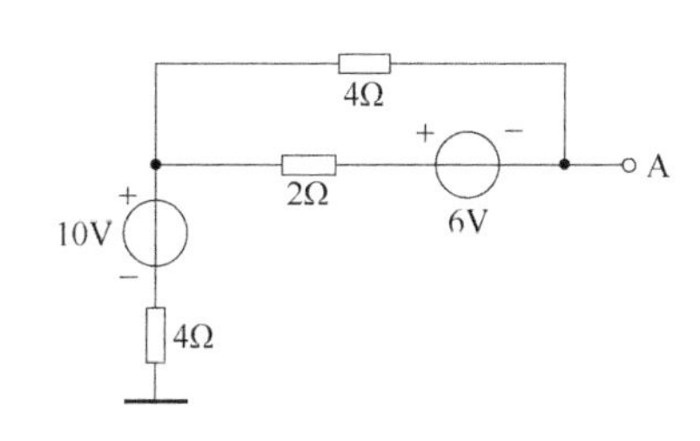

图 1-79　题 1-18 图

1-19　试求图 1-80 中 A 点的电位等于多少?

1-20　图 1-81 所示电路中，如果 15Ω 电阻上的电压降为 30V，其极性如图 1-81 所示，试求电阻 R 及电位 U_B。

1-21　利用戴维南定理和诺顿定理的方法试求图 1-82 中电流 I?，并计算当图中的 4Ω 电阻变为 6Ω 时，该电流又为多少?

1-22　利用诺顿定理的方法试求图 1-82 中 4Ω 电阻两端的电压 U?，并计算当图中的 4Ω 电阻变为 6Ω 时，该电压又为多少?

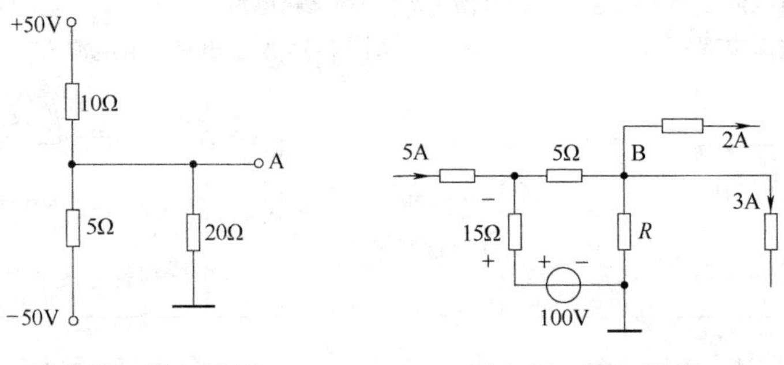

图 1-80　题 1-19 图

图 1-81　题 1-20 图

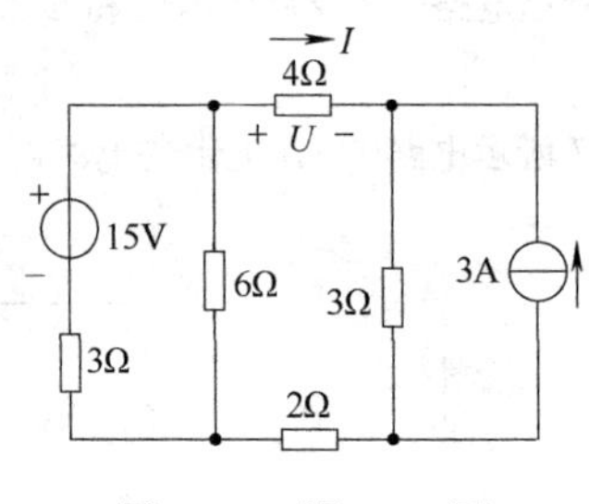

图 1-82　题 1-21 图

第2章　电路的瞬态分析

本章主要讨论一阶电路的瞬态分析。首先介绍动态元件的特征，分析引起瞬态过程的原因，然后讨论瞬态过程中电压和电流随时间变化的规律和影响瞬态过程快慢的电路时间常数，重点要求掌握一阶电路的分析方法——三要素法，并学会应用 Multisim 软件提供的虚拟电子实验室平台，对瞬态过程进行仿真分析。

2.1　动态元件

第一章介绍了由电阻元件及电源构成的电路（即电阻电路）的分析方法，电路中除电阻元件外，常用的负载元件还有电感元件和电容元件。

2.1.1　电感元件

电感元件是用来反映物体存储磁场能量的理想电路元件。电感元件的符号如图 2-1 所示。电感元件通过电流后，会产生磁通 Φ。N 匝线圈产生磁链 $\Psi(N\Phi)$ 与电流 i 的比值称为元件的电感 L，即

$$L=\frac{\Psi}{i}=\frac{N\Phi}{i} \tag{2-1}$$

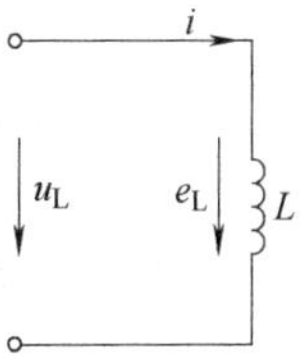

式中，Ψ 的单位为韦（Wb）；L 的单位为亨（H）、毫亨（mH）或微亨（μH）。若 L 为常数则称为线性电感，L 不为常数，称为非线性电感。

图 2-1　电感元件

当通过电感元件磁通 Φ 随时间变化时，会产生自感电动势 e_L，若电感电压 u_L、自感电动势 e_L 以及电感电流的参考方向如图 2-1 所示，且 L 为线性电感，则有

$$u_L=-e_L=\frac{\mathrm{d}\Psi}{\mathrm{d}t}=L\frac{\mathrm{d}i}{\mathrm{d}t} \tag{2-2}$$

式(2-2)表明，线性电感两端电压在任意时刻与 $\frac{\mathrm{d}i}{\mathrm{d}t}$ 成正比。在直流电路中，电流不随时间变化，电感元件两端的电压为零，所以电感元件相当于短路。

电感元件本身并不消耗能量，是以磁场能的形式储存在电感线圈的磁场中，所以电感元件是一个储能元件。当通过电感元件的电流为 i 时，它所储存的磁场能量为

$$W_L=\frac{1}{2}Li^2 \tag{2-3}$$

可见，任意时刻电感元件的储能只取决于该时刻的电流值，而与电流的变化过程无关，且电感元件的储能总是大于或等于零，电感元件属于无源元件。

线性电感元件上的电压与电流满足线性叠加关系，当 N 个电感串联且无互感效应时，可用一个等效电感 L 等效，即

$$L=L_1+L_2+\cdots+L_N \tag{2-4}$$

当 N 个电感并联且无互感效应时，也可用一个等效电感 L 等效，即

$$\frac{1}{L}=\frac{1}{L_1}+\frac{1}{L_2}+\cdots+\frac{1}{L_N} \tag{2-5}$$

2.1.2 电容元件

电容元件是反映存储电荷能力的理想电路元件。作为实际电容器或电路中具有电容效应元件的理想模型，电容元件的符号如图 2-2 所示。

电容元件极板上的电荷量 q 与极板间电压 u 之比称为电容元件的电容，即

$$C=\frac{q}{u} \tag{2-6}$$

式中，C 的单位为法拉(F)、微法(μF)或皮法(pF)。$1\mu F=10^{-6}F$，$1pF=10^{-12}F$。线性电容元件的电容 C 是常数。

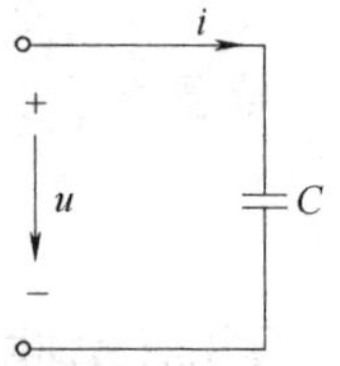

图 2-2　电容元件

当电容元件两端的电压 u 随时间变化时，极板上存储的电荷量也随之变化，在电路中就会产生电流 i。如果 u、i 的参考方向为图 2-2 所示的关联参考方向时，则

$$i=\frac{dq}{dt}=C\frac{du}{dt} \tag{2-7}$$

上式表明，线性电容的电流 i 在任意时刻与$\frac{du}{dt}$成正比。在直流电路中，电压不随时间变化，电容元件的电流为零，故电容元件相当于开路。

电容元件本身也不消耗能量，能量以电场能的形式存储在电容两极板间的电场中，所以，电容元件也是一个储能元件。当电容元件两端的电压为 u 时，它所储存的电场能量为

$$W_C=\frac{1}{2}Cu^2 \tag{2-8}$$

由此可见，任意时刻电容元件的储能只取决于该时刻的电压值，而与电压的过去变化进程无关，且电容元件的储能总是大于或等于零，电容元件属于无源元件。

线性电容元件上的电压与电流也满足线性叠加关系，当 N 个电容并联时可用一个电容 C 等效，即

$$C=C_1+C_2+\cdots+C_N \tag{2-9}$$

当 N 个电容串联时也可用一个电容 C 等效，即

$$\frac{1}{C}=\frac{1}{C_1}+\frac{1}{C_2}+\cdots+\frac{1}{C_N} \tag{2-10}$$

2.1.3 动态元件的特点

由式(2-2)可知，电感元件的电压与电感元件上瞬时电流的大小无关，与电流的变化率有关，只有变化的电流才能产生电压，这表明电感是一种动态元件。假设电感中的电流发生突变，其两端的电压将达到无穷大，从而使功率达到无穷大。实际应用中，电感上的电流总是连续的，即电感电流不能突变。同样，由式(2-7)可知，某时刻电容元件的电流与该时刻其两端的电压的大小无关，只与电压的变化率成正比，这种特征表明电容也是一种动态元件。同样如果电容上的电压发生突变，其引起的电流将达到无穷大，从而使功率达到无穷

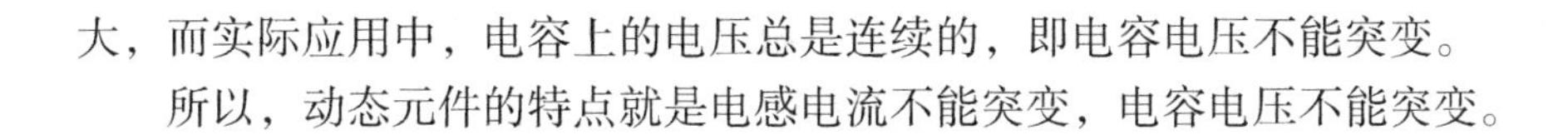

大，而实际应用中，电容上的电压总是连续的，即电容电压不能突变。

所以，动态元件的特点就是电感电流不能突变，电容电压不能突变。

2.2　瞬态发生的原因与换路定则

2.2.1　电路发生瞬态的原因

当电路元件的参数、电路的连接关系或激励信号发生突变时，称电路发生换路。在图 2-3 含有电容的电路中，用示波器观察电容两端电压，可见开关闭合前，电路中电容电压 u_C 为零，开关闭合后，电源对电容充电，u_C 由零逐渐增加到电源电压 U。这种由于换路使电路由一种稳态向另一种稳态过渡的过程称为瞬态。而图 2-4 电阻电路中，开关闭合前，电路中电压 u_2 为零；开关闭合后，电压 u_2 从零跃变为 5V，电路不存在瞬态过程。

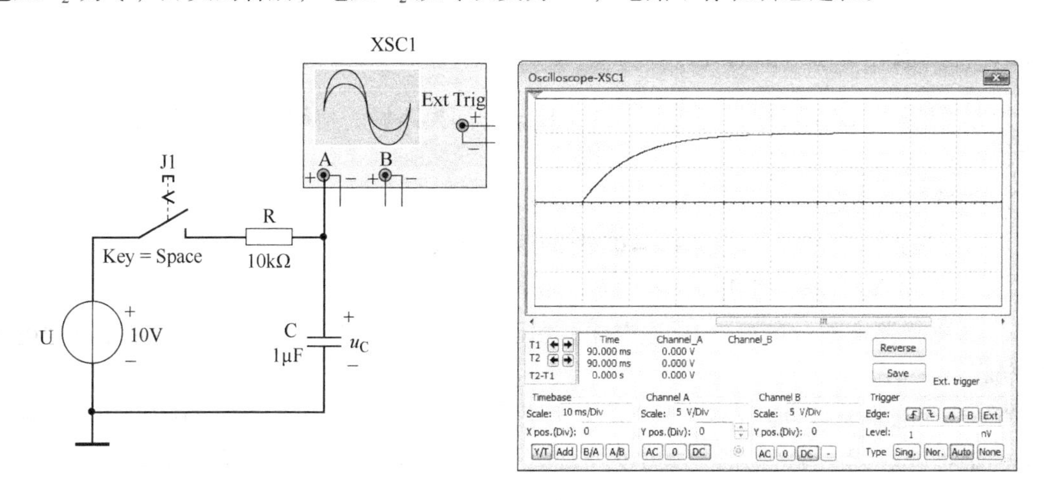

图 2-3　含储能元件电路的分析

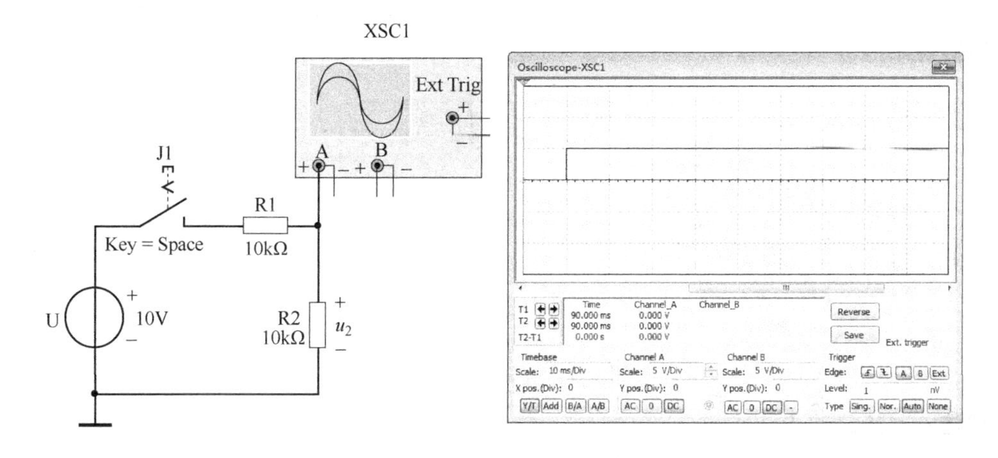

图 2-4　不含储能元件电路的分析

可见，瞬态的发生必须具备两个条件：首先电路中含有动态元件；其次电路发生换路。

电路的瞬态过程虽然短暂，但在工程中颇为重要。在电子技术中，常利用 RC 电路的瞬态过程产生振荡信号、进行信号波形的变换或产生延时做成电子继电器等。电路在瞬态过程中，也会出现过电压或过电流现象，而过电压或过电流有时会损坏电气设备，造成严重事故。因此，分析电路的瞬态过程的目的在于掌握瞬态的变化规律，以便工作中利用其“有利”的一面，克服其“弊端”。

2.2.2 换路定则

设 $t=0$ 为电路的换路时间，$t=0_-$ 表示换路前的最终时刻，$t=0_+$ 表示换路后的最初时刻。从 $t=0_-$ 到 $t=0_+$ 即换路前的最终时刻到换路后的最初时刻，电容元件的电压和电感元件的电流不能突变，其表达式为

$$u_C(0_+)=u_C(0_-)$$
$$i_L(0_+)=i_L(0_-) \tag{2-11}$$

这就是换路定则，换路定则是求解电路在换路后初始值的重要依据。

2.2.3 初始值和稳态值的确定

为方便地描述瞬态过程，需要掌握两个要素，即换路后的初始值和达到稳定状态时的稳态值。

1. 初始值的确定

初始值是指电路的各个分量在 $t=0_+$ 时的值。方法是：

1）由 $t=0_-$ 的电路，求出 $u_C(0_-)$ 或 $i_L(0_-)$；

2）根据换路定则，在 $t=0_+$ 的电路中，由已知的 $u_C(0_+)$ 或 $i_L(0_+)$，求电路中其他电压和电流的初始值。

在 $t=0_+$ 电路中，动态元件要用等效模型代替。对电容而言，如果 $u_C(0_+)=0$，则视为短路；如果 $u_C(0_+)\neq 0$，则视为大小为 $u_C(0_+)$ 的恒压源。对电感而言，如果 $i_L(0_+)=0$，则视为开路；如果 $i_L(0_+)\neq 0$，则视为大小为 $i_L(0_+)$ 的恒流源。

【例 2-1】 图 2-5a 所示电路在 S 闭合前已处于稳态。试确定在换路（S 闭合）后各电流和电压的初始值。

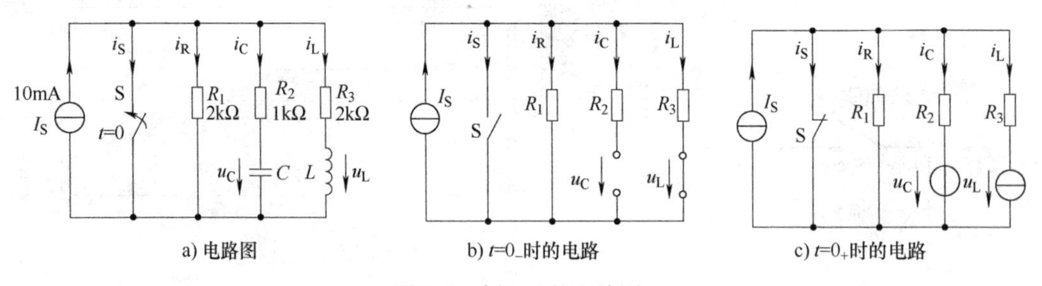

图 2-5 例 2-1 的电路图

解法一：用理论方法求解。

解：1）在 $t=0_-$ 时，电路为换路前稳定状态，直流电路中电容元件 C 可视为开路，电感元件 L 可视为短路，$t=0_-$ 时的电路如图 2-5b 所示。由换路定则，有

$$i_L(0_+)=i_L(0_-)=\frac{R_1}{R_1+R_3}=\frac{1}{2}I_S=5\text{mA},\ u_C(0_+)=u_C(0_-)=i_L(0_-)R_3=5\times 2\text{V}=10\text{V}$$

2）在 $t=0_+$ 电路中，电容元件 C 视为理想电压源，其电压为 $u_C(0_+)$。电感元件 L 视为理想电流源，其电流为 $i_L(0_+)$，$t=0_+$ 时的电路如图 2-5c 所示。应用电路基本定律计算其他初始值，可得

$$i_R(0_+)=0,\ i_C(0_+)=-\frac{u_C(0_+)}{R_2}=-\frac{10}{1}\text{mA}=-10\text{mA}$$

$$i_S(0_+)=I_S-i_R-i_C-i_L=[10-0-(-10)-5]\text{mA}=15\text{mA}$$

$$u_L(0_+)=-i_L(0_+)R_3=-5\times 2\text{V}=-10\text{V}$$

解法二：用 Multisim 仿真。

解：1）在电路工作窗口画出 $t=0_-$ 时的仿真电路图。从电源库 ÷ 中调用电流源及接地端，从基本器件库 ∿ 中调用电阻元件、电感元件、电容元件及开关元件（SWITCH 中的 SPST），指示器件库 ▣ 中调用电压表 ▣ 和电流表 ▣，并双击各元件，为元件赋值，如图 2-6a 所示。单击 Multisim 软件右上角的仿真电源开关 ▣ 按钮，就可得到仿真结果。

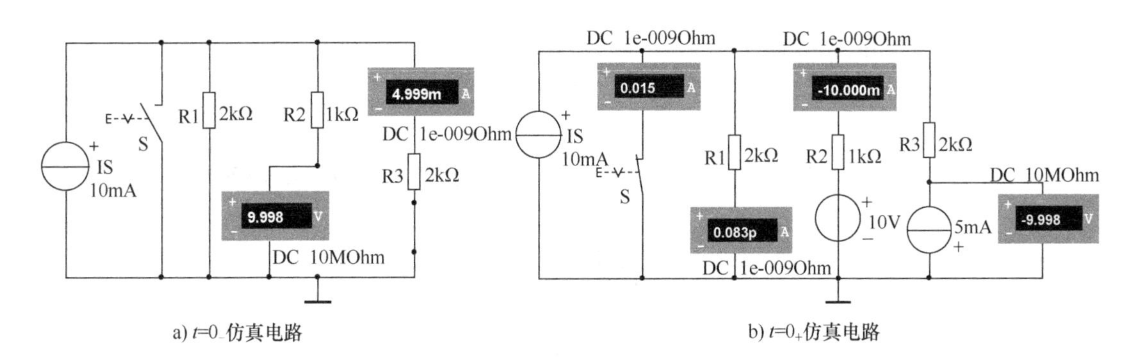

图 2-6　例 2-1 Multisim 仿真电路图

由 $t=0_-$ 的仿真电路图 2-6a 得

$$u_C(0_-)=10\text{V},\ i_L(0_-)=5\text{mA}$$

根据换路定则可得

$$u_C(0_+)=u_C(0_-)=10\text{V},\ i_L(0_+)=i_L(0_-)=5\text{mA}$$

2）画出 $t=0_+$ 的仿真电路，将电容元件用 10V 理想电压源、电感元件用 5mA 理想电流源代替，如图 2-6b 所示。用电压表、电流表测得

$$i_R(0_+)=0,\ i_C(0_+)=-10\text{mA},\ i_S(0_+)=15\text{mA},\ u_L(0_+)=-10\text{V}$$

2. 稳态值的确定

电路的瞬态过程结束后，电路进入新的稳定状态，这时各元件电压和电流的值称为稳态值（或终值），一般也称为 $t=\infty$ 时的值。稳态值的确定方法是画出 $t=\infty$ 时的电路，并用等效模型代替动态元件，然后求解稳态值。

在直流激励作用下，电路达到稳态时，电感元件应视为短路，电容元件应视为开路。

【例 2-2】　求图 2-7a 所示电路在过渡过程结束后，电路中各电压和电流的稳态值。

解法一：用理论方法求解。

解：在图 2-7b 所示 $t=\infty$ 时的稳态电路中，将电容元件开路，电感元件短路，于是得出各个稳态值为

$$i_C(\infty)=0,\ u_L(\infty)=0$$

$$i_R(\infty)=i_L(\infty)=\frac{U_S}{R_1+R_3}=\frac{12}{2+4}\text{A}=2\text{A}$$

$$u_C(\infty)=i_L(\infty)R_3=2\times4\text{V}=8\text{V}$$

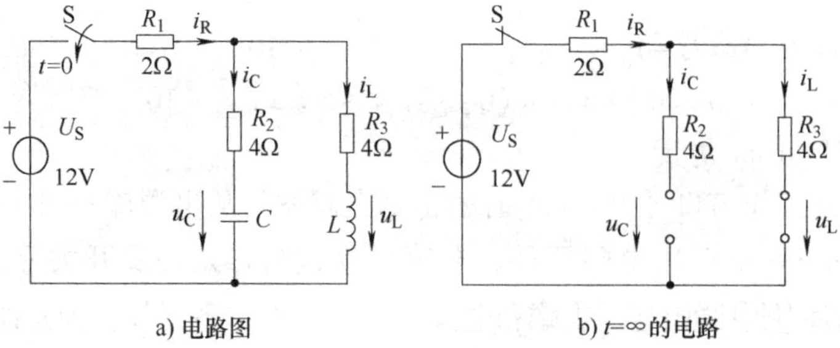

a) 电路图　　　　b) $t=\infty$的电路

图 2-7　例 2-2 的电路

解法二： 用 Multisim 仿真。

解： 在 $t=\infty$ 时的稳态仿真电路中，将电容元件开路，电感元件短路。

画出仿真电路如图 2-8 所示。

测量结果：$i_C(\infty)=0$，$u_L(\infty)=0$，$i_R(\infty)=i_L(\infty)=2\text{A}$，$u_C(\infty)=8\text{V}$。

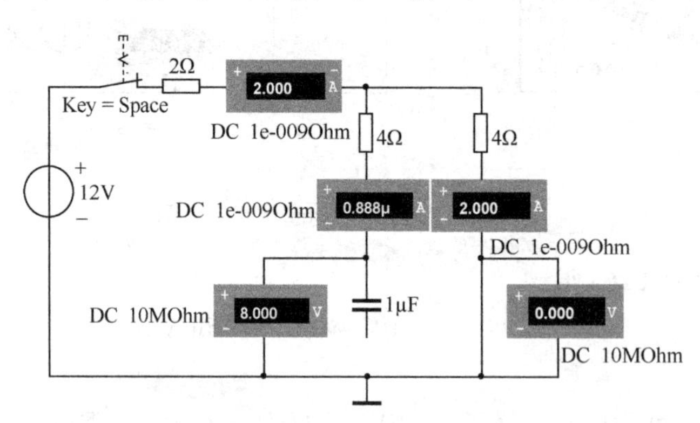

图 2-8　例 2-2 Multisim 仿真电路图

2.3　一阶电路的瞬态分析

在电路分析中，将电路的外部输入或内部储能称为激励，在激励作用下所产生的电压或电流的变化称为响应。本节讨论换路后电路中电压或电流随时间变化的规律，称为时域响应。根据电路中外加激励的情况，将电路瞬态过程的响应分成三种类型，分别为全响应、零状态响应、零输入响应。

2.3.1　*RC* 电路的瞬态分析

1. *RC* 电路的全响应

图 2-9a 是一个简单的 *RC* 电路，在 $t=0$ 时刻以前，电容已储能 $u_C(0_+)=U_0$，设在 $t=0$

时开关S闭合，这种既有外界激励，且初始储能又不为零的电路响应称为全响应。

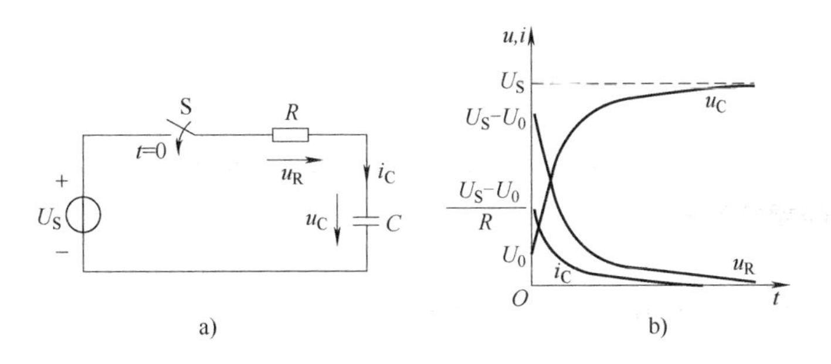

图2-9　*RC*电路的全响应

根据KVL定律可列出回路电压方程，即

$$i_C R + u_C = U_S$$

由于 $i_C = C\dfrac{du_C}{dt}$，所以有

$$RC\frac{du_C}{dt} + u_C = U_S \tag{2-12}$$

式(2-12)是一阶常系数非齐次线性微分方程，该方程的解由特解 u'_C 和通解 u''_C 两部分组成，即 $u_C(t) = u'_C + u''_C$。

特解 u'_C 可用试探法求出。令 $u'_C = U_S$，代入式(2-12)成立，而 U_S 为该电路经过瞬态达到新的稳态时的值 $u_C(\infty)$，也称稳态分量，故

$$u'_C = U_S = u_C(t)\big|_{t\to\infty}$$

u''_C 为原方程对应的齐次方程，即

$$RC\frac{du_C}{dt} + u_C = 0$$

的通解，其解的形式为

$$u''_C = Ae^{-\frac{t}{\tau}} \tag{2-13}$$

u''_C 是按指数规律衰减的，它只出现在过渡过程中，通常称 u''_C 为瞬态分量。

式(2-13)中 $\tau = RC$，具有时间量纲，称为 *RC* 电路的时间常数。当 *R* 的单位是欧(Ω)，*C* 的单位是法(F)时，τ 的单位是秒(s)，τ 的大小反映了过渡过程进行的快慢。从理论上讲，电路要经过 $t = \infty$ 时间才能达到稳态。由于指数曲线开始变化较快，而后逐渐缓慢，实际上 t 经过 $(3\sim5)\tau$ 的时间，即可认为电路已基本达到稳态。

由上述可知，方程的全解为稳态分量加暂态分量，即

$$u_C(t) = U_S + Ae^{-\frac{t}{\tau}} \tag{2-14}$$

式中，常数 A 可由初始条件确定。开关S闭合后的瞬间为 $t = 0_+$，此时电容的初始电压(即初始条件)为 $u_C(0_+)$，则在 $t = 0_+$ 时有

$$u_C(0_+) = U_S + A$$

故

$$A = u_C(0_+) - U_S = U_0 - U_S$$

将 A 值代入式(2-14)中，整理可得

$$u_C(t)=U_S+(U_0-U_S)e^{-\frac{t}{\tau}},\qquad t\geqslant 0 \tag{2-15}$$

电路中的电流为

$$i_C=C\frac{du_C}{dt}=\frac{U_S-U_0}{R}e^{-\frac{t}{\tau}},\qquad t\geqslant 0$$

图 2-9b 中给出了初始状态为 U_0，且 $U_0<U_S$ 时 RC 电路的电压、电流曲线。

2. *RC* 电路的零输入响应

电路的零输入，是指无电源激励，输入信号为零。图 2-9a 电路中，若电路中无电源输入，即 $U_S=0$，仅由电容的初始储能所引起的电路响应称为零输入响应。由式(2-15)可得

$$u_C(t)=U_0e^{-\frac{t}{RC}}\qquad t\geqslant 0 \tag{2-16}$$

$$i_C=C\frac{du_C}{dt}=-\frac{U_0}{R}e^{-\frac{t}{\tau}}$$

$$u_R=-U_0e^{-\frac{t}{\tau}}$$

其电压、电流变化曲线如图 2-10 所示。

3. *RC* 电路的零状态响应

图 2-9a 电路中，如果电容的初始储能为零，即 $U_0=0$，电路仅由电源激励所产生的响应称为零状态响应。将初始值代入式(2-15)可得

$$u_C(t)=U_S(1-e^{-\frac{t}{RC}})\qquad t\geqslant 0 \tag{2-17}$$

u_C、u_R、i 随时间变化曲线如图 2-11 所示。

由以上分析可知，全响应为零输入响应和零状态响应这两者的叠加。

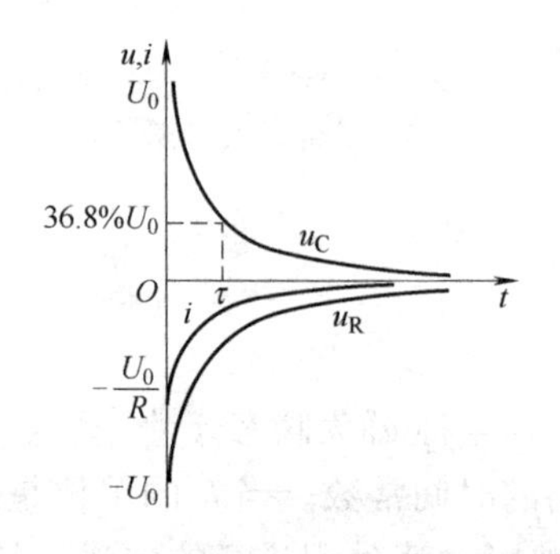

图 2-10　*RC* 电路零输入响应变化曲线

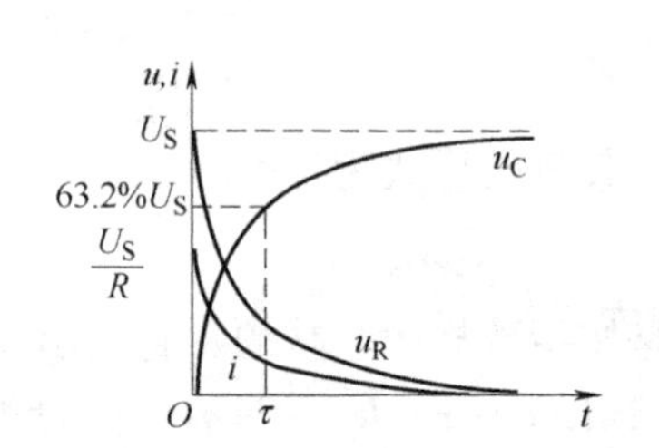

图 2-11　*RC* 电路零状态响应变化曲线

2.3.2　一阶线性电路瞬态分析的三要素法

描述动态元件电路特性的方程是以电压、电流为变量的微分方程。如果一个电路可以用一阶常系数线性微分方程[见式(2-12)]来描述，这样的电路就称为一阶线性电路。当线性电路中只含有一个动态元件(或可以等效成一个动态元件)时，这个电路必为一阶线性电路。

一阶线性电路的响应可表示为

$$f(t)=f(\infty)+[f(0_+)-f(\infty)]e^{-\frac{t}{\tau}} \tag{2-18}$$

式(2-18)就是分析一阶线性电路瞬态过程中任意变量的一般公式。只要求出初始值

$f(0_+)$、稳态值$f(\infty)$和时间常数 τ 这三个要素，代入式(2-18)中，就可求出电路的响应，这种方法称为一阶线性电路的三要素法。

对于一阶 RC 电路，求解时间常数 τ 时，其中的 R 是电路中等效电容元件两端的戴维南等效电阻。

下面举例说明三要素法的应用。

【例 2-3】 图 2-12a 所示电路原处于稳态，在 $t=0$ 时将开关 S 闭合，试求换路后电路中所示的电压和电流，并画出其变化曲线。

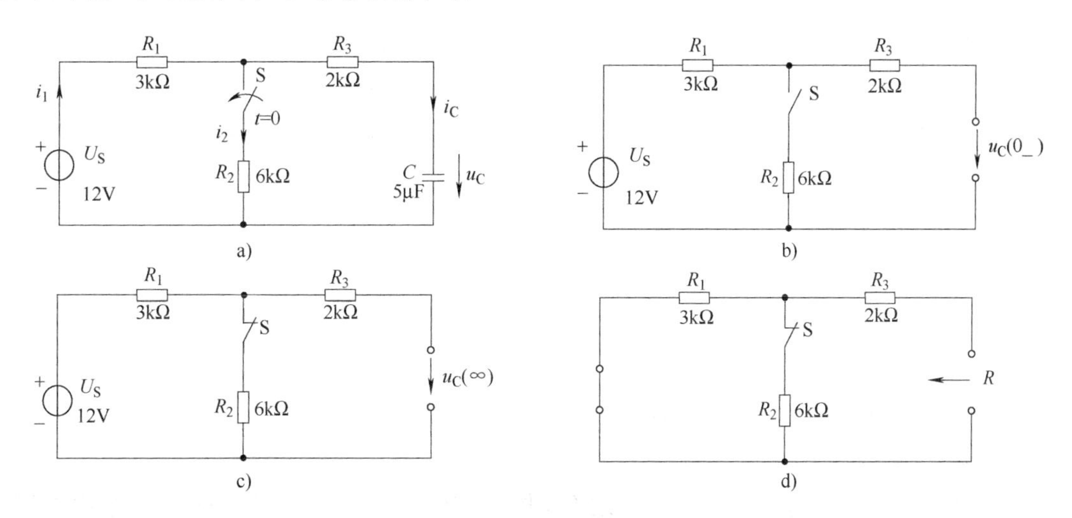

图 2-12　例 2-3 的电路

解：(1) 求解 $u_C(t)$

用三要素法求解：

1) 求 $u_C(0_+)$。由图 2-12b 可得

$$u_C(0_+) = u_C(0_-) = U_S = 12\text{V}$$

2) 求 $u_C(\infty)$。由图 2-12c 可得

$$u_C(\infty) = \frac{R_2}{R_1 + R_2}U_S = \frac{6}{3+6} \times 12\text{V} = 8\text{V}$$

3) 求 τ。R 应为换路后电容两端去掉恒压源的等效电阻。由图 2-12d 可得

$$R = (R_1//R_2) + R_3 = \left(\frac{3 \times 6}{3+6} + 2\right)\text{k}\Omega = 4\text{k}\Omega$$

$$\tau = RC = 4 \times 10^3 \times 5 \times 10^{-6}\text{s} = 0.02\text{s}$$

所以电容电压为

$$u_C(t) = u_C(\infty) + [u_C(0_+) - u_C(\infty)]\text{e}^{-\frac{t}{\tau}} = (8 + 4\text{e}^{-50t})\text{V}$$

(2) 求解 $i_C(t)$

电容电流 $i_C(t)$ 也可用三要素法或由 $i_C(t) = C\frac{\text{d}u_C}{\text{d}t}$求得

$$i_C(t) = C\frac{\text{d}u_C}{\text{d}t} = \frac{u_C(\infty) - u_C(0_+)}{R}\text{e}^{-\frac{t}{\tau}} = \left(\frac{8-12}{4}\text{e}^{-50t}\right)\text{mA} = -\text{e}^{-50t}\text{mA}$$

(3) 求解 $i_1(t)$、$i_2(t)$

电流 $i_1(t)$、$i_2(t)$ 同样可用三要素法或由 $i_C(t)$、$u_C(t)$ 求得，从图 2-12a 可得

$$i_2(t)=\frac{i_C(t)R_3+u_C(t)}{R_2}=\left(\frac{-e^{-50t}\times2+8+4e^{-50t}}{6}\right)\text{mA}=\left(\frac{4}{3}+\frac{1}{3}e^{-50t}\right)\text{mA}$$

$$i_1(t)=i_2(t)+i_C(t)=\left(\frac{4}{3}+\frac{1}{3}e^{-50t}-e^{-50t}\right)\text{mA}=\left(\frac{4}{3}-\frac{2}{3}e^{-50t}\right)\text{mA}$$

$u_C(t)$、$i_C(t)$、$i_1(t)$ 和 $i_2(t)$ 的变化曲线如图 2-13 所示。

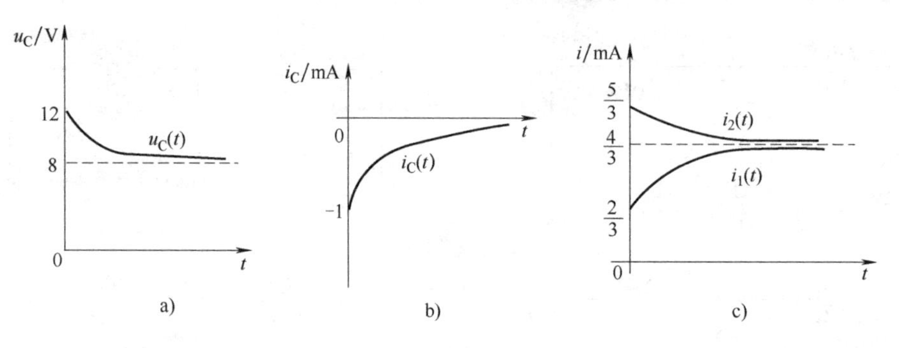

图 2-13 例 2-3 的电压、电流的变化曲线

下面介绍用 Multisim 仿真本例题的方法。

1）用仪表测量三要素的方法求电容电压 $u_C(t)$

按图 2-12a 画出仿真电路图，先求换路后电容电压的初始值，即换路前电容电压的稳态值如图 2-14 所示，测得：$u_C(0_+)=u_C(0_-)\approx12\text{V}$。

再将开关 S 闭合如图 2-15 所示，用电压表测换路后电容电压的稳态值，得：$u_C(\infty)=8\text{V}$。

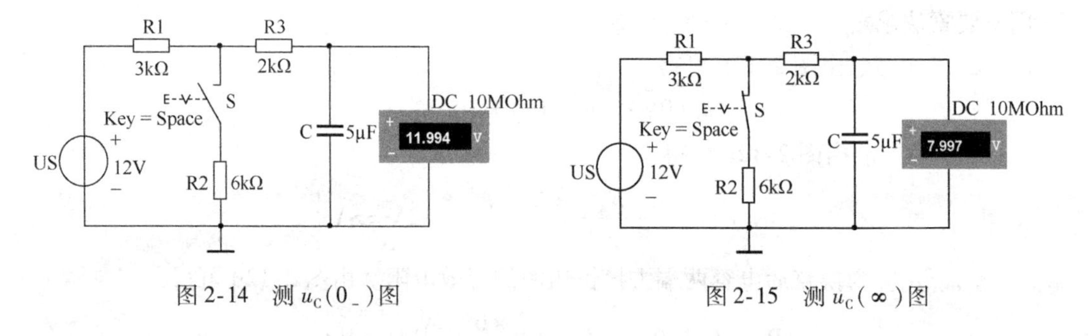

图 2-14 测 $u_C(0_-)$ 图　　图 2-15 测 $u_C(\infty)$ 图

然后用万用表电阻档测出换路后电容 C 两端的戴维南等效电阻 R（去源求电阻），如图 2-16所示，得 $R=4\text{k}\Omega$，则时间常数为 $\tau=RC=4\times10^3\times5\times10^{-6}\text{s}=20\text{ms}$。最后由三要素公式可得

$$u_C(t)=(8+4e^{-50t})\text{V}$$

2）用 Multisim 软件提供的分析功能中的暂态分析法，对【例 2-3】进行分析，并画出曲线 $u_C(t)$ 及 $i_C(t)$、$i_1(t)$、$i_2(t)$，有两种方法：

解法一：当初始条件未知时可使用延时开关。

解：按图 2-12a 画出仿真电路图，其中开关 S 从基本器件库 的“SWITCH”中选择“TD_SW1”（延时开关），如图 2-17 所示。双击延时开关进行参数设置，延时开关参数“Time

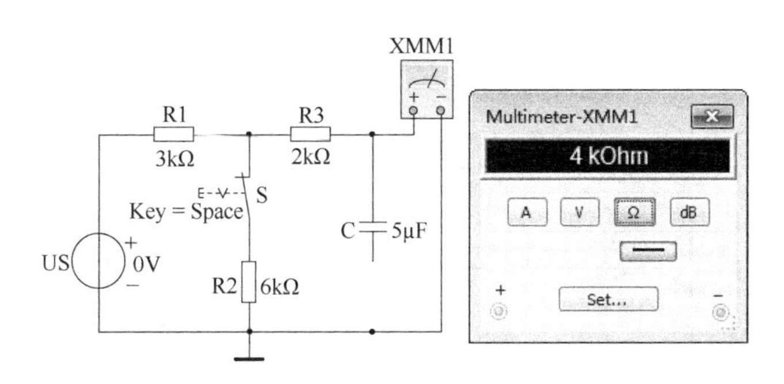

图 2-16　测换路后电容 C 两端的等效电阻 R

On(TON)”是指开关由位置 1 换到位置 3 的动作时刻，“Time Off(TOFF)”是开关由位置 3 换到位置 1 的时刻，将“Time On(TON)”设置为“0”，将“Time Off(TOFF)”设置为“1e-010”(很短的时间)，如图 2-18 所示，即刚开始仿真时开关接在位置 3 处，很快(经过1e-010)开关就接到位置 1 处。

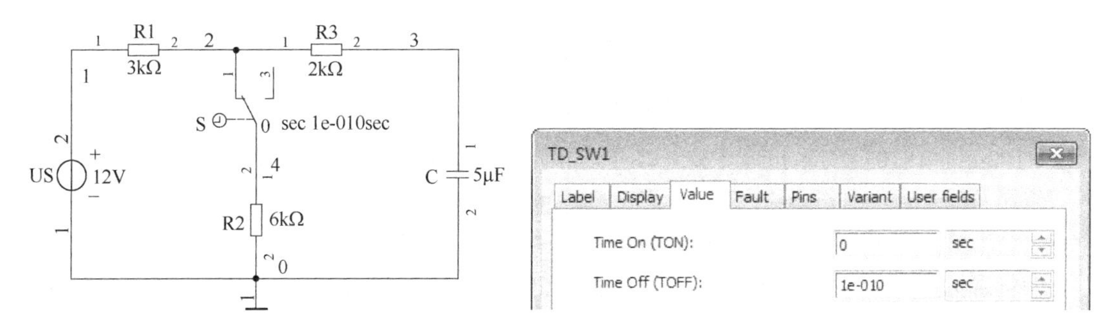

图 2-17　含延时开关的仿真电路图　　　　图 2-18　延时开关的设置界面

在软件菜单栏中单击“Options\Sheet Properties”，弹出如图 2-19 所示电路设置界面，在“Show”(显示控制区)的“Net names”(节点名)中选择“Show all”(显示节点)，在“Component”(元器件)中选择显示“RefDes”(元器件参考标识号)、“Values”(元器件数值)、“Initial conditions”(元器件初始条件)、“Footprint pin names”(元器件引脚封装名)，经显示设置后的电路如图 2-17 所示。图 2-17 中黑体的 0、1、2、3、4 为节点名，0 为接地点，其余节点随机命名。小字体的 1、2 等数字为元器件的引脚号。

单击菜单栏中的“Simulate”，从“Analyses”中选择“Transient Analysis”(暂态分析)并单击，出现图 2-20 所示“Analysis parameters”(分析参数)界面，设置暂态分析的初始条件为自动测定初始条件即“Automatically determine initial conditions”，再设置分析的“Start time”(起始时间)和“End time”(终止时间)。最后在图 2-21 所示“Output”(输出变量)界面的“Variables in circuit”(电路中的变量)中选择“V(3)”，即节点 3 与节点 0(地)之间的电容电压 u_C，单击“Add”，将“V(3)”添加到“Selected variables for analysis”(选择要分析的变量)中，单击“Simulate”按钮，即可得到电容两端的电压曲线，如图 2-22 所示，单击 按钮弹出“Cursor”窗口，窗口中所显示的数值$(x_1, y_1)(x_2, y_2)$表示游标 1、2 与曲线交点所对应的坐标。移动游标，就可以读出不同时刻电压的大小。从图 2-22 可见 100ms 时已趋于稳态，将游标拖至 100ms 处，可得

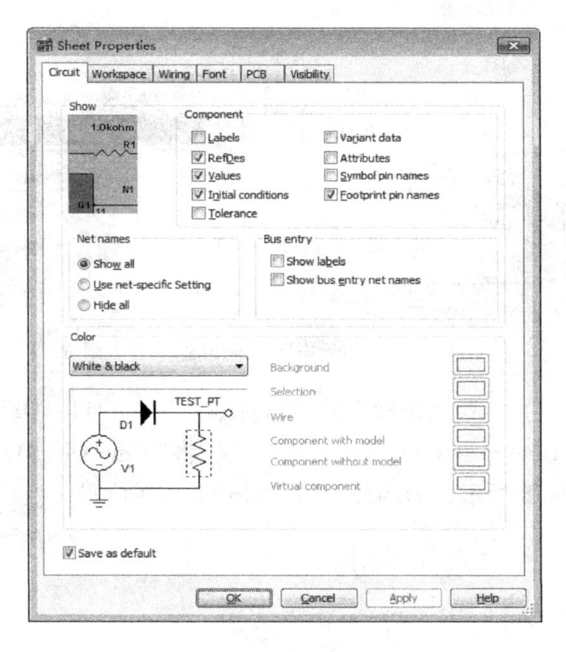

图 2-19　电路设置界面

$u_C(t=100\text{ms})=8.03\text{V}$，所以 $u_C(\infty)=8\text{V}$，将游标拖至接近 0ms 处，可得 $u_C(0_+)=12\text{V}$。

将初始值和稳态值代入三要素公式可得经过一个时间常数时的电容电压值为

$$u_C(t=\tau)=8+(12-8)\text{e}^{-1}\text{V}=(8+4\times0.368)\text{V}=9.47\text{V}$$

即将游标拖至 9.47V 处所对应的时间 $t=20\text{ms}$ 就是时间常数 τ，如图 2-22 所示中游标 1。

由三要素公式可得

$$u_C(t)=(8+4\text{e}^{-50t})\text{V}$$

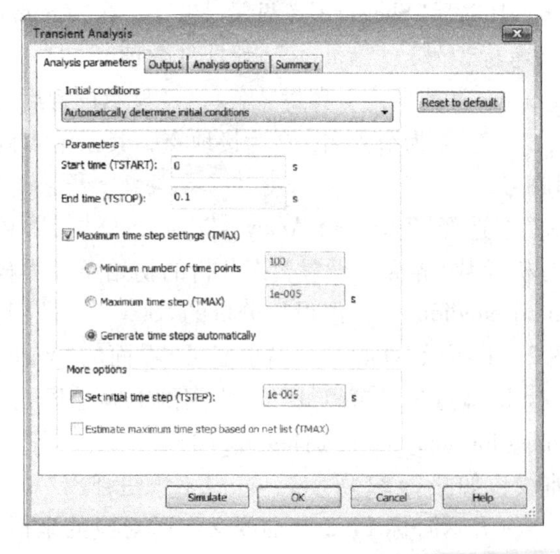

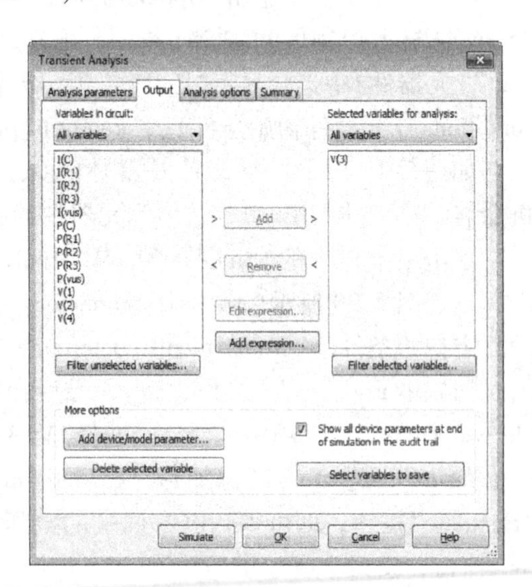

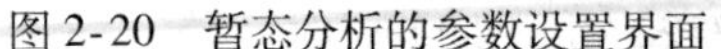
图 2-20　暂态分析的参数设置界面

图 2-21　暂态分析的输出变量设置界面

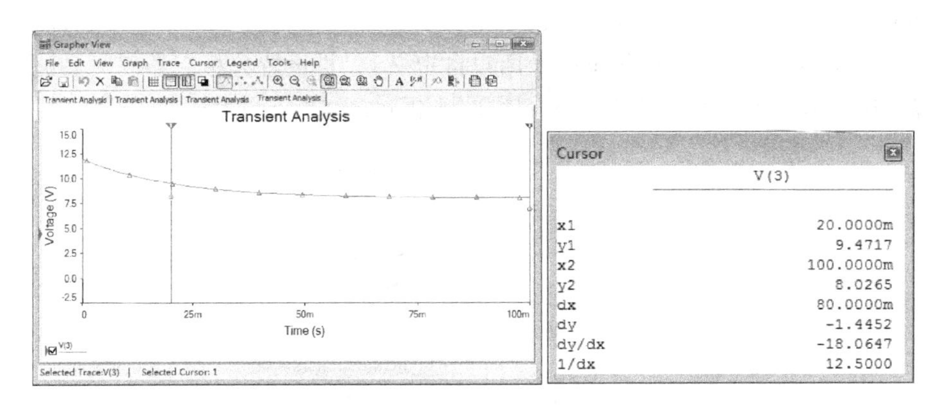

图2-22　电容两端的电压曲线

同理，在图2-21所示输出变量设置界面选择“I(C)”、“I(R1)”、“I(R2)”。单击“Simulate”按钮，即可得到电流$i_C(t)$、$i_1(t)$、$i_2(t)$的曲线，如图2-23所示。同样可以从曲线图中读出各电流的初始值和稳态值，并根据三要素法写出表达式。

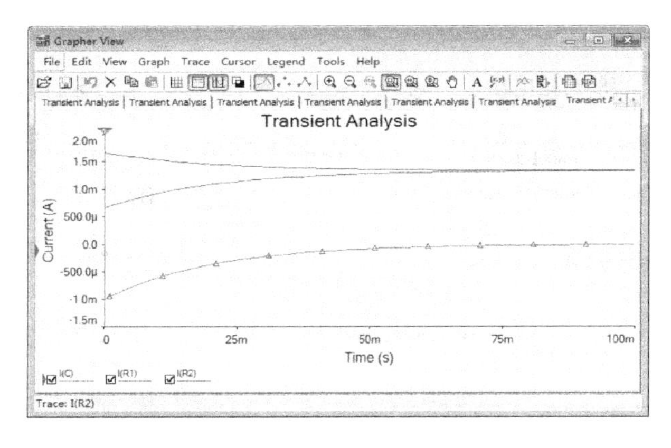

图2-23　$i_C(t)$、$i_1(t)$、$i_2(t)$变化曲线

注意：在使用分析方法仿真电路时，软件默认电阻、电感、电容的电流参考方向为从元件的1引脚指向2引脚，而直流恒压源的电流参考方向为从“+”指向“-”，选择要分析的变量时一定要注意其方向。例如【例2-3】中“i_1 = I(R1) = - I(vus)”，这里“I(vus)”是指U_S的电流，其方向与i_1相反，所以要加“-”，“-I(vus)”可通过单击图2-21中的“Add expression...”来编写表达式后添加(见例2-4)。

解法二：在已知动态元件初始值的情况下，也可用下面的方法进行暂态分析。

解：按图2-12a画出仿真电路图，如图2-24所示，其中开关S从基本器件库的“SWITCH”中选“SPST”。将开关闭合(换路后的状态)，用鼠标左键双击电容，在弹出窗口的“Value”页面中勾选“Initial Condition”(初始条件)，并设置其初始条件为“12V”，如图2-25所示。

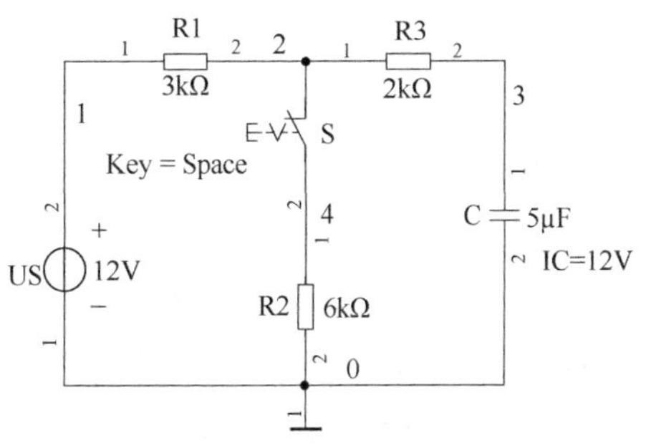

图2-24　暂态分析仿真电路图

从“Simulate”选择“Analyses/Transient Analysis”，在图 2-26 所示界面中，设置“Initial Conditions”(初始条件)为“User-defined”(用户自定义)，再设置分析起始时间和终止时间。其余步骤及仿真结果与方法一中图 2-21 ~ 图 2-23 相同，这里不再赘述。

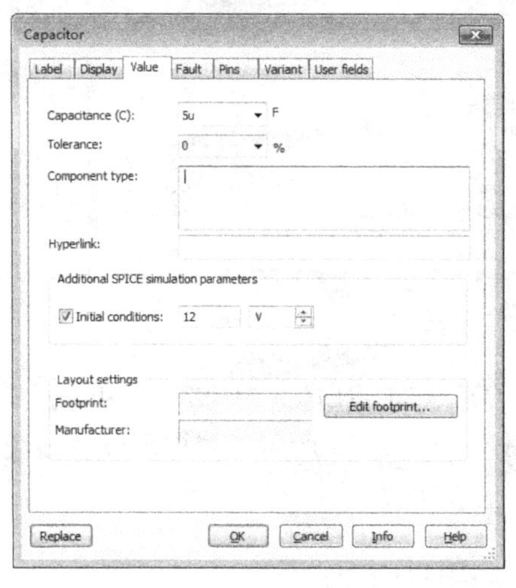

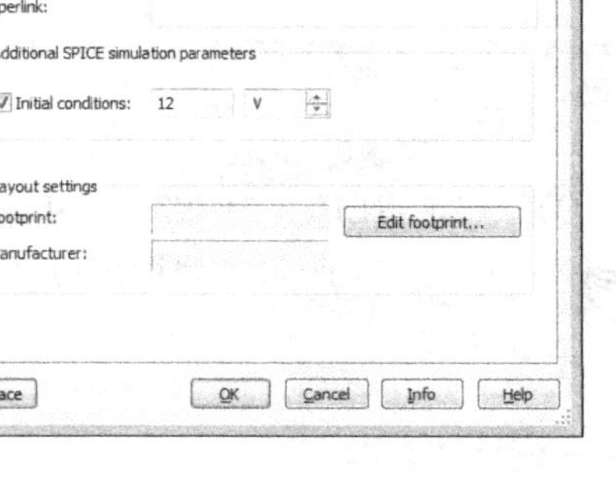

图 2-25　设置电容的初始电压

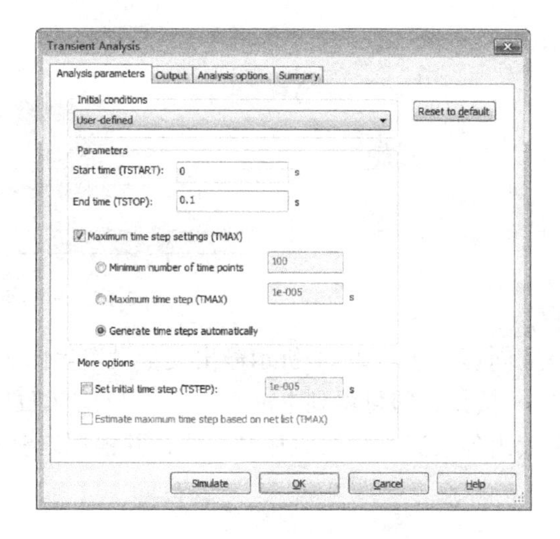

图 2-26　暂态分析的参数设置界面

解法二中如果电容的初始值为 0，可不必在图 2-25 中勾选“Initial Condition”，只需在图 2-26 的“Initial Conditions”下拉框中选择“Set to zero”(设置为 0)即可。

2.3.3　*RL* 电路的瞬态分析

图 2-27 所示为一个 *RL* 电路。设 $i_L(0_-)=I_0$，$t=0$ 时，开关 S 闭合，则 $t\geqslant 0$ 时，电路的回路方程为

$$u_R+u_L=U_S$$

$$i_L R+L\frac{di_L}{dt}=U_S$$

进一步可写为

$$\frac{L}{R}\frac{di_L}{dt}+i_L=\frac{U_S}{R} \tag{2-19}$$

图 2-27　*RL* 电路

同式(2-12)相比，可知电路时间常数为 $\tau=\dfrac{L}{R}$，且三要素法也同样适用于一阶 *RL* 线性电路。

对于一般的一阶 *RL* 线性电路，求解时间常数 τ 时，其中 R 也是电路中等效电感元件两端的戴维南等效电阻。

【例 2-4】　电路如图 2-28 所示，开关闭合前电路已达稳态。试求 $t\geqslant 0$ 时的 $i_L(t)$、$u_L(t)$、$u_1(t)$、$i_1(t)$和 $i_2(t)$，并画出其变化曲线。

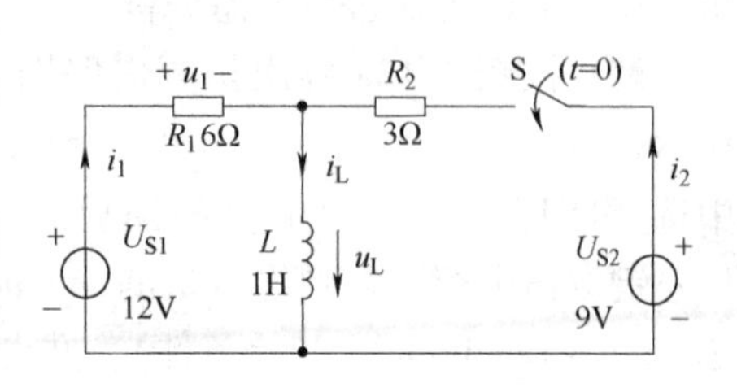

图 2-28　例 2-4 的电路图

解法一： 用理论方法求解。

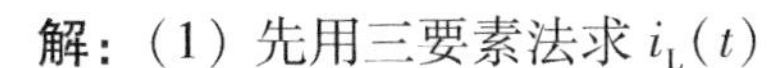

解：(1) 先用三要素法求 $i_L(t)$

初始值为

$$i_L(0_+) = i_L(0_-) = \frac{U_{S1}}{R_1} = \frac{12}{6}\text{A} = 2\text{A}$$

稳态值为

$$i_L(\infty) = \frac{U_{S1}}{R_1} + \frac{U_{S2}}{R_2} = \left(\frac{12}{6} + \frac{9}{3}\right)\text{A} = 5\text{A}$$

时间常数为

$$\tau = \frac{L}{R} = \frac{L}{R_1 // R_2} = \frac{1}{\dfrac{6\times 3}{6+3}}\text{s} = \frac{1}{2}\text{s}$$

由三要素公式可得

$$i_L(t) = i_L(\infty) + [i_L(0_+) - i_L(\infty)]\text{e}^{-\frac{t}{\tau}} = (5 - 3\text{e}^{-2t})\text{A}$$

所以

$$u_L(t) = L\frac{\text{d}i_L}{\text{d}t} = [i_L(\infty) - i_L(0_+)]R\text{e}^{-\frac{t}{\tau}} = (5-2)\times 2\text{e}^{-2t}\text{V} = 6\text{e}^{-2t}\text{V}$$

u_L 也可以直接用三要素法求出。

(2) $u_1(t)$、$i_1(t)$和$i_2(t)$可利用$u_L(t)$求出，也可以直接用三要素法求出

$$u_1(t) = U_{S1} - u_L(t) = (12 - 6\text{e}^{-2t})\text{V}$$

$$i_1(t) = \frac{u_1(t)}{R_1} = \left(\frac{12 - 6\text{e}^{-2t}}{6}\right)\text{A} = (2 - \text{e}^{-2t})\text{A},\ i_2(t) = \frac{U_{S2} - u_L}{R_2} = \left(\frac{9 - 6\text{e}^{-2t}}{3}\right)\text{A} = (3 - 2\text{e}^{-2t})\text{A}$$

各电流电压的变化曲线如图 2-29 所示。

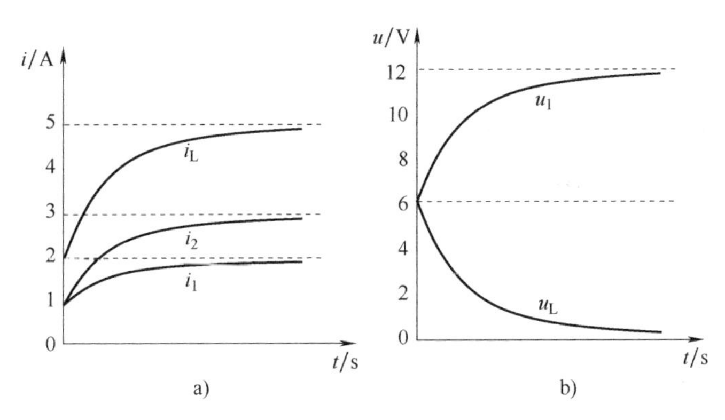

图 2-29　例 2-4 的电流、电压变化曲线

解法二：用 Multisim 仿真。

解：按图 2-28 画出仿真电路图，如图 2-30 所示，其中开关 S 选用延时开关，对延时开关进行设置，如图 2-31 所示。

从“Simulate”选择“Analyses/Transient Analysis”，对分析参数进行设置，如图 2-32 所示。输出选择“V(1)-V(2)”和“V(2)”作为要分析的变量，如图 2-33 所示，其中“V(2)”为电感电压 u_L，“V(1)-V(2)”为电阻 R_1 两端的电压 u_1，可通过单击图 2-33 中的“Add expression...”(添加表达式)，在图 2-34 窗口中双击表达式对应的变量和符号编写好表达式后单击“OK”添加，最后单击“Simulate”得到电压 $u_L(t)$ 和 $u_1(t)$ 的变化曲线，如图 2-35 所示。

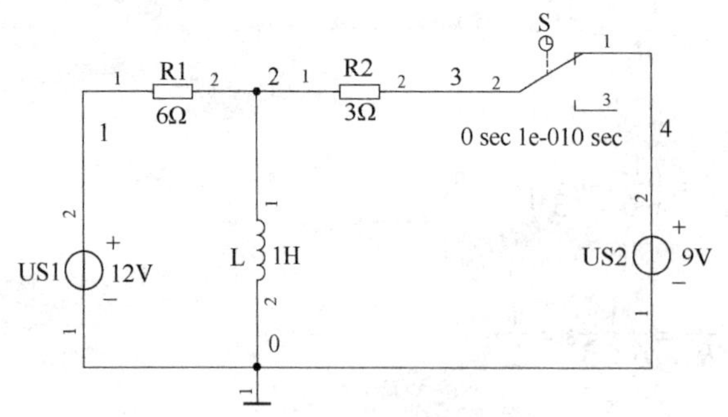

图 2-30　含延时开关的仿真电路图

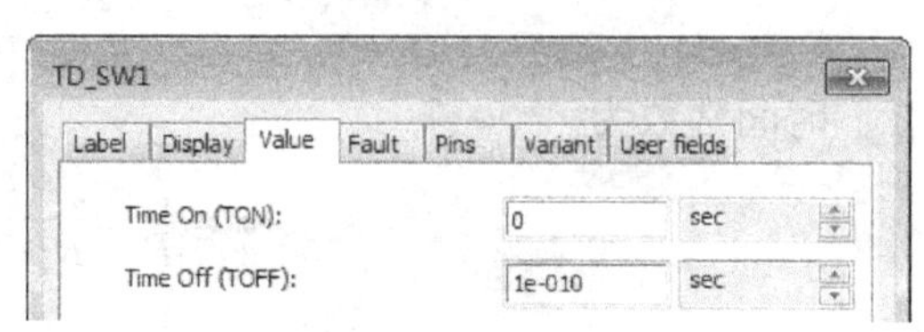

图 2-31　延时开关的设置界面

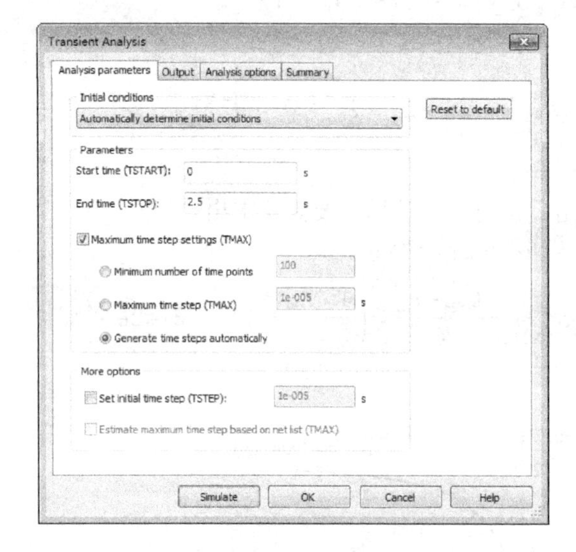

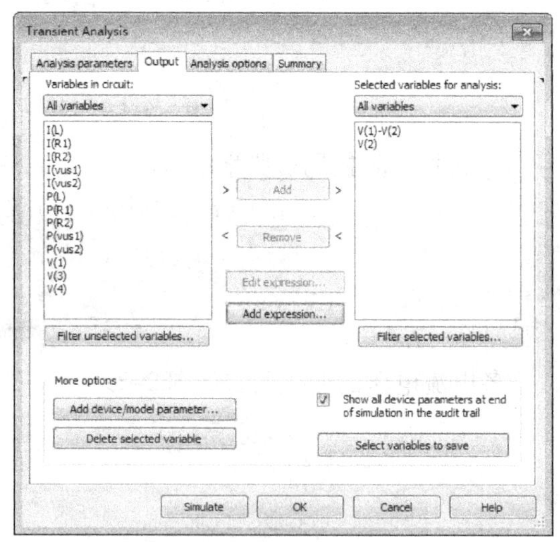

图 2-32　暂态分析的参数设置界面

图 2-33　暂态分析的输出变量设置界面

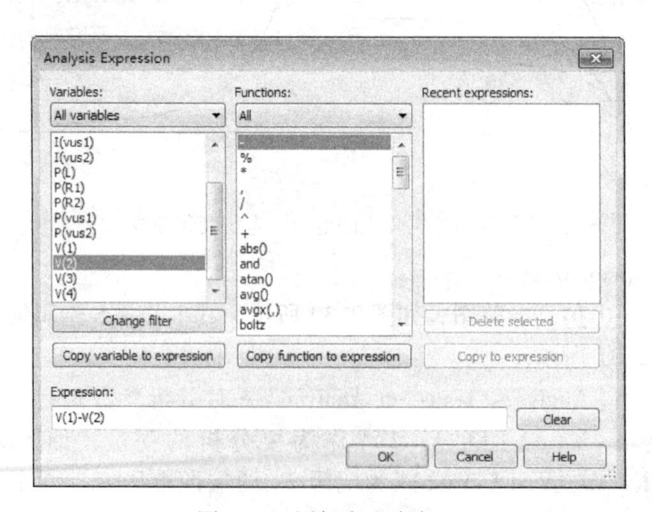

图 2-34　添加表达式窗口

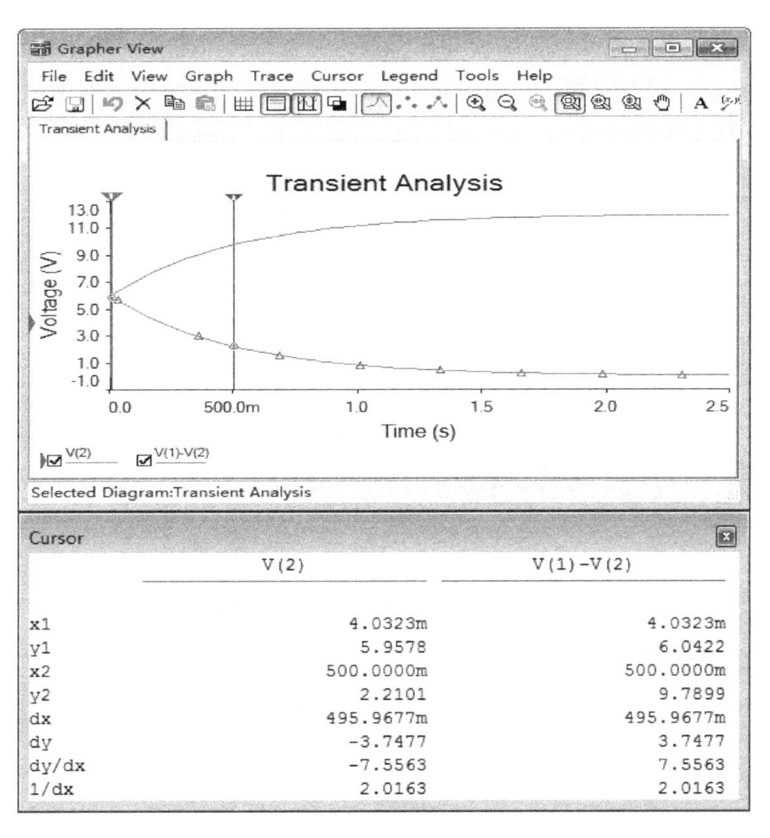

	V(2)	V(1)-V(2)
x1	4.0323m	4.0323m
y1	5.9578	6.0422
x2	500.0000m	500.0000m
y2	2.2101	9.7899
dx	495.9677m	495.9677m
dy	-3.7477	3.7477
dy/dx	-7.5563	7.5563
1/dx	2.0163	2.0163

图 2-35　$u_L(t)$ 和 $u_1(t)$ 的变化曲线及游标读数

对图 2-35 曲线拖动游标读数可得 $u_L(0_+) \approx u_1(0_+) \approx 6V$，$u_L(\infty) \approx 0V$，$u_1(\infty) \approx 12V$。

将初始值和稳态值代入三要素公式可得 $t=\tau$ 时的电感电压值：$u_L(t=\tau)=6e^{-1}V=2.208V$。即将游标拖至接近 2.208V 处所对应的时间 $t=500ms$ 就是时间常数 τ，如图 2-35 所示中游标 2。由三要素公式可得电压表达式为

$$u_L(t)=6e^{-2t}V,\ u_1(t)=(12-6e^{-2t})V$$

这里，时间常数 τ 也可通过先测出开关闭合后电感 L 两端的等效电阻 R 的方法求得，即将电压源 U_{S1} 和 U_{S2} 短路或设为 0V，断开电感 L，使用万用表电阻档(接法见图 2-36)测得电感 L 两端的等效电阻 $R=2\Omega$。所以时间常数为 $\tau=\dfrac{L}{R}=\dfrac{1}{2}s$。

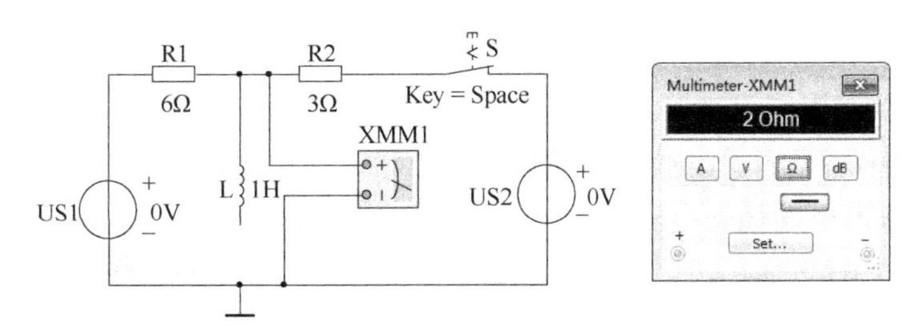

图 2-36　测量换路后电感 L 两端的等效电阻 R

同理，在图 2-37 所示输出变量设置界面添加“I(L)”“I(R1)”“－I(R2)”作为要分析的变量。单击“Simulate”按钮，即可得到电流 $i_L(t)$、$i_1(t)$、$i_2(t)$ 的曲线，如图 2-38 所示。同

样可以从曲线图中读出各电流的初始值和稳态值，并根据三要素法写出表达式。注意这里“I(R2)”方向是从电阻 R_2 的引脚 1 指向引脚 2，与 i_2 的方向相反，所以要加负号。

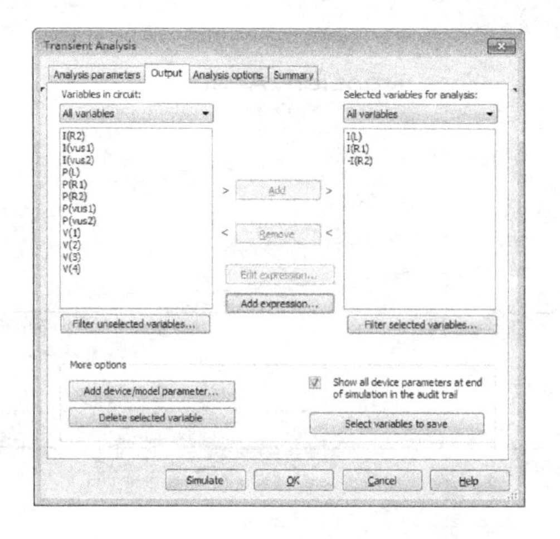

图 2-37　暂态分析的输出变量设置界面

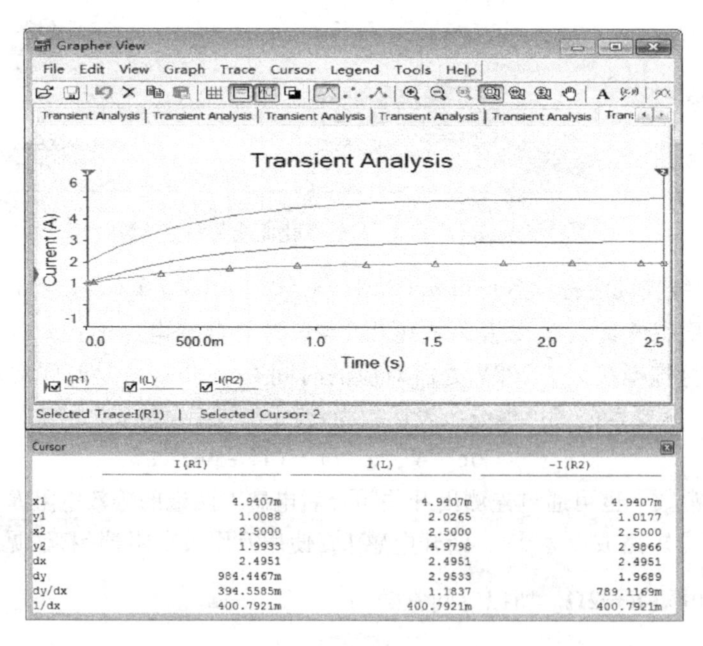

图 2-38　各电流的变化曲线及初始值和稳态值的近似读数

例 2-4 也可以先用电流表测出电感的初始电流，即开关 S（从基本器件库 的“SWITCH”中选“SPST”）断开时电感的稳态电流，如图 2-39 所示，测得 $i_L(0_+)=i_L(0_-)=2A$。将开关闭合，再双击电感，在电感值设置界面勾选“Initial conditions”并输入初始值“2A”，如图 2-40 所示，显示电路节点及初始条件如图 2-41 所示。然后从“Simulate”选择“Analyses/Transient Analysis”，在

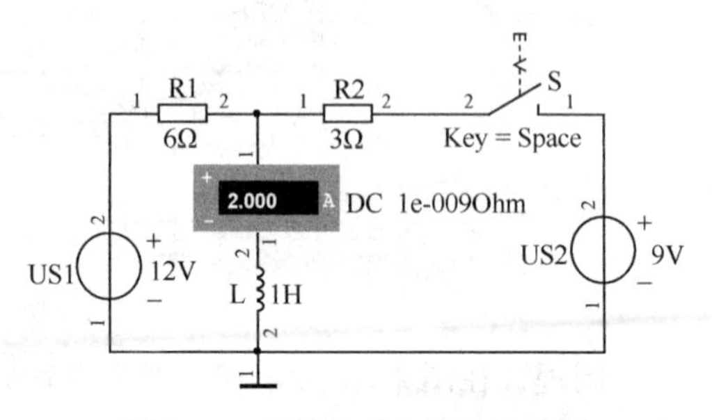

图 2-39　测量电感电流的初始值

分析参数设置界面中，设置“Initial Conditions”（初始条件）为“User-defined”（用户自定义），再设置分析起始时间和终止时间。其余步骤及仿真结果与图 2-33 ~ 图 2-38 相同，这里不再赘述。

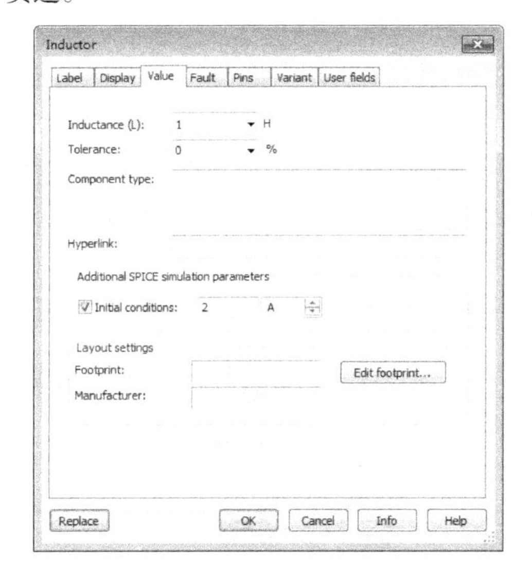

图 2-40　设置电感电流的初始值

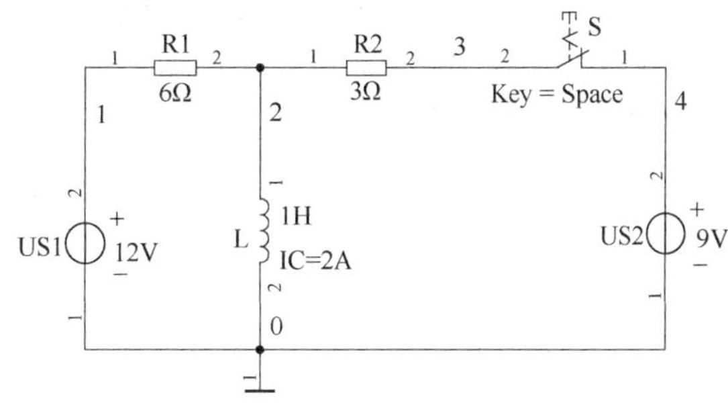

图 2-41　已知初始条件的仿真电路图

2.4　微分电路与积分电路

微分电路和积分电路实质上是 *RC* 电路在周期性矩形脉冲信号作用下的充放电电路。

2.4.1　微分电路

把 *RC* 接成如图 2-42a 所示电路。输入信号 u_i 是占空比为 50% 的脉冲序列，占空比是指 t_w/T 的比值，其中 t_w 是脉冲持续时间（脉冲宽度），T 是脉冲周期。u_i 的脉冲幅度为 U，其输入波形如图 2-42b 所示。

RC 微分电路必须满足两个条件：①$\tau \ll t_w$；②从电阻两端获取输出电压 u_o。

在 $0 \leqslant \tau < t_w$ 时，电路相当于接入电压 U。由 *RC* 电路的零状态响应，得出其输出电压为

$$u_o = Ue^{-\frac{t}{\tau}} \qquad 0 \leqslant t < t_w$$

时间常数 $\tau \ll t_w$ 时（一般取 $\tau < 0.2\, t_w$），在 t_w 期间，电容的充电过程很快完成，输出电压也随着很快衰减到零，因而输出电压 u_o 是一个峰值为 U 的尖脉冲，波形如图 2-42b 所示。

在 $T > t \geqslant t_w$ 时，输入信号 u_i 为零，输入端短路，电路相当于电容初始电压值为 U 的零输入响应，其输出电压为

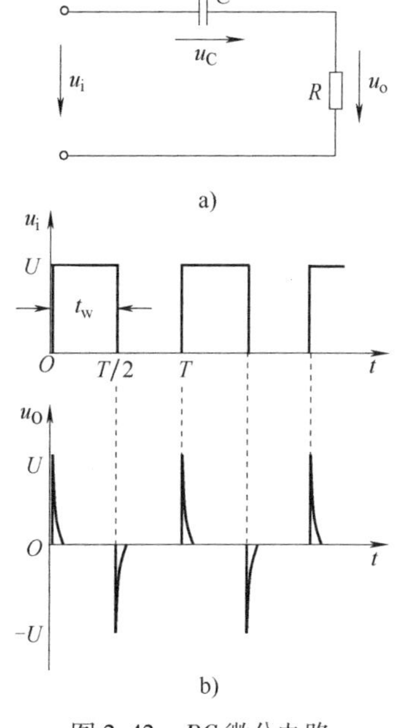

图 2-42　*RC* 微分电路及输入和输出波形

$$u_o = -Ue^{-\frac{t-t_w}{\tau}} \qquad T > t \geqslant t_w$$

时间常数 $\tau \ll t_w$ 时，电容的放电过程很快完成，输出 u_o 是一个峰值为 $-U$ 的尖脉冲，波形如图 2-42b 所示。

因为 $\tau \ll t_w$，所以 $u_i = u_C + u_o \approx u_C$。

故
$$u_o = iR = RC\frac{du_C}{dt} \approx RC\frac{du_i}{dt} \tag{2-20}$$

式(2-20)表明，输出电压 u_o 近似与输入电压 u_i 的微分成正比，因此习惯上称这种电路为微分电路。在电子技术中，常用微分电路将矩形波变换成尖脉冲，作为触发器的触发信号，或用来触发晶闸管，其用途非常广泛。

【例 2-5】 用 Multisim 软件求如图 2-43 所示 RC 微分电路中 R 两端的电压波形。

解法一： 直接测量法。

解： 本题可以用示波器显示，按图 2-44 接好电路。单击 Multisim 软件右上角按钮，示波器显示的波形如图 2-45 所示。单击按钮，使示波器显示的波形静止。

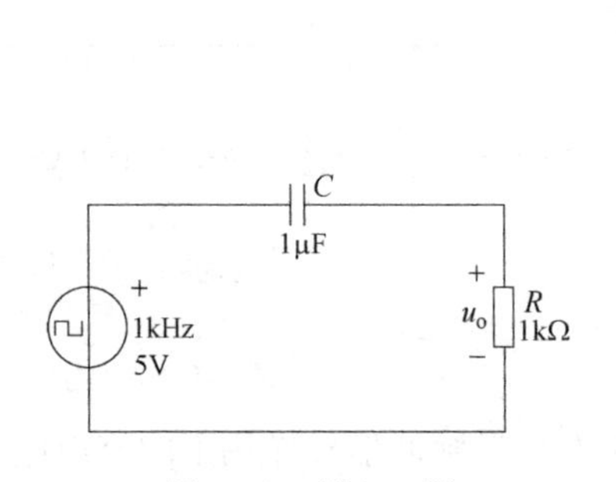

图 2-43　例 2-5 图

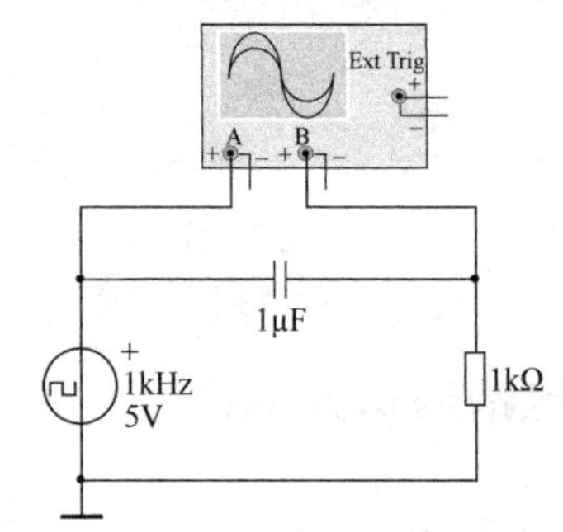

图 2-44　例 2-5 电路仿真图

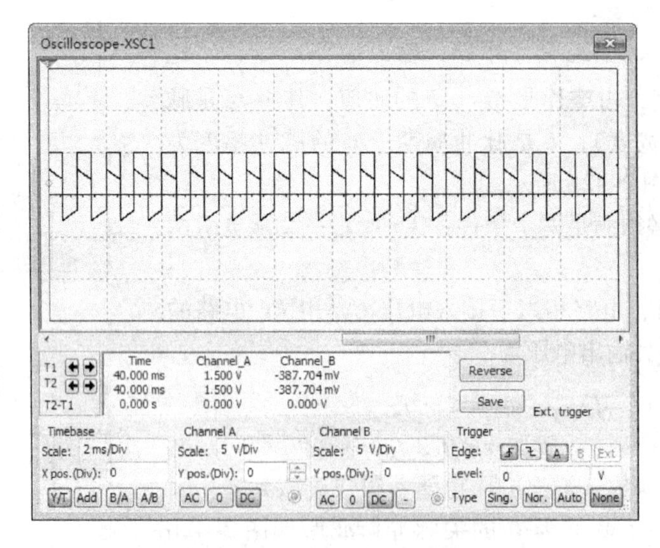

图 2-45　输入输出波形

解法二： 用暂态分析方法得到输入输出波形。

解： 画出仿真电路图并显示节点，如图 2-46 所示。从"Simulate"选择"Analyses/Transient Analysis”，设分析起始时间“Start time(TSTART)”为0s，分析完成时间“End time(ESTOP)”为 0.005s。同时选择“V(1)”、“V(2)”为分析变量，如图 2-47 所示。

单击“Simulate”按钮，得到输入、输出的电压波形，如图 2-48 所示。

若将原电路的电阻 R 从 1kΩ 变为 100Ω，则电阻 R 两端的电压输出波形，如图 2-49 所示。

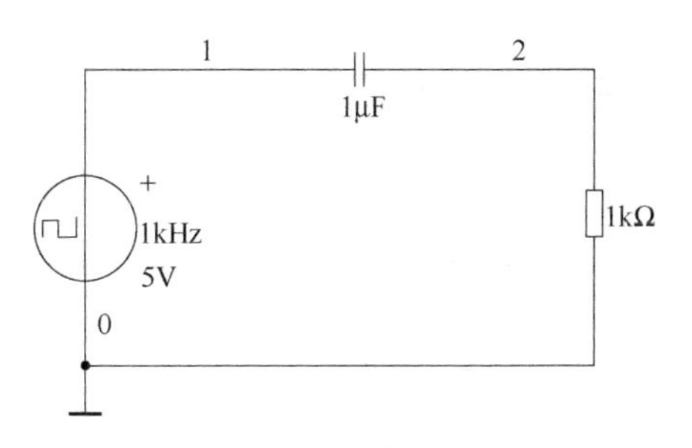

图 2-46　显示节点的电路

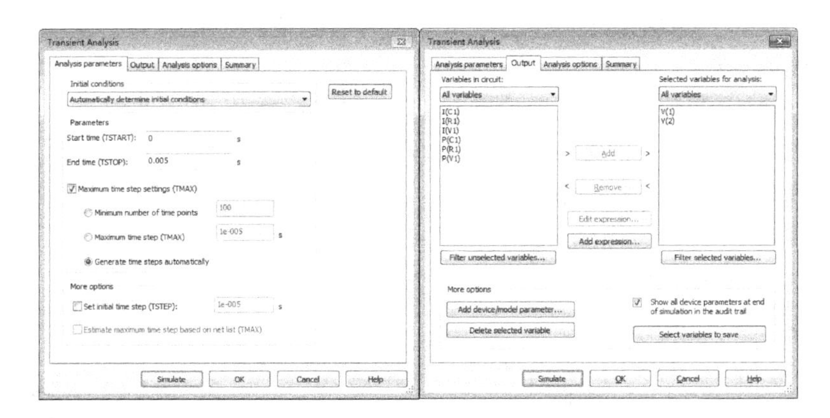

图 2-47　暂态分析参数及变量设置界面

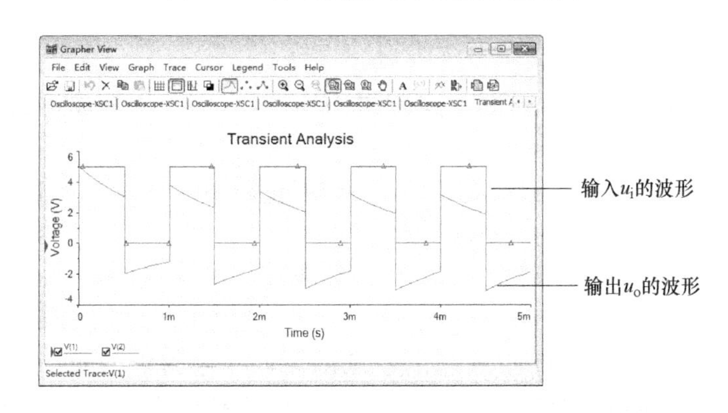

图 2-48　输入输出波形

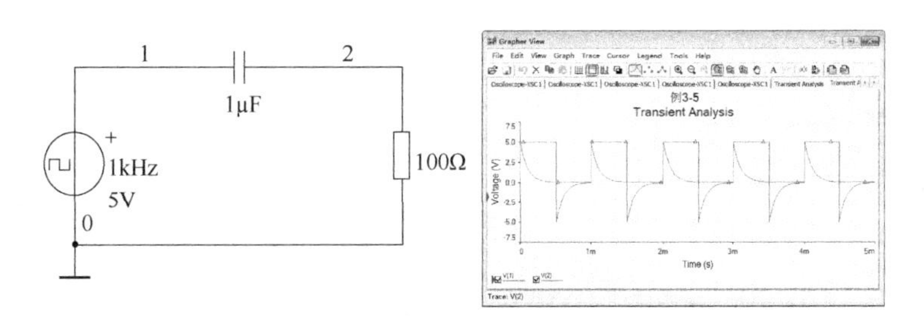

图 2-49　电阻变小后电路输入输出波形

结论：$\tau = RC$ 越小，u_o 越接近 u_i 的微分，波形越尖。

2.4.2 积分电路

把 RC 接成如图 2-50a 所示电路，电路的时间常数 $\tau \gg t_w$。在脉冲序列作用下，电路的输出 u_o 在脉冲持续时间内，将是和时间 t 基本上呈直线关系的三角波电压，如图 2-50b 所示。

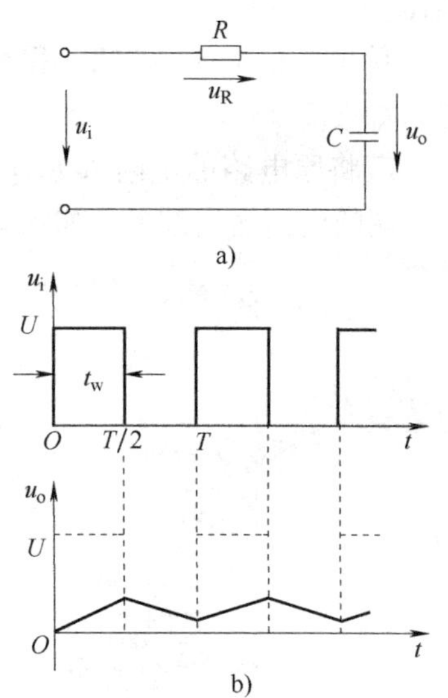

图 2-50　RC 积分电路及输入和输出波形

RC 积分电路必须满足两个条件：

① $\tau \gg t_w$；②从电容两端获取输出电压 u_o。

在 $0 \leqslant t < t_w$ 时，即脉冲持续时间内（脉宽 t_w 时间内），电容两端电压 $u_C = u_o$ 缓慢增长。u_C 还远未增长到稳态值，脉冲已消失（$t = t_w = T/2$）。

在 $T > t \geqslant t_w$ 时，电容缓慢放电，输出电压 u_o（即电容电压 u_C）缓慢衰减。u_C 的增长和衰减虽仍按指数规律变化，但由于 $\tau \gg t_w$，其变化曲线尚处于指数曲线的初始阶段，近似为直线段。所以输出 u_o 近似为三角波。

由于 $\tau \gg t_w$，RC 电路充放电过程非常缓慢，所以有

$$u_o = u_C \ll u_R$$

$$u_i = u_R + u_o \approx u_R = iR$$

$$i = \frac{u_R}{R} \approx \frac{u_i}{R}$$

$$u_o = u_C = \frac{1}{C}\int i\mathrm{d}t \approx \frac{1}{RC}\int u_i\mathrm{d}t \tag{2-21}$$

式(2-21)表明，输出电压 u_o 近似与输入电压 u_i 对时间的积分成正比，称为 RC 积分电路。

【例 2-6】 用 Multisim 软件求如图 2-51 所示 RC 电路中的电容 C 两端的电压波形。

解： 用暂态分析法得到 u_o 的波形。

首先画出仿真电路图并显示节点，如图 2-52 所示。然后从“Simulate”选择“Analyses/Transient Analysis”，在图 2-53 所示界面中设置分析起始时间和终止时间。接着在暂态分析的输出变量界面设置要分析的节点，为了将输入、输出波形进行对比，同时选择“V(1)”、“V(2)”作为输出变量。最后单击“Simulate”按钮即可得到图 2-54 所示输入、输出波形。

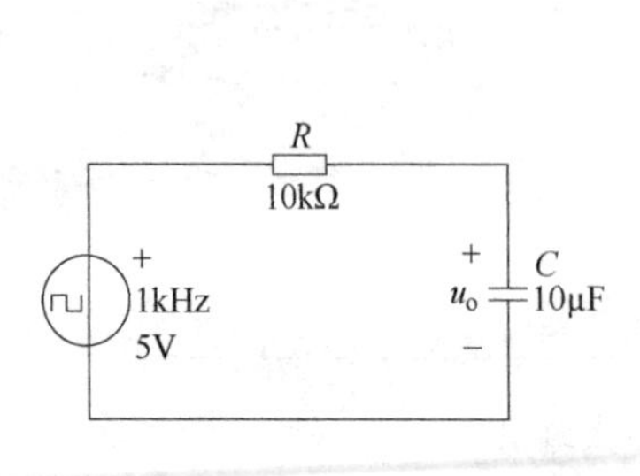

图 2-51　例 2-6 图

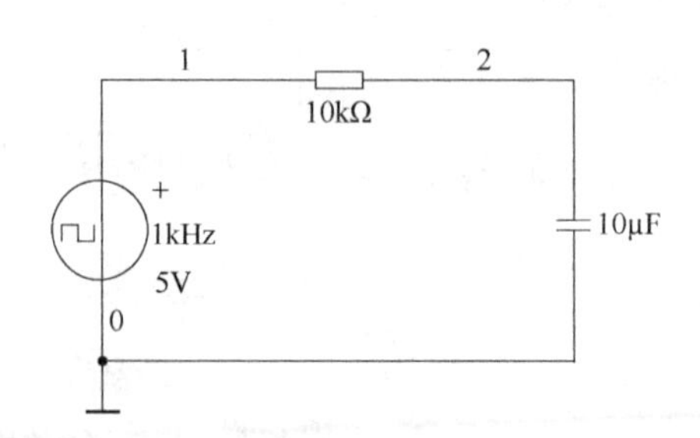

图 2-52　例 2-6 电路仿真图

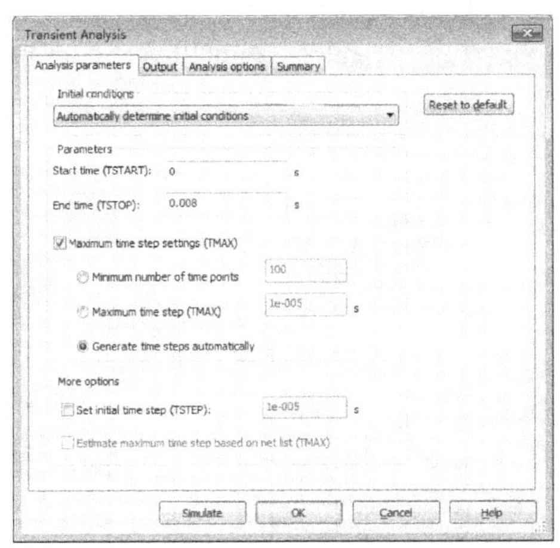

图 2-53　暂态分析设置窗口

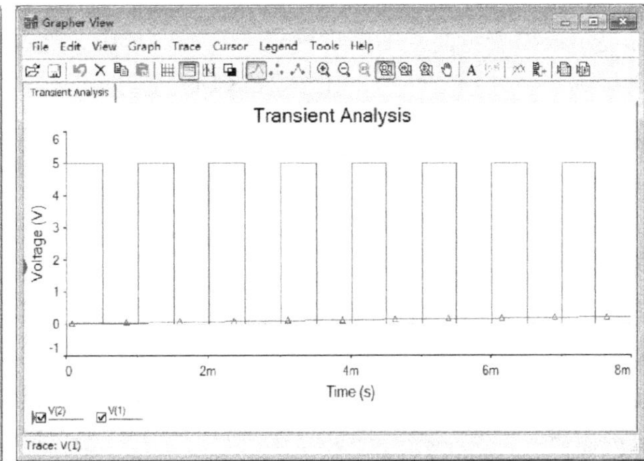

图 2-54　暂态分析仿真结果

从图中可以看到，由于输出电压数值太小，与输入方波采用同一纵轴并不合适，需要增加右坐标轴，其方法如下：

1）在图形显示界面(见图 2-54)选择菜单“Graph/properties”，弹出“Graph Properties”窗口，在其“General”页面上，可以设置图形的主题、栅格和光标等。

2）选择“Right axis”页面，弹出图 2-55 所示窗口，先在“Lable”中输入右轴标题，然后选择“Enabled”单选框，使右轴处于显示状态，再设置“Scale”为“Linear”，在“Range”区输入最小、最大坐标值，最后在“Divisions”区输入右轴分几格(Total ticks)、每几格标一次数值(Minor ticks)、所标数值精确到小数点后几位(Precision)。同理可对左坐标进行设置，如图 2-56 所示。

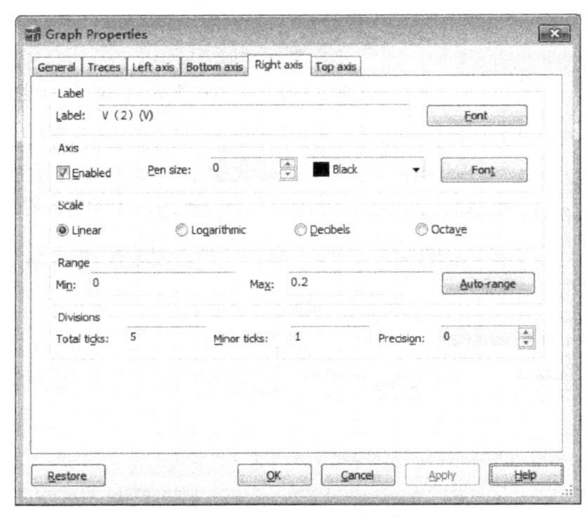

图 2-55　右坐标轴设置页面

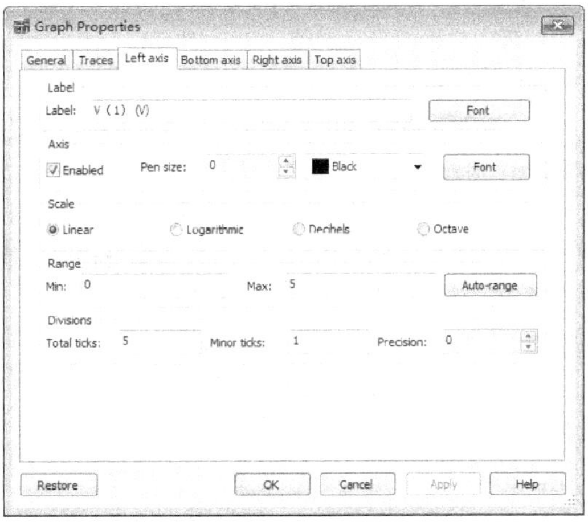

图 2-56　左坐标轴设置页面

3）选择“Trace”页面，如图 2-57 所示，在该页面可以设置曲线与坐标轴的所属关系，还可更改曲线颜色与线宽。在“Trace ID”框中选择 1，上方标记框中就会显示该曲线是输出电压“V(2)”，在“Y-vertical axis”区中设置曲线属于“Right axis”右坐标。设置完成后，单击应用按钮，看显示的曲线是否满足要求，若不满足，还可以再设置，若满足，单击确定。屏幕显示输出变量曲线的图形窗口，在该窗口中，选择“Edit/Copy Graph”，就可以将曲线图形拷贝到文字处理软件中，如图 2-58 所示。

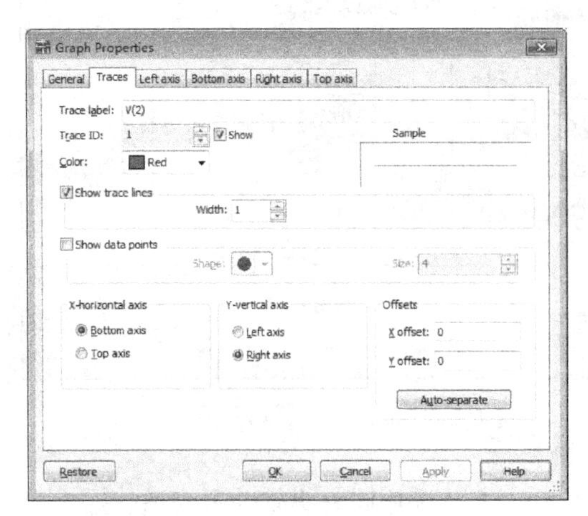

图 2-57　曲线设置页面

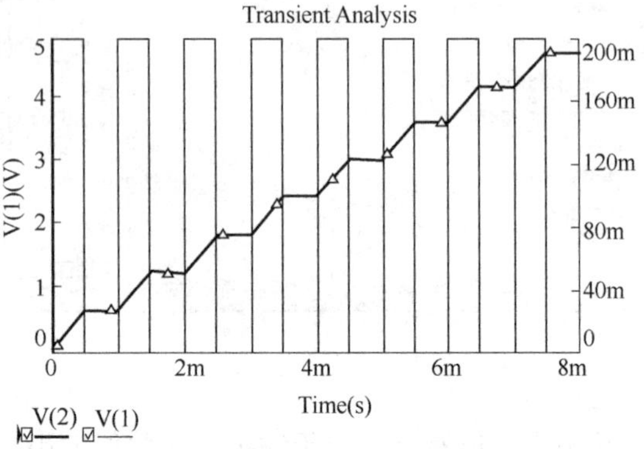

Transient Analysis

V(1)(V)　0 1 2 3 4 5

V(2)(V)　0 40m 80m 120m 160m 200m

Time(s)　0 2m 4m 6m 8m

V(2) V(1)

图 2-58　具有双坐标轴的曲线图

习题

【概念题】

2-1　某一线性电感，通以 2A 的电流，产生 6Wb 磁链，求其电感为多少？此时储存的磁场能是多少？

2-2　某一线性电容元件的电压 $u=4.5\text{V}$，电荷 $q=2\times10^{-6}\text{C}$，求其电容为多少？此时储存的电场能是多少？

2-3　什么叫瞬态过程？产生瞬态过程的原因和条件是什么？

2-4　什么叫换路定则？它的理论基础是什么？它有什么用途？什么叫初始值？什么叫稳态值？在电路中如何确定初始值及稳态值？

2-5　除电容电压 $u_C(0_+)$ 和电感电流 $i_L(0_+)$，电路中其他电压和电流的初始值应在什么电路中确定。在 $t=0_+$ 时刻电路中，电容元件和电感元件有什么特点？

2-6　什么叫一阶电路？分析一阶电路的简便方法是什么？一阶电路的三要素公式中的三要素指什么？

2-7　在电路的瞬态分析时，如果电路没有初始储能，仅由外界激励源的作用产生的响应，称为什么响应？如果无外界激励源作用，仅由电路本身初始储能的作用所产生的响应，称为什么响应？既有初始储能又有外界激励所产生的响应称为什么响应？

2-8　理论上过渡过程需要多长时间？而在工程实际中，通常认为过渡过程大约为多长时间？

2-9　在 RC 串联的电路中，欲使过渡过程进行的速度不变而又要初始电流小些，电容和电阻该怎样选择？

【分析仿真题】

2-10　电路如图 2-59a、图 2-59b 所示，原处于稳态。$t=0$ 时开关闭合，试确定换路瞬间电压和电流的初始值和电路达到稳态时的各电压和电流稳态值。

2-11　在图 2-60 所示电路中，电容的初始储能为零。在 $t=0$ 时将开关 S 闭合，试求开关 S 闭合后电容元件两端的电压 $u_C(t)$。

2-12　如图 2-61 所示电路原处于稳态。已知 $R_1=3\text{k}\Omega$，$R_2=6\text{k}\Omega$，$I_S=3\text{mA}$，$C=5\mu\text{F}$，在 $t=0$ 时将开关 S 闭合，试求开关 S 闭合后电容的电压 $u_C(t)$ 及各支路电流。

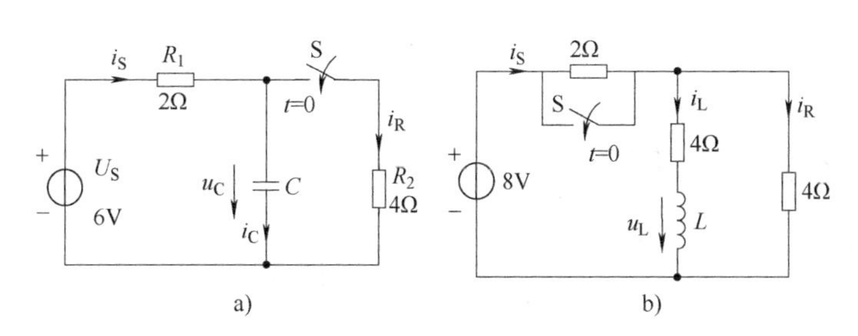

图 2-59　题 2-10 图

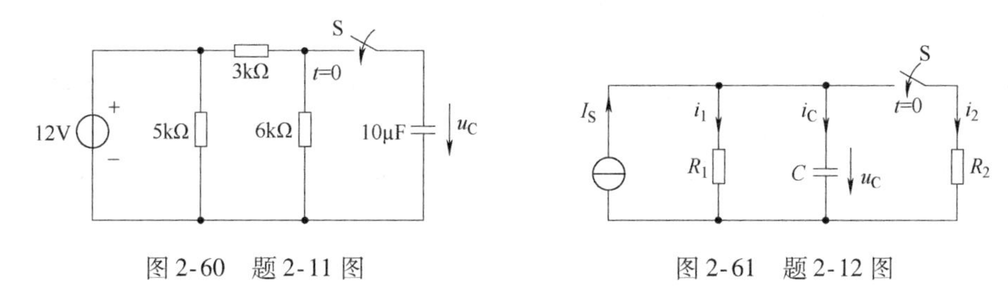

图 2-60　题 2-11 图　　　　图 2-61　题 2-12 图

2-13　在图 2-62 所示电路中，已知 $E=20\text{V}$，$R=5\text{k}\Omega$，$C=100\mu\text{F}$，设电容初始储能为零。试求：

（1）电路的时间常数 τ；

（2）开关 S 闭合后的电流 i、电压 u_C 和 u_R，并画出它们的变化曲线；

（3）经过一个时间常数后的电容电压值。

2-14　在图 2-63 所示电路中，已知 $E=40\text{V}$，$R_1=R_2=2\text{k}\Omega$，$C_1=C_2=10\mu\text{F}$，电容元件原先均未储能。试求开关 S 闭合后电容元件两端的电压 $u_C(t)$。

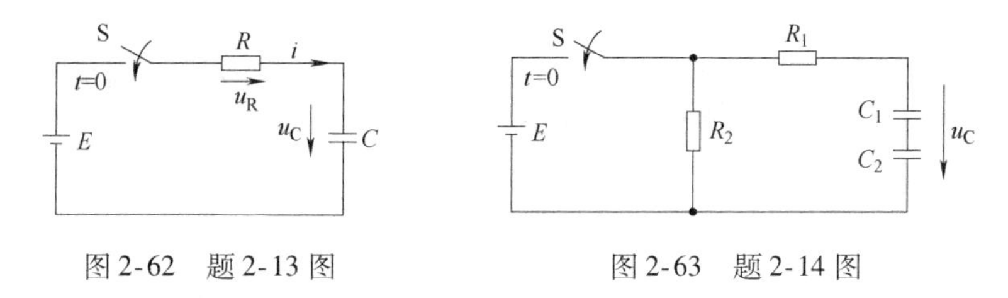

图 2-62　题 2-13 图　　　　图 2-63　题 2-14 图

2-15　图 2-64 所示电路中，电容的初始储能为零。在 $t=0$ 时将开关 S 闭合，试求开关 S 闭合后电容元件两端的电压 $u_C(t)$。

2-16　图 2-65 所示电路原处于稳态，在 $t=0$ 时将开关 S_1 断开，S_2 闭合，求 $t>0$ 时电容电压 $u_C(t)$ 和 $i(t)$。

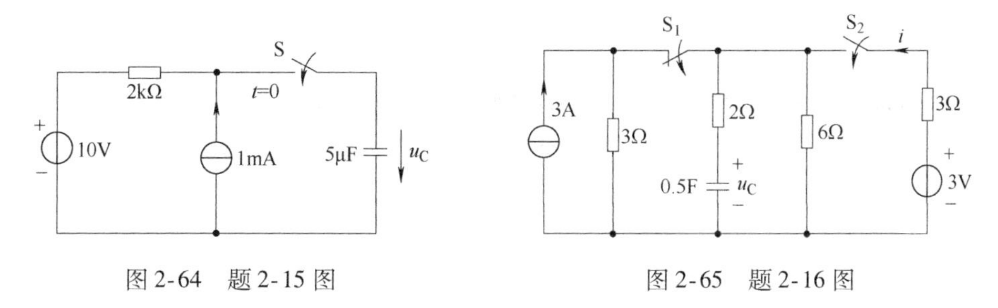

图 2-64　题 2-15 图　　　　图 2-65　题 2-16 图

2-17　在图 2-66 所示电路中，已知 $U_S=100\text{V}$，$R_1=R_2=R_3=100\Omega$，$C=10\mu\text{F}$，电路原处于稳态，在 $t=0$ 时将开关 S 断开，求开关断开后电容两端的电压 $u_C(t)$。

2-18　在图 2-67 所示电路中，已知 $U_S=20\text{V}$，$R_0=4\Omega$，$R=1\Omega$，$L=2\text{H}$，电路原处于稳态，$t=0$ 时将

开关 S 闭合，求当电阻 R_0 短路后，电流达到 15A 大约需要多长时间。

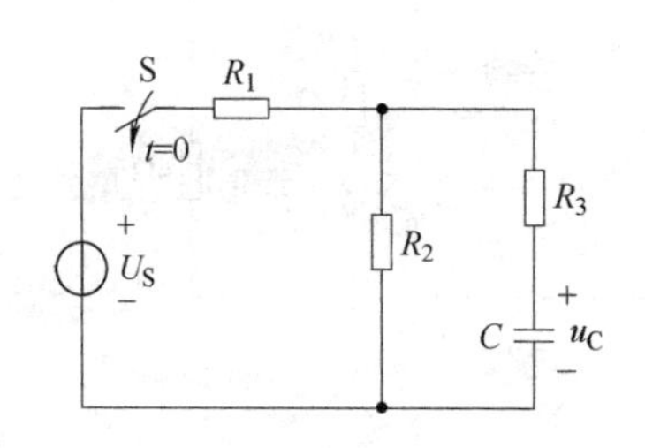

图 2-66　题 2-17 图

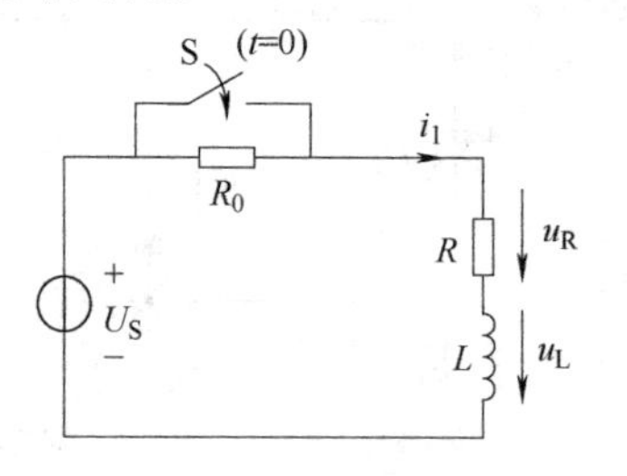

图 2-67　题 2-18 图

2-19　图 2-68 所示电路，原处于稳态。在 $t=0$ 时将开关 S 断开，试求开关 S 断开后电感元件的电流 $i_L(t)$ 及电压 $u_L(t)$，并画出其变化曲线。

2-20　在图 2-69 所示电路中，已知 $I_S=10\text{mA}$，$R_1=R_2=1\text{k}\Omega$，$L_1=15\text{mH}$，$L_2=L_3=10\text{mH}$，电路原来未储能，$t=0$ 时将开关 S 闭合，求开关闭合后的电流 $i(t)$（设线圈间无互感）。

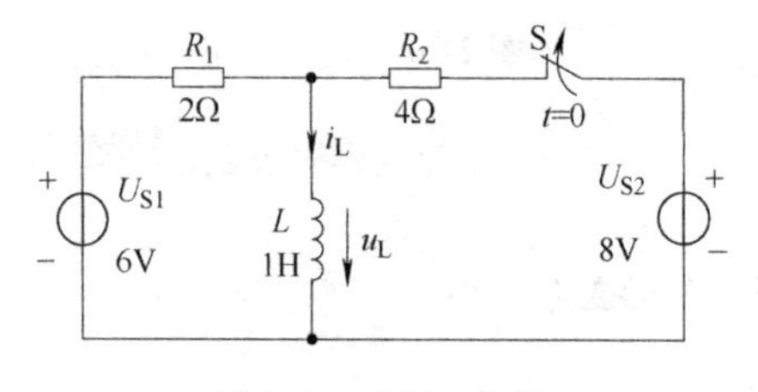

图 2-68　题 2-19 图

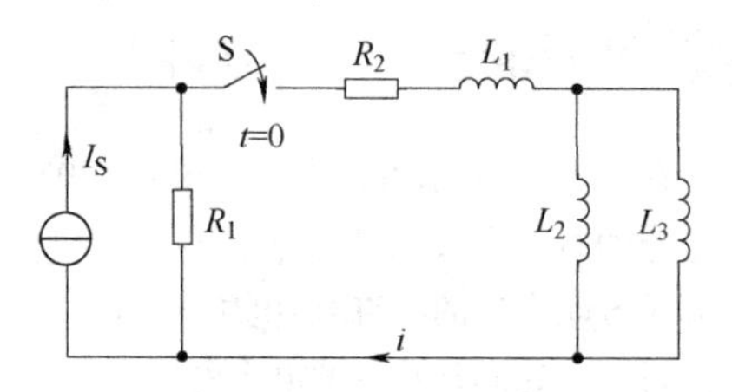

图 2-69　题 2-20 图

2-21　图 2-70 所示电路原处于稳态。在 $t=0$ 时将开关 S 由位置 1 倒向位置 2，试求 $t>0$ 时，$i_L(t)$ 和 $i(t)$，并画出它们随时间变化的曲线。

2-22　图 2-71 所示电路原处于稳态。在 $t=0$ 时将开关 S 闭合，试求开关 S 闭合后电路所示的各电流和电压，并画出其变化曲线。（已知 $L=2\text{H}$，$C=0.125\text{F}$）

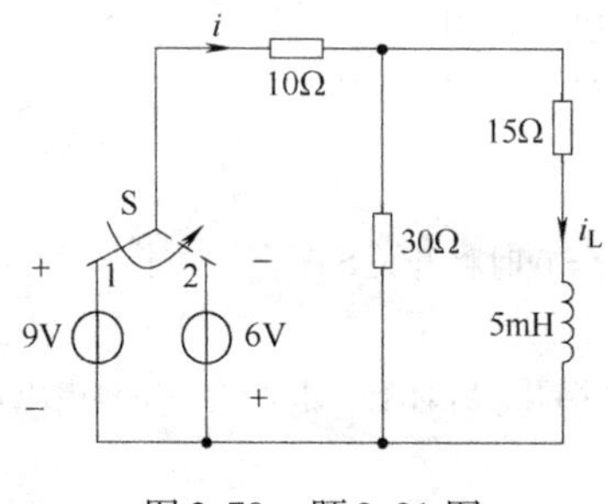

图 2-70　题 2-21 图

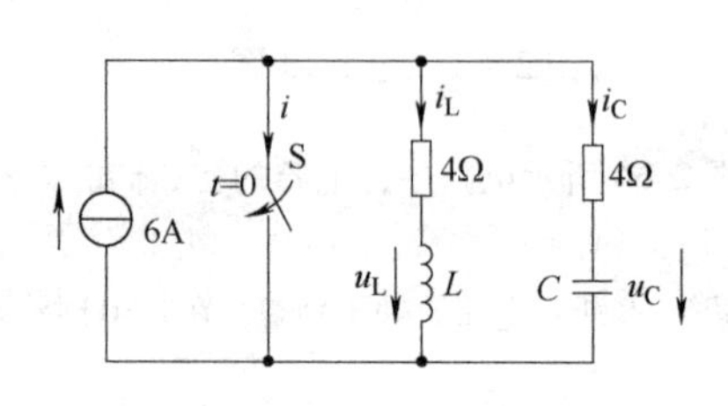

图 2-71　题 2-22 图

2-23　用 Multisim 软件的瞬态分析，仿真图 2-72 所示 RC 微分电路的输出波形。

2-24　用 Multisim 软件的瞬态分析，仿真图 2-73 所示 RC 积分电路的输出波形。

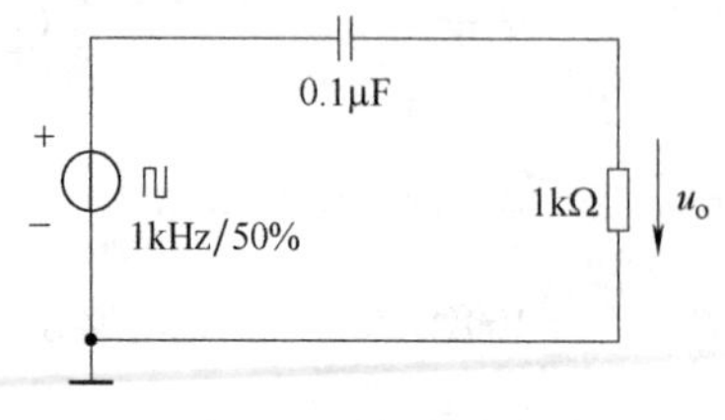

图 2-72　题 2-23 图

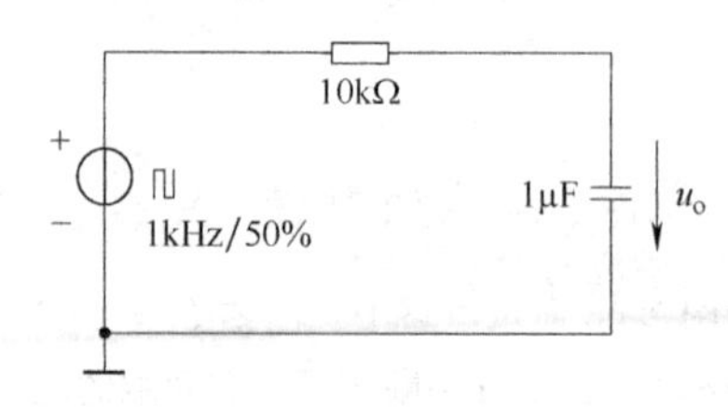

图 2-73　题 2-24 图

第3章　正弦交流电路

在实际应用中，大多使用的是正弦交流电，即电路中的电流、电压随时间按正弦规律变化，这样的电路称为正弦交流电路。正弦交流电得到广泛应用的原因是：

1）正弦电量容易产生和传输；

2）正弦交流电的电气设备结构简单、价格便宜、使用维护方便；

3）正弦交流电便于控制和变换；

4）正弦交流电便于计算，因为同频率的正弦量相加减及对时间的导数和积分仍是同频率的正弦量。

3.1　正弦交流电的基本概念

随时间按正弦规律变化的电压、电流称为正弦交流电，其瞬时表达式为

$$\left.\begin{aligned} u &= U_m\sin(\omega t+\Psi_u) \\ i &= I_m\sin(\omega t+\Psi_i) \end{aligned}\right\}$$

其中，幅值 $U_m(I_m)$、角频率 ω、初相位 $\Psi_u(\Psi_i)$这三个参数称为正弦量的三要素。

正弦波的大小和方向随时间是变化的，正弦波的解析式和波形都是相对已选定的参考方向。对图3-1a，若瞬时值为正，表示其方向与参考方向一致，若瞬时值为负，表示其方向与参考方向相反。

同一正弦量，所选的参考方向不同，瞬时值异号，而

$$-I_m\sin(\omega t+\Psi_i)=I_m\sin(\omega t+\Psi_i\pm\pi)$$

可见改变正弦量的参考方向，其结果相当于在它的初相加上或减去 π，最大值和角频率与参考方向无关。

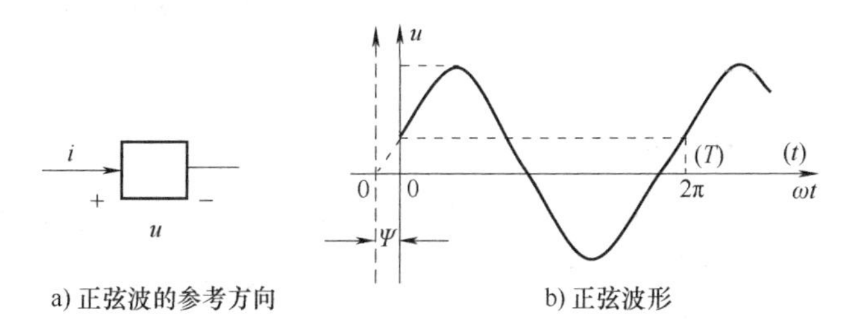

图3-1　正弦波及参考方向

3.1.1　瞬时值、幅值与有效值

交流电在任意瞬间所对应的值称为瞬时值，用小写字母表示，如分别用 u、i 表示交流电压、电流的瞬时值。瞬时值中的最大值称为幅值或峰值，用大写字母加下标 m 表示，如分别用 U_m、I_m表示交流电压、电流的最大值。

在工程应用中，交流电压的高低、电流的大小或电器上标称的电压和电流均指的是有效值。有效值的定义是交流电流 i 通过电阻 R 在一个周期 T 内产生的热量与直流电流 I 通过同样大小的电阻 R 在相同时间 T 内产生的热量相等时的直流电流 I 的数值，称为周期性变化电流 i 的有效值。其表达式为

$$I^2RT = \int_0^T i^2 R\mathrm{d}t$$

则有效值表达式为

$$I = \sqrt{\frac{1}{T}\int_0^T i^2 \mathrm{d}t} \tag{3-1}$$

式(3-1)表明，交流电的有效值是瞬时值的方均根值。

当周期电流为正弦量时，即 $i = I_\mathrm{m}\sin\omega t$，则

$$I = \sqrt{\frac{1}{T}\int_0^T I_\mathrm{m}^2 \sin^2\omega t\mathrm{d}t} = \frac{I_\mathrm{m}}{\sqrt{2}} \tag{3-2}$$

同理正弦电压或电动势的有效值为

$$U = \frac{U_\mathrm{m}}{\sqrt{2}} \quad 或 \quad E = \frac{E_\mathrm{m}}{\sqrt{2}}$$

即正弦交流量的最大值是有效值的$\sqrt{2}$倍。例如日常生活中的交流电压 220V 是指有效值，其幅值为$\sqrt{2}\times 220\mathrm{V} = 311\mathrm{V}$。在工程上的电流、电压，若无特别说明，都是指有效值。

3.1.2 周期、频率与角频率

正弦量的第二个要素是角频率，用 ω 表示，单位是弧度/秒(rad/s)，反映交流电变化的快慢。正弦交流电变化一周所需的时间称为周期 T，单位为秒(s)。每秒钟变化的次数称为频率 f，单位为赫(Hz)。三者的关系为(见图 3-1b)

$$\omega = \frac{2\pi}{T} = 2\pi f \tag{3-3}$$

世界各国电力系统的供电频率有 50Hz 和 60Hz 两种，这种频率称为工业频率，简称工频。不同技术领域中的频率要求是不一样的，如无线电波频率范围是 10kHz ~ 300GHz，在光通信中频率则更高。

3.1.3 相位、初相位与相位差

正弦量在任一瞬时的角度$(\omega t + \Psi)$为它的相位(或相位角)，它反映了正弦量的变化进程。$t = 0$ 时的相位 Ψ 叫初相位，它是正弦量初始值大小的标志。

初相位的大小与它计时起点有关，初相位不同，其起始值也就不同。如果将图 3-1b 中的计时起点左移到图中虚线处，则初相位 $\Psi_\mathrm{u} = 0$。规定初相位 $|\Psi| \leqslant \pi$。

由图 3-2 可知，正弦量的初值($t = 0$ 时的值)为正值时，初相位为正值；正弦量的初值为负时，初相位负值，初相位的值等于波形过零点(波形由负值变为正值的零点)与计时起点之间变化的角度。

在分析交流电路时，两个同频率的正弦信号在任意瞬时的相位之差称为相位差。例如，若

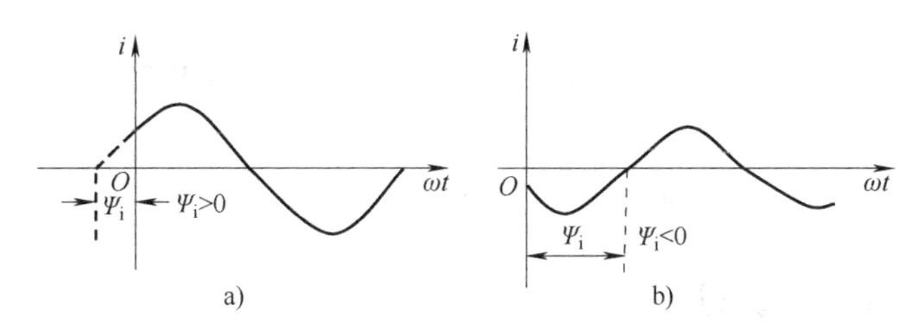

图 3-2　正弦量的初相位

$$u=U_{\mathrm{m}}\sin(\omega t+\Psi_{\mathrm{u}})$$
$$i=I_{\mathrm{m}}\sin(\omega t+\Psi_{\mathrm{i}})$$

则它们的相位差为

$$\varphi=(\omega t+\Psi_{\mathrm{u}})-(\omega t+\Psi_{\mathrm{i}})=\Psi_{\mathrm{u}}-\Psi_{\mathrm{i}} \tag{3-4}$$

可见，相位差就是其初相位之差，在任何瞬间均为一常数，它描述了正弦量之间随时间变化的先后关系，有三种情况：

1）$\varphi=\Psi_{\mathrm{u}}-\Psi_{\mathrm{i}}>0$（小于 180°）即 $\Psi_{\mathrm{u}}>\Psi_{\mathrm{i}}$，$u$ 超前，i 滞后，如图 3-3a 所示。反之，若 $\varphi=\Psi_{\mathrm{u}}-\Psi_{\mathrm{i}}<0$（大于 −180°）即 $\Psi_{\mathrm{i}}>\Psi_{\mathrm{u}}$，则为 i 超前，u 滞后。

2）$\varphi=\Psi_{\mathrm{u}}-\Psi_{\mathrm{i}}=0$ 即 $\Psi_{\mathrm{u}}=\Psi_{\mathrm{i}}$，称为同相位，同相位时两个正弦量同时增，同时减，同时到最大值，同时过零，如图 3-3b 所示。

3）$\varphi=\Psi_{\mathrm{u}}-\Psi_{\mathrm{i}}=\pm\pi$ 称为反相位，如图 3-3c 所示。

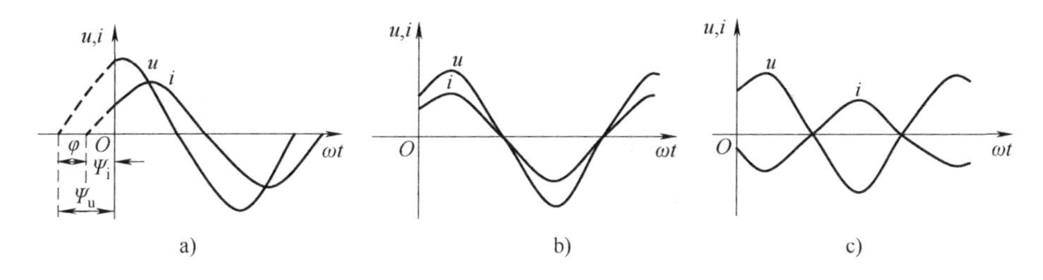

图 3-3　同频正弦量的相位差

同样规定相位差的主值 $|\varphi|\leqslant\pi$。交流电路区别于直流电路的一个主要特点就是计算时要考虑电量之间的相位差。

【例 3-1】 正弦电压的波形如图 3-4 所示，写出正弦电压的瞬时表达式。

解： 只要确定出正弦电压的三要素，就可写出正弦电压的瞬时表达式。

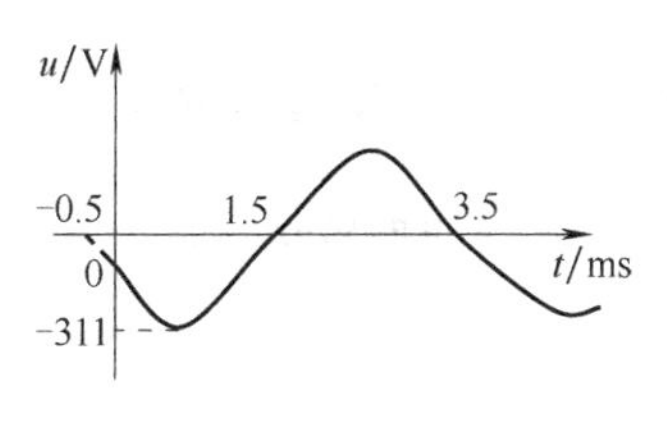

图 3-4　例 3-1 图

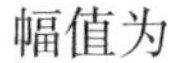

幅值为

$$U_{\mathrm{m}}=311\mathrm{V}$$
$$T=4\times10^{-3}\mathrm{s}$$

角频率为

$$\omega=\frac{2\pi}{[3.5-(-0.5)]\times10^{-3}}\mathrm{rad/s}=\frac{2\pi}{4\times10^{-3}}\mathrm{rad/s}=500\pi\mathrm{rad/s}$$

初相位为

$$\Psi_u = -500\pi \times 1.5 \times 10^{-3} = -3\pi/4 = -135°$$

正弦电压的瞬时表达式为

$$u = 311\sin(500\pi t - 135°)\,\text{V}$$

3.2 正弦量的相量计算法

正弦交流电路直接用三角函数计算很不方便。本节讨论的相量计算法是一种简洁、有效的表示及计算正弦量的方法，相量计算法的基础是复数，首先对复数的概念及基本运算进行回顾。

3.2.1 复数的表示形式

设 A 为一复数，用代数形式表示为

$$A = a + \mathrm{j}b \tag{3-5}$$

式中，a 是复数的实部，b 是复数的虚部，$\mathrm{j} = \sqrt{-1}$为虚单位，其在复平面上可用一个有向线段表示，如图 3-5 所示，其中 r 是复数的模，φ 是复数的辐角。

$$r = \sqrt{a^2 + b^2}$$

$$\varphi = \arctan\frac{b}{a}$$

$$a = r\cos\varphi,\quad b = r\sin\varphi$$

代数形式又可表示为三角函数形式，即

$$A = a + \mathrm{j}b = r\cos\varphi + \mathrm{j}r\sin\varphi \tag{3-6}$$

式(3-5)、式(3-6)又称为直角坐标形式。

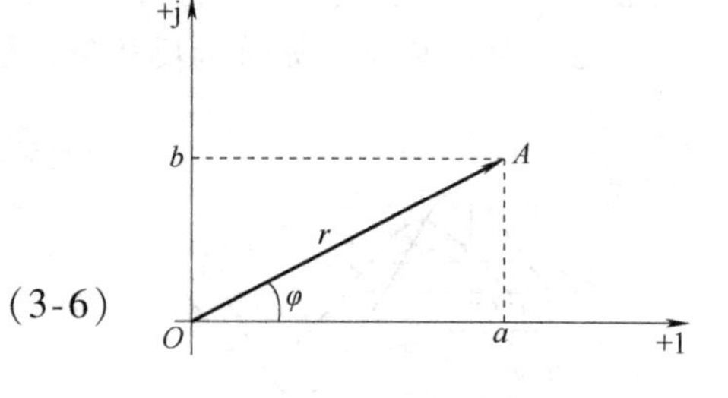

图 3-5　复数的表示方法

由欧拉公式得　$\mathrm{e}^{\mathrm{j}\varphi} = \cos\varphi + \mathrm{j}\sin\varphi$

得复数的指数形式为

$$A = r\mathrm{e}^{\mathrm{j}\varphi} \tag{3-7}$$

在电路与电工中，复数可表示成极坐标形式为

$$A = r\angle\varphi \tag{3-8}$$

3.2.2 复数的基本运算

复数的加减运算用直角坐标形式进行，例如：

$$A = a_1 + \mathrm{j}b_1,\quad B = a_2 + \mathrm{j}b_2$$

则

$$A \pm B = (a_1 \pm a_2) + \mathrm{j}(b_1 \pm b_2)$$

复数的乘除运算常用极坐标形式进行，例如：

$$A = r_1\angle\varphi_1,\quad B = r_2\angle\varphi_2$$

则

$$A \cdot B = r_1 r_2\angle(\varphi_1 + \varphi_2)$$

$$\frac{A}{B} = \frac{r_1}{r_2}\angle(\varphi_1 - \varphi_2)$$

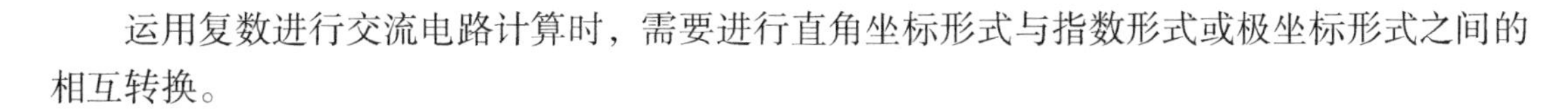

运用复数进行交流电路计算时，需要进行直角坐标形式与指数形式或极坐标形式之间的相互转换。

3.2.3　相量和相量图

1. 相量

在同一正弦交流电路中，各正弦量之间的初相位可能不同，但它们的频率是相同的，因此对各正弦量的描述只需考虑有效值和初相位。而复数中包含了正弦量模和辐角两个要素，因此可对应地表示正弦量。表示正弦量的复数称为相量，并在大写字母上加“·”，以区别于一般的复数。

若正弦电流为

$$i = I_{\mathrm{m}}\sin(\omega t + \Psi)$$

则相量表示形式为

$$\dot{I}_{\mathrm{m}} = I_{\mathrm{m}}\mathrm{e}^{\mathrm{j}\psi} = I_{\mathrm{m}}\angle\Psi$$

或

$$\dot{I} = I\mathrm{e}^{\mathrm{j}\Psi} = I\angle\Psi$$

其中，$\dot{I}_{\mathrm{m}}$ 为电流的幅值相量，$\dot{I}$ 是电流的有效值相量。

2. 相量图

与复数一样，相量也可用复平面上的有向线段来表示，如图3-6所示，表示相量的几何图形，称为相量图。相量图形象、直观地反映各个正弦量的大小和相互间的相位关系。

图3-7中，已知相量 $\dot{A} = 10\angle30°$，若将相量 $\dot{A}$ 乘以 $(+\mathrm{j})$，即将相量 $\dot{A}$ 逆时针旋转 $90°(\mathrm{j} = 1\angle90°)$，得到相量 $\dot{B} = 10\angle120°$；将相量 $\dot{A}$ 乘以 $(-\mathrm{j})$，即将相量 $\dot{A}$ 顺时针旋转 $90°(-\mathrm{j} = 1\angle-90°)$，得到相量 $\dot{C} = 10\angle-60°$。所以称 $\pm\mathrm{j}$ 为正负90°旋转因子。

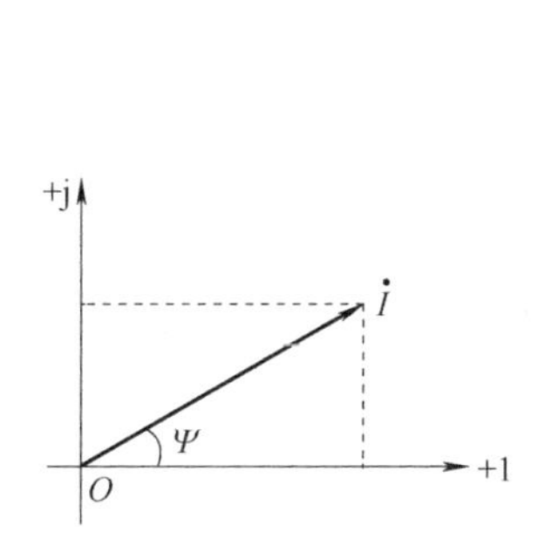

图3-6　正弦量的相量图

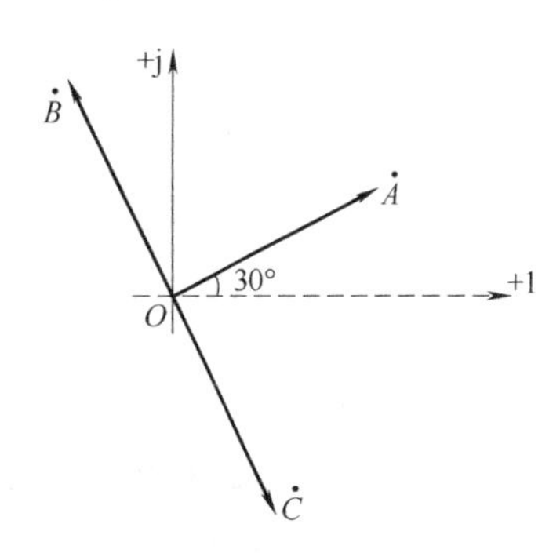

图3-7　虚数j的意义

注意：相量只包含正弦量幅值和初相位，相量只能表示正弦量，不等于正弦量。

【例3-2】　图3-8a所示电路，已知 $u = 12\sqrt{2}\sin314t\mathrm{V}$，$R = 4\Omega$，$L = 4.8\mathrm{mH}$，$C = 1062\mu\mathrm{F}$。试求总电流 i，并画出相量图。

解法一： 计算求解。

解： 1）求各支路电流的瞬时表达式为

$$i_{\mathrm{R}} = \frac{u}{R} = \frac{12\sqrt{2}\sin314t}{R}\mathrm{A} = 3\sqrt{2}\sin314t\mathrm{A}$$

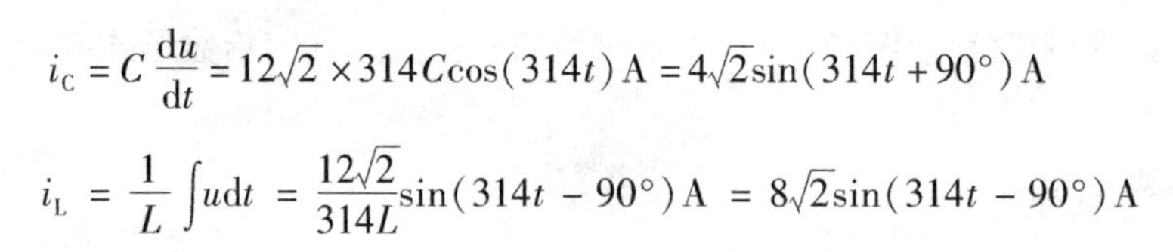

$$i_C = C\frac{\mathrm{d}u}{\mathrm{d}t} = 12\sqrt{2}\times 314C\cos(314t)\,\mathrm{A} = 4\sqrt{2}\sin(314t+90°)\,\mathrm{A}$$

$$i_L = \frac{1}{L}\int u\mathrm{d}t = \frac{12\sqrt{2}}{314L}\sin(314t-90°)\,\mathrm{A} = 8\sqrt{2}\sin(314t-90°)\,\mathrm{A}$$

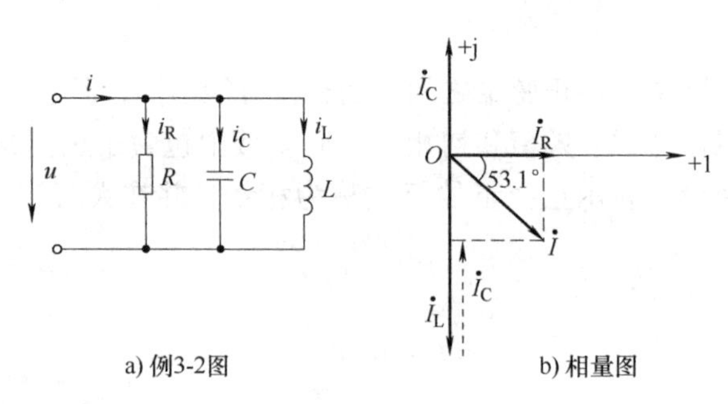

图 3-8　例 3-2 图

2）将瞬时表达式转换为相量式，即

$$\dot{U} = U\angle 0°\mathrm{V}$$

$\dot{I}_R = 3\angle 0°\mathrm{A} = 3\mathrm{A}$　　$\dot{I}_R$ 与 $\dot{U}$ 同相位

$\dot{I}_C = 4\angle 90°\mathrm{A} = \mathrm{j}4\mathrm{A}$　　$\dot{I}_C$ 超前 $\dot{U}$ 90°

$\dot{I}_L = (8\angle -90°)\mathrm{A} = -\mathrm{j}8\mathrm{A}$　　$\dot{I}_L$ 滞后 $\dot{U}$ 90°

3）求总电流。

总电流的相量式为

$$\dot{I} = \dot{I}_R + \dot{I}_C + \dot{I}_L = [3+\mathrm{j}(4-8)]\mathrm{A} = (3-\mathrm{j}4)\mathrm{A} = 5\angle -53.1°\mathrm{A}$$

总电流瞬时表达式为

$$i = 5\sqrt{2}\sin(314t-53.1°)\,\mathrm{A}$$

4）画相量图，如图 3-8b 所示。

注意： 交流电路中，基尔霍夫电流定律的正确形式是 $\sum\dot{I}=0$，$\sum i=0$，而 $\sum I\neq 0$。

解法二： 用 Multisim 仿真。

解： 首先在电路工作窗口画出电路原理图。从电源库中选中交流电压源及接地端，从基本器件库中调用电阻元件、电感元件、电容元件，双击各元件，并为元件赋值。从指示器件库及仪器库中调用电压表 VOLTMETER 和电流表 AMMETER，将电压表和电流表设定为 AC 模式，并在仪器库中调用伯德图仪。

画出例 3-2 的仿真电路如图 3-9a、图 3-9b、图 3-9c、图 3-9d 所示。频率测试范围初值“I”设为 45Hz，终值“F”设为 55Hz。点击右上角的仿真电源开关按钮，就可得到仿真结果。

解得：$\dot{I}_R = 3\angle 0\mathrm{A} = 3\mathrm{A}$　$\dot{I}_R$ 与 $\dot{U}$ 同相位。

$\dot{I}_C \approx 4\angle 90°\mathrm{A}$　$\dot{I}_C$ 超前 $\dot{U}$ 90°。

$\dot{I}_L \approx 8\angle -90°\mathrm{A}$　　$\dot{I}_L$ 滞后 $\dot{U}$ 90°

总电流的相量式为

$$\dot{I} = 4.964\angle -52.684°\mathrm{A} \approx 5\angle -53.1°\mathrm{A}$$

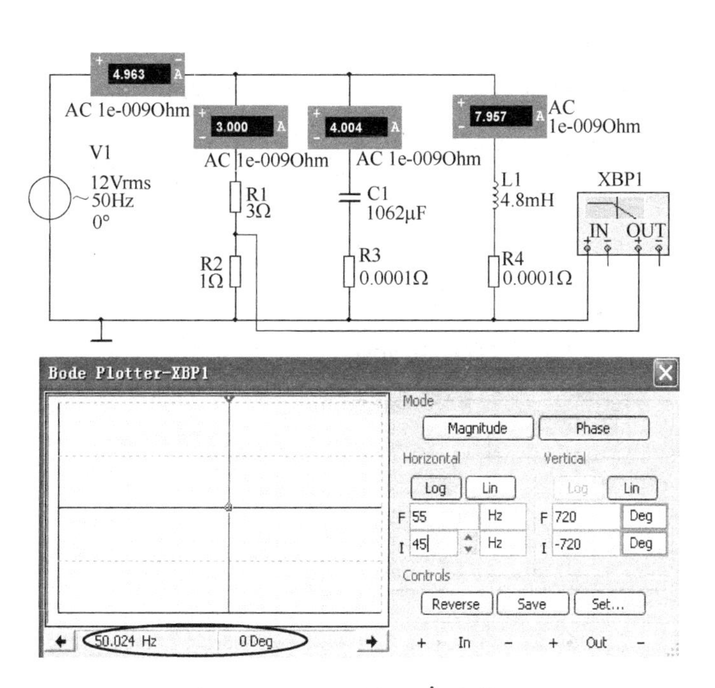

图 3-9a　电阻电流相量 $\dot{I}_R$ 的仿真

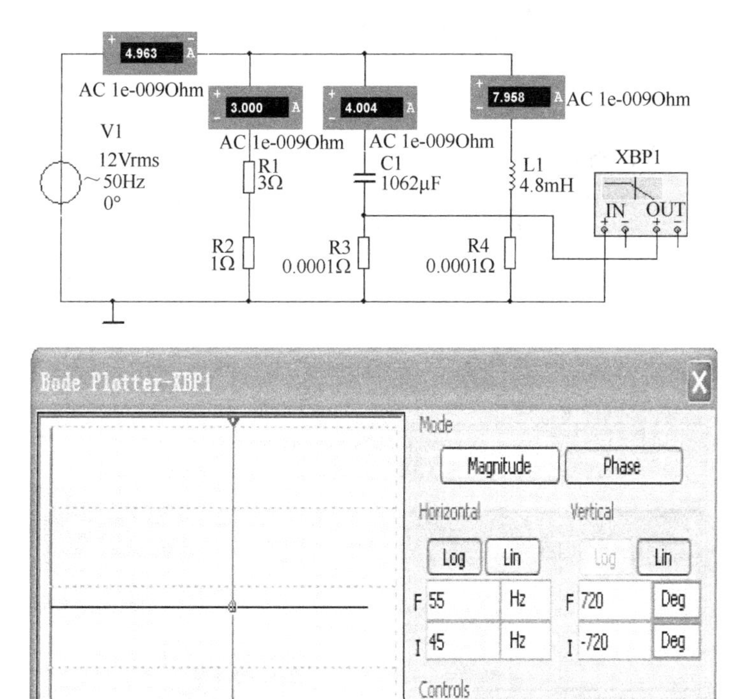

图 3-9b　电容电流相量 $\dot{I}_C$ 的仿真

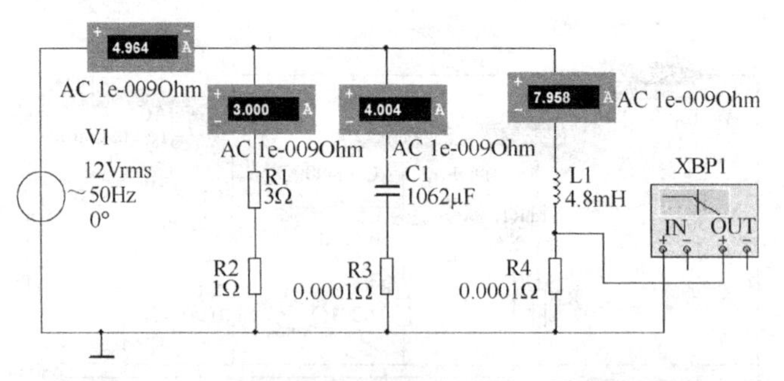

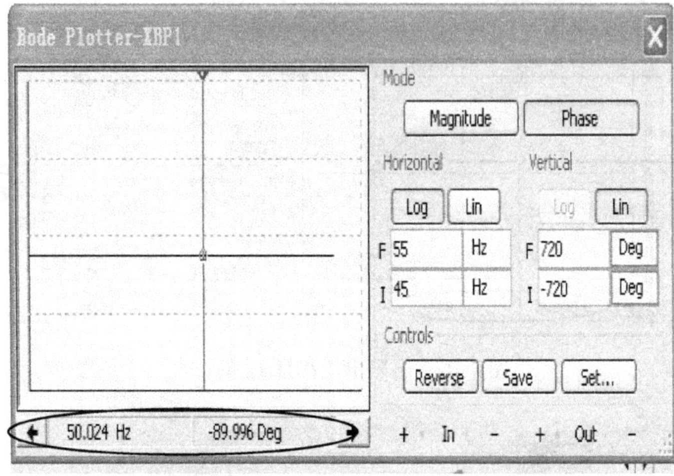

图 3-9c　电感电流相量 $\dot{I}_L$ 的仿真

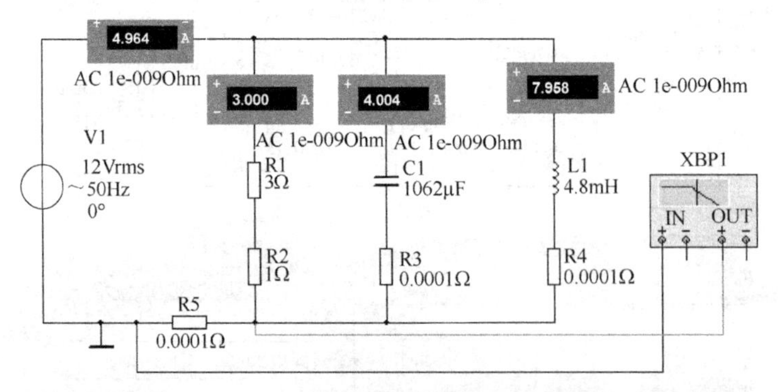

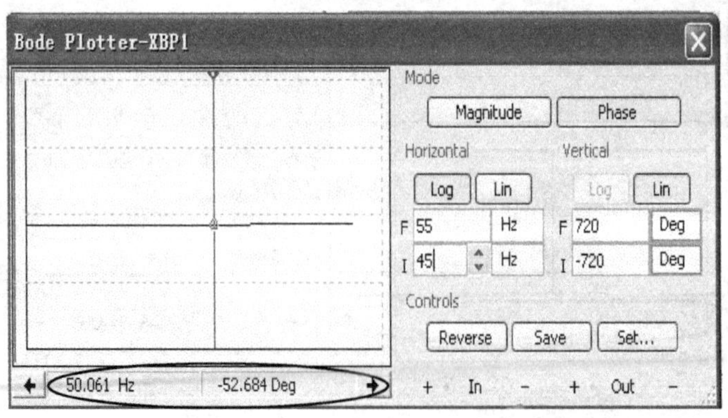

图 3-9d　总电流相量 $\dot{I}$ 的仿真

3.3　电阻、电感、电容元件电压与电流的相量形式

3.3.1　线性电阻元件的交流电路

1. 电阻元件中电流与电压的关系

电阻元件的电路如图3-10所示，设电路的电压为 $u=U\sqrt{2}\sin(\omega t+\Psi_u)$，电阻元件的电流和电压遵循欧姆定律：$u=iR$，可得流过电阻元件的电流为

$$i=\frac{u}{R}=\frac{U}{R}\sqrt{2}\sin(\omega t+\Psi_u)=I\sqrt{2}\sin(\omega t+\Psi_i)$$

可见：电阻元件的电压和电流频率相同，相位相同 $\Psi_u=\Psi_i$，电压的有效值与电流有效值满足 $U=IR$。电阻元件电压、电流的相量关系为

$$\dot{U}=U\angle\Psi_u=RI\angle\Psi_i=R\dot{I} \tag{3-9}$$

设 $\Psi_u=\Psi_i=0$，电阻元件中电压、电流的波形如图3-11a所示，相量图如图3-11b所示。

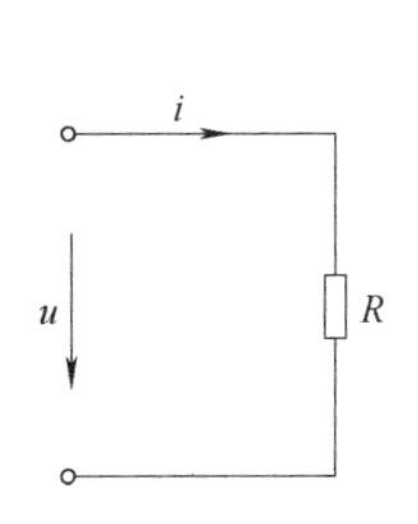

图3-10　电阻电路

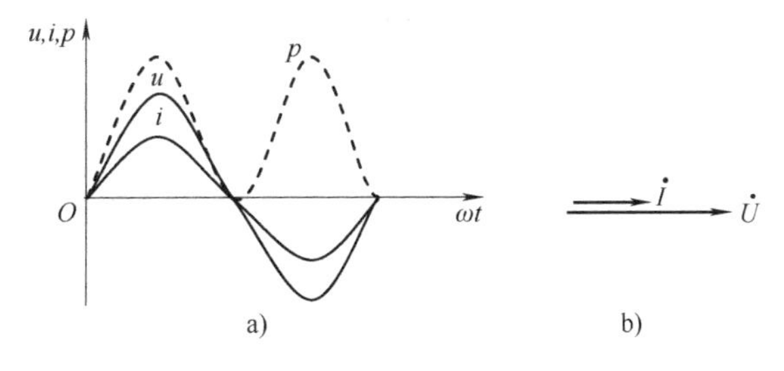

图3-11　电阻元件的电压、电流及功率波形和相量图

2. 用 Multisim 对电阻元件的性质进行仿真

在Multisim工作窗口内画出电路如图3-12a所示，电路采用交流电流源供电，电流源的初相位为 $\Psi_i=0°$，并设置节点。选择菜单栏中的“simulate/Analysis/Parameter Sweep”，其设置如图3-12b所示，在图3-12b中的选择“Output”，设置如图3-12c所示，最后单击“OK”按钮，设置完成。再选择图3-12b中的“Edit analysis”按钮，弹出对话框如图3-12d所示，“Start time”设置为0，“End time”设置为0.04s（两个输入信号周期），单击“OK”按钮。单击图3-12b中的“Simulate”按钮，就可得到交流电路中电阻元件电压波形，如图3-12e所示。

结论：交流电流源的初相位为0°，图3-12e所示电阻元件的电压与输入电流是同频、同相的。

3. 电阻元件的功率

电阻的瞬时功率为 $p=ui=2UI\sin^2(\omega t+\Psi_u)$，令 $\Psi_u=\Psi_i=0$。瞬时功率的变换波形如图3-11a中虚线所示，可见电阻的瞬时功率总是大于等于0，表明电阻元件是耗能元件，总是在吸收功率，一个周期内电阻消耗的平均功率为

$$\begin{aligned}P&=\frac{1}{T}\int_0^T p\mathrm{d}t=\frac{1}{T}\int_0^T 2UI\sin^2\omega t\mathrm{d}t\\&=UI=I^2R=\frac{U^2}{R}\geqslant 0\end{aligned} \tag{3-10}$$

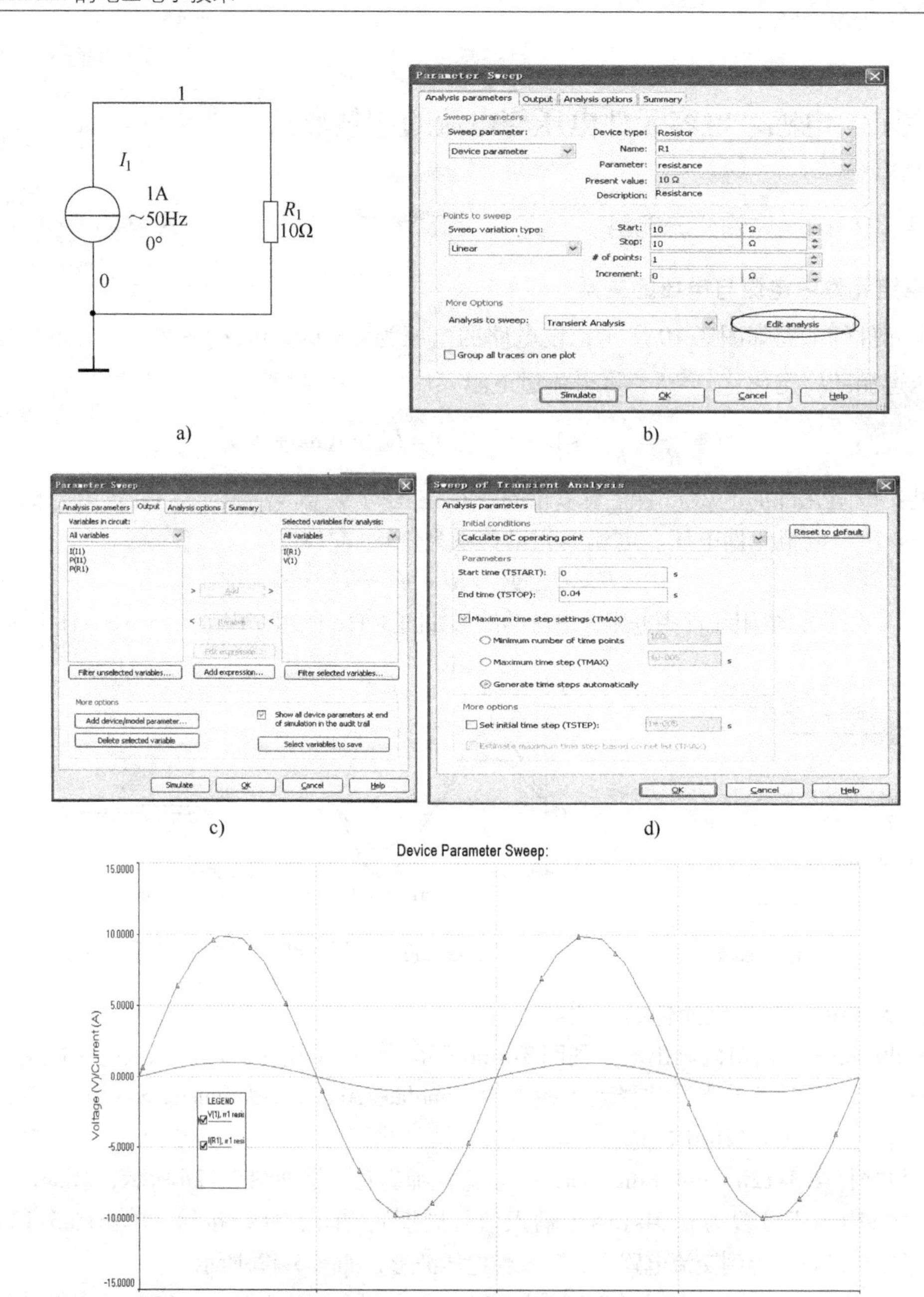

图 3-12　电阻元件交流电压、电流关系仿真图

由式(3-10)可知，频率为 50Hz，幅值为 311V 交流电，从做功的角度看等效于 220V 的直流电做的功。电阻消耗的平均功率又称为有功功率。

3.3.2　线性电感元件的交流电路

1. 电感元件中电流与电压的关系

线性电感元件的电路如图 3-13 所示，设电感上流过的电流为 $i = I\sqrt{2}\sin(\omega t + \Psi_{\mathrm{i}})$，

则

$$u=L\frac{\mathrm{d}i}{\mathrm{d}t}=\omega LI\sqrt{2}\cos(\omega t+\Psi_{\mathrm{i}})$$

$$=U\sqrt{2}\sin(\omega t+\Psi_{\mathrm{i}}+90°)=U\sqrt{2}\sin(\omega t+\Psi_{\mathrm{u}}) \tag{3-11}$$

式(3-11)可见，电感元件的电压和电流频率相同；初相位为 $\Psi_{\mathrm{u}}=\Psi_{\mathrm{i}}+90°$，即电压超前于电流90°；电压的有效值与电流有效值满足：$U=\omega LI=X_{\mathrm{L}}I$，其中 $X_{\mathrm{L}}=\omega L=2\pi fL$，称为感抗，单位为欧(Ω)，感抗反映了电感对交流电的阻碍作用。

感抗与交流电的频率成正比，频率越高，其数值越大，对交流电的阻碍作用就越大。当 $f\to\infty$ 时，$X_{\mathrm{L}}\to\infty$，电感相当于开路；当 $f=0$ 时(直流)，$X_{\mathrm{L}}=0$，电感相当于短路。因此电感具有通直隔交、通低频阻高频的作用。

电感元件电压、电流的相量关系为

$$\dot{U}=U\angle\Psi_{\mathrm{u}}=X_{\mathrm{L}}I\angle\Psi_{\mathrm{i}}+90°=\mathrm{j}X_{\mathrm{L}}\dot{I} \tag{3-12}$$

设 $\Psi_{\mathrm{i}}=0$，线性电感元件中电压、电流的波形如图3-14a中实线所示，相量图如图3-14b所示。

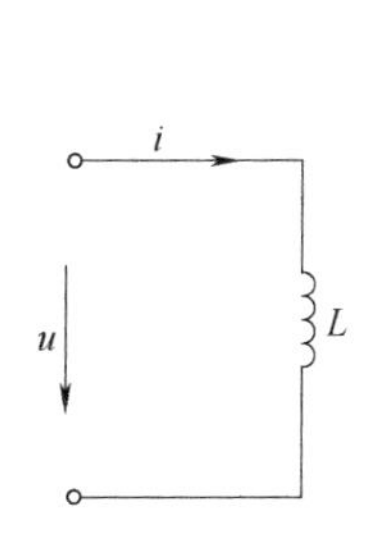

图3-13　线性电感元件电路

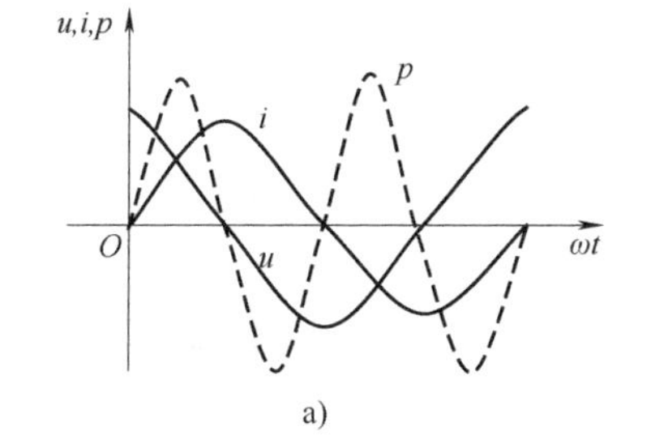

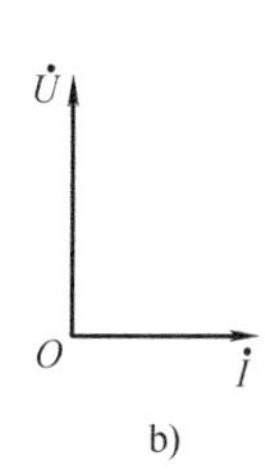

图3-14　线性电感元件的电压、电流及功率波形及相量图

2. 用Multisim对电感元件的性质进行仿真

在Multisim电路工作窗口内画出电路如图3-15a所示，电路采用交流电流源供电，电流源的初相位为 $\Psi_{\mathrm{i}}=0°$，并设置节点。选择菜单栏中的“simulate/Analysis/Parameter Sweep”，其设置如图3-15b所示。图3-15b中的选择“Output”，其输出参数设置如图3-15c所示，单击“OK”按钮，设置完成。再选择图3-15b中的“Edit analysis”按钮，弹出对话框如图3-15d所示，“Start time”设置为0s，“End time”设置为0.04s(两个输入信号周期)，单击“OK”按钮。单击图3-15b中的“Simulate”按钮，就可得到交流电路中电感元件电压波形，如图3-15e所示。

结论：已知输入交流电流源的初相位为0°，从图3-15e可见，电感元件的电压与电流频率相同，初始相位比输入电流超前90°。

在Multisim电路工作窗口内画出电感的直流仿真电路如图3-16a所示。电感元件交流频率特性的仿真电路如图3-16b、图3-16c所示。

图3-16a中可知，直流电路中，$U_{\mathrm{L}}=0$，电感相当于短路。

图3-16b、图3-16c中可知：频率越高，电流越小，电感对交流电的阻碍作用就越大。电感具有通直隔交、通低频阻高频的作用。

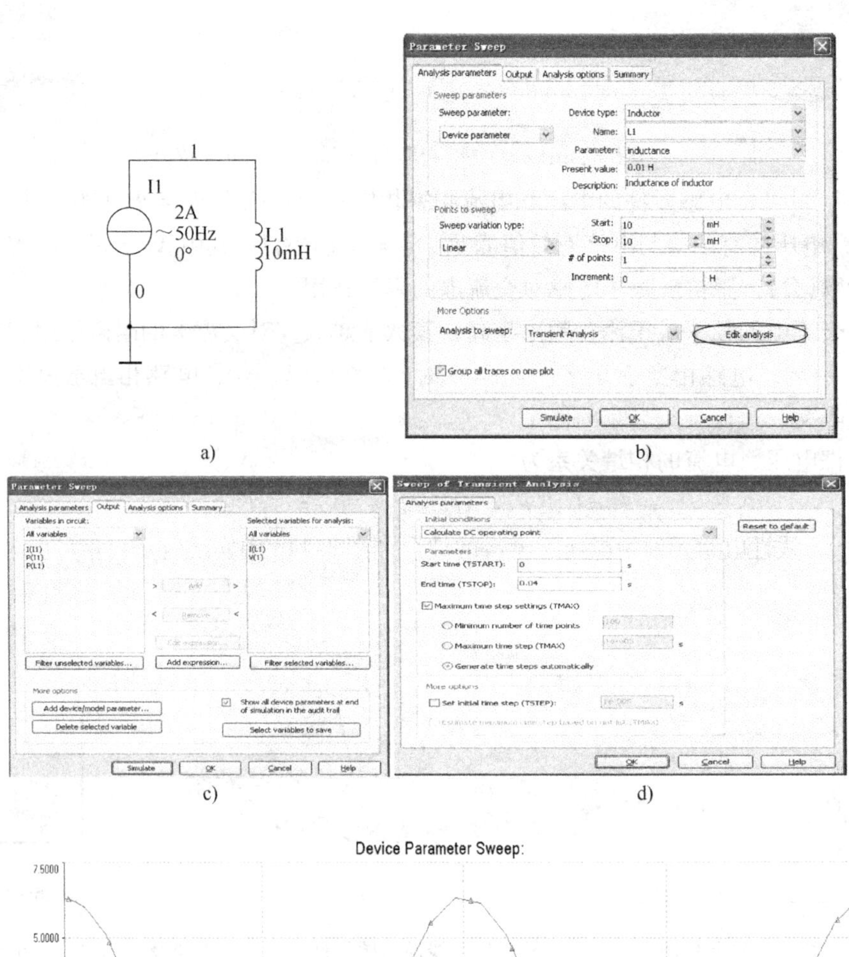

a) b)

c) d)

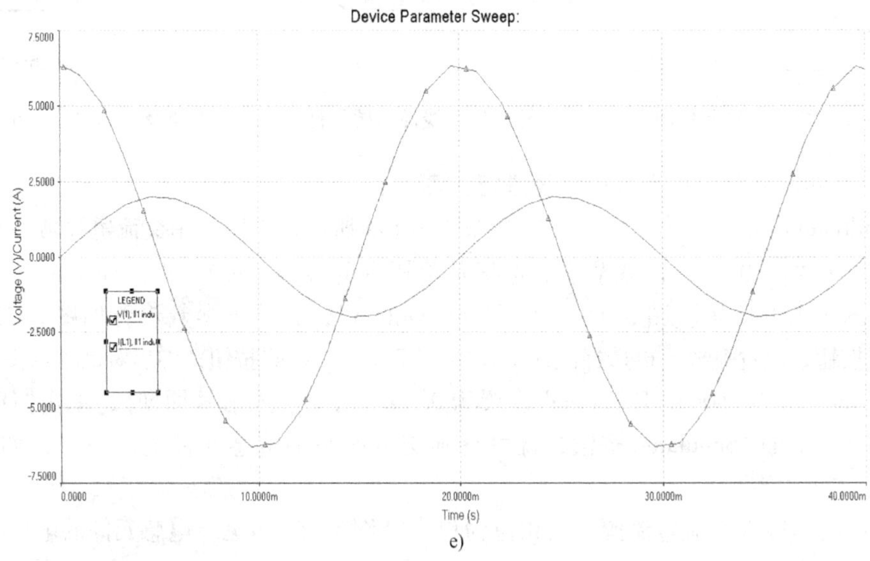

e)

图 3-15 电感元件交流电压、电流关系仿真图

3. 电感元件的功率

电感的瞬时功率为

$$p_{\mathrm{L}} = ui = U\sqrt{2}\sin(\omega t + \psi_{\mathrm{i}} + 90°)I\sqrt{2}\sin(\omega t + \psi_{\mathrm{i}}) = UI\sin2(\omega t + \psi_{\mathrm{i}}) \tag{3-13}$$

令 $\psi_{\mathrm{i}} = 0°$，图 3-14a 中虚线所示为电感元件功率变化的曲线，一个周期内电感与电源进

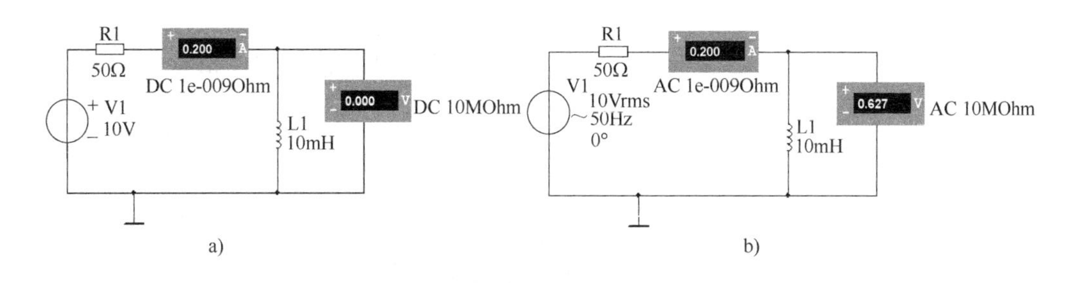

a)　　　　b)

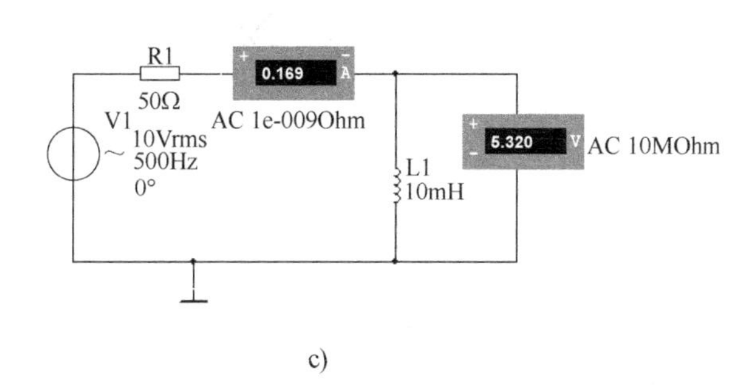

c)

图 3-16　电感元件交流频率特性仿真图

行两次能量交换，期间平均功率 $P=0$，表明电感并不消耗能量。尽管电感不消耗能量，但与电源交换能量时，会引起电路损耗和增加电源负担。为了衡量与电源交换能量的规模，引入无功功率的概念，电感元件的无功功率定义为瞬时功率的幅值，即

$$Q_{\mathrm{L}}=UI=I^2X_{\mathrm{L}}=\frac{U^2}{X_{\mathrm{L}}} \tag{3-14}$$

无功功率的单位用乏(var)或千乏(kvar)表示。

3.3.3　线性电容元件的交流电路

1. 电容元件中电流与电压的关系

如图 3-17 所示，设加在电容元件 C 上的电压为 $u=U\sqrt{2}\sin(\omega t+\varPsi_{\mathrm{u}})$则：

$$\begin{aligned}i&=C\frac{\mathrm{d}u}{\mathrm{d}t}=\omega CU\sqrt{2}\cos(\omega t+\varPsi_{\mathrm{u}})\\&=\frac{U}{X_{\mathrm{C}}}\sqrt{2}\sin(\omega t+\varPsi_{\mathrm{u}}+90^{\circ})=I\sqrt{2}\sin(\omega t+\varPsi_{\mathrm{i}})\end{aligned} \tag{3-15}$$

式(3-15)可见，电容元件的电压和电流频率相同；初相位 $\varPsi_{\mathrm{i}}=\varPsi_{\mathrm{u}}+90^{\circ}$，即电流超前于电压 90°；电压的有效值与电流有效值满足：$I=\omega CU=\dfrac{U}{1/\omega C}=\dfrac{U}{X_{\mathrm{C}}}$，其中：$X_{\mathrm{C}}=\dfrac{1}{\omega C}=\dfrac{1}{2\pi fC}$称为容抗，单位为欧(Ω)，表示电容对电流的阻碍作用。容抗与频率成反比，频率越高，其数值越小，对电流的阻碍作用就越小。当 $f\to\infty$ 时，$X_{\mathrm{C}}\to 0$，电容相当于短路；当 $f=0$ 时(直流)，$X_{\mathrm{C}}=\infty$，电容相当于开路。由此可见，电容具有通交隔直、通高频阻低频的作用。

电容元件电压电流的相量关系为

$$\dot{I}=I\angle\varPsi_{\mathrm{i}}=\frac{U}{X_{\mathrm{C}}}\angle(\varPsi_{\mathrm{u}}+90^{\circ})=\mathrm{j}\,\frac{\dot{U}}{X_{\mathrm{C}}}$$

$$\dot{U} = -jX_C\dot{I} \tag{3-16}$$

设 $\Psi_u = 0$，电容元件中电压电流的波形如图 3-18a 中实线所示，相量图如图 3-18b 所示。

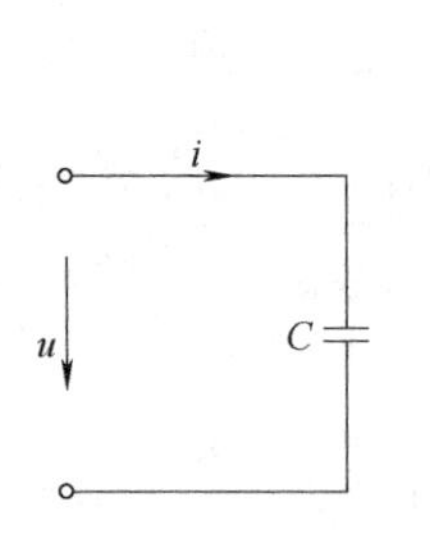

图 3-17　线性电容元件电路

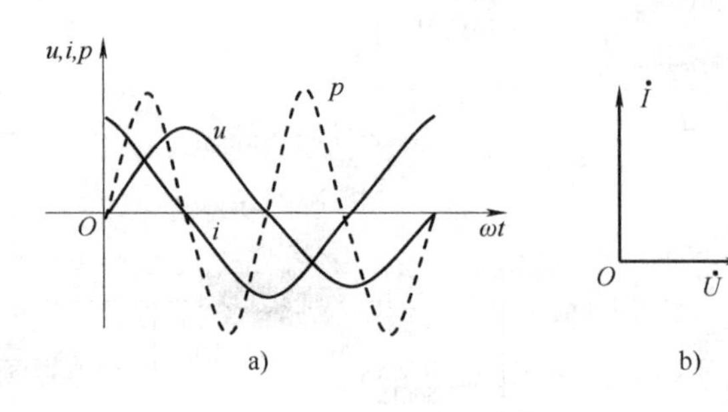

图 3-18　线性电容元件的电压、电流及功率波形及相量图

2. 用 Multisim 对电容元件的性质进行仿真

在 Multisim 电路工作窗口内画出电路如图 3-19a 所示，电路采用交流电流源供电，电流源的初相位为 $\psi_i = 0°$，并设置节点。选择菜单栏中的“simulate”→“Analysis”→“Parameter Sweep”，设置完毕后单击“Simulate”按钮，就可得到交流电路中电容元件电压波形，如图 3-19b 所示。

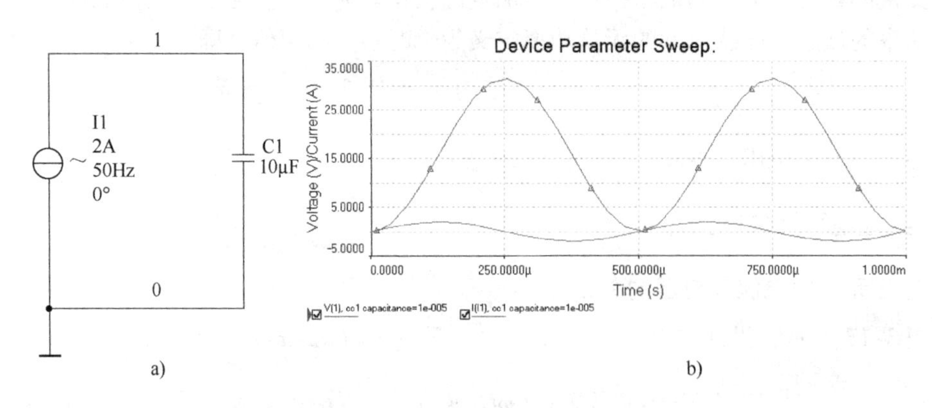

图 3-19　电容元件交流电压、电流关系仿真图

结论：已知输入交流电流源的初相位为 0°，从图 3-19b 可见，电容元件的电压与电流频率相同，初始相位比输入电流滞后 90°。

在 Multisim 电路工作窗口内画出电容的直流仿真电路如图 3-20a 所示。电容元件交流频率特性的仿真电路如图 3-20b、图 3-20c 所示。

图 3-20a 中可知，直流电路中，电流很小，$I \approx 0$，电容相当于开路。

图 3-20b、图 3-20c 中可知，频率越高，电流越大，电容对交流电的阻碍作用就越小。电容具有隔直通交、通高频阻低频的作用。

3. 电容元件的功率

电容的瞬时功率为

$$p_C = ui = U\sqrt{2}\sin(\omega t + \Psi_u) I\sqrt{2}\sin(\omega t + \Psi_i + 90°) = UI\sin2(\omega t + \Psi_u) \tag{3-17}$$

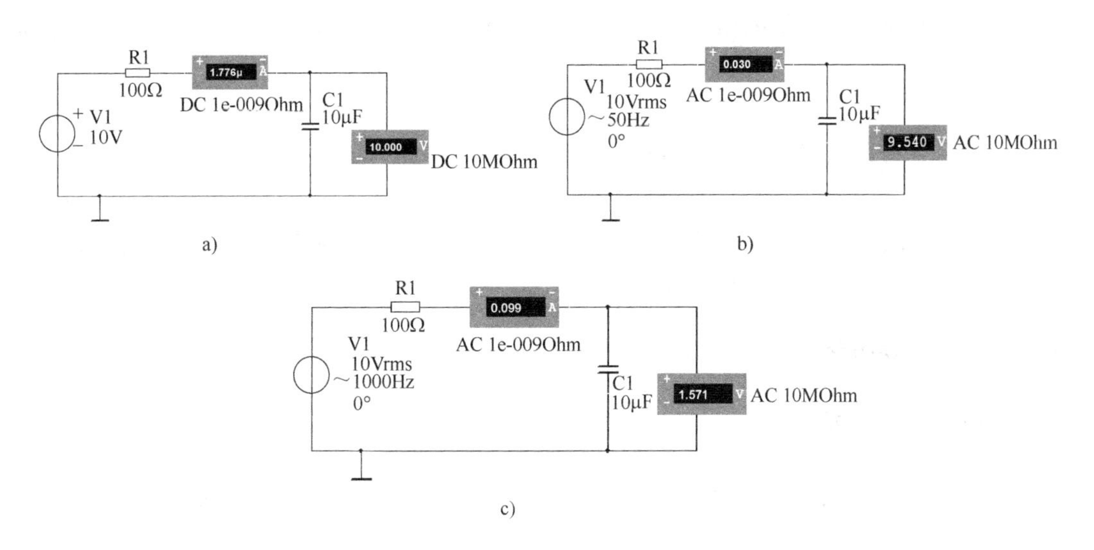

图 3-20　电容元件交流频率特性仿真图

令 $\Psi_u=0°$，图 3-18a 中虚线所示为电容元件功率变化的曲线，一个周期内电容与电源进行两次能量交换，期间平均功率 $P=0$，表明电容并不消耗能量。尽管电容不消耗能量，但与电源交换能量时，会引起电路损耗和增加电源负担。电容元件的无功功率为

$$Q_c=UI=I^2X_C=\frac{U^2}{X_C} \tag{3-18}$$

无功功率的单位用乏(var)或千乏(kvar)表示。

【例 3-3】　如图 3-21 所示的无源二端网络，已知 $i=I_m\sin\omega t$A，电压 u 为如图 3-22 所示的三种情况，试分析与该网络对应的等效元件。

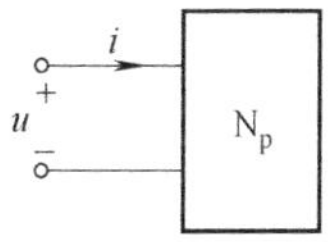

图 3-21　例 3-3 电路图

解： 由图 3-22a 可知，u 与 i 同相位，故该网络的等效元件应为电阻 R。

由图 3-22b 可知 u 超前 i 90°，故该网络的等效元件应为电感 L。

由图 3-22c 可知 u 滞后 i 90°，故该网络的等效元件应为电容 C。

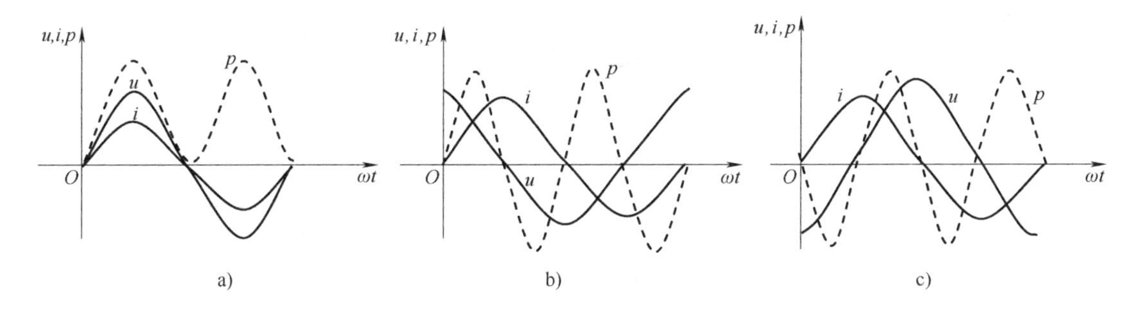

图 3-22　元件的正弦波形与相位关系

利用相量法对交流电路进行分析时有两种方法，即相量模型分析法和相量图法，相量模型分析法是普遍适用的方法，而相量图法对一些特殊问题更为方便、快捷、直观。相量法的

引入，避免了复杂的正弦量的微分、积分运算和三角函数的加减运算，使得交流电路的分析更加简单、方便。

3.4 正弦交流电路稳态值的分析与计算

下面以 R、L、C 串联电路为例，介绍正弦交流电路稳态值的相量模型分析法和相量图法，并讨论正弦交流电路中的功率关系。

3.4.1 *RLC* 串联电路

1. 相量模型分析法

在简单交流电路中最具代表性的是 RLC 串联电路，如图 3-23 所示为 RLC 串联电路的相量模型。根据 KVL 定律的相量式以及电阻、电感、电容元件的相量关系式可得

$$\begin{aligned}\dot{U} &= \dot{U}_R + \dot{U}_L + \dot{U}_C \\ &= \dot{I}R + \dot{I}(jX_L) + \dot{I}(-jX_C) \\ &= \dot{I}(R + jX) = \dot{I}Z \qquad (3\text{-}19)\end{aligned}$$

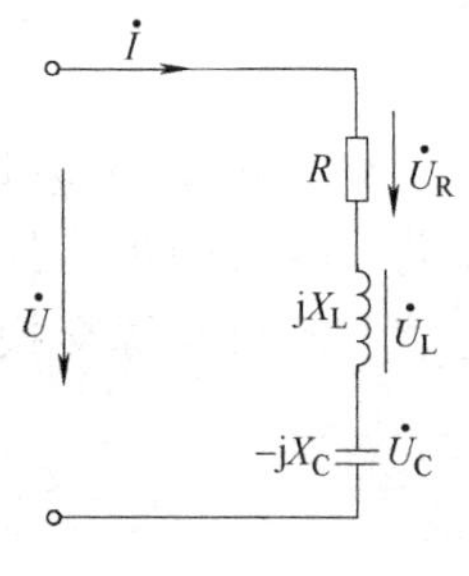

图 3-23　*RLC* 串联电路

式中，R 称为 RLC 串联电路的电阻；$X = X_L - X_C$ 称为电抗；$Z = R + j(X_L - X_C)$ 称为复阻抗。则电压与电流欧姆定律的相量形式为

$$Z = \frac{\dot{U}}{\dot{I}} = \frac{U}{I}\angle\Psi_u - \Psi_i = |Z|\angle\varphi \qquad (3\text{-}20)$$

其中，

$$|Z| = \frac{U}{I} = \sqrt{R^2 + X^2} \qquad (3\text{-}21)$$

称为阻抗，单位为欧(Ω)。它描述了电压 $\dot{U}$ 与电流 $\dot{I}$ 的大小关系。

$$\varphi = \psi_u - \psi_i = \arctan\frac{X}{R} \qquad (3\text{-}22)$$

称为阻抗角，它描述了电压 $\dot{U}$ 与电流 $\dot{I}$ 的相位关系。

注意：复阻抗不同于正弦量的复数表示，它不是一个相量，只是一个复数计算量。

2. 相量图

串联电路，R、L、C 流过同一个电流，因此设电流为参考相量，即 $\dot{I} = I\angle 0°\text{A}$，当 $X_L > X_C$，画相量图如图 3-24 所示。由于 $U_L > U_C$，整个电路 $\dot{U}$ 超前 $\dot{I}$，相位差 $\varphi > 0$。电路呈现电感性质，称为感性电路。当 $X_L < X_C$ 时，$\varphi < 0$，$\dot{U}$ 滞后 $\dot{I}$，电路呈现电容性质，称为容性电路，而 $X_L = X_C$ 时，$\varphi = 0$，$\dot{U}$ 与 $\dot{I}$ 同相位，电路呈纯阻性，称为谐振电路（下节专门讨论）。由相量图可知，

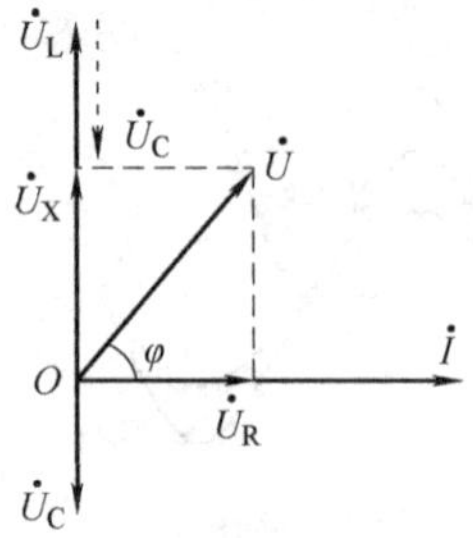

图 3-24　感性电路相量图

$$U = \sqrt{U_R^2 + U_X^2} \qquad (3\text{-}23)$$

式中，$U_X = U_L - U_C$ 为电抗 X 两端的电压。

3. 功率关系

（1）有功功率　有功功率也就是电阻元件消耗的平均功率，即

$$P = I^2R = IU_{\mathrm{R}} = IU\cos\varphi \tag{3-24}$$

（2）无功功率　无功功率是指电抗 X 与电源交换能量的规模，即

$$Q = I^2X = IU_{\mathrm{X}} = IU\sin\varphi \tag{3-25}$$

（3）视在功率　对于电源而言，不仅要为电阻 R 提供有功能量，而且还要与无功负荷 L 及 C 间进行能量互换。为此定义

$$S = \sqrt{P^2 + Q^2} = UI \tag{3-26}$$

称为视在功率，表示电源的容量。为了区别于有功功率和无功功率，视在功率的单位用伏安(V·A)或千伏安(kV·A)表示。通常说变压器的容量指的就是它的视在功率。

由图3-25及式(3-21)可见，R 与 X 及 $|Z|$ 构成的三角形称为阻抗三角形，将式(3-21)两边乘以 I 便为式(3-23)，U_{R} 与 U_{X} 及 U 构成的也是一个直角三角形称为电压三角形，阻抗三角形与电压三角形是相似三角形，再将式(3-23)两边同乘以 I 便是功率三角形(见图3-25)。而

$$\cos\varphi = \frac{P}{S} \tag{3-27}$$

它反映了电源容量的利用率，称为功率因数，φ 为阻抗角，又被称为功率因数角，是电力供电系统中一个非常重要的质量参数。

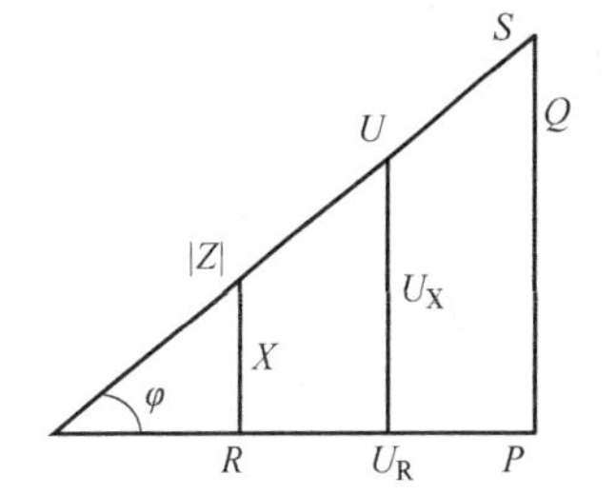

图3-25　电压、阻抗及功率三角形

【例3-4】　一个 RLC 串联电路，$u = 220\sqrt{2}\sin(314t + 30°)\,\mathrm{V}$，$R = 30\Omega$，$L = 254\mathrm{mH}$，$C = 80\mu\mathrm{F}$。试计算：

（1）感抗、容抗及阻抗。

（2）$\dot{I}$、$\dot{U}_{\mathrm{R}}$、$\dot{U}_{\mathrm{C}}$、$\dot{U}_{\mathrm{L}}$及 i、u_{R}、u_{L}、u_{C}。

（3）画出相量图。

（4）P、Q 和 S。

解法一：用理论方法求解。

解：（1）感抗为

$$X_{\mathrm{L}} = \omega L = 314 \times 254 \times 10^{-3}\Omega = 80\Omega$$

容抗为

$$X_{\mathrm{C}} = \frac{1}{\omega C} = \frac{1}{314 \times 80 \times 10^{-6}}\Omega = 40\Omega$$

复阻抗为

$$Z = R + \mathrm{j}(X_{\mathrm{L}} - X_{\mathrm{C}}) = 50\angle 53.1°\Omega$$

（2）

$$\dot{I} = \frac{\dot{U}}{Z} = \frac{220\angle 30°}{50\angle 53.1°}\mathrm{A} = 4.4\angle -23.1°\mathrm{A}$$

$$\dot{U}_{\mathrm{R}} = \dot{I}R = 132\angle -23.1°\mathrm{V}$$

$$\dot{U}_{\mathrm{L}} = \mathrm{j}\dot{I}X_{\mathrm{L}} = 352\angle 66.9°\mathrm{V}$$

$$\dot{U}_{\mathrm{C}} = -\mathrm{j}\dot{I}X_{\mathrm{C}} = 176\angle -113.1°\mathrm{V}$$

故
$$i = 4.4\sqrt{2}\sin(314t - 23.1°)\ \text{A}$$
$$u_R = 132\sqrt{2}\sin(314t - 23.1°)\ \text{V}$$
$$u_L = 352\sqrt{2}\sin(314t + 66.9°)\ \text{V}$$
$$u_C = 176\sqrt{2}\sin(314t - 113.1°)\ \text{V}$$

（3）相量图如图 3-26 所示。

（4）
$$P = I^2R = 580.8\text{W}$$
$$Q = Q_L - Q_C = IU_L - IU_C = 774.4\text{var}$$
$$S = UI = 220 \times 4.4\text{V} \cdot \text{A} = 968\text{V} \cdot \text{A}$$

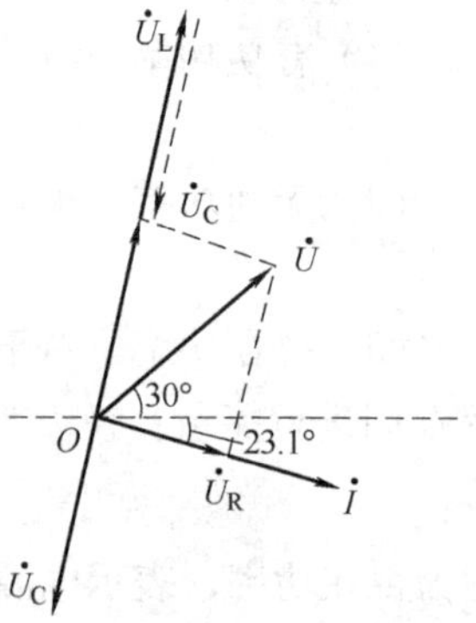

图 3-26　例 3-4 相量图

由本例可见，$U \neq U_R + U_L + U_C$，在 *RLC* 串联交流电路中总电压有效值与分电压有效值之间不满足基尔霍夫电压定律。基尔霍夫电压定律的正确形式是$\sum \dot{U} = 0$，$\sum u = 0$。

解法二： 用 Multisim 仿真方法一。

解： 首先在电路工作窗口画出电路原理图，从电源库中调用电压源及接地端，并双击电压源，对电压源进行设置如图 3-27a（注意：凡是电源的初相位不为 0，都需要进行“AC Analysis”设置）。从基本器件库调用电阻元件、电感元件、电容元件，双击各元件，并为元件赋值；指示器件库中调用电压表 VOLTMETER 、电流表 AMMETER、瓦特表及伯德图仪，并将电压表、电流表设为 AC 模式，画出仿真电路如图 3-27a 所示。单击 Multisim 软件右上角的仿真电源开关按钮，就可得到仿真结果，如图 3-27b 所示。

解得
$$\dot{I} \approx 4.399\angle -23.2°\text{A}$$
$$\dot{U}_R \approx 131.98\angle -23.2°\text{V}$$
$$\dot{U}_L \approx 351.1\angle(-23.2° + 90°)\text{V} = 351.1\angle 66.8°\text{V}$$
$$\dot{U}_C \approx 175.0\angle(-23.2° - 90°)\text{A} = 175.0\angle -113.2°\text{A}$$
$$P = 580.725\text{W}$$

功率因数
$$\cos\varphi = \cos 53.2° \approx 0.6$$
$$S = \frac{P}{\cos\varphi} = \frac{580.725}{0.6}\text{V} \cdot \text{A} \approx 967.88\text{V} \cdot \text{A}$$
$$Q = S\sin\varphi = 774.29\text{var}$$

用 Multisim 仿真方法二：

解： 采用交流分析法。按例 3-4 参数画出 *RLC* 串联电路，并双击电压源，对电压源进行如图 3-27的设置（与仿真方法一相同）。再由“Option/Sheet Properties”中的“Net name”选择“Show all”显示节点，如图 3-28a 所示。接着从“Simulate/Analyses”中选择“AC Analysis”，并按图 3-28b 设置“Frequency Parameters”各个参数。单击“Output”选择要分析的变量如图 3-28c所示，图 3-28c 中电阻电压“V(3)”电感电压“V(4)-V(3)”、电容的电压“V(1)-V(4)”要通过“Add expression...”来添加，最终单击“Simulate”，得到输出变量的仿真曲线的幅频特性如图 3-28d 和相频特性如图 3-28e 所示，再单击游标按钮，拖至 50Hz 处，就得出该频率下输出变量的最大值及相位。

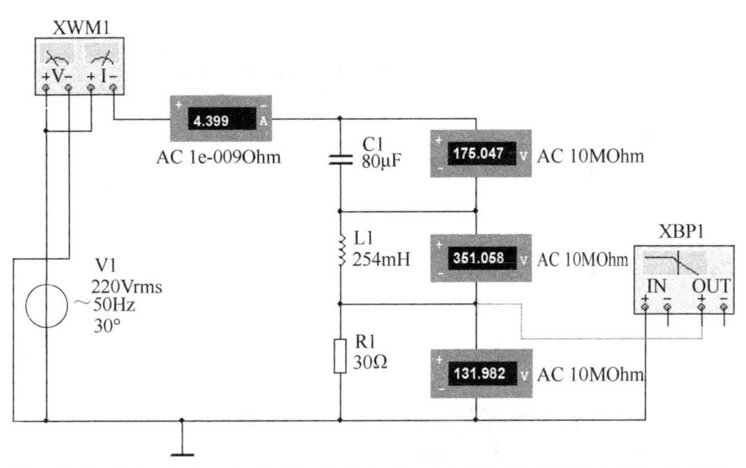

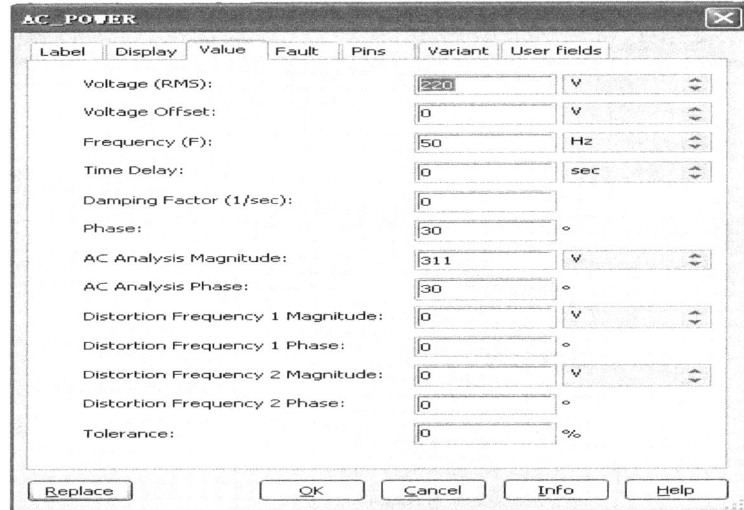

a) 例3-4接线图交流电压源的设置

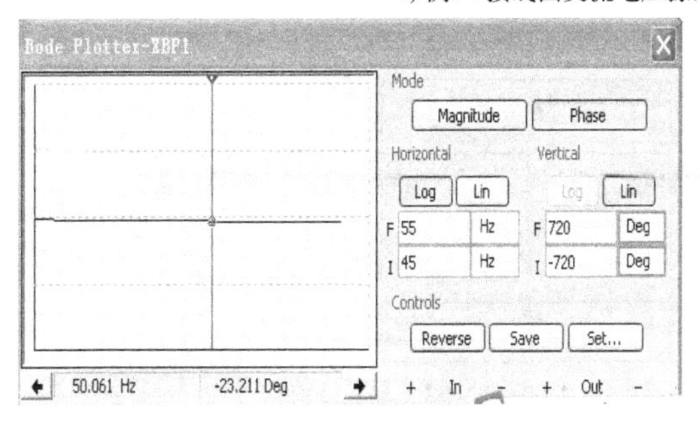

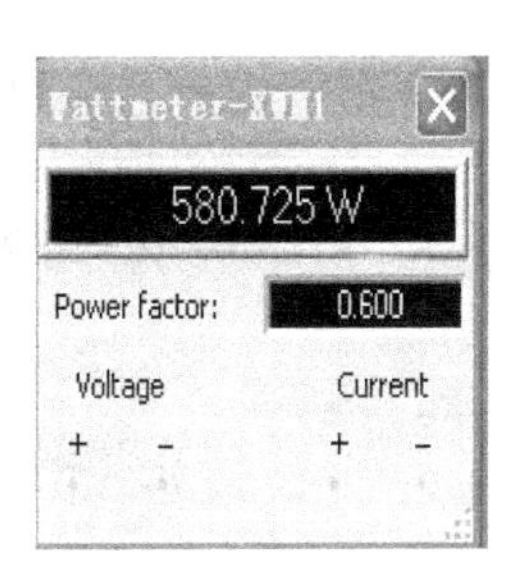

b) 例3-4仿真方法一结果

图 3-27 例 3-4 的 Multisim 仿真方法一

$$\dot{I} = \frac{6.22}{\sqrt{2}} \angle -23.1°\text{A} = 4.4 \angle -23.1°\text{A}$$

$$\dot{U}_R - \frac{186.65}{\sqrt{2}} \angle -23.1°\text{V} = 131.98 \angle -23.1°\text{V}$$

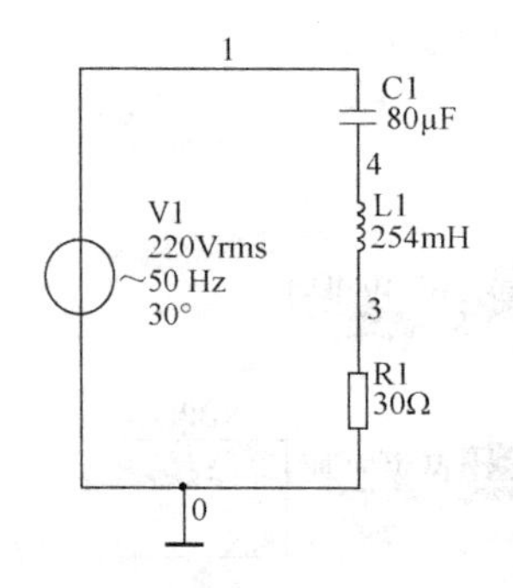

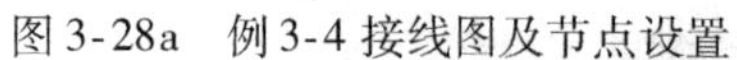
图 3-28a　例 3-4 接线图及节点设置

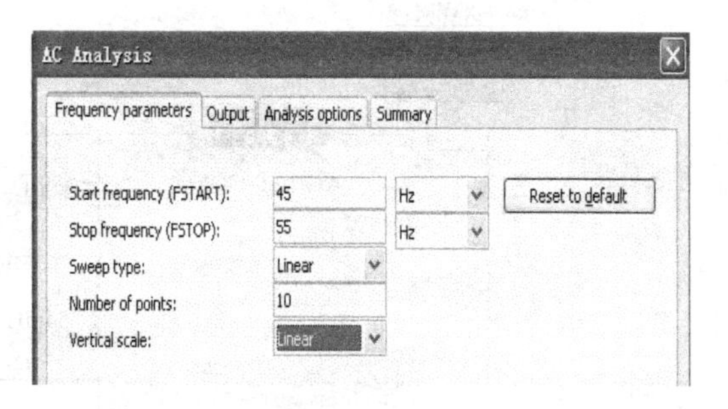

图 3-28b　交流分析设置

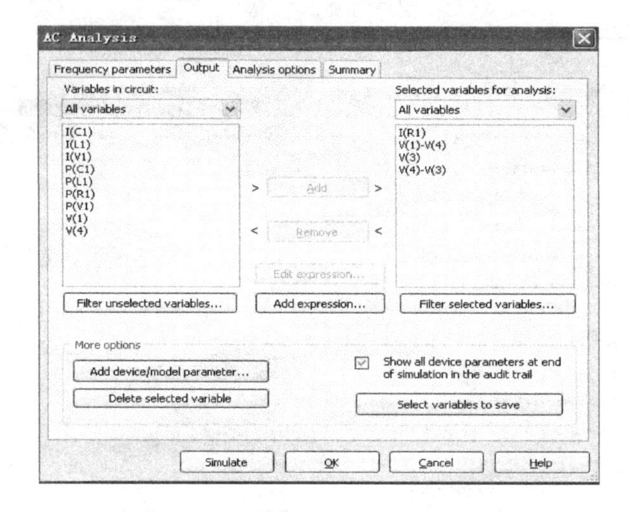

图 3-28c　例 3-4 输出变量设置

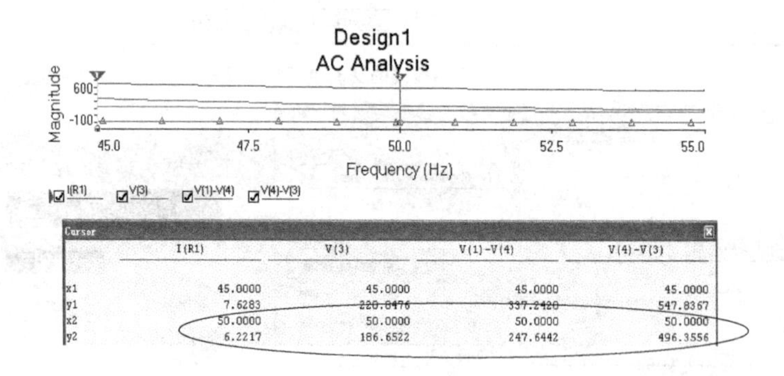

	I(R1)	V(3)	V(1)-V(4)	V(4)-V(3)
x1	45.0000	45.0000	45.0000	45.0000
y1	7.6283	220.8476	337.2420	547.8367
x2	50.0000	50.0000	50.0000	50.0000
y2	6.2217	186.6522	247.6442	496.3556

图 3-28d　例 3-4 输出变量的幅频特性

$$\dot{U}_{\mathrm{C}}=\frac{247.64}{\sqrt{2}}\angle-113.1^{\circ}\mathrm{V}=175.1\angle-113.1^{\circ}\mathrm{V}$$

$$\dot{U}_{\mathrm{L}}=\frac{496.36}{\sqrt{2}}\angle 66.9^{\circ}\mathrm{V}=350.98\angle 66.9^{\circ}\mathrm{V}$$

在“Output”设置中选择功率作为输出变量如图 3-28f 所示，单击“Simulate”，得到各功率曲线如图 3-28g 所示，则仿真结果为

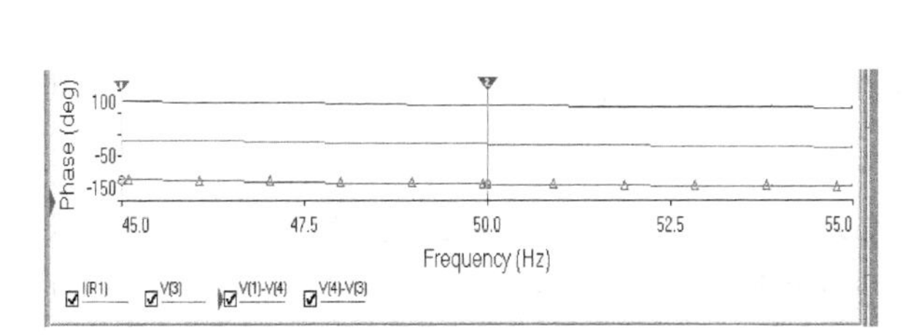

Cursor

	I(R1)	V(3)	V(1)-V(4)	V(4)-V(3)
x1	45.0000	45.0000	45.0000	45.0000
y1	-12.6214	-12.6214	-102.6214	77.3786
x2	50.0000	50.0000	50.0000	50.0000
y2	-23.1126	-23.1126	-113.1126	66.8874

图 3-28e　例 3-4 输出变量的相频特性

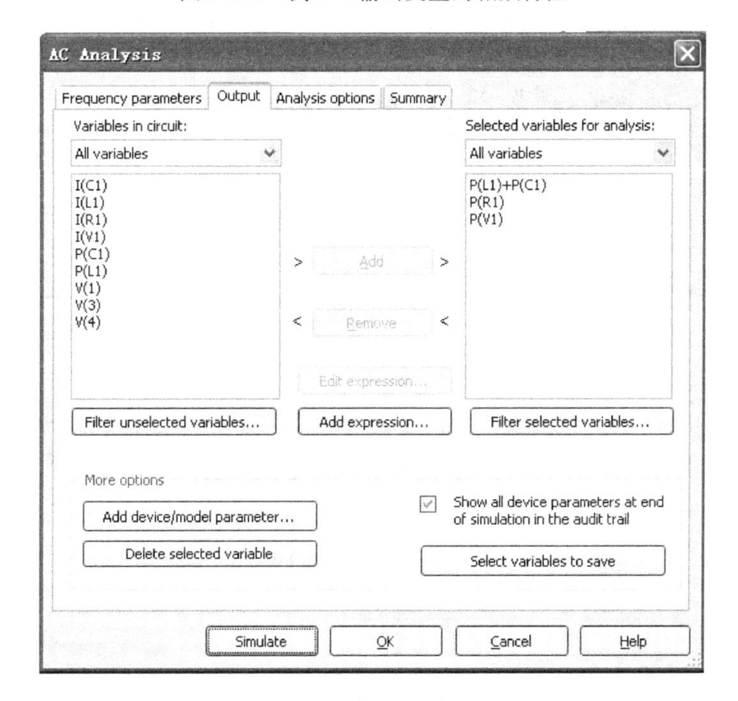

图 3-28f　例 3-4 输出功率变量设置

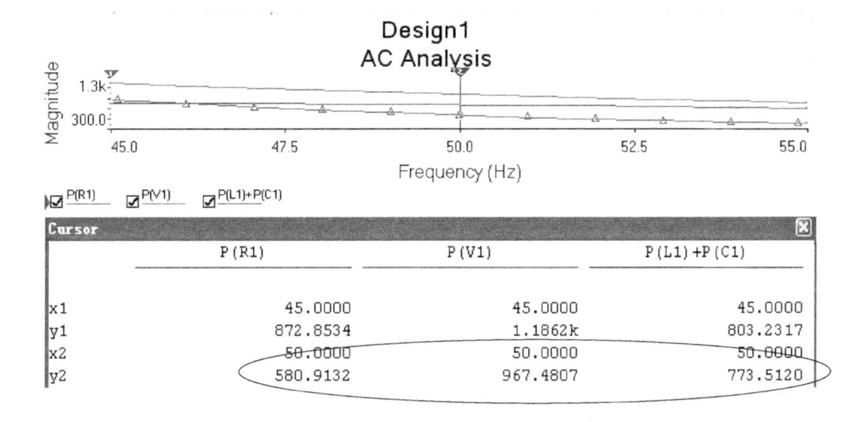

Cursor

	P(R1)	P(V1)	P(L1)+P(C1)
x1	45.0000	45.0000	45.0000
y1	872.8534	1.1862k	803.2317
x2	50.0000	50.0000	50.0000
y2	580.9132	967.4807	773.5120

图 3-28g　例 3-4 输出功率曲线

$P=P(R_1)=580.9\text{W}$　　$Q=P(C_1)+P(L_1)=773.5\text{var}$　　$S=P(V_1)=967.5\text{V}\cdot\text{A}$

用 Multisim 仿真方法三：

采用单一频率交流分析法，按 3-29a 连接设置好电源(其设置方法与图 3-28a 相同)，从“Simulate/Analyses”中选择“Single Frequency AC Analysis”，在图 3-29b 所示的窗口中各个参数，最终单击“Simulate”，得到输出变量的仿真结果，经计算得

$$\dot{I}=\frac{6.22}{\sqrt{2}}\angle-23.1°\text{A}=4.4\angle-23.1°\text{A}$$

$$\dot{U}_\text{R}=\frac{186.58}{\sqrt{2}}\angle-23.1°\text{V}=131.9\angle-23.1°\text{V}$$

$$\dot{U}_\text{C}=\frac{247.46}{\sqrt{2}}\angle-113.1°\text{V}=175\angle-113.1°\text{V}$$

$$\dot{U}_\text{L}=\frac{496.35}{\sqrt{2}}\angle 66.9°\text{V}=351.2\angle 66.9°\text{V}$$

$$P=580.2\text{W}$$

$$Q=P(C_1)+P(L_1)=773.7\text{var}$$

$$S=P(V_1)967.1\text{V}\cdot\text{A}$$

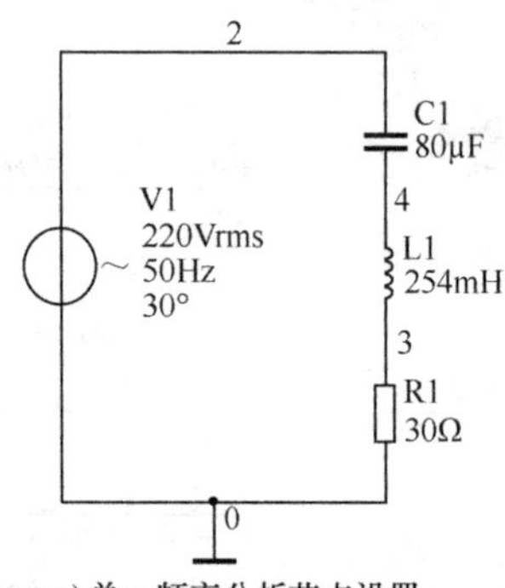

a) 单一频率分析节点设置

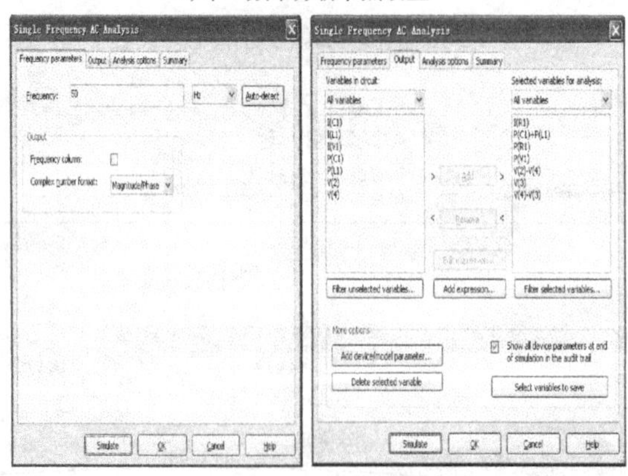

b) 单一频率分析中频率及输出参数设置

图 3-29　例 3-4 单一频率交流分析法仿真

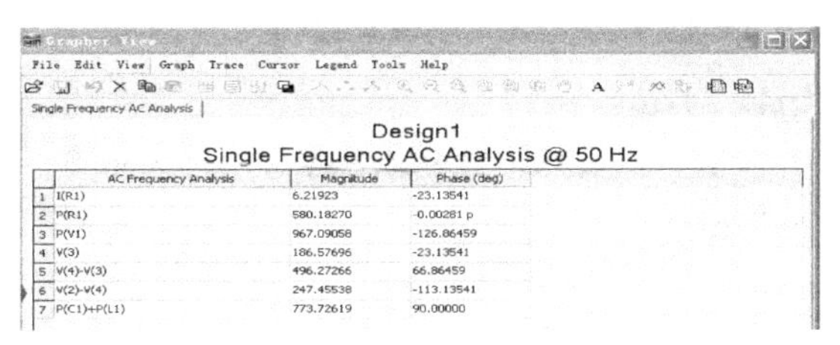

	AC Frequency Analysis	Magnitude	Phase (deg)
1	I(R1)	6.21923	-23.13541
2	P(R1)	580.18270	-0.00281 p
3	P(V1)	967.09058	-126.86459
4	V(3)	186.57696	-23.13541
5	V(4)-V(3)	496.27266	66.86459
6	V(2)-V(4)	247.45538	-113.13541
7	P(C1)+P(L1)	773.72619	90.00000

c) 单一频率分析中的仿真结果

图 3-29　例 3-4 单一频率交流分析法仿真(续)

3.4.2　正弦交流电路中阻抗的串联与并联

阻抗的串联和并联与电阻的串联和并联的分析方法相同。

1. 阻抗的串联

在如图 3-30 所示电路中，有 n 个阻抗串联，等效阻抗 Z 等于 n 个串联的阻抗之和。

$$Z = Z_1 + Z_2 + \cdots + Z_n \tag{3-28}$$

2. 阻抗的并联

在如图 3-31 所示电路中，有 n 个阻抗并联，等效阻抗 Z 的倒数等于 n 个并联的阻抗倒数之和。

$$\frac{1}{Z} = \frac{1}{Z_1} + \frac{1}{Z_2} + \cdots + \frac{1}{Z_n} \tag{3-29}$$

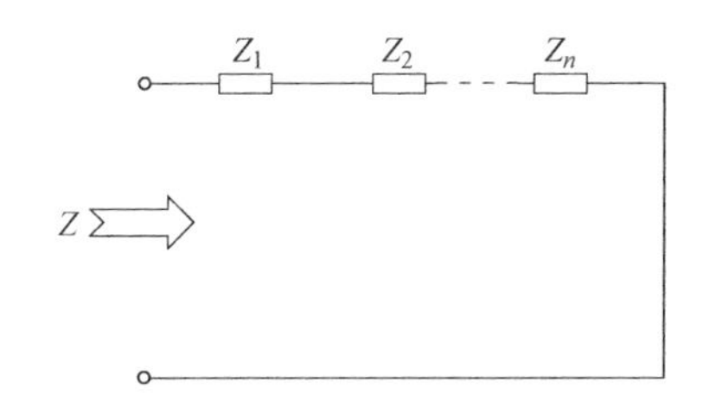

图 3-30　阻抗的串联

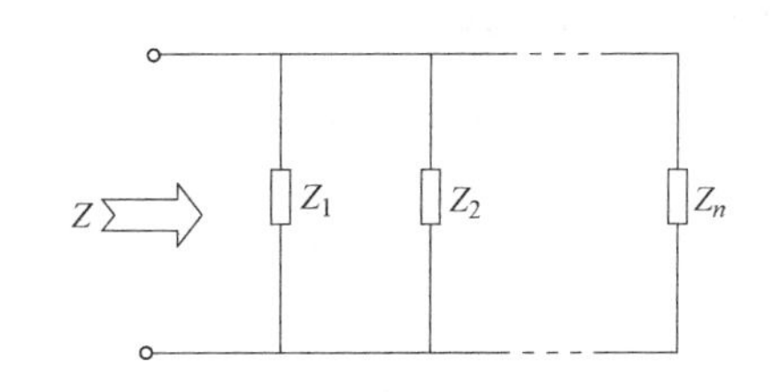

图 3-31　阻抗的并联

在两个阻抗并联的情况下，有如下关系式：

等效阻抗为

$$Z = \frac{Z_1 Z_2}{Z_1 + Z_2} \tag{3-30}$$

电流分配关系为

$$\dot{I}_1 = \frac{Z_2}{Z_1 + Z_2}\dot{I}, \quad \dot{I}_2 = \frac{Z_1}{Z_1 + Z_2}\dot{I} \tag{3-31}$$

【例 3-5】　在图 3-32a 所示的电路中，若 $R_1 = 6\Omega$，$R_2 = 8\Omega$，$X_L = 8\Omega$，$X_C = 6\Omega$，$\dot{U} = 220\angle 0°\text{V}$，求：1) $\dot{I}_1$、$\dot{I}_2$、$\dot{I}$。2) $\dot{U}_{AB}$。3) P、Q、S 及 $\cos\varphi$。4) 画出相量图。

解法一： 用理论方法求解。

解： 1)

$$\dot{I}_1 = \frac{\dot{U}}{R_1 + jX_L} = \frac{220\angle 0°}{10\angle 53.1°}\text{A} = 22\angle -53.1°\text{A}$$

$$\dot{I}_2 = \frac{\dot{U}}{R_2 - jX_C} = \frac{220\angle 0°}{10\angle -36.9°}\text{A} = 22\angle 36.9°\text{A}$$

$$\dot{I}=\dot{I}_1+\dot{I}_2=(22\angle-53.1°+22\angle36.9°)\mathrm{A}=22(1.4-\mathrm{j}0.2)\mathrm{A}=31.11\angle-8.1°\mathrm{A}$$

2) $\dot{U}_{AB}=\dot{U}_L-\dot{U}_{R2}=\dot{I}_1\mathrm{j}X_L-\dot{I}_2R_2$

$$=(22\angle-53.1°\times8\angle90°-22\angle36.9°\times8)\mathrm{V}=(176\angle36.9°-176\angle36.9°)\mathrm{V}=0\mathrm{V}$$

3) $P=I_1^2R_1+I_2^2R_2=6.776\mathrm{kW}$

$$Q=I_1^2X_L-I_2^2X_C=0.968\mathrm{kvar}$$

$$S=UI=6.844\mathrm{kV\cdot A}$$

$$\cos\varphi=\frac{P}{S}=0.99$$

4) 作相量图，如图 3-32b 所示。

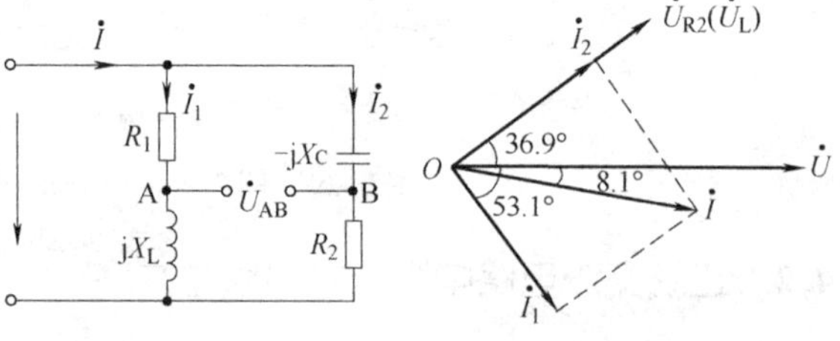

a) 例3-5电路图　　b) 例3-5相量图

图 3-32　例 3-5 图

解法二： 用 Multisim 仿真。

解： 假设电源电压 U 的频率为 50Hz，初始相位为 0°，

将 X_L 换成等效电感 L，即

$$L=\frac{X_L}{\omega}=\frac{8}{2\pi\times50}\mathrm{H}\approx25.5\mathrm{mH}$$

将 X_C 换成等效电容 C，即

$$C=\frac{1}{\omega X_C}=\frac{1}{2\pi\times50\times6}\mathrm{F}\approx530\mu\mathrm{F}$$

1) 求$\dot{I}_1$、$\dot{I}_2$、$\dot{I}$的大小、相位及功率的仿真电路图，如图 3-33a 所示。

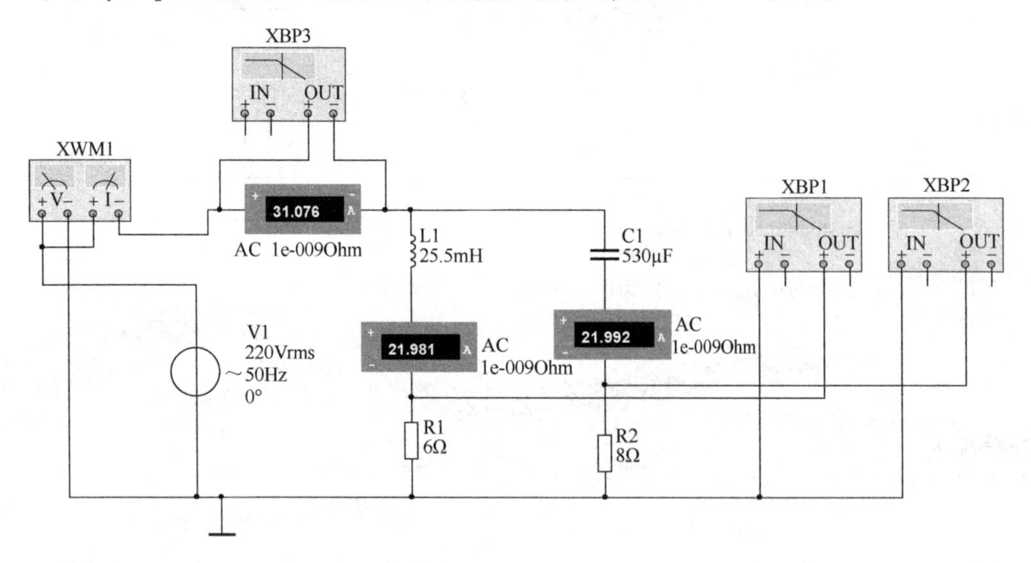

图　3-33a

将电流表、伯德图仪、功率表按图 3-33a 接好，其中伯德图仪 XBP3 的 IN_+、IN_- 也可以不接，只需将 OUT_+ 接在初相位为 0°的电压源“ + ”极即可。在控制面板上，选择水平初值“I”为 45Hz，水平终值“F”为 55Hz，单击 Phase，单击软件右上角的 按钮，就可得到相频特性。调节游标的水平位置为输入电压的频率 50Hz，纵轴数值就是要求的相位值及功率，如图 3-33b 所示。

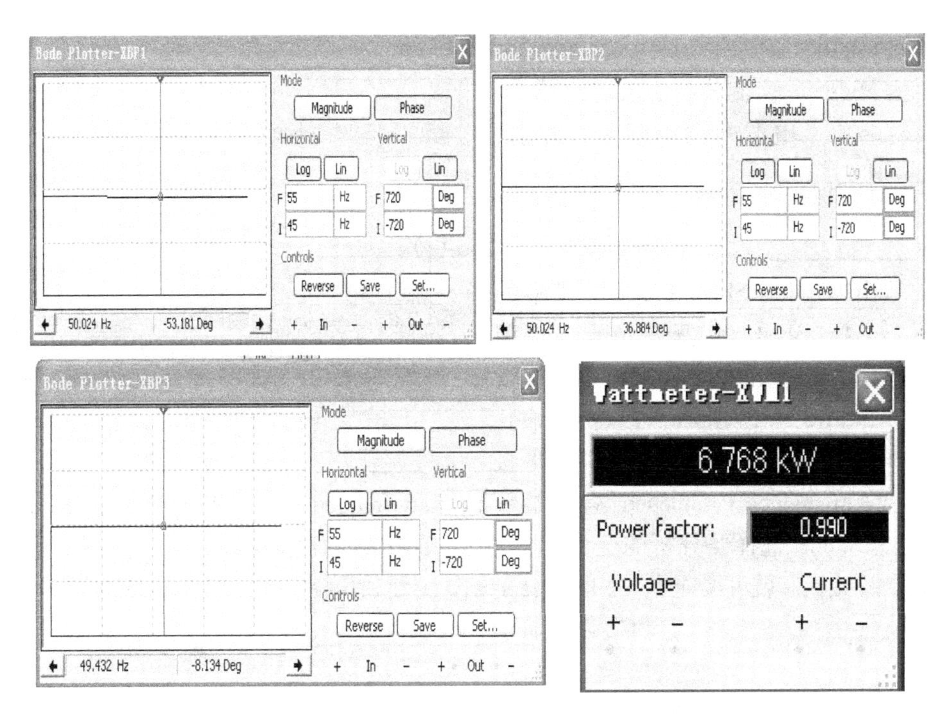

图　3-33b

2）求解 $\dot{U}_{AB}$ 的仿真电路图，如图 3-33c 所示。从而解得 $\dot{I}_1 \approx 22\angle -53.2°\text{A}$，$\dot{I}_2 \approx 22\angle 36.9°A$，$\dot{I} \approx 31.07\angle -8.1°\text{A}$。

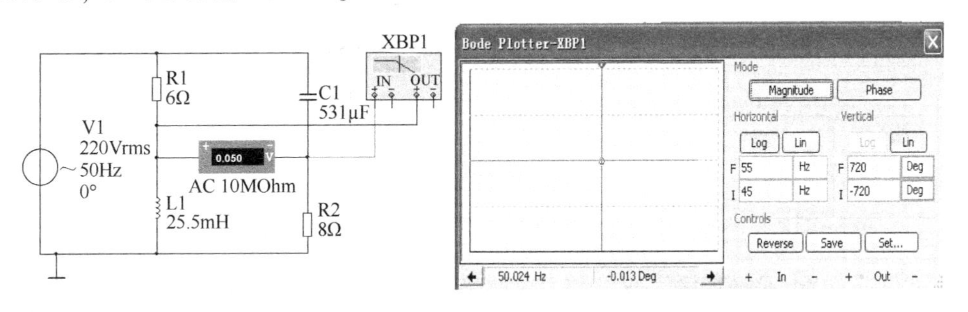

图　3-33c

3）电路的有功功率为

$$P = 6.768\text{kW}$$

功率因数为

$$\cos\varphi = \cos(\varphi_u - \varphi_i) = \cos 8.1° = 0.99$$

电路的无功功率为

$$Q = UI\sin(\varphi_u - \varphi_i) = 220 \times 31\sin 8.1°\text{var} = 0.961\text{kvar}$$

电路的视在功率为

$$S = UI = 220 \times 31\text{V} \cdot \text{A} = 6.82\text{kV} \cdot \text{A}$$

$$\dot{U}_{AB} \approx 0\text{V}$$

其他的仿真求解方法（如交流分析法或单一频率分析法）读者可自行练习。

【例 3-6】　电路如图 3-34a 所示。已知 $u_1 = 56\sin(400t)\text{V}$，$u_2 = 42\sin(400t + 90°)\text{V}$，求

10Ω 电阻两端的电压$\dot{U}$。

解：用 Multisim 交流分析法求解此题。

仿真电路中，电源的大小应为有效值，频率是 $f=\frac{400}{2\pi}\text{Hz}=63.7\text{Hz}$。按图 3-34a 接好电路，并完成节点和电源的设定。节点设定方法是由“Option/Sheet Properties”中的“Net name”选择“Show all”显示节点，电源的设定方法是分别双击电源 u_1 和 u_2，其设置如图 3-35b和图 3-35c所示，接着从“Simulate/Analyses”中选择“AC Analysis”，并按图 3-35d设置“Frequency Parameters”各个参数，“Start frequency”为 50Hz，“Stop frequency”为 70Hz。单击“Output”选择要分析的变量“V(2)”，单击“Add expression...”，如图 3-35e 所示。单击“Simulate”按钮，就可得到节点 2 即 10Ω 的幅频特性和相频特性，如图 3-35f 所示。

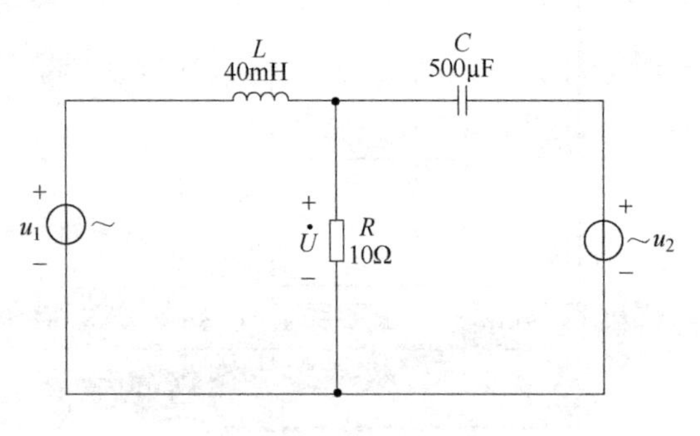

图 3-34　例 3-6 题图

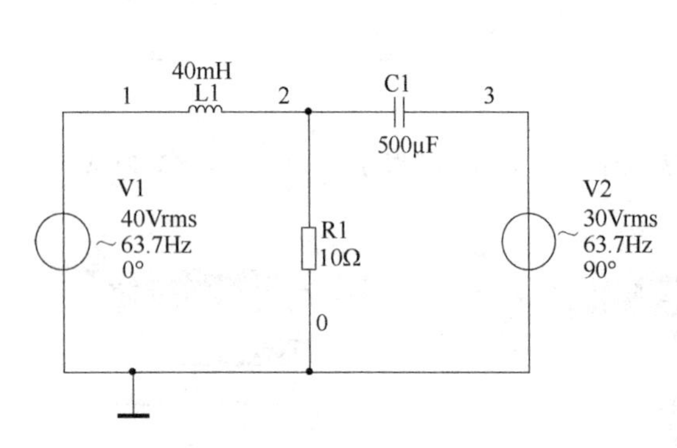

a) 例3-6仿真电路节点设置

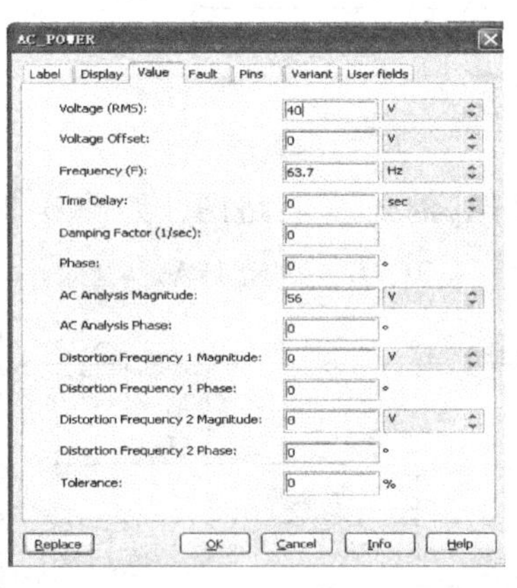

b) 交流电源u_1的设置

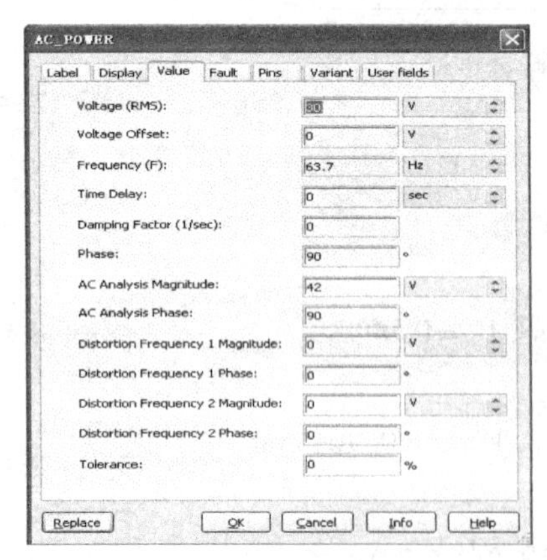

c) 交流电源u_2的设置

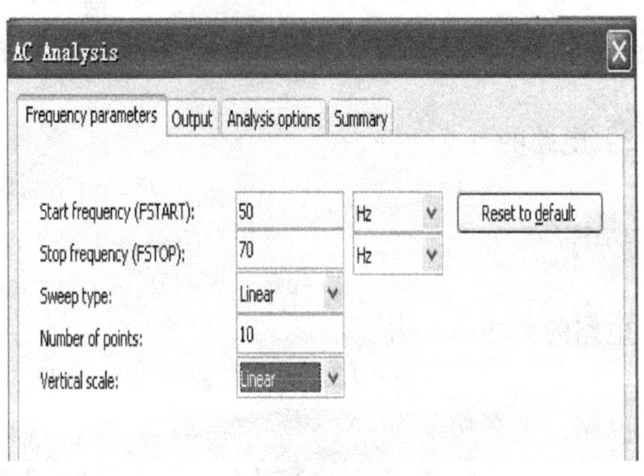

d) 交流分析Frequency Parameters设置

图 3-35　例 3-6 交流分析法仿真

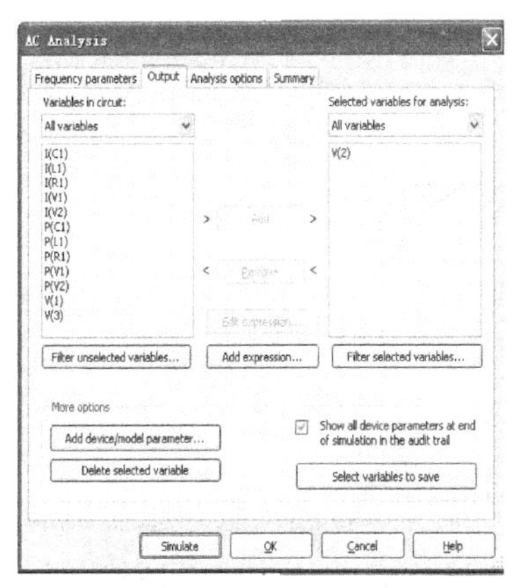

e) 交流分析Output设置

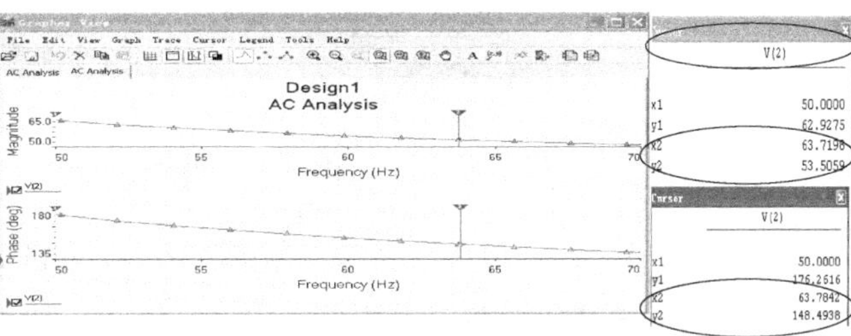

f) 10Ω电阻两端的电压的幅频特性和相频特性

图 3-35　例 3-6 交流分析法仿真(续)

从图 3-35f 所示游标的数据窗口可以看出：

1）频率为 63.7Hz 的电压幅值为 53.5(即 Voltage 的 y_2 值)。

2）频率为 63.7Hz 的相位为 148.5°(即 Phase 的 y_2 值)。

3）10Ω 电阻两端的电压$\dot{U}\approx\frac{53.5}{\sqrt{2}}\angle 148.5°\text{V}$。

3.4.3　功率因数的提高

1. 提高功率因数的意义

由 $\cos\varphi=\frac{P}{S}$可见，提高功率因数 $\cos\varphi$ 即可以提高电源容量的利用率，使发电设备的容量得以充分利用，减小电源与负载间的无功功率互换规模。由 $P=UI\cos\varphi$ 可知，当负载的有功功率 P 和电压一定时，输出电路中 $I=\frac{P}{U\cos\varphi}$，提高功率因数 $\cos\varphi$，可减小电路电流 I，从而减小线损与发电机内耗。

2. 提高功率因数的方法

一般工矿企业的负载大多数为感性负载，感性负载一般采用并联电容的方法提高功率因数，如图 3-36a 所示，以电压为参考相量画出如图 3-36b 的相量图，其中 φ_1 为原感性负载的阻抗角，φ 为并联电容 C 后电路总电流 $\dot{I}$ 与 $\dot{U}$ 间的相位差。显然并联电容 C 后，电路电流减小，负载电流与负载的功率因数仍不变，电路的功率因数提高。

由图 3-36b 还可看出，其有功分量(与 $\dot{U}$ 同相的分量)不变，$I_1\cos\varphi_1=I\cos\varphi$。无功分量变小，电容 C 补偿了一部分无功分量。有功功率 P 不变，无功功率 Q 减小，显然提高了电源容量的利用率。

注意：提高功率因数是指提高电源或电网的功率因数，而对具体感性负载的功率因数并没改变，即输出同样的有功功率，电源供给的总电流 I 减小，电源可以带更多的负载，输出更多的有功功率。

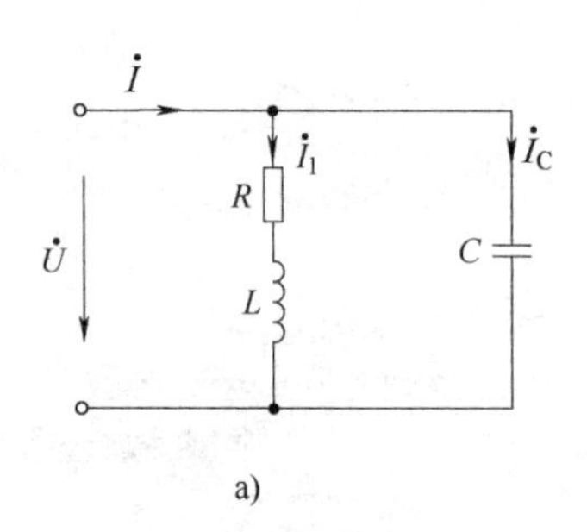

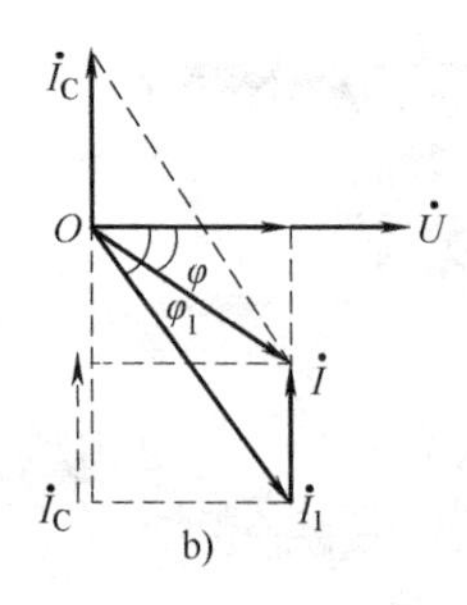

图 3-36　提高功率因数图例

图 3-36a 中，若 C 值继续增大，$\dot{I}_C$也将增大，$\dot{I}$ 将进一步减小，当 $\dot{I}$ 到达最小值后，再增大 C，$\dot{I}$ 将会再变大，将超前于 $\dot{U}$，成为容性。一般将补偿分为三种情况：补偿后仍为感性的称为欠补偿，而恰好补偿为阻性的（$\dot{I}$、$\dot{U}$同相位）则称为全补偿，补偿后变为容性的则称为过补偿。

根据国家颁布的《供电营业规则》，高压供电用户的功率因数为 0.90 以上，其他电力用户的功率因数为 0.85 以上，农业用电功率因数为 0.80。凡是功率因数不能达到上述规定的新用户，供电企业可拒绝供电。

提高感性负载功率因数的方法是在负载两端并联电容。并联后各电量之间的关系如图 3-36b 所示。图中无功分量为

$$I_C = I_1\sin\varphi_1 - I\sin\varphi = \frac{P}{U\cos\varphi_1}\sin\varphi_1 - \frac{P}{U\cos\varphi}\sin\varphi$$

$$= \frac{P}{U}(\tan\varphi_1 - \tan\varphi) = \omega CU$$

故

$$C = \frac{P}{\omega U^2}(\tan\varphi_1 - \tan\varphi) \tag{3-32}$$

式（3-32）为将功率因数从 $\cos\varphi_1$ 提高到 $\cos\varphi$ 所需并入电容器的电容量。

【例 3-7】 一个电压为 $u = 220\sqrt{2}\sin314t$V，额定容量为 $S_N = 10$kV · A 的正弦交流电源，向有功功率为 $P = 8$kW，功率因数为 0.6 的感性负载供电。试问：1）该供电电源可否满足负载的供电要求？2）将电路的功率因数提高到 0.95，应并联多大电容？3）并联电容后，该电源可否向负载供电？

解法一： 用理论方法求解。

解： 1）由 $S_N = U_N I_N$ 得

电源的额定电流为

$$I_N = \frac{S_N}{U_N} = \frac{10\times10^3}{220}\text{A} = 45.5\text{A}$$

由 $P = UI\cos\varphi$ 得

负载需要的电流为

$$I = \frac{P}{U\cos\varphi} = \frac{8\times10^3}{220\times0.6}\text{A} = 60.6\text{A}$$

负载需要的电流超过电源的额定电流，电源处于过载状态，不能满足负载的供电

要求。

2）$\cos\varphi_1=0.6$，即 $\varphi_1=53.13°$；$\cos\varphi=0.95$，即 $\varphi=18.19°$。

$$C=\frac{P}{U^2\omega}(\tan53.13°-\tan18.19°)=\frac{8\times1000}{220^2\times314}(\tan53.13°-\tan18.19°)\text{F}=6.75\text{F}$$

将电路的功率因数提高到0.95，应并联电容6.75F。

3）并联电容后，负载需要的电流为

$$I'=\frac{P}{U\cos\varphi}=\frac{8\times10^3}{220\times0.95}\text{A}=38.3\text{A}$$

小于电源的额定电流45.5A，电源不再过载工作，可以向该负载供电。

解法二：用 Multisim 仿真。

解：求解【例3-7】感性负载的等效电路：感性负载等效为电阻和电感的串联，即

$$I=\frac{P}{U\cos\varphi}=\frac{8\times10^3}{220\times0.6}\text{A}=60.6\text{A},\quad |Z|=\frac{220}{60.6}\Omega=3.63\Omega$$

$$R=|Z|\cos\varphi=3.63\times0.6\Omega=2.178\Omega,\ L=\frac{|Z|\sin\varphi}{\omega}=\frac{3.6\times0.8}{314}\text{H}\approx9.17\text{mH}$$

并联电容前流过负载的电流及功率的仿真电路，如图3-37a所示。

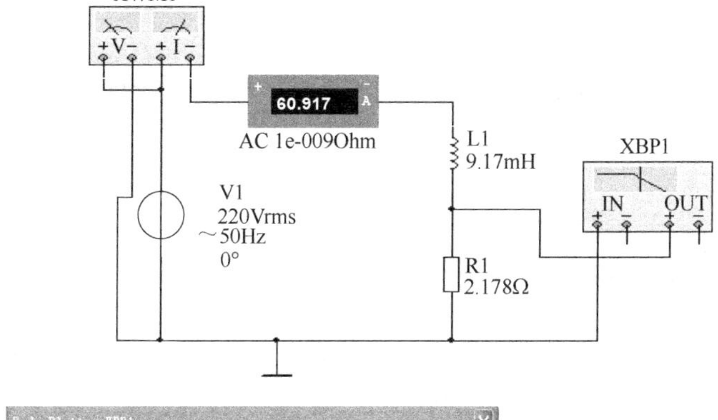

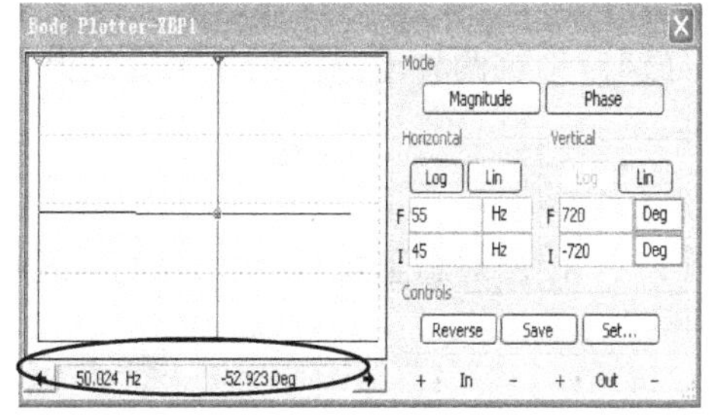

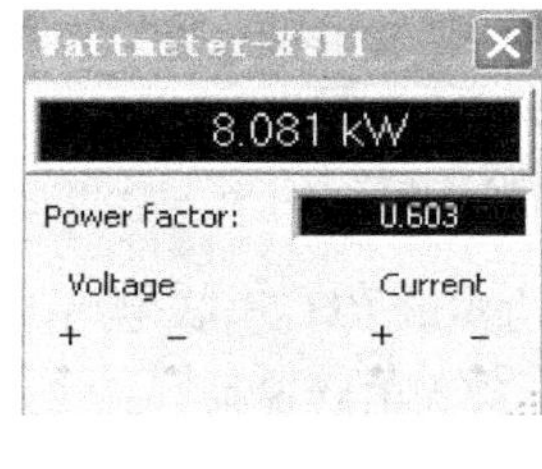

图 3-37a

功率因数角 $\varphi_1\approx52.92°$，功率因数 $\lambda\approx0.6$，有功功率 $P\approx8$kW，电流 $I\approx60.9$A，负载需要的电流超过电源的额定电流。

并联电容后的仿真电路，如图3-37b所示。

有功功率 $P\approx8$kW，负载电流 $I=60.9$A 与并联电容前相同。功率因数角 $\varphi=18.38°$，功率因数 $\lambda\approx0.95$，总电流 $I\approx38.7$A，总负载需要的电流小于电源的额定电流，电源不过载。

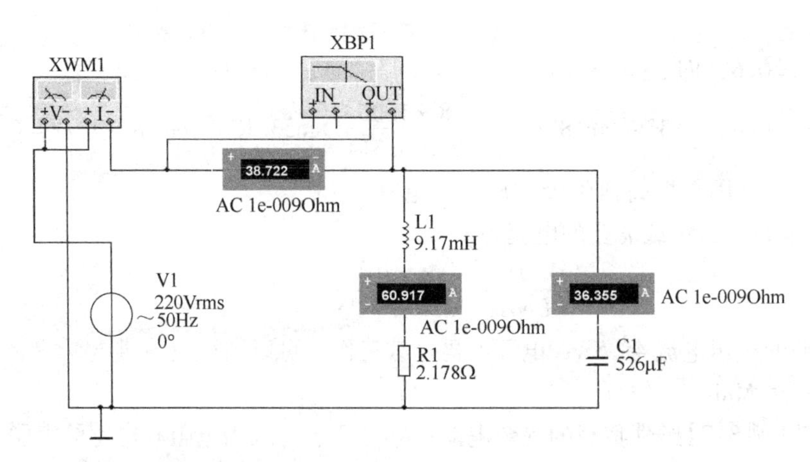

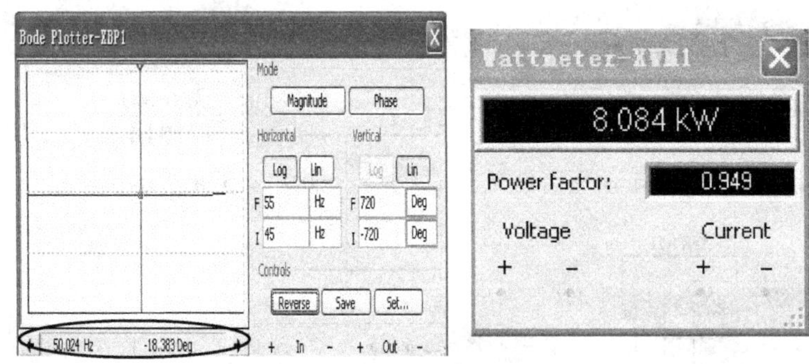

图 3-37b

3.5 串联谐振与并联谐振

含有电感和电容的交流电路，当调节元件的参数或电源频率，使电路的电压与电流同相位，无功功率完全补偿，电路的 $\cos\varphi=1$ 的状态，称电路为谐振状态。按发生谐振的电路不同，可分为串联谐振和并联谐振。下面分别讨论这两种电路的谐振条件及谐振特性。

3.5.1 串联谐振

如图 3-38 所示的 *RLC* 串联电路，若 $X_L=X_C$，则总阻抗 $Z=R$，$\dot{U}$ 与 $\dot{I}$ 同相位，$\cos\varphi=1$，电路发生谐振，称为串联谐振。

由 $X_L=X_C$ 得 $$2\pi f_0 L=\frac{1}{2\pi f_0 C}$$

可得电路的谐振频率为 $$f_0=\frac{1}{2\pi\sqrt{LC}} \tag{3-33}$$

电路出现谐振，将式(3-33)称为谐振条件。

1. 串联谐振的特点

1）谐振时电路的阻抗 $|Z_0|=\sqrt{R^2+(X_L-X_C)^2}=R$ 为最小值，呈纯电阻性。

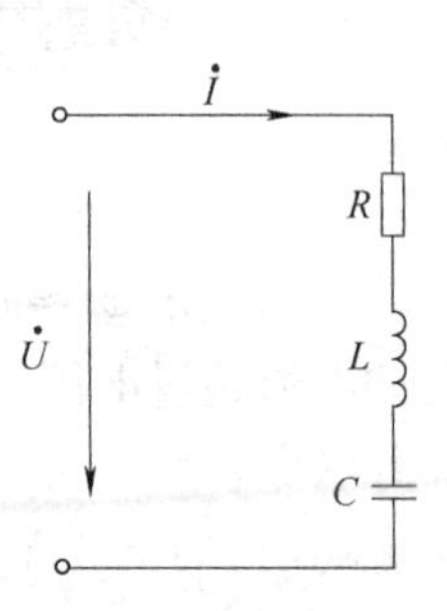

图 3-38 *RLC* 串联电路

2）电压一定时，谐振时的电流 $I_0=\dfrac{U}{\sqrt{R^2+(X_L-X_C)^2}}=\dfrac{U}{R}$ 为最大值，且与电源电压同相位，其随频率变化的关系，如图 3-39 所示（X_L，X_C关于频率的关系也在其中）。

3）谐振时电感与电容上的电压大小相等、相位相反，即 $\dot{U}_L=-\dot{U}_C$，且谐振时若 $X_L=X_C\gg R$，则电压 $U_L=U_C\gg U$，将使电路出现过电压现象，所以串联谐振又称为电压谐振。谐振时电路的相量图，如图 3-40 所示。

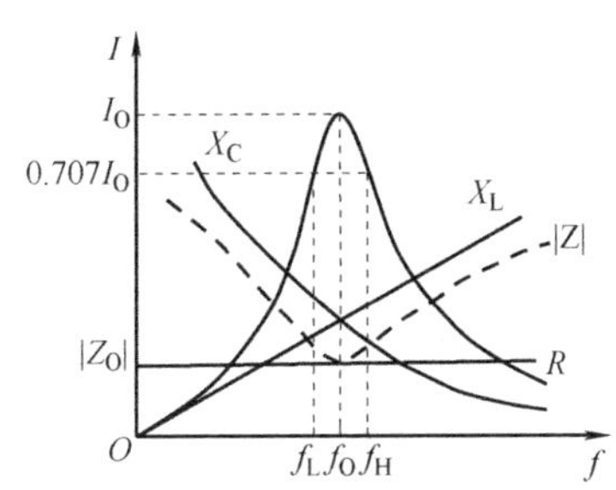

图 3-39　电流、阻抗与频率的关系

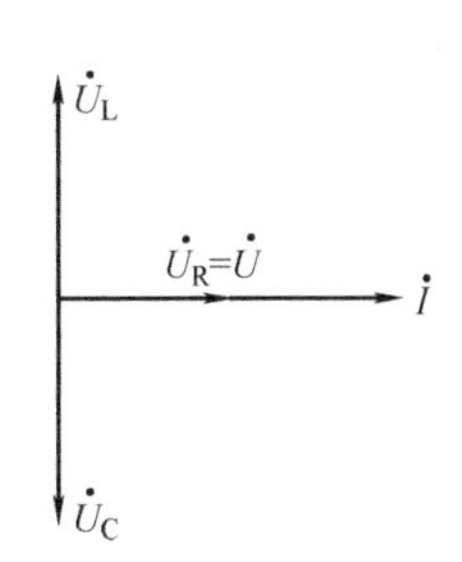

图 3-40　串联谐振时的相量图

通常把谐振时 U_L 或 U_C 与 U 之比，称为串联谐振电路的品质因数，也称为 Q 值。

$$Q=\frac{U_L}{U}=\frac{U_C}{U}=\frac{\omega_0 L}{R}=\frac{1}{\omega_0 RC}$$

可见，串联谐振时，电阻电压等于端口电压即 $\dot{U}_R=\dot{U}$，电感和电容的电压值为端口电压的 Q 倍。电力工程中一般应尽量避免发生串联谐振，以防高电压和大电流对设备和人身安全造成危害。但在工程应用中，常利用串联谐振来获得一个与电源频率相同，幅值高于电源电压 Q 倍的电压。

2. 串联谐振的应用

当电压一定时，电路中的电阻 R 越小，Q 值越大，谐振时的电流 $I_0=\dfrac{U}{R}$就越大，所得到的 I-f 曲线就越尖锐，如图 3-39 所示。在电子技术中，常用这种特性来选择信号或抑制干扰。显然，曲线越尖锐其选频特性就越强，但不是越尖锐越好。

通常也用通频带宽度来反映谐振曲线的尖锐程度，或者选择性优劣，与 $0.707I_0$对应的两频率f_H、f_L之间的宽度 Δf 定义为通频带宽度。

$$\Delta f=f_H-f_L=\frac{f_0}{Q} \tag{3-34}$$

可见 Q 值的大小与选频特性的优劣有着直接的联系，Q 值越大，通频带 Δf 越窄，选频特性越好。

串联谐振电路用于频率选择的典型例子便是收音机的调谐电路(选台)，如图 3-41 所示。其作用是将由天线接收到的无线电信号，经磁棒感应到 L_2C 的串联电路中，调节可变电容 C 的值，便可选出$f=f_0$的电台信号，它在 C 两端的电压最高，经放大电路放大处理，扬声器就播出该电台的节目，这就是收音机的调谐过程。

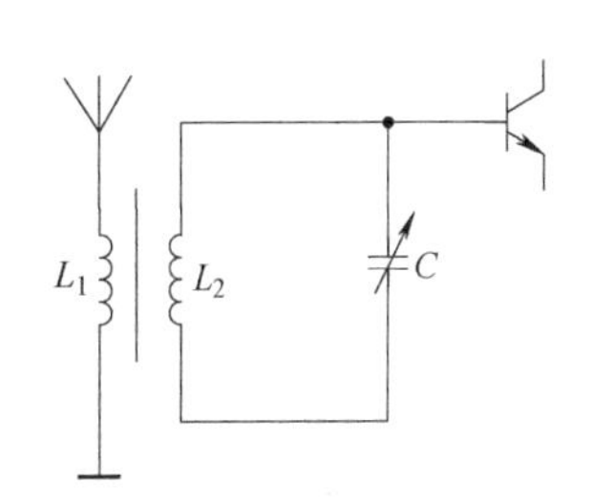

图 3-41　收音机的调谐电路

【例 3-8】 将一线圈与电容器串联，线圈的 $L=4\text{mH}$，$R=50\Omega$，电容 $C=160\text{pF}$，接在 $U=25\text{V}$ 的电源上，求 1）电路的谐振频率。2）求谐振电流 I_0 与电容器上的电压 U_C。3）当输入频率增加 10% 时，求电流 I 与电容器上的电压 U_C。

解法一： 用理论方法求解。

解： 1）电路的谐振频率为

$$f_0=\frac{1}{2\pi\sqrt{LC}}=\frac{1}{2\times3.14\times\sqrt{4\times10^{-3}\times160\times10^{-12}}}\text{Hz}\approx199\text{kHz}$$

2）求解谐振电流 I_0 与电容器上的电压 U_C，则

$$I_0=\frac{U}{R}=\frac{25}{50}\text{A}=0.5\text{A}$$

$$X_C=X_L=2\pi f_0L=5000\Omega$$

$$U_C=I_0X_C=0.5\times5000\text{V}=2500\text{V}$$

3）当输入频率增加 10% 时，

$$X_L=5500\Omega,\ X_C=4500\Omega$$

$$|Z|=\sqrt{R^2+(X_L-X_C)^2}=\sqrt{50^2+(5500-4500)^2}\Omega\approx1000\Omega$$

电流 I 与电容器上的电压 U_C 为

$$I=\frac{U}{|Z|}=\frac{25}{1000}\text{A}=0.025\text{A}$$

$$U_C=IX_C=0.025\times4500\text{V}=112.5\text{V}$$

可见：偏离谐振频率 10%，电流 I 与电容器上的电压 U_C 大大减小。

解法二： 用 Multisim 仿真。

解： 1）电路的谐振频率。设定输入电压为 25V/50Hz/0°，按【例 3-8】中的参数接好电路，并进行电源的“Analysis setup”设置及节点设置，如图 3-42a 所示。

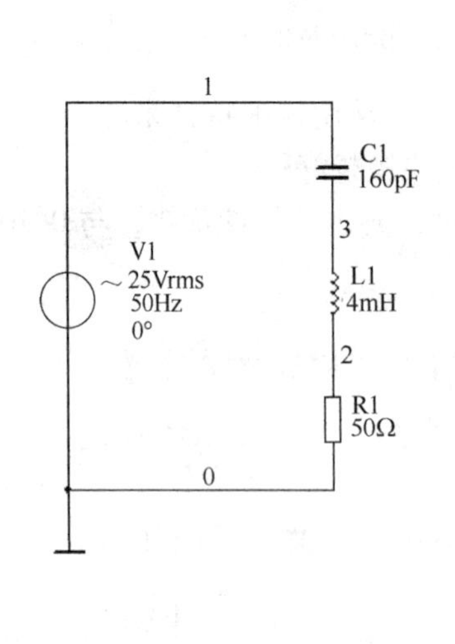

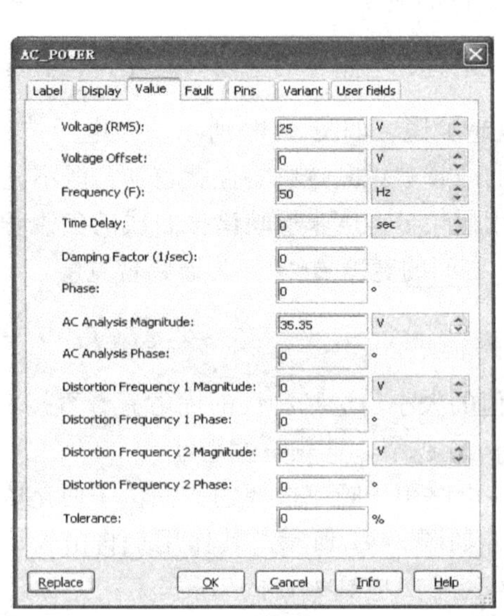

图 3-42a

选择“Simulate/Analysis/AC Analysis”中的“Frequency parameters”菜单，设置“Start frequency”为180kHz，“Stop frequency”为210kHz，同时选择“Output”参数“V(2)”为分析节点，单击“Add expression...”，如图3-42b所示。

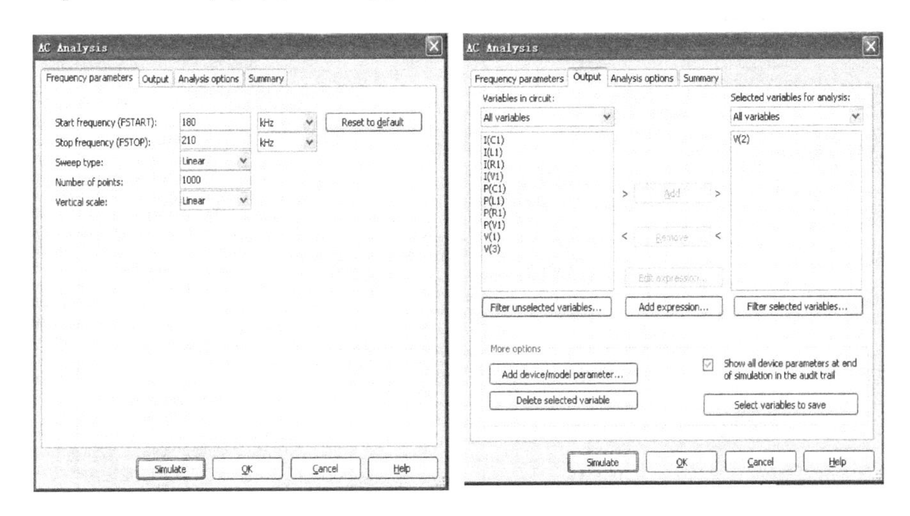

图　3-42b

启动“Simulate”按钮，就可得到节点2的幅频特性如图3-42c所示。

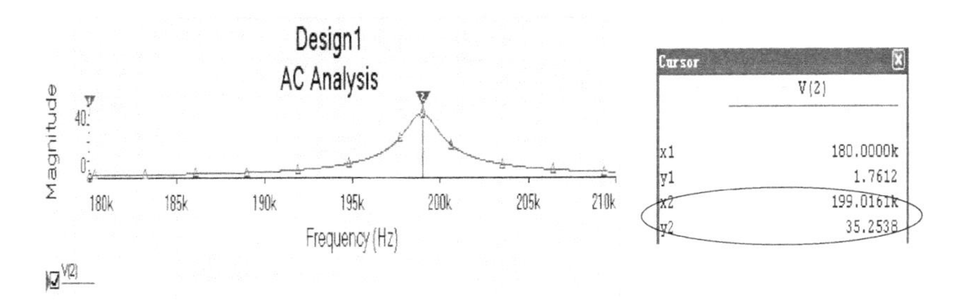

图　3-42c

因为电路发生谐振时，电阻两端的电压与电源电压的有效值相同，约为$35.25/\sqrt{2}V \approx 25V$。从数据窗口的游标处可以看出：35.25V对应的谐振频率大约为199.016kHz，即谐振频率。

2）求解谐振电流I_0与电容器上的电压U_C。按图3-42a接好电路，电源设置、节点设置及选择“Simulate/Analysis/AC Analysis”中的“Frequency parameters”菜单中的设置与第一步相同。“Output”分析参数的设置，如图3-42d所示，谐振电流I_0选择I(R1)，电容器上的电压U_C选择“V(1)-V(3)”。单击“Simulate”按钮，就可得到它们的幅频特性，如图3-42e所示。

结果：当频率为199kHz时，谐振电流$I_0 = I(R1) = 0.704/\sqrt{2}A \approx 0.5A$，电容器上的电压$U_C = V(1) - V(3) = 3519/\sqrt{2}V = 2488V \approx 2500V$。

3）当输入频率增加10%（约为218.9kHz）时，电源设置、节点设置与第一步相同。选择“Simulate/Analysis/AC Analysis”中的“Frequency parameters”菜单，设置“Start frequency”为160kHz，“Stop frequency”为240kHz，其他参数不变，如图3-42f所示，“Output”分析参数的

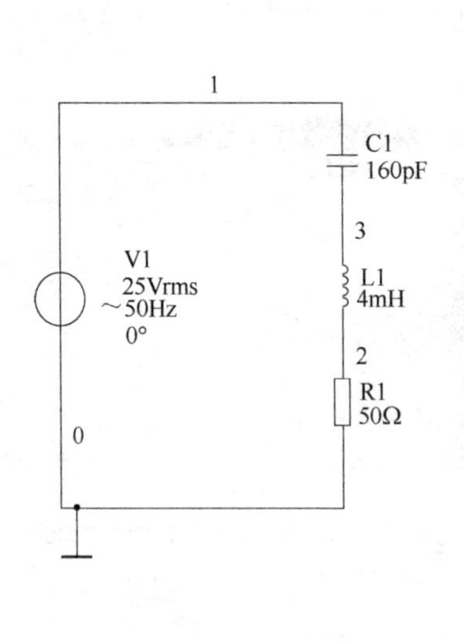

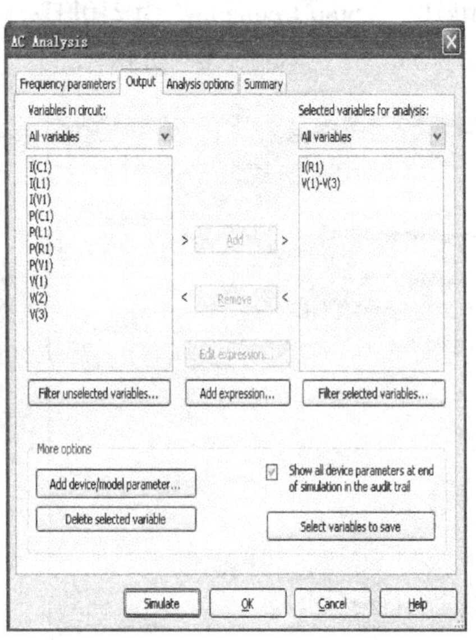

图 3-42d

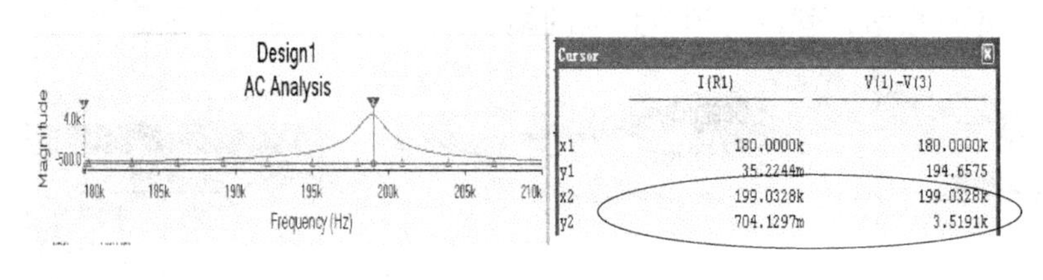

图 3-42e

设置与第二步相同。单击“Simulate”按钮，将游标拖至 218.19kHz 左右，就可得到它们的幅频特性，如图 3-42g 所示。

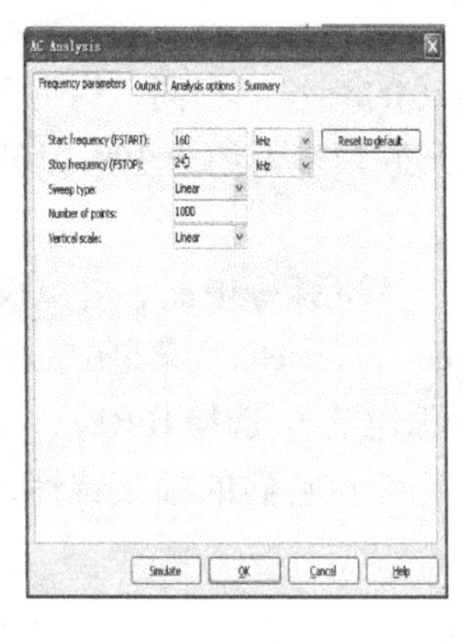

图 3-42f

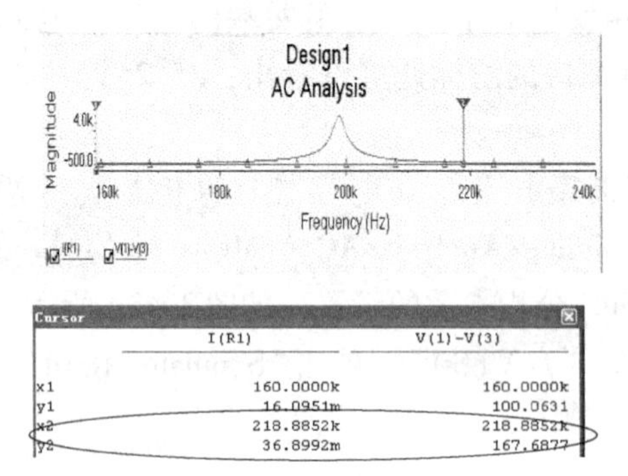

图 3-42g

结果：电流 $I=36.899/\sqrt{2}\text{mA}\approx 26\text{mA}$，电容器上的电压 $U_C=167.69/\sqrt{2}\text{V}\approx 119\text{V}$。

【例 3-9】 某收音机选频电路的电阻为 10Ω，电感为 0.26mH，当电容调至 238pF，与某电台的广播信号发生串联谐振。试求：1）谐振频率；2）该电路的品质因数；3）若信号输入为 10μV，求电路中的电流及电容的端电压；4）某电台的频率是 960kHz，若它也在该选频电路中感应出 10μV 的电压，电容两端与该频率对应的电压是多少？

解： 1）谐振频率为

$$f_0=\frac{1}{2\pi\sqrt{LC}}=\frac{1}{2\pi\sqrt{0.26\times10^{-3}\times238\times10^{-12}}}\text{kHz}=640\text{kHz}$$

即与中波段 $f_0=640\text{kHz}$ 的电台信号发生谐振。

2）品质因数为

$$Q=\frac{X_L}{R}=\frac{2\pi f_0L}{R}=\frac{2\pi\times640\times10^3\times0.26\times10^{-3}}{10}=105$$

3）当信号电压为 10μV 时，电流为

$$I=I_0=\frac{U}{R}=\frac{10}{10}\mu\text{A}=1\mu\text{A}$$

电容两端电压为　$U_C=U_1=QU=105\times10\mu\text{V}=1.05\text{mV}$

4）电台频率为 960kHz 时，电路对该频率的阻抗为

$$|Z|=\sqrt{R^2+X^2}=\sqrt{R^2+\left(2\pi fL-\frac{1}{2\pi fC}\right)^2}=\sqrt{10^2+870^2}\Omega\approx870\Omega$$

当信号的感应电压为 10μV 时，与该频率对应的电流为

$$I'=\frac{10\times10^{-6}}{870}\text{A}=0.0115\mu\text{A}$$

电容上与该频率对应的电压为

$$U'_c=X_cI'=8.01\mu\text{V}$$

可见，电容两端 640kHz 信号与 960kHz 信号相对应的电压比为 131.1 倍。也就是说，$f=960\text{kHz}$ 的电台受到了抑制（同理也抑制了其他电台），只选择了频率为 640kHz 的电台。

3.5.2　并联谐振

LC 并联时发生的谐振称为并联谐振。实用的并联谐振电路，如图 3-43 所示。

1. 谐振条件

由 KCL 得

$$\dot{I}=\dot{I}_1+\dot{I}_2=\frac{\dot{U}}{R+\text{j}\omega L}+\frac{\dot{U}}{-\text{j}\dfrac{1}{\omega C}}$$

$$=\dot{U}\left[\frac{R}{R^2+\omega^2L^2}-\text{j}\left(\frac{\omega L}{R^2+\omega^2L^2}-\omega C\right)\right]$$

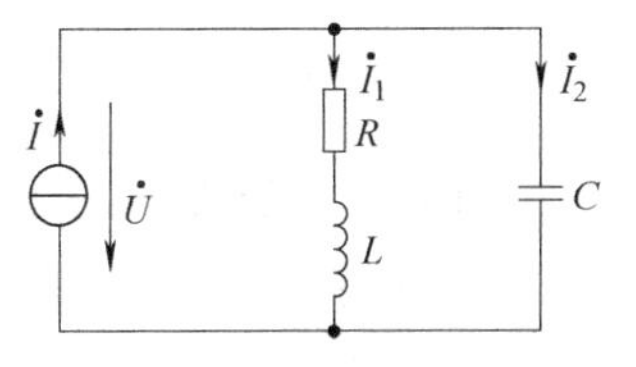

图 3-43　并联谐振电路

谐振时，$\dot{I}$与$\dot{U}$同相位，电路为纯电阻性，上式中虚部为

$$\frac{\omega L}{R^2+\omega^2L^2}-\omega C=0 \tag{3-35}$$

由此式可得谐振频率为

$$\omega_0=\sqrt{\frac{1}{LC}-\frac{R^2}{L^2}}\quad 或\quad f_0=\frac{1}{2\pi}\sqrt{\frac{1}{LC}-\frac{R^2}{L^2}} \tag{3-36}$$

在电子技术中，R 一般只是电感线圈的内阻，$R \ll \omega_0 L$，式中$\frac{R^2}{L^2}$项可以忽略，

故

$$\omega_0 \approx \frac{1}{\sqrt{LC}} \quad \text{或} \quad f_0 \approx \frac{1}{2\pi\sqrt{LC}} \tag{3-37}$$

这就是并联谐振电路的谐振频率(或谐振条件)。

2. 并联谐振的特点

1）谐振时的电路阻抗。$|Z_0| = \frac{R^2 + \omega_0^2 L^2}{R}$是最大值。

由式(3-36)推得

$$R^2 + \omega_0^2 L^2 = \frac{L}{C}$$

可得

$$|Z_0| = \frac{L}{RC} \tag{3-38}$$

其随频率变化的关系，如图 3-44 所示。

2）恒流源供电时，谐振电路的端电压 $U = I|Z_0|$ 也是最大值，其随频率变化的关系，如图 3-44 所示。

3）谐振时电路的相量关系，如图 3-45 所示。可见，$\dot{I}_1$的无功分量$\dot{I}_1' = -\dot{I}_2$，当 $R \ll \omega_0 L$ 时，可近似认为$\dot{I}_1' \approx -\dot{I}_2 \gg \dot{I}$，电路中的谐振量是电流，故又称电流谐振。

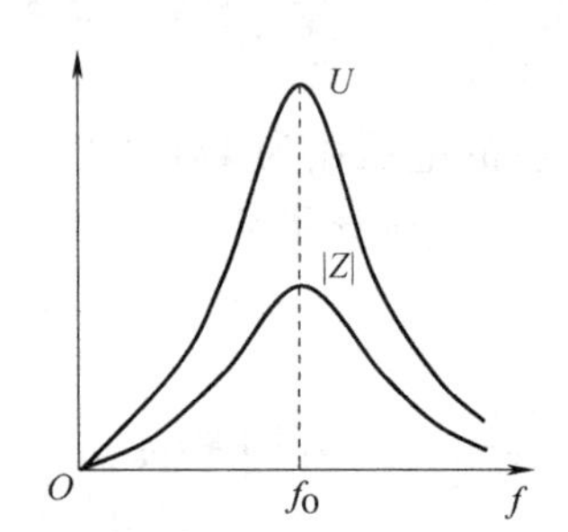

图 3-44　并联谐振的频率特性

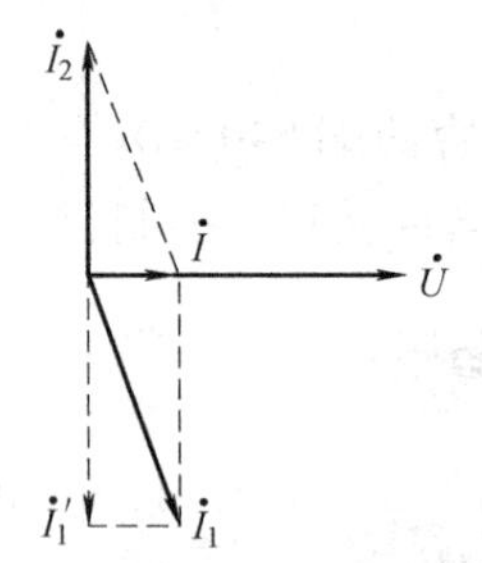

图 3-45　并联谐振时的相量图

这种谐振电路在电子技术中也常当选频使用。电子音响设施中的中频变压器(中周)便是其典型的应用例子。正弦信号发生器，也是利用此电路来选择频率的。

可以推证，此电路的品质因数($R \ll \omega_0 L$ 时)为

$$Q = \frac{I_2}{I} = \frac{I_1'}{I} \approx \frac{I_1}{I} \approx \frac{\omega_0 L}{R} \approx \frac{1}{\omega_0 RC} \tag{3-39}$$

同样，R 值越小，Q 值越大，其选频特性就越强。

3.6　三相交流电路

电力系统中提供的交流电源大多都是三相交流电源。由三相交流电源供电的电路称为三相交流电路，三相交流电路是目前电力系统中普遍采用的一种电路形式。

三相交流电源是由三个频率相同、幅值相同、相位差各为120°的电源按一定的连接方式组合而成的供电系统。与单相电路相比较，三相交流电在发电、输电和用电方面有很多优点。在相同尺寸的情况下，三相发电机的容量比单相发电机的容量要大。传输电能时，三相电路比单相电路可节省25%的有色金属。目前世界各国电力系统几乎都是三相制。

3.6.1　三相交流电源

1. 三相交流电的产生

三相交流电是由三相交流发电机产生的。图3-46为一台三相交流发电机的示意图，其中U_1-U_2、V_1-V_2、W_1-W_2为三个完全相同、彼此空间相差120°的绕组，如图3-47所示，对称分布在定子凹槽内。当转子(磁极)由原动机(汽轮机、涡轮机等)带动，以角速度ω匀速旋转时，就会产生三个幅值相等、频率相同、相位上相差120°的三相交变感应电动势(三相对称电动势)，规定其参考方向为末端指向始端。若以e_1为参考量，则

$$\left.\begin{aligned} e_1 &= E_m\sin\omega t \\ e_2 &= E_m\sin(\omega t - 120°) \\ e_3 &= E_m\sin(\omega t + 120°) \end{aligned}\right\} \tag{3-40}$$

其波形如图3-48所示。不难证明

$$e_1 + e_2 + e_3 = 0 \tag{3-41}$$

这样的三相电源称为三相对称电源。

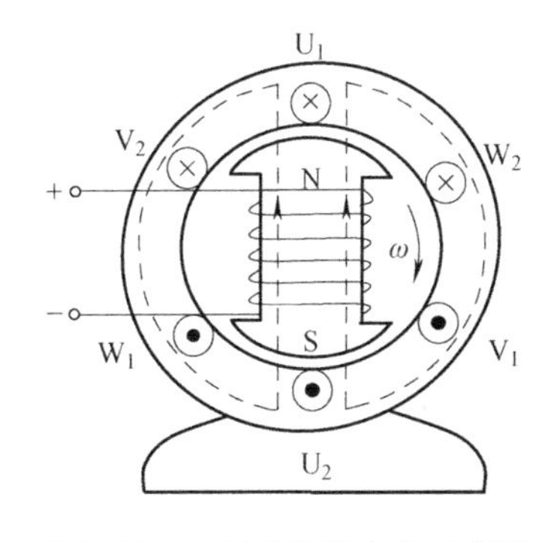

图3-46　三相交流发电机示意图

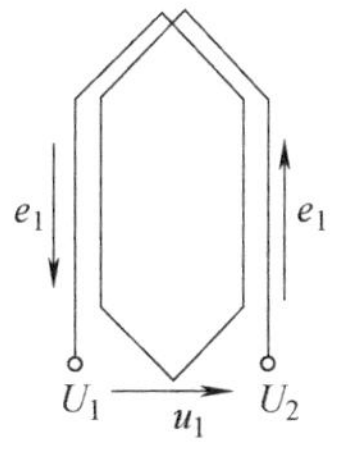

图3-47　每相电枢绕组

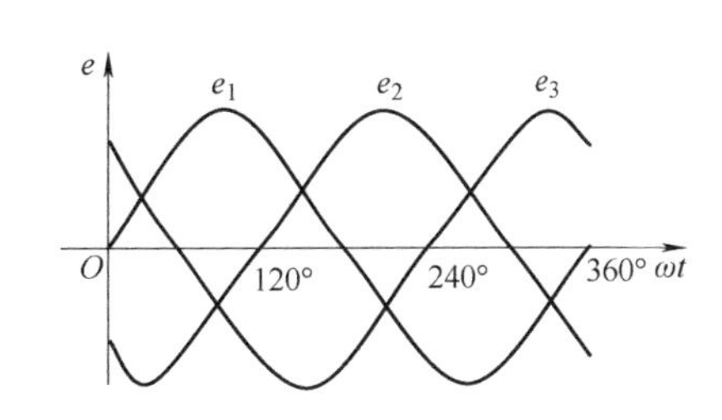

图3-48　三相对称电源的波形

三相电源达到同一值(零值或幅值)的先后顺序，称为三相电源的相序。在图3-46中，转子磁极按顺时针旋转，三相感应电动势依次滞后120°，其相序为U→V→W，称为顺序；若转子磁极逆时针旋转，则其相序为U→W→V，称为逆序。工程上通用的相序为顺序。将三相感应电动势以有效值相量表示为

$$\left.\begin{aligned} \dot{E}_1 &= E\angle 0° = E \\ \dot{E}_2 &= E\angle -120° = E\left(-\frac{1}{2} - \mathrm{j}\frac{\sqrt{3}}{2}\right) \\ \dot{E}_3 &= E\angle +120° = E\left(-\frac{1}{2} + \mathrm{j}\frac{\sqrt{3}}{2}\right) \end{aligned}\right\} \tag{3-42}$$

更易看出：

$$\dot{E}_1+\dot{E}_2+\dot{E}_3=0 \tag{3-43}$$

其相量图如图 3-49 所示。

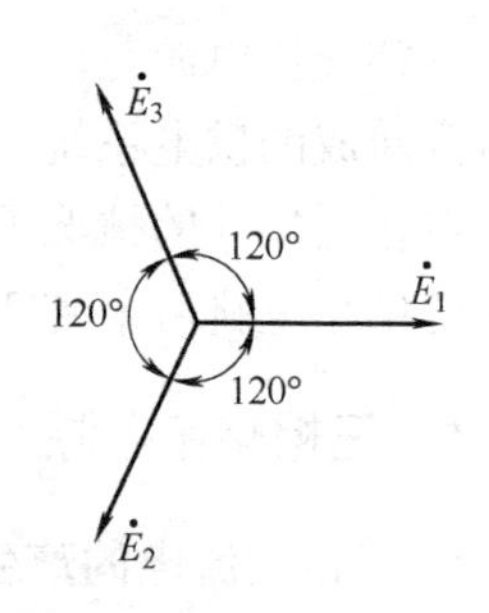

图 3-49 三相对称电动势

2. 三相电源的联结

三相交流电源的联结方式有两种：星形和三角形。星形联结，即三个末端 U_2、V_2、W_2 连在一起，称为中性点。由中性点引出的导线称为中性线，用 N 表示；三个始端 U_1、V_1、W_1 作为与外电路相连接的端点，由端点引出的导线称为相线或端线，如图 3-50 所示。这种具有中性线的三相供电系统称为三相四线制，若不引出中性线则称为三相三线制。

在三相电路中，端线与中性线之间的电压 $\dot{U}_1$、$\dot{U}_2$、$\dot{U}_3$ 称为相电压，有效值用 U_p 表示；任意两条相线间电压 $\dot{U}_{12}$、$\dot{U}_{23}$、$\dot{U}_{31}$ 称为线电压，有效值用 U_l 表示。相电压的参考方向从端线指向中性线；线电压的参考方向，例如 $\dot{U}_{12}$，则由 L_1 端指向 L_2 端，如图 3-50 中所示，由图可得

$$\left.\begin{aligned}\dot{U}_{12}&=\dot{U}_1-\dot{U}_2\\ \dot{U}_{23}&=\dot{U}_2-\dot{U}_3\\ \dot{U}_{31}&=\dot{U}_3-\dot{U}_1\end{aligned}\right\} \tag{3-44}$$

由于三相电动势是对称的，所以三相相电压也是对称的，做相量图如图 3-51 所示。可见其线电压也是对称的，在相位上超前相应的相电压 30°。

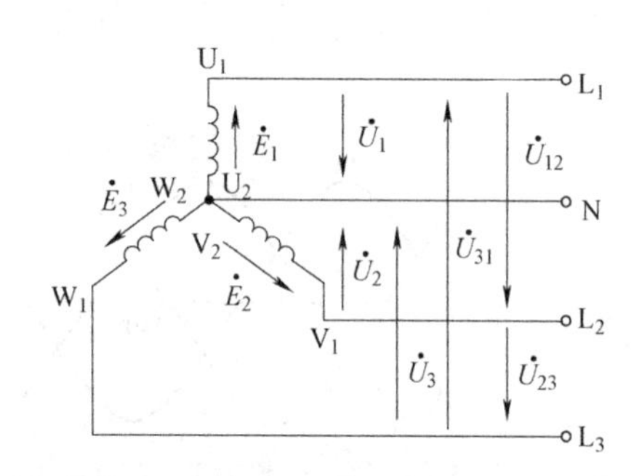

图 3-50 三相电源的星形接法

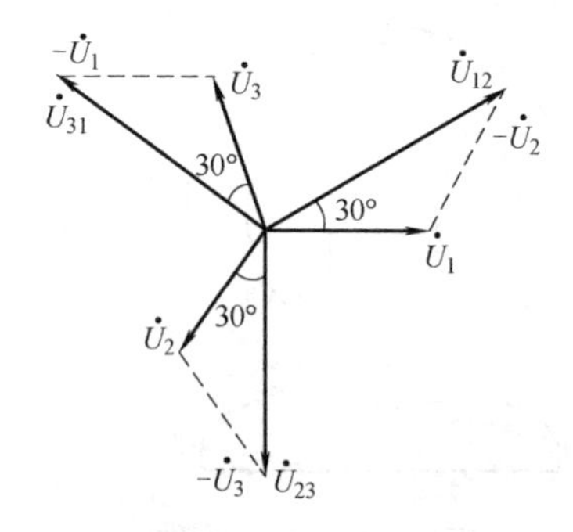

图 3-51 相、线电压间关系

由图 3-51 的几何关系可得

$$U_l=\sqrt{3}U_p \tag{3-45}$$

我国的低压供电系统的标准规定：线电压为 380V，相电压为 220V，用 380V/220V 表示；一般生活用电为 220V，动力用电为 380V。

用 Multisim 仿真。

三相电压源可以从 ÷ 的 POWER_SOURCES 中的 THREE_PHASE_WYE 选择，也可用单相交流电源连接而成，接法如图 3-52 所示，其中 L_1、L_2、L_3 为相线，N 为中性线。星形联结中，线电压 U_l（即相线与相线间的电压）是相电压（即相线与中性线间的电压）U_p 的 $\sqrt{3}$ 倍。

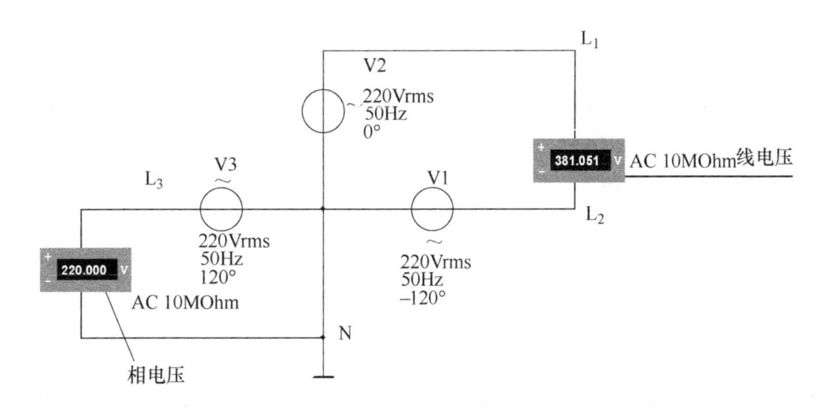

图 3-52　三相交流电源的星形联结及线电压和相电压之间的关系

3.6.2　负载的星形联结

三相负载的联结方式也有两种，即星形联结和三角形联结。负载星形联结的三相四线制电路如图 3-53 所示，三相负载分别为 Z_1、Z_2、Z_3，由于中性线的存在，负载的相电压即为电源的相电压，负载中通过的电流(相电流)等于相线中电流(线电流)。

下面分别讨论负载对称与不对称两种情况。

1. 负载对称时的星形联结

所谓对称负载，是指三相阻抗完全相同，亦即 $Z_1=Z_2=Z_3=|Z|\angle\varphi$。一般的三相电气设备(如三相电动机)，大多是对称负载。

设$\dot{U}_1$为参考相量，则

$$\left.\begin{aligned}\dot{I}_1&=\frac{\dot{U}_1}{Z_1}=\frac{U_p\angle 0°}{|Z|\angle\varphi}=\frac{U_p}{|Z|}\angle-\varphi=I_p\angle-\varphi\\ \dot{I}_2&=\frac{\dot{U}_2}{Z_2}=\frac{U_p\angle-120°}{|Z|\angle\varphi}=\frac{U_p}{|Z|}\angle(-120°-\varphi)=I_p\angle(-120°-\varphi)\\ \dot{I}_3&=\frac{\dot{U}_3}{Z_3}=\frac{U_p\angle 120°}{|Z|\angle\varphi}=\frac{U_p}{|Z|}\angle(120°-\varphi)=I_p\angle(120°-\varphi)\end{aligned}\right\}\tag{3-46}$$

设 $\varphi>0$，相量图如图 3-54 所示。因三个相电流也对称，只需计算其中一相即可。

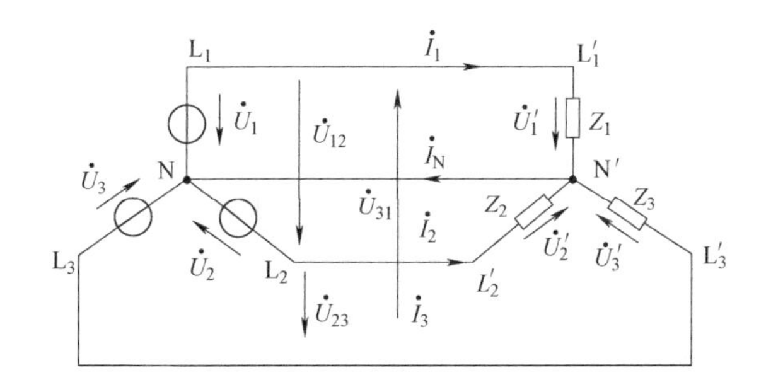

图 3-53　三相四线制电路

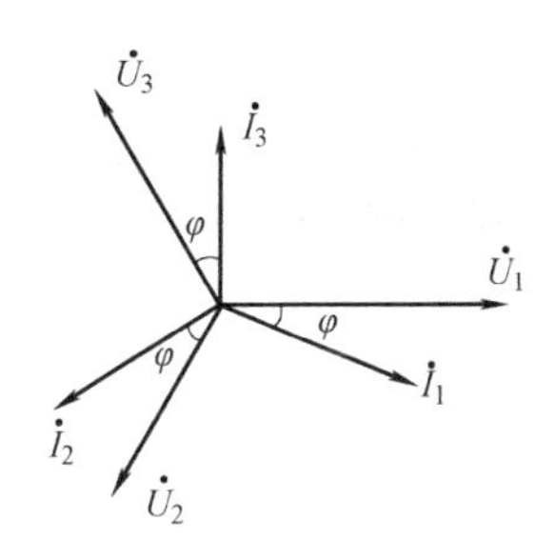

图 3-54　负载对称时的相量

中性线电流为

$$\dot{I}_N = \dot{I}_1 + \dot{I}_2 + \dot{I}_3 = 0$$

显然，在电源和负载都对称的情况下，负载的中性点 N′与电源中性点 N 等电位，中性线完全可以省去，故三相对称电路为三相三线制电路。

【例 3-10】 有一电源和负载都是星形联结的对称三相电路，已知电源相电压为 220V，负载每相阻抗 $Z = 22\angle 0°\Omega$，试求负载的相电流和线电流。

解法一：用理论方法求解。

解：设$\dot{U}_1$电压初相位为零，则

$$\dot{U}_1 = 220\angle 0°\text{V}$$

因三相电路为对称且星形联结，电源的相电压即为负载的相电压，负载的相电流与线电流相等，且只需计算一相即可，所以

$$\dot{I}_{p1} = \dot{I}_{l1} = \frac{\dot{U}_1}{Z} = \frac{220\angle 0°}{22\angle 0°}\text{A} = 10\angle 0°\text{A}$$

其他两相电流为

$$\dot{I}_{p2} = \dot{I}_{l2} = 10\angle -120°\text{A}$$

$$\dot{I}_{p3} = \dot{I}_{l3} = 10\angle 120°\text{A}$$

各相线电流的有效值为 10A。

解法二：用 Multisim 仿真。

解：当三相负载对称时，负载的相电流与中性线电流如图 3-55 所示。

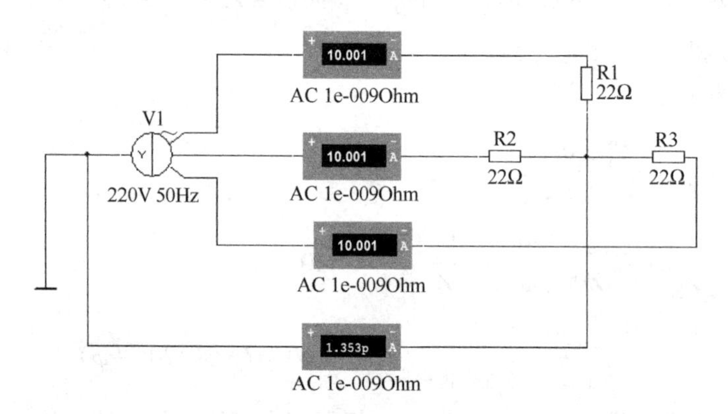

图 3-55　对称负载的相电流及中线电流

结果：$I_A = I_B = I_C \approx 10\text{A}$，$I_N \approx 0$。

结论：对称负载的相电流相等，中性线电流为 0。

2. 负载不对称时的星形联结

三相负载不完全相同时，称为不对称负载。在三相四线制电路中，由于有中性线，则负载的相电压总是等于电源的相电压，可分别计算各相电流。此时负载的相电压对称，但相电流不对称，中性线电流等于三个相电流的相量和，即

$$\dot{I}_N = \dot{I}_1 + \dot{I}_2 + \dot{I}_3 \neq 0$$

由于中性线有电流，故不能取消，负载不对称时，必须有中性线。

下面通过例题进一步说明中性线的作用。

【例 3-11】 在图 3-56a 所示的电路中，$U_1=380\text{V}$，三相电源对称，负载为电灯，电阻分别为 $R_1=11\Omega$，$R_2=R_3=22\Omega$。(电灯的额定电压为 220V)求：1) 负载的相电流与中性线电流。2) 若 L_1 相短路(见图 3-56b)，求负载的相电压。3) L_1 相短路而中性线又断开时，求负载的相电压。

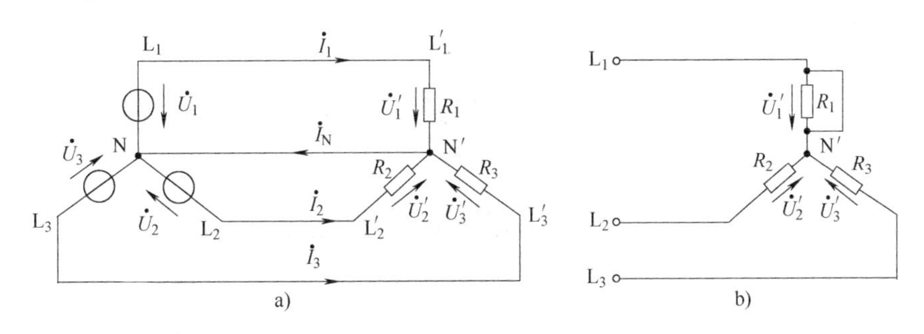

图 3-56　例 3-11 电路图

解法一：用理论方法求解。

解：1) 因有中性线，迫使负载相电压对称且等于电源相电压，$U_p=\dfrac{U_1}{\sqrt{3}}=220\text{V}$，以 $\dot{U}_1$ 为参考，则

$$\dot{I}_1=\frac{\dot{U}_1}{R_1}=20\angle 0°\text{A}$$

$$\dot{I}_2=\frac{\dot{U}_2}{R_2}=10\angle -120°\text{A}$$

$$\dot{I}_3=\frac{\dot{U}_3}{R_3}=10\angle 120°\text{A}$$

中性线电流为

$$\dot{I}=\dot{I}_1+\dot{I}_2+\dot{I}_3=10\angle 0°\text{A}$$

相量图如图 3-57 所示。

2) L_1 相短路，由于熔体的作用，L_1 相对应的负载与电源断开电压为零，而 L_2 相和 L_3 相未受影响，其电压仍为 220V。

3) L_1 相短路而中性线又断开时，由图 3-56 电路可见，此时负载中性点 N′即为 L_1，因此各相负载电压为

$$U_1'=0,\ U_2'=U_2'=380\text{V}$$

这种情况下，R_2、R_3 上的电压都远远超过了电灯的额定电压，过不了多久，电灯会烧毁。为了保证负载的相电压对称，中性线不能断开。

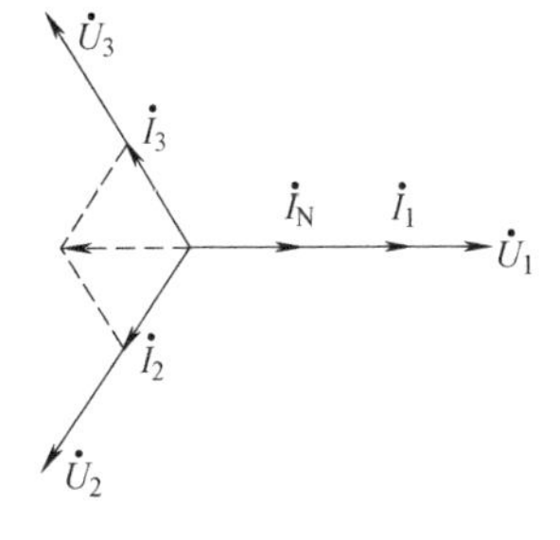

图 3-57　例 4-11 相量图

解法二：用 Multisim 仿真。

解：1) 三相负载为 $R_1=11\Omega$，$R_2=R_3=22\Omega$，负载的相电流与中性线电流如图 3-58a 所示。

结果：$I_A=20\text{A}$，$I_B=I_C=10\text{A}$，$I_N=10\text{A}$。

结论：不对称负载的相电流不相等，中性线电流不为 0。

负载的相电压如图 3-58b 所示。

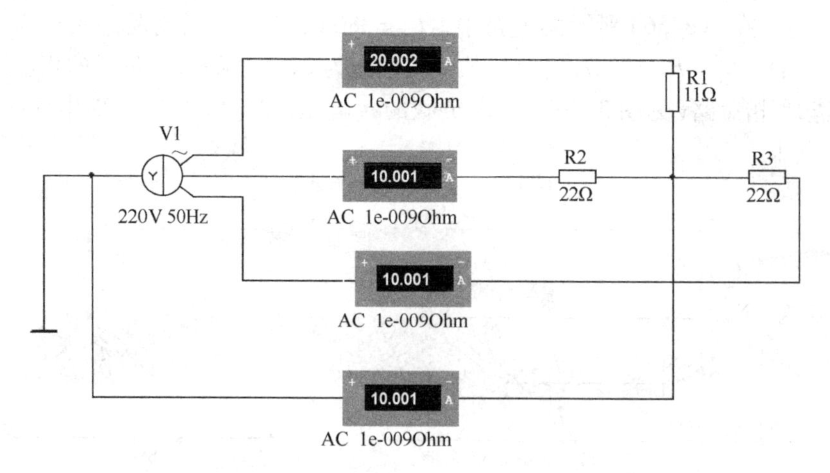

图 3-58a　测量不对称负载时有中线的负载相电流及中线电流

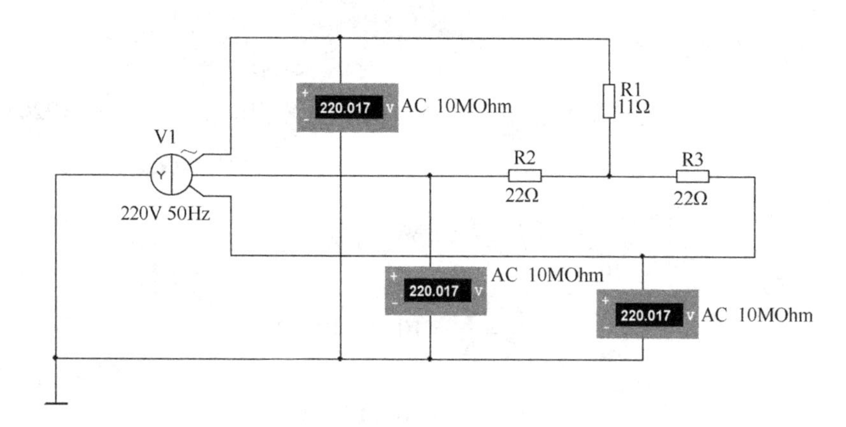

图 3-58b　测量不对称负载有中线的负载相电压

结果：$U_A = U_B = U_C = 220V$。

结论：只要有中性线，无论负载是否对称各相电压有效值都相等。

2）L_1 相短路后，从 中 FUSE 选择 20A 熔断器接入电路中，各相电压如图 3-58c 所示。

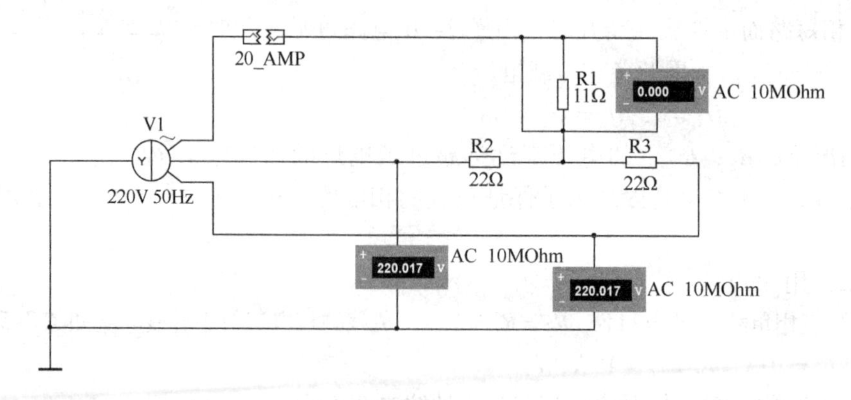

图 3-58c　测量有中线，A 相短路时，各相电压

结论：只要有中性线。短路的 L_1 相的熔断器烧毁，对应的 L_1 相的负载电压为零，而 L_2 相和 L_3 相未受影响，其电压仍为 220V。

3）中性线断开、A 相短路时的相电压，如图 3-58d 所示。

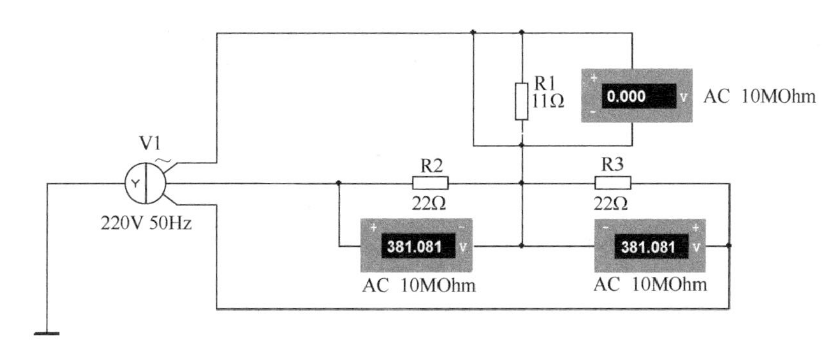

图 3-58d　测量无中线，且 A 相短路的相电压

结果：$U_A = 0\text{V}$，$U_B = U_C = 380\text{V}$。

【例 3-12】 图 3-59 所示由一个电容器和两个电灯连接成星形的电路是一种相序指示器，用来测定电源的相序 U、V、W。如果电容器所接的是 U 相，则灯光较亮的是 V 相。已知$\dot{U}_1 = 220\angle 0°\text{V}$，电源对称，设$\dfrac{1}{\omega C} = R$，试求中性点电压$\dot{U}_{N'}$及各负载的电压$\dot{U}_1'$、$\dot{U}_2'$、$\dot{U}_3'$，并画出相量图。

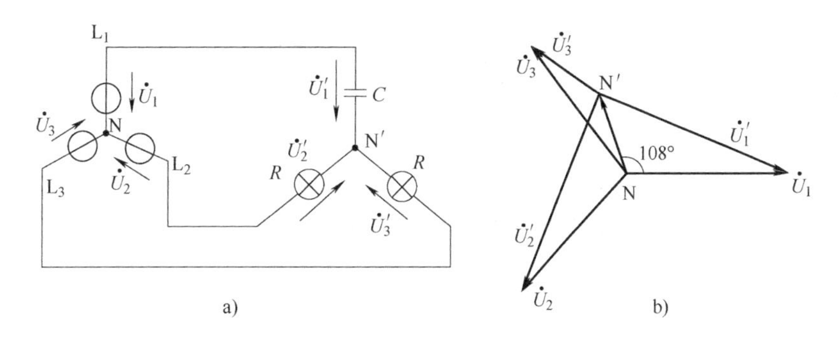

图 3-59　例 3-12 求解图

解法一：用理论方法求解。

解：以电源的中性点 N 为参考点，利用节点电压法求负载中性点电压$\dot{U}_{N'N}$，即

$$\dot{U}_{N'N} = \frac{\dfrac{\dot{U}_1}{-jX_C} + \dfrac{\dot{U}_2}{R} + \dfrac{\dot{U}_3}{R}}{\dfrac{1}{-jX_C} + \dfrac{1}{R} + \dfrac{1}{R}} = \frac{\dfrac{220\angle 90°}{R} + \dfrac{220\angle -120°}{R} + \dfrac{220\angle 120°}{R}}{\dfrac{j}{R} + \dfrac{1}{R} + \dfrac{1}{R}}$$

$$= -43 + j132\text{V} = 139\angle 108°\text{V}$$

由 KVL 可知，各相负载的相电压为

$$\dot{U}_1' = \dot{U}_1 - \dot{U}_{N'N} = 294\angle -26.7°\text{V}$$

$$\dot{U}_2' = \dot{U}_2 - \dot{U}_{N'N} = 329\angle -101°\text{V}$$

$$\dot{U}_3' = \dot{U}_3 - \dot{U}_{N'N} = 89\angle 139°\text{V}$$

由于 $U_2 > U_3$，故上述电路中 L_1、L_2、L_3 对应的相序为 U、V、W。相量图如图 3-59b 所示。

解法二：用 Multisim 仿真。

解：选择 $R = 10\text{k}\Omega$，频率 $f = 50\text{Hz}$，$C = \dfrac{1}{\omega R} = \dfrac{1}{314 \times 10 \times 10^3}\text{F} \approx 318\text{nF}$。测量电路如图 3-60 所示。

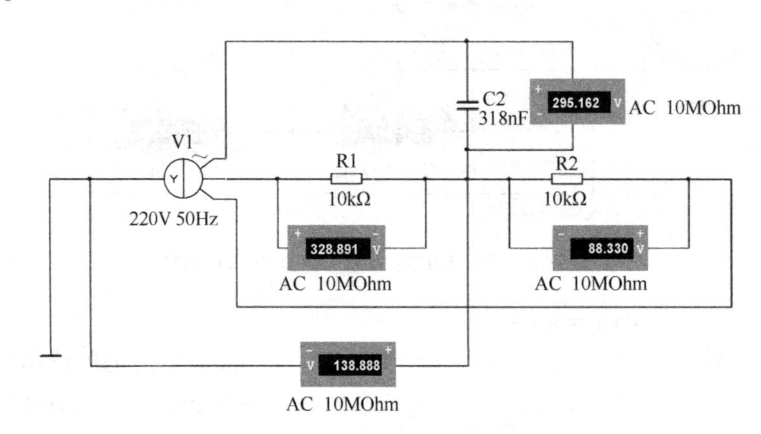

图 3-60　例 3-12 仿真电路

可得 $U_{\text{N'N}} = 138.88 \approx 139\text{V}$，$U_1 = 295.16\text{V}$，$U_2 = 328.89\text{V}$，$U_3 = 88.33\text{V}$，与计算结果基本吻合。

由上面几个例题可见，负载不对称又无中性线时，中性点电压 $\dot{U}_{\text{N'N}}$ 就不等于零，即负载的中性点由 N 移动到 N′点，发生了中性点位移现象，使得负载的相电压不对称，尤其当某一相负载发生开路或短路故障时，负载电压的不平衡情况越严重，以致造成严重的事故，为保证三相负载的相电压对称，中性线必须存在，中性线的作用是使星形联结的不对称负载的相电压对称，因此主干中性线上不允许安装熔体和开关。

3.6.3　负载的三角形联结

如果将三相负载首尾相连接，再将三个连接点与三相电源端线 L_1、L_2、L_3 相接，则构成负载的三角形联结，如图 3-61 所示。电压与电流的参考方向如图 3-61 所示，由图 3-61 可见，三相负载的电压即为电源的线电压，且无论负载对称与否，电压总是对称的，或者说

$$U_{\text{p}} = U_{\text{l}} \tag{3-47}$$

而三个负载中电流 $\dot{I}_{12}$、$\dot{I}_{23}$、$\dot{I}_{31}$（相电流）与三条相线中电流 $\dot{I}_1$、$\dot{I}_2$、$\dot{I}_3$（线电流）间关系，据 KCL 得

$$\left.\begin{aligned}\dot{I}_1 &= \dot{I}_{12} - \dot{I}_{31}\\ \dot{I}_2 &= \dot{I}_{23} - \dot{I}_{12}\\ \dot{I}_3 &= \dot{I}_{31} - \dot{I}_{23}\end{aligned}\right\} \tag{3-48}$$

1. 负载对称时的三角形联结

三相负载对称时，$Z_1 = Z_2 = Z_3 = |Z| \angle\varphi$，则三个相电流为

$$I_p = I_{12} = I_{23} = I_{31} = \frac{U_p}{|Z|} = \frac{U_l}{|Z|} \tag{3-49}$$

也是对称的，即相位互差120°。若以$\dot{I}_{12}$为参考相量，则其相量图如图3-62所示。由式(3-49)，画出三个线电流也如图3-62所示，可见其也是对称的，且线电流比相应的相电流滞后30°，则

$$I_l = \sqrt{3} I_p \tag{3-50}$$

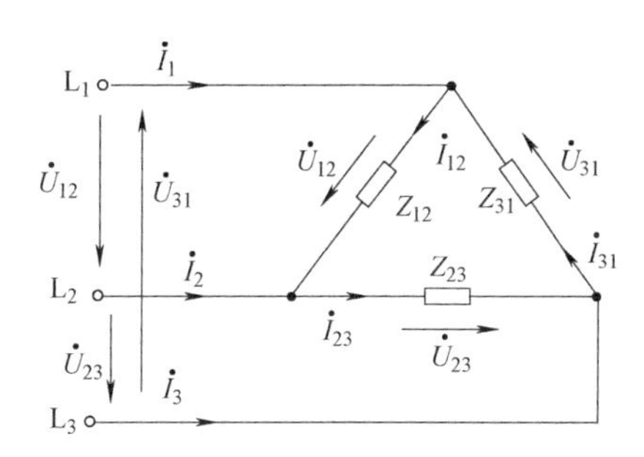

图3-61 负载的三角形联结

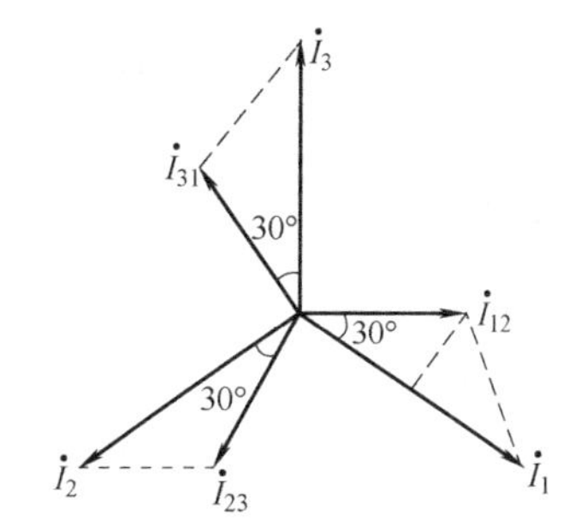

图3-62 负载三角形联结相、线电流间关系

2. 负载不对称时的三角形联结

负载不对称时，尽管三个相电压对称，但三个相电流因阻抗不同而不再对称，式(3-50)的关系不再成立，只能逐相计算，并依式(3-48)计算各线电流。

由上述可知，当负载为三角形联结时，相电压对称。若某一相负载断开，并不影响其他两相的工作。

【例3-13】 图3-63a所示的三相对称电路中，电源线电压为380V。负载$Z_{Y} = 22\angle -30°\Omega$负载$Z_{\triangle} = 38\angle 60°\Omega$，求：1）Y联结的负载相电压。2）△联结的负载相电流。3）电路电流$\dot{I}_1$、$\dot{I}_2$、$\dot{I}_3$。

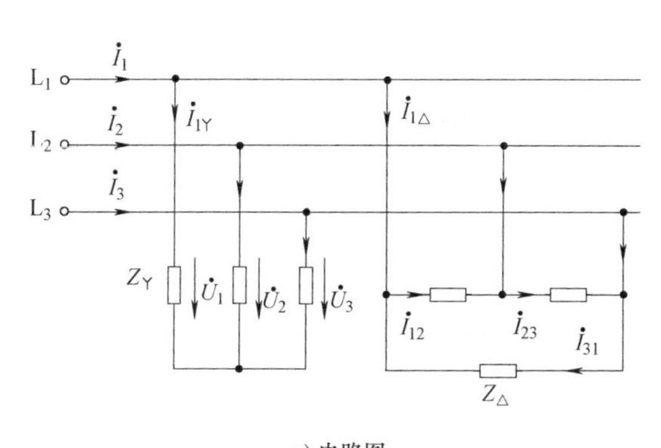

a) 电路图

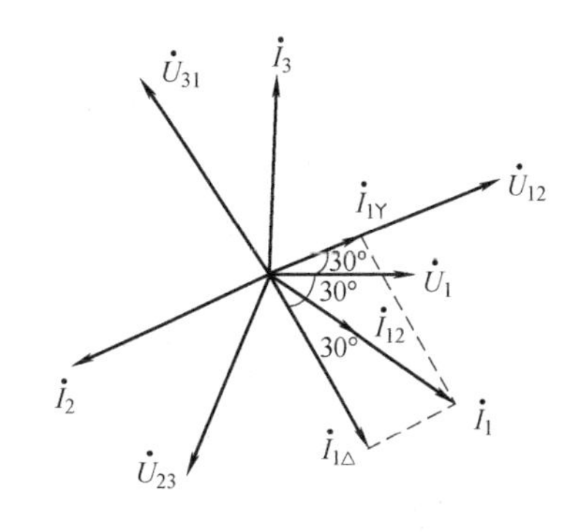

b) 相量图

图3-63 例3-13图

解法一： 用理论方法求解。

解： 1)
$$U_1 = U_2 = U_3 = \frac{U_l}{\sqrt{3}} = 220\text{V}$$

2)
$$I_{12}=I_{23}=I_{31}=\frac{U_1}{|Z_\triangle|}=10\text{A}$$

3) 设 $\dot{U}_1=220\angle 0°\text{V}$，则 $\dot{U}_{12}=380\angle 30°\text{V}$(由于对称，只取一相即可)。
Y联结时相电流(线电流)为

$$\dot{I}_{1Y}=\frac{\dot{U}_1}{Z_Y}=\frac{220\angle 0°}{22\angle -30°}\text{A}=10\angle 30°\text{A}$$

△联结时相电流为

$$\dot{I}_{12}=\frac{\dot{U}_{12}}{Z_\triangle}=\frac{380\angle 30°}{38\angle 60°}\text{A}=10\angle -30°\text{A}$$

则△联结时线电流为

$$\dot{I}_{1\triangle}=10\sqrt{3}\angle -60°\text{A}$$

故线路电流为

$$\dot{I}_1=\dot{I}_{1Y}+\dot{I}_{1\triangle}=(10\angle 30°+10\sqrt{3}\angle -60°)\text{A}=20\angle -30°\text{A}$$

根据对称性有

$$\dot{I}_2=20\angle -150°\text{A},\ \dot{I}_3=20\angle 90°\text{A}$$

画相量图如图 3-63b 所示。

解法二： 用 Multisim 仿真。

解： 假设电源的频率为 50Hz，Z_Y可等效为一个电阻 $R=22\cos(-30°)\Omega=19\Omega$ 和一个电容$C=\frac{1}{2\pi\times 50\times 22\sin 30°}\text{F}\approx 290\mu\text{F}$，$Z_\triangle$等效为一个电阻 $R=38\cos(60°)\Omega=19\Omega$ 和一个电感 $L=\frac{38\sin 60°}{2\pi\times 50}\text{H}\approx 105\text{mH}$。

方法一：用单相电源构成三相电源。切记各相电源一定要进行“AC Analysis Magnitude”及“AC Analysis Phase”的设置。因为三相负载是对称负载，所以只测其中一相，如图 3-64 所示。

结果：1) Y联结的负载相电压为　　$U_1=U_2=U_3=220\text{V}$。

2) △联结的负载相电流为　　$I_{12}=I_{23}=I_{31}\approx 10\text{A}$。

3) 线路电流$\dot{I}_1$、$\dot{I}_2$、$\dot{I}_3$。

$$\dot{I}_1\approx 20\angle -30°\text{A}$$

因为电路是对称电路，所以 $\dot{I}_3\approx 20\angle 90°\text{A}$，$\dot{I}_2\approx 20\angle 210°\text{A}=20\angle -150°\text{A}$。

方法二：可以使用交流分析方法。选择“Simulate/Analysis”中的“AC Analysis”菜单，首先设置节点，如图 3-65a 所示，再进行“Frequency parameters”及“Output”参数设置，如图 3-65b 所示，注意由于求解的线电流与“I(V1)”的参考方向相反，需要在“I(V1)”前加负号。

单击“Simulate”，得到所求各量的幅频特性和相频特性，如图 3-65c 所示。

求解结果：1) Y联结的负载相电压为 $U_1=\text{V}(4)-\text{V}(7)=311/\sqrt{2}\text{V}=220\text{V}=U_2=U_3$。

2) △联结的负载相电流为 $I_{12}=I_{23}=I_{31}=14.15/\sqrt{2}\text{A}=10\text{A}$。

3) 线路电流 $\dot{I}_1$、$\dot{I}_2$、$\dot{I}_3$。

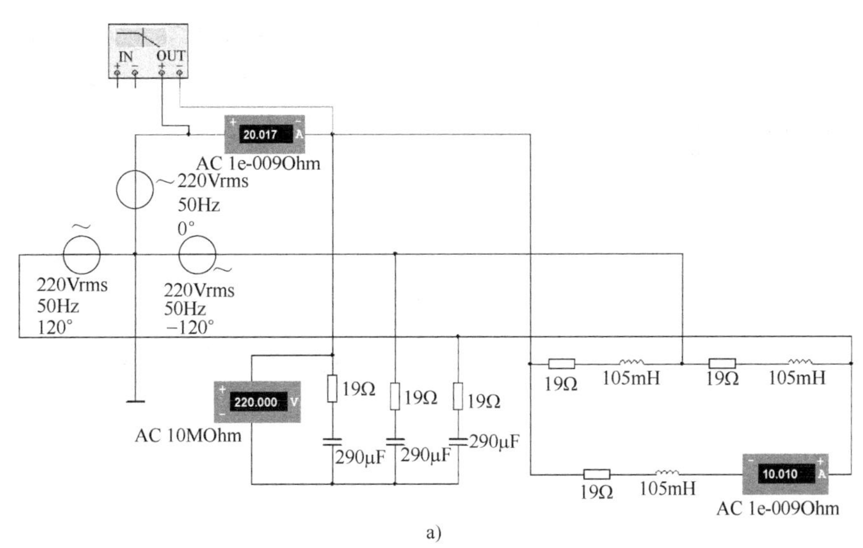

a)

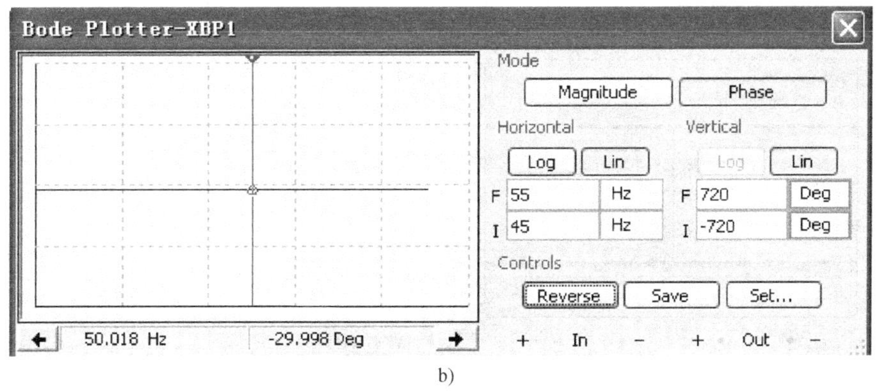

b)

图 3-64　例 3-13 仿真图

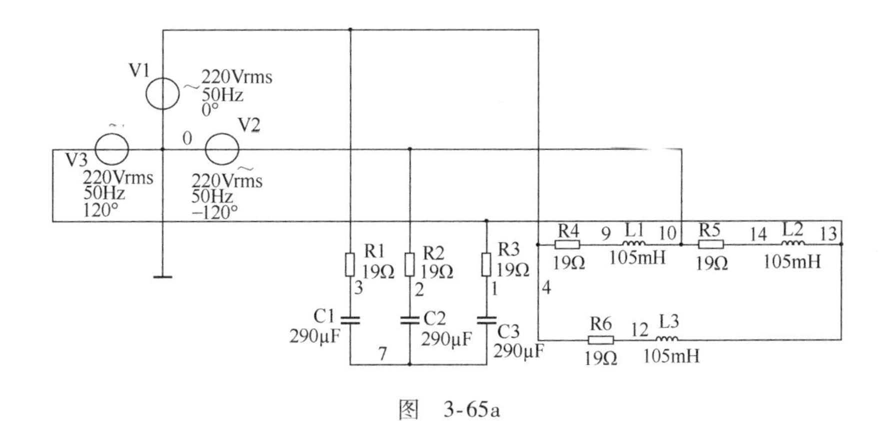

图　3-65a

$$\dot{I}_1 = -\mathrm{I}(\mathrm{V1}) = 28.3/\sqrt{2}\angle -30°\mathrm{A} \approx 20\angle -30°\mathrm{A}$$

因为电路是对称电路，所以 $\dot{I}_3 \approx 20\angle 90°\mathrm{A}$，$\dot{I}_2 \approx 20\angle 210°\mathrm{A} = 20\angle -150°\mathrm{A}$ 与方法一结果相同。

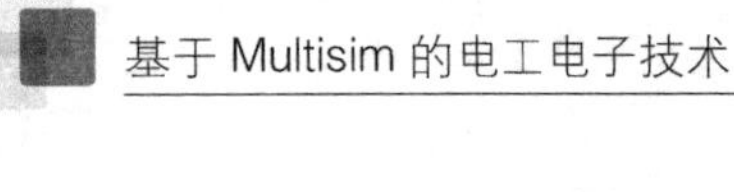

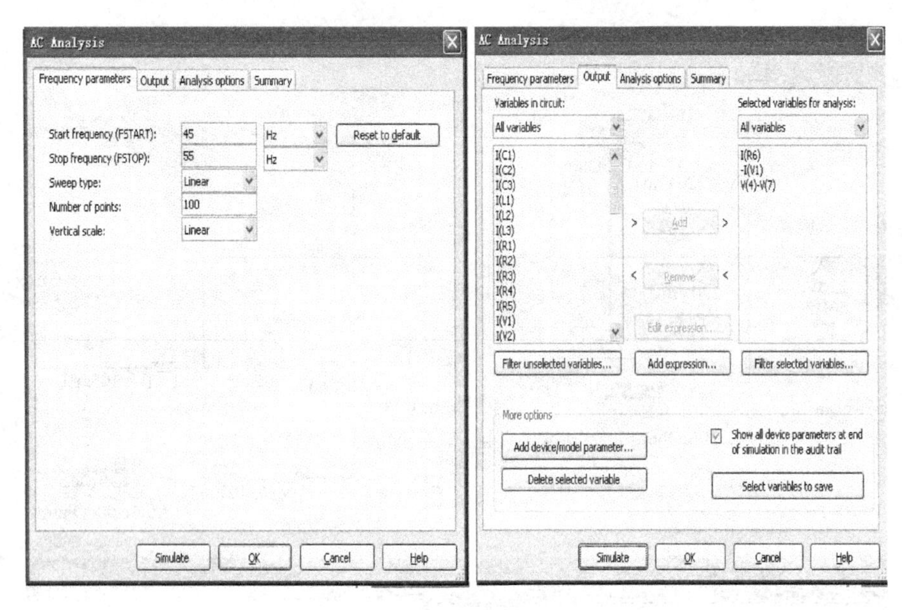

图 3-65b

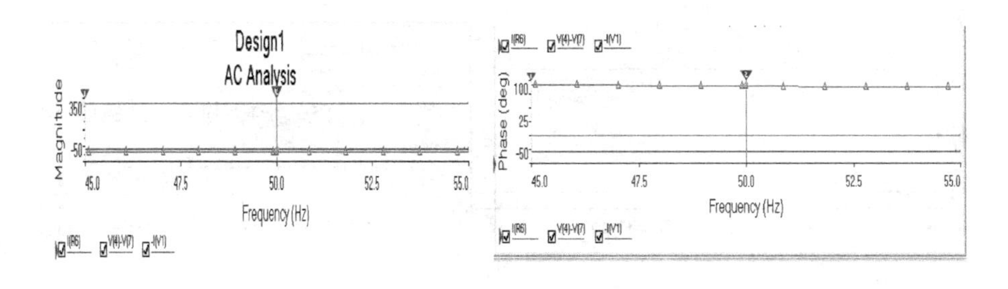

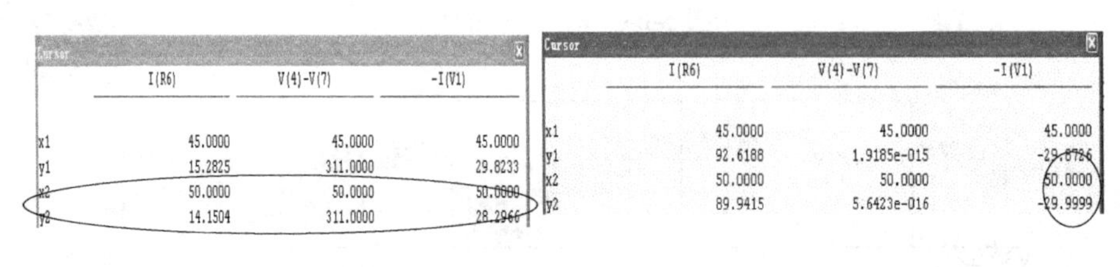

Cursor	I(R6)	V(4)-V(7)	-I(V1)
x1	45.0000	45.0000	45.0000
y1	15.2825	311.0000	29.8233
x2	50.0000	50.0000	50.0000
y2	14.1504	311.0000	28.2966

Cursor	I(R6)	V(4)-V(7)	-I(V1)
x1	45.0000	45.0000	45.0000
y1	92.6188	1.9185e-015	-29.8726
x2	50.0000	50.0000	50.0000
y2	89.9415	5.6423e-016	-29.9999

图 3-65c

3.6.4 三相电路的功率

1. 有功功率

单相电路的有功功率 $P = UI\cos\varphi = U_{\mathrm{p}}I_{\mathrm{p}}\cos\varphi$，三相电路，无疑是三个单相的组合，故三相电路的有功功率为各相有功功率之和，即

$$P = P_1 + P_2 + P_3 = U_{1\mathrm{p}}I_{1\mathrm{p}}\cos\varphi_1 + U_{2\mathrm{p}}I_{2\mathrm{p}}\cos\varphi_2 + U_{3\mathrm{p}}I_{3\mathrm{p}}\cos\varphi_3 \tag{3-51}$$

当三相负载对称时

$$P = 3P_1 = 3U_{\mathrm{p}}I_{\mathrm{p}}\cos\varphi \tag{3-52}$$

式中，φ 是每相负载 U_{p} 与 I_{p} 间的相位差，亦即负载的阻抗角。

一般为方便起见，常用线电压 U_l 和线电流 I_l 计算三相对称负载的功率。当负载为星形联结时，$U_l=\sqrt{3}U_p$，$I_l=I_p$；负载为三角形联结时，$U_l=U_p$，$I_l=\sqrt{3}I_p$。将上述关系代入式(3-52)可得

$$P=\sqrt{3}U_lI_l\cos\varphi$$

φ 仍为每相负载相电压与相电流的相位差。

但需注意的是，这样表达并非负载接成Y或△时功率相等。可以证明，U_l 一定时，同一负载接成Y时的功率 P_Y 与接成△时的功率 $P_\triangle$ 间的关系为

$$P_\triangle=3P_Y$$

2. 无功功率与视在功率

与有功功率的研究方法类同，三相无功功率也有

负载不对称时

$$Q=Q_1+Q_2+Q_3$$

负载对称时

$$Q=\sqrt{3}U_lI_l\sin\varphi$$

三相视在功率为

$$S=\sqrt{P^2+Q^2}\xlongequal{(对称)}\sqrt{3}U_lI_l$$

【例3-14】 某三相对称负载 $Z=(6+j8)\Omega$，接于线电压 $U_l=380V$ 的三相对称电源上。试求：1）负载星形联结时的有功功率、无功功率、视在功率。2）负载三角形联结时的有功功率、无功功率、视在功率，并比较结果。

解法一： 用理论方法求解。

解： 因 $Z=(6+j8)\Omega=10\angle53.13°\Omega$

1）负载星形联结时

$$U_p=\frac{U_l}{\sqrt{3}}=\frac{380}{\sqrt{3}}V=220V,\quad I_l=I_p=\frac{U_p}{|Z|}=\frac{220}{10}A=22A$$

三相有功功率为

$$P=\sqrt{3}U_lI_l\cos\varphi=\sqrt{3}\times380\times22\cos53.13°W=8.688kW$$

三相无功功率为

$$Q=\sqrt{3}U_lI_l\sin\varphi=\sqrt{3}\times380\times22\sin53.13°var=11.58kvar$$

三相视在功率为

$$S=\sqrt{3}U_lI_l=\sqrt{3}\times380\times22V\cdot A=14.48kV\cdot A$$

2）负载三角形联结时

$$U_l=U_p=380V,\quad I_p=\frac{U_p}{|Z|}=\frac{380}{10}A=38A,\quad I_l=\sqrt{3}I_p=65.82A$$

三相有功功率为

$$P=\sqrt{3}U_lI_l\cos\varphi=\sqrt{3}\times380\times65.82\cos53.13°W=26kW$$

三相无功功率为

$$Q=\sqrt{3}U_lI_l\sin\varphi=\sqrt{3}\times380\times65.82\sin53.13°var=34.66kvar$$

三相视在功率为

$$S=\sqrt{3}U_lI_l=\sqrt{3}\times380\times65.82\text{V}\cdot\text{A}=43.32\text{kV}\cdot\text{A}$$

可见同样的负载

$$P_{\triangle}=3P_{\curlyvee},\ Q_{\triangle}=3Q_{\curlyvee},\ S_{\triangle}=3S_{\curlyvee}$$

解法二：用 Multisim 仿真。

解：假设电源的频率为 50Hz，Z 可等效为一个电阻 $R=6\Omega$ 和一个电感 $L=\dfrac{8}{2\pi\times50}\text{H}\approx$ 25.4mH

方法一：

1）负载星形联结时，由于是对称负载，只测量一相，其余两相完全相同。

按图 3-66a 接好电路，单击 Multisim 软件右上角的 [按钮图标] 按钮，测试结果如图 3-66a 所示。

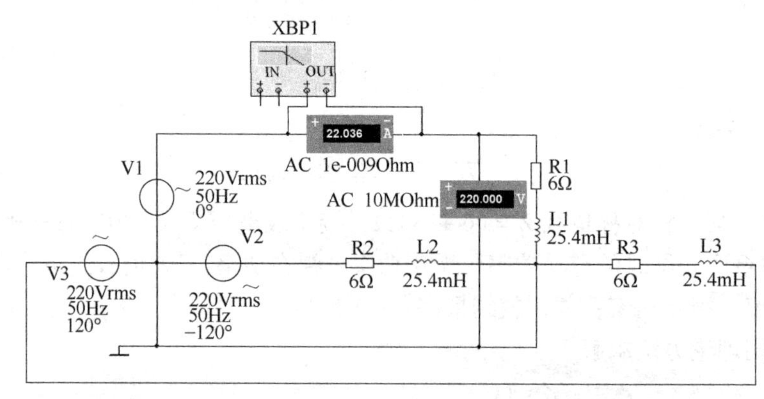

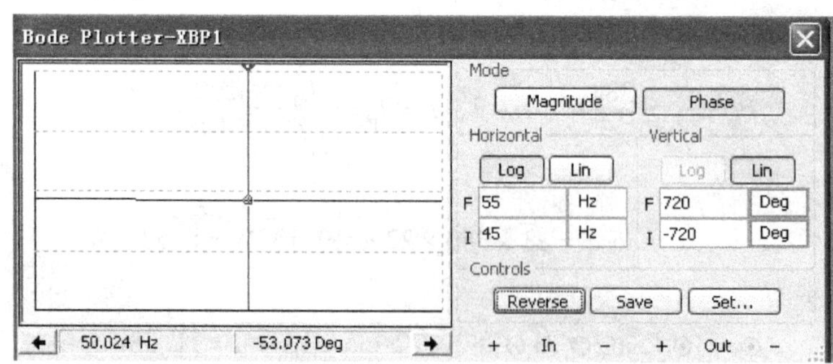

图 3-66a

相电压为$\dot{U}=220\angle0°\text{V}$，相电流等于线电流，即$\dot{I}\approx22\angle-53.07°\text{A}$。

三相有功功率为

$$P=3U_pI_p\cos[0°-(-53.07°)]=3\times220\times22\cos53.07°\text{W}=8.724\text{kW}$$

三相无功功率为

$$Q=3U_pI_p\sin[0°-(-53.07)]=3\times220\times22\sin53.07°\text{var}=11.61\text{kvar}$$

三相视在功率为

$$S=3U_pI_p=3\times220\times22\text{V}\cdot\text{A}=14.52\text{kV}\cdot\text{A}$$

2）负载三角形联结时，按图 3-66b 接好电路，测试结果如图 3-66b 所示。

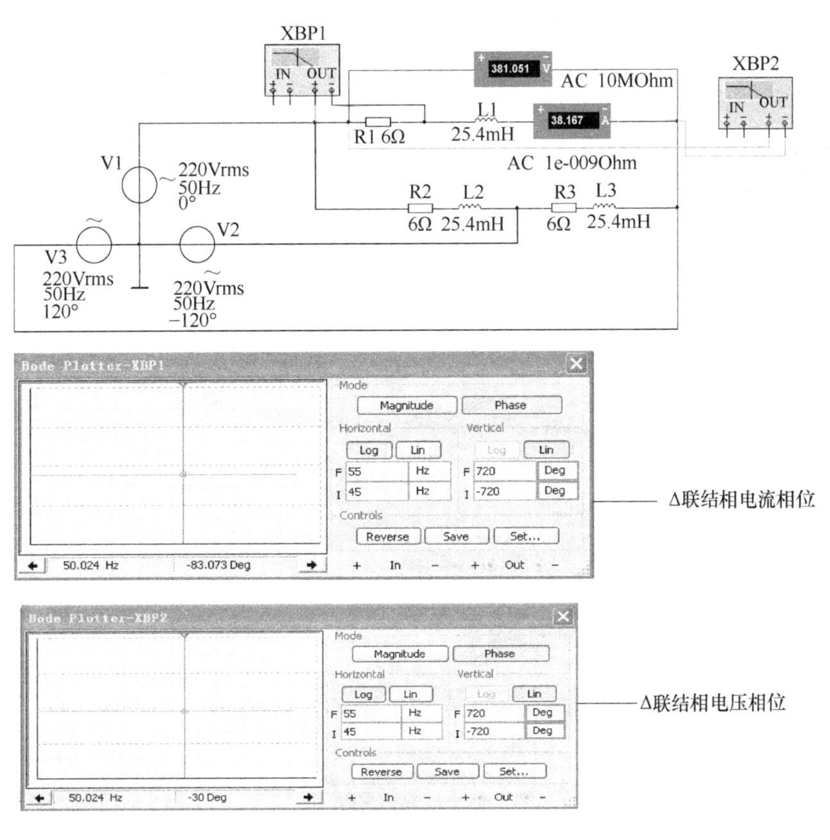

图　3-66b

仿真结果：△联结负载相电压　$\dot{U}_{\mathrm{p}}=380\angle-30°\mathrm{V}$

△联结负载相电流　$\dot{I}_{\mathrm{p}}\approx38.17\angle-83.07°\mathrm{A}$

三相有功功率为

$$P=3U_{\mathrm{p}}I_{\mathrm{p}}\cos(\Psi_{\mathrm{u}}-\Psi_{\mathrm{i}})=3\times380\times38.17\cos53.13°\mathrm{W}=26\mathrm{kW}$$

三相无功功率为

$$Q=3U_{\mathrm{p}}I_{\mathrm{p}}\sin(\Psi_{\mathrm{u}}-\Psi_{\mathrm{i}})=3\times380\times38.17\sin53.13°\mathrm{var}=34.81\mathrm{kvar}$$

三相视在功率为

$$S=3U_{\mathrm{p}}I_{\mathrm{p}}=3\times380\times38.17\mathrm{V\cdot A}=43.51\mathrm{kV\cdot A}$$

与计算结果基本相同。由上可见，当电源的线电压相同时，负载三角形联结时的功率是星形联结时的 3 倍。要想保证相同负载不管星形联结还是三角形联结都得到相同的功率，必须改变线电压值，即 $U_{\mathrm{l}}=380\mathrm{V}$ 时，采用星形联结；$U_{\mathrm{l}}=220\mathrm{V}$，采用三角形联结。

方法二：

采用单一频率交流分析法。

1）负载星形联结时，按图 3-67a 接好电路，并设置好电源（切记各相电源一定要进行"AC Analysis Magnitude"及"AC Analysis Phase"的设置和节点设置）。从"Simulate/Analyses"中选择"Single Frequency AC Analysis"，在图 3-67b 所示的窗口中设置"Frequency parameter"为 50Hz，单击"Output"按钮，设置各输出参数如图 3-67d 所示，最终单击"Simulate"，得到

输出变量的仿真结果如图 3-67c 所示。

结果：

Y联结有功功率为 $P=8.733\text{kW}$。

Y联结无功功率为 $Q=11.61\text{kvar}$。

Y联结视在功率为 $S=\sqrt{P^2+Q^2}=14.53\text{kV}\cdot\text{A}$。

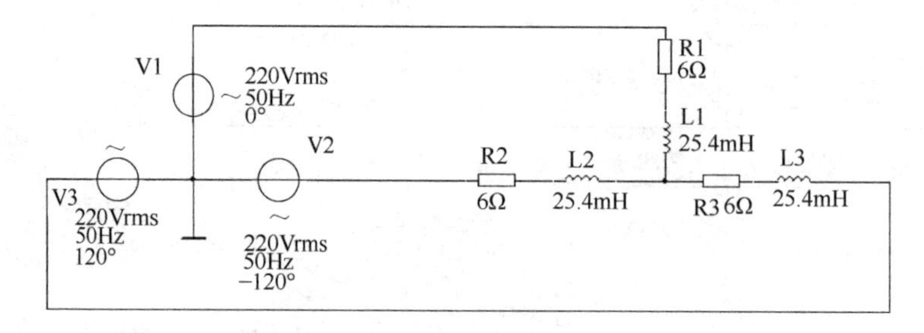

图 3-67a

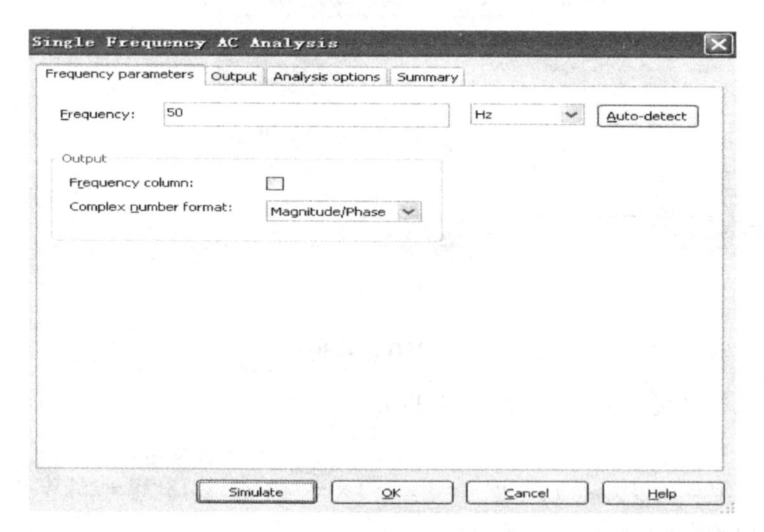

图 3-67b

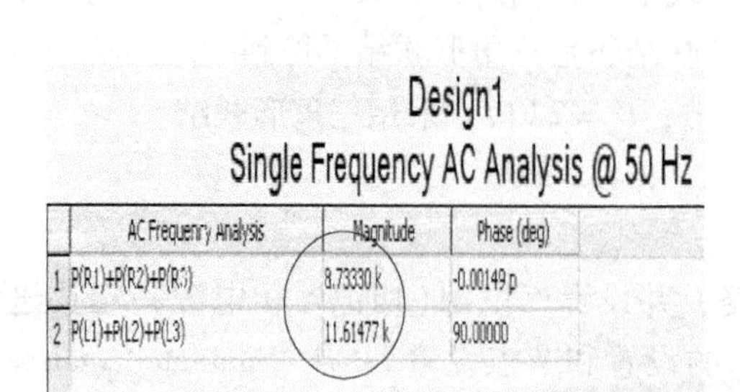

Design1
Single Frequency AC Analysis @ 50 Hz

	AC Frequency Analysis	Magnitude	Phase (deg)
1	P(R1)+P(R2)+P(R3)	8.73330 k	-0.00149 p
2	P(L1)+P(L2)+P(L3)	11.61477 k	90.00000

图 3-67c

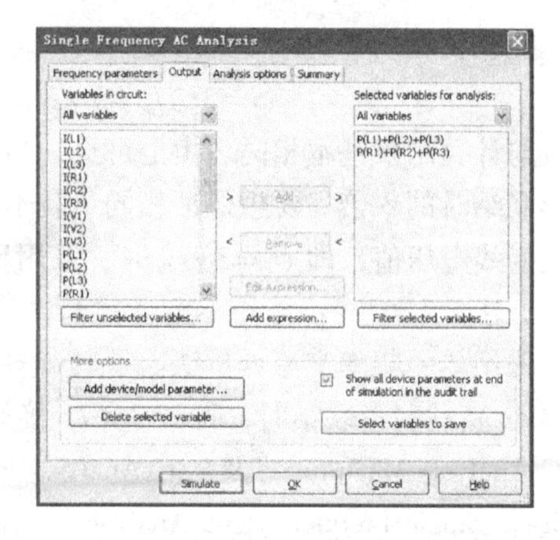

图 3-67d

2）负载三角形联结时

按3-67e接好电路，其单一频率分析参数设置与Y相同，最终单击“Simulate”，得到输出变量的仿真结果，如图3-67f所示。

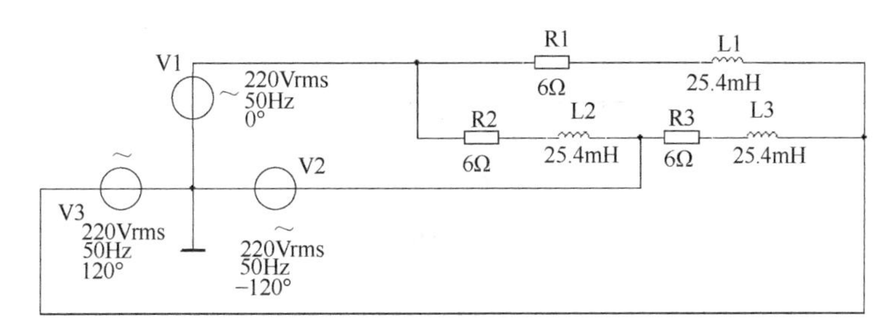

图　3-67e

Design1

Single Frequency AC Analysis @ 50 Hz

	AC Frequency Analysis	Magnitude	Phase (deg)
1	P(R1)+P(R2)+P(R3)	26.19989 k	0.00000
2	P(L1)+P(L2)+P(L3)	34.84430 k	90.00000

图　3-67f

结果：

△联结有功功率为 $P = 26.2\text{kW}$。

△联结无功功率为 $Q = 34.8\text{kvar}$。

△联结视在功率为 $S = \sqrt{P^2 + Q^2} = 43.56\text{kV} \cdot \text{A}$。

3.6.5　安全用电

1. 安全用电常识

（1）安全电流与安全电压　通过人体的电流一般不能超过7～10mA，有的人对5mA的电流就有感觉，当通过人体的电流在30mA以上时，就有生命危险。36V以下的电压，一般不会在人体中产生超过30mA的电流，故把36V以下的电压称为安全电压。触电的后果还与触电持续时间及触电部位有关，触电时间越长越危险。

（2）触电方式　常见的触电情况如图3-68所示。其中图3-68a为双线触电，人体将直接承受电源线电压。图3-68b、图3-68c为单相触电，人体承受电源的相电压；图3-68c所示电源的中性点不接地，因为导线与大地之间存在分布电容，会有电流经人体与另外两相构成通路，形成跨步电压触电，当有电线落地时，有电流流入大地，在落地点周围产生电压降，当人体接近落地点时，两脚之间承受跨步电压而触电。

2. 接地

为了防止电气设备意外带电，造成人体触电事故，要求电气设备采取防护措施。按接地的目的不同，主要分为工作接地、保护接地和保护接零三种。

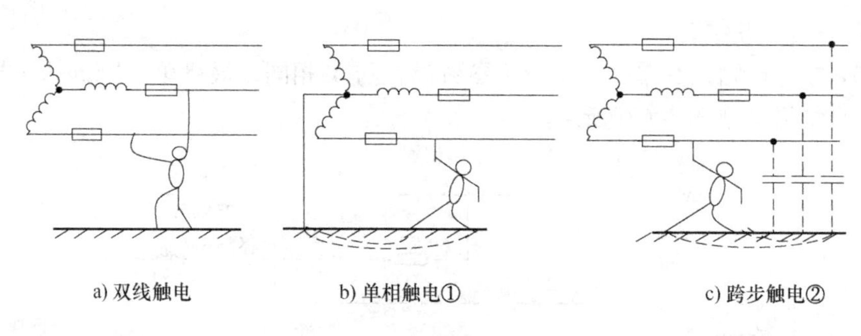

a) 双线触电　　b) 单相触电①　　c) 跨步触电②

图 3-68　常见的触电方式

（1）工作接地　将中性点接地，这种接地方式称为工作接地，如图 3-69 所示。其作用是保持系统电位的稳定性，降低人体的接触电压，减轻高压窜入低压等故障条件下产生的过电压危险，并迅速切断故障设备。

（2）保护接地　对中性点不接地的供电系统，将电气设备的外壳用足够粗的导线与接地体可靠连接，称为保护接地，如图 3-70 所示。

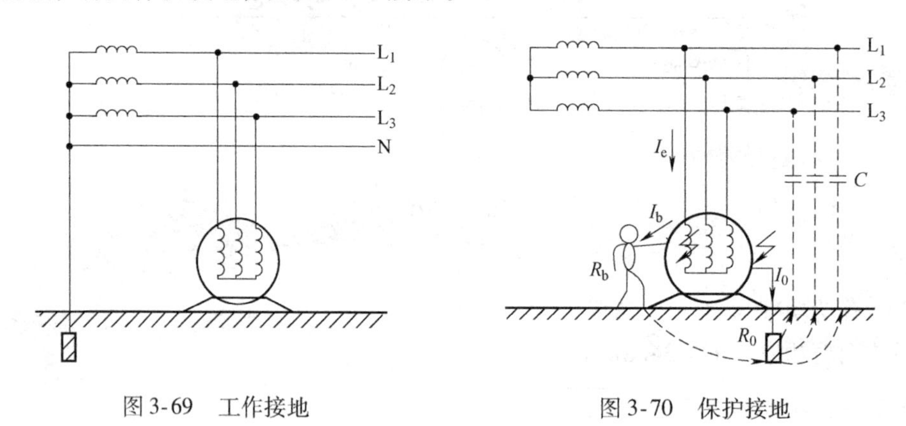

图 3-69　工作接地　　图 3-70　保护接地

当电气设备的某相绕组因绝缘损坏而与外壳相碰时，由于其外壳与大地有良好接触如图 3-71所示，当人体触及带电的外壳时，仅仅相当于很大的电阻(人体电阻 R_b，大于 1kΩ)与接地体并联的支路，而接地体电阻 R_0(规定不大于 4Ω)很小，人体中几乎无电流流过，从而大大减少了触电的危险。

需要指出的是，在中性点接地的供电系统中，若只采用接地保护是不能可靠地防止触电事故的，当绝缘设备损坏时，接地电流为

$$I_e = \frac{U_p}{R_0 + R_0'}$$

式中，U_p 为系统的相电压；R_0、R_0' 分别为保护接地和工作接地的接地电阻。

若 $R_0 = R_0' = 4\Omega$，则接地外壳对地电压为

$$U_e = \frac{U_p}{R_0 + R_0'}R_0 = \frac{U_p}{2}$$

接地电流为

$$I_e = \frac{U_p}{R_0 + R_0'} = \frac{U_p}{2R_0}$$

若供电系统相电压为220V，则 $I_e=27.5A$，$U_e=110V$，这对人体是极不安全的。

（3）保护接零

1）对中性点接地的三相四线制供电系统，还需将电气设备的外壳与电源的中性线连接起来，这样的连接叫保护接零。如图3-72所示。当电气设备某一相的绝缘损坏而与外壳相接时，形成单相短路，短路电流能促使线路上的保护装置迅速动作，使故障点脱离电源，消除人体触及外壳时的触电危险。

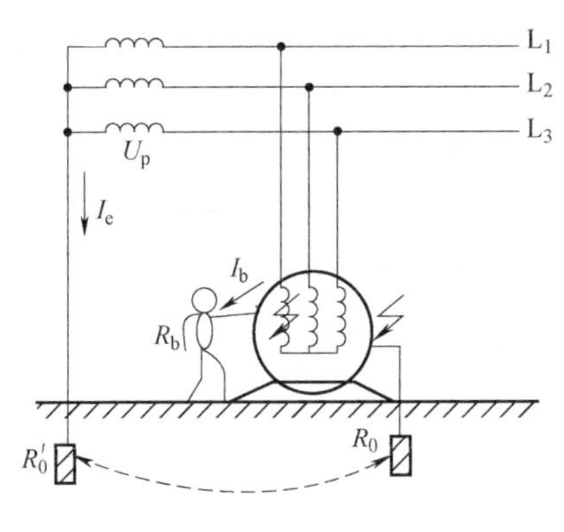

图3-71　保护接地的不安全原理

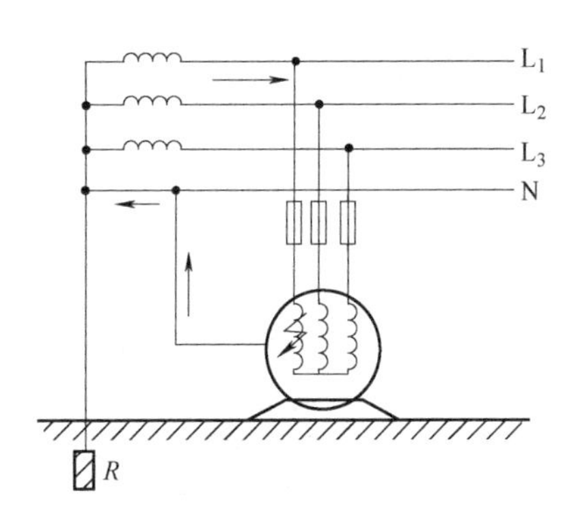

图3-72　保护接零

2）三相五线制供电系统，如图3-73所示。这种供电系统有五条引出电线，分别为三条相线 L_1、L_2、L_3，一条工作中性线N及一条保护中性线PE。保护中性线PE与系统中各设备或线路的金属外壳、接地母线连接，以防止触电事故的发生。正常情况下工作中性线N中有电流，保护中性线PE中无电流流过(不闭合)。当绝缘损坏，外壳带电时，短路电流经过保护中性线PE，将熔断器熔断，切断电源，消除触电事故。这种系统比三相四线制系统更安全、更可靠，家用电器都应设置此种系统。

金属外壳的单相电器，必须使用三眼插座和三角插头，如图3-73所示，外壳可靠接零，可保证人体触及时不会触电。

3）重复接地　在中性点接地系统中，除采用保护接零外，还可采用重复接地，就是将中性线相隔一定距离多处进行接地，如图3-74所示。由于多处重复接地的接地电阻并联，使外壳对地的电压大大降低，减小了危险程度。

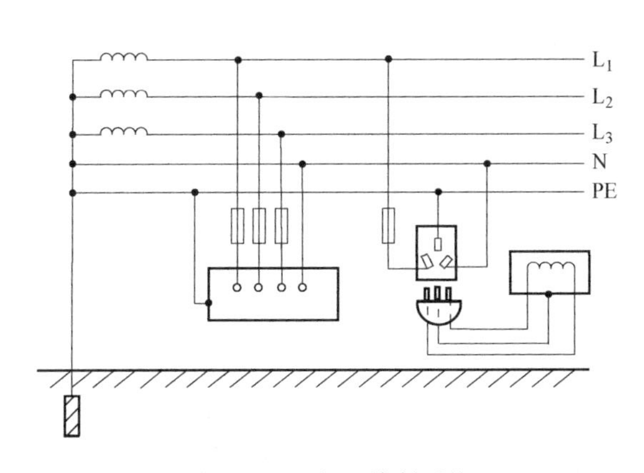

图3-73　三相五线制系统

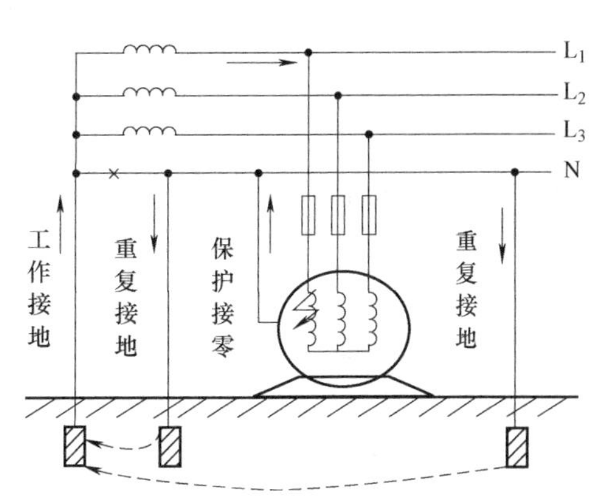

图3-74　工作接地、保护接零与重复接地

总之，为确保用电安全，必须采取一系列措施，如保护接地、保护接零，安装漏电保护装置等。当有人发生触电事故时，还必须采取科学的救治方法，以确保人身、设备、电力系统三方面的安全。

习题

【概念题】

3-1　指出 $u=110\sqrt{2}\sin(314t-60°)$V 的幅值、有效值、周期、频率、角频率及初相位。

3-2　$u=110\sqrt{2}\sin(314t-40°)$V，与 $i=10\sqrt{2}\cos(314t-40°)$A 之间的相位差为多少？

3-3　R、L、C 三种元件分别在正弦电源作用下，当电源电压为零时，各自的电流是否为零？

3-4　已知 $A_1=3+j4$，$A_2=3-j4$，$A_3=-3+j4$，$A_4=-3-j4$，试计算 $A_1\times A_2$ 与 $\dfrac{A_3}{A_4}$。

3-5　感性负载串联电容能否提高电路的功率因数？为什么？

3-6　在 R、L、C 串联的交流电路中，若 $R=X_L=X_C$，$U=10$V，则 U_R 和 U_X 各是多少？若 U 不变，而改变 f，I 如何变化？

3-7　若图 3-75 中的线圈电阻 R 趋于零，试分析发生谐振时的 $|Z_0|$、I_1、I_2 及 U。

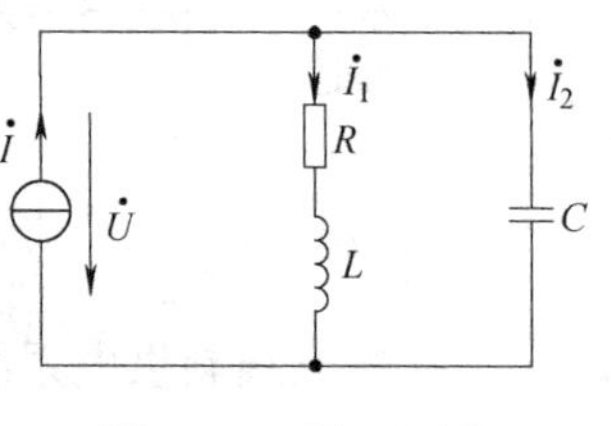

图 3-75　题 3-7 图

3-8　某单位一座三层住宅楼采用三相四线制供电线路，每层各使用其中一相。有一天，突然二、三层的照明灯都暗下来，一层仍正常，试分析故障点在何处？若三层比二层更暗些，又是什么原因？

3-9　图 3-76 所示为一交流电路中的元件，已知 $u=220\sqrt{2}\sin314t$V，试问：

（1）元件为纯电阻 $R=100\Omega$ 时，求 i 及元件的功率。

（2）元件为纯电感 $L=100$mH 时，求 i 及元件的功率。

（3）元件为纯电容 $C=100\mu$F 时，求 i 及元件的功率。

【分析仿真题】

3-10　在图 3-77 所示电路中 $u=110\sqrt{2}\sin(314t+30°)$V，$R=30$，$L=254$mH，$C=80\mu$F。请完成：

（1）计算 i_R，i_L，i_C。

（2）画出电压、电流相量图。

（3）计算各元件的功率。

3-11　图 3-78 所示电路中，已知 $R=30\Omega$，$C=25\mu$F，且 $i_S=10\sin(1000t-30°)$A，试求：

（1）U_R、U_C、U 及 $\dot{U}_R$、$\dot{U}_C$、$\dot{U}$。

（2）电路的复阻抗与相量图。

（3）各元件的功率。

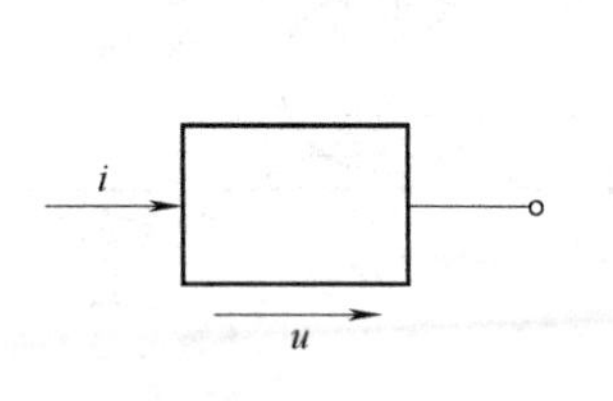

图 3-76　题 3-9 图

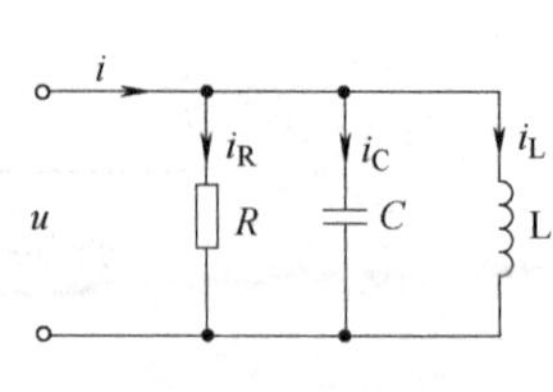

图 3-77　题 3-10 图

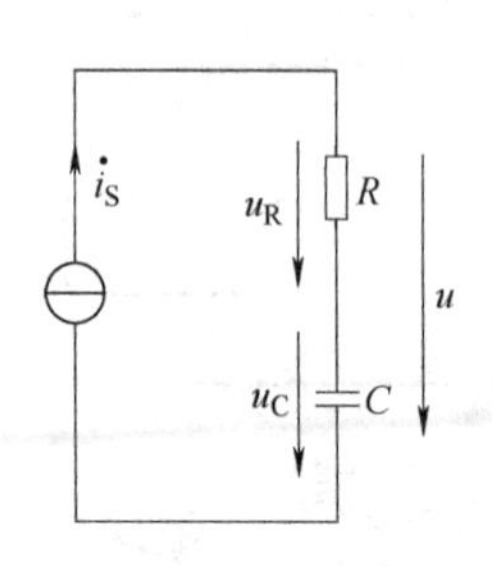

图 3-78　题 3-11 图

3-12　有一 RLC 串联电路，已知 $R=30\Omega$，$X_L=80\Omega$，$X_C=40\Omega$，电路中的电流为2A，求电路的阻抗及 S、P 和 Q，并画出元件上的电压相量及总电压相量图。

3-13　试求图3-79中 A_0 与 V_0 的读数。

3-14　在图3-80电路中，$\dot{U}_S=100\angle 0°V$，$\dot{U}_L=50\angle 60°V$，试确定复阻抗 Z 的性质。

3-15　在图3-81所示电路中，已知 $U=220V$，$R_1=10\Omega$，$X_L=10\sqrt{3}\Omega$，$R_2=20\Omega$，试求各个电流与平均功率。

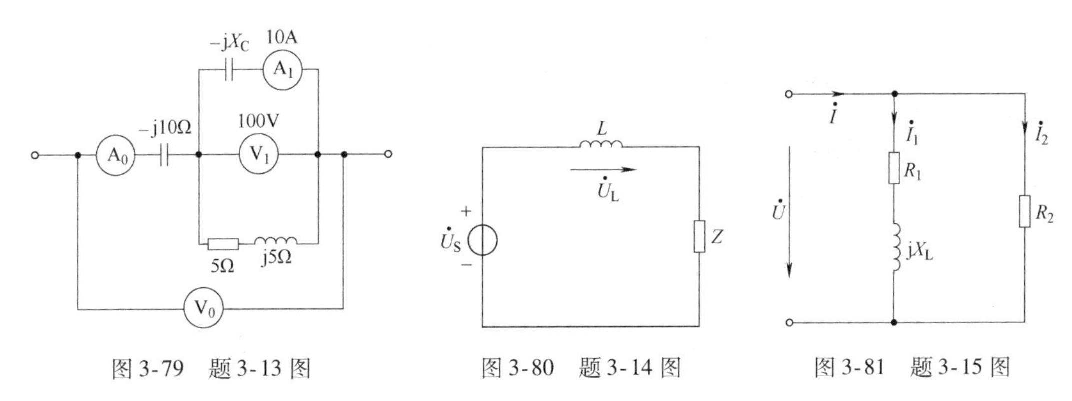

图3-79　题3-13图　　图3-80　题3-14图　　图3-81　题3-15图

3-16　图3-82所示电路中，已知 $R=X_C$，$U=220V$，总电压 $\dot{U}$ 与总电流 $\dot{I}$ 相位相同，求 U_L 和 U_C。

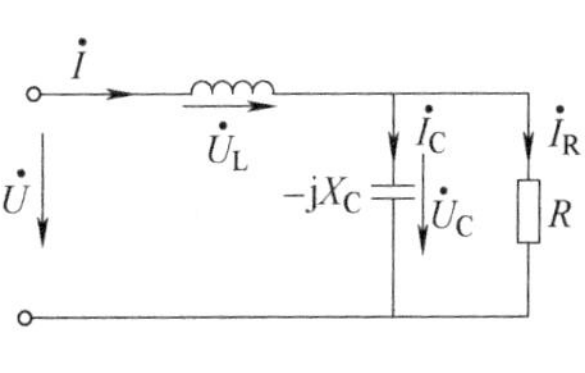

图3-82　题3-16图

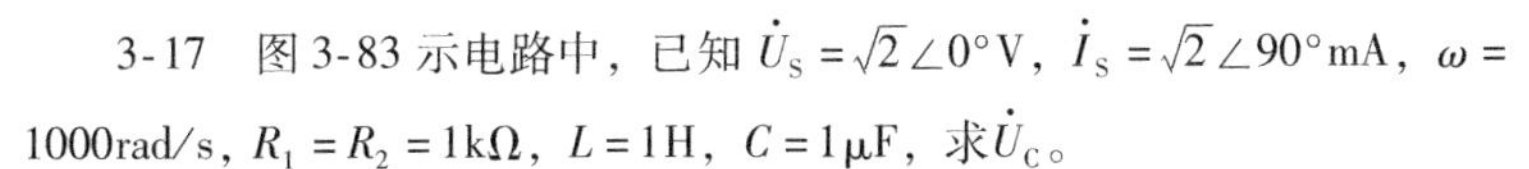

3-17　图3-83示电路中，已知 $\dot{U}_S=\sqrt{2}\angle 0°V$，$\dot{I}_S=\sqrt{2}\angle 90°mA$，$\omega=1000rad/s$，$R_1=R_2=1k\Omega$，$L=1H$，$C=1\mu F$，求 $\dot{U}_C$。

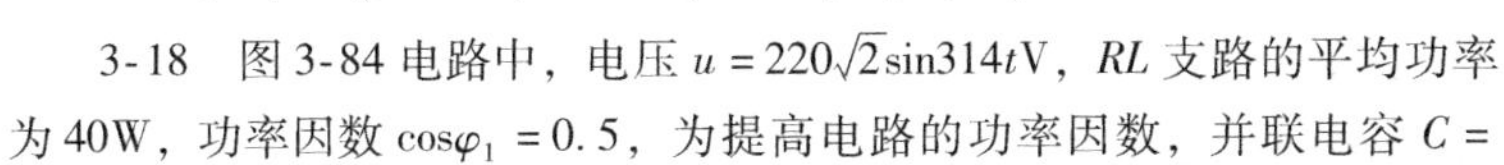

3-18　图3-84电路中，电压 $u=220\sqrt{2}\sin 314tV$，RL 支路的平均功率为40W，功率因数 $\cos\varphi_1=0.5$，为提高电路的功率因数，并联电容 $C=5.1\mu F$，求并联电容前、后电路的总电流各为多大？并联电容后的功率因数为多少？并说明电路的性质。

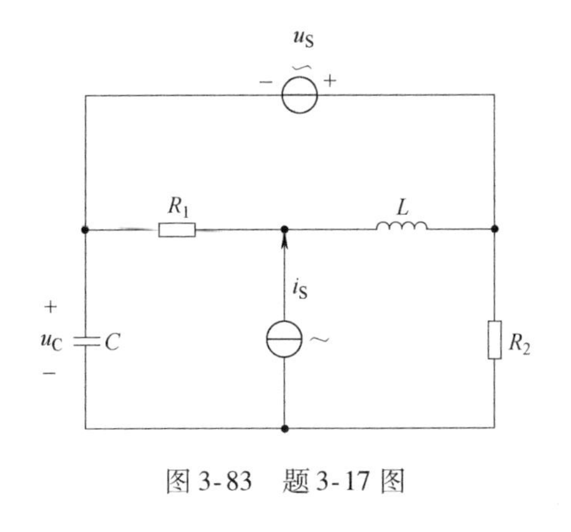

图3-83　题3-17图

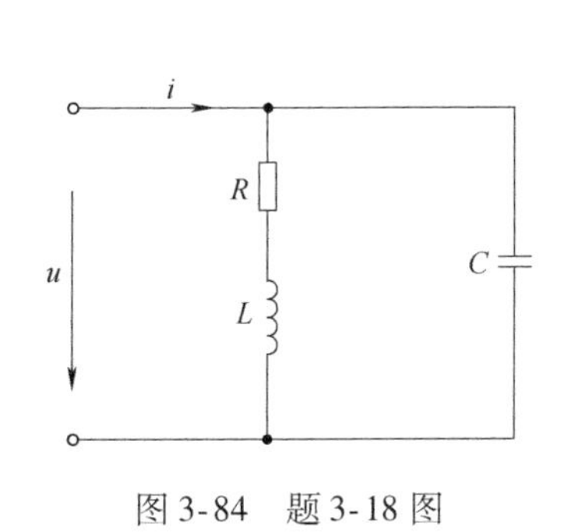

图3-84　题3-18图

3-19　有一 RLC 串联电路，接于100V、50Hz的交流电源上。$R=4\Omega$，$X_L=6\Omega$，C 可以调节。求

（1）当电路的电流为20A时，电容是多少？

（2）C 调节至何值时，电路的电流最大，这时的电流是多少？

3-20　收音机的调谐电路如图3-85所示，利用改变电容 C 的值出现谐振来达到选台的目的。已知 $L_1=0.3mH$，可变电容 C 的变化范围为 $7\sim 20pF$，C_1 为微调电容，为调整波段覆盖范围而设置的，设 $C_1=20pF$，试求该收音机的波段覆盖范围。

3-21　三相四线制380V/220V的电源给一座三层楼供电，每层作为一相负载，装有数目相同的220V的荧光灯，每层总功率都为2000W，总功率因数为0.91。

（1）说明负载应如何接入电路；

（2）如第一层有$\frac{1}{2}$的灯亮，第二层有$\frac{3}{4}$的灯亮，第三层全亮，各层的功率因数不变，问各线电流和中性线电流为多少？

（3）求三相平均功率。

3-22　某三相负载，额定相电压为220V，每相负载的电阻为4Ω，感抗为3Ω，接于线电压为380V的对称三相电源上，试问该负载应采用什么联结方法？负载的有功功率、无功功率和视在功率是多少？

3-23　图3-86所示电路中，三相电源电压$U_L=380V$，每相负载的阻抗均为10Ω。试求：

（1）各相电流和中线电流；

（2）设$\dot{U}=220\angle 0°V$，画出相量图。

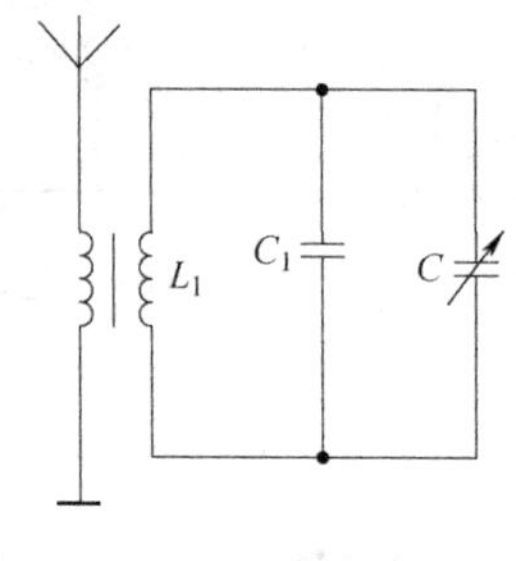

图3-85　题3-20图

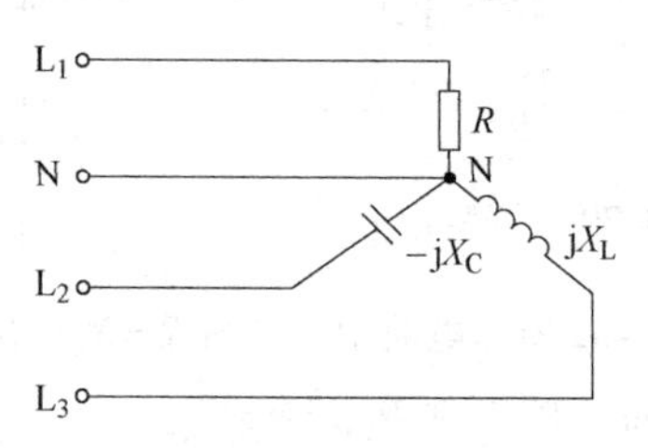

图3-86　题3-23图

3-24　对称三相电路的线电压为380V，每相负载$Z=12+j16$，试求：

（1）负载星形联结时的线电流及吸收的总功率；

（2）负载三角形联结时的线电流及吸收的总功率。

第 4 章　半导体二极管及晶体管

4.1　PN 结和半导体二极管

4.1.1　半导体基本知识

1. 本征半导体

导电能力介于导体与绝缘体之间的物质称为半导体。具有单晶体结构的纯净半导体为本征半导体。图 4-1 是硅单晶的价电子结构图，硅原子结构的最外层有四个价电子，每一个原子的价电子与另一个原子的价电子组成一个电子对，它们把相邻原子的电子结合在一起，构成了“共价键”。在共价键的结构中，原子最外层具有八个电子且处于较稳定状态。只有当室内温度增高或受光照后，电子获得一定能量，产生热振动，即可挣脱原子的束缚，产生自由电子和空穴，温度越高这种电子-空穴就越多。在外电场的作用下，半导体中将出现两部分电流，一个是自由电子做定向运动所形成的电子流；另一个是仍被原子核束缚的价电子(不是自由电子)递补空穴所形成的空穴电流。一般情况下，载流子维持一定的数目，温度越高载流子数目越多，导电能力就越强。所以温度对半导体器件性能的影响较大。

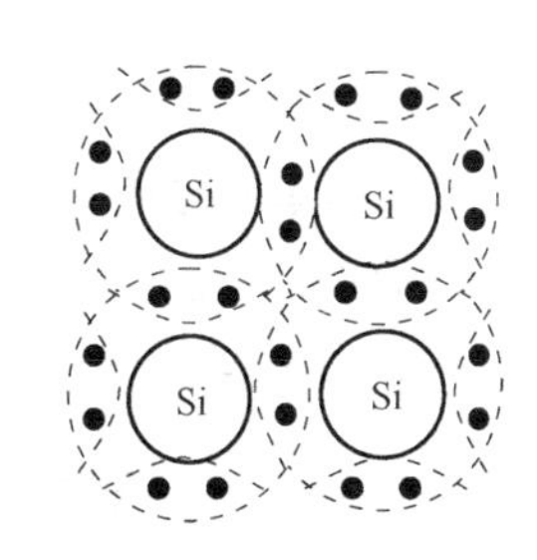

图 4-1　硅单晶的价电子结构

2. P 型半导体与 N 型半导体

纯净的四价半导体，虽然有自由电子和空穴两种载流子，但是由于数量很少，导电能力很弱。在本征半导体中掺入微量三价硼元素或五价磷元素后，导电能力就会大大增强。掺入五价磷元素的半导体中的多数载流子是电子，而少数载流子是空穴，称为 N 型半导体。N 型半导体中，磷原子失去了电子所以带正电，如图 4-2 所示。掺入三价硼元素的半导体中的多数载流子是空穴，而少数载流子是电子，称为 P 型半导体。P 型半导体中，硼原子得到了电子所以带负电，如图 4-3 所示。

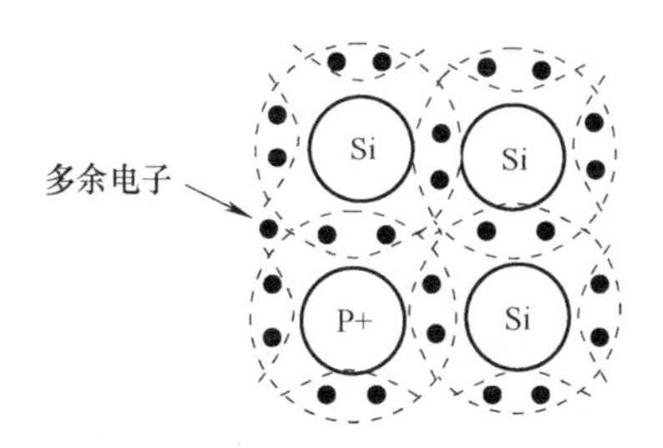

图 4-2　掺杂磷原子成为正离子

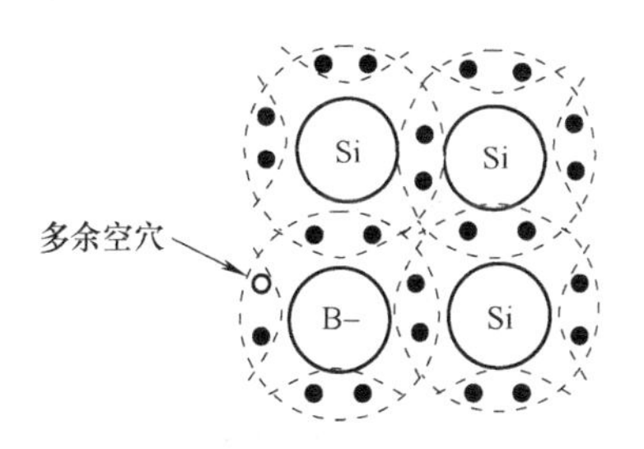

图 4-3　掺杂硼原子成为负离子

4.1.2 PN 结及其单向导电性

1. PN 结的形成

在一块半导体基片上通过特殊工艺使两边分别形成 P 型半导体和 N 型半导体，交界面两侧的异性多子相互扩散，如图 4-4a 所示，使本来电中性的杂质原子成为带异性电荷的离子，同时建立内电场，如图 4-4b 所示。内电场阻碍多子的继续扩散，但促使少子移动，这种移动称为漂移运动。当扩散运动与漂移运动达到动态平衡时，交界面两侧便形成了一定厚度的空间电荷区，即 PN 结。显然，PN 结的厚度取决于掺杂浓度的大小。

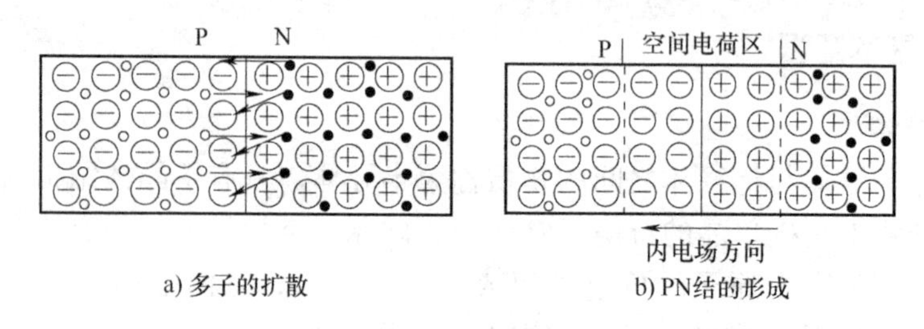

a) 多子的扩散　　b) PN结的形成

图 4-4　PN 结形成过程示意图

2. PN 结的单向导电性

当 PN 结加正向电压，即 P 端电位高于 N 端时，内电场被削弱，PN 结变薄，少子漂移运动受阻，多子则穿过 PN 结形成较大的正向电流，如图 4-5a 所示。

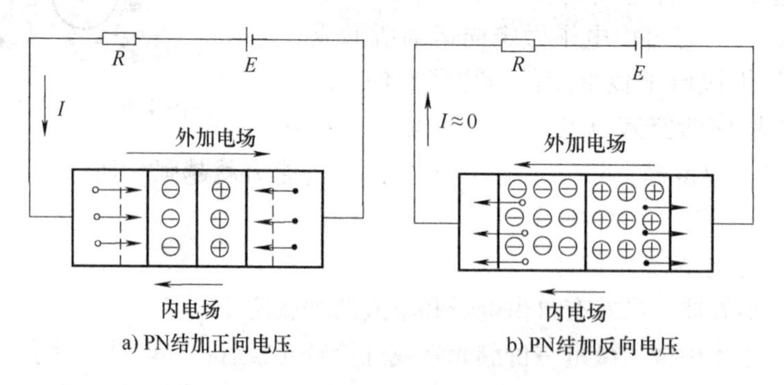

a) PN结加正向电压　　b) PN结加反向电压

图 4-5　PN 结的单向导电性

当 PN 结加反向电压，即 N 端电位高于 P 端时，内电场增强，PN 结加厚，多子扩散运动受阻，尽管可使漂移运动加强，但由少子形成的电流极小(μA 量级)，视为截止(不导通)，如图 4-5b 所示。这就是 PN 结的单向导电性。

4.1.3 二极管及其应用

1. 二极管的结构特点

半导体二极管是由一个 PN 结加上相应的电极引线及管壳封装而成的。由 P 区引出的电极称为阳极，由 N 区引出的电极称为阴极。图 4-6 是二极管的符号、结构及常用的外形示意图。常在二极管的管壳表面标注箭头、色点或色圈，表示二极管的极性。二极管按材料来分，有硅管和锗管；按结构来分，有点接触型、面接触型和硅平面型；按用途来分，有普通二极管、整流二极管和稳压二极管等。点接触型二极管（多为锗管）的特点是PN结面积小，结电容小，允许通过的电流小，适用于高频电路的检波或小电流的整流，也可用作数字电路中的开关器件。面接触型二极管（多为硅管）的特点是PN结面积大，结电容大，允许通过的电流大，适用于低频整流。硅平面型二极管结面积大的用于大功率整流，结面积小的用于脉冲数字电路作为开关管。

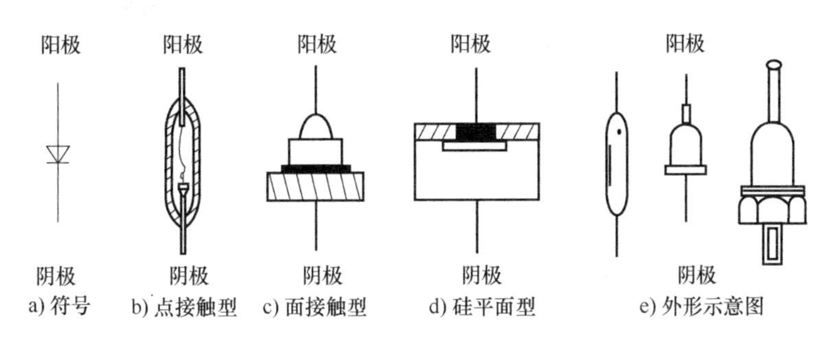

图4-6 常用二极管的符号、结构和外形示意图

2. 二极管的伏安特性

二极管的内部是一个PN结，所以它一定具有单向导电性，其伏安特性曲线 $I=f(U)$，如图4-7所示。

（1）正向特性 当外加正向电压很低时，外电场不足以抵消PN结的内电场。当正向电压超过一定数值后，内电场被大大削弱，电流增长很快，这个电压值称为死区电压。通常硅管的死区电压约为0.5V，锗管的死区电压约为0.2V。当正向电压大于死区电压后，正向电流迅速增长，此时二极管的正向压降变化很小，硅管为0.6～0.7V，锗管为0.2～0.3V，因此二极管的正向电阻很小。

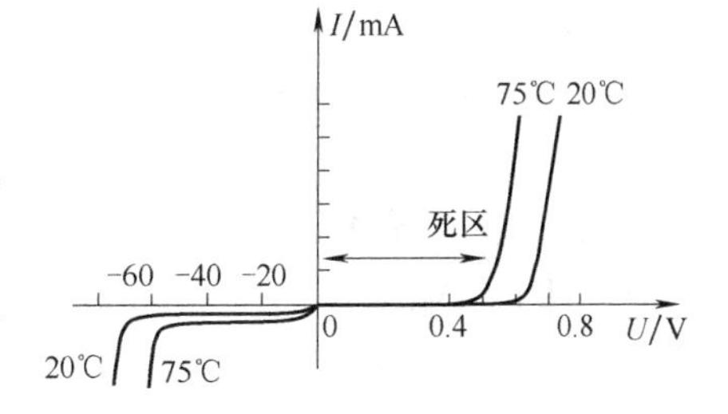

图4-7 二极管的伏安特性

（2）反向特性 二极管加上反向电压时，形成很小的反向饱和电流。温度升高时，反向电流增大。当二极管的外加反向电压大于一定数值时，反向电流突然剧增，二极管失去单向导电性，这种现象称为击穿。普通二极管被反向击穿后，便不能恢复原来的性质。

【例4-1】 电路如图4-8a所示，求A、O两端的电压 U_{AO}，并判断二极管是导通还是截止。

解：（1）理论计算

在图4-8a取O点作为参考点，断开二极管，分析二极管阳极和阴极的电位。

$U_{阳}=-6V$，$U_{阴}=-12V$，$U_{阳}>U_{阴}$，二极管导通。若忽略管压降，二极管可看作短路，$U_{AO}=-6V$，否则，U_{AO}低于 $-6V$ 一个管压降，为 $-6.3V$ 或 $-6.7V$。在这里，二极管起“钳位”作用，即 U_{AO}两端的电压被钳制在 $-6V$ 左右。

（2）仿真

将电压表接到A、O两端和VD两端，如图4-8b所示。测量结果为 $U_{AO}=-6.67V$，$U_{VD}=0.67V$。由此可以判断出二极管处于导通状态。该电路由于二极管的钳位作用，输出

电压 U_{AO}被钳在 $-6.67V$。

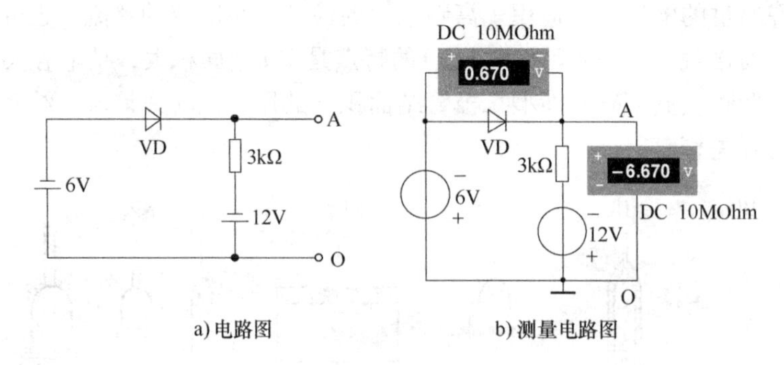

图 4-8 例 4-1 图

【例 4-2】 求图 4-9a 所示电路 A、O 两端的电压 U_{AO}，并判断二极管 VD_1、VD_2 是导通，还是截止。

解：（1）理论计算

两个二极管的阳极接在一起，取 O 点作参考点，断开二极管，分析二极管阳极和阴极的电位。

$U_{1阴}=0V$，$U_{2阴}=-6V$，$U_{1阳}=U_{2阳}=12V$，$U_{VD_1}=12V$，$U_{VD_2}=18V$

因为 $U_{VD2}>U_{VD1}$，所以 VD_2 优先导通，VD_1 截止。

若忽略管压降，二极管 VD_2 可看作短路，$U_{AO}=-6V$。

（2）仿真

将电压表接到 A、O 两端和 VD_2 两端，如图 4-9b 所示，电压表显示 $U_{AO}=-5.271V$，二极管 VD_2 两端为正向电压 0.729V，故该电路中 VD_2 优先导通，所以使 U_{AO}被钳制在 $-5.271V$，这样 VD_1 两端为反向电压，故截止。

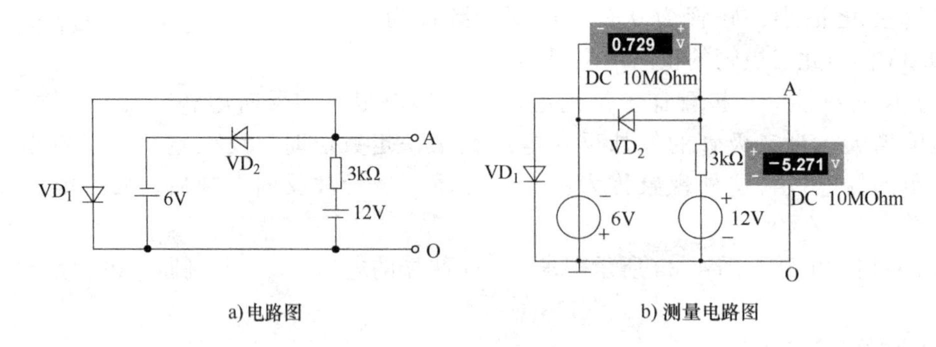

图 4-9 例 4-2 图

【例 4-3】 电路如图 4-10a 所示，已知 $E=5V$，$u_i=10\sqrt{2}\sin\omega t V$，试画出输出电压 u_o 的波形。

解： 观察波形需要用示波器，如图 4-10a 所示。为了便于输出波形和输入波形对应观察，本例中示波器接入了两路信号，即 A 通道接输入信号、B 通道接输出信号，观察波形时除了要选择合适的“Time base”档和“V/Div”档外，还要调节两个通道的水平位置，即“Channel A”和“Channel B”的“Y position”，这样两路信号才能上下错开，如图 4-10b 所示。

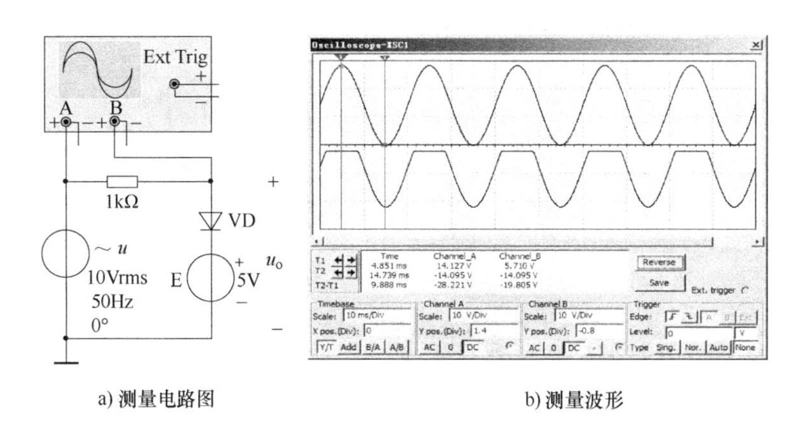

a) 测量电路图　　b) 测量波形

图 4-10　例 4-3 测量电路及波形图

【例 4-4】　电路如图 4-11a 所示，已知 $E=5\text{V}$，$u_i=10\sqrt{2}\sin\omega t\text{V}$，试画出输出电压 u_o 的波形。

解： 测量电路及测量结果如图 4-11a、图 4-11b 所示。

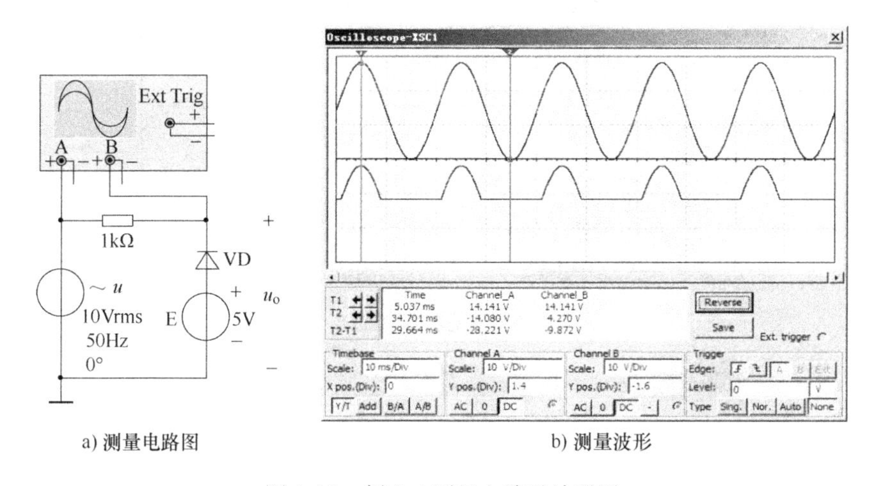

a) 测量电路图　　b) 测量波形

图 4-11　例 4-4 测量电路及波形图

【例 4-5】　电路如图 4-12a 所示。已知 $u_2=10\sqrt{2}\sin 314t\text{V}$，$R_L=240\Omega$，试画出 u_o、i_{VD} 的波形，并求 I_o、U_o。

解： 首先，选择二极管型号 1N4150 然后双击该二极管，再使用编辑模型(Edit Modle)按钮查看二极管的参数，二极管的参数很多，但最重要的参数有两个，即正向压降“VJ”和反向耐压参数“BV”，因为正向压降会影响输出电压的大小，而耐压不够，则会出现击穿。当二极管型号选定后，连接图 4-12b 所示的测量电路，从电流表、电压表(DC 档)直接读数，即可得出 I_o、U_o 的值。

然后用鼠标左键双击示波器，选择合适的“Time base”档和“V/Div”档，就会观察到半波整流的输出电压波形，如图 4-12c 所示。由于 $u_o=i_{VD}R_L$，故 i_{VD} 波形的形状和 u_o 的相同。

结论：该半波整流电路中，测得输出平均电压为 4.136V，整流电流平均值为 17mA。若将二极管参数中的“BV”值改为 10V(修改参数后，应单击“Change Part Model”按钮)，那么二极管就会反向击穿，波形如图 4-12d 所示。

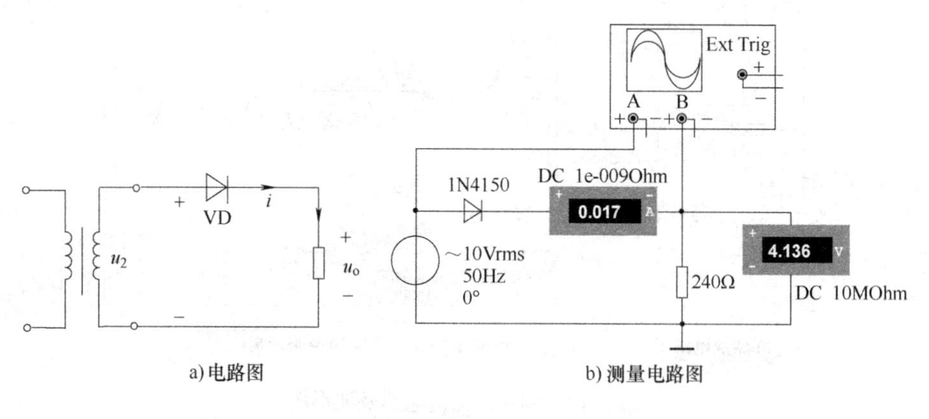

a) 电路图　　　　b) 测量电路图

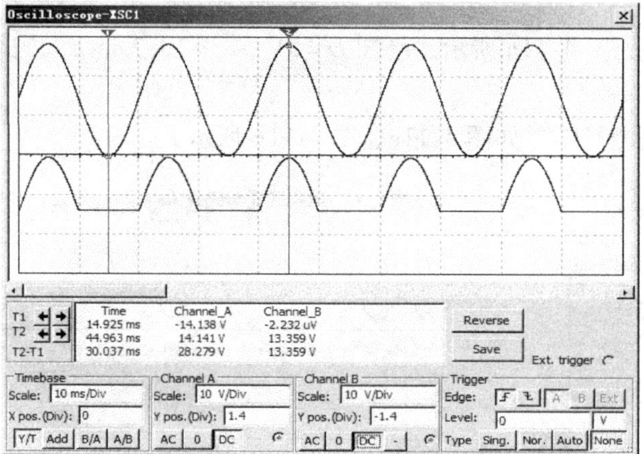

c) 半波整流的输出电压波形图

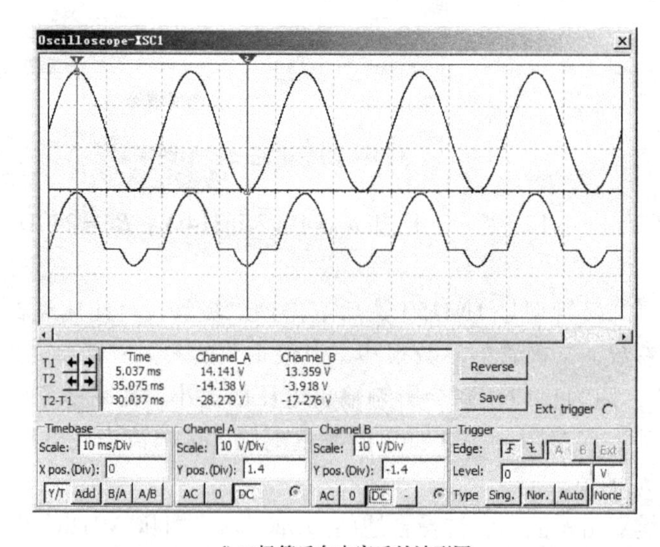

d) 二极管反向击穿后的波形图

图 4-12　例 4-5 图

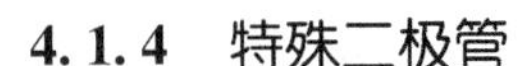

4.1.4 特殊二极管

除了上述普通二极管外，还有一些特殊二极管，如稳压二极管、发光二极管、光电二极管等，分别介绍如下。

1. 稳压二极管

稳压二极管是一种特殊的面接触型硅二极管，具有稳定电压的作用，简称稳压管。图 4-13a 为稳压管在电路中的一般连接方法。图 4-13b 和图 4-13c 分别为稳压管的伏安特性和电路符号。

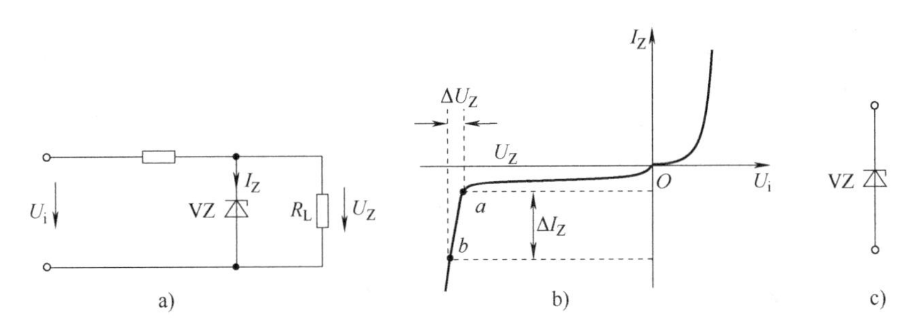

图 4-13 稳压管电路、伏安特性及符号

稳压管通常工作在 PN 结的反向击穿状态。它的反向击穿是可逆的，只要不超过稳压管的允许电流值，PN 结就不会过热损坏，当外加反向电压去除后，稳压管恢复原性能，所以稳压管具有良好的重复击穿特性。从稳压管的反向特性曲线可以看出，当反向电压增高到击穿电压 U_Z 时，反向电流 I_Z 急剧增加，稳压管反向击穿。在特性曲线 ab 段，当 I_Z 在较大范围内变化时，稳压管两端电压 U_Z 基本不变，具有恒压特性，利用这一特性可以起到稳定电压的作用。

当稳压管正偏时，它相当于一个普通二极管，稳压值仅 0.4 ~0.7V。

【例 4-6】 电路如图 4-14a 所示，已知两个稳压管的稳定电压 $U_Z=6\text{V}$，$u_i=12\sin\omega t\text{V}$，二极管的正向压降为 0.7V，试画出输入、输出电压的波形。并说出稳压管在电路中所起的作用。

解： 在稳压管实际元件库中选择两个型号为 1N4735A 的稳压管，放到图纸上，双击其中一个稳压管，弹出图 4-14b 所示界面，单击编辑模型(Edit model)按钮修改稳压管的 U_Z 参数(BV)，设为6，如图4-14c 所示，再单击“Change all models”按钮，确定即可。按图4-14a 连接电路，将示波器 A、B 通道接输入输出电压，可测得其电压波形如图 4-14d 所示，移动示波器游标可测得输出电压在 -6.7 ~6.7V 之间，可见稳压管在电路中起限幅的作用。

2. 发光二极管

发光二极管(Light Emitting Diode，LED)是一种将电能直接转换成光能的半导体显示器件。和普通二极管相似，发光二极管的 PN 结封装在透明塑料壳内，广泛用于信号指示等电路中。发光二极管正向偏置时会发出一定波长的可见光，其符号如图 4-15 所示，伏安特性和普通二极管相似。

【例 4-7】 电路如图 4-16 所示，观察发光二极管的发光情况。

解： 电路接好后，单击屏幕右上角的电源按钮，让开关 SB 动作，就会观察到发光二极管的发光情况。

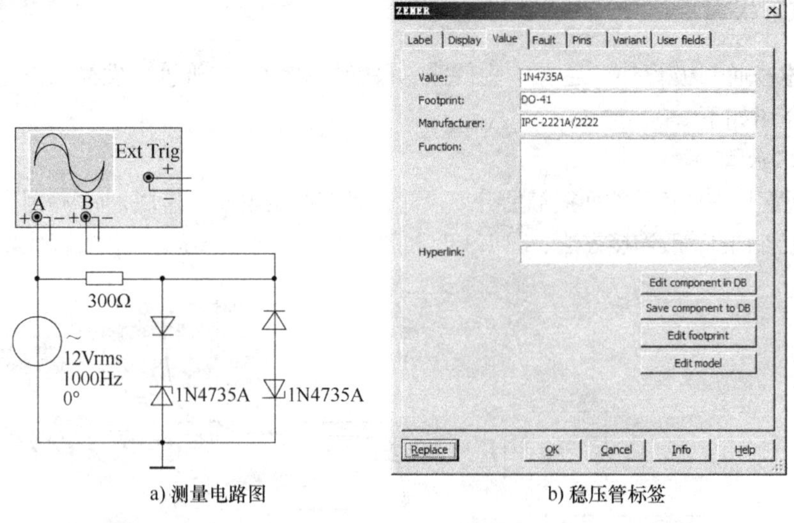

a) 测量电路图　　b) 稳压管标签

Edit Model

.MODEL 1N4735A__ZENER__1 D

Name	Value	Units
CJO(zero-bias junction capacitance)	1	pF
VJ(junction potential)	0.75	V
M(junction grading coefficient)	0.3333	
EG(activation energy)	1.11	eV
XTI(saturation-current temperature exponent)	3	
KF(flicker noise coefficient)	0	
AF(flicker noise exponent)	1	
FC(forward-bias depletion capacitance coeffici…	0.5	
BV(reverse breakdown knee voltage)	6	V
TBV1(BV linear temperature coefficient)	0.0	1/°C
TBV2(BV quadratic temperature coefficient)	0.0	1/°C²
IBV(reverse breakdown knee current)	0.3156	A

Original model has been changed

Change part model　Change all models　Reset to default　Cancel

c) 修改稳压管参数

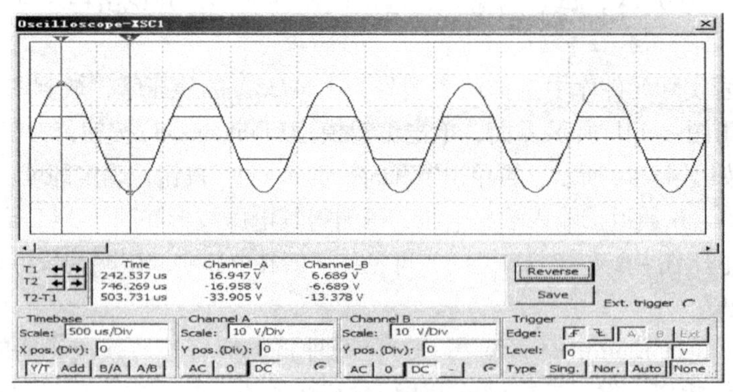

d) 输入输出电压波形图

图 4-14　例 4-6 图

3. 光电二极管

光电二极管的管壳上备有一个玻璃窗口，以便于接受光照。其特点是当光线照射于它的PN 结时，可以成对产生自由电子和空穴，使半导体中少数载流子的浓度提高。这些载流子在一定的反向偏置电压作用下可以产生漂移电流，使反向电流增加。因此它的反向电流随光照强度的增加而线性增加，这时光电二极管等效于一个恒流源。当无光照时，光电二极管的伏安特性与普通二极管一样。光电二极管的等效电路及符号如图 4-17 所示。

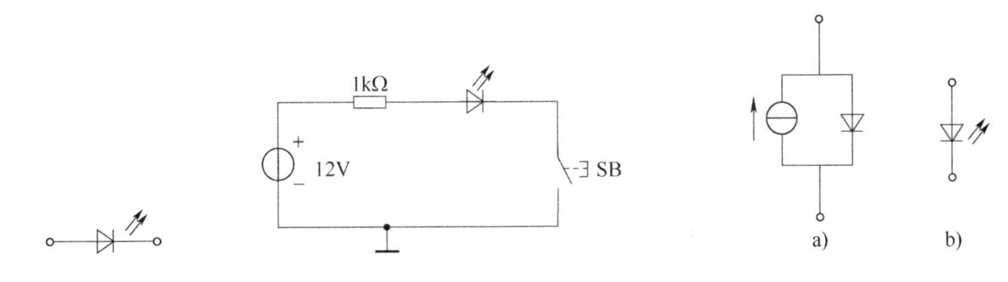

图 4-15　发光二极管　　图 4-16　例 4-7 图　　图 4-17　光电二极管等效电路及符号

4.2　直流稳压电源

4.2.1　整流电路

二极管具有整流的功能，即利用二极管的单向导电性可将正弦交流电压转换成单向脉动电压。从形式上讲，整流电路有半波整流、全波整流、桥式整流等。这里重点讨论单相桥式整流。为简单起见，以下分析把二极管当作理想器件来处理。

电路如图 4-18a 所示，图 4-18b 是它的简化画法。

在电源电压 u_2 的正、负半周内(设 a 端为正，b 端为负时是正半周)电流通路分别用图 4-18a中实线和虚线箭头表示。负载 R_L 上的电压 u_o 的波形如图 4-19 所示。电流 i_o 的波形与 u_o 的波形相同，它们都是单方向的全波脉动波形。

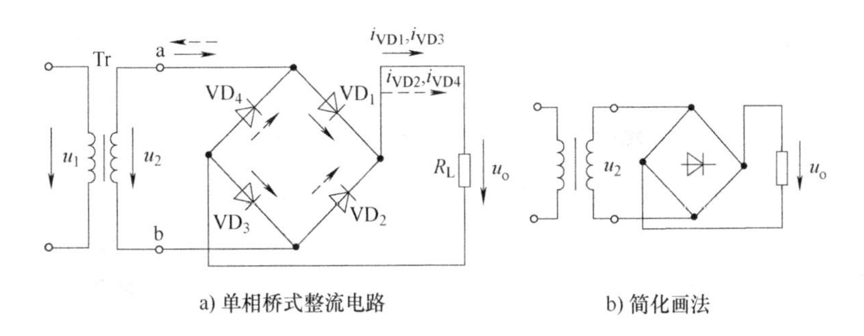

a) 单相桥式整流电路　　b) 简化画法

图 4-18　单相桥式整流电路

1. 输出电压的平均值为

$$U_o = \frac{1}{\pi}\int_0^{\pi} \sqrt{2}U_2 \sin\omega t \mathrm{d}(\omega t) = \frac{2\sqrt{2}}{\pi}U_2 = 0.9U_2 \tag{4-1}$$

直流电流为

$$I_o = \frac{0.9U_2}{R_L} \tag{4-2}$$

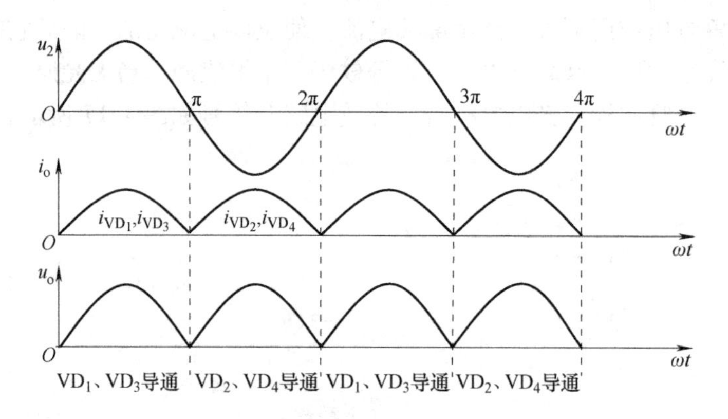

图 4-19　单相桥式整流电路波形图

2. 流过二极管的正向平均电流为

$$I_{\mathrm{D}}=\frac{1}{2}I_{\mathrm{R_L}}=\frac{0.45U_2}{R_{\mathrm{L}}} \tag{4-3}$$

3. 二极管承受的最大反向电压为

$$U_{\mathrm{DRM}}=\sqrt{2}U_2 \tag{4-4}$$

4.2.2　滤波电路

滤波电路的作用是滤除整流电压中的纹波。常用的滤波电路有电容滤波、电感滤波、复式滤波及有源滤波。这里以电容滤波为例讨论。

电容滤波电路是最简单的滤波器，电路如图 4-20a 所示，它是在整流电路的负载上并联一个电容 C。

1. 滤波原理

电容滤波是通过电容器的充电、放电来滤掉交流分量的。图 4-20b 的波形图中虚线波形为桥式整流的波形。并入电容 C 后，在 $u_2>0$ 时，VD_1、VD_3 导通，VD_2、VD_4 截止，电源在向 R_L 供电的同时，又向 C 充电储能，由于充电时间常数 τ_1 很小(绕组电阻和二极管的正向电阻都很小)，充电很快，输出电压 u_o 随 u_2 上升，当 $u_C=\sqrt{2}U_2$ 后，u_2 开始下降 $u_2<u_C$，$t_1\sim t_2$ 时段内，$VD_1\sim VD_4$ 全部反偏截止，由电容 C 向 R_L 放电，由于放电时间常数 τ_2 较大，放电较慢，输出电压 u_o 随 u_C 按指数规律缓慢下降，负半周电压 u_2 逐渐增大，当 $u_2>u_C$ 后，VD_1、VD_3 截止，VD_2、VD_4 导通，C 又被充电至最大值，之后 $u_2<u_C$，$VD_1\sim VD_4$ 又截止，C 又放电，如此不断地充电、放电，使负载获得如图 4-20b 中实线所示的 u_o 波形。由波形可见，桥式整流接电容滤波后，输出电压的脉动程度大为减小。

2. U_o 的大小与元器件的选择

由以上讨论可见，输出电压平均值 U_o 的大小与 τ_1、τ_2 的大小有关，τ_1 越小，τ_2 越大，U_o 也就越大。当负载 R_L 开路时，τ_2 无穷大，电容 C 无放电回路，U_o 达到最大，即 $U_o=\sqrt{2}U_2$；若 R_L 很小时，输出电压几乎与无滤波时相同。在工程上输出平均电压可按下述工程估算取值

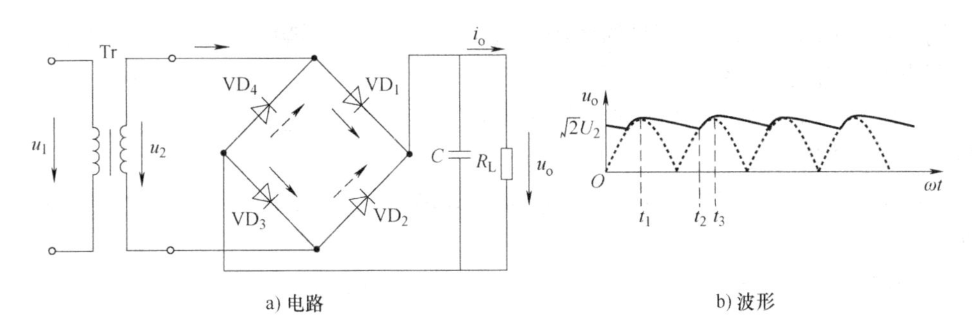

a) 电路　　b) 波形

图 4-20　桥式整流电容滤波电路及波形

$$\left.\begin{aligned} U_o &= U_2(\text{半波}) \\ U_o &= 1.2U_2(\text{全波}) \end{aligned}\right\} \quad (4\text{-}5)$$

对于单相桥式整流电路而言，无论有无滤波电容，二极管的最高反向工作电压都是 $\sqrt{2}U_2$。

【例 4-8】　电路如图 4-21a 所示，测量下列几种情况下的输出电压，并观察输出电压波形。

1）可变电容 $C=0\mu F$。

2）可变电容 C 为 1% 最大值。

3）可变电容 C 为 25% 最大值。

4）可变电容 C 为 95% 最大值。

5）可变电容 $C=1000\mu F$，且负载开路（去掉 $R_o=100\Omega$）。

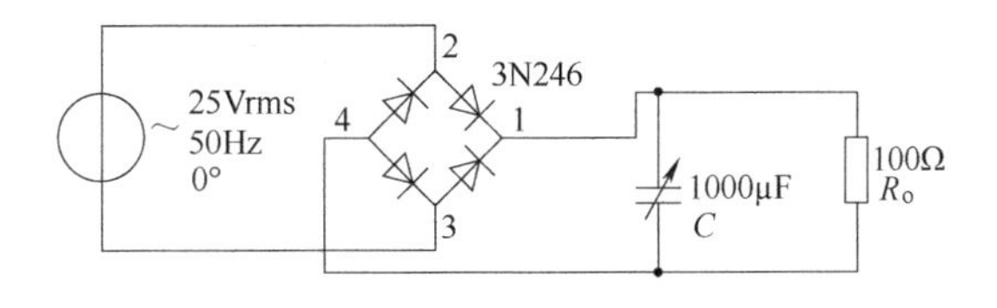

图 4-21a　例 4-8 电路图

解： 测量电路如图 4-21b 所示，注意该题中地线的接法。

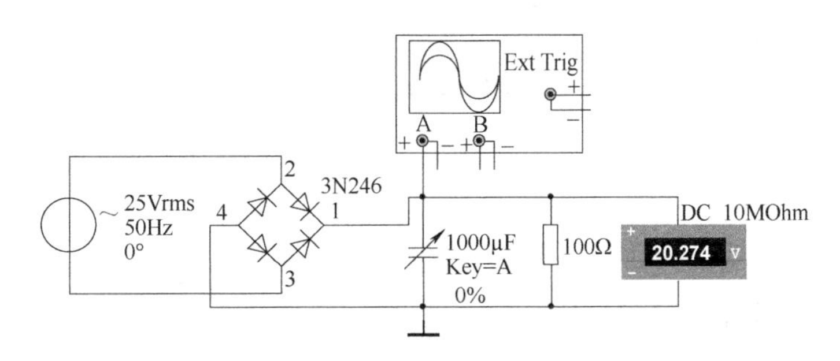

图 4-21b　例 4-8 测量电路图

本例题使用了可变电容，通过改变可变电容的电容量（按键 <A> 或 <Shift + A>），可以观察到桥式整流、桥式整流并带有电容滤波以及负载开路三种不同情况下输出电压大小的变化，同时还可以观察到电容容量的大小对输出电压纹波的影响。下面分析题目中五种不同情况下测出的输出电压和用示波器观察到的输出电压波形：

1）图 4-21c 所示为桥式整流、无电容滤波时的输出电压波形，测得输出电压为 20.278V，与理论值 $U_o = 0.9U_2 = 22.5V$，近似吻合。

2）图 4-21d 为桥式整流、用较小的电容（$C = 10\mu F$）滤波时的输出电压波形，测得输出电压为 20.578V。注意，此时的波形不同于第 1）种情况，它是高于水平线的。

3）图 4-21e 为桥式整流、用稍大一点的电容（$C = 250\mu F$）滤波时的输出电压波形，测得输出电压为 29.014V。

4）图 4-21f 为桥式整流、用再大一点的电容（$C = 950\mu F$）滤波时的输出电压波形，测得输出电压为 31.637V。

5）图 4-21g 为桥式整流、电容（$C = 1000\mu F$）滤波，且负载开路（断开 R_o）时的输出电压波形，为一条直线，测得输出电压为 33.34V，与理论值 $U_o = \sqrt{2}U_2 = 34.35V$，近似吻合。

结论：桥式整流、电容滤波时，随着电容值的增加，输出电压的平均值增大，纹波减小。

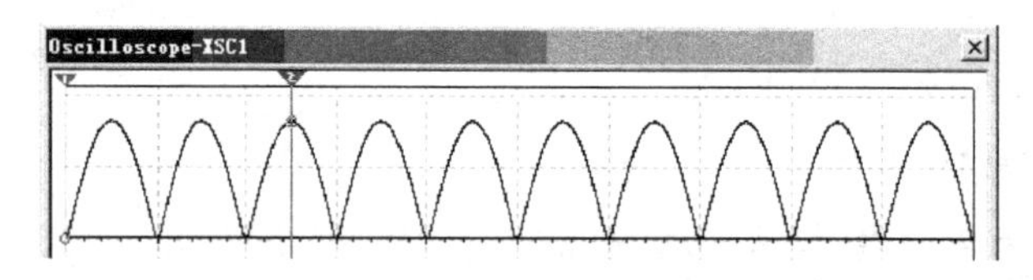

图 4-21c　无电容滤波时的输出电压波形

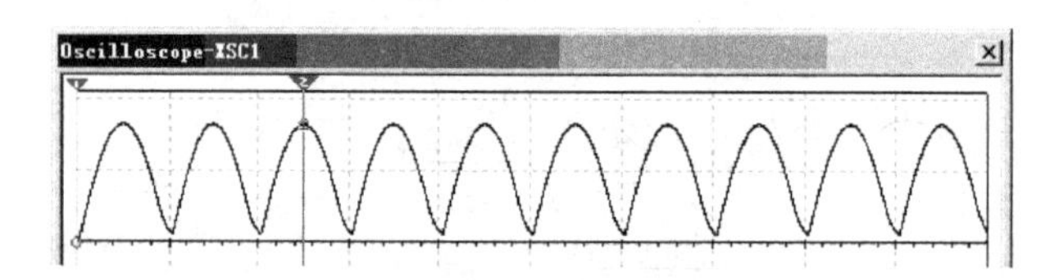

图 4-21d　小电容滤波时的输出电压波形

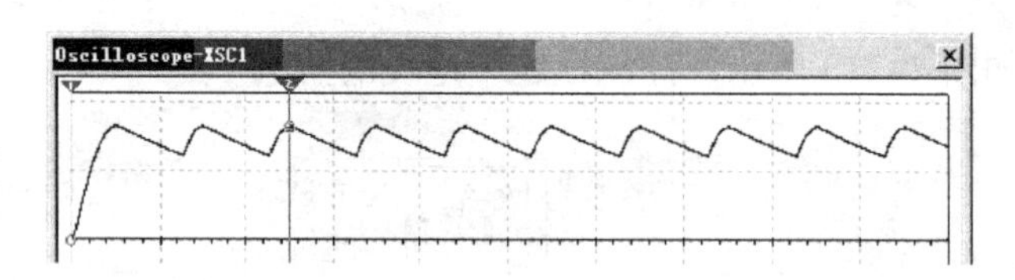

图 4-21e　较大电容滤波时的输出电压波形

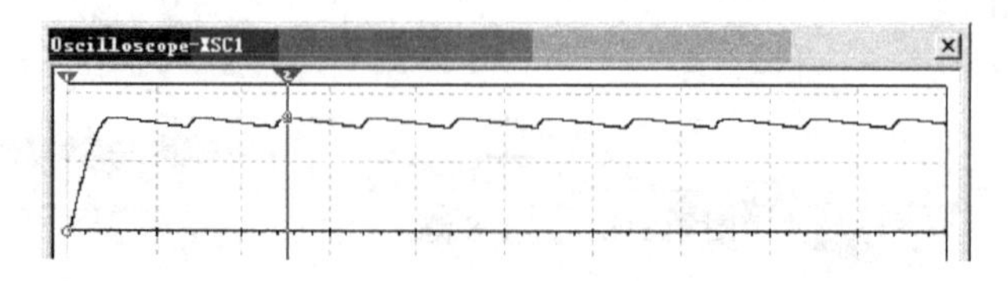

图 4-21f　大电容滤波时的输出电压波形

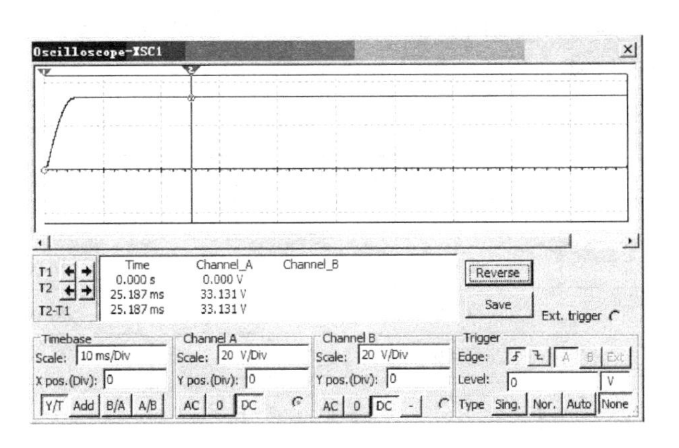

图 4-21g　大电容滤波、负载开路时的输出电压波形

4.2.3　稳压电路

经过整流和滤波后的电压往往还是波动、不稳定的，要使电路正常工作，就必须经过稳压环节。常用的稳压电路有四种：并联型稳压电路、串联型稳压电路、集成稳压电路、开关稳压电路。这里以并联型稳压电路、集成稳压电路为例讨论。

1. 并联型稳压电路

图 4-22 所示就是并联型稳压电路，即稳压管稳压电路。

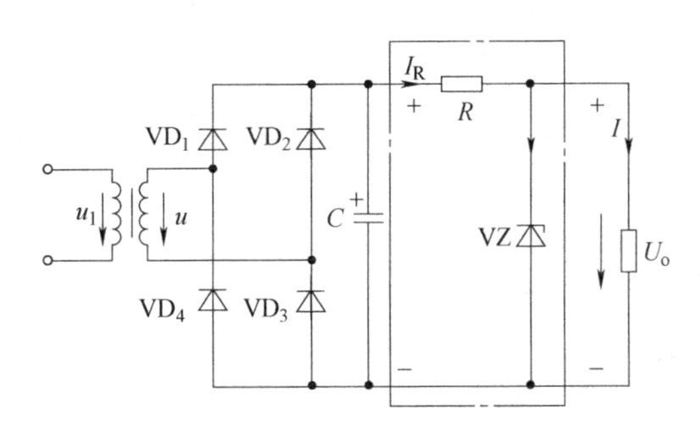

图 4-22　稳压管稳压电路

【例 4-9】　测量图 4-23 所示电路中的各支路电流，并观察负载电阻变化对各支路电流及输出电压的影响。

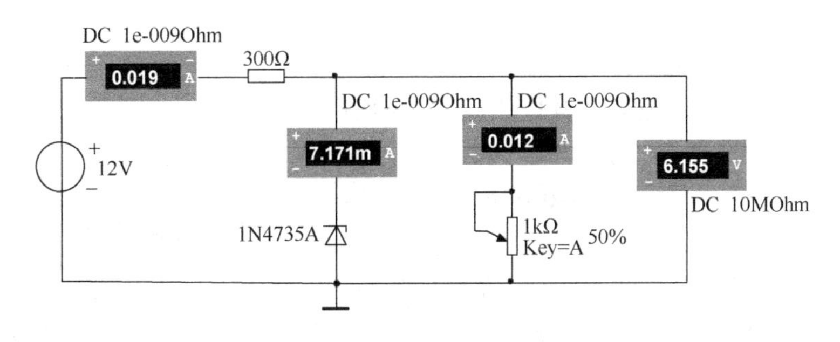

图 4-23　例 4-9 测量电路图

解：测试过程中，通过改变负载大小（按键 <A> 或 <Shift + A>），可以观察到各支路电流及输出电压的变化情况，测试结果见表 4-1。

表 4-1　例 4-9 的测试结果

R（最大值的百分比）	负载电流/mA	稳压管电流/mA	电源电流/mA	输出电压/V
95%	6.495	13.00	19.00	6.170
80%	7.309	12.00	19.00	6.168
50%	12.00	7.171	19.00	6.155
35%	17.00	2.092	19.00	6.123
30% （反向饱和与击穿的临界状态）	19.99	0.016	20.00	5.997

可以看出，负载电流小，稳压管电流就大，负载电流大，稳压管电流则小，但无论负载电阻如何变化，电源电流总是等于稳压管电流与负载电流之和，而输出电压则基本保持不变。

2. 集成稳压电路

分立器件组装的线性直流稳压电路的体积大、成本高、功能单一、使用不方便。随着功率集成技术的不断发展，集成稳压器具有体积小、可靠性高、使用方便灵活、价格低廉等特点，在各种电子设备中得到了广泛的应用。目前国内外生产的集成线性稳压器多达数千种，产品主要包括两类：固定输出式和可调输出式。线性集成稳压器电路中，最常用的是“三端稳压器”。之所以称它为“三端”，是因其外观上总共有三根引出线。

三端固定集成稳压器有三个端子：输入端 U_i、输出 U_o 和公共端 COM。输入端接整流滤波电路，输出端接负载，公共端接输入、输出的公共连接点。其内部由采样、基准、放大、调整和保护等电路组成。电路具有过电流、过热及短路保护功能。

三端固定集成稳压器有许多品种。常用的是 78××/79××系列，后面的××表示该稳压集成电路输出直流电压的大小，一般用两位数字来表示。78××系列输出正电压，其输出电压为 5V、6V、8V、10V、12V、15V、18V、20V、24V 等。该系列的输出电流分 5 档，78××系列是 1.5A，78M××是 0.5A，78L××是 0.1 A，78T××是 3A，78H××是 5A。与 78××系列所不同的是 79××系列输出电压为负值。以上品种的外形封装有多种形式，使用时应注意三个端子所对应引脚的不同用途。图 4-24 为塑料封装的三端集成稳压器 78××和 79××作为固定输出电压的标准应用电路。正常工作时，输入、输出电压差为 2～3V。C_1 为输入稳定电容，其作用用来抵消输入端接线较长时的电感效应，防止产生自激振荡，抑制高频和脉冲干扰，C_1 一般为 0.1～0.47μF；C_2 为输出稳定电容，其作用是当瞬时增减负载电流时，不致引起输出电压有较大的波动，即用来改善负载的瞬态响应，C_2 一般为 0.1μF。

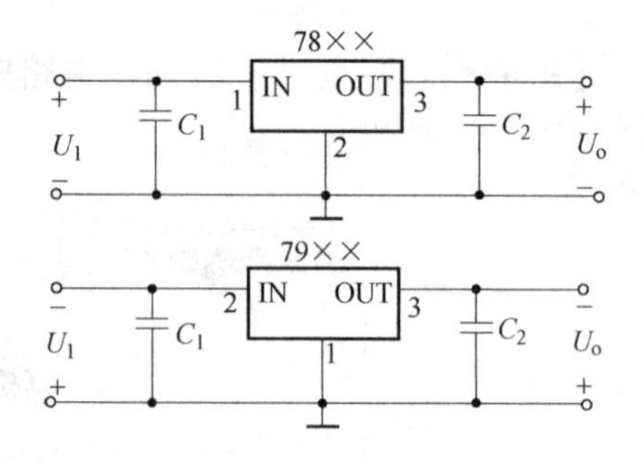

图 4-24　三端稳压电路的标准应用电路

【例 4-10】　图 4-25a 电路为三端稳压器 7805 组成的供电电路，试求 7805 的三端电流和输出电压，并分析当电源电压发生变化时，输出电压和电流的变化情况及 7805 芯片耗散功率与输入电压之间的关系(注：三端稳压器可从元件库中的 VOLTAGE_REGULATOR 中选取)。

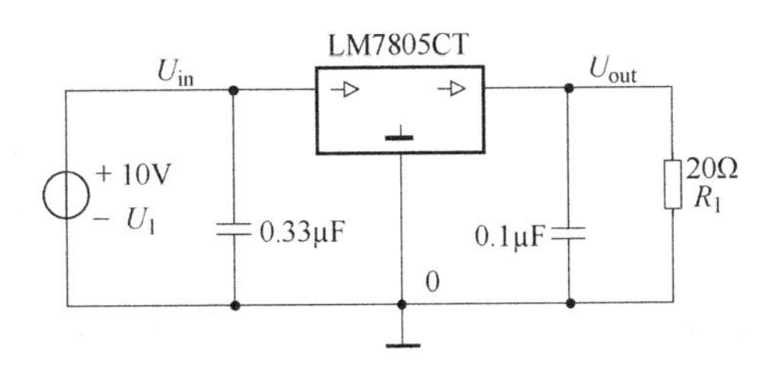

图 4-25a　三端稳压器 7805 组成的供电电路图

解：1）用电流表和电压表(DC 档)测量 7805 的三端电流和输出电压，如图 4-25b 所示。可见，7805 的输入电流与输出电流近似相等，输出电压为 5V。

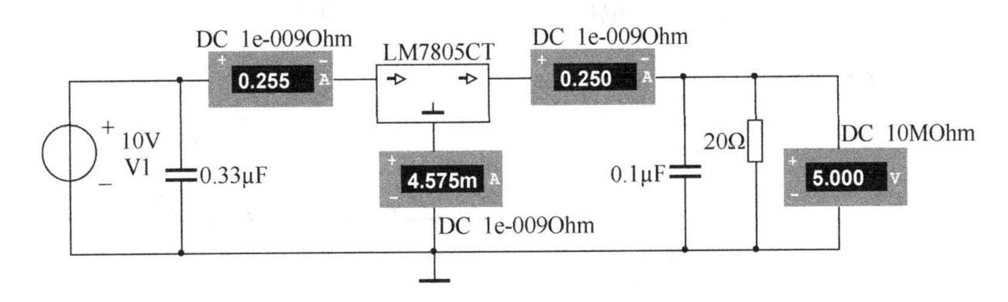

图 4-25b　测量电流、电压的电路图

2）要分析输出电压和电流及 7805 芯片耗散功率与输入电压之间的关系，就应当使用直流扫描方法。

首先显示电路节点如图 4-25a 所示，然后选择“Simulate/Analyses/DC Sweep Analysis”，并设置分析参数和输出变量，如图 4-25c 所示，注意将流过负载电阻 R_1 的电流加入输出变量。分析结果如图 4-25d 所示。

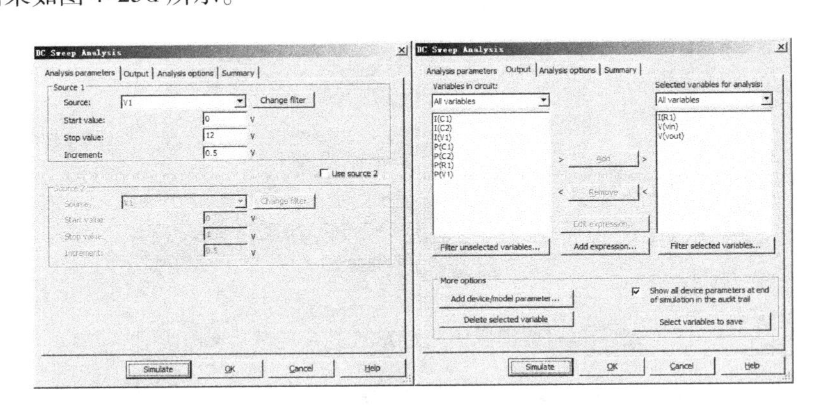

图 4-25c　分析参数与输出变量设置窗口

有了这个分析结果，就可以使用数据后处理功能获得 7805 芯片的耗散功率(即输入功率减去输出功率)。选择“Simulate/Postprocessor”，设置数据后处理窗口的参数如图 4-25e 所示，单击 Calculate 按钮，得到经过数据后处理的 7805 芯片耗散功率，如图 4-25f 所示。由图 4-25f 可以看出，由于输出电压近乎为常数，所以耗散功率与输入电压呈线性关系。

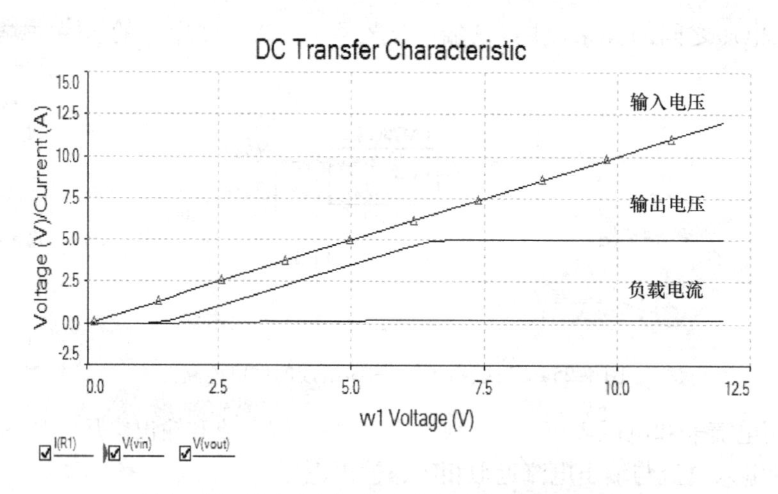

图 4-25d　输入电压、输出电压和负载电流曲线图

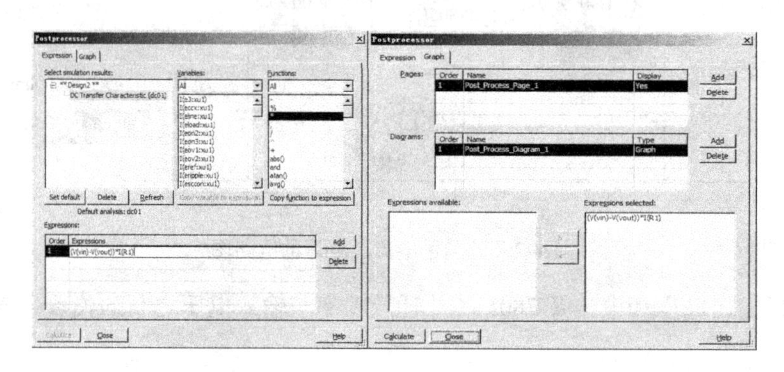

图 4-25e　数据后处理窗口

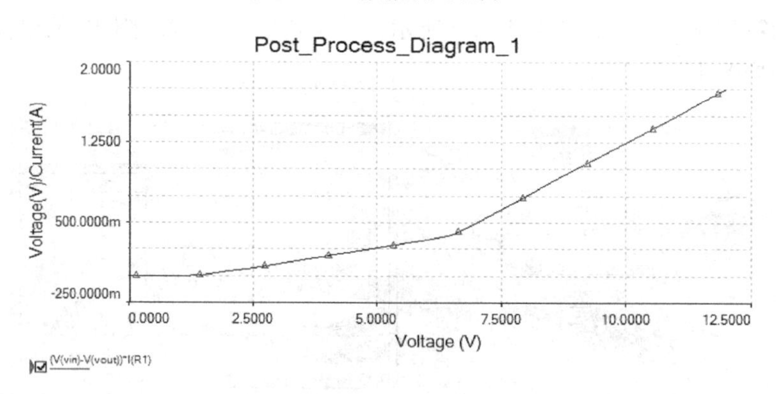

图 4-25f　经过数据后处理的 7805 芯片耗散功率曲线图

许多电子仪器设备，集成运算放大器（见第 5 章）需要正、负对称的双电源供电。图 4-26所示是一种只用正极性输出集成稳压器 7805 实现正、负对称的双电源直流稳压电路，但这时要求两个稳压集成电路必须要由变压器的两个独立绕组经过整流滤波来供电，而不能用电源变压器上一个绕组加中心抽头来实现。图 4-26 中变压器每相绕组输出交流电压为 8V 左右，C_1 和 C_4 是大容量电解滤波电容，对高频交流成分的滤波效果较差，因此需并联 C_2 和 C_5。

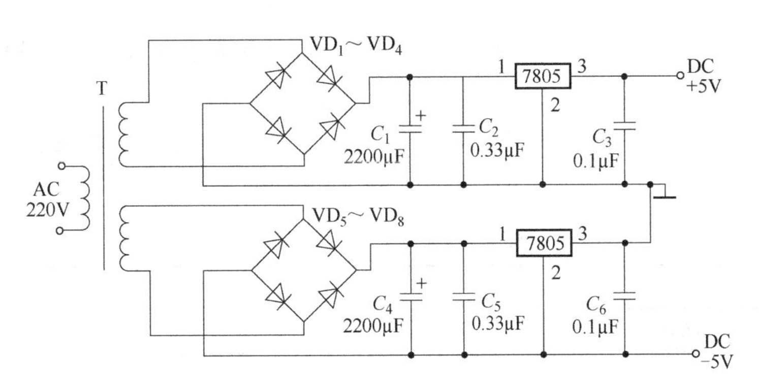

图4-26　正、负对称的双电源直流稳压电路

4.3　晶体管

4.3.1　晶体管的基本结构和电流放大作用

晶体管按结构的不同分为NPN型和PNP型，如图4-27所示。当前国内生产的硅管多为NPN型(3D系列)，锗管多为PNP型(3A系列)。

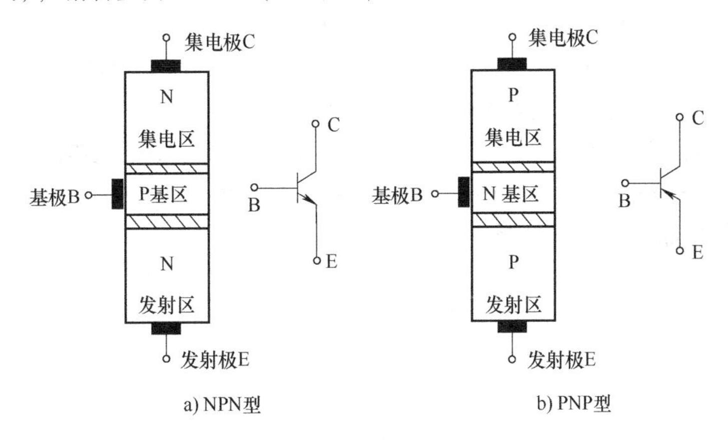

图4-27　晶体管结构示意图及符号

每种晶体管都有三个区，分别称为发射区、基区和集电区，三个区各引出一个电极，分别称为发射极(E)、基极(B)和集电极(C)，发射区和基区之间的PN结称为发射结，集电区和基区之间的PN结称为集电结。图形符号中发射极箭头表示基极到发射极电流的方向。

晶体管具有电流放大作用的内部条件是：①发射区掺杂浓度很大；②基区掺杂浓度很小且很薄，一般只有几微米；③集电区掺杂浓度较小，结面积很大。外部条件是发射结加正向电压，集电结加反向电压。

现以NPN型管为例来说明晶体管各极间电流分配关系及其电流放大作用。图4-28所示电路中，电源U_{BB}、电阻R_B、基极B和发射极E组成输入回路，电

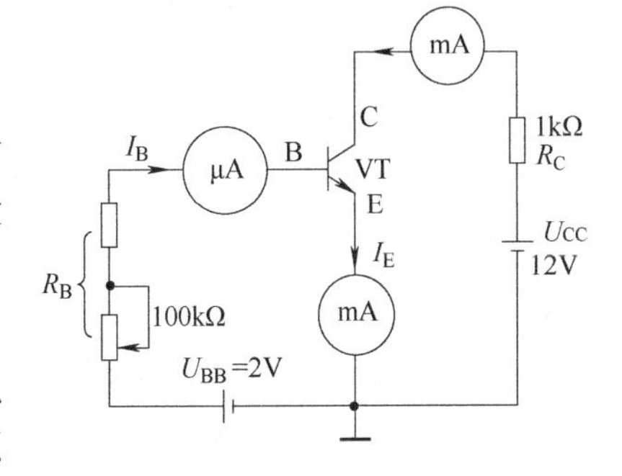

图4-28　共发射极实验测试电路

源 U_{CC}、电阻 R_C、集电极 C 和发射极 E 组成输出回路，发射极 E 是输入、输出回路的公共端，故称为共发射极放大电路。U_{BB}使发射结正向偏置，U_{CC}使集电结反向偏置。为满足放大条件选 $U_{CC} \gg U_{BB}$。改变可变电阻 R_B，测基极电流 I_B，集电极电流 I_C 和发射极电流 I_E，结果见表 4-2。

表 4-2 晶体管电流测试数据

$I_B/\mu A$	0	20	40	60	80	100
I_C/mA	0.005	0.99	2.08	3.17	8.26	4.40
I_E/mA	0.005	1.01	2.12	3.23	8.34	4.50

利用上述实验可得如下结论：

1) $I_E = I_B + I_C$，符合基尔霍夫电流定律。

2) I_E 和 I_C 几乎相等，远远大于基极电流 I_B。I_B 的微小变化会引起 I_C 较大的变化，计算可得

$$\frac{I_C}{I_B} = \frac{2.08A}{0.04A} = 52, \quad \frac{I_C}{I_B} = \frac{3.17A}{0.06A} = 52.8$$

$$\frac{\Delta I_C}{\Delta I_B} = \frac{I_{C4} - I_{C3}}{I_{B4} - I_{B3}} = \frac{(3.17 - 2.08)A}{(0.06 - 0.04)A} = \frac{1.09A}{0.02A} = 54.5$$

计算结果表明，基极电流的微小变化，便可引起比它大数十倍的集电极电流的变化，且其比值近似为常数(记作 β)，这就是晶体管的电流放大作用。

对于 PNP 型晶体管，其工作原理一样，只是它们在电路中所接电源的极性不同。

由此可得出，在一个放大电路中，对于 NPN 型晶体管：集电极电位最高，发射极电位最低；对于 PNP 型晶体管：发射极电位最高，集电极电位最低。当然，若是硅材料，发射极、基极电位相差 0.6~0.7V；若是锗材料，发射极、基极电位相差 0.2~0.3 V。这样便可根据放大电路中晶体管三个极的电位判断其类型、材料和对应的三个极性。

4.3.2 晶体管的特性曲线

晶体管的特性曲线全面反映了晶体管各个电极间电压和电流之间的关系，是分析放大电路的重要依据。特性曲线可由实验测得，也可在晶体管图示仪上直观地显示出来。

1. 输入特性曲线

晶体管的输入特性曲线表示了 U_{CE}为参考变量时，I_B 和 U_{BE}的关系，即

$$I_B = f(U_{BE})\big|_{U_{CE}=\text{常数}} \tag{4-6}$$

图 4-29 是晶体管的输入特性曲线，由图 4-29 可见，输入特性与二极管的正向区类似，硅管的死区电压(或称为门槛电压)约为 0.5V，发射结导通电压 U_{BE}为 0.6~0.7V；锗管的死区电压约为 0.2V，导通电压约为 0.3V。若其为 PNP 型晶体管，则发射结导通电压 U_{BE}分别为 -0.7~ -0.6V 或 -0.3V。

一般情况下，当 U_{CE} >1V 以后，输入特性曲线几乎与 U_{CE} = 1V 时的特性曲线重合，因为 U_{CE} >1V 后，I_B 无明显改变了。晶体管工作在放大状态时，U_{CE}总是大于 1V 的(集电结反偏)，因此常用 $U_{CE} \geq$1V 的一条曲线来代表所有的输入特性曲线。

2. 输出特性曲线

晶体管的输出特性曲线表示以 I_B 为参考变量时，I_C 和 U_{CE}的关系，即

$$I_C = f(U_{CE})\mid_{I_B=常数} \tag{4-7}$$

图4-30是晶体管的输出特性曲线，当 I_B 改变时，可得一组曲线，由图4-30可见，输出特性曲线可分为放大区、截止区和饱和区三个区域。

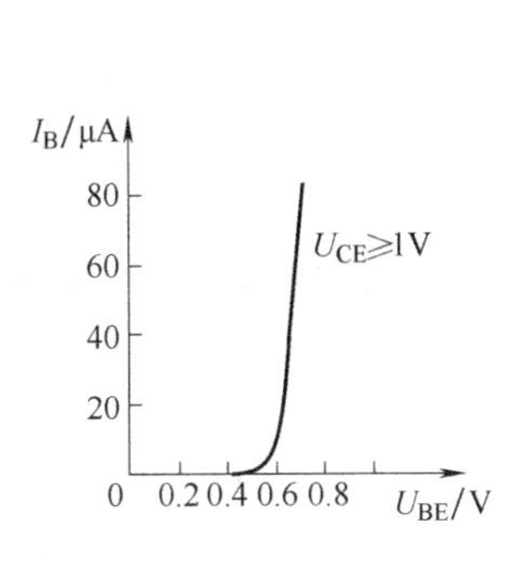

图4-29　输入特性曲线

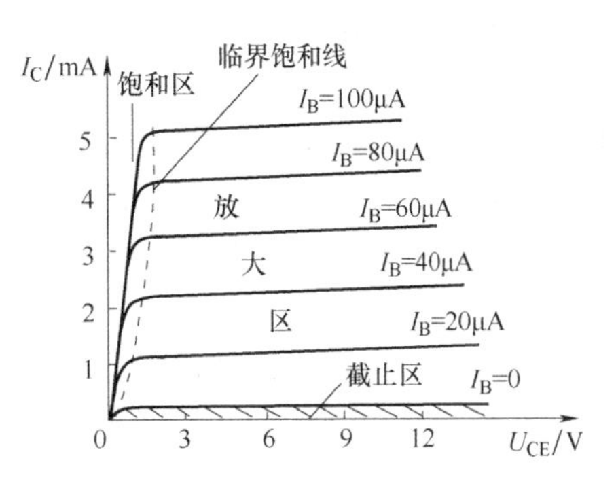

图4-30　输出特性曲线

1）截止区：$I_B=0$ 以下区域称为截止区。在这个区域中，集电结处于反偏，$U_{BE}\leqslant 0$ 发射结反偏或零偏，即 $U_C>U_E\geqslant U_B$。电流 I_C 很小，工作在截止区时的晶体管犹如一个断开的开关。

2）饱和区：特性曲线靠近纵轴的区域是饱和区。当 $U_{CE}<U_{BE}$时，发射结、集电结均处于正偏，即 $U_B>U_C>U_E$。在饱和区 I_B 增大，I_C 几乎不再增大，晶体管失去放大作用。一般认为 $U_{CE}=U_{BE}$时的状态称为临界饱和状态，用 U_{CES}表示。

此时集电极临界饱和电流为

$$I_{CS}=\frac{U_{CC}-U_{CES}}{R_C}\approx\frac{U_{CC}}{R_C} \tag{4-8}$$

基极临界饱和电流为

$$I_{BS}=\frac{I_{CS}}{\beta} \tag{4-9}$$

当集电极电流 $I_C>I_{CS}$时，认为晶体管已处于饱和状态。$I_C<I_{CS}$时，晶体管处于放大状态。晶体管深度饱和时，硅管 U_{CE}约为0.3V，锗管 U_{CE}约为0.1V，由于深度饱和时 U_{CE}约等于0，故此时的晶体管在电路中犹如一个闭合的开关。

晶体管的工作状态从截止转为饱和，或从饱和转为截止，便是一个典型的开关。

3）放大区：特性曲线近似水平直线的区域称为放大区。在这个区域里发射结正偏，集电结反偏，即 $U_C>U_B>U_E$。其特点是 I_C 的大小受 I_B 的控制，$\Delta I_C=\beta\Delta I_B$，晶体管具有电流放大作用。在放大区 β 约等于常数，I_B 按等差值变化，I_C 按一定比例几乎等距离平行变化。由于 I_C 只受 I_B 的控制，与 U_{CE}的大小基本无关，所以具有恒流的特点和受控特点，即晶体管可看作受 I_B 控制的恒流源。

【例4-11】　用直流电压表测得放大电路中晶体管 VT_1 各电极的对地电位分别为 $U_x=9V$，$U_y=0V$，$U_z=0.3V$，如图4-31a所示。VT_2 管各电极电位为 $U_x=0V$，$U_y=-0.7V$，$U_z=-6V$，如图4-31b所示。试判断 VT_1 和 VT_2 各是何类型、何材料的晶体管，x、y、z各

是何电极。

解：根据工作在放大区中晶体管三极之间的电位关系，首先分析出三电极的最高或最低电位，确定为集电极，而电位差为 PN 结导通电压的就是发射极和基极。根据发射极和基极的电位差值判断晶体管的材质。

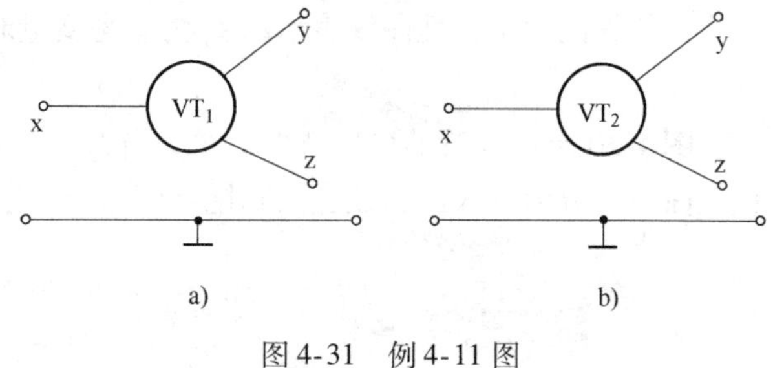

图 4-31　例 4-11 图

1）在图 4-31a 中，z 与 y 的电压为 0.3V，可确定为锗管，因为 $U_x > U_z > U_y$，所以 x 为集电极，y 为发射极，z 为基极，满足 $U_C > U_B > U_E$ 的关系，晶体管为 NPN 型。

2）在图 4-31b 中，x 与 y 的电压为 0.7V，可确定为硅管，又因 $U_z < U_y < U_x$，所以 z 为集电极，x 为发射极，y 为基极，满足 $U_C < U_B < U_E$ 的关系，晶体管为 PNP 型。

【例 4-12】　图 4-32 所示的电路中，晶体管均为硅管，$\beta = 30$，试分析各图电路的工作状态。

解：1）图 4-32a 中，因为基极偏置电源 6V 远大于晶体管的正向导通电压，故晶体管导通，基极电流为

$$I_B = \frac{6-0.7}{5}\text{mA} = \frac{5.3}{5}\text{mA} = 1.06\text{mA},\quad I_C = \beta I_B = 30 \times 1.06\text{mA} = 31.8\text{mA}$$

临界饱和电流为

$$I_{CS} = \frac{10 - U_{CES}}{1} = (10-0.3)\text{mA} = 9.7\text{mA}$$

因为 $I_C > I_{CS}$，所以晶体管工作在饱和区。

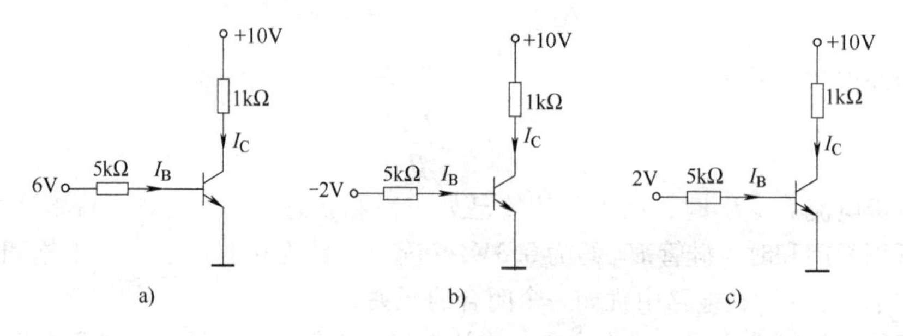

图 4-32　例 4-12 图

2）图 4-32b 中，因为基极偏置电源 -2V，晶体管的发射结反偏，所以工作在截止区。

3）图 4-32c 中，因为基极偏置电源 2V 大于晶体管的导通电压，故晶体管的发射结正偏，晶体管导通。

$$I_B = \frac{2-0.7}{5}\text{mA} = \frac{1.3}{5}\text{mA} = 0.26\text{mA}$$

$$I_C = \beta I_B = 30 \times 0.26\text{mA} = 7.8\text{mA}$$

因为 $I_C < I_{CS}$，所以晶体管工作在放大区。

4.4　共发射极放大电路

连接方式是以发射极作为公共端的放大电路为共发射极放大电路。

4.4.1　固定偏置放大电路

1. 电路的组成

如图 4-33a 所示，共发射极放大电路的主要组成元器件有晶体管、集电极电源 U_{CC}、基极电阻 R_B、集电极负载 R_C、耦合电容 C_1、C_2。

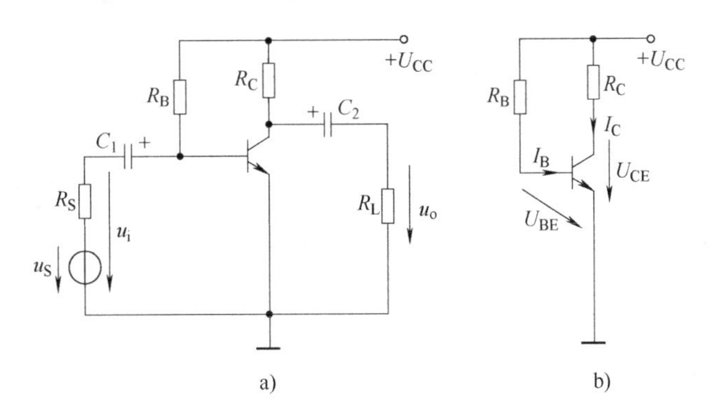

图 4-33　共发射极放大电路

2. 静态分析

直流通路如图 4-33b 所示，静态工作点的估算公式为

$$\left.\begin{aligned} I_B &= \frac{U_{CC}-U_{BE}}{R_B} \approx \frac{U_{CC}}{R_B} \\ I_C &= \beta I_B \\ U_{CE} &= U_{CC} - I_C R_C \end{aligned}\right\} \tag{4-10}$$

晶体管导通后硅管 U_{BE}的大小为0.6～0.7V（锗管 U_{BE}约为0.3V），U_{CC}较大时，U_{BE}可以忽略不计。

3. 动态分析

当放大电路有输入电压信号 u_i 时，电路中各处的电压、电流都处于变动的状态，简称动态。动态分析，就是要对放大电路中信号的传输过程、放大电路的性能指标等问题进行分析讨论。

（1）信号在放大电路中的传输特征　以图 4-34a 为例来讨论，设输入信号 u_i 为正弦信号，通过耦合电容 C_1 加到晶体管的基-射极，产生电流 i_b，因而基极电流为 $i_B = I_B + i_b$。

集电极电流受基极电流的控制，即

$$i_C = \beta(I_B + i_b) = I_C + i_c$$

电阻 R_C 上的电压降为 $i_C R_C$，它随 i_C 成比例变化。而集-射极的管压降为

$$u_{CE} = U_{CC} - i_C R_C = U_{CC} - (I_C + i_c) R_C = U_{CE} - i_c R_C$$

随 $i_C R_C$ 的增大而减小。

耦合电容 C_2 阻隔直流分量 U_{CE}，将交流分量 $u_{ce}=-i_cR_C$ 送至输出端，这就是放大后的信号电压 $u_o=u_{ce}=-i_cR_C$。u_o 为负，说明 u_i、i_b、i_c 为正半周时，u_o 为负半周，它与输入信号电压 u_i 反相。

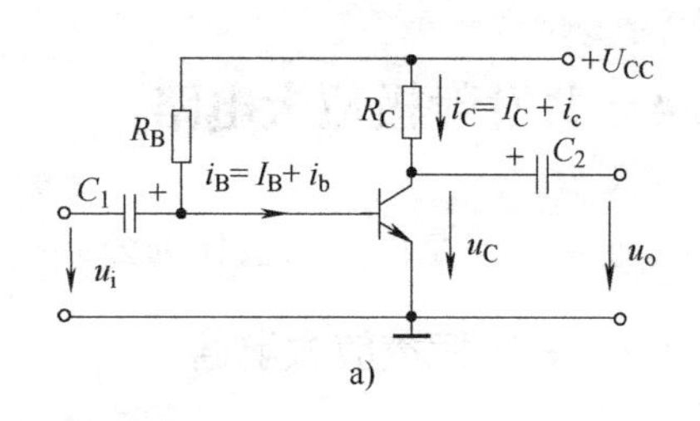

图 4-34b ~ 图 4-34g 为放大电路中各有关电压和电流的信号波形。

动态分析通常采用微变等效电路法。

在小信号作用下，晶体管可用图 4-35b 所示的线性模型等效。

其中，r_{be}的估算公式为

$$r_{be}=300+(1+\beta)\frac{26\text{mV}}{I_{EQ}\text{mA}} \tag{4-11}$$

式中，I_{EQ}为发射极的静态工作点电流。

这个电阻一般为几百欧到几千欧。

图 4-36 为图 4-33a 所示放大电路的等效交流通路和微变等效电路。

(2) 放大电路的动态性能指标

1) 电压放大倍数 A_u，即

$$A_u=\frac{\dot{U}_o}{\dot{U}_i}=\frac{-\beta\dot{I}_b(R_C//R_L)}{\dot{I}_br_{be}}=-\beta\frac{R'_L}{r_{be}} \tag{4-12}$$

其中，$R'_L=R_C//R_L$。当放大电路输出端开路时，电压放大倍数为

$$A_{uo}=-\beta\frac{R_C}{r_{be}} \tag{4-13}$$

2) 输入电阻 r_i。输入电阻 r_i 就是输入电压与输入电流之比。即

$$r_i=\frac{\dot{U}_i}{\dot{I}_i}=R_B//r_{be}\approx r_{be} \tag{4-14}$$

一般输入电阻越大越好。

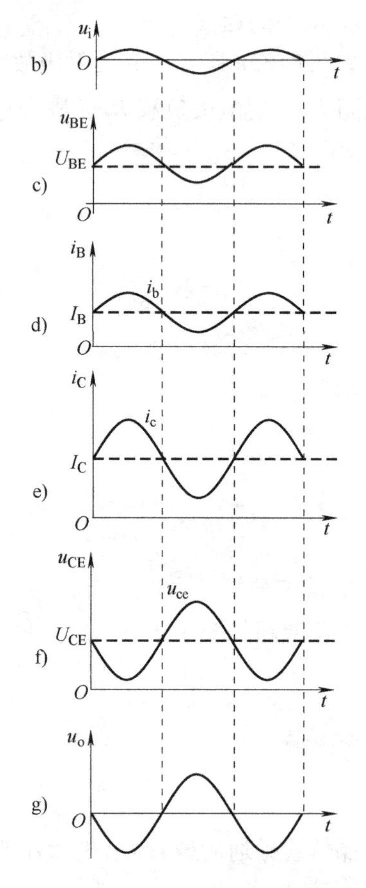

图 4-34　放大电路中电压、电流的波形

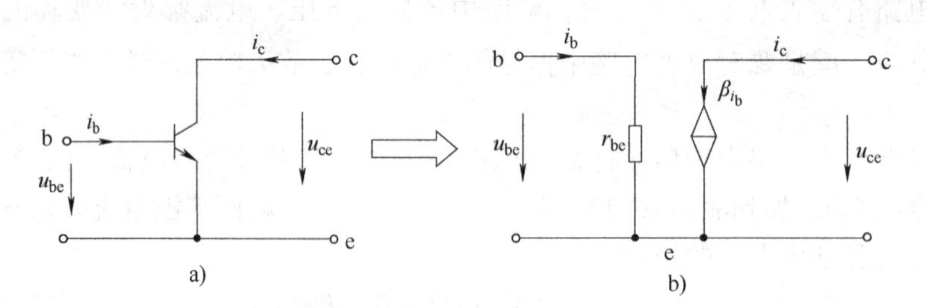

图 4-35　晶体管的线性模型

3) 输出电阻 r_o。输出电阻 r_o 即从放大电路输出端看进去的戴维南等效内阻。对于图 4-33a 所示的放大电路，输出电阻为

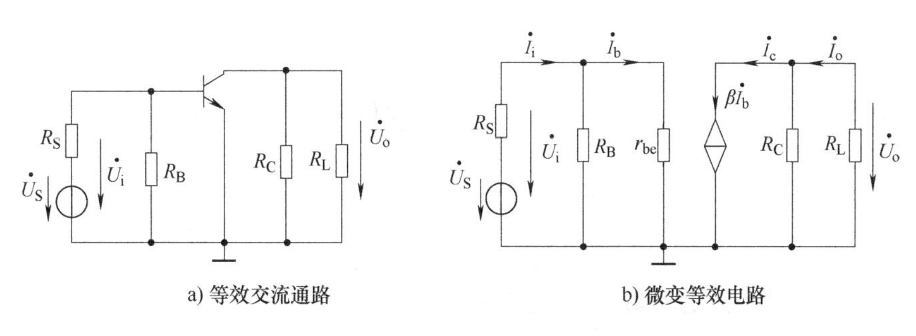

图 4-36　图 4-33a 的交流通路及微变等效电路

$$r_o = R_C \tag{4-15}$$

一般输出电阻越小越好。

4. 非线性失真与静态工作点的设置

如果静态工作点太低，如图 4-37 所示 Q′点，会引起截止失真。

如果静态工作点太高，如图 4-37 所示 Q″点，会引起饱和失真。

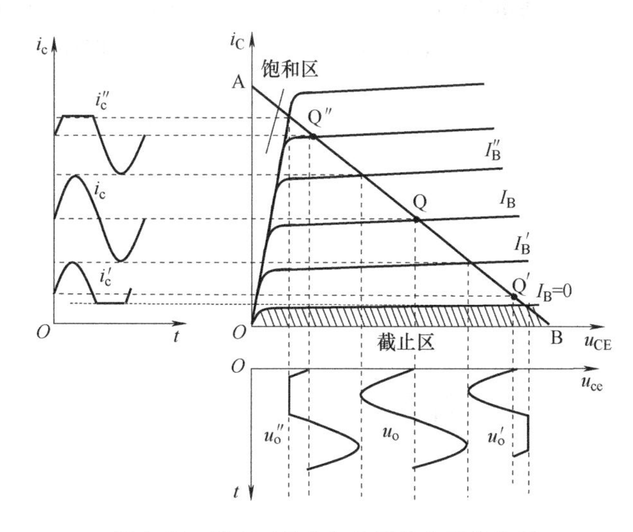

图 4-37　静态工作点与非线性失真的关系

【例 4-13】　图 4-33a 所示的共发射极放大电路，已知 $U_{CC}=12V$，$R_B=300k\Omega$，$R_C=4k\Omega$，$R_L=4k\Omega$，$R_S=100\Omega$，晶体管的 $\beta=40$。要求：1）估算或测量静态工作点。2）计算或测量电压放大倍数。3）计算或测量输入电阻和输出电阻。

解法一： 理论方法

解： 1）估算静态工作点。由图 4-33b 所示直流通路得

$$I_B \approx \frac{U_{CC}}{R_B} = \frac{12}{300}\text{mA} = 40\mu\text{A}$$

$$I_C = \beta I_B = 40 \times 40\mu\text{A} = 1.6\text{mA}$$

$$U_{CE} = U_{CC} - I_C R_C = (12 - 1.6 \times 4)\text{V} = 5.6\text{V}$$

2）计算电压放大倍数。首先画出如图 4-36a 所示的交流通路，然后画如图 4-36b 所示的微变等效电路，可得

$$r_{be}=300+(1+\beta)\frac{26}{I_{EQ}}=\left(300+41\times\frac{26}{1.6}\right)\Omega=0.966\text{k}\Omega$$

$$\dot{U}_o=-\beta\dot{I}_b(R_C//R_L)$$

$$\dot{U}_i=\dot{I}_b r_{be}$$

$$A_u=\frac{\dot{U}_o}{\dot{U}_i}=\frac{-\beta\dot{I}_b(R_C//R_L)}{\dot{I}_b r_{be}}=-40\times\frac{2}{0.966}=-82.8$$

3）计算输入电阻和输出电阻。根据式(4-14)和式(4-15)得

$$r_i=\frac{\dot{U}_i}{\dot{I}_i}=R_B//r_{be}\approx r_{be}\approx0.966\text{k}\Omega$$

$$r_o=R_C=4\text{k}\Omega$$

解法二：仿真方法

解：晶体管型号及参数的设置方法：

在晶体管的实际元件库中选择型号 2N2712，放到图纸上，双击该晶体管，弹出图 4-38a 所示界面，单击编辑模型(Edit Model)按钮修改晶体管的 β 参数(Bf)，设置为 40，如图 4-38b所示，再单击“Change part model”或“Change all models”按钮，确定即可。

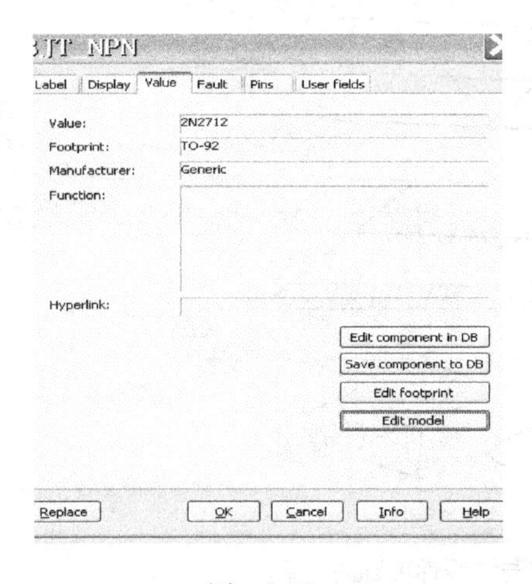

图 4-38a

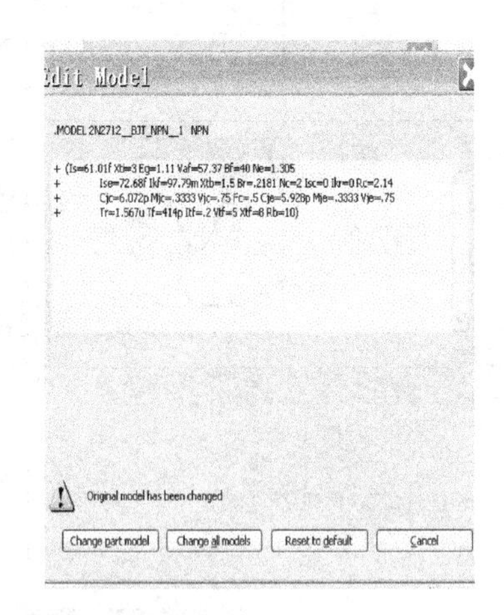

图 4-38b

1）静态工作点 Q(U_B、I_C、U_{CE})的测试：电压表、电流表用直流(DC)档。

2）电压放大倍数的测量：电压表、电流表全部要选择交流(AC)档。将电压表直接接到放大电路的输出端，即可测得输出电压值，如图 4-38d 所示。电压放大倍数是输出电压与输入电压的比值。

$$A_u=-\frac{0.859\text{V}}{8.805\text{mV}}=-97.56$$

3）输入电阻和输出电阻的测量：电压表、电流表全部要选择交流(AC)档。输入电阻测试电路如图 4-38e 所示。

输入电阻 = 输入电压/输入电流，所以结果为

$$r_i=\frac{8.805}{0.012}\Omega=733.75\Omega$$

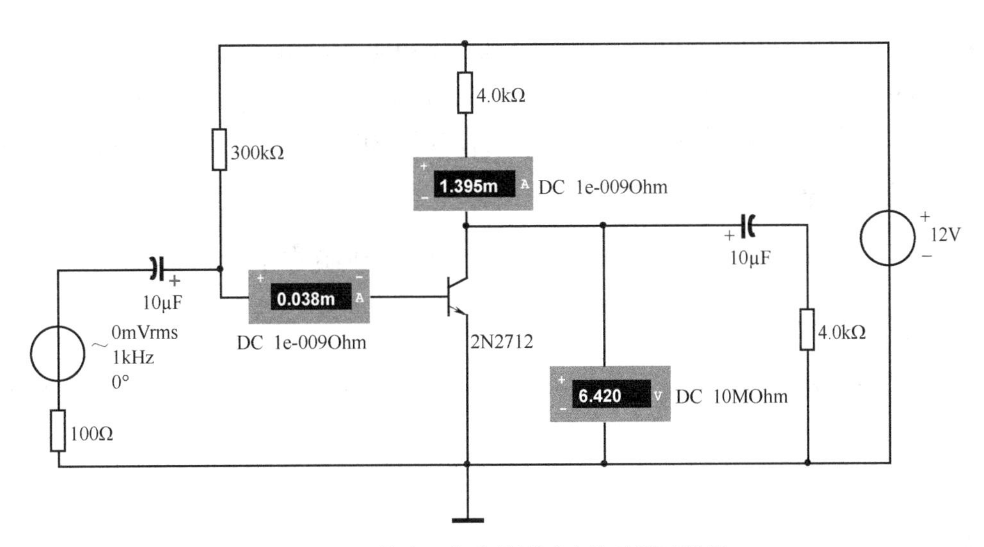

图 4-38c　静态工作点的测试电路及测试结果

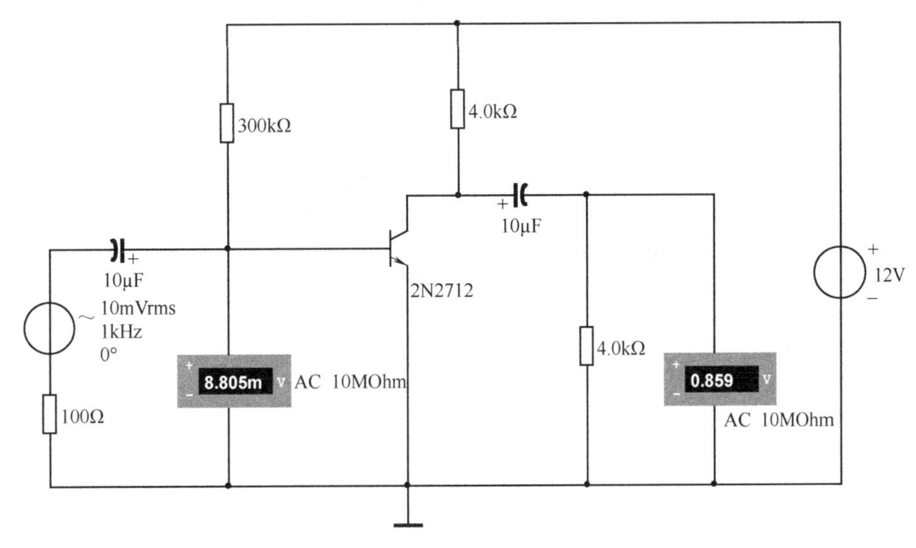

图 4-38d　电压放大倍数测量电路图

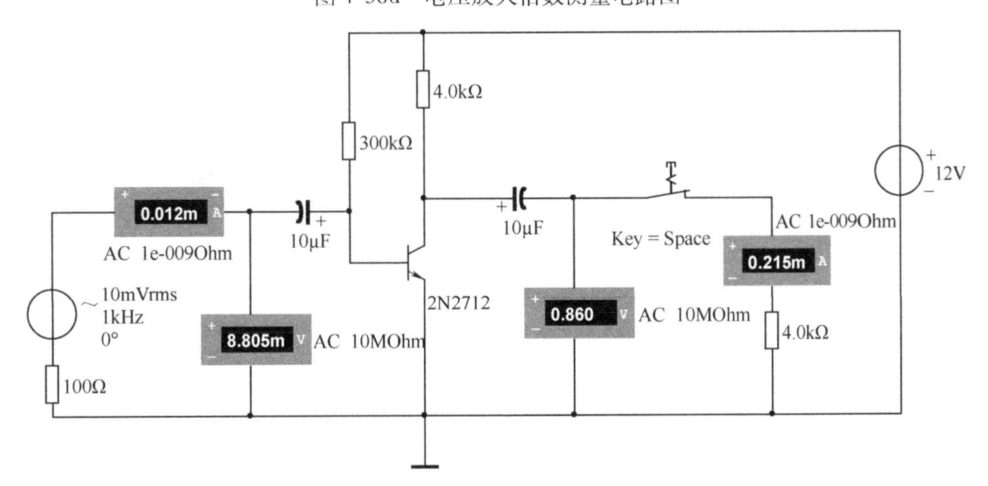

图 4-38c　输入电阻、输出电阻的测量电路图

输出电阻测试电路如图4-38e 所示，因为输出电阻 =(空载电压 - 负载电压)/负载电流，所以只要测出空载电压、负载电压、负载电流这三个值就可求得输出电阻。这里接入一个切换开关 Space，开关断开测量空载电压，开关闭合测有载电压。可见负载电压随负载电阻值的增加而增大。测量结果为 $r_o = \frac{1.648 - 0.86}{0.215}\text{k}\Omega = 3.67\text{k}\Omega$。

结论：用理论方法和用仿真方法所得结果虽有偏差，但在误差允许范围内。

4.4.2 分压式偏置放大电路

分压式偏置电路是稳定静态工作点的典型电路，如图 4-39a 所示。当 $I_1 \approx I_2 \gg I_B$ 时，R_{B1}、R_{B2}的分压为基极提供了一个固定电压为

$$U_B = \frac{R_{B2}}{R_{B1} + R_{B2}} U_{CC} \tag{4-16}$$

该电路静态工作点的稳定过程如下：

温度 $T\uparrow \rightarrow I_C\uparrow \rightarrow I_E\uparrow \rightarrow U_E\uparrow \rightarrow U_{BE}\downarrow \rightarrow I_B\downarrow \rightarrow I_C\downarrow$

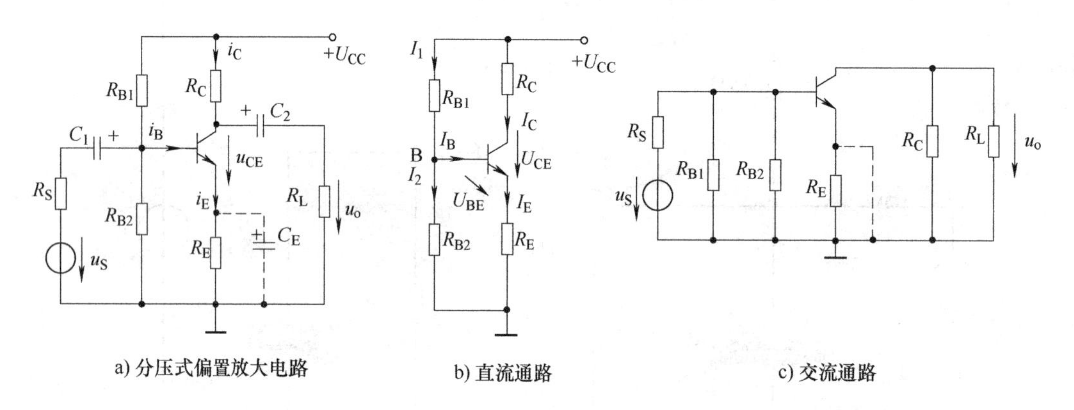

a) 分压式偏置放大电路　　b) 直流通路　　c) 交流通路

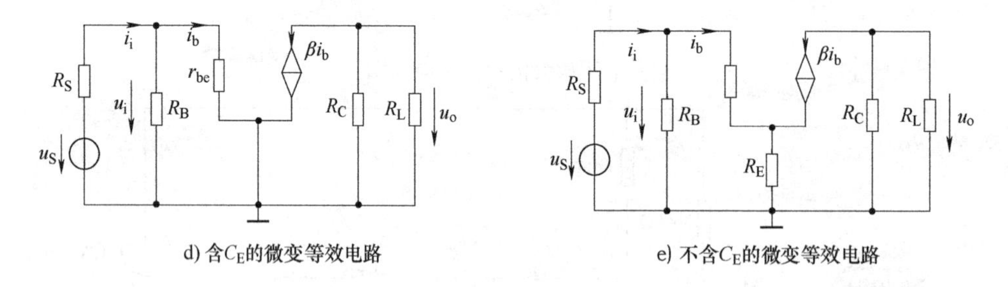

d) 含C_E的微变等效电路　　e) 不含C_E的微变等效电路

图 4-39　分压式偏置放大电路

1. 静态分析

直流通路如图 4-39b 所示，由此得

$$U_B = \frac{R_{B2}}{R_{B1} + R_{B2}} U_{CC}$$

$$I_C \approx I_E = \frac{U_B - U_{BE}}{R_E} \approx \frac{U_B}{R_E}$$

$$U_{CE} \approx U_{CC} - I_C(R_C + R_E) \tag{4-17}$$

2. 动态分析

1）微变等效电路如图4-39d所示，图中，$R_B = R_{B1}//R_{B2}$。

2）电压放大倍数为

$$A_u = \frac{\dot{U}_o}{\dot{U}_i} = \frac{-\beta(R_L//R_C)}{r_{be}}$$

其中，

$$r_{be} = 300 + (1+\beta)\frac{26\text{mV}}{I_{EQ}\text{mA}} \tag{4-18}$$

3）输入、输出电阻为

$$r_i = R_{B1}//R_{B2}//r_{be}$$
$$r_o = R_C$$

4）当R_E两端未并联旁路电容时其微变等效电路如图4-39e所示。

① 电压放大倍数为

$$A_u = \frac{\dot{U}_o}{\dot{U}_i} = \frac{-\beta \dot{I}_b R'_L}{\dot{I}_b r_{be} + (1+\beta)\dot{I}_b R_E}$$

② 输入、输出电阻为

$$r_i = R_{B1}//R_{B2}//[r_{be} + (1+\beta)R_E]$$
$$r_o = R_C$$

上述公式表明，去掉旁路电容后，电压放大倍数降低了，输入电阻提高了。这是因为电路引入了串联负反馈，R_E越大，静态稳定性越好。但过大的R_E会使U_{CE}下降，影响u_o输出的幅度，通常小信号放大电路中R_E取几百欧到几千欧。负反馈内容在第5章讨论。以上分析也可用仿真方法加以验证。

【例4-14】 在图4-39a所示的分压式偏置放大电路(旁路电容存在)中，已知$U_{CC}=12\text{V}$，$R_{B1}=20\text{k}\Omega$，$R_{B2}=10\text{k}\Omega$，$R_C=2\text{k}\Omega$，$R_E=2\text{k}\Omega$，$R_L=6\text{k}\Omega$，晶体管的$\beta=40$，设$R_S=0$。要求：1）估算静态工作点。2）画出微变等效电路。3）计算电压放大倍数。4）计算输入、输出电阻。5）当R_E两端未并联旁路电容时，画出其微变等效电路，计算电压放大倍数和输入、输出电阻。

解： 1）静态工作点估算。画出等效直流通路，如图4-39b所示，由直流通路得

$$U_B = \frac{R_{B2}}{R_{B1}+R_{B2}}U_{CC} = \frac{10}{20+10} \times 12\text{V} = 4\text{V}$$

$$I_C \approx I_E = \frac{U_B - U_{BE}}{R_E} = \frac{4-0.7}{2}\text{mA} = 1.65\text{mA}$$

$$U_{CE} \approx U_{CC} - I_C(R_C + R_E) = [12 - 1.65 \times (2+2)]\text{V} = 5.4\text{V}$$

2）画出微变等效电路如图4-39d所示。图中，$R_B = \dfrac{R_{B1}R_{B2}}{R_{B1}+R_{B2}}$。

3）计算电压放大倍数。

由微变等效电路得

$$A_u = \frac{\dot{U}_o}{\dot{U}_i} = \frac{-\beta\dfrac{R_L R_C}{R_L + R_C}}{r_{be}} = \frac{-40 \times \left(\dfrac{6000 \times 2000}{6000 + 2000}\right)}{300 + (1+40) \times \dfrac{26}{1.65}} = -63.4$$

其中，$r_{be}=\left[300+(1+40)\times\dfrac{26}{1.65}\right]\Omega=0.946\text{k}\Omega$

4）计算输入、输出电阻为

$$r_i=\frac{1}{\dfrac{1}{R_{B1}}+\dfrac{1}{R_{B2}}+\dfrac{1}{r_{be}}}=\left(\frac{1}{\dfrac{1}{20}+\dfrac{1}{10}+\dfrac{1}{0.946}}\right)\text{k}\Omega=0.83\text{k}\Omega$$

$$r_o=R_C=2\text{k}\Omega$$

5）当 R_E 两端未并联旁路电容时其微变等效电路如图 4-39e 所示。图中 $R_B=\dfrac{R_{B1}R_{B2}}{R_{B1}+R_{B2}}$。

① 计算电压放大倍数，即

$$A_u=\frac{\dot{U}_o}{\dot{U}_i}=\frac{-\beta\dot{I}_bR'_L}{\dot{I}_br_{be}+(1+\beta)\dot{I}_bR_E}=\frac{-\beta R'_L}{r_{be}+(1+\beta)R_E}=\frac{-40\times\left(\dfrac{6\times2}{6+2}\right)}{0.946+(1+40)\times2}=-0.72$$

② 计算输入、输出电阻，即

$$r_i=\frac{1}{\dfrac{1}{R_{B1}}+\dfrac{1}{R_{B2}}+\dfrac{1}{r_{be}+(1+\beta)R_E}}=\left(\frac{1}{\dfrac{1}{20}+\dfrac{1}{10}+\dfrac{1}{0.946+(1+40)\times2}}\right)\text{k}\Omega=6.17\text{k}\Omega$$

$$r_o=R_C=2\text{k}\Omega$$

将5)和3)、4)的计算结果进行比较，可以体会到旁路电容对电压放大倍数和输入电阻的影响。

【例 4-15】 电路如图 4-40 所示，晶体管的 $\beta=50$，要求：1）测量静态工作点，并观察电位器 R_{bw}的变化对静态参数的影响。2）测量电压放大倍数、输入电阻、输出电阻。3）测量幅频特性，求出上、下限频率 f_H、f_L。4）用示波器观察输入、输出电压波形，比较其相位关系。

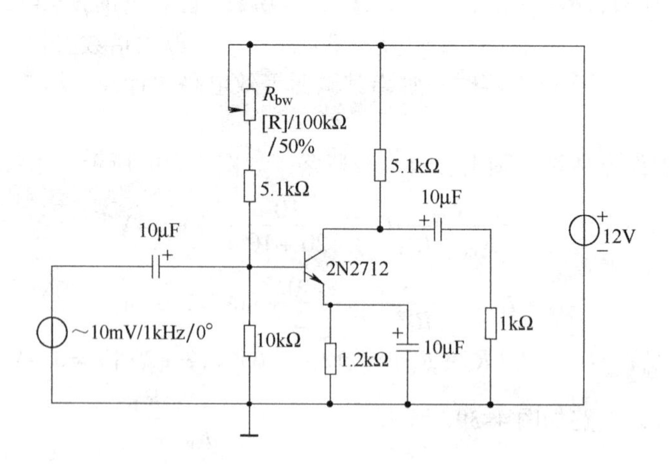

图 4-40 例 4-15 电路图

解： 晶体管型号及参数的设置方法见【例 4-13】。

1）静态工作点 $Q(U_B、I_B、I_C、U_{CE})$的测试：

测试电路如图 4-41 所示，电压表、电流表用直流(DC)档。

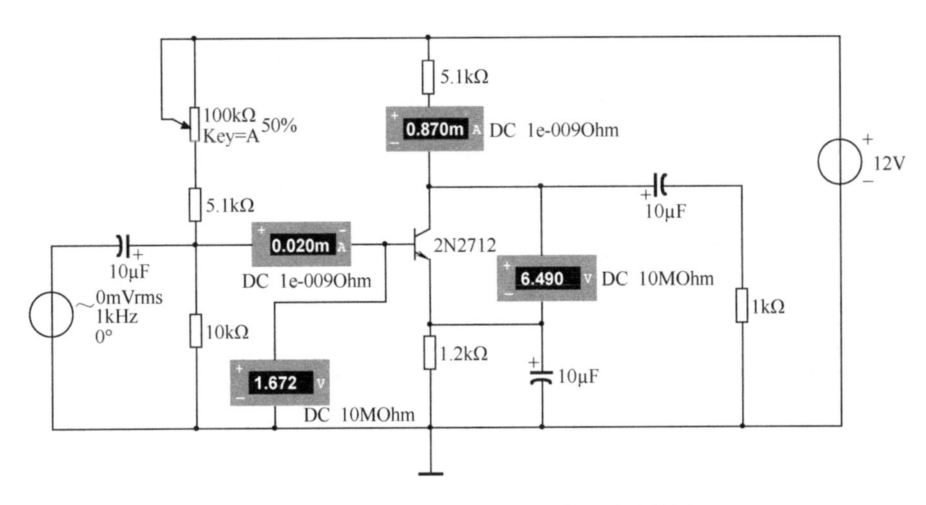

图 4-41　静态工作点的测试电路及测试结果

闭合仿真开关，各电压、电流的静态值便显示出来，判断静态工作点 Q 的位置是否合适（即 Q 是否在交流负载线的中点，这时集电极电位 V_c 约为 6～8V）。若不合适，再进行调整。然后改变电位器 R_{bw} 的阻值，观察静态工作点随 R_{bw} 的变化。

2）电压放大倍数、输入电阻、输出电阻的测量。

① 电压放大倍数的测量：用电压表直接接到放大电路的输出端，即可测得输出电压值，如图 4-42 所示。输出电压与输入电压的比值就是电压放大倍数。注意，这时的电压表要选择交流（AC）档。

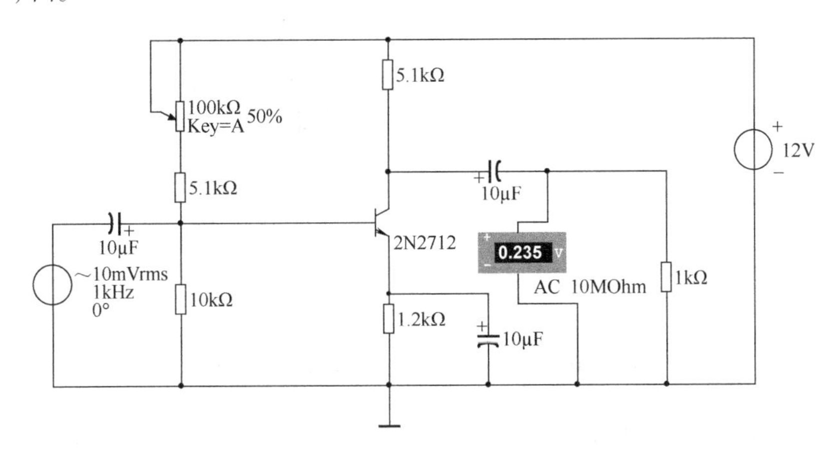

图 4-42　电压放大倍数测量电路

测量结果为 $A_u = -\dfrac{0.235\text{V}}{10\text{mV}} = -23.5$。

注意：旁路电容（实则发射极电阻 R_E 存在与否）对电压放大倍数的影响。

② 输入电阻的测量：测试电路如图 4-43 所示。

$$输入电阻 = 输入电压/输入电流$$

$$r_i = \frac{10\text{mV}}{7.465\mu\text{A}} = 1.34\text{k}\Omega$$

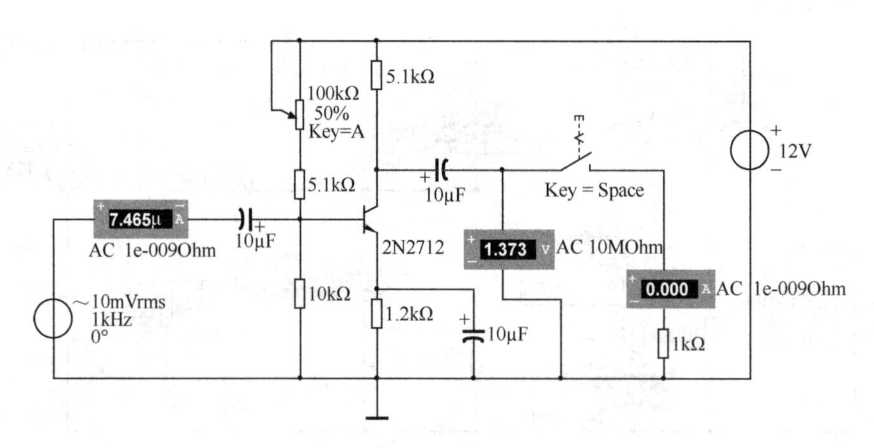

图 4-43 输入电阻、输出电阻的测量电路

③ 输出电阻的测量：测试电路如图 4-43 和图 4-44 所示，因为输出电阻 =（空载电压 - 负载电压）/负载电流，所以只要测出空载电压、负载电压、负载电流这三个值就可求得输出电阻。这里采用一个切换开关来分别测量空载电压和有载电压。注意图 4-43 和图 4-44 中的电流表、电压表全部选交流（AC）档。测量结果为

$$r_o = \frac{(1373 - 235)\text{mV}}{0.235\text{mA}} = 4.84\text{k}\Omega$$

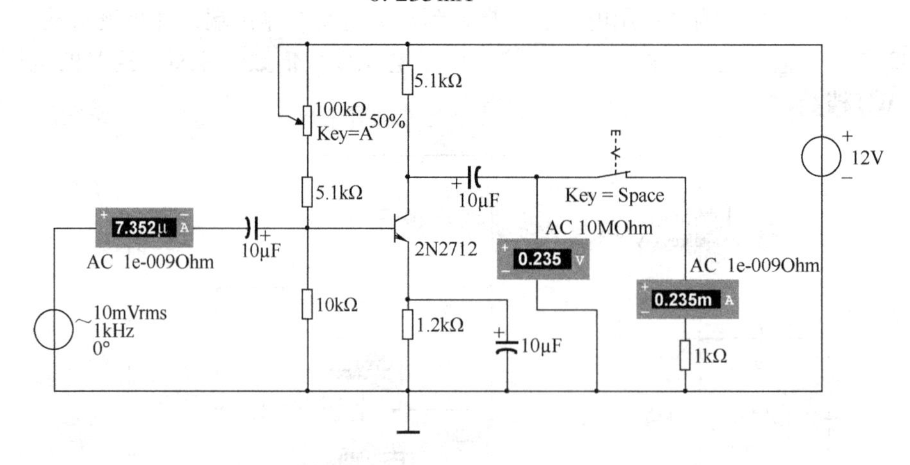

图 4-44 输入电阻、输出电阻的测量电路

3）幅频特性的测量。测试电路如图 4-45 所示。因为测量电压放大倍数的幅频特性 $A_u(f) = U_o(f)/U_i(f)$，所以将伯德图仪的输入端“in +”接输入信号，输出端“out +”接输出信号。

双击伯德图仪，在伯德图仪的控制面板上，选择“Magnitude”，设置垂直轴的终值“F”为 60dB，初值“I”为 -60dB，水平轴的终值“F”为 100GHz，初值“I”为 100MHz，且垂直轴和水平轴的坐标全设为对数方式（“Log”），观察到的幅频特性曲线如图 4-46 所示。用控制面板上的右移箭头将游标移到 1000Hz 处，测得电压放大倍数为 27.582dB（$20\lg A_u = 27.582\text{dB}$，$A_u = 23.94$，与图 4-44 所测结果大致相同），将游标移到中频段，测得电压放大倍数为 28.764dB，然后再用左移、右移箭头移动游标找出电压放大倍数下降 3dB 时所对应的两处

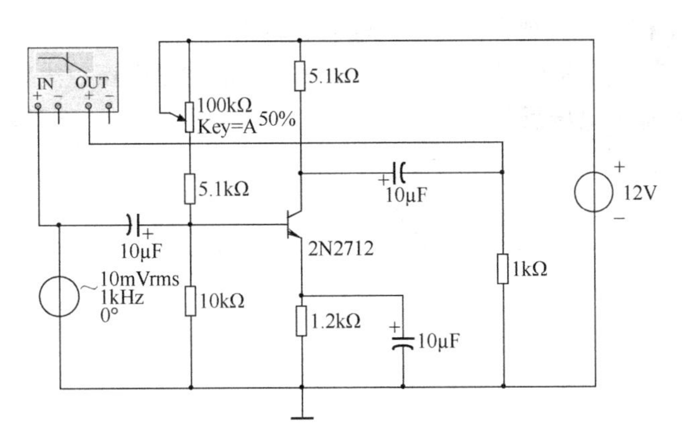

图 4-45　频率特性的测量电路

频率，即下限频率 f_L 和上限频率 f_H。这里测得下限频率 f_L 为 544.8Hz，上限频率 f_H 为 50.501MHz，两者之差即为电路的通频带 f_{BW}，这里 $f_{BW}=f_H-f_L$，约为 50.5MHz。可见电路的通频带较宽。

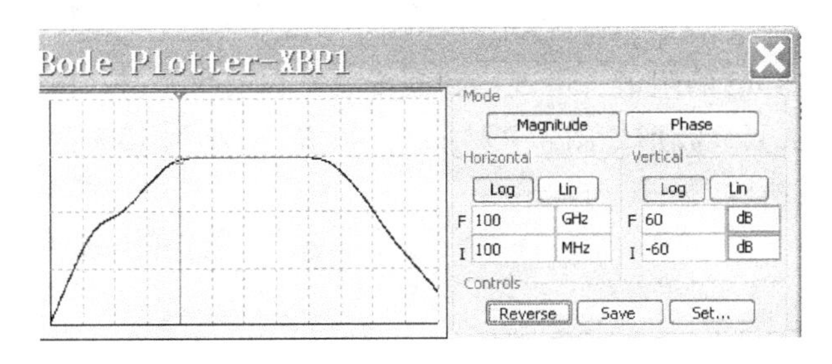

图 4-46　幅频特性曲线

4）输入、输出波形的测量。将示波器的 A 通道接放大电路的输入端，B 通道接放大电路的输出端，如图 4-47 所示。双击示波器，调小“Time base”，使屏幕上出现清晰的波形，再分别调节 A 通道和 B 通道的垂直位置（Y Position），使两路波形上下错开，然后两通道分

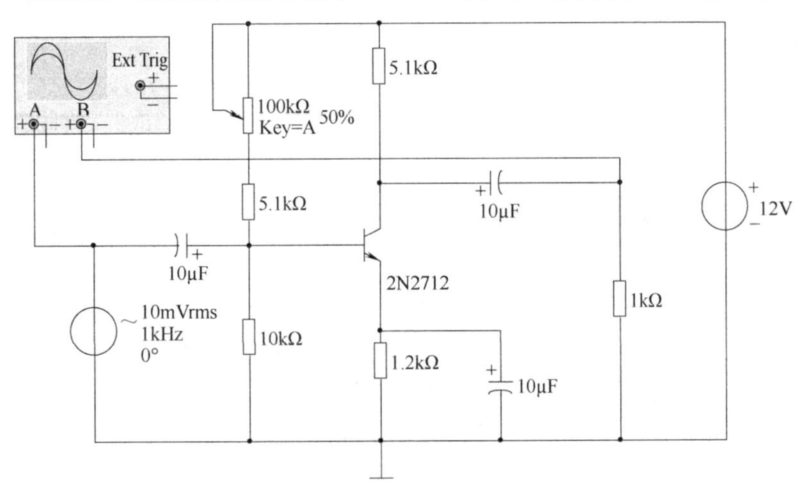

图 4-47　输入、输出波形的测量电路

别选择合适的 V/Div 档，即可观察到清晰的输入、输出电压波形，并能测出输入电压有效值为 10mV，输出电压有效值约为 235mV，两者相比得到的就是电压放大倍数，即 −23.5。波形显示，输出电压与输入电压反相。示波器面板参数的选择如图 4-48 所示。

输入、输出电压波形如图 4-48 所示。

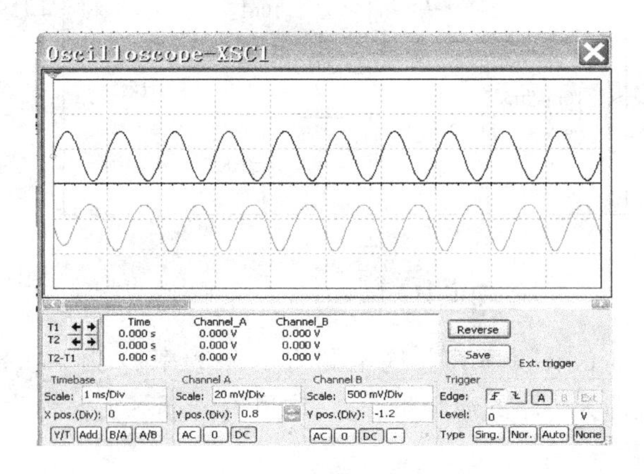

图 4-48　示波器面板参数的选择及输入、输出电压波形的测量结果

另外，改变电位器 R_{bw} 的阻值，可观察到截止失真和饱和失真。将 R_{bw} 增大到 100% 最大值时，可观察到截止失真，波形如图 4-49 所示；当 R_{bw} 减小到 15% 最大值时，可观察到饱和失真波形如图 4-50 所示。

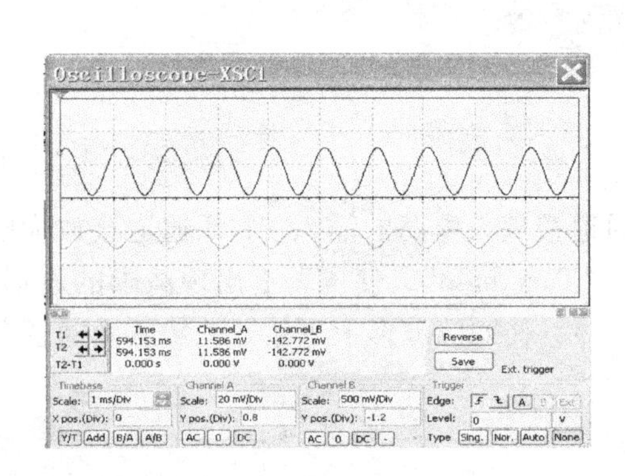

图 4-49　截止失真波形

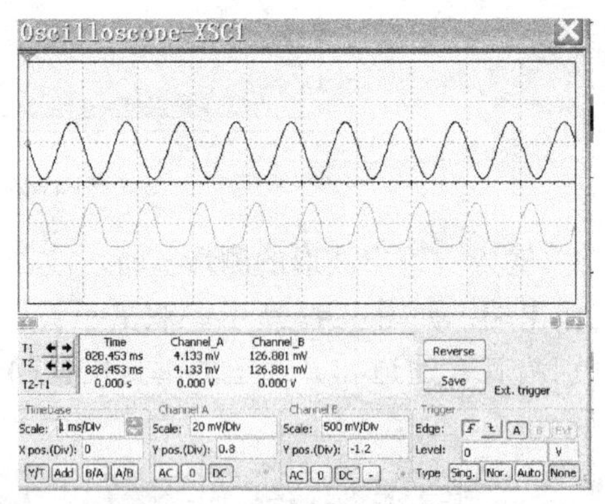

图 4-50　饱和失真波形

结论：

1）晶体管共发射极放大电路的输出电压与输入电压反相，且输出电压随负载电阻值的增加而增大。

2）改变电位器 R_{bw} 的阻值，电路的静态参数和电压放大倍数都会改变。

【例 4-16】　电路如图 4-51 所示，已知 $\beta=50$，测量该放大器的电压放大倍数 A_u 及源电压放大倍数 A_{us}，并观察发射极旁路电容对电压放大倍数的影响。

解： 测量电路如图 4-51 所示，由测量结果可知：

没有旁路电容时，电压放大倍数为

$$A_u=-\frac{6.531\text{mV}}{9.394\text{mV}}=-0.695$$

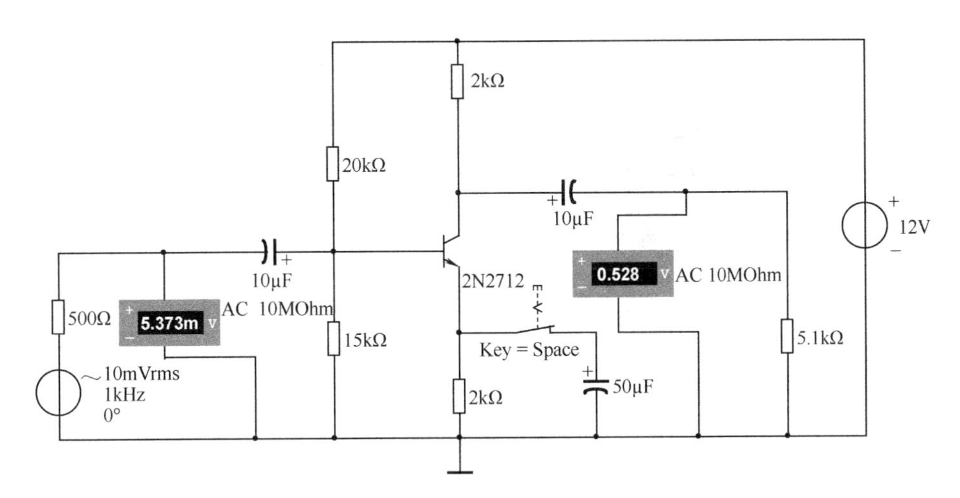

图 4-51　例 4-16 图

有旁路电容时，电压放大倍数为

$$A_u = -\frac{0.528\text{V}}{5.373\text{mV}} = -98.3$$

源电压放大倍数为

$$A_{us} = -\frac{528\text{mV}}{10\text{mV}} = -52.8$$

可见，加上旁路电容以后，电压放大倍数可大大提高。

注意：本例中的电压表全部选择交流(AC)档。

4.5　共集电极放大电路

共集电极放大电路如图 4-52a 所示，因从发射极经耦合电容输出，故又名射极输出器。其直流通路、交流通路、微变等效电路分别如图 4-52b、图 4-52c、图 4-52d 所示。另外，由图 4-52c 的等效交流通路可见，集电极是输入回路和输出回路的公共端。

1. 分析计算

(1) 静态工作点

$$I_B = \frac{U_{CC} - U_{BE}}{R_B + (1+\beta)R_E}$$

$$I_C = \beta I_B$$

$$U_{CE} = U_{CC} - I_E R_E \tag{4-19}$$

(2) 电压放大倍数　由微变等效电路图 4-52d 及电压放大倍数的定义得

$$\dot{U}_o = (1+\beta)\dot{I}_b(R_E // R_L)$$

$$\dot{U}_i = \dot{I}_b r_{be} + \dot{U}_o = \dot{I}_b r_{be} + (1+\beta)\dot{I}_b(R_E // R_L)$$

$$A_u = \frac{\dot{U}_o}{\dot{U}_i} = \frac{(1+\beta)\dot{I}_b(R_E // R_L)}{\dot{I}_b r_{be} + (1+\beta)\dot{I}_b(R_E // R_L)} = \frac{(1+\beta)(R_E // R_L)}{r_{be} + (1+\beta)(R_E // R_L)} \tag{4-20}$$

其中

$$r_{be} = 300 + (1+\beta)\frac{26\text{mV}}{I_{EQ}(\text{mA})}$$

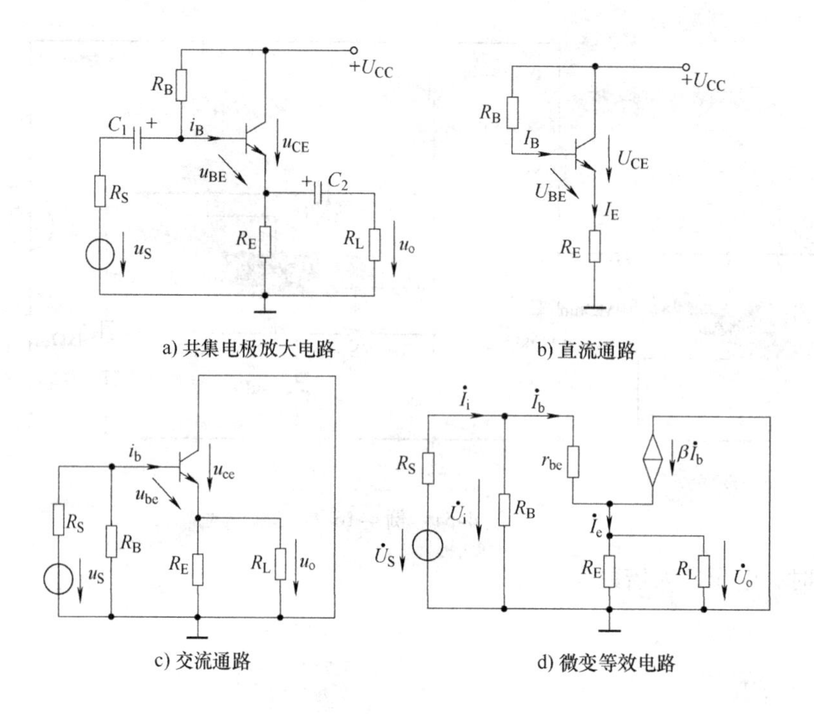

图 4-52　共集电极放大电路

从式(4-20)可以看出：若$(1+\beta)(R_E//R_L) \gg r_{be}$，则$A_u \approx 1$，输出电压$\dot{U}_o \approx \dot{U}_i$，即输出电压紧紧跟随输入电压的变化。因此，射极输出器又称为电压跟随器。

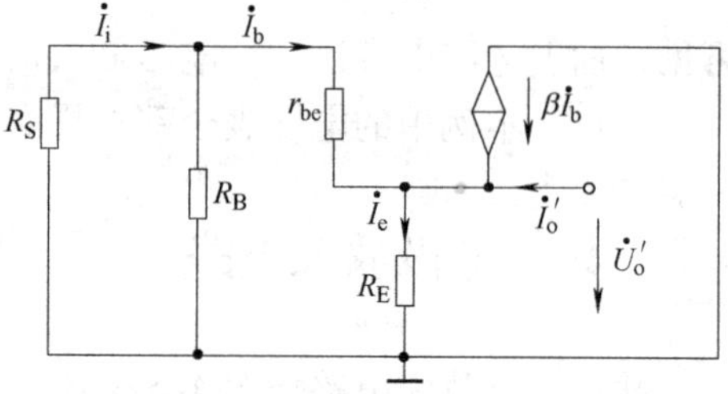

图 4-53　共集放大电路的输出电阻

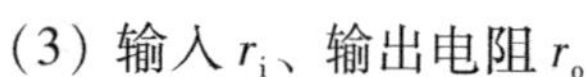
(3) 输入 r_i、输出电阻 r_o

1) $r_i = R_B//[r_{be}+(1+\beta)(R_E//R_L)]$。

2) r_o：令信号源 $\dot{U}_S$ 为零，其等效电路如图 4-53 所示。输出端加上电压 $\dot{U}'_o$。产生电流 $\dot{I}'_o$。一般，$R_B \gg R_S$，$r_{be} \gg R_S$，所以

$$\dot{I}_b \approx -\frac{\dot{U}'_o}{r_{be}}$$

$$\dot{I}'_o = -\dot{I}_b - \beta\dot{I}_b + \dot{I}_e = -(1+\beta)\dot{I}_b + \dot{I}_e = (1+\beta)\frac{\dot{U}'_o}{r_{be}} + \frac{\dot{U}'_o}{R_E}$$

$$r_o = \frac{\dot{U}'_o}{\dot{I}'_o} = R_E // \frac{r_{be}}{1+\beta} \tag{4-21}$$

通常 $R_E \gg \frac{r_{be}}{1+\beta}$，则

$$r_o \approx \frac{r_{be}}{\beta} \tag{4-22}$$

特点：

① 输出 u_o 与输入 u_i 同相，且其电压放大倍数 A_u 趋近于 1 但小于 1。

② 输入电阻 r_i 很大，在几十千欧到几百千欧。

③ 输出电阻 r_o 很小，一般在几欧到几十欧。

2. 应用

由于射极输出器输入电阻大，常被用于多级放大电路的输入级。由于射极输出器输出电阻小，常被用于多级放大电路的输出级。射极输出器也常作为多级放大电路的中间级，起阻抗变换作用，从而提高多级共射放大电路的总电压放大倍数，改善其工作性能。

【例4-17】 电路如图4-54所示，已知 $U_{CC}=12V$，$R_B=120k\Omega$，$R_E=4k\Omega$，$R_L=4k\Omega$，晶体管的 $\beta=40$。要求：1）测量静态工作点；2）测量电压放大倍数、输入电阻、输出电阻；3）用示波器观察输入、输出电压波形，比较其相位关系。

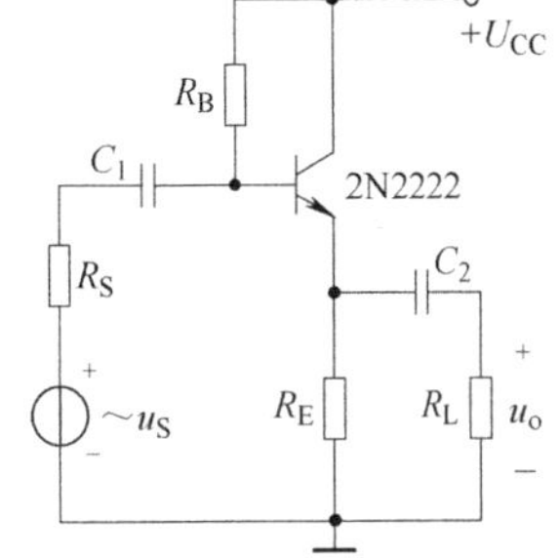

图4-54 例4-17电路图

解法一： 理论方法

解： 1）估算静态工作点。

由图4-52b的直流通路可得

$$I_B=\frac{U_{CC}-U_{BE}}{R_B+(1+\beta)R_E}=\frac{12-0.6}{120+(1+40)\times 4}mA=40\mu A$$

$$I_C=\beta I_B=40\times 40\mu A=1.6mA$$

$$U_{CE}=U_{CC}-I_ER_E\approx(12-1.6\times 4)V=5.6V$$

2）计算电压放大倍数、输入电阻 r_i、输出电阻 r_o。

微变等效电路图如图4-52d所示，电压放大倍数为

$$A_u=\frac{\dot{U}_o}{\dot{U}_i}=\frac{(1+\beta)\dot{I}_b(R_E//R_L)}{\dot{I}_b r_{be}+(1+\beta)\dot{I}_b(R_E//R_L)}=\frac{(1+\beta)(R_E//R_L)}{r_{be}+(1+\beta)(R_E//R_L)} \tag{4-23}$$

其中，$r_{be}=300+(1+\beta)26/I_E=0.97k\Omega$，代入数据可得 $A_u\approx 0.99$

输入电阻为

$$r_i=R_B//[r_{be}+(1+\beta)(R_E//R_L)]$$
$$=\left\{120//\left[0.97+41\times\left(\frac{4\times 4}{4+4}\right)\right]\right\}k\Omega=49k\Omega$$

输出电阻为

$$r_o\approx\frac{r_{be}}{\beta}=\frac{0.97}{40}k\Omega\approx 24\Omega$$

解法二： 仿真方法

解： 晶体管参数的设置方法：在晶体管的实际元件库中选择型号2N2222A，放到图纸上，双击该晶体管，弹出图4-55a所示界面，单击编辑模型(Edit model)按钮修改晶体管的β参数(BF)，设置为40，如图4-55b所示，再单击“Change part model”或“Change all models”按钮，确定即可。

1）静态工作点的测试。

测试电路及结果如图4-56所示。

测量结果为

$$I_B=39\mu A,\ I_C=1.65mA,\ U_{CE}=5.238V$$

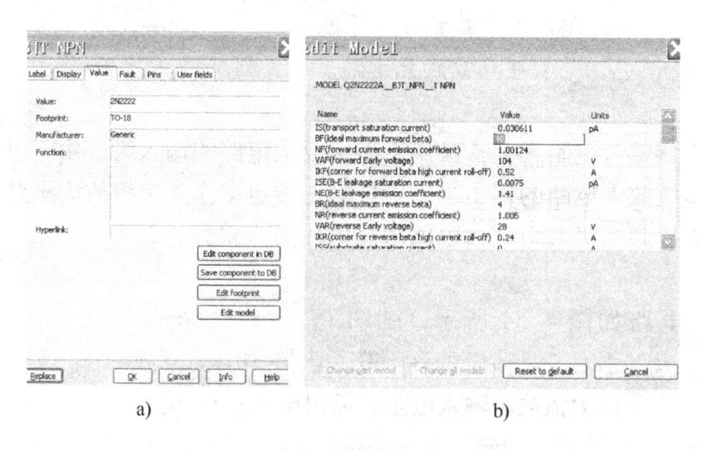

a)　　　　　　　　b)

图 4-55　晶体管参数的设置方法

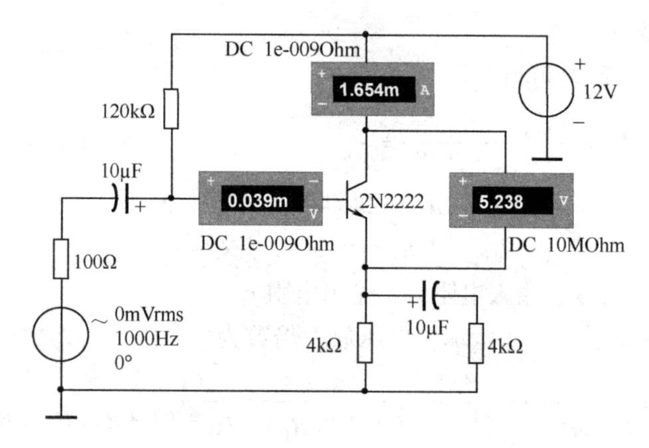

图 4-56　静态工作点的测试电路及测试结果

2）电压放大倍数、输入电阻、输出电阻的测量。

① 电压放大倍数的测量：将电压表选择交流(AC)档直接接到放大电路的输出端，即可测得输出电压值，如图 4-57 所示。输出电压与输入电压的比值就是电压放大倍数。

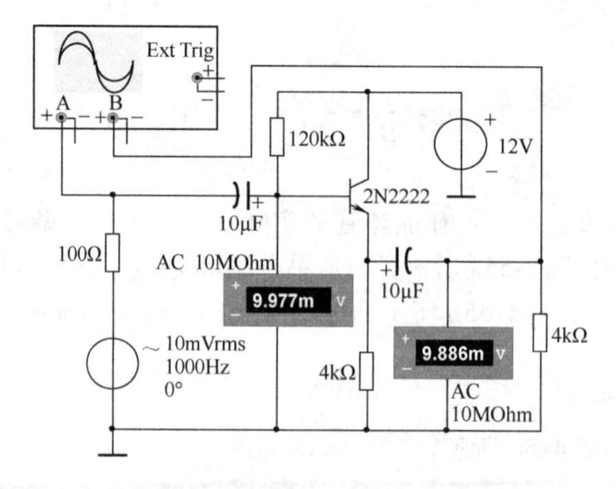

图 4-57　电压放大倍数测量电路

测量结果为

$$A_u=\frac{9.886}{9.977}=0.99$$

② 输入电阻、输出电阻的测量：测试电路如图 4-58 所示，注意图中的电流表、电压表全部选交流(AC)档。

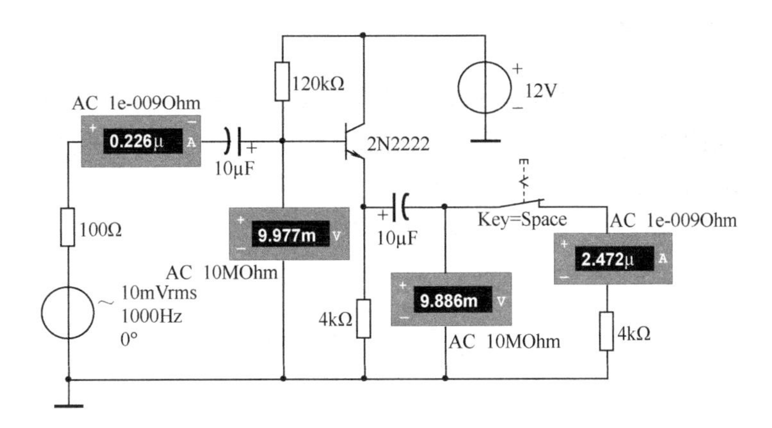

图 4-58　输入、输出电阻测量电路图

测量结果为 $r_i=\frac{9.977\text{mV}}{0.226\mu\text{A}}=44.1\text{k}\Omega$，$r_o=\frac{(9.977-9.886)\text{mV}}{2.472\mu\text{A}}=36.8\Omega$，与理论值基本吻合。

3）观察输入、输出电压波形。

示波器连接与调节方法同【例 4-15】，电路如图 4-59 所示。

输入、输出电压波形如图 4-60 所示。

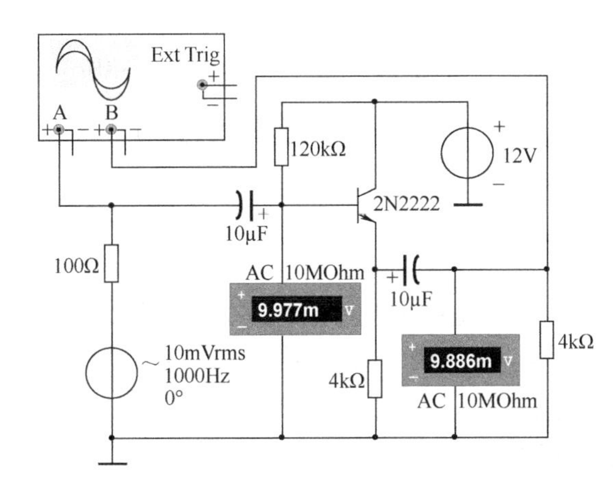

图 4-59　输入、输出波形的测量电路

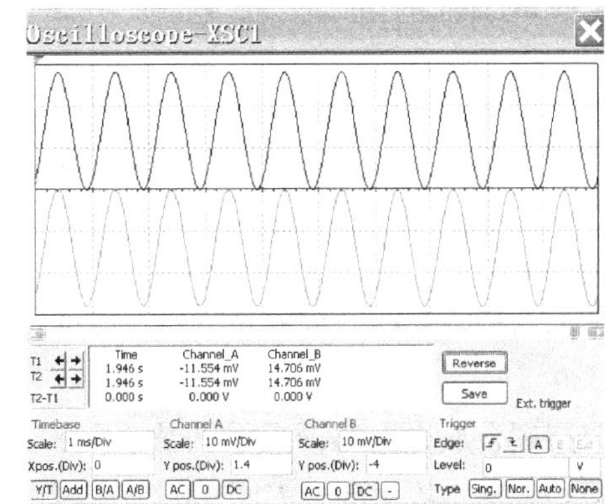

图 4-60　输入、输出电压波形的测量结果

波形显示，输入、输出电压相位相同，大小基本相等。

本例直观地验证了射极输出器的三个特点。

4.6 放大电路的级间耦合与差分放大电路

多级放大电路的级间耦合方式是指信号源和放大器之间，放大器中各级之间，放大器与负载之间的连接方式。下面介绍最常用的阻容耦合和直接耦合连接方式以及差分放大电路。

4.6.1 阻容耦合放大电路

图 4-61 是两级阻容耦合共射放大电路。两级间通过电容 C_2 将前级的输出电压加在后级的输入电阻上(即前级的负载电阻)。阻容耦合放大电路只能放大交流信号，各级间直流通路互不相通，即每一级的静态工作点各自独立。

图 4-61 所示的两级阻容耦合放大电路的微变等效电路如图 4-62 所示。多级放大电路的电压放大倍数为各级电压放大倍数的乘积，由于 $u_{o1}=u_{i2}$，故有

$$A_u=\frac{u_o}{u_i}=\frac{u_o}{u_{i2}}\frac{u_{o1}}{u_i}=A_{u2}A_{u1}$$

通式为

$$A_u = \prod_{i=1}^{n} A_{u_i} \tag{4-24}$$

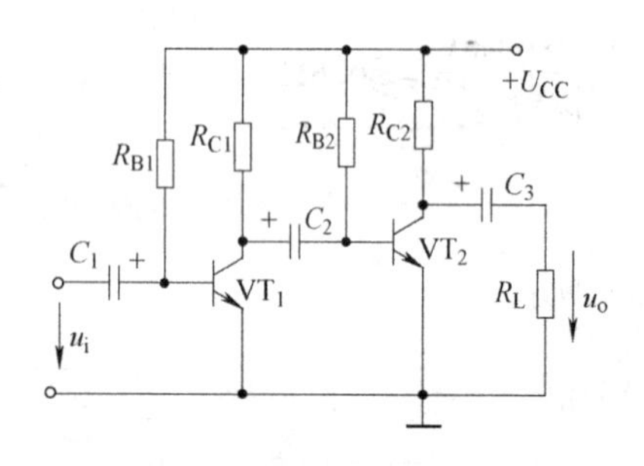

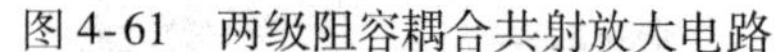
图 4-61　两级阻容耦合共射放大电路

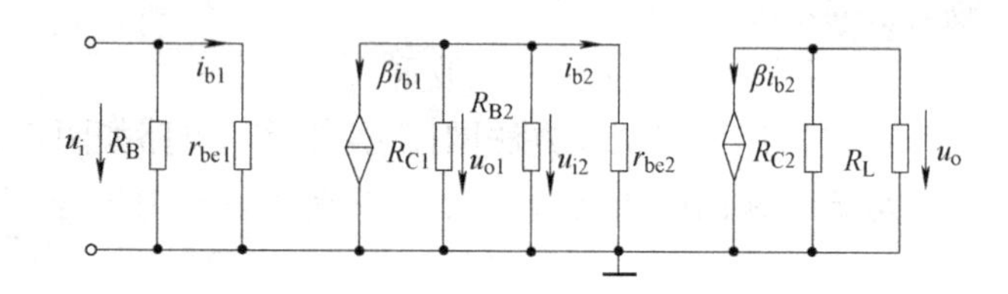

图 4-62　两级阻容耦合放大电路的微变等效电路

计算各级电压放大倍数时必须考虑到后级的输入电阻对前级的负载效应，因为后级的输入电阻就是前级放大电路的负载电阻。如图 4-62 中，即 $R_{L1}=r_{i2}=R_{B2}//r_{be2}$。

4.6.2 直接耦合放大电路

放大器各级之间，放大器与信号源或负载直接或经电阻连接起来，称为直接耦合方式，如图 4-63 所示。直接耦合方式不仅能放大交流信号，而且能放大低频信号以及直流信号。

直接耦合放大电路前后级的静态工作点相互影响，但为避免集成大容量电容的困难，集成电路都采用直接耦合方式。

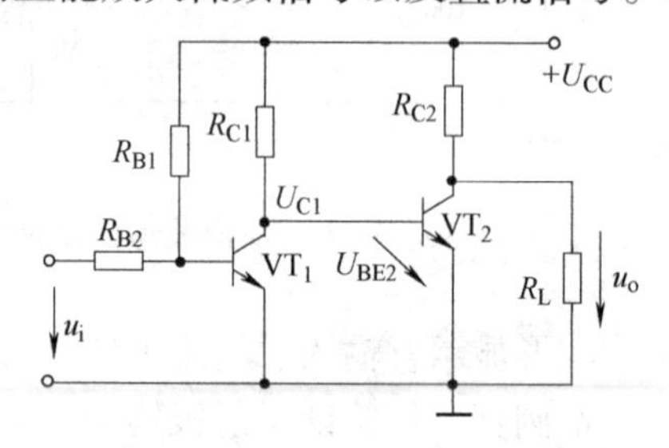

图 4-63　两级直接耦合放大电路

实验发现，在直接耦合放大电路中，即使输入端短接(让输入信号为零)，用灵敏的直流表仍可测量出缓慢无规则的输出信号，这种现象称为零点漂移。零点漂移现象严重时，能够淹没真正的输出信号，使电路无法

正常工作。

引起零点漂移的原因很多，最主要的是温度对晶体管参数的影响造成的静态工作点波动，在直接耦合放大器中，前级静态工作点微小的波动都能被逐级放大并且输出。因而，整个放大电路的零点漂移程度主要由第一级决定。因温度变化对零点漂移影响最大，故常称零点漂移为温度漂移。

4.6.3　差分放大电路

差分放大电路是抑制零点漂移的有效电路。多级直接耦合放大电路的第一级常采用这种电路。图 4-64 所示电路是典型的差分放大电路。

1. 差分放大电路的工作情况

差分放大电路如图 4-64 所示，它由两个共射放大电路组成，共用一个发射极电阻 R_E。它具有镜像对称的特点，在理想情况下，两只晶体管的参数对称，集电极电阻对称，基极电阻对称，而且两个晶体感受完全相同的温度，因而两晶体管的静态工作点必然相同。信号从两晶体管的基极输入，从两晶体管的集电极输出。

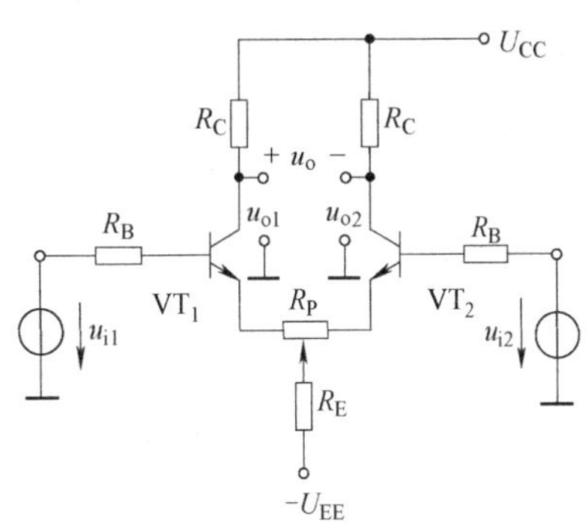

图 4-64　差分放大电路

（1）零点漂移的抑制　若将图 4-64 中两边输入端短路($u_{i1}=u_{i2}=0$)，则电路工作在静态，此时 $I_{B1}=I_{B2}$，$I_{C1}=I_{C2}$，$U_{C1}=U_{C2}$，输出电压为 $u_o=U_{C1}-U_{C2}=0$。当温度变化引起两晶体管集电极电流发生变化时，两晶体管的集电极电压也随之变化，这时两晶体管的静态工作点都发生变化，由于对称性，两晶体管的集电极电压变化的大小、方向相同，所以输出电压 $u_o=\Delta U_{C1}-\Delta U_{C2}$ 仍然等于 0，所以说差分放大电路抑制了温度引起的零点漂移。

（2）输入信号　差分放大电路的输入信号，一般有以下三种情况。

1）共模输入。若 $u_{i1}=u_{i2}$，即输入一对大小相等、极性相同的信号时，称为共模输入。这时两晶体管的工作情况完全相同，集电极电压变化的方向与大小也相同，所以输出电压 $u_o=\Delta u_{C1}-\Delta u_{C2}=0$，可见差分放大电路抑制共模信号。

2）差模输入。若 $u_{i1}=-u_{i2}$，即输入一对大小相等、极性相反信号时，称为差模输入。设 $u_{i1}<0$，$u_{i2}>0$，这时 u_{i1} 使 VT_1 的集电极电流减小 Δi_{C1}，集电极电位增加 Δu_{C1}；u_{i2} 使 VT_2 的集电极电流增加 Δi_{C2}，集电极电位减小 Δu_{C2}。这样，两个集电极电位一增一减，呈现异向变化，其差值便是输出电压 $u_o=\Delta u_{C1}-(-\Delta u_{C2})=2\Delta u_{C1}$，可见差分放大电路能放大差模信号。

3）差分输入（任意输入）。当输入 u_{i1}、u_{i2} 为任意信号时，即非共也非差，总可以将其分解为一对共模信号和一对差模信号的组合，即

$$u_{i1}=u_{id}+u_{ic}$$
$$u_{i2}=-u_{id}+u_{ic}$$

式中，u_{id} 是差模信号；u_{ic} 是共模信号。

例如：$u_{i1}=9\text{mV}$，$u_{i2}=-3\text{mV}$，则有 $u_{ic}=3\text{mV}$，$u_{id}=6\text{mV}$。

即 $u_{i1}=6\text{mV}+3\text{mV}$，$u_{i2}=-6\text{mV}+3\text{mV}$。

由于其只能放大差模部分，亦即 u_{i1} 与 u_{i2} 的差，故其输出电压为

$$u_o = A_u(u_{i1} - u_{i2}) \tag{4-25}$$

从而称为差分输入信号。差分放大电路的含义也在于此。

（3）发射极电阻 R_E 及 R_P 的作用　输出 u_o 时为双端输出，此时，抑制共模信号靠的是电路的对称性和 R_E 的负反馈作用。输出 u_{o1} 或 u_{o2} 为单端输出，此时，抑制共模信号靠的是电阻 R_E，由于共模信号在 R_E 上的电流大小、方向一样，对于每个晶体管来说就像是在发射极与地之间连接了一个阻值为 $2R_E$ 电阻。由前述共射放大电路，可知电阻 R_E 可以降低各个晶体管对共模信号的放大倍数。并且 R_E 越大，抑制共模信号的能力越强。但是 R_E 太大会使电路的静态电压 U_{CE} 大大减小，因此常在 R_E 下方加接负电源（$-U_{EE}$）以补偿这种电压降。

对于差模信号，由于两晶体管发射极电流大小一样，但是方向相反，所以电阻 R_E 上的差模信号电压降为零，即电阻 R_E 对差模信号无作用，两晶体管的发射极相当于接“地”。

电位器 R_P 是为调整电路的对称程度设置的。当输入为零（对地短接）时，调节 R_P 使输出电压也为零，才能确保电路的对称性。但 R_P 对差摸信号有抑制作用，其阻值不宜大，能实现调零功能足矣。

2. 差分放大电路的共模抑制能力

差分放大电路在共模信号作用下的输出电压与输入电压之比称为共模电压放大倍数，用 A_{oc} 表示。在理想情况下，电路完全对称，共模信号作用时，由于 R_E 的作用，每个晶体管的集电极电流和集电极电压均不变化，因此 $u_o=0$，既 $A_{oc}=0$。

但实际上由于每个晶体管的零点漂移依然存在，电路不可能完全对称，因此共模电压放大倍数并不为零。通常将差模电压放大倍数 A_{od} 与共模电压放大倍数 A_{oc} 之比定义为差分放大电路的共模抑制比，用 K_{CMRR}（CMRR 即 Common Mode Rejection Ratio）表示，即

$$K_{CMRR} = \frac{A_{od}}{A_{oc}} \tag{4-26}$$

共模抑制比反映了差分放大电路抑制共模信号的能力，其值越大，电路抑制共模信号（零点漂移）的能力越强。对于差分放大电路，要求既要有大的差模放大倍数、又要有小的共模放大倍数，即共模抑制比 K_{CMRR} 越大越好。

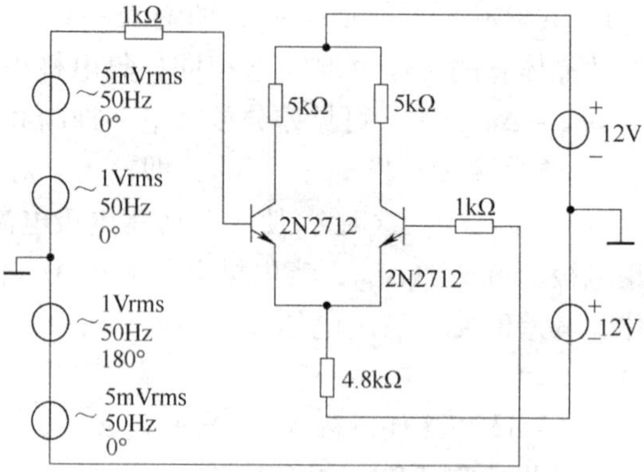

【例 4-18】 电路如图 4-65 所示，已知晶体管型号为 2N2712，$\beta=50$，要求：1）测量其静态工作点。2）测量差模放大倍数。3）测量共模放大倍数及共模抑制比。

图 4-65　例 4-18 电路图

解： 1）静态工作点的测量。

测量静态工作点时需将输入信号短路或设为零，如图 4-66 所示。

测量结果为

$$U_{B1} = U_{B2} = -26.00\text{mV}$$

$$U_{C1} = U_{C2} = 6.209\text{V}，\ I_E = 2.368\text{mA}$$

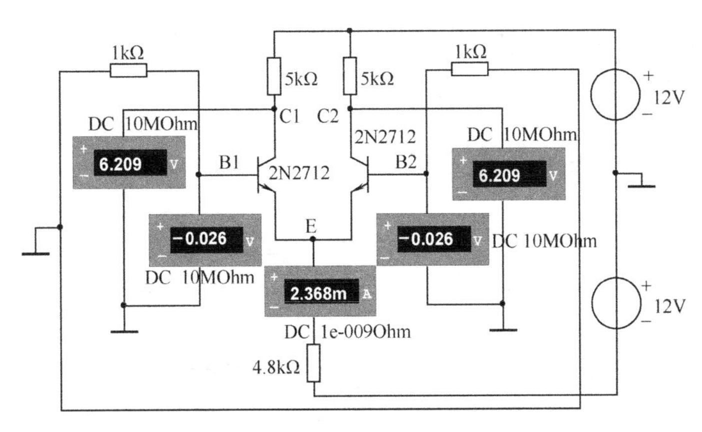

图 4-66　静态工作点的测量电路图

2）差模放大倍数的测量。

测量电路如图 4-67a 所示。

由测量结果可知，单端输出时差模放大倍数为 $A_{od}=\dfrac{510}{10}=51$。

这里输出电压与输入电压同相，若输出电压从 VT_1 的集电极取出，则输出电压与输入电压反相。

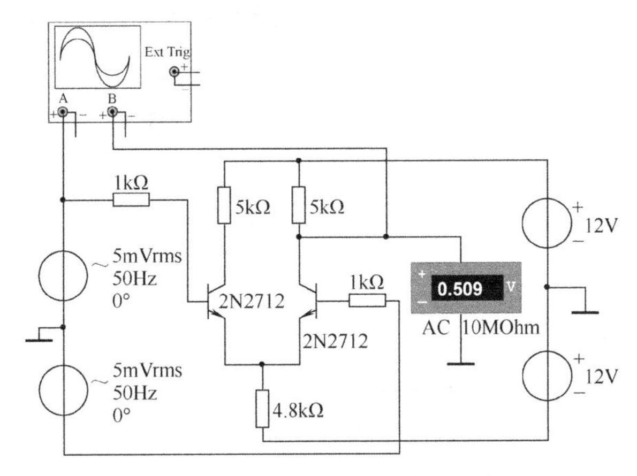

a) 差模放大倍数的测量电路图

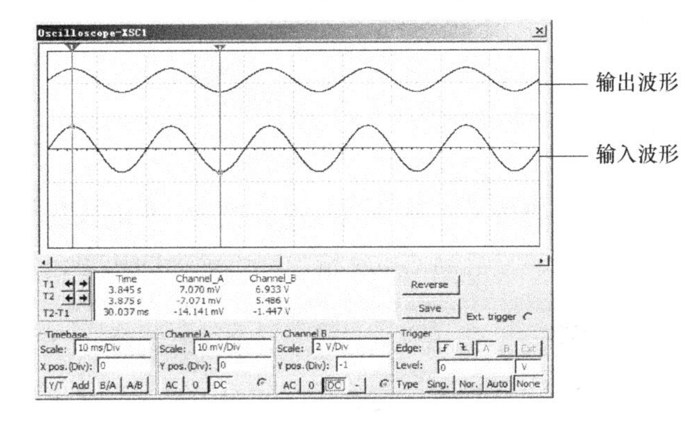

b) 差模输入时的输入、输出电压波形图

图 4-67　差模电路图及波形图

3）共模放大倍数及共模抑制比的测量。

测量电路如图 4-68 所示，测量波形如图 4-69 所示。

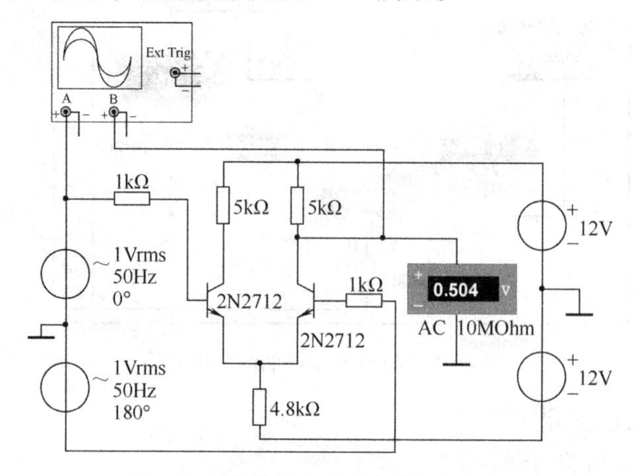

图 4-68　共模放大倍数的测量电路图

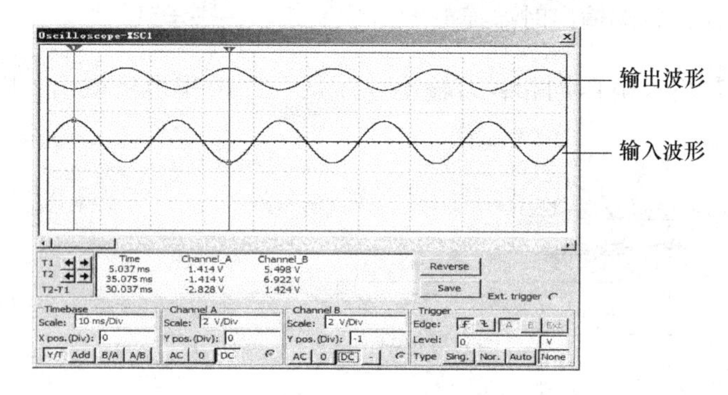

图 4-69　共模输入时的输入、输出电压波形图

由测量结果可知，共模放大倍数为

$$A_{oc}=\frac{0.50}{1}=0.50$$

于是可知，共模抑制比为

$$K_{CMRR}=\frac{A_{od}}{A_{oc}}=\frac{51}{0.50}=102$$

4.7　功率放大电路

功率放大电路一般置于多级放大电路的末级或末前级。与电压放大电路不同，功率放大电路希望以尽可能小的失真和尽可能高的效率输出尽可能大的功率。

4.7.1　功率放大电路的类型

功率放大电路按静态工作点 Q 的不同设置，分为甲类功放、乙类功放和甲乙类功放。

1. 甲类功放

Q 点设在放大区的中间，Q 点和电流波形如图 4-70a 所示。甲类功率放大管的静态电流

I_C 较大，所以，甲类功率放大器的缺点是损耗大、效率低。

2. 乙类功放

Q 点如图 4-70b 示，Q 点在截止区时，乙类功率放大管只在信号的半个周期内导通。乙类状态下，信号等于零时，电源输出的功率也为零，信号增大时，电源供给的功率也随着增大，因而效率得到了提高，但此时波形严重失真。

3. 甲乙类功放

Q 点设在接近截止区的放大区。甲乙类功率放大管在信号的半个周期以上的时间内导通。甲乙类工作状态接近乙类工作状态。甲乙类状态下的 Q 点与电流波形如图 4-70c 所示。

功率放大电路按输出方式的不同有：无输出变压器功率放大器，即 OTL(Output Transformer Less)功率放大器；无输出电容功率放大器，即 OCL(Output Capacitor Less)功率放大器。

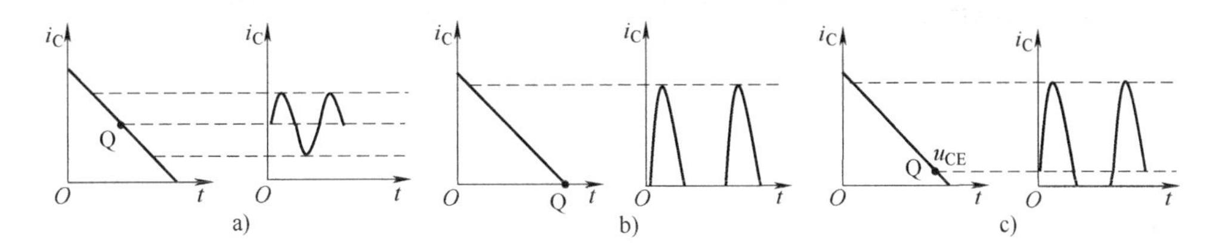

图 4-70　功率放大电路的三种工作状态

4.7.2　互补对称功率放大电路

1. 乙类 OCL 互补对称功率放大电路

图 4-71 为工作于乙类状态的 OCL 互补对称功率放大电路。电路由两只特性及参数完全对称、类型却不同(NPN 型和 PNP 型)的晶体管组成射极输出器。输入信号接于两管的基极，负载 R_L 接于两管的发射极，由正、负等值的双电源供电。

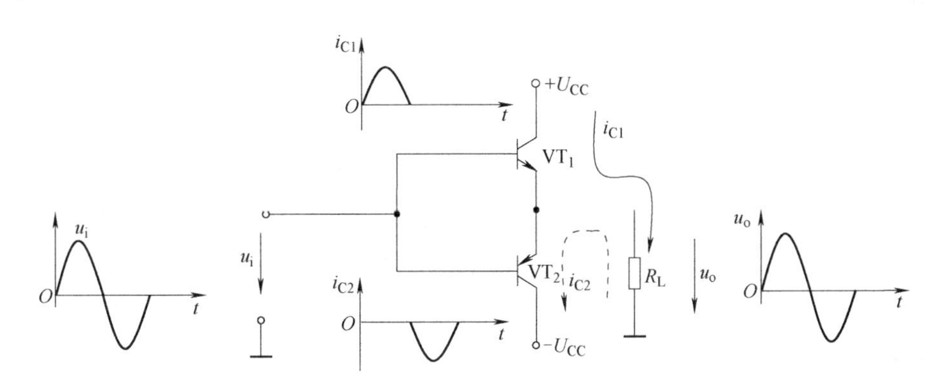

图 4-71　乙类 OCL 互补对称电路

静态时($u_i=0$)，两管均无直流偏置，A 点电位 $U_A=0$，两管处于乙类工作状态。

动态时($u_i \neq 0$)，设输入为正弦信号。当 $u_i>0$ 时，VT_1 导通，VT_2 截止；当 $u_i<0$ 时，VT_2 导通，VT_1 截止，这样，一个周期内 VT_1、VT_2 两管轮流导通，使输出 u_o 获得完整的正弦信号。采用射极输出器的形式，提高了电路的输入电阻和带负载能力。

互补对称电路中，一晶体管导通、一晶体管截止，截止管承受的最高反向电压接近 $2U_{CC}$。

2. 甲乙类 OCL 功率放大电路

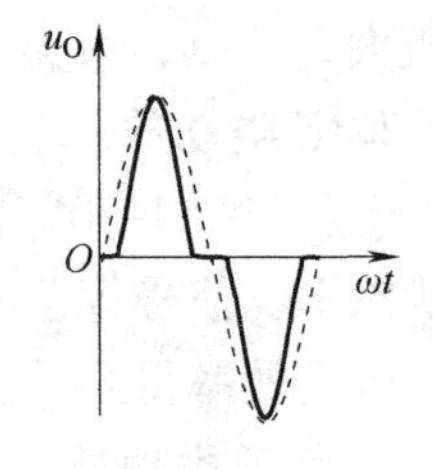

图 4-72　交越失真

工作在乙类状态的互补电路，由于发射结存在“死区”。当 $|u_{be}| < U_T$时，VT_1、VT_2 都截止，此时负载电阻上电流为零，出现一段死区，使输出波形在正、负半周交界处出现失真，如图 4-72 所示，这种失真称为交越失真。

为了克服交越失真，静态时，给两个晶体管提供较小的能消除交越失真所需的正向偏置电压，使两管均处于微导通状态，如图 4-73 所示。放大电路处在甲乙类工作状态，因此称为甲乙类互补对称功率放大电路。

3. 单电源 OTL 互补对称功率放大电路

图 4-74 为单电源的 OTL 互补对称功率放大电路。电路中放大器件仍是两个不同类型但特性和参数对称的晶体管，其特点是由单电源供电，输出端通过大电容量的耦合电容 C_L 与负载电阻 R_L 相连。

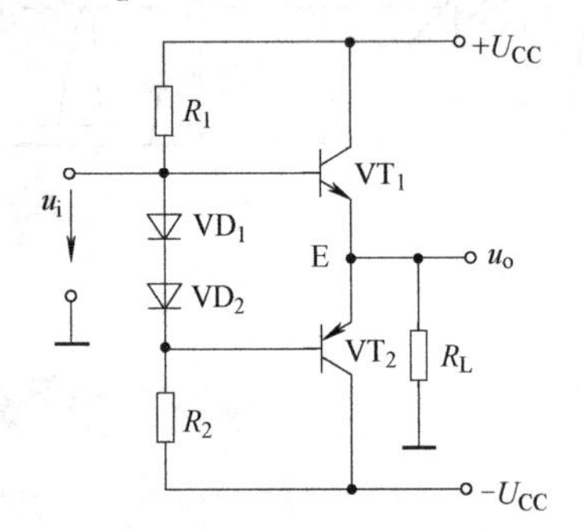

图 4-73　甲乙类 OCL 互补对称功率放大电路

图 4-74　单电源 OTL 互补对称功率放大电路

【例 4-19】　OCL 互补对称功率放大电路如图 4-75 所示，VT_1、VT_2 的特性完全对称，分别观察甲乙类和乙类工作状态下输出电压的波形。

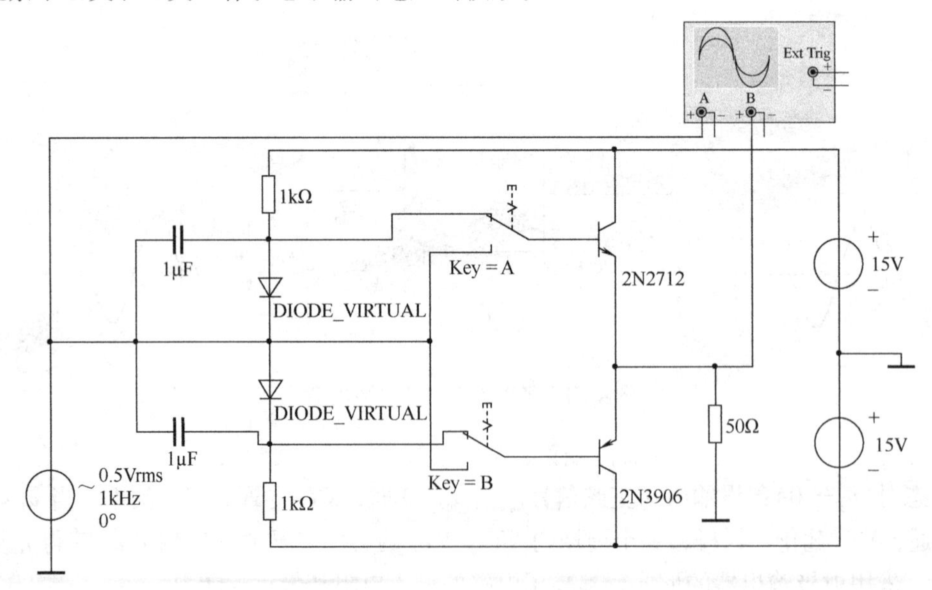

图 4-75　例 4-19 电路图

解： 测量结果如图4-76、图4-77所示。

可见，在甲乙类工作状态下输出电压波形没有失真，但在乙类工作状态下输出电压波形在正负半轴交界的地方出现了交越失真。

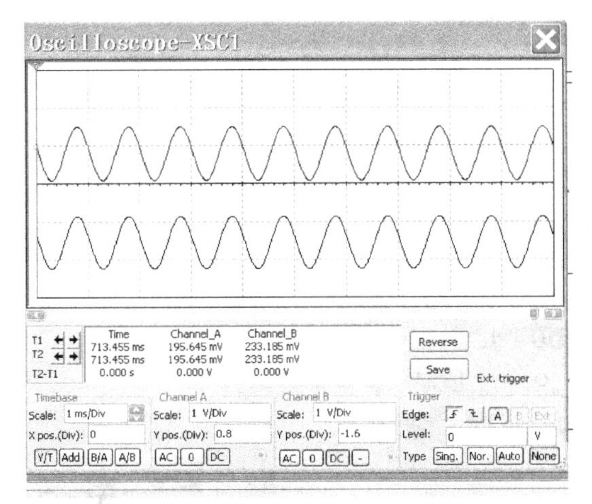

图4-76　甲乙类工作状态下输入、输出电压波形

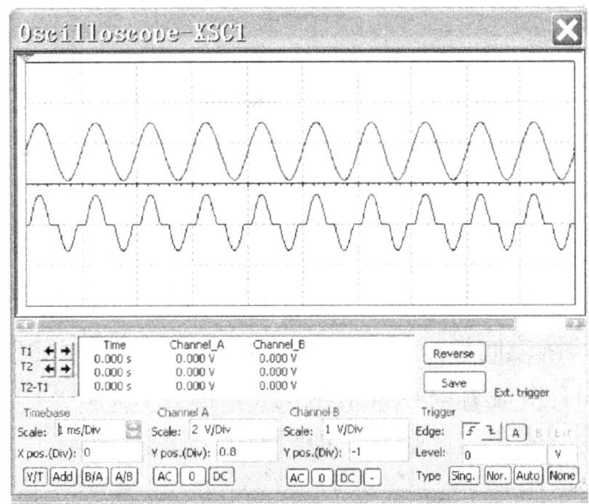

图4-77　乙类工作状态下输入、输出电压波形

4.8　绝缘栅型场效应晶体管

场效应晶体管是一种电压控制器件，它输入电阻高($10^9 \sim 10^{15}\Omega$)，噪声低，受温度、辐射影响小，耗电低，制作工艺简单，便于集成，因此应用广泛。

场效应晶体管按结构的不同可分为结型和绝缘栅型，结型场效应晶体管因其漏电流较大已基本不用。绝缘栅型场效应晶体管具有金属(Metal)-氧化物(Oxide)-半导体(Semiconductor)结构，简称为MOS管。MOS管按工作性能可分为耗尽型和增强型；按所用基片(衬底)材料不同，又可分为P沟道和N沟道导电型。本节以N沟道增强型MOS管为例简要介绍。

4.8.1　N沟道增强型MOS管

1. 结构与工作原理

图4-78a是N沟道增强型MOS管的结构示意图。用一块P型半导体为衬底，在衬底上面的左、右两边制成两个高掺杂浓度的N型区，用N^+表示，在这两个N^+区各引出一个电极，分别称为源极S和漏极D，MOS管的衬底也引出一个电极称为衬底引线b。工作时b通常与S相连接。在这两个N^+区之间的P型半导体表面做出一层很薄的二氧化硅绝缘层，再在绝缘层上面喷一层金属铝电极，称为栅极G，图4-78b是N沟道增强型MOS管的符号。P沟道增强型MOS管是以N型半导体为衬底，再制作两个高掺杂浓度的P^+区作为源极S和漏极D，其符号如图4-78c所示，衬底b的箭头方向是区别N沟道和P沟道的标志。

如图4-79所示，当$U_{GS}=0$时，由于漏源极之间有两个背向的PN结而不存在导电(载流子)沟道，所以即使D、S间电压$U_{DS}\neq0$，也有$I_D=0$。只有U_{GS}增大到某一值时，在由栅极

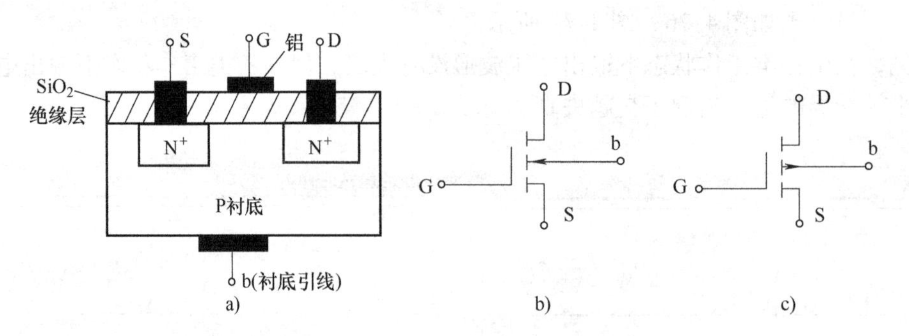

图 4-78　增强型 MOS 管的结构和符号

指向 P 型衬底的电场作用下，衬底中的电子被吸引到两个 N^+ 区之间形成了漏源极之间的(载流子)导电沟道，电路中才有电流 I_D。与此对应的 U_{GS}称为开启电压 $U_{GS(th)}$。U_{GS}值越大，电场作用越强，能导电的载流子数越多，沟道越宽，沟道电阻越小，一定 U_{DS} 下的 I_D 就越大，这就是增强型的含义。

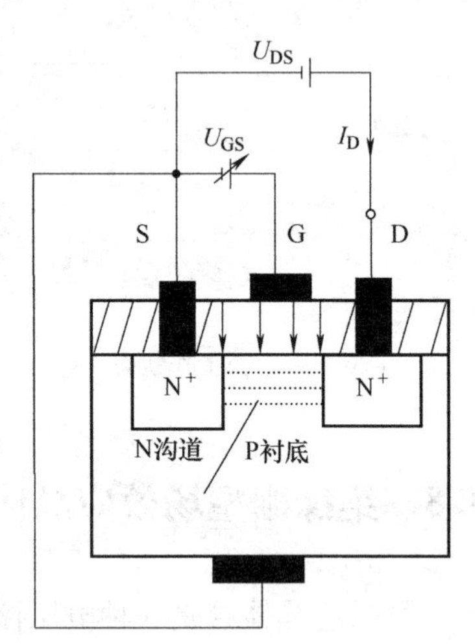

图 4-79　U_{GS}对沟道的影响

2. 输出特性与转移特性

输出特性是指 U_{GS} 为一固定值时，I_D 与 U_{DS}之间的关系，即

$$I_D = f(U_{DS})\big|_{U_{GS}=\text{常数}} \tag{4-27}$$

与晶体管类似，输出特性也有三个区：可变电阻区，恒流区和截止区，如图 4-80 所示。

1）可变电阻区：图 4-80a 的Ⅰ区。该区对应 $U_{GS} > U_{GS(th)}$，U_{DS}很小的情况。该区的特点是：若 U_{GS}不变，I_D 随着 U_{DS}的增大而线性增加，可以看成是一个电阻，对应不同的 U_{GS}值，各条特性曲线直线部分的斜率不同，即阻值发生改变。因此该区是一个受 U_{GS}控制的可变电阻区，工作在这个区的场效应晶体管相当于一个压控电阻。

2）恒流区(亦称饱和区，放大区)：图 4-80a 的Ⅱ区。该区对应 $U_{GS} > U_{GS(th)}$，U_{DS}较大，该区的特点是若 U_{GS}固定为某个值时，I_D 基本不随 U_{DS}的变化而变化，特性曲线近似为水平线，因此称为恒流区。而不同的 U_{GS}值可感应出不同宽度的导电沟道，产生不同大小的漏极电流 I_D，可以用一个参数——跨导 g_m 来表示 U_{GS}对 I_D 的控制作用。g_m 定义为

$$g_m = \frac{\Delta I_D}{\Delta U_{GS}}\bigg|_{U_{DS}=\text{常数}} \tag{4-28}$$

3）截止区(夹断区)：该区对应于 $U_{GS} \leqslant U_{GS(th)}$ 的情况，这个区的特点是：由于没有感生出沟道，故电流 $I_D = 0$，MOS 管处于截止状态。

另外，图 4-80a 的Ⅲ区为击穿区，当 U_{DS}增大到某一值时，栅、漏间的 PN 结会反向击穿，使 I_D 急剧增加。如不加限制，会造成 MOS 管损坏。

转移特性是指 U_{DS}为固定值时，I_D 与 U_{GS}之间的关系，表示了 U_{GS}对 I_D 的控制作用。即

$$I_D = f(U_{GS})\big|_{U_{DS}=\text{常数}} \tag{4-29}$$

由于工作在恒流区，不同的 U_{DS} 所对应的转移特性曲线基本上是重合在一起的，如图 4-80b 所示。这时 I_D 可以近似地表示为

$$I_D = I_{DSS}\left(1 - \frac{U_{GS}}{U_{GS(th)}}\right)^2 \tag{4-30}$$

式中，I_{DSS} 是 $U_{GS} = 2U_{GS(th)}$ 时的 I_D 值。

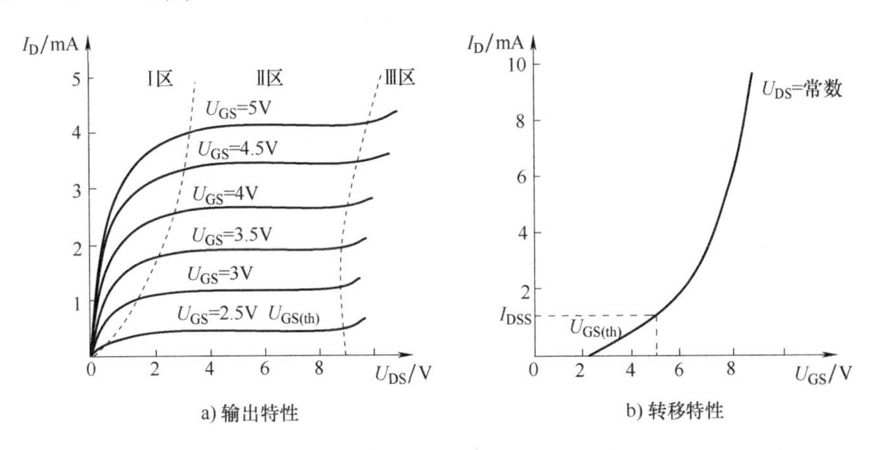

a) 输出特性　　b) 转移特性

图 4-80　N 沟道增强型 MOS 管的特性曲线

4.8.2　CMOS 管简介

集成 MOS 管的结构与分立器件 MOS 的结构完全相同，在集成 MOS 电路中，常采用 N 沟道 MOS 管与 P 沟道 MOS 管组成互补电路，简称 CMOS（Complementary Metal Oxide Semiconductor）电路。其电路符号如图 4-81 所示。该电路功耗小，工作电源电压范围宽，输入电流非常小，连接方便，是目前应用最广泛的集成电路之一。

【例 4-20】 图 4-82 所示为场效应晶体管构成的源极跟随器电路，要求：1）测量其静态参数；2）求电压放大倍数及输入电阻；3）观察输出电压波形。

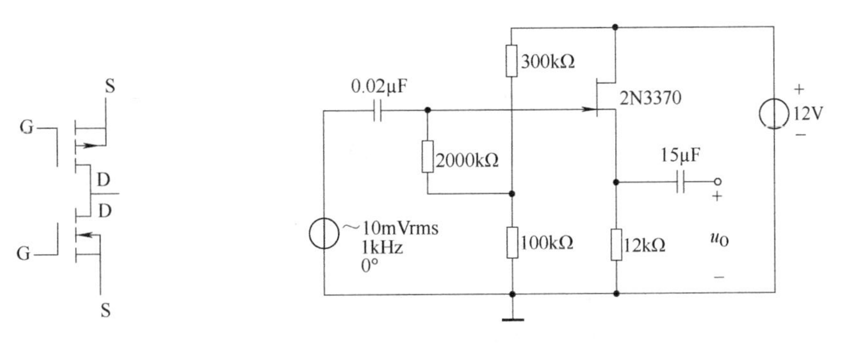

图 4-81　CMOS 管电路符号

图 4-82　例 4-20 电路图

解： 测量电路如图 4-83 所示。

1）静态参数的测量。

此时电压表、电流表均为直流档。

测量结果：栅源电压 U_{GS} = −90mV，漏极电流 I_D = 0.258mA。

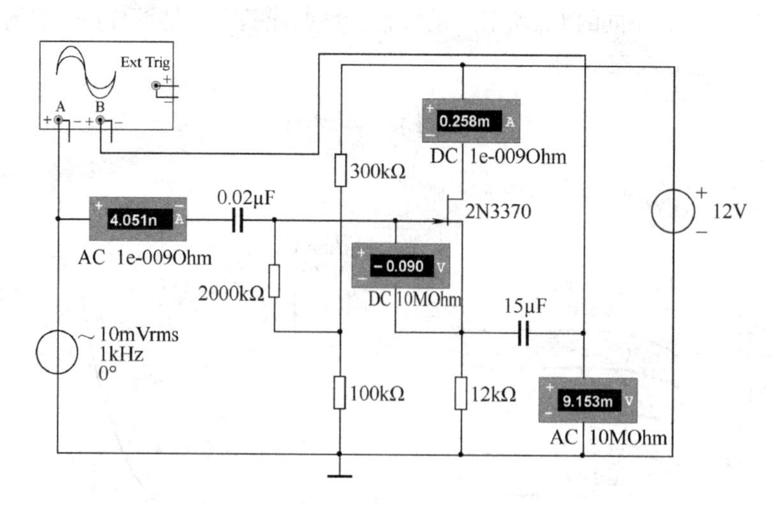

图 4-83　测量电路图

2）电压放大倍数及输入电阻的测量。

此时电压表、电流表均为交流档。

测量结果：输出电压为 9.153mV，输入电流为 4.051nA。

故电压放大倍数为

$$A_u = \frac{9.153}{10} = 0.9153$$

输入电阻为

$$r_i = \frac{输入电压}{输入电流} = \frac{10\text{mV}}{4.051\text{nA}} = 2.47\text{M}\Omega$$

3）输出电压波形的观察。输入、输出电压波形如图 4-84 所示。

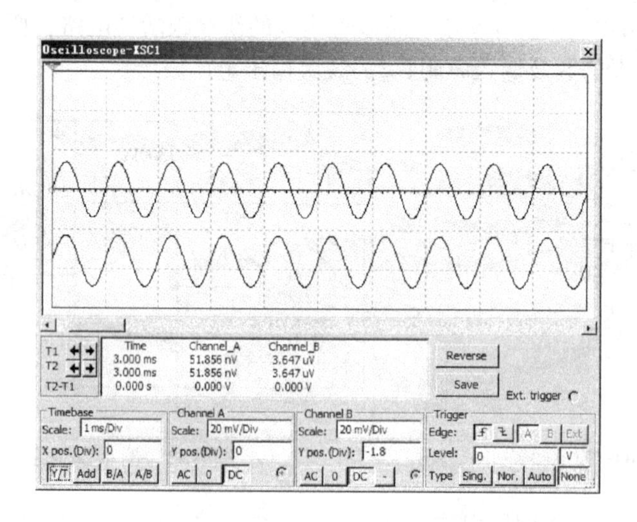

图 4-84　输入、输出电压波形图

结果表明，源极跟随器的输出电压与输入电压是同相位的，且电压放大倍数略小于 1，这和由晶体管构成的射极跟随器非常相似。

习题

【概念题】

4-1　(1) 如何使用指针式万用表欧姆档判别二极管的好坏与极性?

(2) 为什么二极管的反向电流与外加反向电压基本无关，而当环境温度升高时会明显增大?

(3) 把一节1.5V的干电池接到二极管的两端，会发生什么情况?

4-2　判断下列说法是否正确:

(1) 在变压器二次电压和负载电阻相同的情况下，桥式整流电路的输出电流是半波整流电路输出电流的2倍。

(2) 若变压器二次电压的有效值为U_2，则半波整流电容滤波电路和全波整流电容滤波电路在空载时的输出电压均为$\sqrt{2}U_2$。

(3) 整流电路可将正弦电压变为脉动的直流电压。

(4) 整流的目的是将高频电流变为低频电流。

(5) 在单相桥式整流电容滤波电路中，若有一只整流管断开，输出电压平均值变为原来的一半。

4-3　(1) 如何用万用表欧姆档来判断一只晶体管的好坏?

(2) 如何用万用表欧姆档来判断一只晶体管的类型和区分三个引脚?

4-4　测得工作在放大电路中几个晶体管三个电极电位U_1、U_2、U_3分别为下列各组数值，判断它们是NPN型还是PNP型?是硅管还是锗管?确定E、B、C。

(1) $U_1=3.5\text{V}$，$U_2=4.2\text{V}$，$U_3=12\text{V}$　　(2) $U_1=3.5\text{V}$，$U_2=3.2\text{V}$，$U_3=9\text{V}$

(3) $U_1=-6\text{V}$，$U_2=-6.7\text{V}$，$U_3=-12\text{V}$　(4) $U_1=-4.2\text{V}$，$U_2=-3.5\text{V}$，$U_3=-10\text{V}$

4-5　(1) 放大电路为什么要设置静态工作点?静态值I_B能否为零?为什么?

(2) 在放大电路中，为使电压放大倍数A_u(A_{us})大一些，希望负载电阻R_L大一些好还是小一些好?为什么?希望信号源内阻R_S大一些好还是小一些好?为什么?

(3) 放大电路的输入电阻和输出电阻分别是大一些好还是小一些好?为什么?

(4) 什么是放大电路的非线性失真?有哪几种?如何消除?

【计算和仿真题】

4-6　图4-85所示，VD_1、VD_2为理想二极管，判断图中的二极管是导通还是截止，并求AB两端的电压U_{AB}。

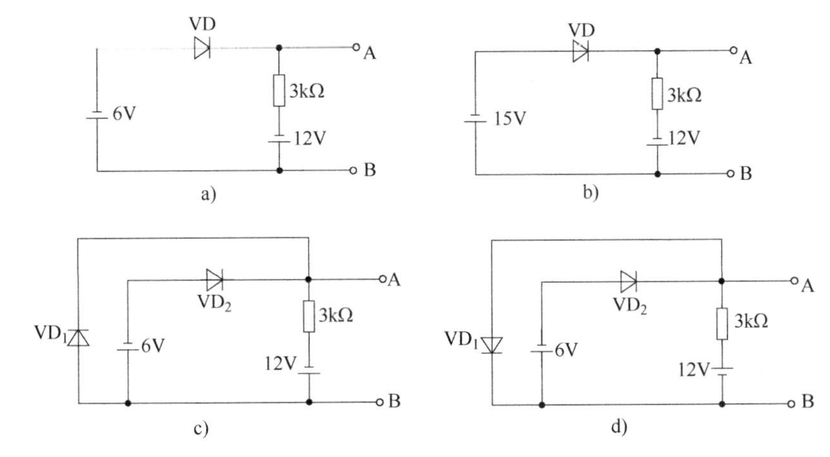

图4-85　题4-6图

4-7　图 4-86 所示。试分析当输入电压 U_S 为 3V 时，哪些二极管导通？当输入电压 U_S 为 0 时，哪些二极管导通？（写出分析过程，设二极管的正向压降为 0.7V）

4-8　图 4-87 所示电路中，已知 $E=6V$，$u_i=12\sin\omega t V$，二极管的正向压降可忽略不计，试分别画出输出电压 u_o 的波形。

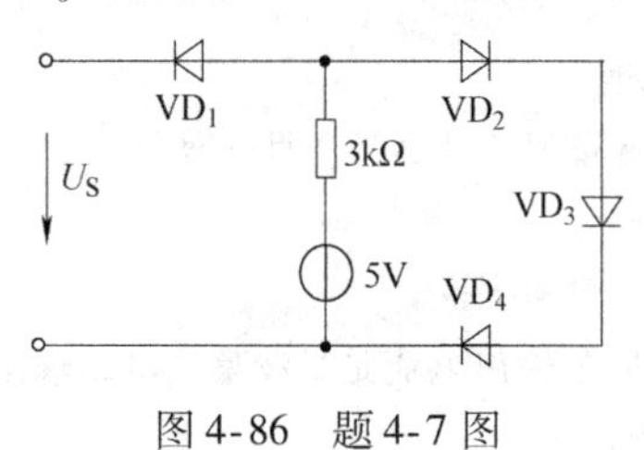

图 4-86　题 4-7 图

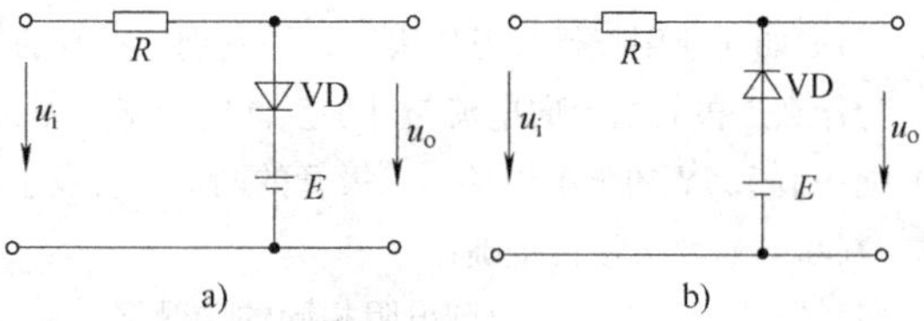

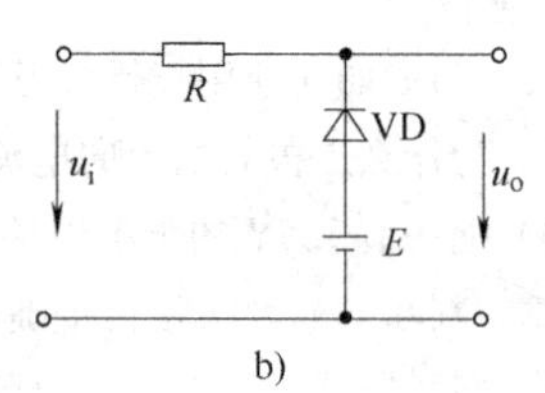

图 4-87　题 4-8 图

4-9　图 4-88 所示电路中，已知稳压管的稳定电压 $U_{Z1}=U_{Z2}=6V$，$u_i=12\sin\omega t V$，二极管的正向压降可忽略不计，试分别画出输出电压 u_o 的波形，并说明稳压管在电路中所起的作用。

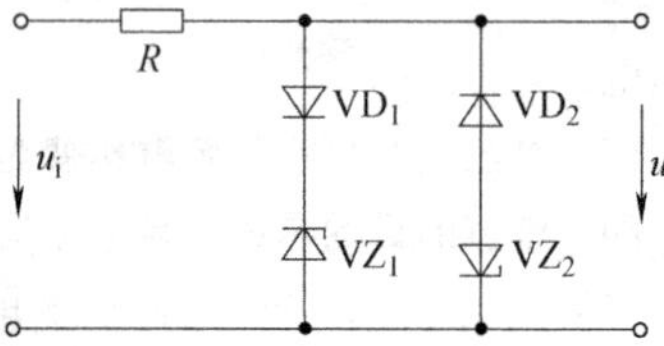

图 4-88　题 4-9 图

4-10　图 4-89 所示电路中，稳压管 VZ_1 的稳定电压为 6V，VZ_2 的稳定电压为 8V，正向压降均为 0.7V，试求图中输出电压 U_o。

4-11　图 4-90 所示电路中，二极管为理想器件，u_i 为正弦交流电压，已知交流电压表(V_1)的读数为 100V，负载电阻 $R_L=1k\Omega$，求开关 S 断开和闭合时直流电压表（V_2）和电流表(A)的读数。（设各电压表的内阻为无穷大，电流表的内阻为零）

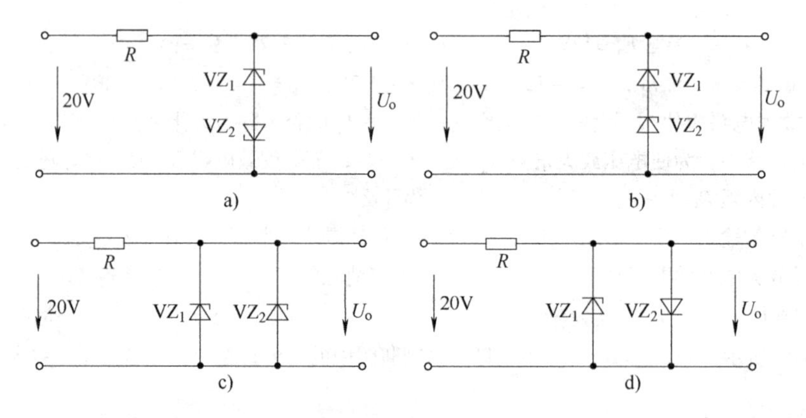

图 4-89　题 4-10 图

4-12　图 4-91 所示电路中，试标出输出电压 u_{o1}、u_{o2} 的极性，画出输出电压的波形。并求出 U_{o1}、U_{o2} 的平均值。[设 $u_{21}=\sqrt{2}U_2\sin\omega t$；$u_{22}=\sqrt{2}U_2\sin(\omega t-\pi)$]

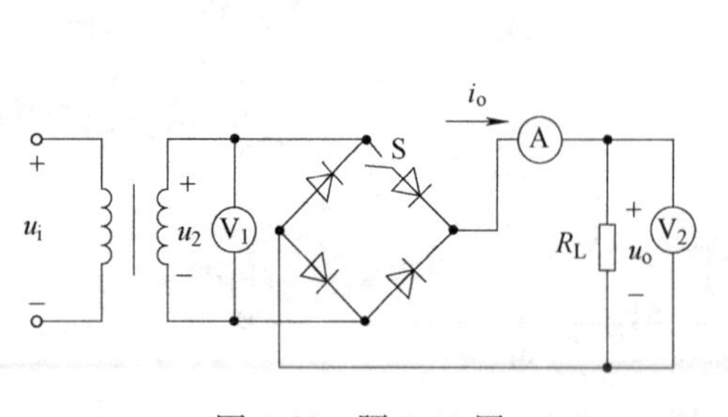

图 4-90　题 4-11 图

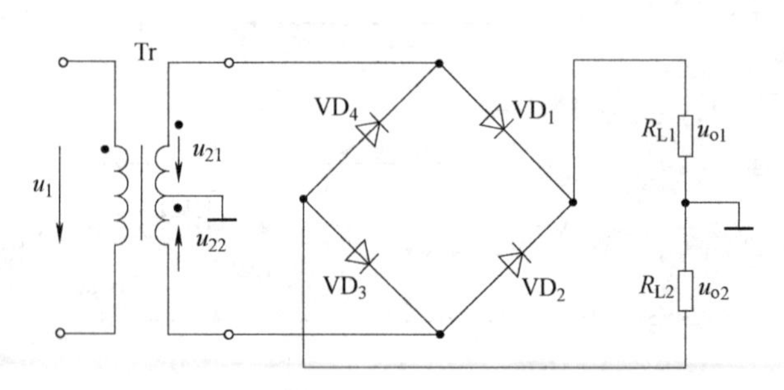

图 4-91　题 4-12 图

4-13　图4-92所示的单相桥式整流、电容滤波电路中，用交流电压表测得变压器二次电压 $U_2=20\text{V}$。$R_L=40\Omega$，$C=1000\mu\text{F}$。试问：

1）正常时 $U_o=?$

2）如果电路中有一个二极管开路，U_o 是否为正常值的一半？

3）如果测得的 U_o 为下列数值，可能出了什么故障？并指出原因。

A. $U_o=28\text{V}$　　B. $U_o=18\text{V}$　　C. $U_o=9\text{V}$

4-14　图4-93所示的桥式整流、电容滤波电路中，已知交流电源电压 $U_1=220\text{V}$，$f=50\text{Hz}$，$R_L=50\Omega$，要求输出直流电压为24V，纹波较小。试选择：

（1）整流管的型号；

（2）滤波电容器(容量和耐压)。

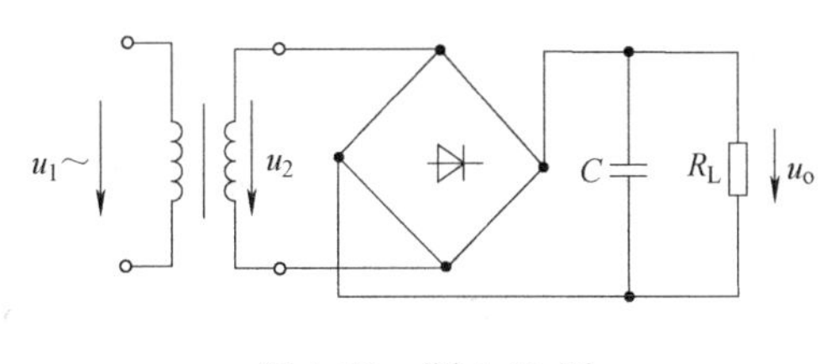

图4-92　题4-13图

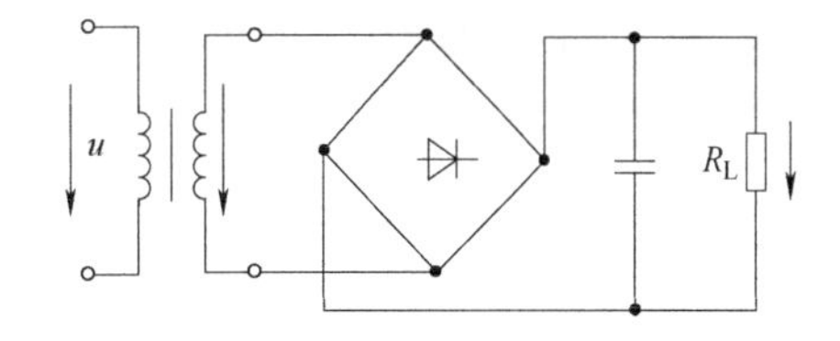

图4-93　题4-14图

4-15　图4-94所示电路中，$U_i=30\text{V}$，$R=1\text{k}\Omega$，$R_L=2\text{k}\Omega$，稳压管的稳定电压为 $U_Z=10\text{V}$，稳定电流的范围：$I_{Z\max}=20\text{mA}$，$I_{Z\min}=5\text{mA}$，试分析当 U_i 波动 ±10%时，电路能否正常工作？如果 U_i 波动 ±30%，电路能否正常工作？

4-16　若有一个具有中心抽头的变压器，一块全桥，一块W7815，一块W7915和一些电容、电阻，试组成一个可输出 ±15V 的直流稳压电路。

4-17　图4-95所示电路是利用集成稳压器外接稳压管的方法来提高输出电压的稳压电路。若稳压管的稳定电压 $U_Z=3\text{V}$，试问该电路的输出电压 U_o 是多少？

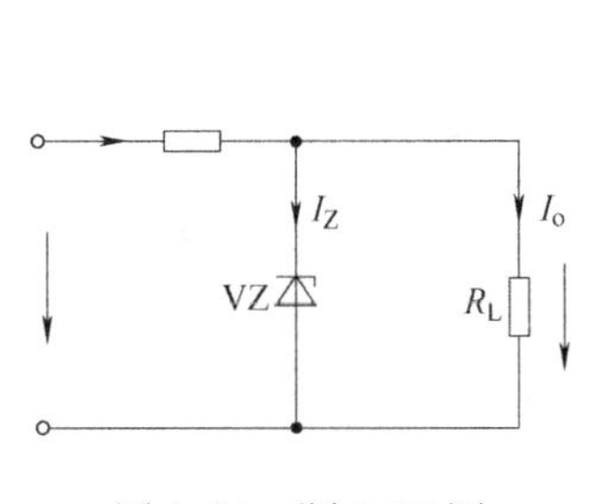

图4-94　题4-15图

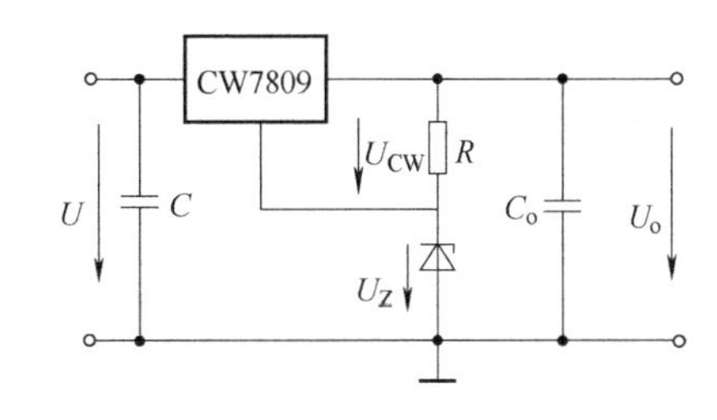

图4-95　题4-17图

4-18　图4-96所示为三端集成稳压器W7805组成的恒流源电路。已知W7805芯片3、2间的电压为5V，$I_W=4.5\text{mA}$。求电阻 $R=100\Omega$，$R_L=200\Omega$ 时，负载 R_L 上的电流 I_o 和输出电压 U_o 的值。

4-19　在图4-97所示电路中，晶体管的 $\beta=50$，$R_C=3.2\text{k}\Omega$，$R_B=320\text{k}\Omega$，$R_S=100\Omega$，$R_L=6.8\text{k}\Omega$，$U_{CC}=15\text{V}$。

（1）求静态工作点；

（2）画出微变等效电路；

（3）计算 A_u、r_i 和 r_o。

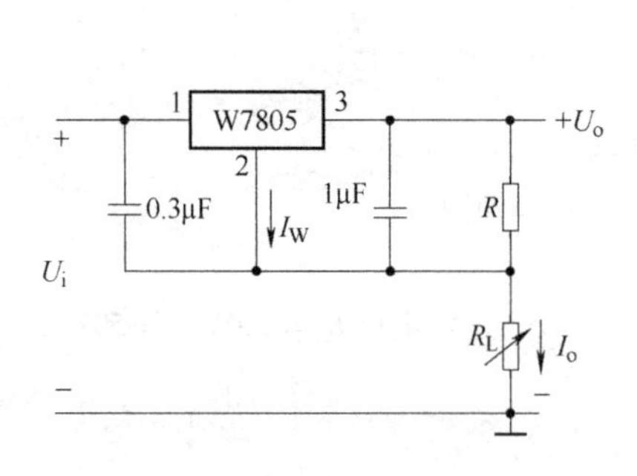

图 4-96　题 4-18 图

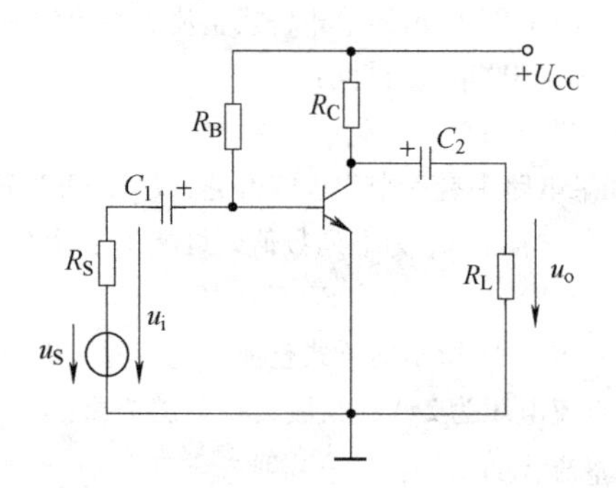

图 4-97　题 4-19 图

4-20　电路如图 4-98 所示。

（1）若 $U_{CC}=12V$，$R_C=3k\Omega$，$\beta=75$，要将静态值 I_C 调到 1.5mA，则 R_B 为多少？

（2）在调节电路时若不慎将 R_B 调到 0，对晶体管有无影响？为什么？通常采取何种措施来防止发生这种情况？

4-21　图 4-99 所示的分压式偏置电路中，已知 $U_{CC}=24V$，$R_{B1}=33k\Omega$，$R_{B2}=10k\Omega$，$R_E=1.5k\Omega$，$R_C=3.3k\Omega$，$R_L=4.1k\Omega$，$\beta=66$，硅管。试求：

（1）静态工作点；

（2）画出微变等效电路，计算电路的电压放大倍数、输入电阻、输出电阻；

（3）放大电路输出端开路时的电压放大倍数，并说明负载电阻 R_L 对电压放大倍数的影响。

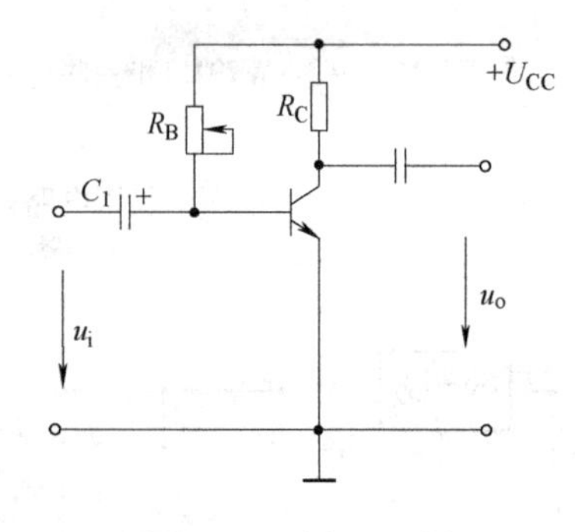

图 4-98　题 4-20 图

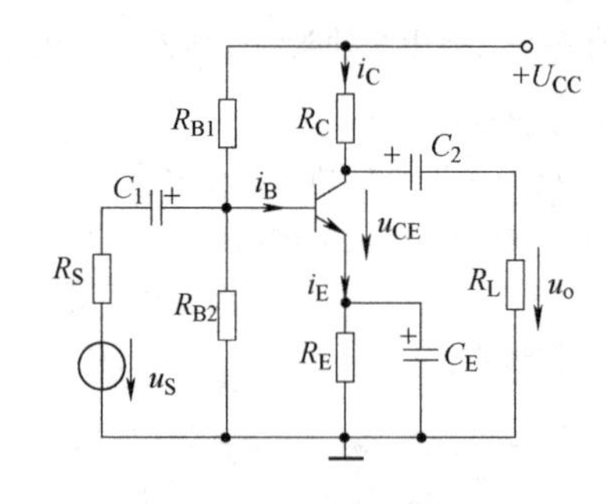

图 4-99　题 4-21 图

4-22　图 4-100 所示电路为射极输出器。已知 $U_{CC}=20V$，$R_B=200k\Omega$，$R_E=3.9k\Omega$，$R_S=100\Omega$，$R_L=1.5k\Omega$，$\beta=60$，硅管。试求：

（1）静态工作点；

（2）画出微变等效电路，计算电路的电压放大倍数、输入电阻、输出电阻；

（3）说明射极输出器的特点及主要应用场合。

4-23　图 4-101 所示电路中，已知 $U_{CC}=12V$，$R_B=280k\Omega$，$R_C=R_E=2k\Omega$，$r_{be}=1.4k\Omega$，$\beta=100$，硅管。试求：

（1）在 A 端输出时的电压放大倍数 A_{uo1} 及输入、输出电阻；

（2）在 B 端输出时的电压放大倍数 A_{uo2} 及输入、输出电阻；

（3）在 A 端、B 端输出时，比较在 A 端、B 端输出时电压放大倍数、输入电阻、输出电阻的异同。

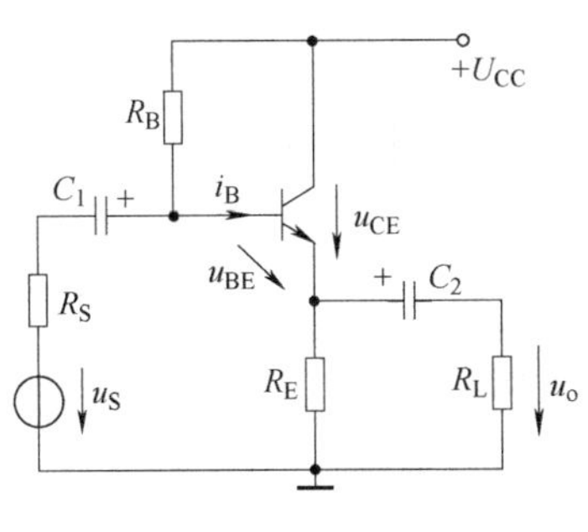

图4-100　题4-22图

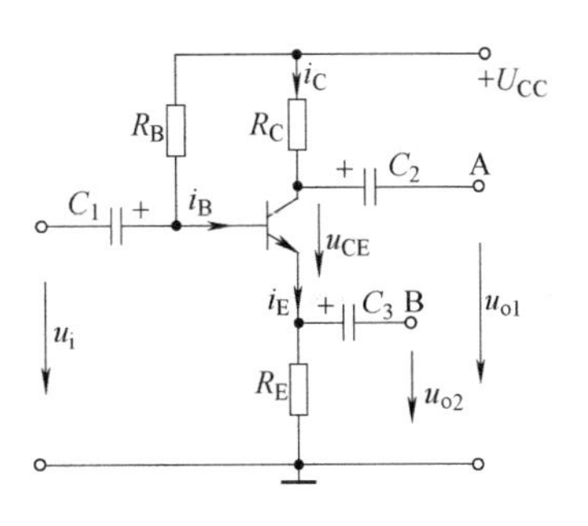

图4-101　题4-23图

4-24　图4-102所示电路中，已知$U_{CC}=12V$，$R_B=300k\Omega$，$R_C=R_E=2k\Omega$，$R_S=100\Omega$，$\beta=50$，硅管，电路有两个输出端。试求：

（1）电压放大倍数A_{uo1}及对应的输入、输出电阻；

（2）电压放大倍数A_{uo2}及对应的输入、输出电阻。

4-25　图4-103所示电路中，已知$U_{CC}=12V$，$R_B=240k\Omega$，$R_C=3k\Omega$，$R_L=3k\Omega$，$R_S=100\Omega$，$\beta=20$，硅管。试求：

（1）静态工作点；

（2）电压放大倍数及输入、输出电阻。

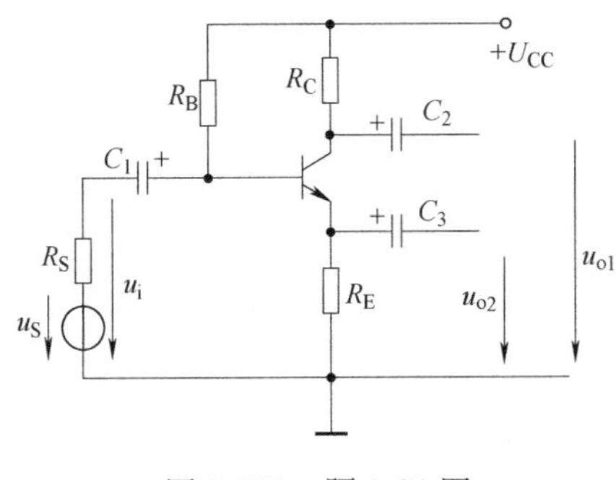

图4-102　题4-24图

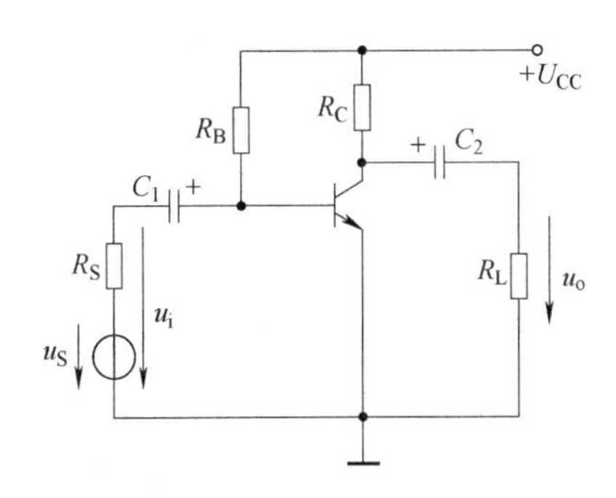

图4-103　题4-25图

4-26　图4-104所示电路为射极输出器。已知$U_{CC}=12V$，$R_B=130k\Omega$，$R_E=3k\Omega$，$R_L=1.5k\Omega$，$\beta=50$，硅管。试求：

（1）静态工作点；

（2）画出微变等效电路，计算电压放大倍数、输入电阻、输出电阻；

（3）观察输入、输出电压波形及频率特性。

4-27　图4-105所示的分压式偏置电路中，已知$U_{CC}=24V$，$R_{B1}=82k\Omega$，$R_{B2}=43k\Omega$，$R_E=2k\Omega$，$R_C=4k\Omega$，$R_L=5.1k\Omega$，$\beta=50$，硅管。试求：

（1）静态工作点；

（2）画出微变等效电路，计算电路的电压放大倍数、输入电阻、输出电阻；

（3）放大电路输出端开路时的电压放大倍数，并说明负载电阻R_L对电压放大倍数的影响。

4-28　两级阻容耦合放大电路如图4-106所示，已知：$U_{CC}=12V$，$R_{B1}=500k\Omega$，$R_{B2}=200k\Omega$，$R_{C1}=6k\Omega$，$R_{C2}=3k\Omega$，$R_L=2k\Omega$，两硅管的β均为40。试求：

（1）各级的静态工作点；

（2）画出微变等效电路，计算电路的电压放大倍数、输入电阻、输出电阻。

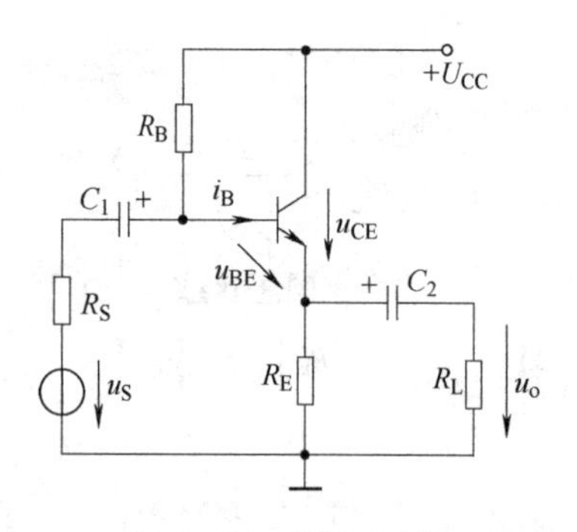

图 4-104　题 4-26 图

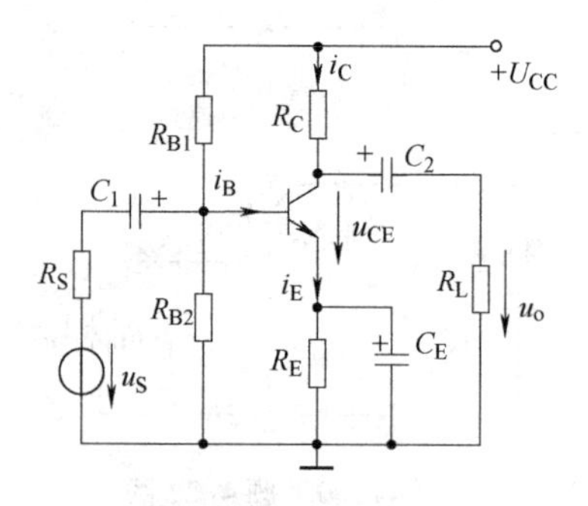

图 4-105　题 4-27 图

4-29　图 4-107 所示电路中，已知：$U_{DD}=18V$，$R_{G1}=250k\Omega$，$R_{G2}=50k\Omega$，$R_G=1M\Omega$，$R_D=5k\Omega$，$R_S=5k\Omega$，$R_L=5k\Omega$，$g_m=5mA/V$。试求：

（1）放大电路的静态值（I_D，U_{DS}）。

（2）画出微变等效电路，计算电路的电压放大倍数、输入电阻、输出电阻。

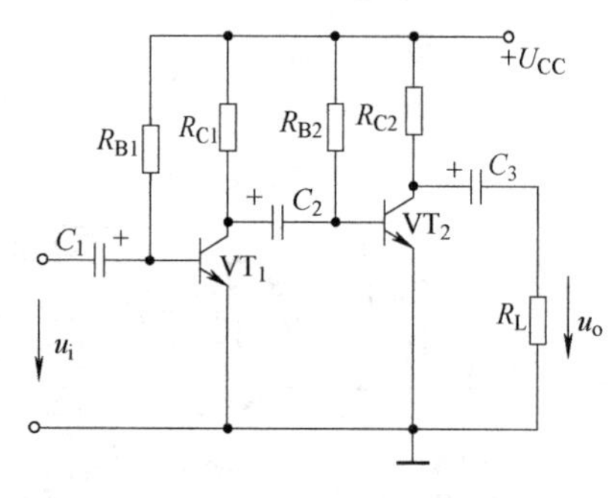

图 4-106　题 4-28 图

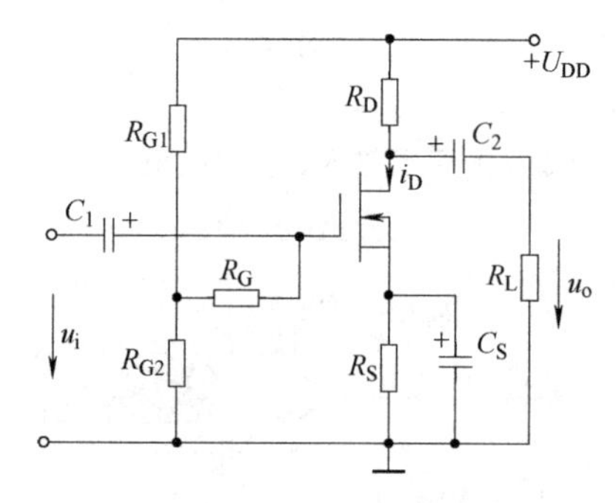

图 4-107　题 4-29 图

4-30　图 4-108 所示 OCL 互补对称功率放大电路中，两个晶体管的特性完全对称，试观察输出电压的波形并说明晶体管的工作状态，波形有失真吗？若有失真，提出解决措施，并再次观察输出电压波形。

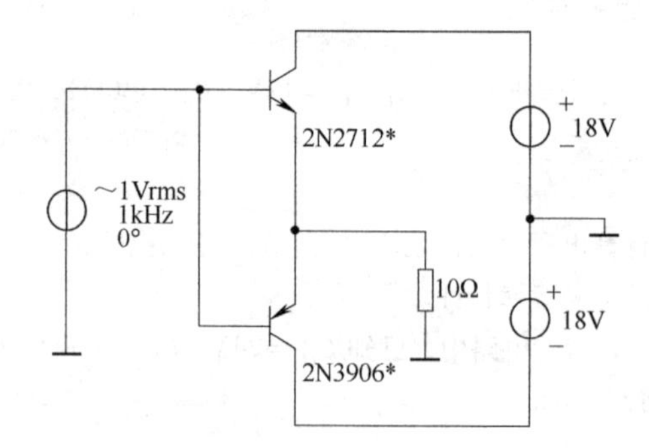

图 4-108　题 4-30 图

第 5 章　集成运算放大器

集成电路是相对于分立器件电路而言的，集成电路就是将电路的所有元器件和连线都制作在同一半导体芯片上，组成一个不可分割的整体。集成运算放大器目前在模拟电子技术中得到广泛应用，成为模拟电子技术领域中的核心器件。

本章首先介绍集成运算放大器的结构和基本特性，然后讨论集成运算放大器电路中的反馈问题，最后介绍集成运算放大器的运算电路及其应用。

5.1　集成运算放大器简介

5.1.1　集成运放的结构与符号

1. 组成

集成运算放大器是用集成电路工艺制成的高放大倍数的直接耦合的多级放大电路。集成运算放大器简称为“集成运放”。集成运放由输入级、中间级、输出级和偏置电路四部分构成，结构框图如图 5-1 所示，它有两个输入端和一个输出端。

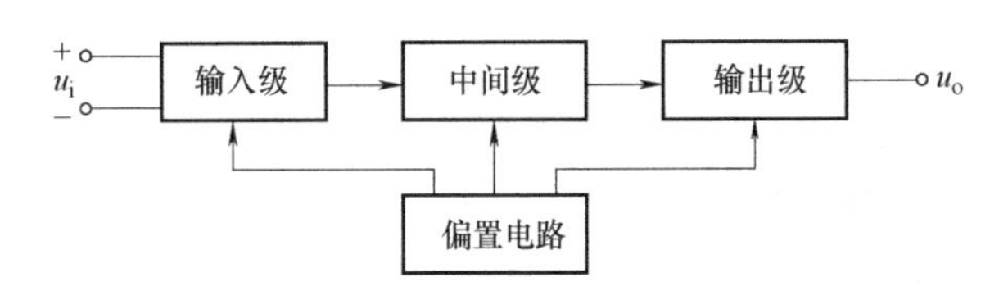

图 5-1　集成运放结构框图

集成电路的工艺特点如下：

1）元器件具有良好的一致性和同向偏差，因而特别有利于实现对称结构的电路。

2）集成电路的芯片面积小，集成度高，所以功耗很小，在毫瓦级以下。

3）不易制造大电阻。需要大电阻时，往往使用有源负载。

4）只能制作几十皮法以下的小电容。因此，集成运放都采用直接耦合方式。如需要大电容，只能外接。

5）不能制造电感，如需电感，只能外接。

6）一般无二极管，需要时用晶体管代替(集电极和基极接在一起)。

输入级通常要求有尽可能低的零点漂移、较高的共模抑制能力、输入阻抗高及偏置电流小，因此一般采用双端输入的差分放大电路。

中间级主要承担电压放大任务，多采用共射极或共源极放大电路。为了提高电压放大倍数，经常采用复合管作为放大管，用恒流源作为有源负载。

输出级的主要作用是提供足够大的输出电压和输出电流以满足负载的需要，同时还要具有较低的输出电阻和较高的输入电阻，实现将放大级和负载隔离的功能，所以电路常用射极跟随器或互补对称输出电路。

偏置电路的作用是为上述各级放大电路提供合适的偏置电流，确定各级静态工作点，一般采用恒流源电路组成。

2. 集成运放的外形结构与引脚功能

集成运算放大器的内部电路结构较复杂，使用时主要掌握各引脚的含义和性能参数即可。集成运放的封装通常有双列直插式、扁平式和圆壳式三种。图 5-2 所示为集成运算 LM741 的外形结构和引脚图，它有八个引脚，各引脚的用途如下：

1）输入端和输出端：LM741 的引脚 2 为反相输入端、引脚 3 为同相输入端，引脚 6 为输出端，信号从反相输入端输入时，输出信号与输入信号反相；信号从同相输入端输入时，输出信号与输入信号同相。这两个输入端对于集成运放的应用极为重要，绝对不能接错。

2）电源端：引脚 7 与 4 为外接电源端，为集成运放提供直流电源。集成运放通常采用双电源供电方式，引脚 4 为负电源端，接 -18 ~ -3V 电源，引脚 7 为正电源端，接 3 ~ 18V 电源，使用时不能接错。

3）调零端：引脚 1 和 5 为外接调零补偿电位器端。集成运放的输入级为差分放大电路，但由于晶体管生产工艺的特点，其特性不可能完全对称，当输入信号为零时，输出信号一般不为零。调节电位器 R_P，可使输入信号为零时，输出信号也为零。

实际上，可以把集成运放看作是一个双端输入、单端输出且具有高差模放大倍数、高输入电阻、低输出电阻和抑制温度漂移能力的放大电路。不同型号集成运算各引脚的功能不同，使用时须查手册了解清楚。

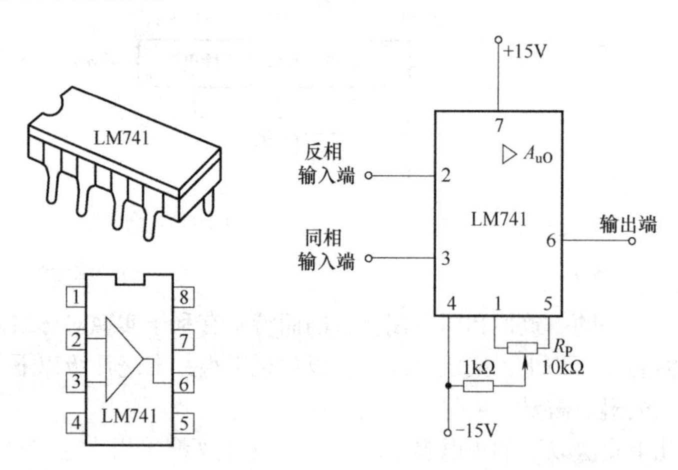

图 5-2　LM741 外形结构与引脚排列图

3. 集成运放的符号

集成运放的符号如图 5-3 所示，图 5-3a 中的“▷”表示信号的传输方向，“∞”表示放大倍数为理想条件。“-”是反相输入端，电压用“u_-”表示；“+”是同相输入端，电压用“u_+”表示。图 5-3a 是我国标准符号，图 5-3b 是国际流行符号。

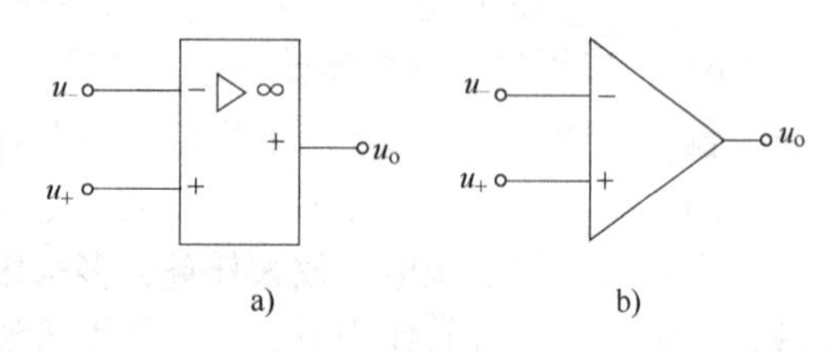

图 5-3　集成运放的图形符号

5.1.2 集成运放的主要技术指标

集成运放的参数是评价其性能好坏的主要指标，是正确选择和使用集成运放的重要依据。主要技术指标如下：

1. 开环差模电压放大倍数 A_{od}

开环差模电压放大倍数 A_{od} 指在无外加反馈情况下的电压放大倍数，它是决定运算精度的重要指标，通常用分贝(dB)表示，即

$$A_{od} = 20\lg\left|\frac{\Delta U_o}{\Delta U_{i1} - \Delta U_{i2}}\right| \tag{5-1}$$

不同型号的运放 A_{od} 相差悬殊，LM741 约为 106dB，目前高增益型在 140 ~ 200dB（10^7 ~ 10^{10} 倍）。

2. 共模抑制比 K_{CMRR}

K_{CMRR} 是差模电压放大倍数与共模电压放大倍数之比，LM741 的典型值为 90dB，高质量的运放 K_{CMRR} 可达 180dB。

3. 差模输入电阻 r_{id}

r_{id} 是集成运放开环时，输入电压变化量与由它引起的输入电流变化量之比，即从输入端看进去的动态电阻。r_{id} 越大说明集成运放由差模信号源输入的电流就越小，精度就越高。一般为 MΩ 级，LM741 的 r_{id} 约为 2MΩ，以场效应晶体管为输入级的 r_{id} 可达 10^{11}MΩ。

4. 开环输出电阻 r_o

r_o 是集成运放开环时，从输出端向里看进去的动态电阻。其值越小，说明集成运放的带负载能力越强。一般 r_o 约为几百欧，LM741 的 r_o 约为 75Ω，性能高的运放 r_o 都小于 100Ω。

5. 最大输出电压 U_{OPP}

最大输出电压 U_{OPP} 是指能使输出电压失真不超过允许值时的最大输出电压。它与集成运放的电源电压有关，如 LM741 当电源电压为 ±15V 时，输出电压幅度 U_{OPP} 为 ±12 ~ ±14V。

除上述各参数外，还有输入失调电压 U_{io}、输入失调电流 I_{io}、输入偏置电流 I_{iB}、静态功耗 P_{CM} 等其他参数，具体使用时可查阅有关手册。

5.1.3 集成运放的电压传输特性与理想化模型

1. 集成运放的电压传输特性

集成运放输出电压 u_o 与输入电压($u_+ - u_-$)之间的关系曲线称为电压传输特性。对于采用正负电源供电的集成运放，电压传输特性如图 5-4a 所示。从传输特性可以看出，集成运放有两个工作区，线性放大区和非线性区。

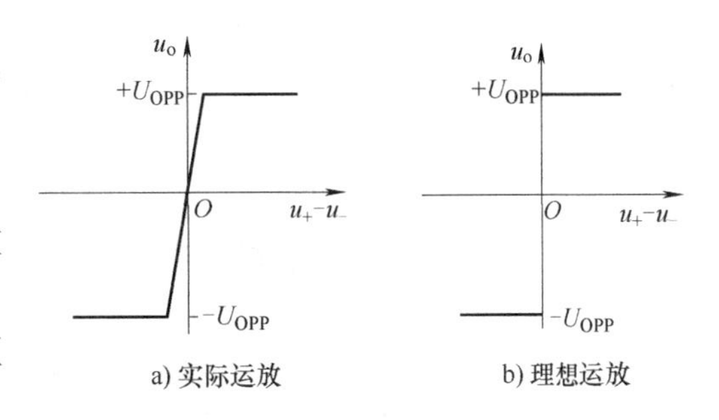

图 5-4 集成运放的传输特性

当集成运放在线性放大区工作时，输出电压 u_o 与输入电压($u_+ - u_-$)呈线性关系，即

$$u_o = A_{od}(u_+ - u_-) \tag{5-2}$$

由于集成运放 A_{od}很高，所以线性放大区的范围很小。

当集成运放在非线性区工作时，输出电压 u_o 只有两种可能，或等于运放的正向最大输出电压 $+U_{OPP}$，或等于运放的负向最大输出电压 $-U_{OPP}$。

可见，即使集成运放输入毫伏级信号，也会超出线性放大的范围，使输出电压不再随输入电压线性增长，而达到其饱和，工作在非线性区；另外，由于干扰，使电路难于稳定。所以要使集成运算放大器工作在线性区，通常要引入深度负反馈。

2. 理想集成运放及其传输特性

为了简化分析过程，同时又满足工程的实际需要，通常把集成运放理想化。满足下列参数指标的集成运算放大器可以视为理想集成运算放大器。

1）开环电压放大倍数 $A_{od}\to\infty$。

2）输入电阻 $r_{id}\to\infty$。

3）输出电阻 $r_o\to 0$。

4）共模抑制比 $K_{CMRR}\to\infty$。

理想集成运放电压传输特性如图 5-4b 所示。工作于线性区和非线性区的理想运放具有不同的特性。

（1）线性区　理想集成运放工作在线性区具有“虚短”和“虚断”特点。

理想集成运放工作在线性区时，满足 $u_o=A_{od}(u_+-u_-)$，由于开环放大倍数 $A_{od}\to\infty$，而输出电压是一个有限值，因此 $u_+-u_-=\frac{u_o}{A_{od}}\approx 0$，即

$$u_+\approx u_- \tag{5-3}$$

理想运放的同相输入端与反相输入端的电位相等，好像这两个输入端是短路一样，所以称为“虚短”。

由于理想运放的差模输入电阻 $r_{id}\to\infty$，所以同相输入端与反相输入端的电流都等于零，即

$$i_+=i_-=0 \tag{5-4}$$

理想运放的同相输入端与反相输入端的电流都等于零，如同这两个输入端内部被断路一样，所以称为“虚断”。

（2）非线性区　理想集成运放工作在非线性区具有“电压比较”和“虚断”特点。

理想运放在开环或正反馈状态下工作，理想集成运放工作于非线性区。$u_o\neq A_{od}(u_+-u_-)$，即 $u_+\neq u_-$（不满足虚短），u_o 具有两值性：当 $u_+>u_-$时，$u_o=+U_{OPP}$；当 $u_+<u_-$时，$u_o=-U_{OPP}$；而 $u_+=u_-$为 $+U_{OPP}$与 $-U_{OPP}$的转折点。

由于理想运放的差模输入电阻 $r_{id}\to\infty$，所以 $i_+=i_-=0$（满足虚断）。

5.2　放大电路中的反馈

集成运算放大器工作于线性区时，通常要引入负反馈。实际工程中，为改善放大电路性能，放大电路总要引入反馈，因此掌握反馈的基本概念与判断方法是研究集成运放电路的基础。

5.2.1　反馈的基本概念

所谓反馈，就是将放大电路输出量(电压或电流)的部分或全部通过反馈网络反向送给输入端，与原输入信号相加或相减再作用到基本放大电路的输入端，并对放大电路造成影响。反馈网络通常由纯电阻或串、并联电容无源网络构成，也可以由有源网络构成，其功能是将取自输出回路的电量变换成与原输入相同量纲的电量，送达输入回路。引入反馈以后，使信号既有正向传输也有反向传输，电路形成闭合回路。引入反馈后的放大电路称为闭环放大电路，未引入反馈的放大电路则称为开环放大电路。闭环放大电路的框图如图5-5所示。

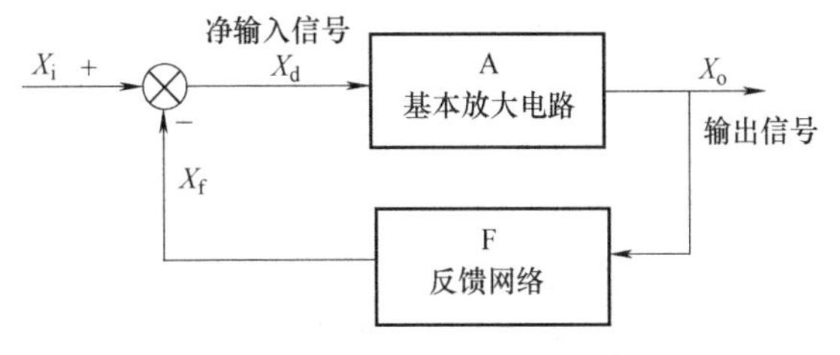

图5-5　闭环放大电路框图

在图5-5中：X_i 表示输入信号、X_d 表示净输入信号、X_o 表示输出信号、X_f 表示反馈信号，它们可以是电压、电流信号。

根据反馈信号的交、直流性质，可分为直流反馈和交流反馈。如果反馈信号中只有直流成分，则称为直流反馈；如果反馈信号中只有交流成分，则称为交流反馈。在一个实用放大电路中，往往同时存在直流反馈和交流反馈。

放大电路中的反馈按照极性的不同，可分为负反馈和正反馈。若反馈信号削弱了放大器的输入信号，使净输入信号减小，导致放大器的放大倍数降低，称为负反馈；反之，若反馈信号使放大器的净输入信号增强，导致放大器的放大倍数增大，则为正反馈。

如果图5-5中引入的是负反馈，则基本放大电路的净输入信号为 $X_d = X_i - X_f$，基本放大电路的开环放大倍数为 $A = \dfrac{X_o}{X_d}$，反馈网络的反馈系数为 $F = \dfrac{X_f}{X_o}$，引入负反馈后的闭环放大倍数为 $A_f = \dfrac{X_o}{X_i}$，可得

$$A_f = \frac{A}{1 + AF} \tag{5-5}$$

式(5-5)是分析反馈放大器的基本关系式。其中，$1 + AF$ 称为反馈深度，是衡量放大电路信号反馈强弱的一个重要指标。

若 $AF \gg 1$，称为深度负反馈，此时式(5-5)可写为

$$A_f \approx \frac{1}{F} \quad 即 \quad X_f \approx X_i \tag{5-6}$$

5.2.2　反馈的基本类型及判断方法

1. 有无反馈的判别

若放大电路中存在将输出信号反送回输入端的通路，并影响放大器的净输入信号，则表明电路引入了反馈。

例如，在图5-6a所示的电路中，只有信号的正向传送通路，所以没有反馈；图5-6b所示的电路中，电阻 R_2 将输出信号反送到输入端与输入信号一起共同作用于放大器输入端，

所以有反馈；而图 5-6c 所示的电路中，由于电阻 R_1 接地，输出端的信号没有送回到输入端，所以没有反馈。

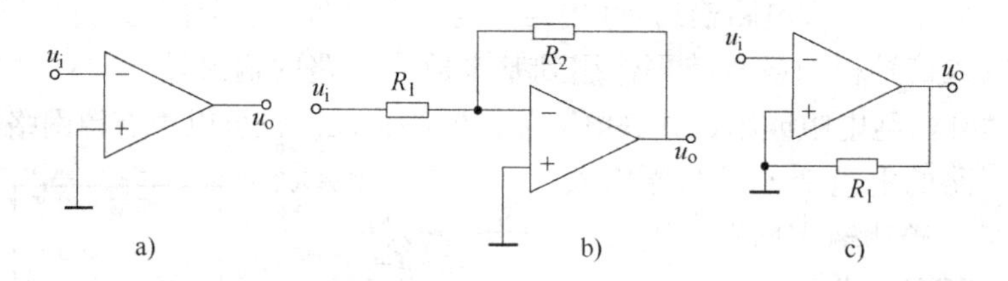

图 5-6　有无反馈的判断

2. 反馈极性的判别

反馈极性的判断方法是瞬时极性法。其方法是，首先规定输入信号在某一时刻的极性，然后逐级判断电路中各个相关点的电流流向与电位的极性，从而得到输出信号的极性，再根据输出信号的极性判断出反馈信号的极性。若反馈信号使净输入信号增加，就是正反馈；若反馈信号使净输入信号减小，就是负反馈。

如图 5-7a 所示电路中，先假设输入电压 u_i 瞬时极性为正，所以集成运放的输出电压极性为正，产生电流流过 R_2 和 R_1，此时 R_1 上反馈电压 u_f 的极性如图 5-7a 所示，由于 $u_d = u_i - u_f$，u_f 与 u_i 同极性，所以 $u_d < u_i$，净输入信号减小，说明该电路引入负反馈。

图 5-7b 所示电路，先假设输入电压 u_i 瞬时极性为正，所以集成运放的输出电压极性为负，产生电流流过 R_2 和 R_1，此时 R_1 上反馈电压 u_f 的极性如图 5-7b 所示，由于 $u_d = u_i - u_f$，u_f 与 u_i 极性相反，所以 $u_d > u_i$，净输入信号增大，说明该电路引入正反馈。

图 5-7c 所示电路，先假设 i_i 的瞬时方向是流入运放的反相输入端 u_-，相当于在运放的反相输入端加入了正极性的信号，所以放大器输出电压极性为负，放大器输出的负极性电压使流过 R_2 的电流 i_f 的方向是从 u_- 节点流出，由于有 $i_d = i_i - i_f$，所以 $i_d < i_i$，就是说净输入电流比输入电流小，所以电路引入负反馈。

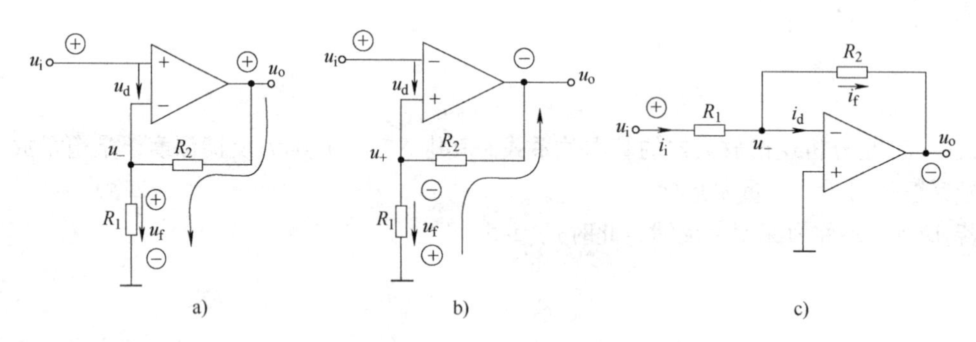

图 5-7　反馈极性的判断

3. 电压反馈与电流反馈

从放大电路的输出端看，按照反馈网络在输出端的取样不同，可分为电压反馈和电流反馈。如反馈量取自输出电压，并与之成比例，称为电压反馈；若反馈量取自输出电流，并与之成比例，称为电流反馈。

电压反馈与电流反馈的判断方法是虚拟短路法，即将放大器输出端的负载短路，若反馈信号不存在就说明反馈信号和输出电压成正比，为电压反馈，否则就是电流反馈。

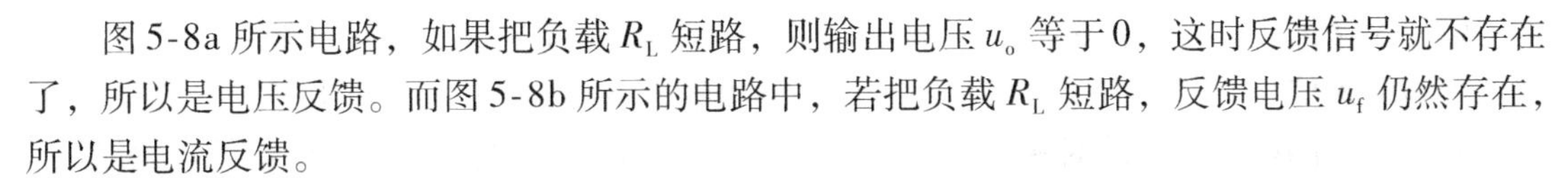

图5-8a所示电路，如果把负载 R_L 短路，则输出电压 u_o 等于0，这时反馈信号就不存在了，所以是电压反馈。而图5-8b所示的电路中，若把负载 R_L 短路，反馈电压 u_f 仍然存在，所以是电流反馈。

4. 串联反馈与并联反馈

从放大电路的输入端看，按照反馈信号与输入信号的连接方式的不同，可分为串联反馈和并联反馈。若放大电路两个信号是串联在一个回路中，输入电压 u_i 是净输入电压 u_d 与反馈电压 u_f 之和，则为串联反馈；若放大电路的两个信号是连接在一个节点上，输入电流 i_i 是净输入电流 i_d 与反馈电流 i_f 之和，则为并联反馈。

串联反馈与并联反馈的判断方法是相加法，即从输入端看，若反馈信号与放大器的输入信号是以电压加减的形式出现，则为串联反馈，等效电路如图5-9a所示。若反馈信号与放大器的输入信号是以电流加减的形式出现，则为并联反馈，等效电路如图5-9b所示。

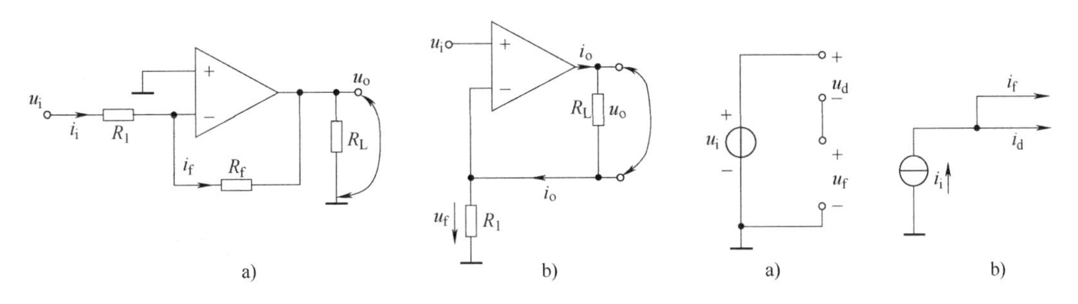

图5-8　电压反馈与电流反馈的判断　　图5-9　串联反馈与并联反馈的等效电路

5.2.3　负反馈的四种组态

1. 电压串联负反馈

电路如图5-10所示，首先从输出端来判断反馈信号的取样方式，将负载 R_L 短路，即相当于输出端接地，这时 $u_o=0$，反馈信号不存在，所以是电压反馈；然后从输入端来判断反馈信号与输入信号的连接方式，反馈信号未反送到原输入支路，而是反送到集成运放的另一端，所以是串联反馈；再用瞬时极性法判断反馈的极性，各瞬时极性如图5-10所示，原输入信号要减去一个正的反馈信号，故净输入信号减小，所以是负反馈。因此该电路的反馈组态是电压串联负反馈。

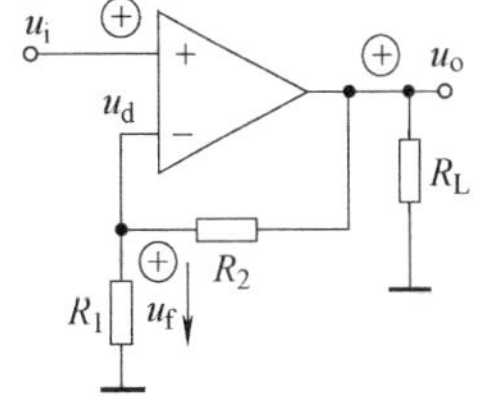

图5-10　电压串联负反馈

2. 电流串联负反馈

电路如图5-11所示，首先从输出端来判断反馈信号的取样方式，将负载 R_L 短路，这时反馈信号并不为零，所以是电流反馈；然后从输入端来判断反馈信号与输入信号的连接方式，反馈信号未反送到原输入支路，而是反送到集成运放的另一端，所以是串联反馈；再用瞬时极性法判断反馈的极性，各瞬时极性如图5-11所示，原输入信号要减去一个正的反馈信号，故净输入信号减小，所以是负反馈。所以该电路的反馈组态是电流串联负反馈。

3. 电压并联负反馈

电路如图5-12所示，首先从输出端来判断反馈信号的取样方式，将负载 R_L 短路，即相当于输出端接地，这时 $u_o=0$，反馈信号不存在，所以是电压反馈；然后从输入端来判断反馈信号与输入信号的连接方式，反馈信号反送到原输入支路，所以是并联反馈；再用瞬时极性法判断反馈的极性，各瞬时极性如图 5-12 所示，原输入信号要减去一个正的反馈信号，故净输入减小，所以是负反馈。所以该电路的反馈组态是电压并联负反馈。

4. 电流并联负反馈

电路如图 5-13 所示，首先从输出端来判断反馈信号的取样方式，将负载 R_L 短路，这时反馈信号并不为零，所以是电流反馈；然后从输入端来判断反馈信号与输入信号的连接方式，反馈信号反送到原输入支路，所以是并联反馈；再用瞬时极性法判断反馈的极性，各瞬时极性如图 5-13 所示，原输入信号要减去一个正的反馈信号，故净输入信号减小，所以是负反馈。所以该电路的反馈组态是电流并联负反馈。

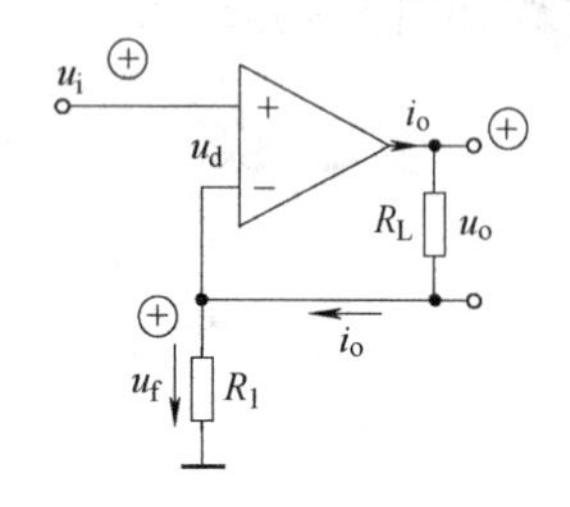

图 5-11　电流串联负反馈

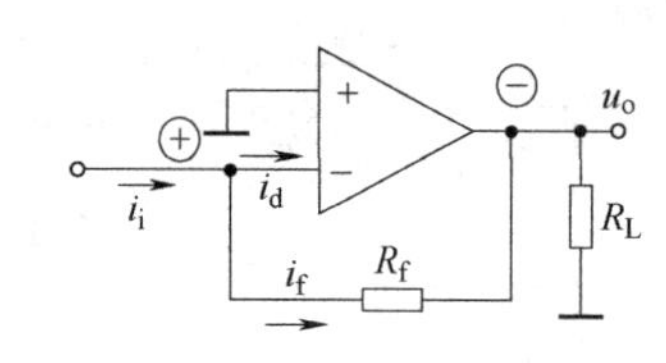

图 5-12　电压并联负反馈

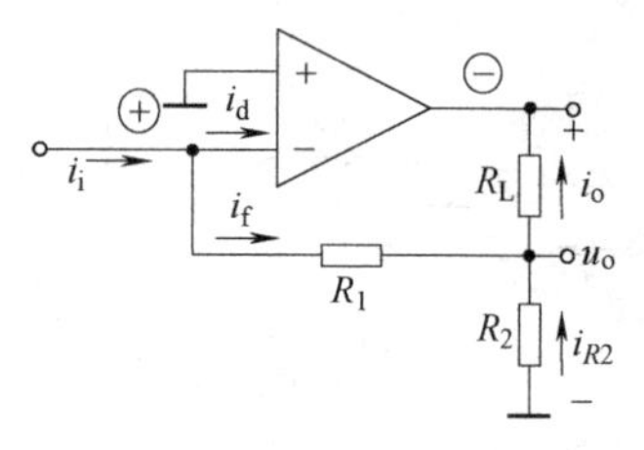

图 5-13　电流并联负反馈

5.2.4　负反馈对放大电路性能的影响

直流反馈一般用于稳定静态工作点，而交流反馈用于改善放大器的性能，如提高放大电路放大倍数的稳定性、减小非线性失真、抑制干扰、降低电路内部噪声和扩展通频带宽度等。这些指标的改善对于提高放大电路的性能是非常有益的，至于放大倍数有所降低则可以通过增加放大器的级数来提高放大倍数。

1. 提高闭环放大倍数的稳定性

对式(5-5)求微分，可得

$$\frac{\mathrm{d}A_f}{A_f}=\frac{1}{1+AF}\frac{\mathrm{d}A}{A} \tag{5-7}$$

上式表明，引入负反馈后，闭环放大倍数的相对变化量只有其开环放大倍数相对变化量的$\frac{1}{1+AF}$。可见反馈越深，放大电路的放大倍数就越稳定。

2. 减小非线性失真

放大电路中由于元件或电路的非线性特性或输入信号幅度较大会产生非线性失真，引入负反馈后，可以使非线性失真得到改善。

3. 扩展放大器的通频带

引入负反馈后，上限频率提高，下限频率降低，所以通频带展宽。

4. 影响输入电阻和输出电阻

对输入电阻的影响仅与反馈网络与基本放大电路输入端的接法有关，即决定于是串联反馈还是并联反馈。串联负反馈使输入电阻 r_i 增大；并联负反馈使输入电阻 r_i 减小。

对输出电阻的影响仅与反馈网络与基本放大电路输出端的接法有关，即决定于是电压反

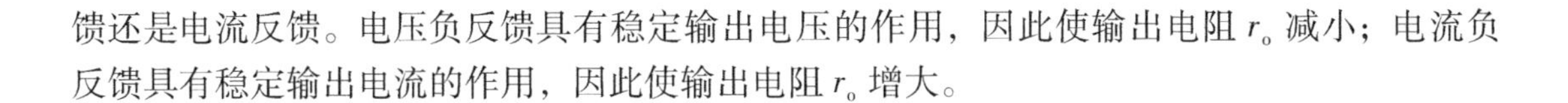

馈还是电流反馈。电压负反馈具有稳定输出电压的作用，因此使输出电阻 r_o 减小；电流负反馈具有稳定输出电流的作用，因此使输出电阻 r_o 增大。

5.3　集成运放的线性应用

集成运放的一个重要应用就是实现模拟信号运算。当集成运放外加深度负反馈使其闭环工作在线性区时，可以构成各种基本运算电路。理想集成运放工作在线性区时的两个特点，即“虚短”和“虚断”是分析运算电路的基本出发点。

5.3.1　比例运算电路

1. 反相比例运算电路

电路如图5-14所示，由于运放的同相输入端经电阻 R_2 接地，根据“虚断”，可知 $u_+=0$，即运放的同相输入端是接地的，由“虚短”可知，同相输入端与反相输入端的电位差近似为零，所以反相输入端也相当于接地，由于没有实际接地，所以称为“虚地”。

由“虚断”概念，可知 $i_1=i_f$，由“虚地”概念，可知 $u_+=u_-=0$，根据欧姆定律，得 $i_1=\dfrac{u_i-u_-}{R_1}=\dfrac{u_i}{R_1}$，$i_f=\dfrac{u_--u_o}{R_f}=-\dfrac{u_o}{R_f}$，整理得

$$u_o=-\frac{R_f}{R_1}u_i \tag{5-8}$$

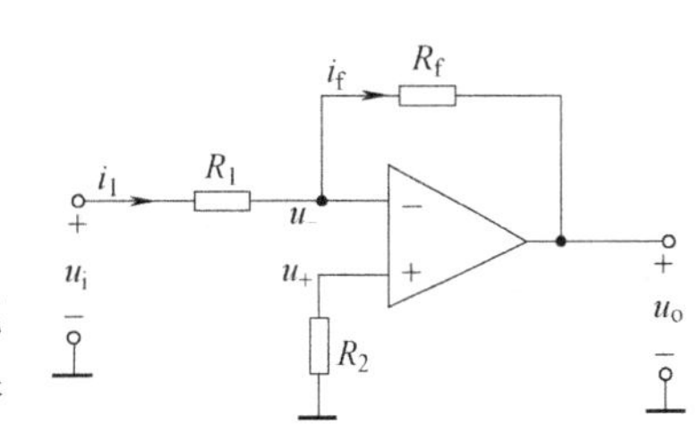

图5-14　反相比例运算电路

由式(5-8)可知，输出电压和输入电压相位相反，比例系数的数值取决于 R_f 和 R_1，而与集成运放电路内部参数无关。若取 $R_f=R_1$，则 $u_o=-u_i$，输出电压 u_o 与输入电压 u_i 大小相等，相位相反，此时电路称为反相器。

为了使集成运放两输入端的外接电阻对称，同相输入端所接电阻 R_2 等于反相输入端对地的等效电阻，即 $R_2=R_1//R_f$，称为平衡电阻。

因为反相输入端“虚地”，输入电阻为 $r_i=\dfrac{u_i}{i_1}=R_1$

虽然集成运放有很高的输入电阻，由于引入电压并联负反馈，降低了输入电阻。

【例5-1】　电路如图5-15所示，分别测量两种输入信号下对应的输出电压。

解： 用Multisim软件仿真。该电路给出了两种输入电压信号，一种为直流电压0.5V，另一种为交流电压，有效值 $U_i=0.5\text{V}$，频率 $f=1\text{kHz}$。测量电路及结果如图5-15所示。注意：测量时图5-15a中的电压表要选择DC档，图5-15b中的电压表要选择AC档。

2. 同相比例运算电路

同相比例运算电路如图5-16a所示，输入信号经 R_2 接至同相输入端。由“虚断”概念，可知 $i_1=i_f$，由“虚短”概念，可知 $u_+=u_-=u_i$，根据欧姆定律，得 $i_1=\dfrac{0-u_-}{R_1}=-\dfrac{u_i}{R_1}$，$i_f=\dfrac{u_--u_o}{R_f}=\dfrac{u_i-u_o}{R_f}$，整理得

$$u_o=\left(1+\frac{R_f}{R_1}\right)u_i \tag{5-9}$$

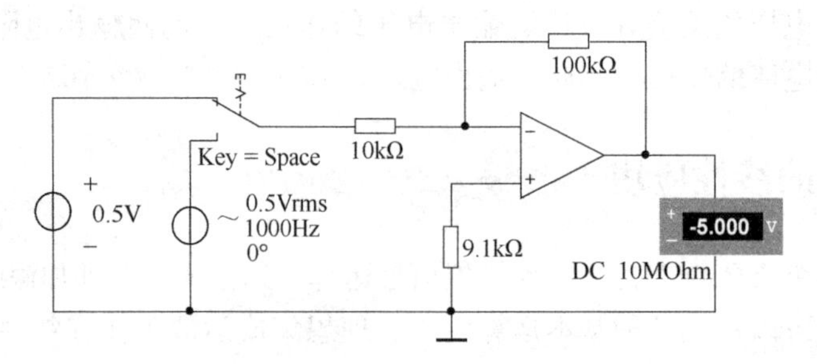

a) 反相比例运算电路（输入信号加直流电压）

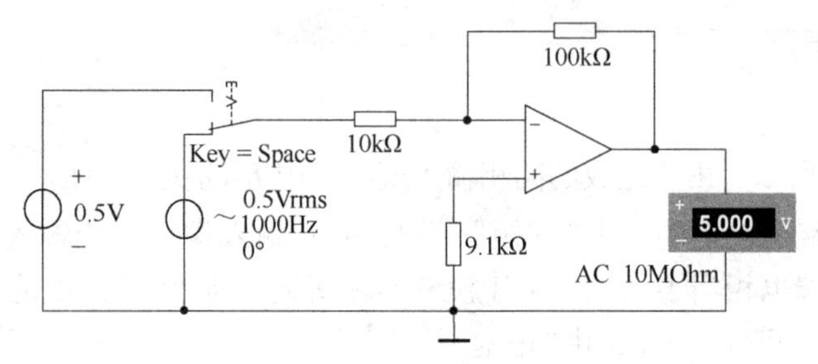

b) 反相比例运算电路（输入信号加交流电压）

图 5-15　例 5-1 图

由于引入电压串联负反馈电路，所以输入电阻很大，理想情况下 $r_i=\infty$。同理，R_2 也是为输入对称而设置的平衡电阻，$R_2=R_1//R_f$。若有 $R_1=\infty$、$R_f=0$，此时电路如图 5-16b 所示，则 $u_o=u_i$，即输出电压跟随输入电压同步变化，该电路称为电压跟随器。

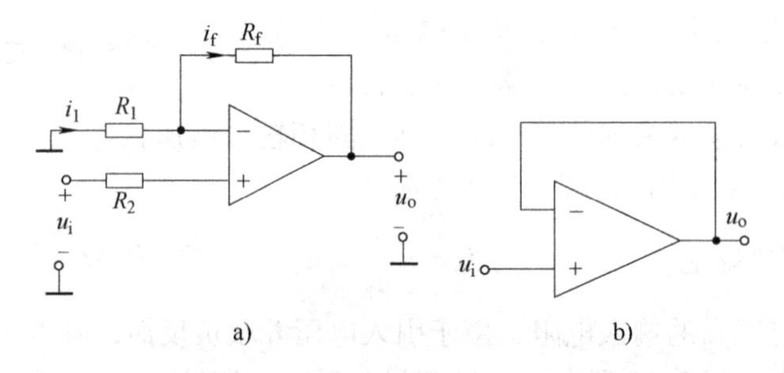

图 5-16　同相比例运算电路

【例 5-2】 试用集成运放设计实现 $u_o=0.5u_i$ 的运算电路，要求画出电路图，并仿真验证。

解： 一级同相比例运算电路的比例系数是大于 1 的，不满足题目要求。一级反相比例运算电路的比例系数是负的，所以可以用两级反相比例运算电路的级联来实现，设计的电路如图 5-17a 所示。

图 5-17a 中，第一级运放实现 $u_{o1}=-0.5u_i$ 的运算关系，第二级运放实现 $u_o=-u_{o1}$ 的运算关系，得到 $u_o=-u_{o1}=-(-0.5u_i)=0.5u_i$。电阻值分别为

$$R_{11}=10\text{k}\Omega,\ R_{f1}=5\text{k}\Omega,\ R_{21}=\frac{10\times5}{10+5}\text{k}\Omega=3.33\text{k}\Omega,$$

$$R_{12}=10\text{k}\Omega,\ R_{f2}=10\text{k}\Omega,\ R_{22}=\frac{10\times10}{10+10}\text{k}\Omega=5\text{k}\Omega。$$

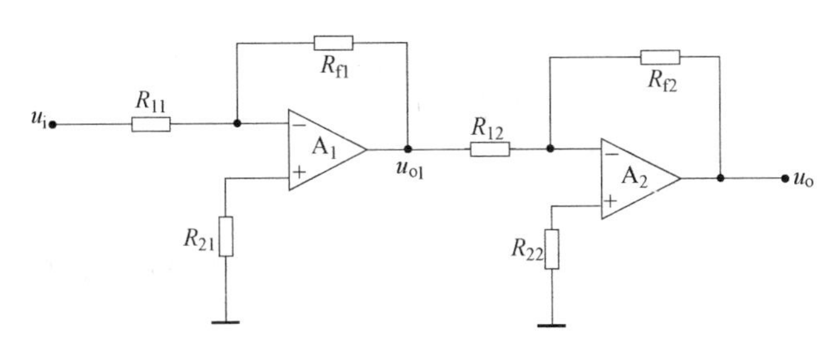

图 5-17a　例 5-2 设计的电路

用 Multisim 仿真验证设计的结果。设 $u_i = 10\sqrt{2}\sin628t$V，验证电路如图 5-17b 所示，则输入、输出波形如图 5-17c 所示。

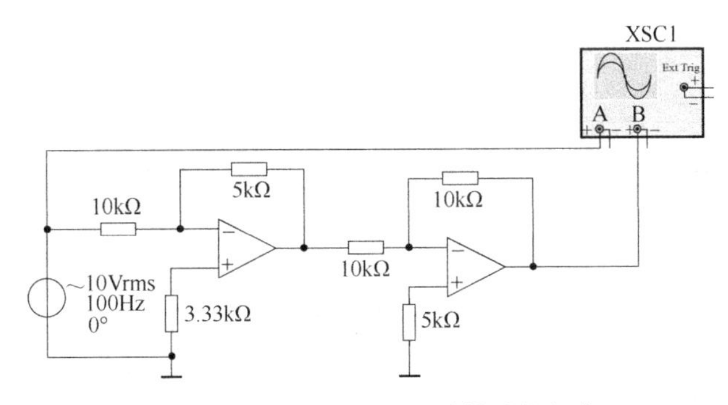

图 5-17b　验证例 5-2 设计结果的电路

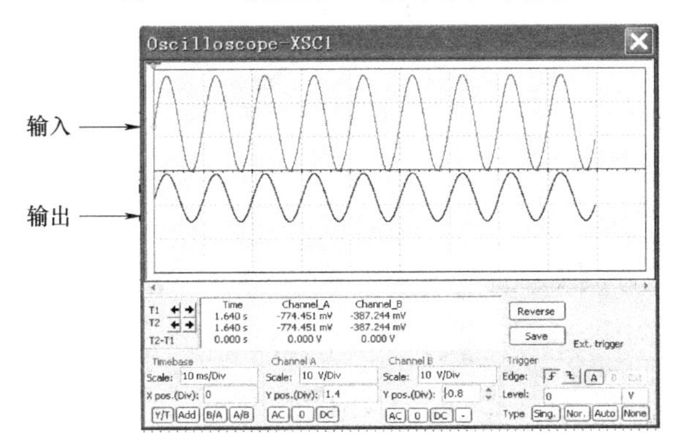

图 5-17c　输入、输出波形

5.3.2　加法与减法运算电路

1. 加法运算电路

反相加法运算电路如图 5-18 所示，两个输入信号均加在运放的反相输入端。由“虚断”得 $i_1 + i_2 = i_f$，由“虚短”得 $u_+ = u_- = 0$，根据欧姆定律，有 $i_1 = \frac{u_{i1}}{R_1}$，$i_2 = \frac{u_{i2}}{R_2}$，$i_f = -\frac{u_o}{R_f}$，所以有

$$u_o = -\left(\frac{R_f}{R_1}u_{i1} + \frac{R_f}{R_2}u_{i2}\right) \tag{5-10}$$

若 $R_1 = R_2 = R_f$，则有

$$u_o = -(u_{i1} + u_{i2}) \tag{5-11}$$

由式(5-10)、式(5-11)可知，加法运算电路的结果与集成运放本身的参数无关，只要各个电阻的阻值足够精确，就可保证加法运算的精度和稳定性。

R 是平衡电阻，应保证 $R=R_1//R_2//R_f$。

2. 减法运算电路

减法运算电路如图 5-19 所示。为了保证输入端对地电阻平衡，同时为了避免降低共模抑制比，通常要求 $R_1=R_2$，$R_f=R_3$。

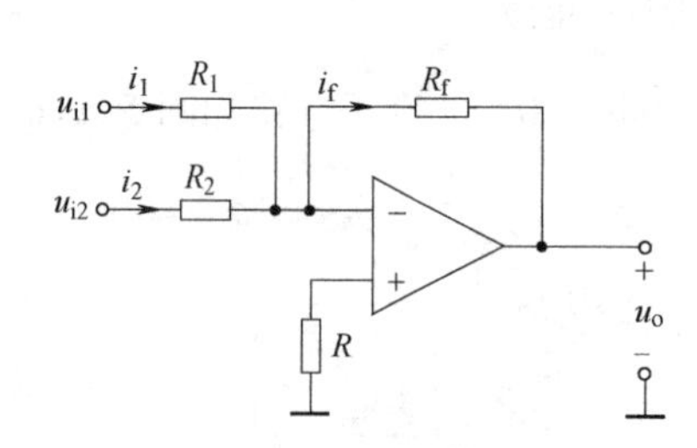

图 5-18　反相加法电路

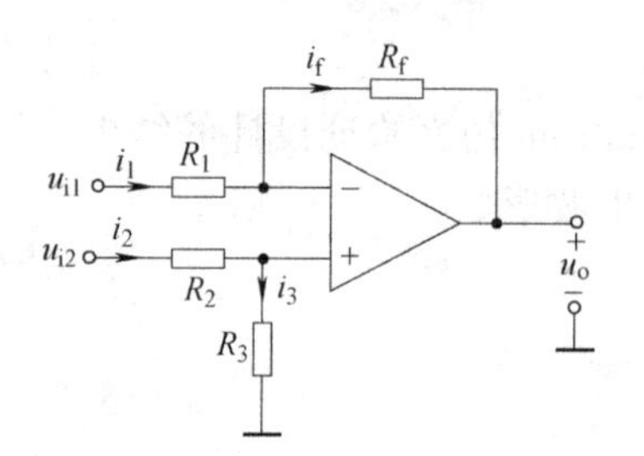

图 5-19　减法运算电路

由“虚断”可知，$i_2=i_3$，$i_1=i_f$，根据欧姆定律有

$$\frac{u_{i2}-u_+}{R_2}=\frac{u_+}{R_3},\quad \frac{u_{i1}-u_-}{R_1}=\frac{u_--u_o}{R_f}$$

由“虚短”可知，$u_-=u_+$，所以

$$u_o=\left(1+\frac{R_f}{R_1}\right)\frac{R_3}{R_2+R_3}u_{i2}-\frac{R_f}{R_1}u_{i1} \tag{5-12}$$

减法运算电路的分析也可以用叠加定理。

当 u_{i1} 单独作用时，$u_o'=-\frac{R_f}{R_1}u_{i1}$；

当 u_{i2} 单独作用时，$u_o''=\left(1+\frac{R_f}{R_1}\right)\frac{R_3}{R_2+R_3}u_{i2}$；

u_{i1} 和 u_{i2} 共同作用时，$u_o=u_o'+u_o''=\left(1+\frac{R_f}{R_1}\right)\frac{R_3}{R_2+R_3}u_{i2}-\frac{R_f}{R_1}u_{i1}$；

当 $R_1=R_2=R_3=R_f$ 时，

$$u_o=u_{i2}-u_{i1}=-(u_{i1}-u_{i2}) \tag{5-13}$$

此时电路为减法运算电路。减法运算电路对元件的对称性要求比较高，否则将产生共模电压输出，降低共模抑制比。

【例 5-3】　在图 5-20 所示的电路中，$R_f=3R_1$，求 u_o 与 u_{i1} 和 u_{i2} 的关系式。

解： 如图 5-20 所示，前一级运放构成的是电压跟随器，$u_{o1}=u_{i1}$，后一级运放：由“虚短”可知 $u_-=u_+=u_{i2}$，由“虚断”可知 $\frac{u_{o1}-u_-}{R_1}=\frac{u_--u_o}{R_f}$，将 $u_{o1}=u_{i1}$ 代入得 $\frac{u_{i1}-u_{i2}}{R_1}=\frac{u_{i2}-u_o}{R_f}$，解得 $u_o=\left(1+\frac{R_f}{R_1}\right)u_{i2}-\frac{R_f}{R_1}u_{i1}$；

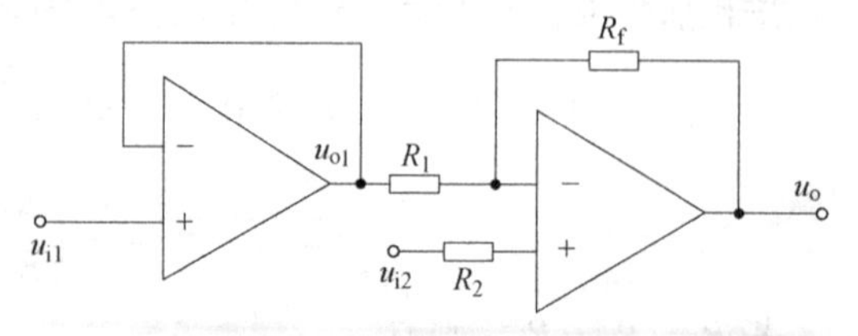

图 5-20　例 5-3 的电路图

将 $R_f=3R_1$ 代入得 $u_o=4u_{i2}-3u_{i1}$。

【例5-4】 电路如图5-21所示，试证明 $u_o=-\frac{R_f}{R_2}\left(1+\frac{2R}{R_P}\right)u_i$。

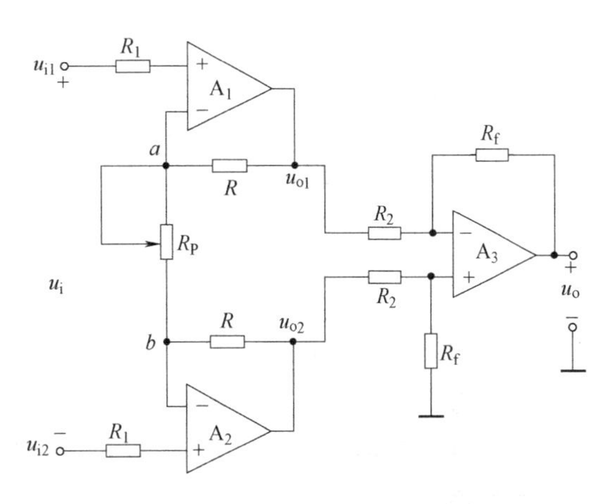

图5-21　例5-4的电路图

证明： 如图5-21所示，A_1 和 A_2 均为同相输入的比例运算，根据“虚短”可知 R_P 两端的电压为 $u_{i1}-u_{i2}=u_a-u_b=u_i$，根据分压公式可得 $u_{i1}-u_{i2}=\frac{R_P}{2R+R_P}(u_{o1}-u_{o2})$，即

$$u_{o1}-u_{o2}=\left(1+\frac{2R}{R_P}\right)u_i$$

u_{o1} 和 u_{o2} 作为 A_3 的差分输入，则得输出电压为

$$u_o=\left(1+\frac{R_f}{R_2}\right)\frac{R_f}{R_2+R_f}u_{o2}-\frac{R_f}{R_2}u_{o1}=-\frac{R_f}{R_2}(u_{o1}-u_{o2})$$

所以

$$u_o=-\frac{R_f}{R_2}(u_{o1}-u_{o2})=-\frac{R_f}{R_2}\left(1+\frac{2R}{R_P}\right)u_i$$

证毕。

5.3.3　积分与微分运算电路

1. 积分运算电路

反相积分运算电路如图5-22所示。根据“虚短”“虚断”的概念，有 $i_1=i_f=\frac{u_i}{R_1}$。

设电容的初始电压为零，所以

$$u_o=-u_C=-\frac{1}{C_f}\int i_f\mathrm{d}t=-\frac{1}{R_1C_f}\int u_i\mathrm{d}t \tag{5-14}$$

式(5-14)表明：输出电压 u_o 与输入电压 u_i 的积分成比例。

其中，R_1C_f 为积分时间常数。若输入为阶跃电压 U_i，则有 $u_o=-\frac{U_i}{R_1C_f}t$。

注意： 积分电路输出值是受电源电压制约的，一定时间后输出电压将趋于饱和。

2. 微分运算电路

反相微分运算电路如图5-23所示。根据“虚短”、“虚断”的概念，可知 $u_C=u_i$，$i_f=i_C=C\frac{\mathrm{d}u_i}{\mathrm{d}t}$，输出电压

$$u_o=-i_fR_f=-R_fC\frac{\mathrm{d}u_i}{\mathrm{d}t} \tag{5-15}$$

输出电压 u_o 与输入电压 u_i 对时间的一次微分成正比。

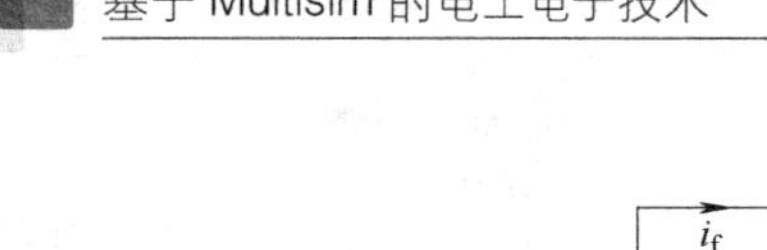

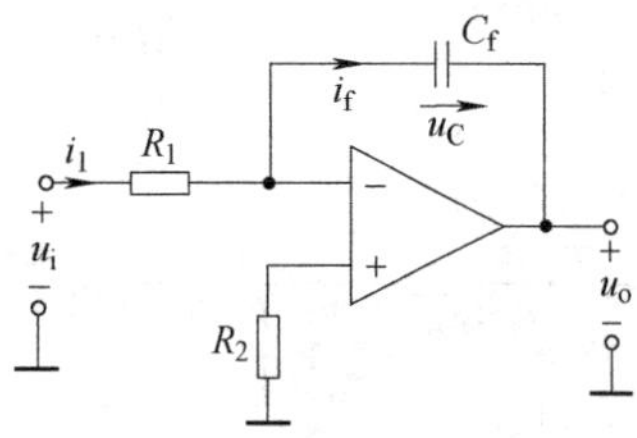

图 5-22　反相积分运算电路

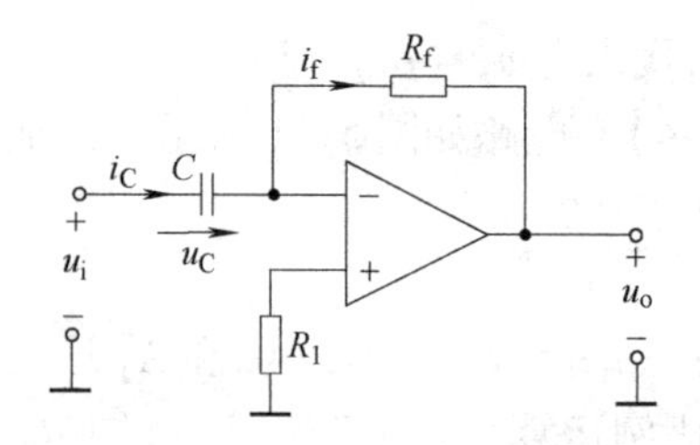

图 5-23　反相微分运算电路

【例 5-5】　由集成运算放大器构成的反相积分电路如图 5-24a 所示，输入信号由函数信号发生器产生，试观察输出信号波形。

解： 双击函数信号发生器，选择频率为 20Hz、幅值为 10V 的方波信号，将示波器接在放大电路的输入、输出端，如图 5-24a 所示，反相积分电路输入、输出波形如图 5-24b 所示。

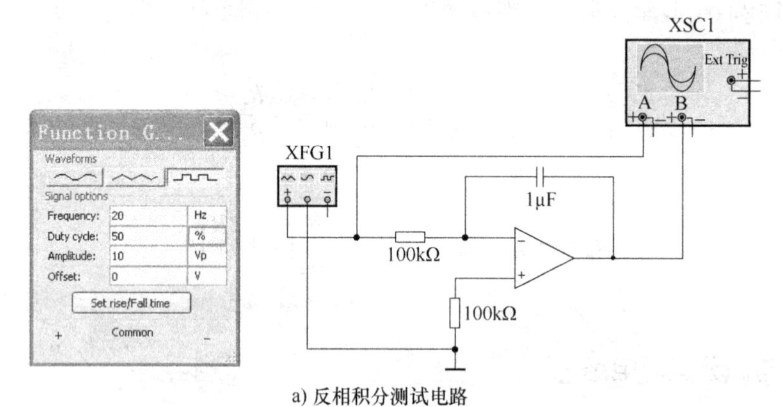

a) 反相积分测试电路

输出

输入

b) 反相积分电路的输入、输出波形

图 5-24　例 5-5 图

5.4　集成运放的非线性应用

5.4.1　电压比较器

电压比较器是一种模拟信号处理电路，它的作用是将输入端的模拟信号的电平进行比较，在输出端显示出比较的结果。它是利用集成运放工作在非线性区的特性，所以属于集成运放的非线性应用。常用作模拟电路和数字电路的接口电路，在测量、通信和波形变换等方面应用广泛。集成运放不加反馈或加正反馈可以构成基本电压比较器、滞回电压比较器等多种电压比较器。

1. 基本电压比较器

图5-25a电路中，输入信号加于运放的同相输入端，参考电压(可以为正，也可以为负) U_{REF}加在运放的反相输入端。集成运放处于开环工作状态，由于理想运放开环差模电压放大倍数是∞，工作在非线性区。由于“虚断”，因此$u_+ = u_i$，$u_- = U_{REF}$，根据集成运放工作在非线性区的分析依据，当$u_i > U_{REF}$时，$u_o = +U_{OPP}$，就是输出为正饱和值；当$u_i < U_{REF}$时，$u_o = -U_{OPP}$，就是输出为负饱和值。

输出电压与输入电压的关系称为电压比较器的电压传输特性。图5-25b是图5-25a基本电压比较器的电压传输特性。通常，在电压比较器的电压传输特性上，输出电压由某一个状态转换到另一种状态时相应的输入电压值称为阈值电压，或称为门限电压。显然图5-25b基本电压比较器的门限电压就是U_{REF}。如果令上述电路中的参考电压U_{REF}为零，则输入信号每次经过零时，输出电压就要产生翻转，这种比较器称为过零比较器。

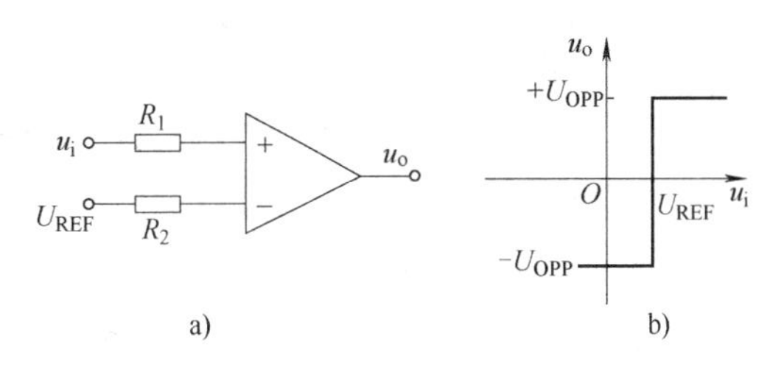

图5-25 基本电压比较器

【例5-6】 电路如图5-26a所示，已知集成运算放大器的型号为ideal，稳压二极管的型号为IN753A，其稳定电压$U_Z = 6V$，$U_{REF} = 3V$，输入电压$u_i = 8\sqrt{2}\sin 628t V$，试观察图5-26a

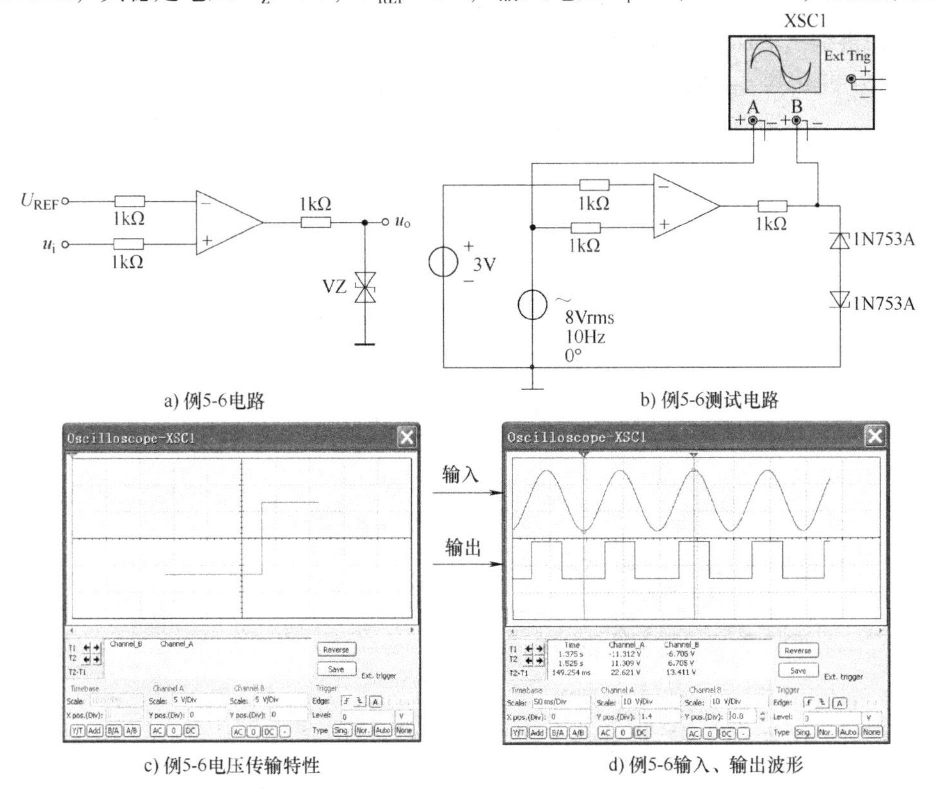

图5-26 例5-6图

所示电路的电压传输特性及输入、输出电压波形。

解：选择集成运算放大器的型号为 ideal，选择稳压二极管的型号为 IN753A，双击稳压二极管，单击编辑模型(Edit model)按钮修改稳压管的 U_Z 参数(BV)，设为 6V，再单击"Change all models"按钮。观察电压传输特性和输入、输出电压波形的测试电路如图 5-26b 所示，将示波器的工作方式设置为 B/A，双击示波器，即可观察到该电路的电压传输特性，测试结果如图 5-26c 所示。将示波器的工作方式设置为 Y/T，双击示波器，即可观察到该电路的输入、输出电压波形，测试结果如图 5-26d 所示。

2. 滞回电压比较器

基本电压比较器的优点是电路简单，灵敏度高，但是抗干扰能力较差，当输入信号中伴有干扰(在门限电压值上下波动)，比较器就会反复的动作，如果去控制一个系统的工作，会出现误动作。为了克服这一缺点，实际工作中常使用滞回电压比较器。

从反相端输入的滞回电压比较器电路如图 5-27a 所示，滞回电压比较器中引入了正反馈。由集成运放输出端的限幅电路可以看出 $u_o = \pm U_Z$，集成运放反相输入端电位为 u_i，同相输入端的电位为 $u_+ = \pm\dfrac{R_1}{R_1+R_2}U_Z$，令 $u_- = u_+$，可求出门限电压：

$$u_{T1} = \frac{R_1}{R_1+R_2}(-U_Z) \tag{5-16}$$

$$u_{T2} = \frac{R_1}{R_1+R_2}U_Z \tag{5-17}$$

当输入电压 u_i 小于 u_{T1} 时，则 $u_- < u_+$，所以 $u_o = U_Z$，$u_+ = u_{T2}$。当输入电压 u_i 增加并达到 u_{T2} 后，如再继续增加，输出电压就会从 U_Z 向 $-U_Z$ 跃变，所以 $u_o = -U_Z$，$u_+ = u_{T1}$。当输入电压 u_i 减小并达到 u_{T1} 后，如再继续减小，输出电压就又会从 $-U_Z$ 向 U_Z 跃变，此时 $u_o = U_Z$，$u_+ = u_{T2}$。该电路的传输特性如图 5-27b 所示。其中 u_{T1} 称为下门限电压，u_{T2} 称为上门限电压，两者之差所得门限宽度 $u_{T2} - u_{T1}$ 称为回差电压。

若将电阻 R_1 的接地端接参考电压 U_R，如图 5-28a 所示。根据叠加定理可得同相输入端电压为

$$u_+ = \frac{R_2}{R_1+R_2}U_R \pm \frac{R_1}{R_1+R_2}U_Z$$

令 $u_- = u_+$，求出的 u_i 就是门限电压，因此得出

$$u_{T1} = \frac{R_2}{R_1+R_2}U_R - \frac{R_1}{R_1+R_2}U_Z \tag{5-18}$$

$$u_{T2} = \frac{R_2}{R_1+R_2}U_R + \frac{R_1}{R_1+R_2}U_Z \tag{5-19}$$

该电路的传输特性如图 5-28b 所示。

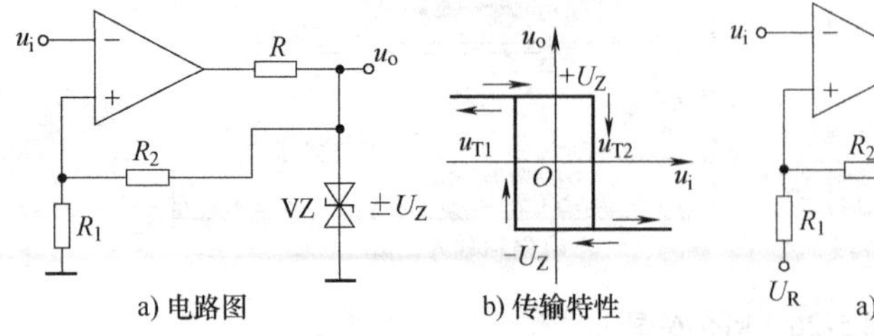

a) 电路图　b) 传输特性

图 5-27　反相端输入滞回电压比较器

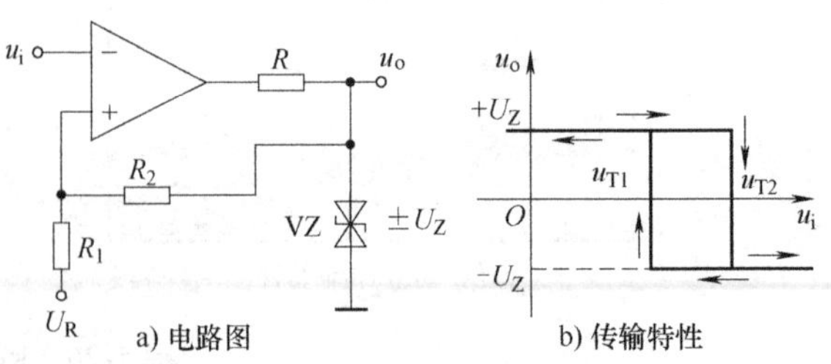

a) 电路图　b) 传输特性

图 5-28　具有参考电压的滞回电压比较器

【例5-7】　电路如图5-29a所示，已知稳压二极管的稳定电压值为6V，试观察电压传输特性及输入、输出电压波形。

解：选择集成运算放大器的型号为ideal，选择稳压二极管的型号为IN753A，修改稳压管的 U_Z 参数(BV)，设置为6V。观察电压传输特性和输入、输出电压波形的测试电路如图5-29b所示，将示波器的工作方式设置为B/A，可观察到该电路的电压传输特性，测试结果如图5-29c所示。将示波器的工作方式设置为Y/T，可观察到该电路的输入、输出电压波形，测试结果如图5-29d所示。

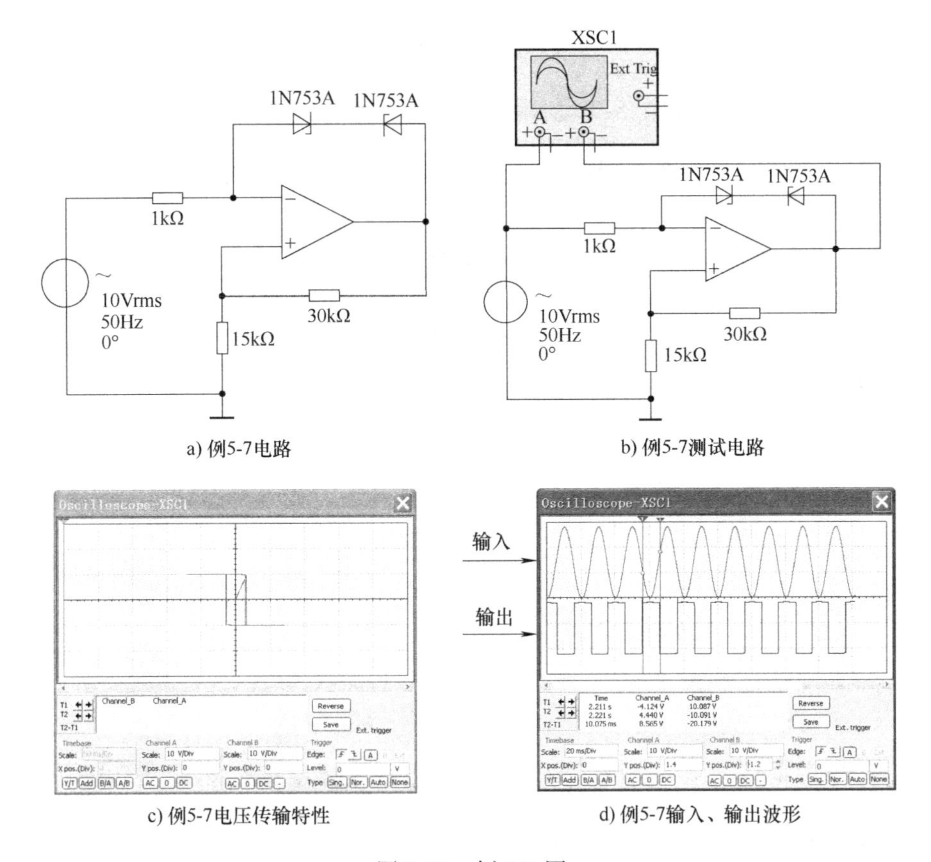

a) 例5-7电路　　b) 例5-7测试电路

c) 例5-7电压传输特性　　d) 例5-7输入、输出波形

图5-29　例5-7图

5.4.2　方波发生器

方波发生器是能够直接产生方波信号的非正弦波发生器，由于方波中包含有极丰富的谐波，因此，方波发生器又称为多谐振荡器。由滞回电压比较器和 *RC* 积分电路组成的方波发生器如图5-30a所示，图5-30b为双向限幅的方波发生器。

在图5-30b中，集成运放和 R_1、R_2 构成滞回电压比较器，双向稳压管用来限制输出电压的幅度，稳压值为 $\pm U_Z$。滞回电压比较器的输出电压由电容上的电压 u_C 和 u_o 在电阻 R_2 上的分压 u_{R2} 决定。当 $u_C > u_{R2}$ 时，$u_o = -U_Z$；当 $u_C < u_{R2}$ 时，$u_o = +U_Z$。其中 $u_{R2} = \dfrac{R_2}{R_1 + R_2}u_o$。

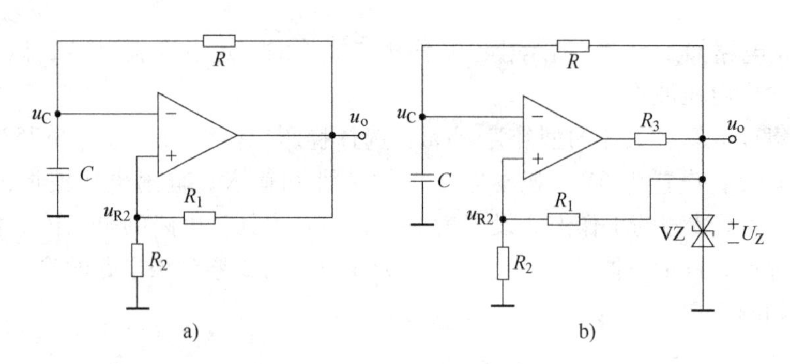

图 5-30　方波发生器

方波发生器的工作原理如图 5-31 所示。假设接通电源瞬间，$u_o = +U_Z$，$u_C = 0$，那么有 $u_{R2} = \dfrac{R_2}{R_1 + R_2}U_Z$，电容沿图 5-31a 所示方向充电，$u_C$ 上升。当 $u_C = \dfrac{R_2}{R_1 + R_2}U_Z = K_1$ 时，u_o 变为 $-U_Z$，$u_{R2} = -\dfrac{R_2}{R_1 + R_2}U_Z$，充电过程结束。接着，由于 u_o 由 $+U_Z$ 变为 $-U_Z$，电容开始放电，放电方向如图 5-31b 所示，同时 u_C 下降。当下降到 $u_C = -\dfrac{R_2}{R_1 + R_2}U_Z = K_2$ 时，u_o 由 $-U_Z$ 变为 $+U_Z$，重复上述过程，工作过程波形图如图 5-32 所示。

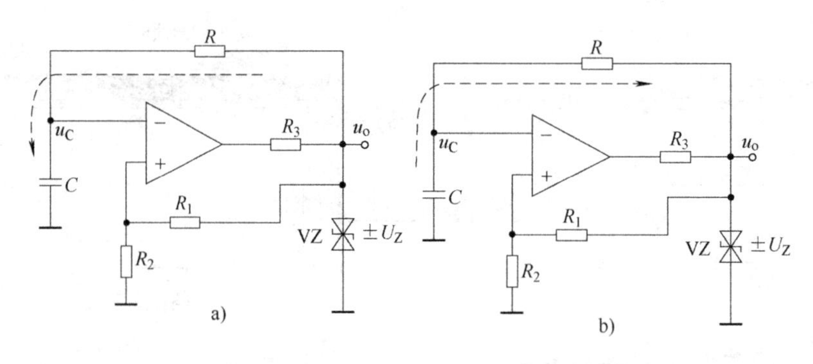

图 5-31　方波发生器工作原理图

综上所述，方波发生器电路是利用正反馈，使运算放大器的输出在两种状态之间反复翻转，*RC* 电路是它的定时元件，决定着方波在正负半周的时间 T_1 和 T_2，由于该电路充放电时间常数相等，即

$$T_1 = T_2 = RC\ln\left(1 + \frac{2R_2}{R_1}\right)$$

方波的周期为

$$T = T_1 + T_2 = 2RC\ln\left(1 + \frac{2R_2}{R_1}\right) \tag{5-20}$$

方波的频率为

$$f = \frac{1}{T} = \frac{1}{2RC\ln\left(1 + \dfrac{2R_2}{R_1}\right)} \tag{5-21}$$

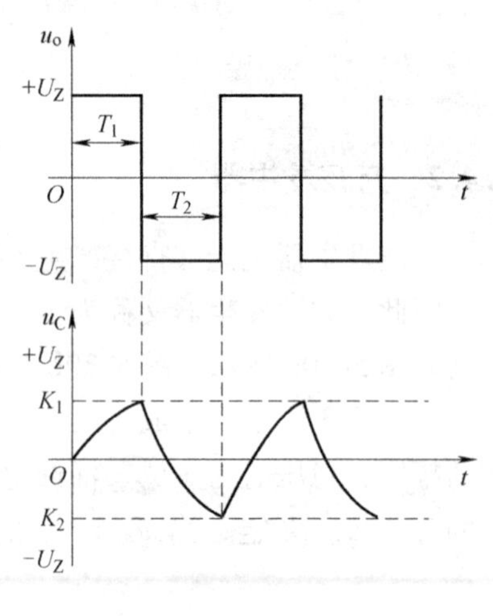

图 5-32　方波发生器工作波形图

可见，改变电阻 R 或电容 C，以及改变比值 R_2/R_1 的大小，均能改变振荡频率 f，而振荡幅度的调整则应通过选择限幅电路中稳压管的稳压值 U_Z 来达到。

5.5　正弦波发生器

正弦波振荡器又称自激振荡器，它可产生 1Hz 到几百兆赫兹的正弦信号。广泛应用于电子测量、广播、通信、工业生产等技术领域，如音乐合成器、手机发出的和弦铃声等都是由正弦波振荡器产生的。多数的正弦波振荡器是建立在放大反馈的基础上的，因此又称为反馈振荡器，其框图如图 5-33 所示。要想产生等幅持续的振荡信号，振荡器必须满足保证从无到有地建立起振荡的起振条件，以及保证进入平衡状态、输出等幅信号的平衡条件。下面分别讨论这两个条件。

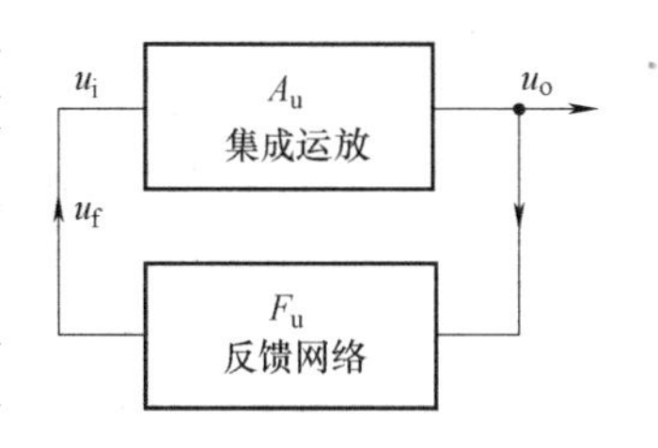

图 5-33　振荡器框图

5.5.1　自激振荡

放大电路在输入端无外接信号的前提下，利用反馈电压作为输入电压，使输出端仍有一定频率和一定幅值的信号输出，这种现象称为自激振荡，振荡电路的组成框图如图 5-33 所示。

放大电路引入反馈后，在一定条件下可能产生自激振荡，失去放大作用，不能正常工作，因此必须消除这种振荡。但是在另一些情况下要有意识地利用自激振荡现象，引入正反馈，以便产生各种高频和低频的正弦波信号。

1. 自激振荡的条件

当振荡电路与电源接通时，电路中激起一个微小的扰动信号，这就是振荡电路起振的信号源，它是个非正弦信号，含有一系列频率不同的正弦分量。为了增大信号，振荡电路中必须有放大和正反馈环节，同时，为了得到同一频率的正弦输出信号，电路中必须有选频环节，为了不让它无限增长而逐渐趋于稳定，电路中还必须包含稳幅环节，所以，放大、正反馈、选频、稳幅是正弦波振荡电路必有的 4 个环节。

可见，产生自激振荡必须满足：

$$|A_uF_u| = 1, \varphi_A + \varphi_F = \pm 2n\pi \quad (n = 0, 1, 2, \cdots) \tag{5-22}$$

振荡电路要维持稳定的振荡，必须同时满足幅度条件和相位条件。正反馈是产生振荡的本质条件，当满足幅值条件，而不满足相位条件，则不能产生自激振荡；但是，如果仅满足相位条件，而 $|A_uF_u| \neq 1$，则振荡不能稳定维持下去。如果 $|A_uF_u| < 1$，称为减幅振荡，电路的输出信号幅度会越来越小直至停振；如果 $|A_uF_u| > 1$ 则输出信号幅度会越来越大，称为增幅振荡。一般情况下，振荡电路起振时必须使 $|A_uF_u| > 1$。故起振条件应为

$$|A_uF_u| > 1, \varphi_A + \varphi_F = \pm 2n\pi \quad (n = 0, 1, 2, \cdots) \tag{5-23}$$

2. 正弦振荡器的组成

起振时的信号通常为不规则的非正弦信号，包含各种不同频率不同幅值的正弦量。为了得到单一频率的正弦输出，正弦波振荡电路必须有选频网络，将所需频率的信号选出加以放大，而将其他频率信号进一步抑制。此外振荡电路中还包含稳幅环节，当外界条件变化引起

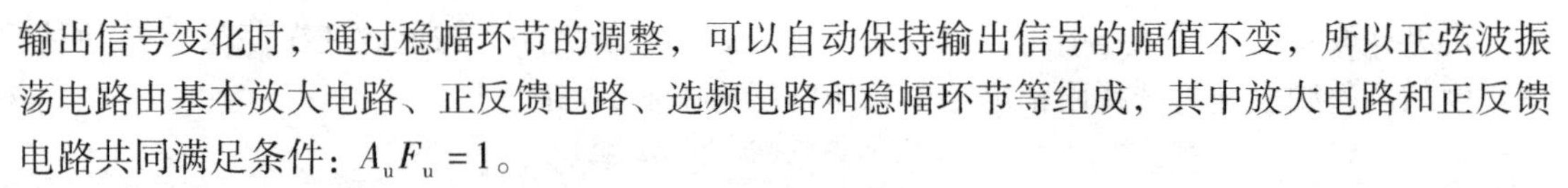

输出信号变化时，通过稳幅环节的调整，可以自动保持输出信号的幅值不变，所以正弦波振荡电路由基本放大电路、正反馈电路、选频电路和稳幅环节等组成，其中放大电路和正反馈电路共同满足条件：$A_u F_u = 1$。

3. *RC* 选频网络

根据选频网络的不同，正弦波振荡器分为 *RC* 振荡器、*LC* 振荡器和石英晶体振荡器。*RC* 振荡器产生的频率在 10Hz ~ 1MHz 的低频范围内；*LC* 振荡器则产生几千赫到几百兆赫较高的正弦波信号；而对于石英晶体振荡器，则广泛应用于频率较低且频率稳定的场合，如石英表、计算机时钟脉冲等。

图 5-34 所示为 *RC* 串并联选频网络的电路结构图，其频率特性曲线如图 5-35 所示。可见，当频率 $\omega = \omega_o = \frac{1}{RC}\left(f_o = \frac{1}{2\pi RC}\right)$时，传递函数的幅值为最大值，即 $H(\omega) = \frac{1}{3}$，且输出电压与输入电压同相，$\varphi(\omega) = 0°$。

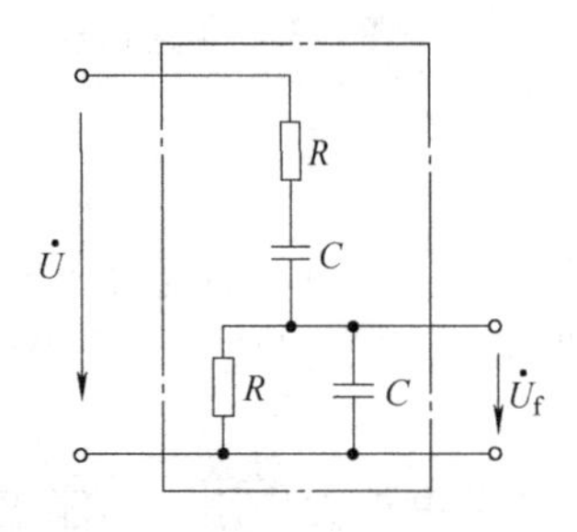

图 5-34　*RC* 串并联选频网络

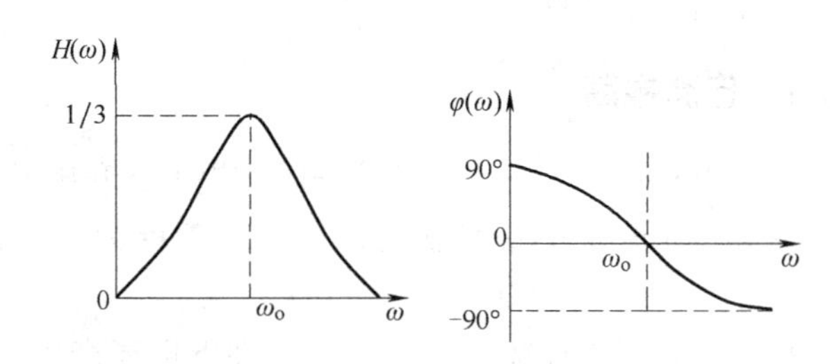

图 5-35　频率特性曲线

5.5.2　文氏电桥振荡器

文氏电桥振荡器电路如图 5-36 所示。为保证起振的相位条件，必须引入正反馈。*RC* 串并联电路既是正反馈电路，又是选频电路。输出电压 u_o 经 *RC* 串并联分压后，得到反馈电压 u_f，加在运放的同相输入端，作为它的输入电压，故放大电路是同相比例运算电路。

由 *RC* 选频网络的幅频特性可以知道：$\omega = \omega_o = \frac{1}{RC}$时，$F_u = \frac{1}{3}$，为满足起振条件，应有 $|A_u F_u| > 1$ 所以，$|A_u| > 3$。同相放大器的 $A_u = 1 + \frac{R_t}{R_1}$，因此有 $R_t > 2R_1$。

为稳定输出幅度，放大网络中用热敏电阻 R_t 和 R_1 构成具有稳幅作用的非线性环节，形成电压串联负反馈。R_t 是具有负温度特性的热敏电阻，加在它上面的电压越大，温度越高，它的阻值就越小。刚起振时，振荡电压振幅很小，R_t 的温度低，阻值大，负反馈强度弱，放大器增益大，满足 $|A_u| > 3$ 保证振荡器能够起振。随着振荡振幅的增大，R_t 上电压增大，温度上升，阻值减小，负反馈强度加深，使放大器增益下降，保证了放大器在线性工作条件下实现稳幅。另外，也可用具有正温度系数的热敏电阻代替 R_1，与普通电阻一起构成限幅电路。

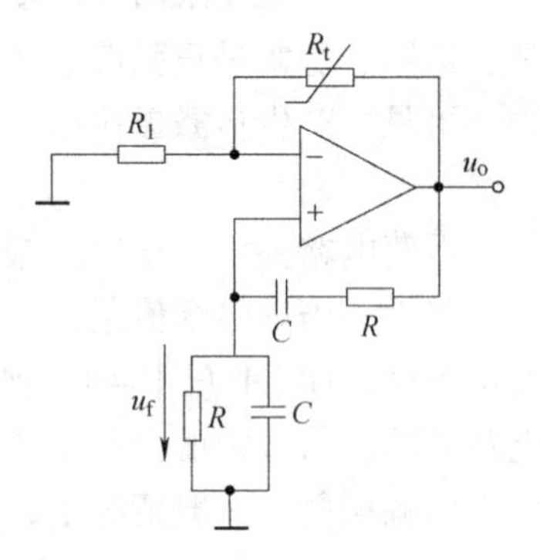

图 5-36　文氏电桥振荡器

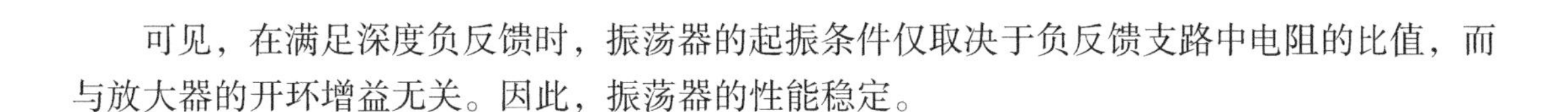

可见，在满足深度负反馈时，振荡器的起振条件仅取决于负反馈支路中电阻的比值，而与放大器的开环增益无关。因此，振荡器的性能稳定。

5.6　集成运算放大器的正确使用

1. 集成运放的型号选择

集成运放的种类和型号很多，按其技术指标可分为通用性、高输入阻抗型、低漂移型、低功耗型、高速型、高压型、大功率型和电压比较器等；按其内部电路又分为双极型和单极型；按每一集成片中运算放大器的数目又可分为单运算放大器、双运算放大器和四运算放大器。设计时，应结合使用要求和性能来选用不同类型的运算放大器，同时还应考虑经济性。所以，如无特殊要求可选用通用型或多运放型运算放大器。

2. 集成运放的消振和调零

（1）消振　由于集成运算放大器内部晶体管的极间电容和其他寄生参数的影响，很容易产生自激振荡，破坏正常工作。为此，在使用时要注意消振，通常的方法是外接 RC 消振电路或消振电容，用它来破坏产生自激振荡的条件。是否已消振，可将输入端接地，用示波器观察输出端有无自激振荡。目前由于集成工艺的提高，很多运算放大器内部已有消振元件，无须外部消振。

（2）调零　由于集成运放的内部参数不可能完全对称，以致当输入信号为零时，仍有输出信号。为此在使用时除了要求运算放大器的两输入端的外接直流通路的等效电阻保持平衡外，还要外接调零电路。如图5-2所示的LM741运算放大器，它的调零电路由 ±15V 电压、1kΩ 电阻和调零电位器 R_P 组成。调零时应将电路接成闭环。一种是在无输入时调零，即将两个输入端接“地”，调节调零电位器，使输出电压为零。另一种是在有输入时调零，即按已知输入信号电压计算出输出电压，而后将实际值调到计算值。

3. 集成运算放大器的保护措施

（1）电源端保护　为防止电源极性接反，损坏运算放大器，可在正、负电源回路中顺接二极管。若电源接反，二极管因反偏而截止，等于电源断路，起到保护运放的作用，如图5-37所示。

（2）输入端保护　当运算放大器的差模或共模输入电压过大时，会引起运算放大器输入级的损坏。为此，可在运算放大器输入端加限幅保护。如图5-38所示，将两只二极管反向并联在两个输入端之间，利用二极管的正向限幅作用，把输入电压限制在二极管正向压降的数值之内。运算放大器正常工作时，净输入电压极小，两只二极管均处于截止状态，对放大器的正常工作没有影响。

（3）输出端保护　输出保护包括过电压保护和过电流保护，但多数运算放大器组件内部已有过流保护电路。图5-39为常用的输出过电压保护电路，用双向稳压管或两只稳压管反向串联，当输出电压大于稳压管的工作电压时，稳压管被击穿，从而将输出电压限制在$(U_Z + U_D)$以内，防止了输出端过电压，其中 U_Z 是稳压管的稳定电压，U_D 是它的正向压降。当运算放大器正常工作时，输出电压小于稳压管的稳压值，稳压管不会被击穿，稳压管电路相当于断路，对运算放大器的正常工作无影响。

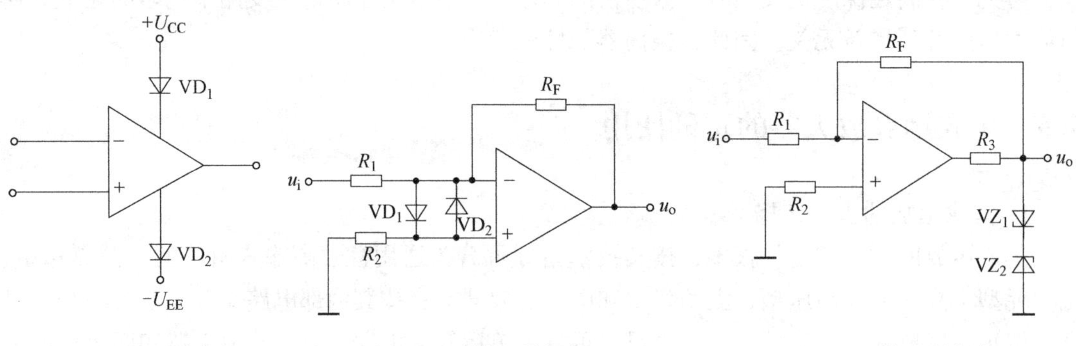

图 5-37　电源端保护　　图 5-38　输入端保护　　图 5-39　输出端保护

习题

【概念题】

5-1　理想运算放大器的主要参数是什么?

5-2　理想运算放大器工作在线性区和非线性区各有何特点?

5-3　什么是正反馈和负反馈? 放大电路中为什么要引入负反馈?

5-4　为了实现下列要求，在交流放大电路中应引入哪种类型的负反馈?

(1) 要求输出电压基本稳定，并能提高输入电阻。

(2) 要求输出电流基本稳定，并能提高输入电阻。

5-5　(1) 希望运算电路的函数关系是 $y = a_1x_1 + a_2x_2 + a_3x_3$(其中 a_1、a_2 和 a_3 是常数，且均为负值)，应选用什么运算电路?

(2) 希望运算电路的函数关系是 $y = b_1x_1 + b_2x_2 - b_3x_3$(其中 b_1、b_2 和 b_3 是常数，且均为正值)，应选用什么运算电路?

5-6　由理想运放组成的基本运算电路的输出电压与输入电压的关系式，是否可以得出输入电压无论多大此关系式都能成立?

5-7　电压比较器有几种? 哪种抗干扰能力强?

5-8　试分析过零比较器的电压传输特性，当输入电压为正弦波时，试画出输出电压的波形。

5-9　正弦波振荡器与方波发生器的差别是什么?

【分析仿真题】

5-10　图 5-40 所示电路，判断各是何种类型的负反馈电路，试求负载电流 i_o 与输入电压 u_i 的关系。

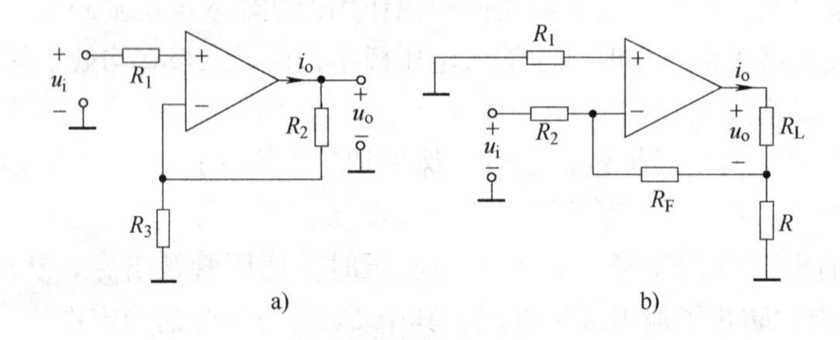

图 5-40　题 5-10 图

5-11　图5-41是应用运算放大器测量电阻的原理电路，输出端接有满量程为5V，500μA的电压表。当电压表指示为4V时，被测电阻R_X的阻值是多少？

5-12　电路如图5-42所示，已知$R_1=10\text{k}\Omega$，$R_f=100\text{k}\Omega$。集成运放输出电压的最大值为±14V，求当输入电压分别为0.1V、0.5V、1.0V和1.5V时的输出电压u_o，并求平衡电阻R_2的值。

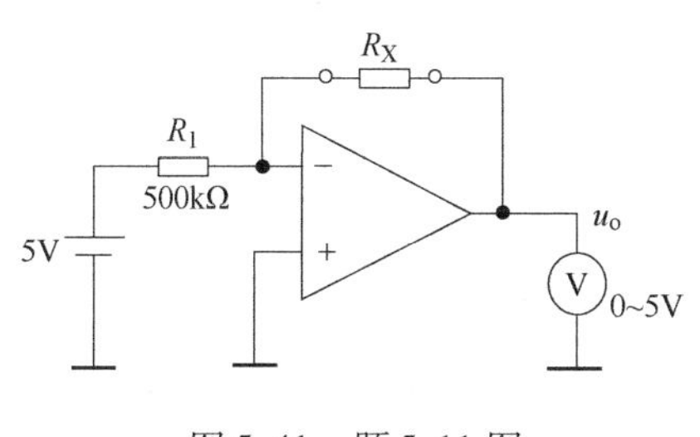

图5-41　题5-11图

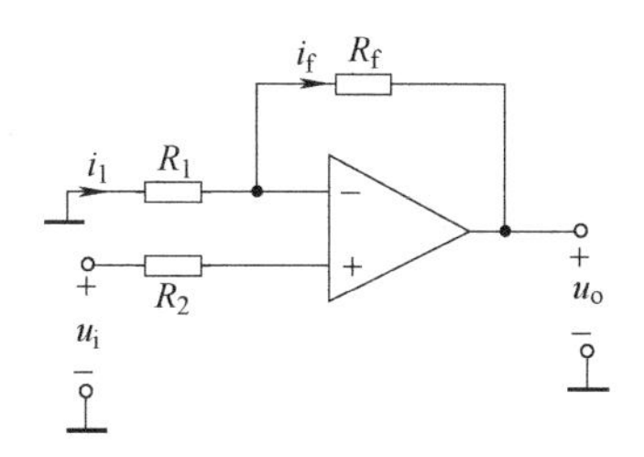

图5-42　题5-12图

5-13　图5-43所示为运放构成的反相加法电路，试求输出电压u_o。

5-14　同相输入加法电路如图5-44所示，求输出电压u_o，并与反相加法电路进行比较，又当$R_1=R_2=R_3=R_f$时，u_o等于多少？

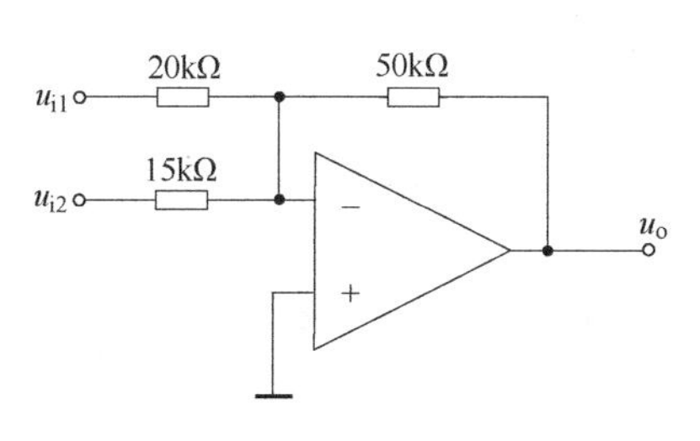

图5-43　题5-13图

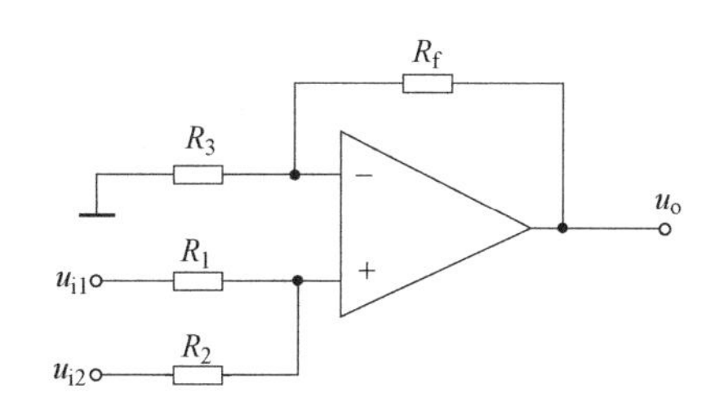

图5-44　题5-14图

5-15　试按照下列运算关系式设计运算电路。

(1) $u_o=5u_i$；　(2) $u_o=3u_{i1}+2u_{i2}+u_{i3}$；　(3) $u_o=2u_{i1}-u_{i2}$

5-16　图5-45所示电路，设运放是理想的，(1) 试指出第一级和第二级运算电路的名称。(2) 求输出电压U_{o1}和U_{o2}。

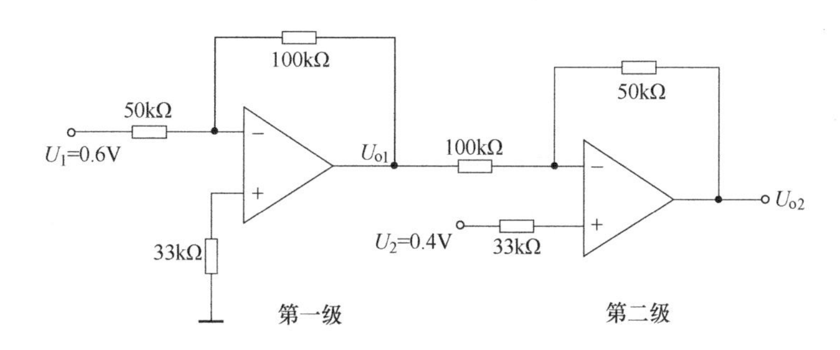

图5-45　题5-16图

5-17　理想运算放大电路如图5-46所示，写出输出电压u_o和u_i的具体表达式。

5-18　图5-47所示为广泛应用于自动调节系统的比例-积分-微分电路。试求电路u_o与u_i的关系式。

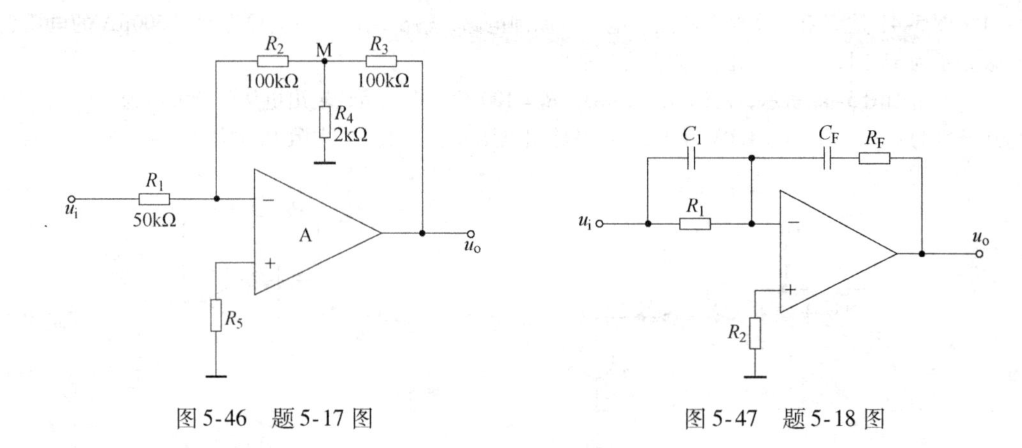

图 5-46　题 5-17 图　　　　图 5-47　题 5-18 图

5-19　理想运算放大电路如图 5-48 所示。设集成运放是理想的，已知 $U_1=2\text{V}$，$U_2=1\text{V}$，求输出电压 U_{o1}、U_{o2}和 U_{o3}。

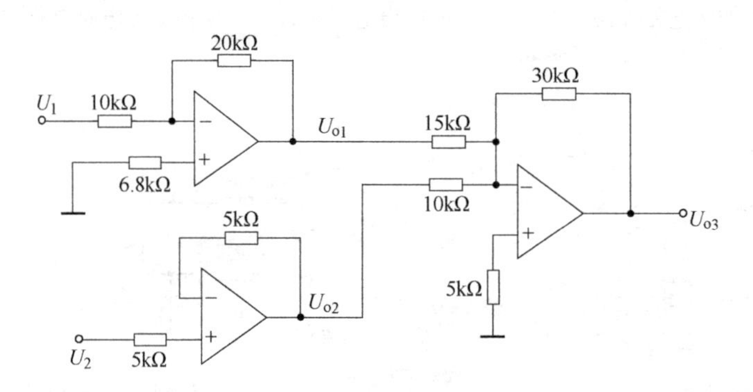

图 5-48　题 5-19 图

5-20　在图 5-49 所示电路中，集成运放的最大输出电压为 ±12V，稳压管的稳定电压 $U_Z=5\text{V}$，正向压降$U_D=0.7\text{V}$，试画出电压传输特性。

5-21　图 5-50 所示电路，设集成运放最大输出电压为 ±12V，稳压管稳定电压为$U_Z=\pm6\text{V}$，输入电压 u_i 是幅值为 ±3V 的对称三角波。试分别画出 U_R 为 2V、0V、－2V 三种情况下的电压传输特性和输出电压 u_o 波形。

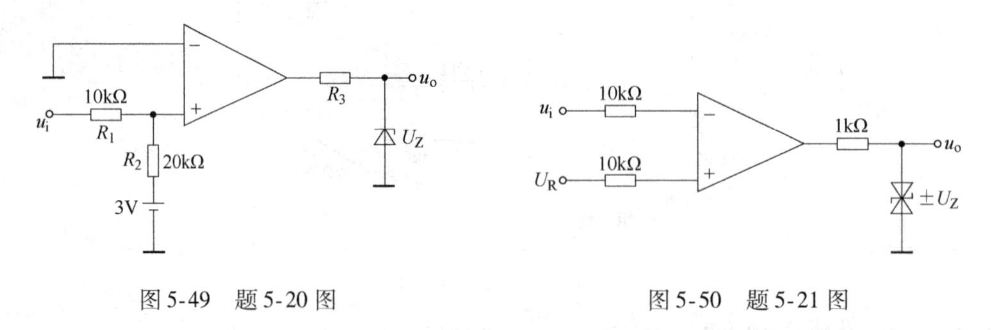

图 5-49　题 5-20 图　　　　图 5-50　题 5-21 图

5-22　图 5-51 所示是监控报警装置。如需对某一参数(如温度、压力等)进行监控时，可由传感器取得监控信号 u_i，U_R 是参考电压。当超过正常值时，报警灯亮，试说明其工作原理。二极管 VD 和电阻 R_3 在此起何作用?

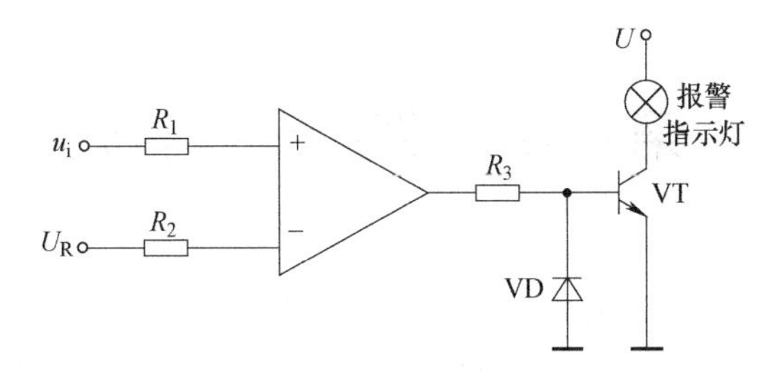

图 5-51　题 5-22 图

5-23　在图 5-52 所示 RC 正弦波振荡电路中，$R=1\mathrm{k}\Omega$，$C=10\mu\mathrm{F}$，$R_1=2\mathrm{k}\Omega$，$R_2=0.5\mathrm{k}\Omega$，试分析：

(1) 为了满足自激振荡的相位条件，开关 S 应合向哪一端(合向某一端时，另一端接地)？

(2) 为了满足自激振荡的幅度条件，R_F 应等于多少？

(3) 为了满足自激振荡的起振条件，R_F 应等于多少？

(4) 振荡频率是多少？

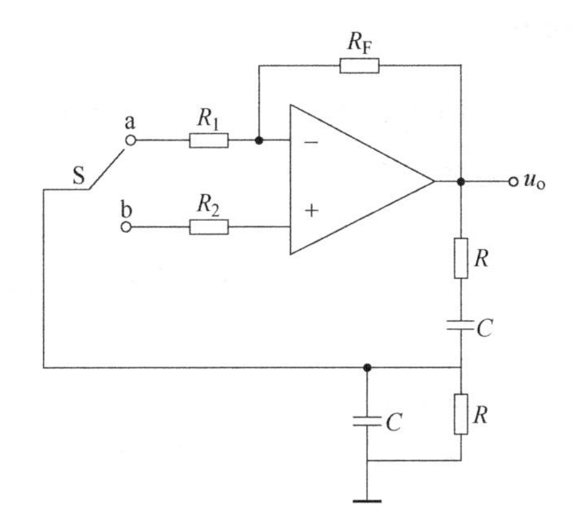

图 5-52　题 5-23 图

第 6 章　数字电路基础

数字信号又称为离散信号，其具有在数值上和时间上都不连续的特点，对数字信号进行传输、处理、运算和存储的电子电路称为数字电路。本章将介绍数字电路的基础知识，包括数制和编码、逻辑代数的基本概念及常用逻辑门电路，并结合上述内容介绍 Multisim 中有关元器件的使用方法，借助 Multisim 提供的工作平台，掌握逻辑代数的相关知识。

6.1　数制和编码

6.1.1　几种常用的进位计数制

数制，也称计数制，是用一种固定的符号和统一的规则来表示数值的方法。在日常生活中，人们最熟悉的是十进制，而在数字系统中广泛使用的是二进制、八进制和十六进制。

1. 十进制

十进制数有 0、1、2、3、4、5、6、7、8、9 共十个数码，即基数为 10，它的进位规律是“逢十进一”。

十进制数 1234.56 可表示成多项式形式，即

$$(1234.56)_{10}=1\times10^3+2\times10^2+3\times10^1+4\times10^0+5\times10^{-1}+6\times10^{-2}$$

任意一个十进制数可表示为

$$(N)_{10}=\sum_{i=-m}^{n-1}a_i\times10^i$$

式中，a_i 是第 i 位的数值，它可能是 0 ~ 9 中的任意数码，n 表示整数部分的位数，m 表示小数部分的位数，10^i 表示数码在不同位置的大小，称为位权。

2. 二进制

在数字电路中，数字以电路的逻辑状态来表示。找一个具有十种状态的电子器件比较难，而找一个具有两种状态的器件很容易，故在数字电路中广泛使用二进制。

二进制数每一位只有 0 和 1 两个数码，即基数为 2，它的进位规律是“逢二进一”，即“1 + 1 = 10”。

二进制数 1011.01 可以表示成多项式形式，即

$$(1011.01)_2=1\times2^3+0\times2^2+1\times2^1+1\times2^0+0\times2^{-1}+1\times2^{-2}$$

任意一个二进制数可表示为

$$(N)_2=\sum_{i=-m}^{n-1}a_i\times2^i$$

式中，a_i 是第 i 位的数值，它可能是 0、1 中的任意数码，n 表示整数部分的位数，m 表示小数部分的位数，2^i 表示数码在不同位置的大小，称为位权。

3. 八进制和十六进制

用二进制表示一个较大数值时，它的位数太多，因此在数字系统中采用八进制和十六进制作为二进制的缩写形式。

八进制的数码是0、1、2、3、4、5、6、7，即基数是8，它的进位规律是“逢八进一”，即“1+7=10”。十六进制的数码是0、1、2、3、4、5、6、7、8、9、A、B、C、D、E、F，即基数是16，它的进位规律是“逢十六进一”，即“1+F=10”。无论是八进制还是十六进制都可以像十进制和二进制那样用多项式的形式来表示。

6.1.2 常用数制间的转换

数字系统中对数据进行存储和运算时，采用的是二进制数，而在数据输入、输出时则主要采用的是十进制数，在编写程序时，为方便起见，常用八进制数或十六进制数。因此，不同数制间的转换是必不可少的。

1. 非十进制数到十进制数的转换

非十进制数转换成十进制数一般采用的方法是按权相加，这种方法是按照十进制数的运算规则，将非十进制数各位的数码乘以对应的权再累加起来。

【例6-1】 将$(1101.101)_2$和$(6E.4)_{16}$转换成十进制数。

解： $(1101.101)_2=1\times2^3+1\times2^2+0\times2^1+1\times2^0+1\times2^{-1}+0\times2^{-2}+1\times2^{-3}=(13.625)_{10}$

$(6E.4)_{16}=6\times16^1+14\times16^0+4\times16^{-1}=(110.25)_{10}$

2. 十进制数到非十进制数的转换

将十进制数转换成非十进制数时，必须对整数部分和小数部分分别进行转换。整数部分的转换一般采用“除基取余”法，小数部分的转换一般采用“乘基取整”法。

(1) 十进制整数转换成非十进制整数

【例6-2】 将$(41)_{10}$转换成二进制数和八进制数。

解： $41/2=20$　　余数为1，最低位 $a_0=1$

$20/2=10$　　余数为0，　　$a_1=0$

$10/2=5$　　余数为0，　　$a_2=0$

$5/2=2$　　余数为1，　　$a_3=1$

$2/2=1$　　余数为0，　　$a_4=0$

$1/2=0$　　余数为1，最高位 $a_5=1$

所以，$(41)_{10}=(a_5a_4a_3a_2a_1a_0)_2=(101001)_2$。

$41/8=5$　　余数为1，最低位 $a_0=1$

$5/8=0$　　余数为5，最高位 $a_1=5$

所以，$(41)_{10}=(a_1a_0)_8=(51)_8$。

(2) 十进制小数转换成非十进制小数

【例6-3】 将$(0.625)_{10}$转换成二进制数。

解： $0.625\times2=1+0.25$　　整数为1，最高位$a_{-1}=1$

$0.25\times2=0+0.5$　　整数为0，　　$a_{-2}=0$

$0.5\times2=1+0$　　整数为1，最低位$a_{-3}=1$

所以，$(0.625)_{10}=(0.a_{-1}a_{-2}a_{-3})_2=(0.101)_2$。

由于不是所有的十进制小数都能用有限位 R 进制小数来表示，因此，在转换过程中根据精度要求取一定的位数即可。若要求误差小于 R^{-n}，则转换时取小数点后 n 位就能满足要求。

【例 6-4】 将$(0.7)_{10}$转换成二进制数，要求误差小于 2^{-6}。

解： $0.7\times2=1+0.4$　　　　$a_{-1}=1$

$0.4\times2=0+0.8$　　　　$a_{-2}=0$

$0.8\times2=1+0.6$　　　　$a_{-3}=1$

$0.6\times2=1+0.2$　　　　$a_{-4}=1$

$0.2\times2=0+0.4$　　　　$a_{-5}=0$

$0.4\times2=0+0.8$　　　　$a_{-6}=0$

所以，$(0.7)_{10}=(0.a_{-1}a_{-2}a_{-3}a_{-4}a_{-5}a_{-6})_2=(0.101100)_2$

最后剩下的未转换部分就是误差，由于它在转换过程中扩大了 2^6，所以真正的误差应该是 0.8×2^{-6}，其值小于 2^{-6}，满足精度要求。

6.1.3 编码

在数字电路及计算机系统中，用二进制数表示十进制数或其他特殊信息如字母、符号等的过程称为编码。用 4 位二进制数表示 1 位十进制数的编码叫作二-十进制编码，即 BCD (Binary Coded Decimal)码。常用的 BCD 码有 8421 码、5421 码、余三码等。

1. 8421BCD 码

8421BCD 码是用 4 位二进制数 0000 ~ 1001 来表示 0 ~ 9 的十进制数。它的每一位都有固定的权，从高位到低位的权值分别为 2^3、2^2、2^1、2^0，即 8、4、2、1。由于具有自然二进制数的特点，容易识别，转换方便，所以是最常用的一种二-十进制编码。

【例 6-5】 将十进制数 947.35 转换成 8421BCD 码。

解： $(947.35)_{10}=(1001\ 0100\ 0111.0011\ 0101)_{8421BCD}$

2. 其他 BCD 码

与 8421 码类似，5421BCD 码各位的权依次为 5、4、2、1，它们的共同特点是可以直接按权求对应的十进制数，故称为有权码，如$(1011)_{5421BCD}$转十进制数，可以按“$1\times5+0\times4+1\times2+1\times1$”得出。余 3 码也是用 4 位二进制数表示一位十进制数，对于同样的十进制数，比 8421BCD 码多 0011，所以叫余 3 码。余 3 码用 0011 ~ 1100 这十种编码表示十进制数的 0 ~ 9，是一种无权码。

6.2 逻辑代数基础

在数字电路中，进行分析和计算的工具是逻辑代数(又称为布尔代数)，它为二值函数进行逻辑运算提供了方法，使一个复杂的逻辑命题，变成简单的逻辑代数式。因此逻辑代数已成为数字系统分析和设计的重要工具。

6.2.1 逻辑代数的基本运算

逻辑代数是研究因果关系的一种代数，和普通代数类似，可以写成下面的表达形式，即

$$Y = F(A,B,C)$$

逻辑变量 A、B、C 称为自变量，Y 称为因变量，描述因变量和自变量之间逻辑关系的表达式 F 称为逻辑函数，F 中自变量或函数 F 的值只可取 0 或 1 两种，且不表示数值的大小，而是表示两种相反的逻辑状态。n 个输入变量可以有 2^n 种组合状态，每种组合均包含所有的输入变量，且变量只能以原变量或反变量的形式出现，且仅出现一次，则这种与项组合称为最小项。例如，三变量逻辑函数 $F(A、B、C)$ 就有 2^3 个最小项，即 $\overline{A}\,\overline{B}\,\overline{C}$，$\overline{A}\,\overline{B}C$，$\overline{A}B\overline{C}$，$\overline{A}BC$，$A\overline{B}\,\overline{C}$，$A\overline{B}C$，$AB\overline{C}$，$ABC$。这 8 个最小项也可简写成编号，分别对应 m_0，m_1，…，m_7。

在逻辑函数中有三种基本运算，即逻辑“与”(也称逻辑乘)、逻辑“或”(逻辑加)和逻辑“非”(取反运算)，其他任何复杂的逻辑运算都可以用这三种基本逻辑运算来实现。

6.2.2　逻辑代数的基本公式和规则

逻辑代数的基本公式对于逻辑函数的化简是非常有用的。

1. 基本公式

包括 9 个定律，见表 6-1。其中有的定律与普通代数相似，有的定律与普通代数不同，使用时切勿混淆。

表 6-1　逻辑代数的基本公式

名　称	公　式　1	公　式　2
0-1 律	$A \times 0 = 0$	$A + 1 = 1$
自等律	$A \times 1 = A$	$A + 0 = A$
互补律	$A\overline{A} = 0$	$A + \overline{A} = 1$
重叠律	$AA = A$	$A + A = A$
交换律	$AB = BA$	$A + B = B + A$
结合律	$A(BC) = (AB)C$	$A + (B + C) = (A + B) + C$
分配律	$A(B + C) = AB + AC$	$A + BC = (A + B)(A + C)$
反演律	$\overline{AB} = \overline{A} + \overline{B}$	$\overline{A + B} = \overline{A}\,\overline{B}$
吸收律	$A(A + B) = A$ $A(\overline{A} + B) = AB$ $(A + B)(\overline{A} + C)(B + C) = (A + B)(\overline{A} + C)$	$A + AB = A$ $A + \overline{A}B = A + B$ $AB + \overline{A}C + BC = AB + \overline{A}C$
还原律	$\overline{\overline{A}} = A$	

【例 6-6】　证明下列常用公式

1) $A + \overline{A}B = A + B$

2) $AB + \overline{A}C + BC = AB + \overline{A}C$

证明：方法一：利用公式化简得

1)　　$A + \overline{A}B = A(B + \overline{B}) + \overline{A}B = AB + A\overline{B} + \overline{A}B = AB + AB + A\overline{B} + \overline{A}B$

$$= A(B + \overline{B}) + B(A + \overline{A}) - A + B$$

2）
$$\begin{aligned} AB+\overline{A}C+BC &= AB+\overline{A}C+(A+\overline{A})BC \\ &= AB+\overline{A}C+ABC+\overline{A}BC \\ &= AB(1+C)+\overline{A}C(1+B) \\ &= AB+\overline{A}C \end{aligned}$$

上述式子也可通过 Multisim 软件证明，利用其提供的逻辑转换仪(Logic Converter)可实现逻辑电路、真值表和逻辑表达式三者之间的相互转换。逻辑转换仪的图标如图 6-1 所示，图标上有 8 个信号输入端和 1 个输出端。

双击逻辑转换仪的图标，屏幕上出现如图 6-2 所示的逻辑转换仪的面板。面板分三部分：左侧是真值表显示窗口，右侧是功能转换选择栏，最下面条状部分是逻辑表达式显示窗口。

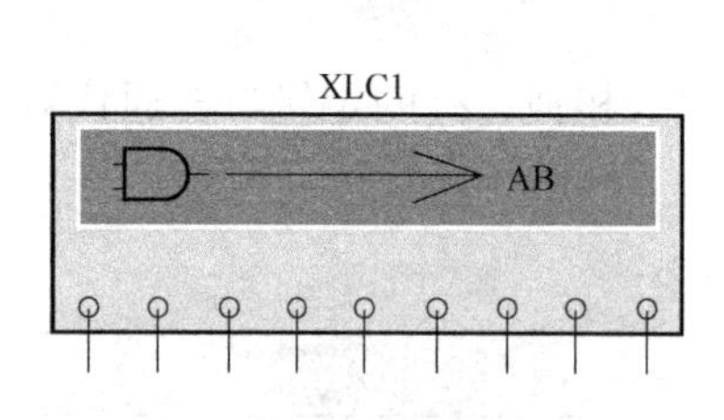

图 6-1　逻辑转换仪的图标

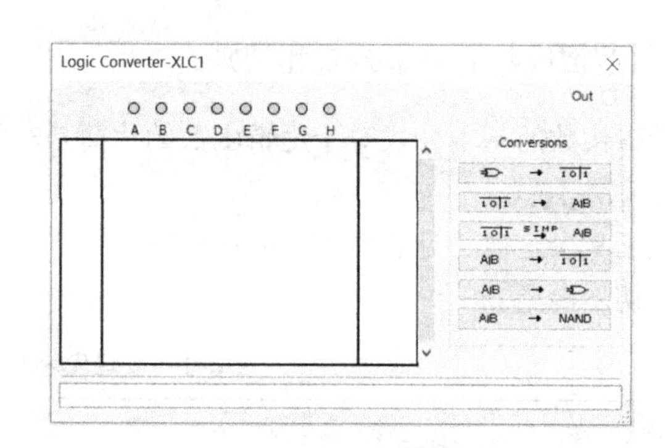

图 6-2　逻辑转换仪的面板

如图 6-2 所示，逻辑转换仪提供了 6 种逻辑功能的转换选择，它们分别是：

1）逻辑电路转换为真值表；

2）真值表转换为逻辑表达式(最小项之和形式的函数式)；

3）真值表转换为最简逻辑表达式(最简与-或式)；

4）逻辑表达式转换为真值表；

5）逻辑表达式转换为逻辑电路；

6）逻辑表达式转换为与非门逻辑电路。

可见，利用逻辑转换仪提供的 6 种逻辑功能，即可以在逻辑函数的真值表、逻辑表达式，以及逻辑电路之间进行任意转换。

方法二：利用 Multisim 软件证明。

解：从仪器按钮中拖出逻辑转换仪，再用鼠标左键双击它，即弹出如图 6-2 所示面板。第一步，在其最底部的条状部分输入该逻辑关系表达式，按下“表达式到真值表”的按钮 AIB → 1O|1，即可得出相应的真值表，结果如图 6-3a 所示；第二步，在图 6-3a 的基础上，按下“真值表到最简表达式”的按钮 1O|1 SIMP AIB，即可得到化简后的逻辑表达式，结果如图 6-3b 所示。注意：在逻辑关系表达式中，变量右上方的“′”表示的是逻辑“非”。

2. 运算规则

逻辑代数有三个重要的运算规则，即代入规则、反演规则和对偶规则，这三个规则在逻辑函数的化简和变换中是十分有用的。

（1）代入规则　代入规则是指将逻辑等式中的一个逻辑变量用一个逻辑函数代替，逻辑等式仍然成立。利用代入规则可以方便地扩展公式的应用范围。例如在反演律$\overline{AB} = \overline{A} + \overline{B}$中用$BC$去代替等式中的$B$，则新的等式仍成立：$\overline{ABC} = \overline{A} + \overline{BC} = \overline{A} + \overline{B} + \overline{C}$。

（2）对偶规则　将一个逻辑函数F进行下列变换：

$$\cdot \rightarrow +,\quad + \rightarrow \cdot,\quad 0 \rightarrow 1,\quad 1 \rightarrow 0$$

所得新函数表达式叫作F的对偶式，记为F'。对偶规则的意义在于：如果两个逻辑函数相等，则它们的对偶函数也相等。例如$F = A \cdot (\overline{B} + C)$的对偶式为$F' = A + \overline{B}C$。利用对偶规则可以使要证明及记忆的公式数目减少一半。

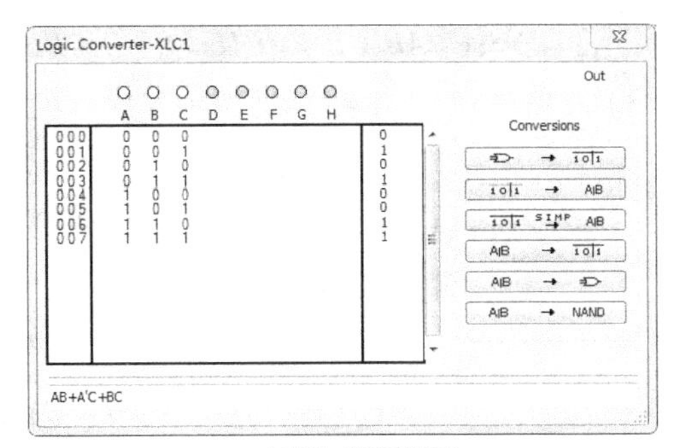

a) 表达式到真值表

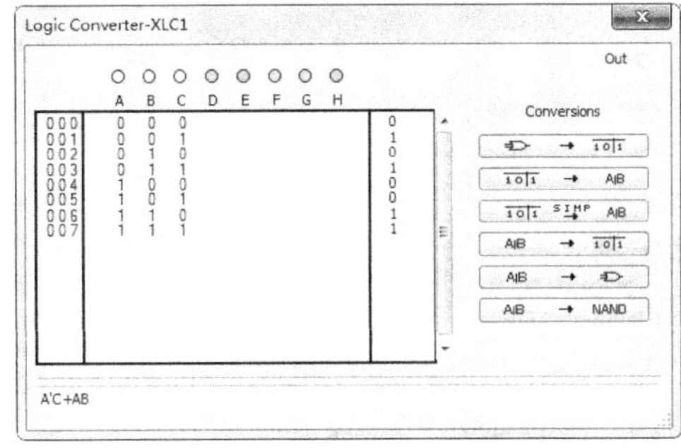

b) 真值表到最简表达式

图6-3　例6-6图

（3）反演规则　将一个逻辑函数F进行下列变换：

$$\cdot \rightarrow +,\quad + \rightarrow \cdot,\quad 0 \rightarrow 1,\quad 1 \rightarrow 0，原变量 \rightarrow 反变量，反变量 \rightarrow 原变量$$

所得新函数表达式叫作F的反函数，用$\overline{F}$表示。

利用反演规则可以很容易地写出一个逻辑函数的反函数。使用时应注意：不属于单个变量上的非号要保持不变；遵守先算括号，再算与，最后算或的运算顺序。

【例6-7】　求逻辑函数$F_1 = \overline{A}B + A\overline{B}$，$F_2 = A + \overline{\overline{B}C + D}$的反函数。

解：根据反演规则有

$$\overline{F_1} = (A + \overline{B}) \cdot (\overline{A} + B) = \overline{A}\,\overline{B} + AB$$

$$\overline{F_2} = \overline{A} \cdot \overline{(B + \overline{C}) \cdot \overline{D}} = \overline{A} \cdot (\overline{B} \cdot C + D) = \overline{A}\,\overline{B}C + \overline{A}D$$

6.2.3　逻辑函数的化简

同一个逻辑函数可以写成不同的表达式，而这些表达式的繁简程度又相差甚远。在电路设计中，通常要求实现逻辑功能的电路要简单，即对应的表达式中的项数要最少，且每项所含变量个数最少，因此要对逻辑函数进行化简。

常用的逻辑函数化简方法有公式化简法和卡诺图化简法。

公式化简法是利用逻辑代数的基本公式和规则对给定的函数表达式进行化简。常用的有吸收法、消去法、并项法、配项法。

1）吸收法：$A + AB = A$，通过吸收多余的与项进行化简。例如：

$$F = \overline{A} + \overline{A}BC + \overline{A}BD + \overline{A}E = \overline{A}(1 + BC + BD + E) = \overline{A}$$

2）消去法：$A + \overline{A}B = A + B$，通过消去与项中多余的因子进行化简。例如：

$$F = A + \bar{A}B + \bar{B}C + \bar{C}D = A + B + \bar{B}C + \bar{C}D = A + B + C + \bar{C}D = A + B + C + D$$

3）并项法：$A + \bar{A} = 1$，把两项并成一项进行化简。例如：

$$F = A\overline{BC} + AB + A(\overline{\overline{BC} + B}) = A(\overline{BC} + B + \overline{\overline{BC} + B}) = A$$

4）配项法：$A + \bar{A} = 1$，把一个与项变成两项，再和其他项合并进行化简。例如：

$$\begin{aligned} F &= \bar{A}B + \bar{B}C + B\bar{C} + A\bar{B} = \bar{A}B(C + \bar{C}) + \bar{B}C(A + \bar{A}) + B\bar{C} + A\bar{B} \\ &= \bar{A}BC + \bar{A}B\bar{C} + A\bar{B}C + \bar{A}\,\bar{B}\,C + B\bar{C} + A\bar{B} \\ &= A\bar{B}(C + 1) + \bar{A}C(B + \bar{B}) + B\bar{C}(\bar{A} + 1) = A\bar{B} + \bar{A}C + B\bar{C} \end{aligned}$$

利用公式法对逻辑函数进行化简，常常几种方法并用，综合考虑。例如：

$$\begin{aligned} F &= \bar{A}BC + AB\bar{C} + A\bar{B}C + ABC \\ &= \bar{A}BC + ABC + AB\bar{C} + ABC + A\bar{B}C + ABC \\ &= AB(C + \bar{C}) + AC(B + \bar{B}) + BC(A + \bar{A}) = AB + AC + BC \end{aligned}$$

在这个例子中就使用了配项法和并项法两种方法。

同理，逻辑函数的化简也可应用 Multisim 软件中的逻辑转换仪进行化简。

卡诺图化简法是将逻辑函数的最小项表达式中的最小项填入对应的小方格（卡诺图）中，然后按一定规则化简。画卡诺图时，不能按自然二进制数从小到大的顺序排列，而应确保相邻两个最小项仅有一个变量不同，称为逻辑相邻。图 6-4 分别为包含三变量、四变量的逻辑函数的卡诺图。

合并最小项的一般规则为：如果有 2^n 个最小项相邻（$n = 1, 2, \cdots$）并排列成一个矩形组，则它们可以合并为一项，并消去 n 对因子，合并后的结果中仅包含这些最小项的公共因子。例如，在图 6-5a 和图 6-5b 中即为两个最小项相邻的情况，图 6-5c 中为四个最小项相邻的情况，图 6-5d 中为八个最小项相邻的情况，根据合并规则，可分别消去 1、2、3 对因子。如图 6-5c 中，$\bar{A}\,\bar{B}C(m_1)$，$\bar{A}BC(m_3)$，$A\bar{B}C(m_5)$，$ABC(m_7)$ 相邻，故可合并得到 $\bar{A}\,\bar{B}C + \bar{A}BC + A\bar{B}C + ABC = (\bar{A} + A)\bar{B}C + (\bar{A} + A)BC = (\bar{B} + B)C = C$，可见，合并后消去了 A、$\bar{A}$ 和 B、$\bar{B}$ 两对因子，只剩下三个最小项的公共因子 C。因此经卡诺图化简后，图 6-5a 为 $F = \bar{A}\,\bar{B} + BC + A\bar{C}$，图 6-5b 为 $F = \bar{B}CD + B\bar{C}D + \bar{A}BC + AB\bar{D}$，图 6-5c 为 $F = A + C$，图 6-5d 为 $F = \bar{A} + \bar{D}$。

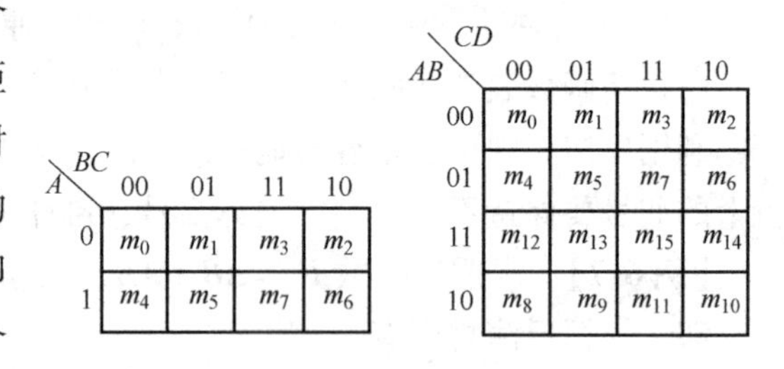

图 6-4　三变量与四变量卡诺图

用卡诺图化简逻辑函数时可按如下步骤进行：

1）将函数化为最小项之和的形式；

2）画出表示该逻辑函数的卡诺图；

3）将填 1 的逻辑相邻最小项用卡诺圈圈起并合并，写出最简逻辑表达式。

画卡诺圈的原则是

1）每个卡诺圈内相邻 1 方格的个数一定是 2^n，$n = 0, 1, 2, 3, \cdots$

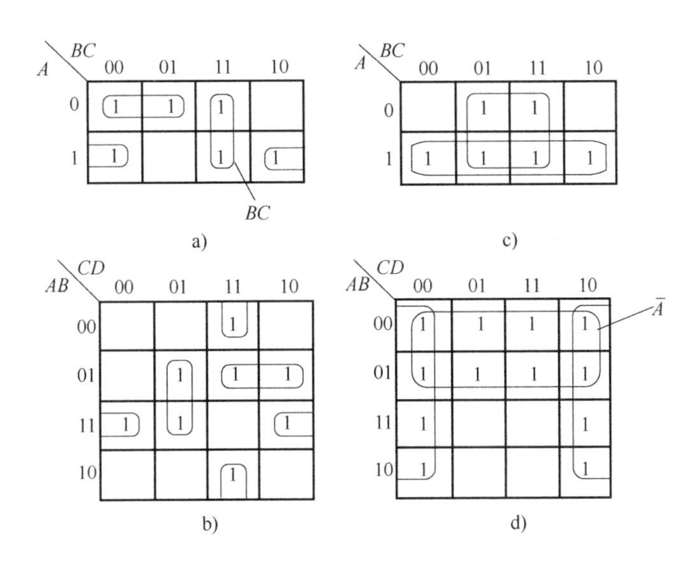

图6-5　最小项相邻的几种情况

2）同一个填1的小方格可以出现在不同的卡诺圈中，但新增加的卡诺圈中至少有一个填1的小方格未在其他卡诺圈中出现；

3）为保证写出最简逻辑表达式，卡诺圈中逻辑相邻1方格的个数尽量多，卡诺圈的个数尽量少；

4）如果一个填1的小方格无法与其他任何最小项逻辑相邻，则直接写出这个单独的小方格对应的最小项表达式，最后将所有的与项或起来即为最简逻辑表达式。

【例6-8】 用卡诺图化简法将下式化简为最简与-或逻辑式。

$$F = ABC + ABD + A\overline{C}D + \overline{C}\,\overline{D} + A\overline{B}C + \overline{A}C\overline{D}$$

解： 首先画出函数 F 的卡诺图，如图6-6所示。然后把可能合并的最小项圈出，并按照前面所述的原则选择化简。由图可见，应将图中下面两行的8个最小项合并，同时将左右两列最小项合并，于是得到

$$F = A + \overline{D}$$

从图6-6中可以看到，A 和 $\overline{D}$ 中重复包含了 m_8、m_{10}、m_{12} 和 m_{14} 这4个最小项。但据 $A + A = A$ 可知，在合并最小项的过程中允许重复使用函数式中的最小项，以利于得到更简单的化简结果。

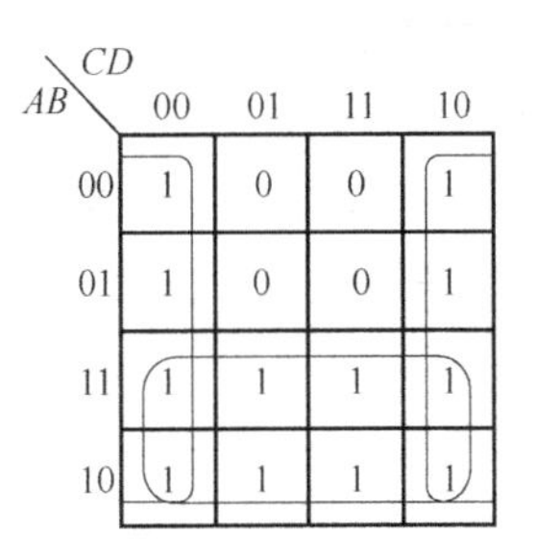

图6-6　例6-8卡诺图

上述例题的化简也可应用 Multisim 软件中的逻辑转换仪进行化简。在图6-2所示面板最底部的条状部分中，输入该逻辑表达式，按下"表达式到真值表"的按钮 A|B → 1 0|1，即可得出相应的真值表，结果如图6-7a所示；在图6-7a的基础上，按下"真值表到最简表达式"的按钮 1 0|1 SIMP→ A|B，即可得到化简后的逻辑表达式，$F = A + \overline{D}$，如图6-7b所示。

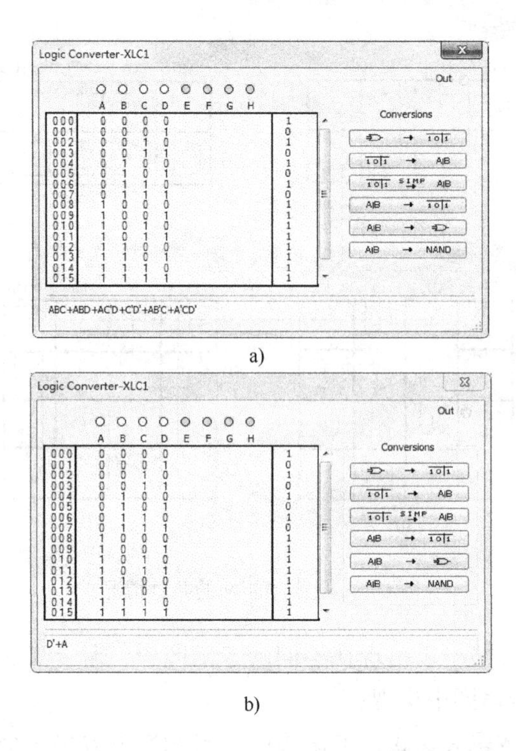

图 6-7　例 6-8 在 Multisim 中的化简

6.3　分立元件门电路

用以实现各种逻辑关系的电子电路称为门电路。最基本的逻辑门是与门、或门和非门，用这些基本逻辑门电路可以构成复杂的逻辑电路，完成任何逻辑运算功能，这些基本逻辑门电路是构成计算机及其他数字系统的重要基础。

6.3.1　基本逻辑门电路

与门、或门和非门电路是最基本的逻辑门电路，可分别完成与、或、非逻辑运算。

1. 二极管与门电路

图 6-8a 所示为两输入的与门电路。输入 A、B 中只要有一个为低电平，则必有一个二极管导通，使输出 F 为低电平；只有输入 A、B 同时为高电平，输出 F 才为高电平。显然，F 与 A、B 是与逻辑，即 $F=AB$。图 6-8b 为与门的逻辑符号，依次为国际流行符号和国标符号（以下类似，不再赘述）。

2. 二极管或门电路

图 6-9a 所示为两输入的或门电路。输入 A、B 中只要有一个为高电平，输出 F 便为高电平；只有当输入 A、B 同时为低电平时，输出 F 才为低电平。显然，F 与 A、B 是或逻辑，即 $F=A+B$。图 6-9b 为或门逻辑符号。

3. 晶体管非门电路

图 6-10a 所示为非门电路。当输入 A 为低电平时，晶体管截止，输出 F 为高电平；当输

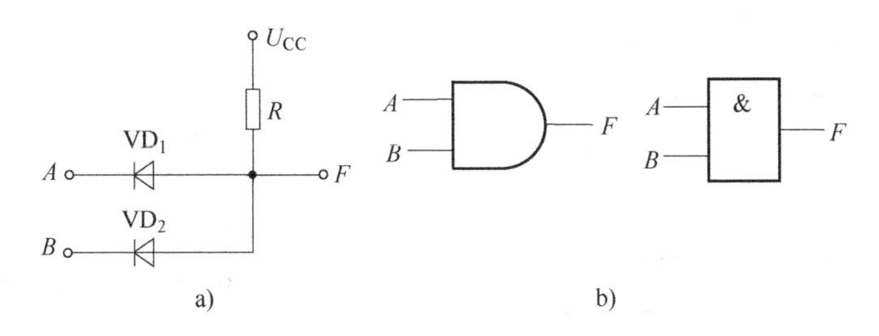

图6-8　二极管与门电路及逻辑符号

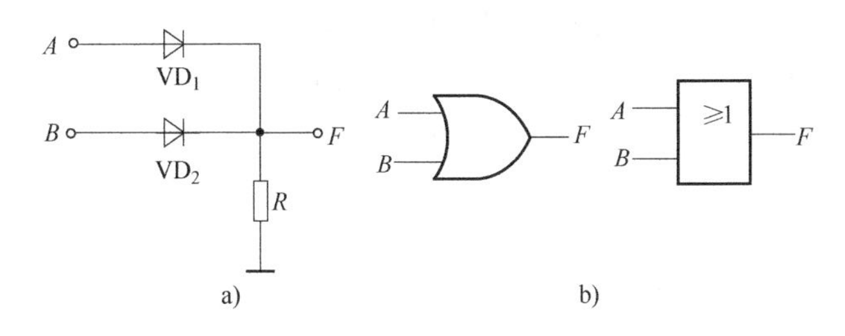

图6-9　二极管或门电路及逻辑符号

入 A 为高电平时，合理选择 R_1 和 R_2，使晶体管工作在饱和状态，输出 F 为低电平。非门的逻辑表达式为 $F=\overline{A}$，图6-10b 为其逻辑符号。由于非门的输出信号与输入反相，故非门又称为反相器。

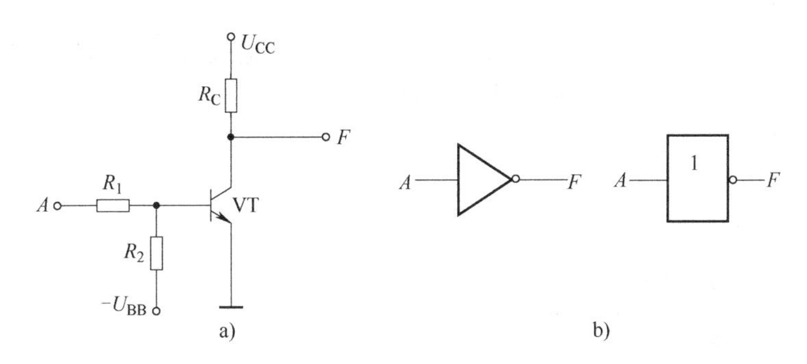

图6-10　晶体管非门电路及逻辑符号

6.3.2　复合逻辑门电路

在实际应用中，利用与门、或门和非门之间的不同组合可构成复合逻辑门电路，完成复合逻辑运算。常见的复合逻辑门电路有与非门、或非门、与或非门、异或门和同或门电路。

1. 与非门电路

在二极管与门的输出端级联一个非门便可组成与非门电路。与非门的真值表见表6-2，由该表可以看出：输入 A、B 中只要有低电平，输出 F 便为高电平；只有当输入 A、B 同时为高电平，输出 F 才为低电平。与非门的逻辑符号如图6-11 所示，逻辑表达式为 $F=\overline{AB}$。

表 6-2　与非门真值表

A	B	F
0	0	1
0	1	1
1	0	1
1	1	0

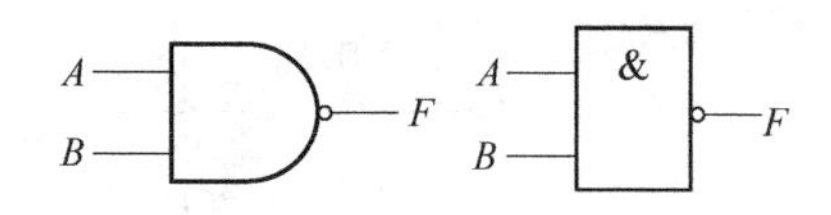

图 6-11　与非门逻辑符号

2. 或非门电路

在二极管或门的输出端级联一个非门便可组成或非门电路。或非门的真值表见表 6-3，由该表可以看出：当输入 A、B 中有高电平时，输出 F 为低电平；只有当输入 A、B 同时为低电平，输出 F 才为高电平。或非门的逻辑符号如图 6-12 所示，逻辑表达式为 $F=\overline{A+B}$。

表 6-3　或非门真值表

A	B	F
0	0	1
0	1	0
1	0	0
1	1	0

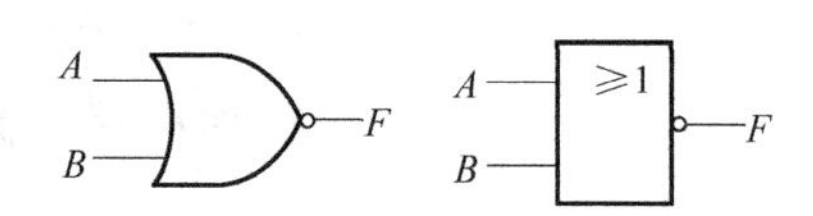

图 6-12　或非门逻辑符号

3. 异或门电路

异或门电路可以完成异或逻辑运算，异或逻辑运算表达式为：$F=\overline{A}B+A\overline{B}$，也记作 $F=A\oplus B$，读作 F 等于 A 异或 B。异或门的逻辑符号如图 6-13 所示，表 6-4 为异或门真值表，由此可见：当两个输入变量取值相同时，运算结果为 0；当两个输入变量取值不同时，运算结果为 1。如推广到多个变量异或时，当变量中 1 的个数为偶数时，运算结果为 0；1 的个数为奇数时，运算结果为 1。

表 6-4　异或运算真值表

A	B	F
0	0	0
0	1	1
1	0	1
1	1	0

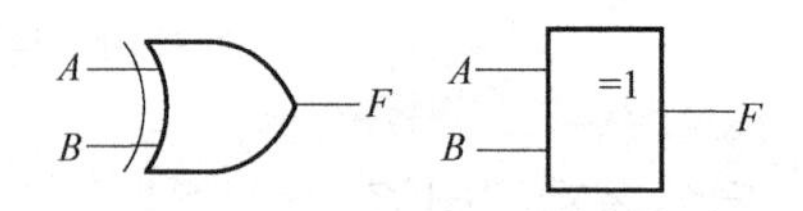

图 6-13　异或门逻辑符号

4. 同或门电路

同或门电路可以完成同或逻辑运算，同或逻辑运算表达式为：$F=\overline{A}\,\overline{B}+AB=A\odot B$，读作 F 等于 A 同或 B。同或门的逻辑符号如图 6-14 所示，可以证明，同或运算的规则正好和异或运算相反。

5. 与或非门电路

与或非门电路相当于两个与门、一个或门和一个非门的组合，四输入与或非门逻辑符号如图 6-15 所示。其逻辑表达式 $F=\overline{AB+CD}$。与或非门的功能是将两个与门的输出进行或运算并取反输出。与或非门电路也可以由多个与门和或门、一个非门组合而成，从而具有更强的逻辑运算功能。

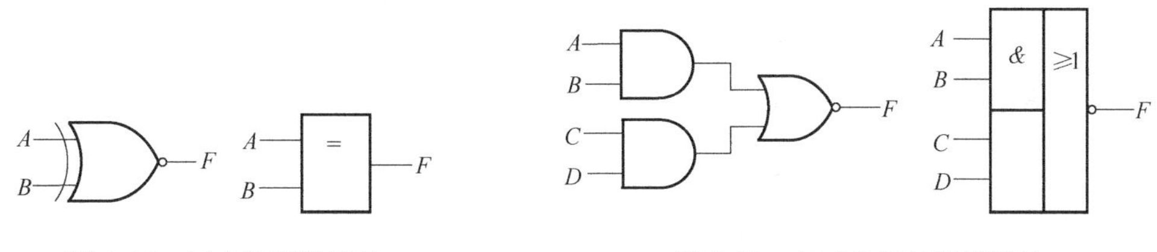

图6-14　同或门逻辑符号　　　　图6-15　与或非门的逻辑符号

6.4　TTL 集成逻辑门电路

TTL 集成逻辑门电路的输入端和输出端都由晶体管构成，因此称为晶体管-晶体管逻辑（Transistor-Transistor Logic）门电路，简称为 TTL 门电路，是目前双极型数字集成电路中使用最多的一种。在门电路的定型产品中除了非门以外，还有与门、或门、与非门、或非门和异或门等几种常见的类型。尽管它们逻辑功能各异，但输入端、输出端的电路结构形式、特性及参数和非门基本相同，所以本节以 TTL 非门为例，介绍集成门电路的特性和参数，然后介绍三态门和集电极开路门。

6.4.1　TTL 非门

1. 工作原理

非门是 TTL 门电路中电路结构最简单的一种。图6-16 中给出了74 系列 TTL 非门的典型电路，该电路由三部分组成：VT_1、R_1 和 VD_1 组成输入级，VT_2、R_2 和 R_3 组成中间级，VT_4、VT_5、VD_2 和 R_4 组成输出级。

设电源电压 $U_{CC}=5V$，二极管正向压降为 0.7V。当 $u_i<0.6V$ 时，VT_1 导通，$U_{B1}<1.3V$，VT_2 和 VT_5 截止而 VT_4 导通，$u_o=5-U_{R2}-0.7-0.7\approx3.6V$。$u_i>0.6V$，但低于 1.3V 时，$VT_2$ 导通而 VT_5 依旧截止。这时 VT_2 工作在放大区，随着 u_i 的升高，U_{C2}和 u_o 线性地下降。当 $u_i>1.3V$ 后，U_{B1}约为 2.1V，这时 VT_2 和 VT_5 将同时导通，输出电位急剧地下降为低电平。此后输入电压 u_i 继续升高时必然使 VT_2 和 VT_5 饱和导通，VT_4 截止，$u_o=0.3V$ 不再变化。从而输出和输入之间在稳定状态下具有反相关系，即 $Y=\overline{A}$。如果把图6-16 非门电路输出电压随输入电压的变化用曲线描绘出来，就得到了图6-17 所示的电压传输特性。

由以上分析可知，图6-16 电路在稳定状态下 VT_4 和 VT_5 总是一个导通而另一个截止，因而使这一支路中的电流很小，这就有效降低了输出级的静态功耗并提高了驱动负载的能力。为确保 VT_5 饱和导通时 VT_4 可靠地截止，又在 VT_4 的发射极下面串联了二极管 VD_2。VD_1 是输入端“钳位”二极管，它既可以抑制输入端可能出现的负极性干扰脉冲，又可以防止输入电压为负时 VT_1 的发射极电流过大，起到保护作用。

2. 主要参数

1）输出高电平 U_{OH}：典型值是 3.6V，规定最小值 $U_{OH(min)}$ 为 2.4V。

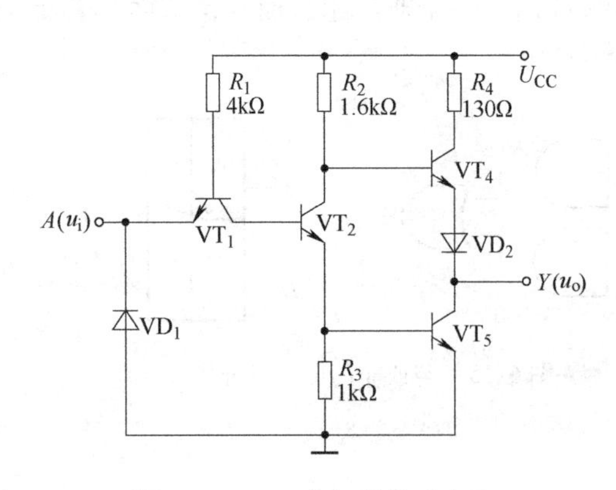

图 6-16　TTL 非门的典型电路

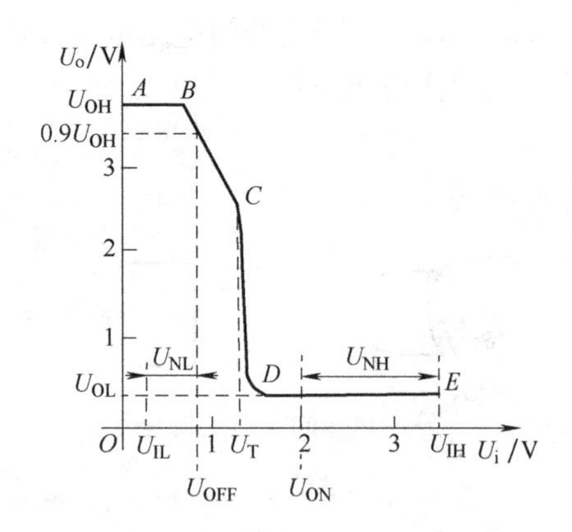

图 6-17　TTL 非门的电压传输特性

2）输出低电平 U_{OL}：典型值是 0.3V，规定最大值 $U_{OL(max)}$ 为 0.4V。

3）开门电平 U_{ON}：保证输出为低电平时的最小输入高电平，其值为 2V。

4）关门电平 U_{OFF}：保证输出为高电平时的最大输入低电平，其值为 0.8V。

5）扇出系数：指一个门电路能带同类型门的最大数目，它表示门电路的带负载能力。一般 $N \geqslant 8$，如果驱动门和负载门的类型不相同时就需具体计算。

6）平均传输延迟时间 t_{pd}。

理论上，门的输入和输出波形均应为矩形波，但实际波形如图 6-18 所示。在开门和关门时均有延迟，其中 t_{pd1} 称为上升延迟时间，t_{pd2} 称为下降延迟时间，二者的平均值为

$$t_{pd} = \frac{1}{2}(t_{pd1} + t_{pd2})$$

称为平均传输延迟时间，一般在几十纳秒(ns)以下。

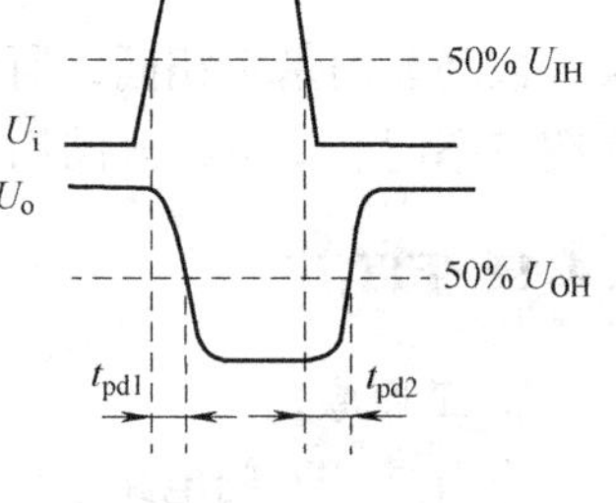

图 6-18　表示延迟时间的输入输出电压波形

6.4.2　TTL 三态输出门

普通门电路的输出只有两种状态：高电平或低电平；而三态门的输出不仅有高电平、低电平，还有一种高阻状态，也叫悬浮态。TSL 门即 Three State Logic Gate，它是计算机系统中广泛使用的一种特殊门电路。TSL 门是在普通门电路的基础上，加上使能控制端(也称使能端)和控制电路构成的。

图 6-19a 给出了控制端高电平有效的三态非门电路，它与图 6-16 非门电路的区别在于输入端改成了多发射极晶体管，其中 E 端为使能端。其真值表见表 6-5，逻辑符号如图 6-19b 所示。

三态门主要应用于总线传送，它可进行单向数据传送，也可进行双向数据传送。

用三态门构成单向总线如图 6-20 所示，在任何时刻，只允许一个三态门的控制端加使能信号，实现其对总线的数据传送。

表 6-5　三态输出非门真值表

E	F
0	高阻
1	$\overline{A}$

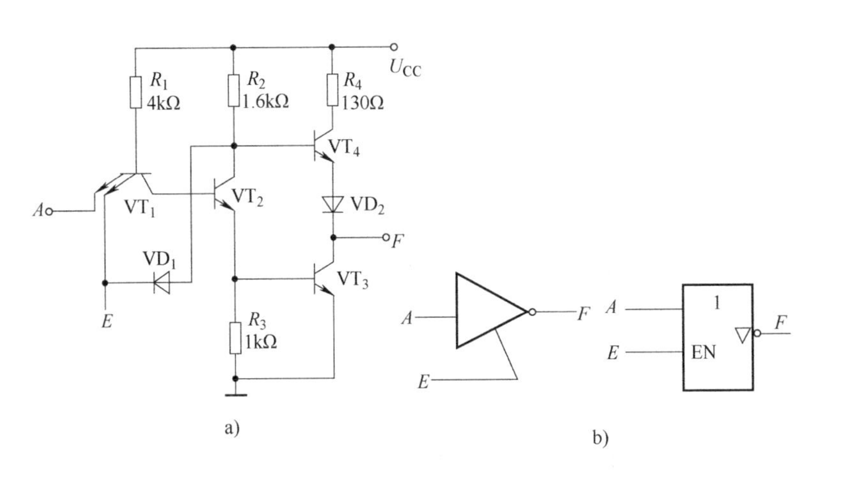

图 6-19　控制端高电平有效的三态输出非门电路和逻辑符号

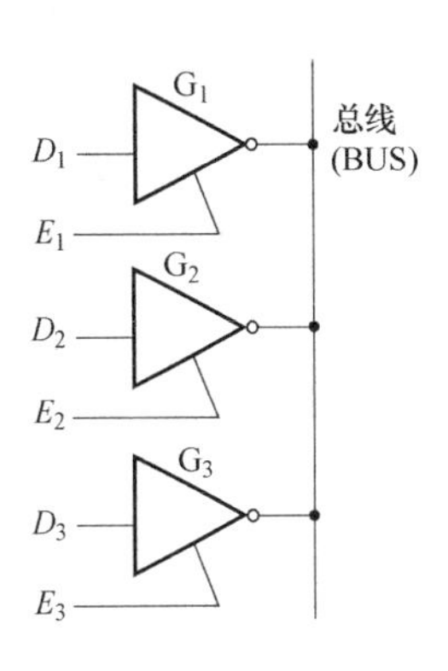

图 6-20　用三态非门构成的单向总线

用三态非门构成双向总线如图 6-21 所示，图中 G_2 为低电平使能的三态非门。当控制输入信号 E 为 1 时，G_1 工作而 G_2 为高阻状态，数据 D_1 经 G_1 反相后送到数据总线；当控制输入信号 E 为 0 时，G_2 工作而 G_1 为高阻状态，来自数据总线的数据经 G_2 反相后由 $\overline{D_2}$ 送出。这样就可以通过改变控制信号 E 的状态，实现分时数据双向传送。

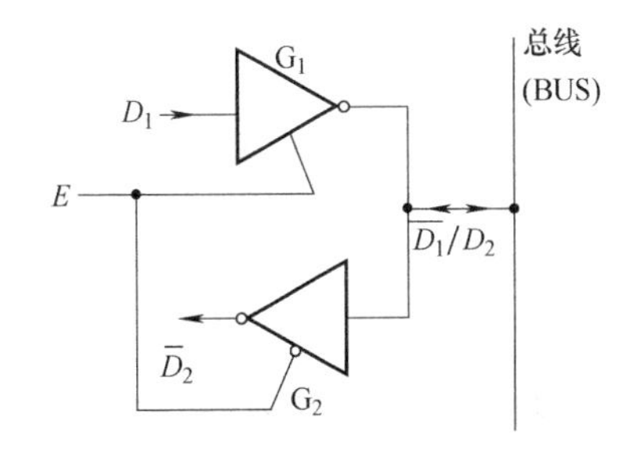

图 6-21　用三态非门构成的双向总线

【例 6-9】 用 Multisim 软件测试“三态门”74LS126 的逻辑功能。

解： 测试电路如图 6-22 所示，测试时，打开仿真开关，探针“X1”显示输入状态，探针“X2”显示输出状态。使能端为高电平时，输出等于输入，使能端为低电平时，输出呈高阻状态。

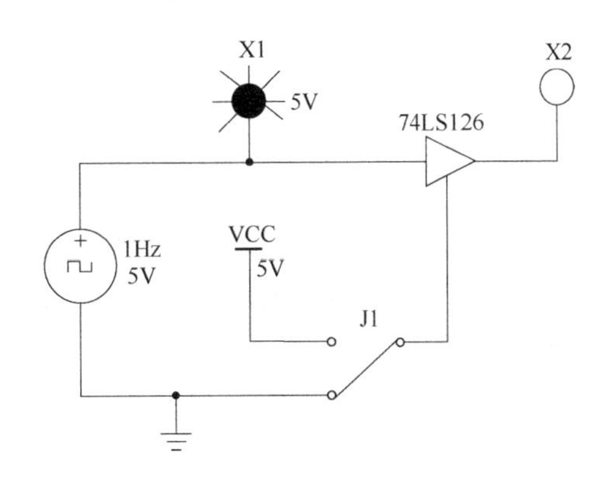

图 6-22　“三态门”逻辑功能的测试电路

6.4.3　TTL 集电极开路门

集电极开路（Open Collector，OC）门，也是一种计算机常用的特殊门。图 6-23 所示为集电极开路与非门电路和逻辑符号，在使用时，为了使电路具有高电平输出，必须在 OC 门输出端外加负载电阻 R_L 和电源 U_{CC}。

OC 门的最大特点是具有“线与”逻辑功能，即用导线将两个或两个以上的 OC 门输出端连接在一起，其总的输出为各个 OC 门输出的逻辑“与”。图 6-24 所示为两个 OC 与非门用导

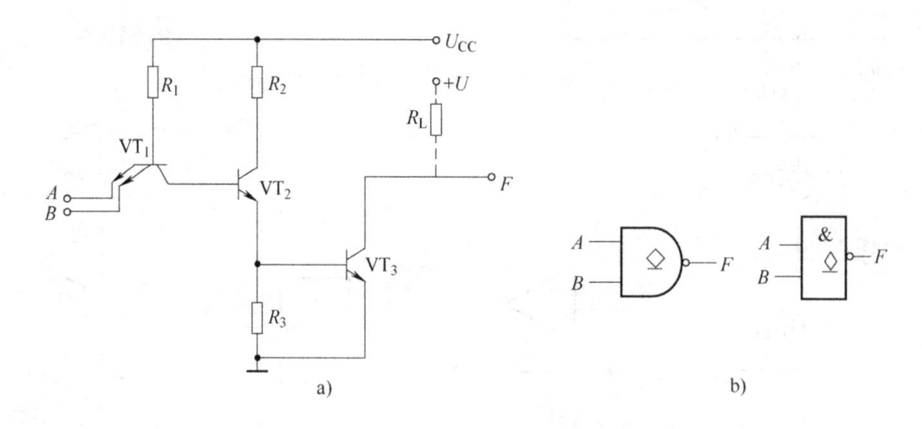

图 6-23　OC 门电路和逻辑符号

线连接，实现“线与”逻辑的电路图。

$$F=F_1F_2=\overline{AB}\,\overline{CD}=\overline{AB+CD}$$

OC 门在计算机中的应用非常广泛，除了实现“线与”逻辑，还可进行逻辑电平的转换以及直接驱动发光二极管、干簧继电器等。

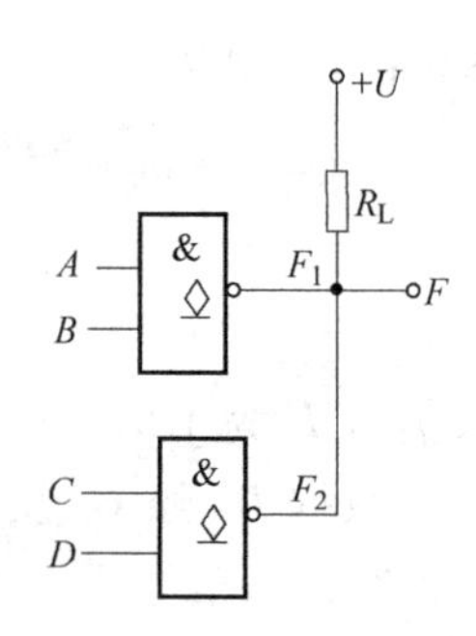

图 6-24　OC 门电路的“线与”

6.5*　CMOS 逻辑门电路

CMOS 门电路是继 TTL 门电路之后开发出的又一种数字集成器件，由于所用材料和生产工艺的改进，与 TTL 门电路相比，CMOS 门电路具有功耗低、抗干扰能力强、集成度高、工作速度快和价格相对低廉等特点，在超大规模存储器件和 PLD 器件中得到广泛应用。

1. CMOS 门电路

(1) 增强型 MOS 管的电路特点　MOS 管电路中最常用的是 P 沟道增强型 MOS(PMOS) 管和 N 沟道增强型 MOS(NMOS)管。将两者互补对称连接起来的电路，称为 CMOS。

NMOS 管的符号如图 6-25a 所示。当它的栅极 G 和源极 S 之间的电压 U_{GS}为零时，NMOS 管截止，漏极 D 和源极 S 之间的电阻 R_{DS}可达 $10^6\Omega$。当 $U_{GS}>0$ 达到开启电压时，NMOS 管导通，此后 R_{DS}随 U_{GS}的增大而减小，当 U_{GS}足够大时，R_{DS}可以降到 10Ω 以下。

PMOS 管的符号如图 6-25b 所示。PMOS 管的栅极 G 与源极 S 之间的电压 U_{GS}也可以控制漏极 D 和源极 S 之间的电阻 R_{DS}，但是在正常使用中源极电压高于漏极电压，所以增强型 PMOS 管的 U_{GS}电压是零或是负值。当 $U_{GS}=0$ 时，R_{DS}电阻很大，至少有 $10^6\Omega$。当 U_{GS}减小到足够小，R_{DS}可以降到 10Ω 以下。

综上所述，MOS 管可以视为可变电阻，如图 6-25c 所示。输入电压可以控制电阻 R_{DS}的阻值，使其很大(off)或很小(on)。

图6-26a和图6-26b分别为NMOS管和PMOS管的逻辑行为符号图。栅极无圈代表高电平导通，栅极有圈代表低电平导通。

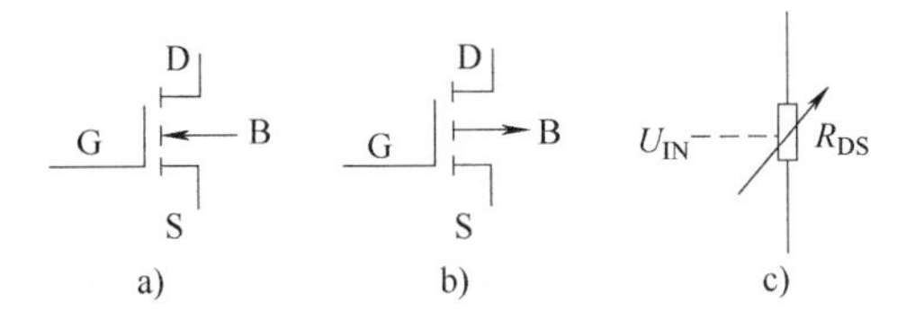

图6-25　增强型MOS管符号和模型

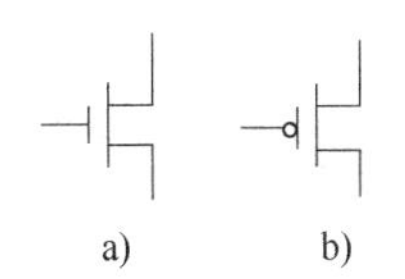

图6-26　具有逻辑行为的MOS管符号

（2）CMOS非门电路　图6-27所示为CMOS非门。其电源电压范围U_{DD}为2～6V，为与TTL电路电平匹配，选择$U_{DD}=5V$。NMOS管的开启电压为+1.5V，PMOS管的开启电压为-1.5V。

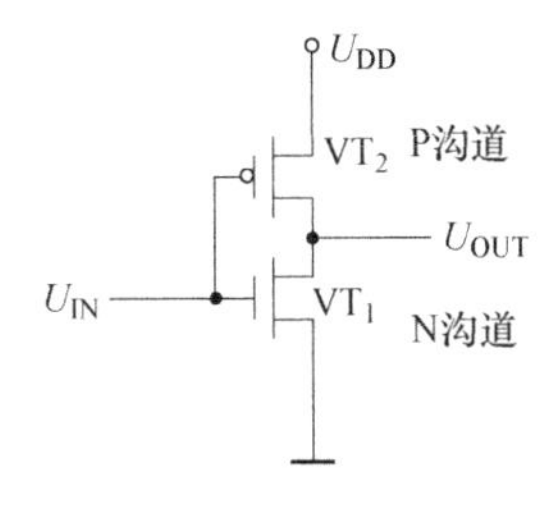

图6-27　CMOS非门电路

表6-6　CMOS非门功能表

U_{IN}	VT_1	VT_2	U_{OUT}
0V(L)	off	on	5V(H)
5V(H)	on	off	0V(L)

在理想情况下，该非门的工作情况可以分为两种，见表6-6。当$U_{IN}=0V$时，NMOS管的$U_{GS}=0V$，所以VT_1截止；而PMOS管由于$U_{GS}=-5V$，所以VT_2导通。此时由于PMOS管的U_{GS}的绝对值远大于开启电压的绝对值，故导通后的VT_2呈现很小的电阻，使输出$U_{OUT}\approx U_{DD}=5V$。当$U_{IN}=5V$时，PMOS管由于$U_{GS}=0V$，所以VT_2截止，而NMOS管的$U_{GS}=5V$，其值远大于开启电压，所以VT_1导通，导通后的VT_1呈现很小的电阻，使输出$U_{OUT}\approx 0V$。由此可见图6-27所示电路具有非逻辑的功能。

2. 其他类型的CMOS门电路

CMOS与非门电路如图6-28所示。假设A为低电平，则VT_1截止，VT_2导通；若B为低电平，则VT_3截止，VT_4导通，最终输出F为高电平。将两个输入端A和B的所有组合分析后，可知该电路实现与非逻辑功能。

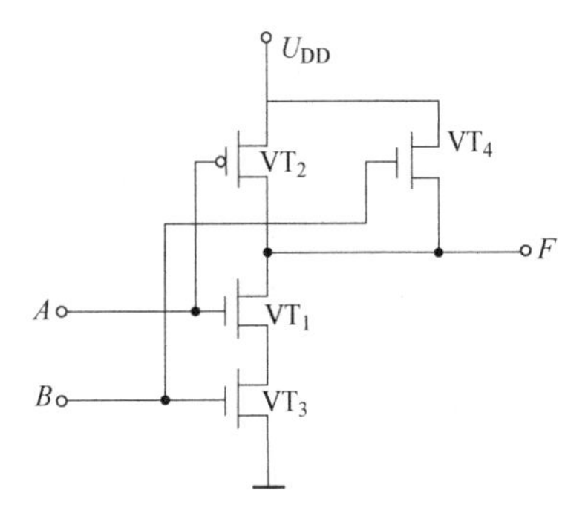

图6-28　CMOS与非门电路

CMOS或非门电路如图6-29所示，读者可自行分析。

将N沟道和P沟道场效应晶体管按照图6-30所示的电路连接起来，就形成了逻辑控制开关，习惯称为CMOS传输门。传输门由控制端$\overline{EN}$和EN控制，$\overline{EN}$和EN是互补信号，当$\overline{EN}$为低电平，EN为高电平时，A、B之间呈现很小的电阻（2～5Ω），相当于导通，当$\overline{EN}$为高电平，EN为低电平时，A、B之间呈现很大的电阻，传输门不导通。

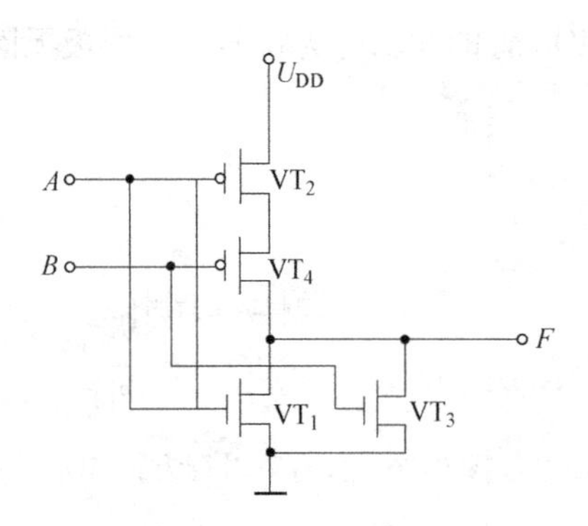

图 6-29　CMOS 或非门电路

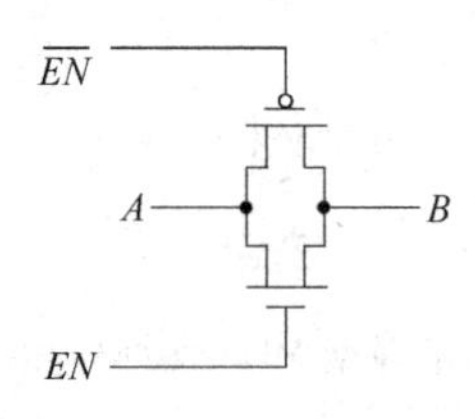

图 6-30　CMOS 传输门

习题

【概念题】

6-1　数制是什么？它包括哪两个基本因素？

6-2　简述 8421BCD 码的特点。

6-3　说明 1 + 1 = 2、1 + 1 = 10 和 1 + 1 = 1 的含义有什么不同？

6-4　说明反演规则与对偶规则的相同点与不同点。

6-5　同或门和异或门的功能是什么？二者有联系吗？

6-6　OC 门、三态门有什么主要特点？它们各自有什么重要作用？

6-7　将下列十进制数转换成二进制数、八进制数和十六进制数：

（1）185　　（2）0.625　　（3）8.5

6-8　将下列二进制数转换成十进制数、八进制数和十六进制数：

（1）101001　　（2）0.011　　（3）1001.11

6-9　将下列十进制数用 8421 码和余 3 码表示：

（1）1987　　（2）0.785　　（3）78.24

【分析和仿真题】

6-10　用逻辑代数的方法证明下列等式：

（1）$\overline{AB+AC}=\overline{A}+\overline{B}\,\overline{C}$　　（2）$AB+\overline{A}C+\overline{B}D+\overline{C}D=AB+\overline{A}C+D$

（3）$\overline{A}\oplus\overline{B}=A\oplus B$

6-11　写出下列逻辑函数的对偶函数：

（1）$F=\overline{AB}+AB+CD$　　（2）$F=A(\overline{B}+C\overline{D}+E)$　　（3）$F=A+\overline{B+\overline{C}+\overline{\overline{D+E}}}$

6-12　写出下列逻辑函数的反函数：

（1）$F=AB+C\overline{D}+AC$　　（2）$F=\overline{A}\,\overline{B}C+\overline{A}B\overline{C}+A\overline{B}\,\overline{C}+ABC$

（3）$F=\overline{(A+B)\overline{C}}+\overline{D}$

6-13　试列出逻辑函数 $Y=A\overline{B}+B\overline{C}+C\overline{A}$的真值表。

6-14　用逻辑代数法化简下列函数并利用 Multisim 软件对化简结果进行验证：

（1）$F(A,\ B)=A\overline{B}+B+\overline{A}B$

（2）$F(A,\ B,\ C)=\overline{A}\,\overline{B}\,\overline{C}+\overline{A}B\overline{C}+A\overline{B}\,\overline{C}+\overline{A}\,\overline{B}C$

（3）$F(A,\ B,\ C,\ D)=A\overline{C}+ABC+AC\overline{D}+CD$

6-15　用卡诺图化简下列函数并利用 Multisim 软件对化简结果进行验证：

(1) $F(A, B, C)=\overline{A}\,\overline{B}+AC+\overline{B}C$

(2) $F(A, B, C, D)=A\overline{B}+\overline{A}C+BC+\overline{C}D$

(3) $F(A, B, C)=\sum(m_0, m_1, m_2, m_5, m_6, m_7)$

(4) $F(A, B, C, D)=\sum(m_0, m_1, m_2, m_5, m_8, m_9, m_{10}, m_{12}, m_{14})$

第7章　组合逻辑电路

数字电路根据是否有记忆功能分为组合逻辑电路和时序逻辑电路。组合逻辑电路的特点是任何时刻的稳态输出仅仅由该时刻的输入状态决定，而与过去的输出状态无关。从电路结构上讲，电路中不存在从输出反馈到输入的通路。本章主要介绍组合逻辑电路的分析方法及简单逻辑电路设计、译码器、编码器、数据选择器等常用组合逻辑电路的基本知识，并结合上述内容介绍 Multisim 中几个菜单的使用方法，帮助读者在熟练使用该软件基础上，借助仿真方法进一步掌握组合逻辑电路的分析和设计方法。

7.1　组合逻辑电路的分析与设计

组合逻辑电路的分析就是由给定的逻辑电路图求出输出函数的逻辑功能。即求出逻辑表达式和真值表等。组合逻辑电路的设计就是根据目标要求的逻辑功能，利用现有的逻辑器件，设计出实现该要求的逻辑电路。

7.1.1　组合逻辑电路的分析

组合逻辑电路的分析主要目的是确定已知组合逻辑电路的功能。

组合逻辑电路分析方法的步骤一般为：

1）推导逻辑电路的函数表达式并化简。

推导逻辑电路的输出函数时，需要将逻辑图中各个门的输出都标上编号，然后从输入级开始，逐级向后推导出各个门的输出函数。

2）对函数式进行化简或变换，包括公式法、卡诺图法等。

3）由逻辑表达式建立真值表。

4）分析真值表，判断逻辑电路的功能。

【例7-1】　试分析图7-1所示的逻辑电路图的功能。

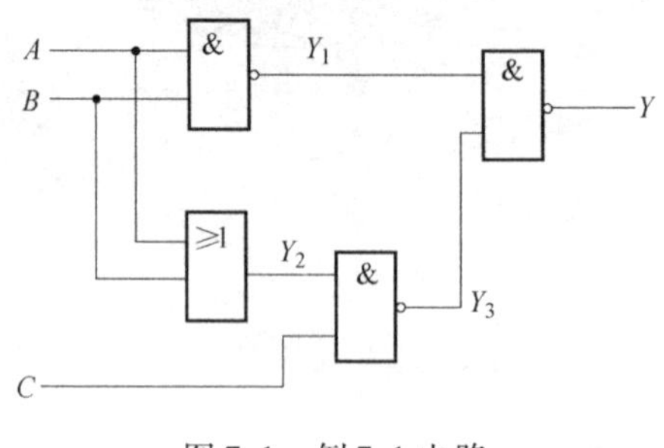

图7-1　例7-1电路

解法一： 理论方法

解： 1）根据给出的逻辑图可以写出 Y 与 A、B、C 之间的逻辑函数式。先标出 Y_1、Y_2、Y_3。

$$Y_1=\overline{AB}\quad Y_2=A+B\quad Y_3=\overline{Y_2C}$$

$$Y=\overline{Y_1Y_3}=\overline{\overline{AB}\;\overline{(A+B)C}}$$

2）列真值表见表7-1。

表7-1　真值表

A	B	C	Y	A	B	C	Y
0	0	0	0	1	0	0	0
0	0	1	0	1	0	1	1
0	1	0	0	1	1	0	1
0	1	1	1	1	1	1	1

3）分析逻辑功能。由真值表可知，该电路具有多数表决的功能。

解法二：仿真方法

解：首先单击，在“family”中选择TTL，选取与非门“NAND2”和或门“OR2”，画出逻辑电路图。从仪器栏中取出逻辑转换仪图标，然后将该逻辑电路的输入、输出端分别连接到逻辑转换器的输入、输出端，如图7-2a所示，然后双击逻辑转换器，当弹出控制面板后，按下“电路图到真值表”的按钮，即可得出该电路的真值表，如图7-2b所示，再按下“真值表到最简表达式”的按钮，得到的就是所求的最简表达式，结果如图7-2c所示。可见，该电路是多数表决逻辑电路。

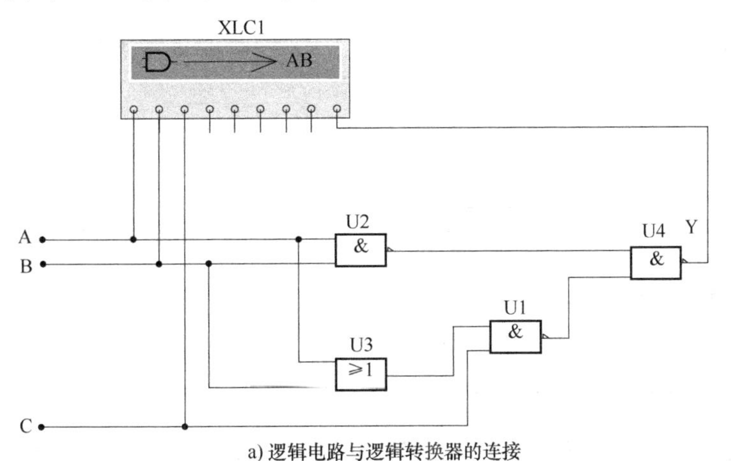

a) 逻辑电路与逻辑转换器的连接

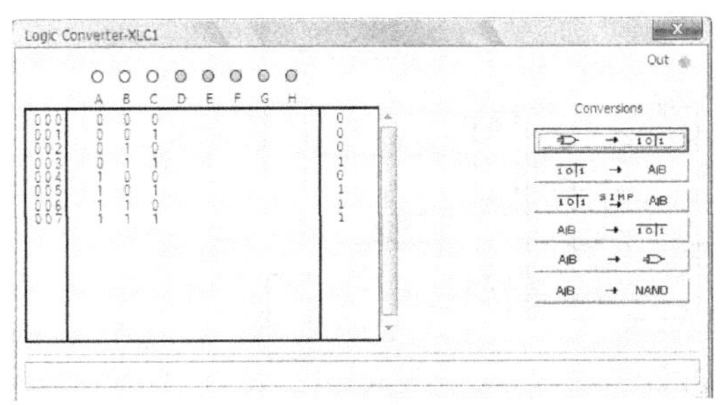

b) 逻辑电路到真值表的转换

c) 真值表到最简表达式的转换

图7-2　例7-1仿真图

7.1.2 组合逻辑电路的设计

组合逻辑电路的设计步骤如下：

1）确定输入输出变量，定义逻辑变量状态的含义（确定逻辑状态“0”和“1”的实际意义）；

2）根据实际逻辑问题确定其输入输出的逻辑关系，在真值表中列出所有可能出现的组合。输入组合状态数由变量数确定，若变量数为 n，则输入组合状态总数为 2^n；

3）根据真值表写出逻辑表达式，并化简成最简与或表达式；也可以是其他类型的表达式，如只包含与非关系的逻辑式。

由真值表写出逻辑函数式的步骤：

1）找出真值表中使逻辑函数为 1 的输入变量的组合；

2）每组输入变量的组合对应一个乘积项，其中取值为 1 的写入原变量，取值为 0 的写入反变量；

3）将这些乘积项相加，即为函数的逻辑表达式；

4）根据表达式画出逻辑图。

【例 7-2】 试设计一个三变量相异的逻辑电路，用与非门实现，并用 Multisim 进行验证。

解： 1）根据已知的逻辑要求，列出相应的真值表。三变量相异的逻辑要求为：三变量取值相同时，输出为 0；取值不同时，输出为 1。

设 A、B、C 为三个变量，Y 代表输出，得真值表见表 7-2。

2）根据真值表填写卡诺图，并化简。

由真值表，可得到图 7-3 的卡诺图。由卡诺图化简可得

$$Y = A\overline{B} + \overline{A}C + B\overline{C} = \overline{\overline{A\overline{B}} \cdot \overline{\overline{A}C} \cdot \overline{B\overline{C}}}$$

表 7-2 真值表

A	B	C	Y	A	B	C	Y
0	0	0	0	1	0	0	1
0	0	1	1	1	0	1	1
0	1	0	1	1	1	0	1
0	1	1	1	1	1	1	0

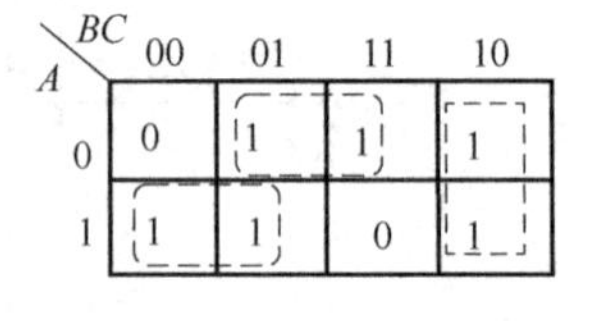

图 7-3 例 7-2 卡诺图

3）根据化简后的逻辑表达式，画出相应的逻辑电路图，如图 7-4 所示。

4）根据图 7-4 电路，借助 Multisim 的仿真得出相应的真值表，从而验证所设计的逻辑电路图的正确性。

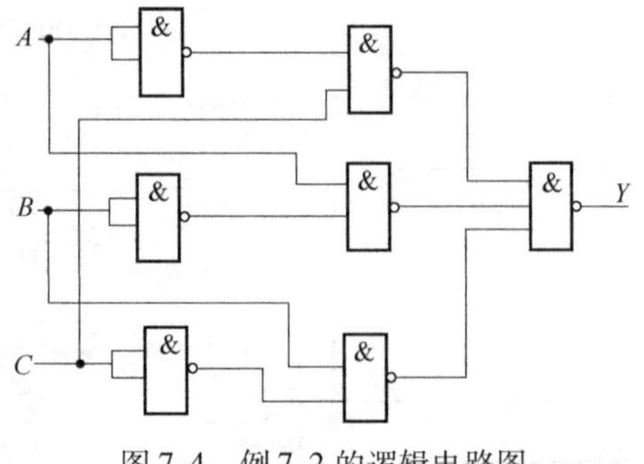

图 7-4 例 7-2 的逻辑电路图

首先单击 ，在“family”中选择 TTL，选取两输入和三输入与非门“NAND2”、“NAND3”画出图 7-4 的逻辑电路图。从仪器栏中取出逻辑转换仪图标 ，将电路图的输入、输出端分别连接到逻辑转换器的输入、输出端，如图 7-5a 所示，然后双击逻辑转换器，当出现控制面

板后，按下“电路图到真值表”的按钮，即可得出该电路的真值表，如图7-5b所示。通过仿真所获得的真值表与设计的真值表7-2完全一致，从而验证所设计的逻辑图的正确性。

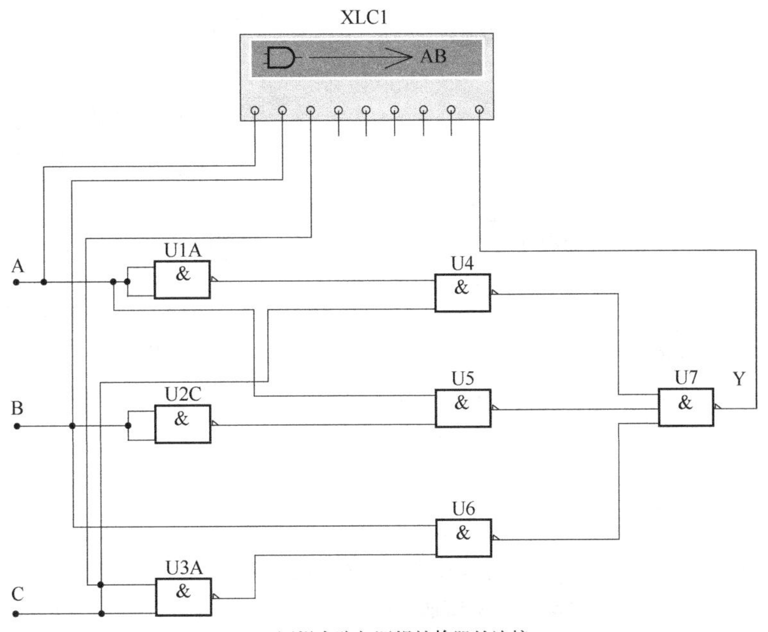

a) 逻辑电路与逻辑转换器的连接

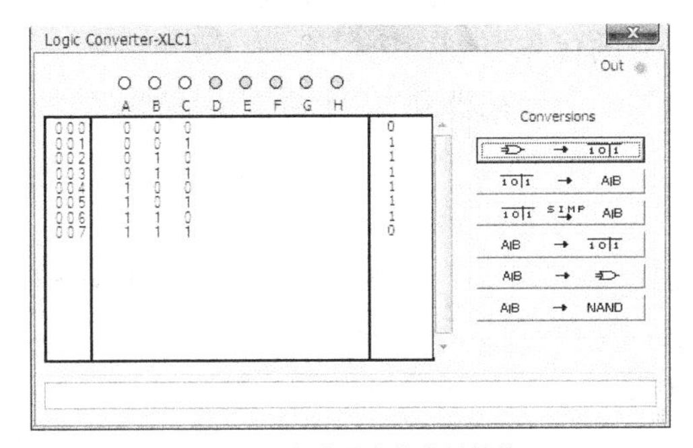

b) 逻辑电路到真值表的转换

图7-5　例7-2仿真图

【例7-3】 设有甲、乙、丙三台电机，它们运转时必须满足这样的条件，即任何时间必须有且仅有一台电机运行，如不满足该条件，就输出报警信号。试设计此报警电路。

解： 用Multisim软件的逻辑转换仪完成设计。

首先，从仪器按钮中拖出逻辑转换仪图标，再用鼠标左键双击它，在其面板图上，从逻辑转换仪的顶部选择需要的输入端(“A”、“B”、“C”)，此时真值表区会自动出现输入信号的所有组合，而右边输出列的初始值全部为零。根据设计要求，改变真值表的输出值(“1”、“0”或“X”)，可得到真值表如图7-6a所示。按下“真值表到最简表达式”的按钮，相应的逻辑表达式就会出现在逻辑转换仪底部的逻辑表达式栏内。然后，

按下“表达式到电路图”的按钮 A|B → ⊐D ，就得到了所要设计的电路，如图 7-6b 所示。最后，若需要可在输入端接上切换开关，在输出端接上指示灯或蜂鸣器。

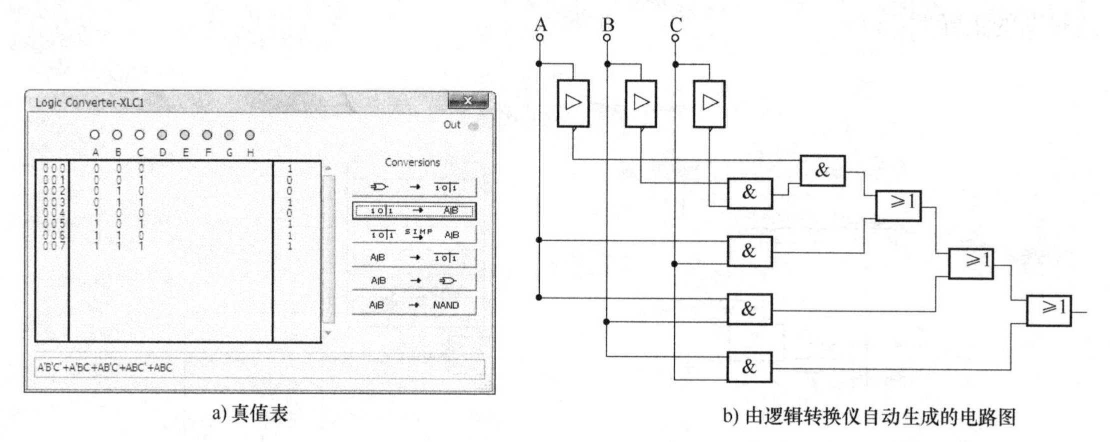

a) 真值表　　b) 由逻辑转换仪自动生成的电路图

图 7-6　例 7-3 仿真图

7.2　编码器

编码器(Encoder)是将一个十进制数或某一特定信息用一组二进制代码来表示的逻辑电路。常用的编码器有普通编码器和优先编码器两类，普通编码器要求任何时刻只能有一个有效输入信号，否则编码器将不能正确输出，优先编码器可以避免这个缺点，在多个有效输入信号中，能够识别输入信号的优先级别，选中优先级别最高的一个进行编码，产生相应的输出代码。编码器又可分为二进制编码器和二-十进制编码器。

7.2.1　普通编码器

N 位二进制数有 2^N 种不同的组合，因此有 N 位输出的编码器可以表示 2^N 个不同的输入信号，一般把这种编码器称为 2^N 线-N 线编码器。图 7-7 是 8 线-3 线编码器的原理框图。

它有 8 个输入端分别为 $Y_0 \sim Y_7$，有 3 个输出端 C、B、A，所以称为 8 线-3 线编码器。对于普通编码器来说，在任何时刻输入 $Y_0 \sim Y_7$ 中只允许一个信号为有效电平。高电平有效的 8 线-3 线普通编码器的编码表见表 7-3 所列。由编码表得到输出表达式为

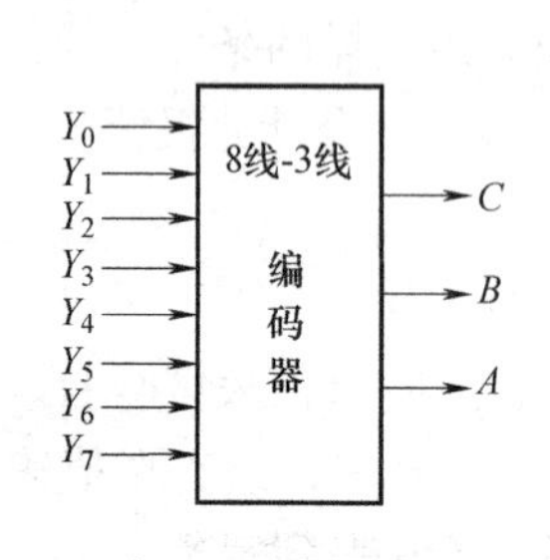

图 7-7　8 线-3 线编码器的框图

表 7-3　8 线-3 线编码器编码表

输入	C	B	A
Y_0	0	0	0
Y_1	0	0	1
Y_2	0	1	0
Y_3	0	1	1
Y_4	1	0	0
Y_5	1	0	1
Y_6	1	1	0
Y_7	1	1	1

$$\begin{cases} C = Y_4 + Y_5 + Y_6 + Y_7 \\ B = Y_2 + Y_3 + Y_6 + Y_7 \\ A = Y_1 + Y_3 + Y_5 + Y_7 \end{cases}$$

7.2.2　10 线-4 线优先编码器 74147

在前面的普通编码器中，输入端任何时刻只允许有一位有效信号，否则将在输出端发生混乱，出现错误。为了解决两个以上输入状态同时出现有效信号的编码问题，需要引入优先编码器。10 线-4 线优先编码器 74147 为二-十进制编码器。它的符号如图 7-8 所示。编码表见表 7-4 的真值表。该编码器的特点是可以对输入进行优先编码，以保证只输出编码位权最高的输入编码数据，该编码器输入为 9 个电平信号，输出是 BCD 码，输入信号中没有 0，即输入只有 9 个信号，“9”的级别最高，“1”的级别最低，输入与输出都是低电平有效，输出是输入信号对应的二进制编码的反码。

由于在 BCD 编码器中，每一位数字均独立编码，不需扩展，所以该电路没有扩展端。

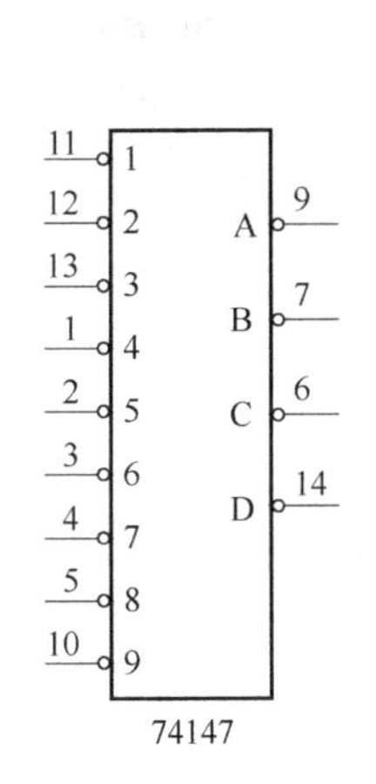

图 7-8　74147 优先编码器符号

表 7-4　74147 真值表

输入									输出			
1	2	3	4	5	6	7	8	9	*D*	*C*	*B*	*A*
1	1	1	1	1	1	1	1	1	1	1	1	1
×	×	×	×	×	×	×	×	0	0	1	1	0
×	×	×	×	×	×	×	0	1	0	1	1	1
×	×	×	×	×	×	0	1	1	1	0	0	0
×	×	×	×	×	0	1	1	1	1	0	0	1
×	×	×	×	0	1	1	1	1	1	0	1	0
×	×	×	0	1	1	1	1	1	1	0	1	1
×	×	0	1	1	1	1	1	1	1	1	0	0
×	0	1	1	1	1	1	1	1	1	1	0	1
0	1	1	1	1	1	1	1	1	1	1	1	0

7.2.3　8 线-3 线优先编码器 74148

8 线-3 线优先编码器 74148 的符号图如图 7-9 所示。该编码器的输入与输出都是低电平有效，输出是输入信号对应的二进制编码的反码。从表 7-5 可以看出，输入端$\overline{E_1}$是片选端，当$\overline{E_1}=0$ 时，编码器正常工作，否则编码器输出全为高电平。编码工作时，“7”的级别最高，“0”的级别最低，即当几个输入信号同时出现时，只对优先权最高的一个进行编码。输出信号 $G_S=0$ 表示编码器工作正常，有编码输出。输出信号 $E_0=0$ 为使能输出端，表示编码器正常工作，但没有编码输出，它常用于多个编码器的级联工作。

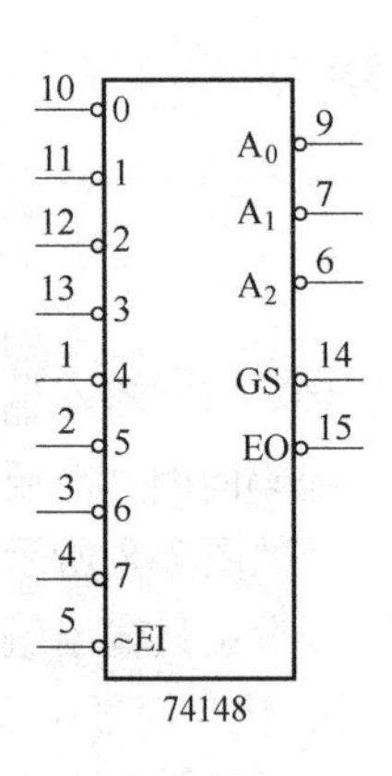

图 7-9　74148 优先编码器符号

表 7-5　74148 真值表

输入									输出				
E_I	0	1	2	3	4	5	6	7	G_S	E_O	A_2	A_1	A_0
1	×	×	×	×	×	×	×	×	1	1	1	1	1
0	1	1	1	1	1	1	1	1	1	0	1	1	1
0	×	×	×	×	×	×	×	0	0	1	0	0	0
0	×	×	×	×	×	×	0	1	0	1	0	0	1
0	×	×	×	×	×	0	1	1	0	1	0	1	0
0	×	×	×	×	0	1	1	1	0	1	0	1	1
0	×	×	×	0	1	1	1	1	0	1	1	0	0
0	×	×	0	1	1	1	1	1	0	1	1	0	1
0	×	0	1	1	1	1	1	1	0	1	1	1	0
0	0	1	1	1	1	1	1	1	0	1	1	1	1

【例 7-4】 分析 8 线-3 线编码器 74148 的逻辑功能。

解： 1）建立图 7-10 所示的电路，输入信号通过单刀双掷开关接优先编码器的输入端，“1”用 +5V(U_{CC})提供，“0”用地信号提供，输入的“0”、“1”的转换分别由键盘上的0 ~ 7八

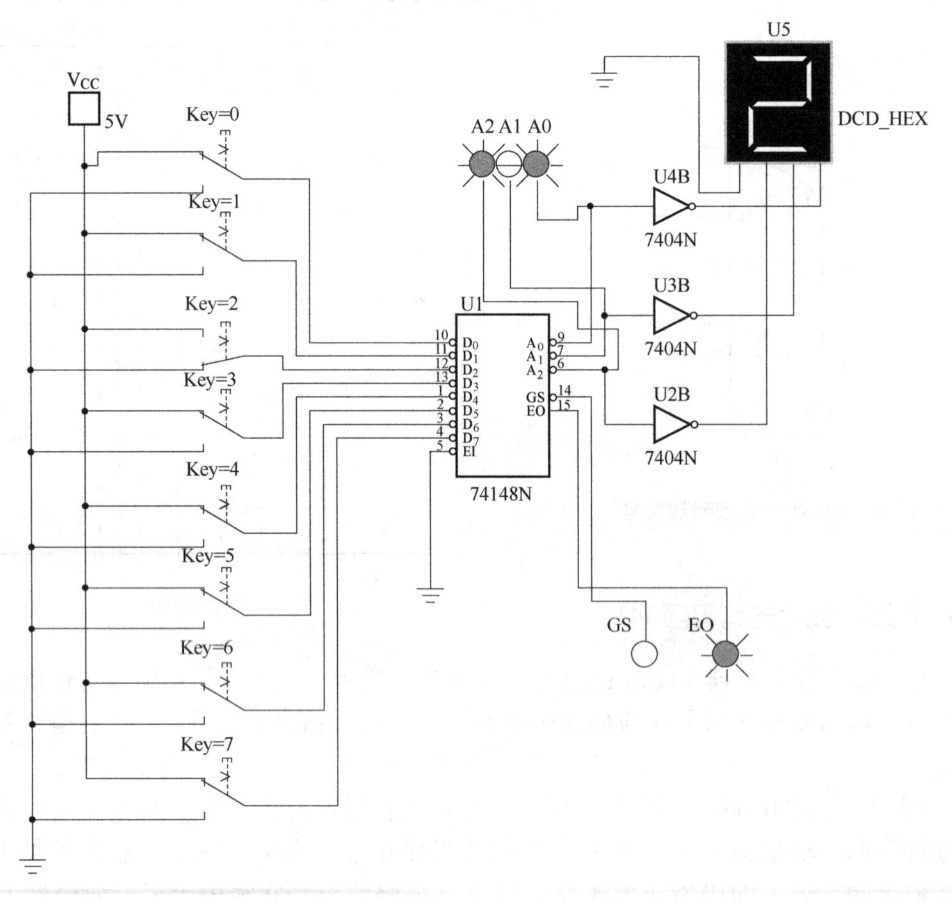

图 7-10　编码器 74148 逻辑功能的测试电路

个数字键控制切换开关而获得。按照编码器 74148 的使用要求，只有当选通输入端 $\overline{E_I}=0$ 时，编码器才能正常工作。两个扩展输出端 G_S、E_O 用于扩展编码功能，其状态由逻辑探针“GS”，“EO”监视。由于输出编码是输入二进制编码的反码，为了与相应的输入端进行对应，在输出端加入反相器，反相器的输出与带译码器的数码管相连，从而将有效输入信号进行直观显示。输出代码的状态由逻辑探针“A2”，“A1”，“A0”监视。

2）闭合仿真开关，通过数字键 0 ~7 控制，将各输入端依次输入低电平(0)，观察输出代码的变化。

3）同时输入几个低电平信号，观察各输入信号优先级别的高低，记录并整理结果。

4）记录结果见表 7-6。

可见，该编码器的输入为低电平有效，且输入“7”端的优先级别最高，输入“0”端的优先级别最低。另外，编码器工作且至少有一个信号输入时，$G_S=0$，编码器工作且没有信号输入时，$E_O=0$。

表 7-6　74148 真值表

输入									输出				
$\overline{E_I}$	D_0	D_1	D_2	D_3	D_4	D_5	D_6	D_7	G_S	E_O	A_2	A_1	A_0
1	×	×	×	×	×	×	×	×	1	1	1	1	1
0	1	1	1	1	1	1	1	1	1	0	1	1	1
0	×	×	×	×	×	×	×	0	0	1	0	0	0
0	×	×	×	×	×	×	0	1	0	1	0	0	1
0	×	×	×	×	×	0	1	1	0	1	0	1	0
0	×	×	×	×	0	1	1	1	0	1	0	1	1
0	×	×	×	0	1	1	1	1	0	1	1	0	0
0	×	×	0	1	1	1	1	1	0	1	1	0	1
0	×	0	1	1	1	1	1	1	0	1	1	1	0
0	0	1	1	1	1	1	1	1	0	1	1	1	1

【例 7-5】 使用 8 线-3 线优先编码器 74148 扩展成 16 线-4 线编码器，并说明具体的工作过程。

解：根据题意，选择两片 74148 优先编码器进行级联，一片作为 16 线-4 线编码器的高位输入，分别为 $IN_{15}\sim IN_8$，另一片作为 16 线-4 线编码器的低位输入，分别为 $IN_7\sim IN_0$，具体的连接如图 7-11 所示。

当 $IN_8\sim IN_{15}$中有低电平输入时，74148(H)块工作。此时，$E_{OH}=1$，$\overline{G_S}=\overline{A_3}=0$。由于 $E_{OH}=1$，74148(L)块不工作，其输出$\overline{A_0}\sim\overline{A_2}$均为 1。例如：当输入只有 $IN_{12}=0$ 时，74148(L)块不工作，74148(H)块的$\overline{A_2}\,\overline{A_1}\,\overline{A_0}=011$。电路总输出为$\overline{A_3}\,\overline{A_2}\,\overline{A_1}\,\overline{A_0}$ = =0011。

当 $IN_8\sim IN_{15}$全为高电平输入时，74148(H)块不工作。其输出$\overline{A_2}\,\overline{A_1}\,\overline{A_0}=111$，此时，$E_{OH}=0$，74148(L)块工作。例如：输入只有 $IN_3=0$ 时，则 74148(L)块工作，其输出 $\overline{A_2}\,\overline{A_1}\,\overline{A_0}=100$，电路总输出为：$\overline{A_3}\,\overline{A_2}\,\overline{A_1}\,\overline{A_0}=1100$。

这样利用两块 74148 级联，可以构成 16 线-4 线优先编码器。

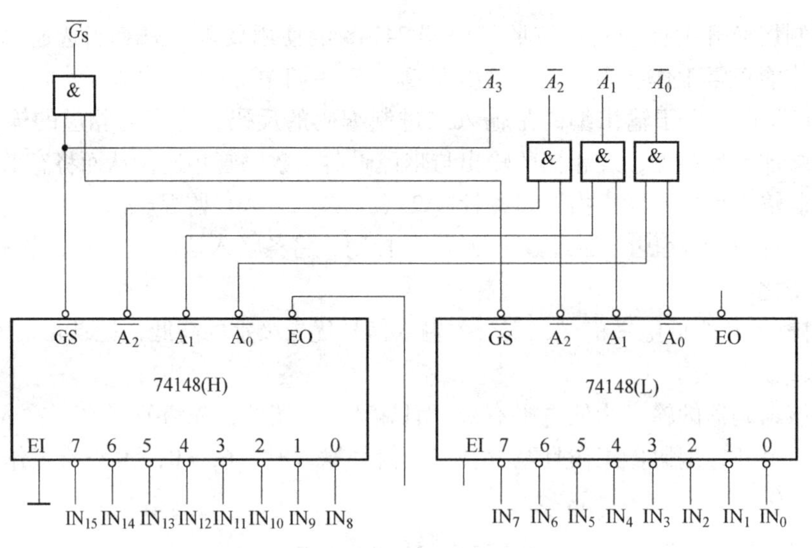

图 7-11　级联 16 线-4 线优先编码器

7.3　译码器

译码是编码的逆过程，是把一个用数字或电平组合来表示的信号或对象“翻译”成代表某一特定信息或十进制数码的过程，具有译码功能的逻辑电路称为译码器(Decoder)，它是一个多输入、多输出的组合逻辑电路，一般可分为二进制译码器、二-十进制译码器和显示译码器等。

7.3.1　二进制译码器

N 位二进制译码器有 N 个输入端和 2^N 个输出端，即将 N 个信号(编码)译成 $n=2^N$ 位信号状态(高、低电平)，一般称为 N 线-2^N 线译码器。每一组输入信号只对应一个输出是有效电平，其他输出都是无效电平。2 线-4 线译码器的逻辑图如图 7-12 所示，表 7-7 为对应的真值表。二进制译码器主要用于存储器地址译码以及实现逻辑函数；带使能的译码器可用作数据分配器、脉冲分配器等。

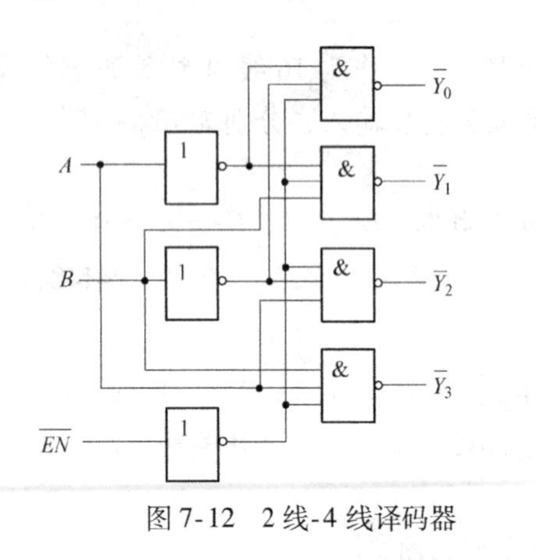

图 7-12　2 线-4 线译码器

表 7-7　2 线-4 线译码器真值表

$\overline{EN}$	B	A	$\overline{Y_3}\,\overline{Y_2}\,\overline{Y_1}\,\overline{Y_0}$
1	×	×	1 1 1 1
0	0	0	1 1 1 0
0	0	1	1 1 0 1
0	1	0	1 0 1 1
0	1	1	0 1 1 1

从真值表可知，电路有2个输入端B、A，4个输出端$\overline{Y_3}\sim\overline{Y_0}$，在任何时刻最多只有一个输出端为有效电平(低电平)。$\overline{EN}$是使能控制端(也称为选通信号)，当$\overline{EN}=0$(有效)时，译码器处于工作状态；当$\overline{EN}=1$(无效)时，译码器处于禁止工作状态，此时，全部输出端都输出高电平(无效状态)。

常用的集成二进制译码器有2线-4线译码器74139，3线-8线译码器74138，4线-16线译码器74154等。以下介绍3线-8线译码器74138。

74LS138是TTL系列中的3线-8线译码器，它的逻辑符号如图7-13所示，其中C、B、A是二进制代码输入端，$\overline{Y_0}$，$\overline{Y_1}$，…，$\overline{Y_7}$是输出端，低电平有效，G_1，$\overline{G_{2A}}$，$\overline{G_{2B}}$是控制端，从表7-8所示真值表可知每一个输出端的输出函数为

$$\overline{Y_0}=\overline{\bar{C}\bar{B}\bar{A}},\ \overline{Y_1}=\overline{\bar{C}\bar{B}A},\ \overline{Y_2}=\overline{\bar{C}B\bar{A}},\ \overline{Y_3}=\overline{\bar{C}BA},\ \overline{Y_4}=\overline{C\bar{B}\bar{A}},\ \overline{Y_5}=\overline{C\bar{B}A},\ \overline{Y_6}=\overline{CB\bar{A}},\ \overline{Y_7}=\overline{CBA}$$

即

$$\overline{Y_i}=\overline{m_i(G_1\bar{\bar{G}}_{2A}\bar{\bar{G}}_{2B})}$$

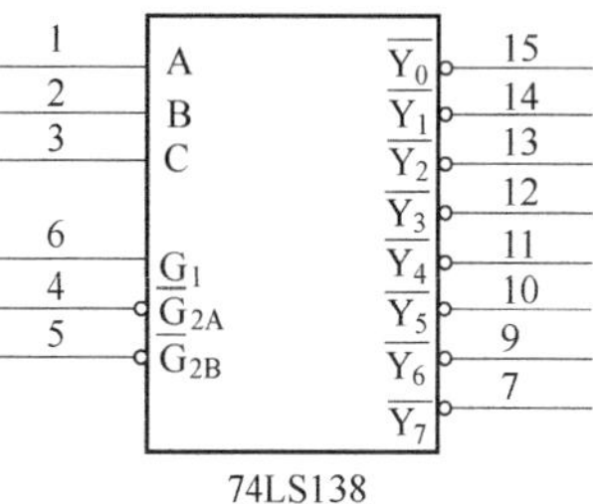

图7-13　3线-8线译码器的逻辑符号

式中，m_i为输入C、B、A的最小项。

【例7-6】　利用Multisim软件分析3线-8线译码器74LS138D的逻辑功能。

解：1) 建立图7-14a所示的电路，从 的 74LS 中选取"74LS138D"，输入信号的三位二进制代码由字符发生器产生，其状态由逻辑探针"A"、"B"、"C"监视，输出信号的状态由逻辑探针"$Y_0\sim Y_7$"监视，按照译码器74LS138D的使用要求，只有当$G_1=1$、$\sim G_{2A}=\sim G_{2B}=0$时，译码器才处于工作状态，否则译码器被禁止，所有输出端均被封锁为高电平。

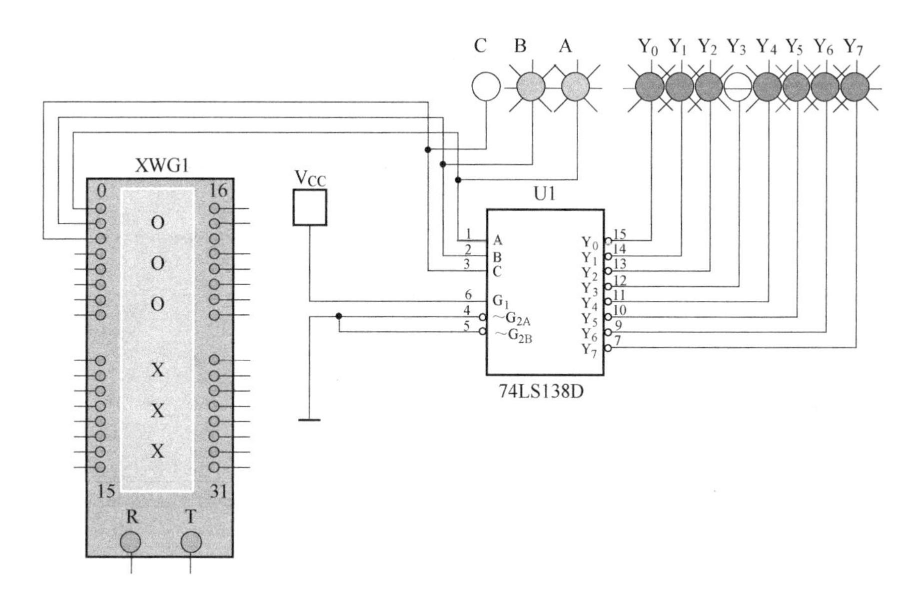

图7-14a　译码器74LS138逻辑功能的测试电路

2) 打开仿真开关，双击字符发生器，出现图7-14b所示的控制面板图，单击"Settings"

按钮，如图 7-14c 所示，在“Settings”对话框中，选择递增编码方式(Up counter)，将图 7-14c中的“Buffer size”设为 8，然后单击“Accept”，之后不断单击字符发生器面板上的单步输出按钮(Step)，观察输出信号与输入代码的对应关系。

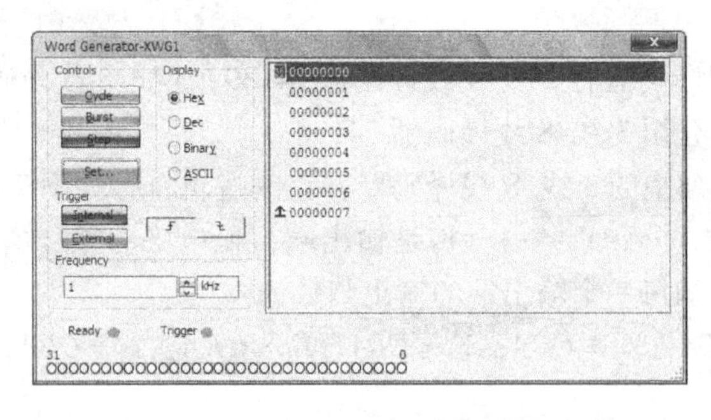

图 7-14b　字符发生器的控制面板图

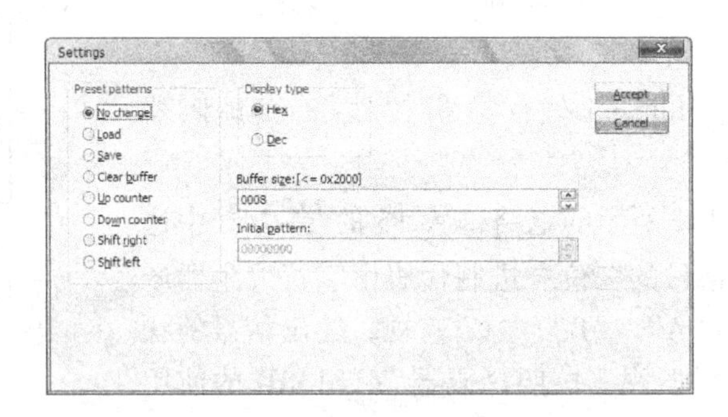

图 7-14c　设置(Settings)按钮的对话框

3）记录结果见表 7-8。

表 7-8　74LS138 真值表

片　选			通道选择			输　出							
G_1	$\overline{G_{2A}}$	$\overline{G_{2B}}$	C	B	A	$\overline{Y_0}$	$\overline{Y_1}$	$\overline{Y_2}$	$\overline{Y_3}$	$\overline{Y_4}$	$\overline{Y_5}$	$\overline{Y_6}$	$\overline{Y_7}$
0	×	×	×	×	×	1	1	1	1	1	1	1	1
×	1	×	×	×	×	1	1	1	1	1	1	1	1
×	×	1	×	×	×	1	1	1	1	1	1	1	1
1	0	0	0	0	0	0	1	1	1	1	1	1	1
1	0	0	0	0	1	1	0	1	1	1	1	1	1
1	0	0	0	1	0	1	1	0	1	1	1	1	1
1	0	0	0	1	1	1	1	1	0	1	1	1	1
1	0	0	1	0	0	1	1	1	1	0	1	1	1
1	0	0	1	0	1	1	1	1	1	1	0	1	1
1	0	0	1	1	0	1	1	1	1	1	1	0	1
1	0	0	1	1	1	1	1	1	1	1	1	1	0

可见，三位输入代码共有 8 种状态组合，对应着 8 个不同的输出信号，输出信号为低电

平有效。

由于二进制译码器能产生输入变量的全部最小项，而任一组合逻辑函数总能表示成最小项之和的形式，因此，由二进制译码器加上相应的门电路可以实现任何组合逻辑函数。

【例 7-7】 用 3 线-8 线译码器实现逻辑函数 $Y(A,B,C)=\sum m(0,1,4,6,7)$。

解： 将 Y 转换成三变量最小项之和表达式，则

$$Y=\overline{A}\,\overline{B}\,\overline{C}+\overline{A}\,\overline{B}C+A\overline{B}\,\overline{C}+AB\overline{C}+ABC$$

令 3 线-8 线译码器的地址端 C、B、A 分别对应逻辑变量 A、B、C，即 $C=A$，$B=B$，$A=C$。则逻辑函数用译码器的地址端表示为 $Y=\overline{C}\,\overline{B}\,\overline{A}+\overline{C}\,\overline{B}A+C\,\overline{B}\,\overline{A}+CB\overline{A}+CBA$。

当 $G_1=1$，$\overline{G}_{2A}=\overline{G}_{2B}=0$ 时，

$$Y=\overline{\overline{Y_0}}+\overline{\overline{Y_1}}+\overline{\overline{Y_4}}+\overline{\overline{Y_6}}+\overline{\overline{Y_7}}=\overline{\overline{Y_0}\,\overline{Y_1}\,\overline{Y_4}\,\overline{Y_6}\,\overline{Y_7}}$$

其相应的电路如图 7-15 所示。

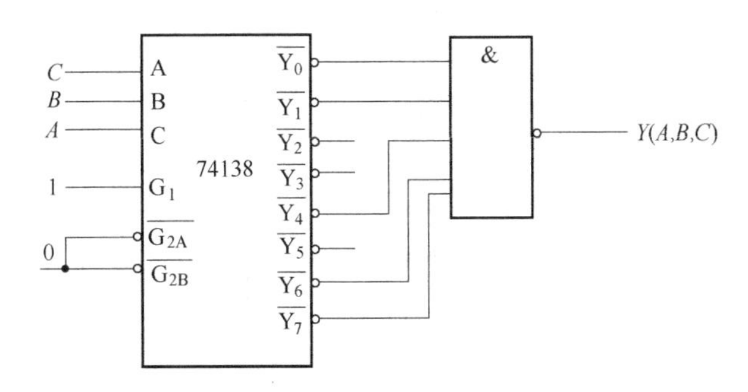

图 7-15　用 74138 实现逻辑函数

【例 7-8】 应用 3 线-8 线译码器 74138 和门电路设计 1 位二进制全减器电路。输入为被减数、减数和来自低位的借位；输出为两数之差及向高位的借位信号。

解： 设 A_i 为被减数，B_i 为减数，C_{i-1} 为相邻低位的借位，D_i 为本位差，C_i 为借位信号。

首先列出全减器真值表（见表 7-9），然后由真值表写出本位差 D_i 与借位 C_i 的表达式，即

$$D_i=\overline{A_i}\,\overline{B_i}C_{i-1}+\overline{A_i}B_i\overline{C_{i-1}}+A_i\overline{B_i}\,\overline{C_{i-1}}+A_iB_iC_i=m_1+m_2+m_4+m_7$$

$$C_i=\overline{A_i}\,\overline{B_i}C_{i-1}+\overline{A_i}B_i\overline{C_{i-1}}+\overline{A_i}B_iC_{i-1}+A_iB_iC_i=m_1+m_2+m_3+m_7$$

表 7-9　全减器真值表

A_i	B_i	C_{i-1}	D_i	C_i
0	0	0	0	0
0	0	1	1	1
0	1	0	1	1
0	1	1	0	1
1	0	0	1	0
1	0	1	0	0
1	1	0	0	0
1	1	1	1	1

令 $A_i = C$(译码器的地址端), $B_i = B$(译码器的地址端), $C_{i-1} = A$(译码器的地址端), 当 $G_1 = 1$, $\overline{G_{2A}} = \overline{G_{2B}} = 0$ 时,

$$\overline{\overline{Y_0}} = \overline{C}\,\overline{B}\,\overline{A} = \overline{A_i}\,\overline{B_i}\,\overline{C_{i-1}} = m_0,\quad \overline{\overline{Y_1}} = \overline{C}\,\overline{B}A = \overline{A_i}\,\overline{B_i}C_{i-1} = m_1,\quad \overline{\overline{Y_2}} = \overline{C}B\overline{A} = \overline{A_i}B_i\overline{C_{i-1}} = m_2,$$

$$\overline{\overline{Y_3}} = \overline{C}BA = \overline{A_i}B_iC_{i-1} = m_3,\quad \overline{\overline{Y_4}} = C\overline{B}\,\overline{A} = A_i\overline{B_i}\,\overline{C_{i-1}} = m_4,\quad \overline{\overline{Y_5}} = C\overline{B}A = A_i\overline{B_i}C_{i-1} = m_5,$$

$$\overline{\overline{Y_6}} = CB\overline{A} = A_iB_i\overline{C_{i-1}} = m_6,\quad \overline{\overline{Y_7}} = CBA = A_iB_iC_{i-1} = m_7$$

则 D_i、C_i 的逻辑表达式用译码器的地址端表示为

$$D_i = \overline{\overline{Y_1}\,\overline{Y_2}\,\overline{Y_4}\,\overline{Y_7}},\quad C_i = \overline{\overline{Y_1}\,\overline{Y_2}\,\overline{Y_3}\,\overline{Y_7}}$$

由此可得全减器的逻辑电路图如图 7-16 所示。

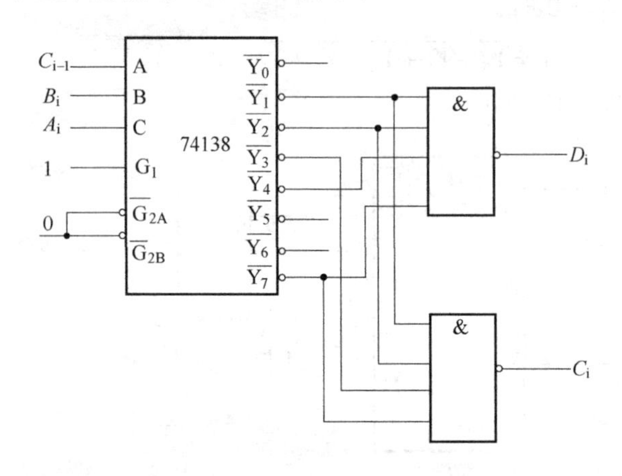

图 7-16　全减器的逻辑电路图

7.3.2　二-十进制译码器

十进制是大家非常熟悉的数制，二-十进制译码器就是将计算机内部的二进制数转换为十进制数的码制变换译码器，它是将一个四位的二进制数 8421BCD 码译成十个独立输出的高电平或低电平信号。常用的有 4 线-10 线 BCD 译码器 7442，符号如图 7-17 所示，输入为四位二进制数码，输出为十个独立的信号线 0 ~ 9，低电平有效。该芯片常与发光二极管连接，用二极管是否发光来显示 BCD 数据，也可控制十个开关，用于每次只能打开一个开关的场合。

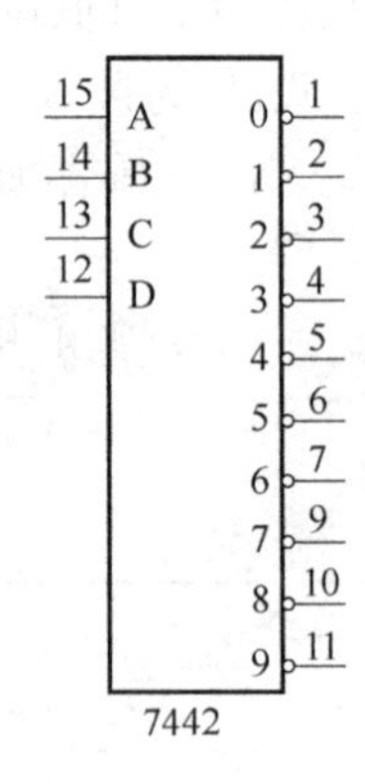

图 7-17　4 线-10 线译码器

该芯片只有在输入端为 8421BCD 码，即二进制数 0000 ~ 1001 时，输出端相应信号变为低电平，对非 8421BCD 码的二进制数 1010 ~ 1111，输出端维持高电平。

7.3.3　显示译码器

在计算机内部，数据的计算、分析、保存按二进制数方式进行非常方便，但人们日常使用的是十进制数，故计算机中的数据在显示时需要将二进制数以人们熟悉的十进制数方式显示。常用的显示器种类有点阵图形显示、段位显示和固定字模三种，点阵图形可显示各种内

容，但使用资源多，显示技术复杂，段位式可以组合显示一些数字及字母，占用资源少技术简单，固定字模显示单一，一般仅使用在固定内容的标牌上。段位显示一般使用 LCD、LED 器件，LCD(液晶显示器)主要由有机化合物液态晶体组成，在常温下既有液体特性，又有晶体特性。利用液晶在电场作用下产生光的散射或偏光作用原理，便可实现数字显示。一般对 LCD 的驱动采用正负对称的交流信号。LCD 功耗低，但制作复杂，亮度也低，LED(半导体数码管)功耗比 LCD 大一些，但制作简单，亮度高，故在一些简单应用中，大量使用段式 LED 数码显示管，可显示的数字和字符是 0、1、2、3、4、5、6、7、8、9、A、B、C、D、E、F。也可用来显示其他的特殊符号，如“ ┌”、“ -”等。LED 数码管由发光二极管组成，小尺寸数码管的显示笔画常用一个发光二极管组成，而大尺寸的数码管由二个或多个发光二极管组成，根据七个发光二极管的连接形式不同，七段数字显示器分为共阴极和共阳极两种接法。图 7-18 所示是七段数码管的外形图及共阴、共阳等效电路。有的数码管在右下角还增设了一个小数点，形成八段显示。不同种类的段式显示管，需要不同的驱动电路以及译码电路。

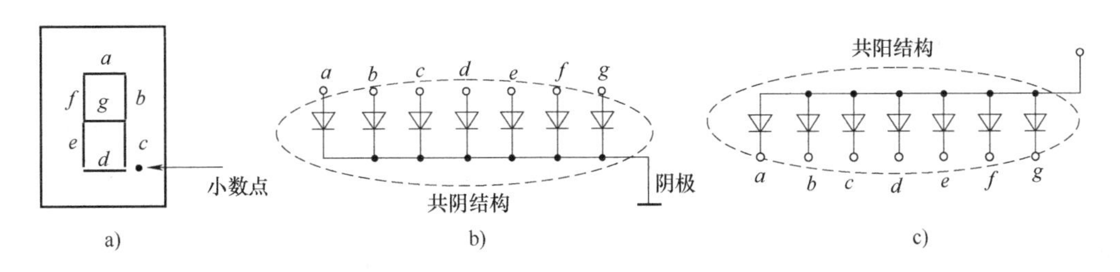

图 7-18　七段数码管的外形图及共阴共阳等效电路

目前已有可对 4 位二进制数译码并推动数码显示器工作的集成电路模块，根据数码显示器的结构不同，有用于共阳极数码管的译码电路 7446/47，以及用于共阴极数码管的译码电路 7448。图 7-19 为共阳数码管的译码电路符号图，该电路采用集电极开路输出，具有试灯输入、前/后沿灭灯控制和有效低电平输出的特点。

该译码器有 4 个控制信号：

灯测试端$\overline{LT}$，$\overline{LT}=0$ 数码管各段都亮，一般只在试灯时使用，正常工作时$\overline{LT}=1$。

动态灭零输入端$\overline{RBI}$，当$\overline{RBI}=0$，同时 $ABCD$ 信号为 0，$\overline{LT}=1$ 时，所有各段都灭，同时 $\overline{RBO}$ 输出 0，该功能是灭 0，即消除高位有效数字前面的 0。

灭灯输入/动态灭灯输出端$\overline{BI}/\overline{RBO}$，当$\overline{BI}/\overline{RBO}$作为输入端使用时，若$\overline{BI}=0$，则不管其他输入信号，输出各段都灭。当$\overline{BI}/\overline{RBO}$作为输出端使用时，若$\overline{RBO}$输出 0，表示各段已经熄灭。

7446 与共阳数码管的连接如图 7-20 所示。图中电阻为限流电阻，具体阻值视数码管的工作电流大小而定。

【例 7-9】 利用 Multisim 分析七段译码器 7447 的逻辑功能。

解： 1）画出图 7-21a 所示的电路，输入信号的四位二进制代码由字符发生器产生，其状态由电平指示器 A ~ D 监视，输出状态由电平指示器 OA ~ OG 监视，同时输出信号接共阳极七段数码管显示器(从▣中选 SEVEN_SEG_COM_A)，数码管的阳极 CA 接高电平，图中电阻为 7 个 200Ω 电阻。按照使用要求，七段译码器 7447 工作时应使 ~LT = ~BI/RBO = ~RBI =1。

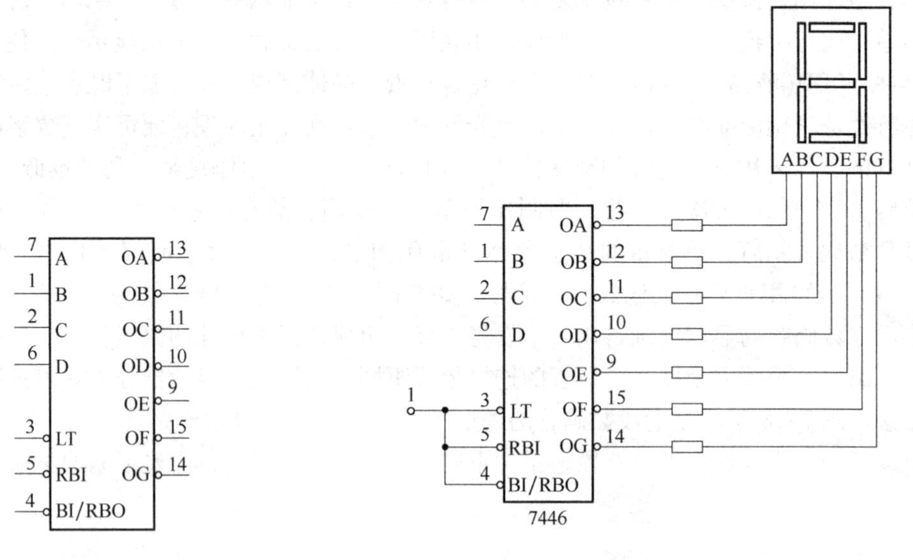

图 7-19　共阳数码管的译码电路的符号　　图 7-20　共阳数码管与译码电路

2）闭合仿真开关，双击字符发生器，弹出图 7-21b 所示的控制面板图，单击"Settings"按钮，如图 7-21c 所示，在"Settings"对话框中，选择递增编码方式(Up counter)，将图 7-21c 中的"Buffer size"设置为 10，然后单击"Accept"。之后，不断单击字符发生器面板上的单步输出按钮(Step)，观察七段显示器显示的十进制数与输入代码的对应关系，同时记录七段译码器 7447 的输出值。

3）记录结果见表 7-10。可见，七段译码器 7447 输出为低电平有效，七段数码管显示器显示的十进制数与输入的 BCD 码相对应。

表 7-10　七段译码器 7447 的逻辑功能

输　入					输　出						
十进制数	*D*	*C*	*B*	*A*	*OA*	*OB*	*OC*	*OD*	*OE*	*OF*	*OG*
0	0	0	0	0	0	0	0	0	0	0	1
1	0	0	0	1	1	0	0	1	1	1	1
2	0	0	1	0	0	0	1	0	0	1	0
3	0	0	1	1	0	0	0	0	1	1	0
4	0	1	0	0	1	0	0	1	1	0	0
5	0	1	0	1	0	1	0	0	1	0	0
6	0	1	1	0	1	1	0	0	0	0	0
7	0	1	1	1	0	0	0	1	1	1	1
8	1	0	0	0	0	0	0	0	0	0	0
9	1	0	0	1	0	0	0	1	1	0	0

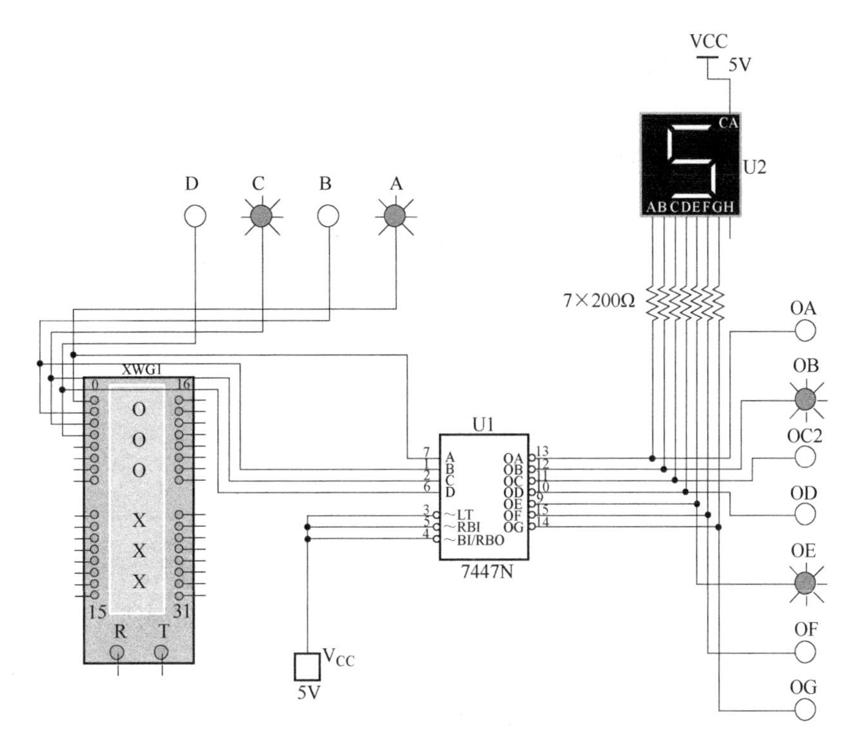

a) 七段译码器7447逻辑功能的测试电路

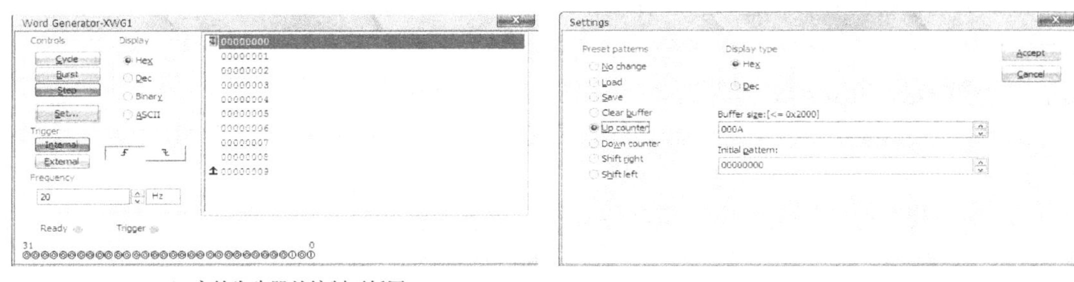

b) 字符发生器的控制面板图　　c) 设置(Settings)按钮的对话框

图 7-21　例 7-9 仿真图

7.4　数据选择器

7.4.1　数据选择器的定义和功能

从多个输入信号中选择其中一个作为输出，称为数据选择器。数据选择器主要用于从多通道的数据中选择某一通道的数据进行传输，它是一个多输入、单输出的组合逻辑电路。

图 7-22 是 4 选 1 数据选择器逻辑电路，由图示电路可以得到输出 Y 的表达式为

$$Y = \sum_{i=0}^{3} m_i D_i = (\overline{B}\,\overline{A})D_0 + (\overline{B}A)D_1 + (B\overline{A})D_2 + (BA)D_3$$

从表达式可以看出，当选择信号 $B=1$、$A=0$ 时，$Y=D_2$，这就相当于将 D_2 信号连接到了输

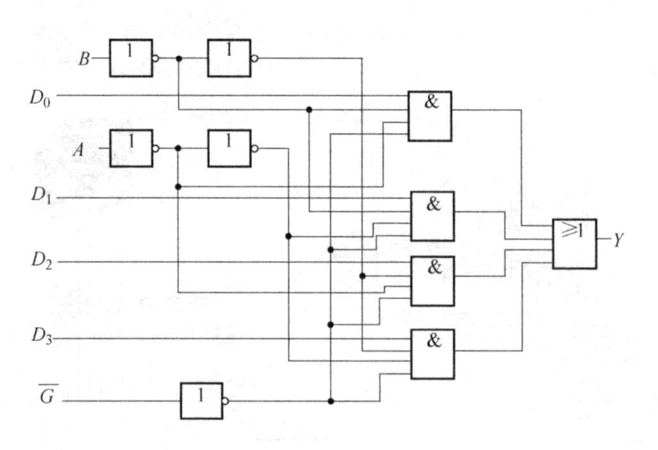

图 7-22　4 选 1 数据选择器逻辑电路原理图

出端 Y。

集成多路选择器 74151 具有八个输入信号 $D_0 \sim D_7$，一对互补输出信号 Y 和 $\overline{W}$，三个数据通道选择信号 C、B、A 和输出使能信号 $\overline{G}$。符号如图 7-23 所示，真值表见表 7-11。

由真值表 7-11 得到该选择器的输出信号为

$$Y = \left(\sum_{i=0}^{7} m_i D_i \right) \overline{(\overline{G})}$$

这里 Y 是输出信号，$\overline{W}$ 是 Y 的互补输出端，m_i 是选择信号的最小项，D_i 是对应的输入信号，$\overline{G}$ 是使能信号。若 $\overline{G}=0$，多路选择器被选通，Y 端输出值由 C、B、A 编码对应通道的信号电平决定，若 $\overline{G}=1$，多路选择器未被选通，Y 端输出低电平。

由于数据选择器具有可以在一根传输线上传输多路信号的特点，它广泛用于数据采集、数据传送；另外，它还可以实现逻辑函数。

74153 是双 4 选 1 多路选择器，74157 是四 2 选 1 数据选择器。

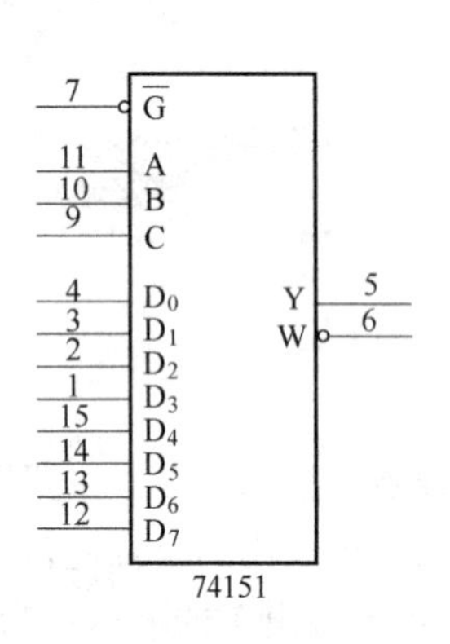

图 7-23　多路选择器 74151 符号图

表 7-11　多路选择器 74151 真值表

选择			使能	输出	
C	B	A	$\overline{G}$	Y	W
×	×	×	1	0	1
0	0	0	0	D_0	$\overline{D_0}$
0	0	1	0	D_1	$\overline{D_1}$
0	1	0	0	D_2	$\overline{D_2}$
0	1	1	0	D_3	$\overline{D_3}$
1	0	0	0	D_4	$\overline{D_4}$
1	0	1	0	D_5	$\overline{D_5}$
1	1	0	0	D_6	$\overline{D_6}$
1	1	1	0	D_7	$\overline{D_7}$

7.4.2　用数据选择器实现逻辑函数

从数据选择器的功能可以看出，它实际是由选择信号 C、B、A 确定输出连接的输入通道；输出端反映输入的信号，也可理解成选择信号 C、B、A 与输入数据信号(可视为 D)组成的最小项之和，即将输入数据看成是一个二进制信号，则该芯片构成一个 4 变量逻辑门，即可用 74151 来实现 4 变量逻辑函数。

【例 7-10】　使用多路选择器 74151 实现函数 $F(A,B,C)=\overline{A}B+C$。

解： 根据题意，$F(A,B,C)=\overline{A}B+C$ 将其变换为三变量最小项形式，即

$$
\begin{aligned}
F(A,B,C) &= \overline{A}B+C=\overline{A}B(C+\overline{C})+(A+\overline{A})(B+\overline{B})C \\
&= \overline{A}BC+\overline{A}B\overline{C}+A\overline{B}C+\overline{A}\,\overline{B}C+ABC \\
&= \overline{A}\,\overline{B}\,\overline{C}\cdot 0+\overline{A}\,\overline{B}C\cdot 1+\overline{A}B\overline{C}\cdot 1+\overline{A}BC\cdot 1+A\overline{B}\,\overline{C}\cdot 0+ \\
&\quad A\overline{B}C\cdot 1+AB\overline{C}\cdot 0+ABC\cdot 1
\end{aligned}
$$

而对于多路选择器 74151，当 $\overline{G}=0$ 时，

$$
\begin{aligned}
Y=&\ \overline{C}\,\overline{B}\,\overline{A}D_0+\overline{C}\,\overline{B}AD_1+\overline{C}B\overline{A}D_2+\overline{C}BAD_3+ \\
&\ C\overline{B}\,\overline{A}D_4+C\overline{B}AD_5+CB\overline{A}D_6+CBAD_7
\end{aligned}
$$

对照两式，此时令 74151 的地址端 C、B、A 与逻辑函数的变量 A、B、C 相对应，即 $C=A$(逻辑函数)，$B=B$(逻辑函数)，$A=C$(逻辑函数)。

同时 D_0、D_4、D_6 为 0，D_2、D_1、D_3、D_5、D_7 为 1 时，则数据选择器 74151 的输出 Y 就是所要求的逻辑函数 F，电路的接法如图 7-24 所示。

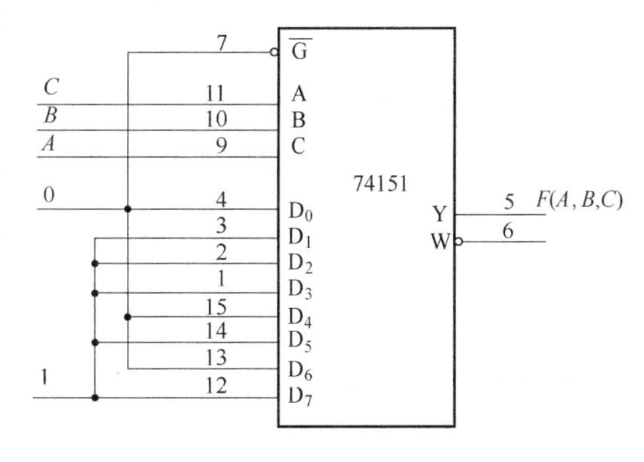

图 7-24　例 7-10 的逻辑图

【例 7-11】　运用多路选择器 74151 产生 01101001 序列。

解： 由于多路选择器 74151 的输出是根据地址的变化而选择相应的输入信号，即当 $\overline{G}=0$ 时，当地址端 $CBA=000$ 时，$Y=D_0$，这时使 $D_0=0$，这时 Y 会输出 0，以此类推，从小到大依次变换不同的地址，使输出端输出一个序列。因此，只需要 $D_0=D_3=D_5=D_6=0$，$D_1=D_2=D_4=D_7=1$。

【例 7-12】　分别画出用数据选择器 74LS151、译码器 74LS138(加门电路)实现函数 $F(A,B,C)=\overline{A}\,\overline{B}+B\overline{C}$的逻辑图，并加以验证。

解： 先在逻辑转换仪 XLC1 中输入函数表达式，再单击 A|B → 1O|1，得到其真值表，如图 7-25a 所示，由此可得函数的最小项表达式为 $F(A,B,C)=\sum m(0,1,2,6)$。据此可画出用 74LS151 实现逻辑函数的电路如图 7-25b 所示，用 74LS138 加与非门实现逻辑函数的电路如图 7-25c 所示，其中接入逻辑转换仪用于验证电路的正确性，即分别将"XLC2、XLC3"的输入变量 A、B、C 与 74LS151、74LS138 的输入端"C、B、A"相接，"XLC2"的输出与 74LS151 的"Y"端相连，"XLC3"的输出和与非门的输出相连。双击"XLC2、XLC3"，

单击其 ，即可得到真值表，再单击 ，即可得到最简表达式，所得结果与图 7-25a 中所示完全相同，证明所设计逻辑电路的正确性。

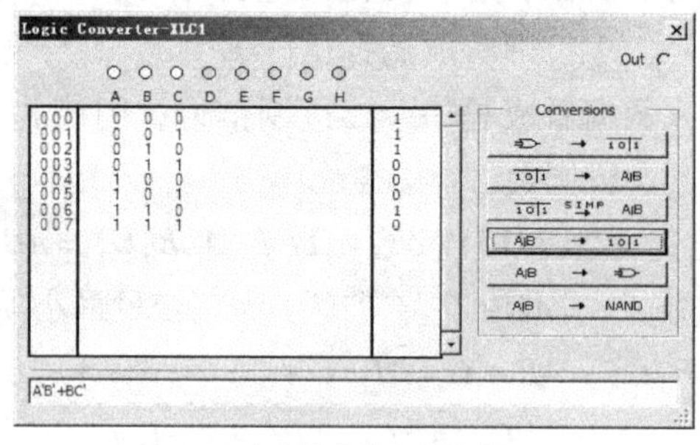

a) 由表达式得出真值表

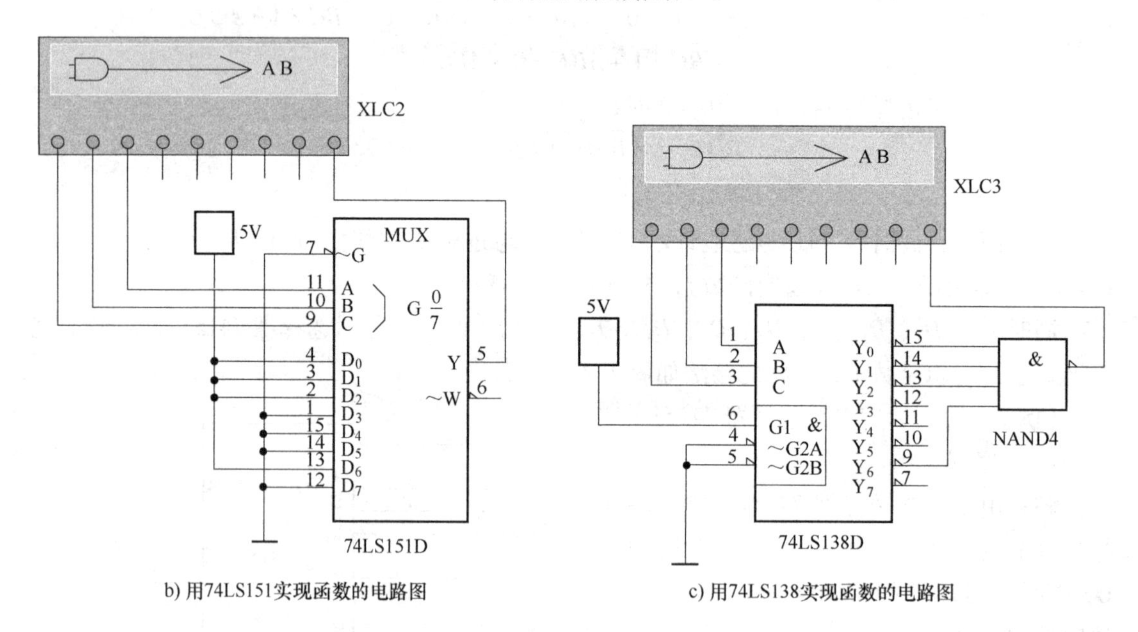

b) 用74LS151实现函数的电路图

c) 用74LS138实现函数的电路图

图 7-25 例 7-12 图

【例 7-13】 用多路选择器 74LS151D 与译码器 74LS138D 设计一个三位二进制数值比较电路，以比较其是否相等，并用 Multisim 进行验证。

解： 设两个三位二进制数为 $A(A_2A_1A_0)$，$B(B_2B_1B_0)$，将 $A_2A_1A_0$，$B_2B_1B_0$ 分别接在 74LS151D 的数据控制端 CBA 与 74LS138D 的地址端 CBA 上，具体的电路如图 7-26 所示。

若两数相等时，如 $A_2A_1A_0=000$，$B_2B_1B_0=000$ 时，则 $Y=D_0=0$。若两数不相等时，假设 $A_2A_1A_0=000$，$B_2B_1B_0=001$ 时，则 $Y=D_0=1$。因此可以得出结论：如果两数相等 $Y=0$；反之 $Y=1$。

仿真分析：

1）建立图 7-27 所示的电路，74LS138D 与 74LS151D 从 的 74LS 中选取，“1”用 5V（U_{CC}）提供，“0”用地信号提供，$A_2A_1A_0$ 与 $B_2B_1B_0$ 分别是两组三位二进制数，分别接 74LS151D 的数据控制端和 74LS138D 的地址端，这两个数的“0”、“1”值的设定分别通过单刀

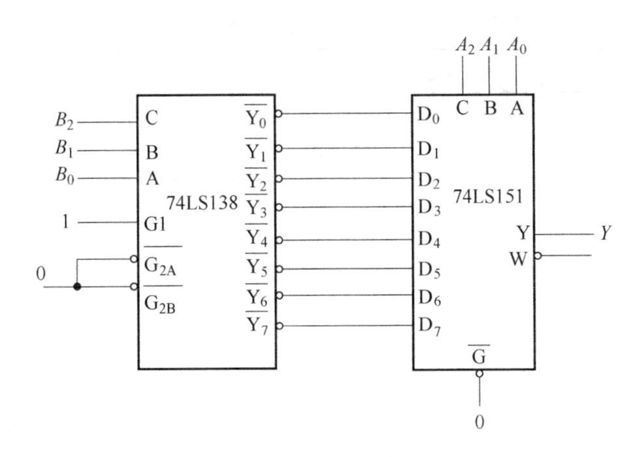

图7-26　例7-13的逻辑图

双掷开关由键盘上的0~5六个数字键控制，其状态由逻辑探针“A_0~A_2”监视。74LS151的输出状态由逻辑探针“Y”监视。根据译码器74LS138的使用要求，只有当$G_1=1$、$\sim G_{2A}=\sim G_{2B}=0$时，译码器才处于工作状态，否则译码器被禁止；同样数据选择器74151只有$\sim G=0$时才处于工作状态。

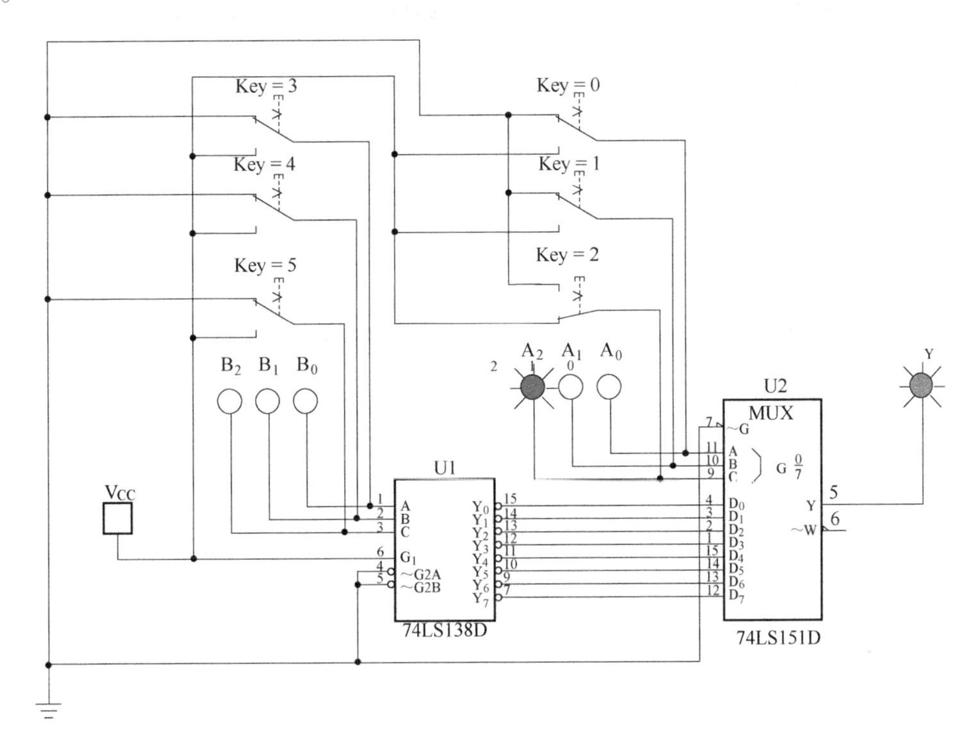

图7-27　74LS138与74LS151实现数值比较器电路图

2）打开仿真开关，通过键盘上的0~5六个数字键切换来设定$A_2A_1A_0$与$B_2B_1B_0$的取值，观察74LS151的输出与输入代码的对应关系。

3）随机选取几组$A_2A_1A_0$与$B_2B_1B_0$的取值进行记录，记录结果见表7-12。

表 7-12　两个三位二进制数数值比较表

输　入		输　出
$A_2A_1A_0$	$B_2B_1B_0$	Y
1 0 0	0 0 0	1
1 0 0	1 0 0	0
0 0 0	0 0 1	1

7.5　加法器

在数字系统中对二进制数进行加、减、乘、除运算时，由于目前电路技术的限制，最终都是利用编制程序将乘除法转化成加法来进行运算，所以加法运算是构成运算电路的基本单元，是计算机中的重要部件。

7.5.1　半加器

实现两个一位二进制数的相加，并得到这两个数相加的和及其进位的电路称为半加器。按照二进制运算规则，可列出表 7-13 所示半加器的真值表，其中 A、B 是两个一位的二进制加数，S 是和，C 是进位。

由真值表可以得到如下逻辑表达式：

$$S = \overline{A}B + A\overline{B} = A \oplus B$$

$$C = AB$$

半加器逻辑图和逻辑符号如图 7-28 所示。

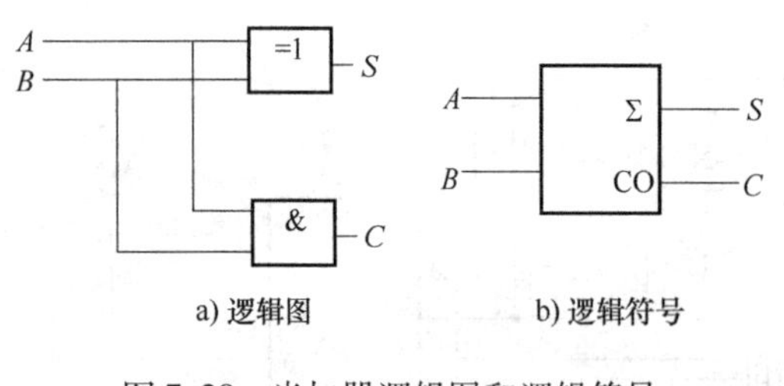

图 7-28　半加器逻辑图和逻辑符号

表 7-13　半加器真值表

输　入		输　出	
A	B	S	C
0	0	0	0
0	1	1	0
1	0	1	0
1	1	0	1

7.5.2　全加器

实现两个一位二进制数的相加且考虑低位的进位，并得到这两个数相加的和及进位的逻辑电路称为全加器。全加器真值表见表 7-14，表中 C_1 为低位来的进位，A、B 是两个加数，S 是全加和，C_0 是进位。

从真值表可得到如下表达式，即

$$S = \sum m(1,2,4,7)$$

$$C_0 = \sum m(3,5,6,7)$$

化简后得

$$S = A \oplus B \oplus C_I$$
$$C_O = AB + AC_I + BC_I$$

由逻辑表达式可画出逻辑图如图 7-29 所示。

表 7-14　全加器真值表

输　入			输　出	
C_I	A	B	S	C_O
0	0	0	0	0
0	0	1	1	0
0	1	0	1	0
0	1	1	0	1
1	0	0	1	0
1	0	1	0	1
1	1	0	0	1
1	1	1	1	1

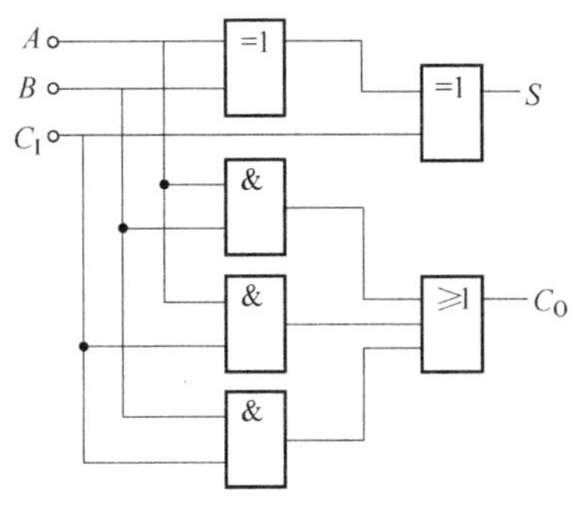

图 7-29　全加器逻辑电路

7.5.3　先行进位加法器

集成加法器 74LS283 就是先行进位加法器，其逻辑符号如图 7-30 所示。

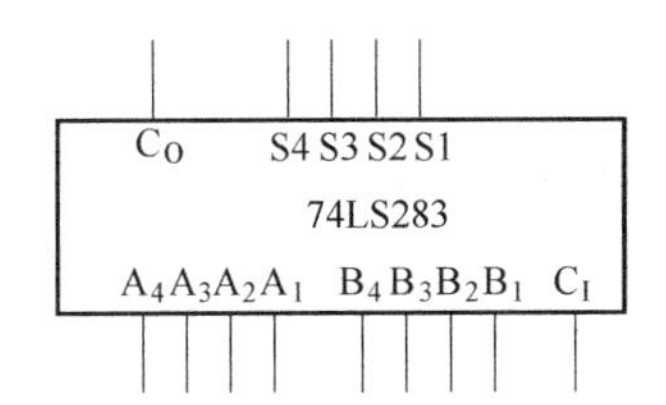

图 7-30　74LS283 的逻辑符号

74LS283 执行两个 4 位二进制数加法，每位有一个和输出，最后的进位 C_O 由第 4 位提供，产生进位的时间一般为 22ns。

由于 74LS283 为全加器，因此可以直接进行 4 位二进制数加法，例如：$A_4A_3A_2A_1$ = 1011，$B_4B_3B_2B_1$ = 1001，C_I = 0，则此时输出为 $C_OS_4S_3S_2S_1$ = 10100。

【例 7-14】　用 4 位加法器 74LS283 实现两个四位二进制数的相加。

解： 按图 7-31 连接电路，74LS283 从 的 74LS 中选取。"$A_4A_3A_2A_1$"、"$B_4B_3B_2B_1$"分别是两组四位二进制加数，"C_0"为低位进位输入，它们的取值设定分别通过单刀双掷开关键盘上的 0～8 九个数字键控制，为了便于观察，由电平指示器监视。"C_4"为高位进位输出，"$SUM_4SUM_3SUM_2SUM_1$"为四位二进制的和输出，它们的状态由电平指示器监视。

打开仿真开关，通过键盘上的 0～8 六个数字键切换来设定"$A_4A_3A_2A_1$"、"$B_4B_3B_2B_1$"与"C_0"的取值，观察加法器的输出与输入代码的对应关系。

一片 74LS283 只能完成 4 位二进制数的加法运算，但把若干片级联起来，可以构成更多位数的加法器电路。由两片 74LS283 级联构成的 8 位加法器电路如图 7-32 所示，其中片(1)为低位片，片(2)为高位片。同理，可以把 4 片 74LS283 级联起来，构成 16 位加法器电路。

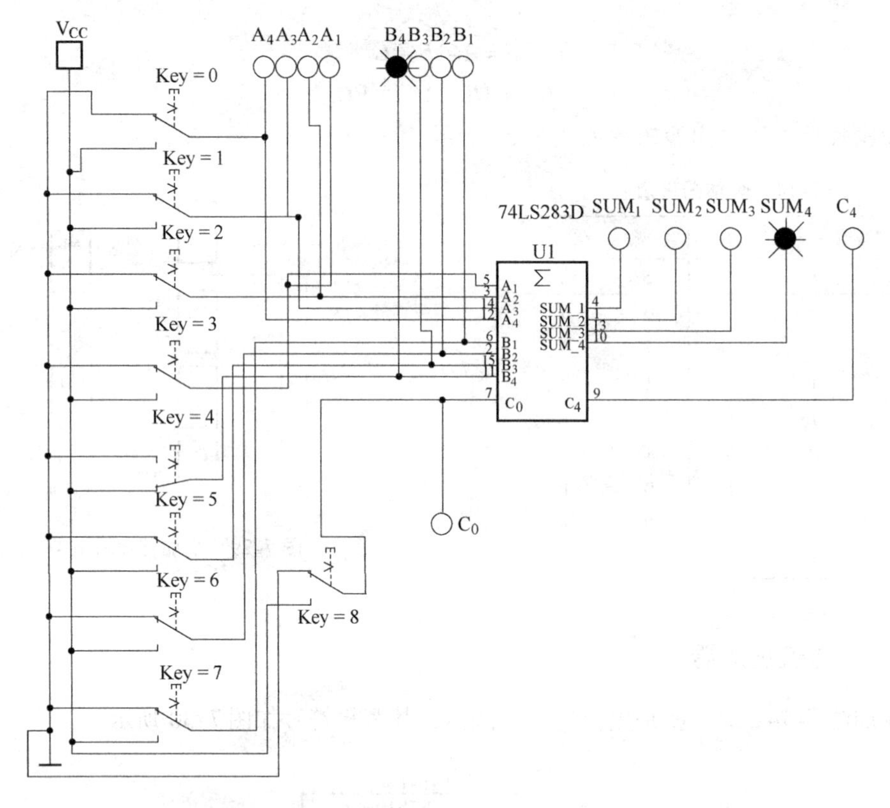

图 7-31　用加法器 74283 实现两个四位二进制数相加的电路图

74LS283 的典型应用包括以下几个方面：

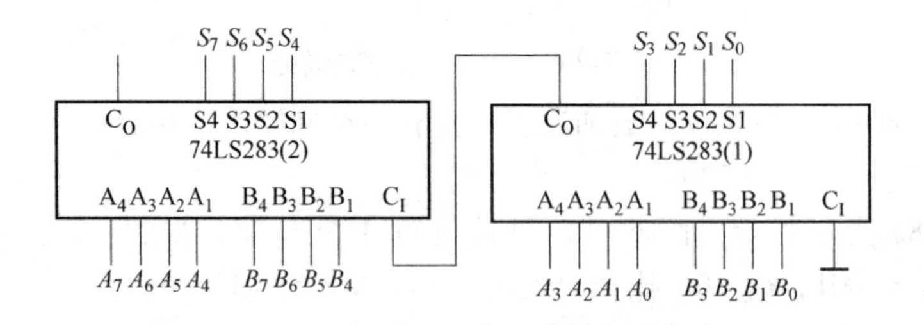

图 7-32　用 74LS283 构成的 8 位加法器

习题

【概念题】

7-1　分析图 7-33 所示的电路，写出 F 的逻辑表达式。

7-2　分析图 7-34 所示的电路，写出 F 的逻辑表达式。

7-3　试用与非门设计三变量判偶电路。当输入变量 A、B、C 中有偶数个 1 时，其输出为 1，否则为 0。

7-4　一个由 3 线-8 线译码器和与非门组成的电路如图 7-35 所示，试写出当片选信号有效时，Y_1 和 Y_2 的逻辑表达式。

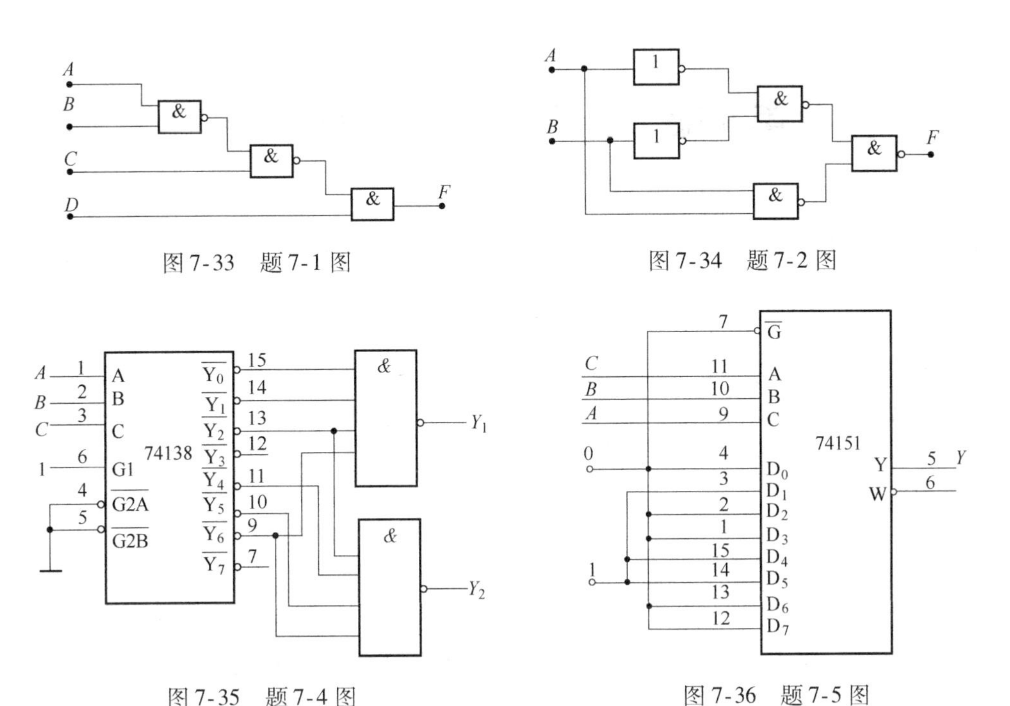

图7-33 题7-1图

图7-34 题7-2图

图7-35 题7-4图

图7-36 题7-5图

7-5 八选一数据选择器电路如图7-36所示，其中ABC为地址，$D_0 \sim D_7$为数据输入，试写出输出Y的逻辑表达式。

【分析与仿真题】

7-6 试设计一个电灯的多处控制电路，要求用3个开关控制一个电灯的电路，要求扳动任何一个开关都能控制该电灯的亮灭。

7-7 试设计四变量的多数表决电路，当输入变量A、B、C、D中有3个或3个以上为1时，表决结果有效，即表决结果为1。

7-8 用74138集成二进制译码器芯片和与非门构成全加器。

7-9 试设计一个用74LS138译码器监测信号灯工作状态的电路。信号灯有红(A)、黄(B)、绿(C)三种，正常工作时，只能是红、绿、红黄、绿黄灯亮，其他情况视为故障，电路报警，报警输出为1。

7-10 用两片74138扩展为4线-16线译码器。

7-11 试画出用3线-8线译码器74138和门电路产生如下多输出函数的逻辑图。

$$Y_1 = AB + \overline{A}\,\overline{B}\,\overline{C}$$

$$Y_2 = A + B + \overline{C}$$

$$Y_3 = \sum m(2,4,6)$$

7-12 用74151数据选择器实现下列逻辑函数$Y = A \oplus B \oplus C$。

7-13 试用74151和少量门电路实现逻辑函数$Y = B\overline{C}D + \overline{A}\,\overline{B}C\overline{D} + ACD$。

7-14 试用74283全加器构成二进制减法器。

第8章　触发器与时序逻辑电路

触发器(Flip-Flop)是时序逻辑电路的基本单元。就逻辑功能而言，时序逻辑电路(简称时序电路)与组合逻辑电路的区别是时序逻辑电路的输出不仅仅决定于当时的输入信号，还与电路原来的状态有关。本章首先介绍触发器和时序电路的分析，然后介绍计数器、寄存器等常用集成时序电路。在此基础上结合 Multisim 软件介绍常用菜单和仪器的使用方法，以便读者能借助 Multisim 软件熟练掌握时序电路的分析和设计方法。

8.1　触发器

触发器是能够存储1位二值信号的基本单元电路，它有两个基本特点：第一，具有两个能自行保持的稳定状态，可用来表示逻辑状态0和1，或二进制数码0和1。第二，根据不同的输入信号可以置0或置1。触发器按其逻辑功能可分为 RS 触发器、D 触发器、JK 触发器、T 触发器等几种类型。

8.1.1　基本 RS 触发器

基本 RS 触发器是组成其他触发器的基础，一般由与非门、或非门构成，下面介绍与非门构成的基本 RS 触发器。

1. 电路结构与符号

用与非门构成的基本 RS 触发器及符号如图8-1所示。图中$\overline{S}$为置1输入端，$\overline{R}$为置0输入端，都是低电平有效，Q、$\overline{Q}$为互补输出端，一般以Q的状态作为触发器的状态。

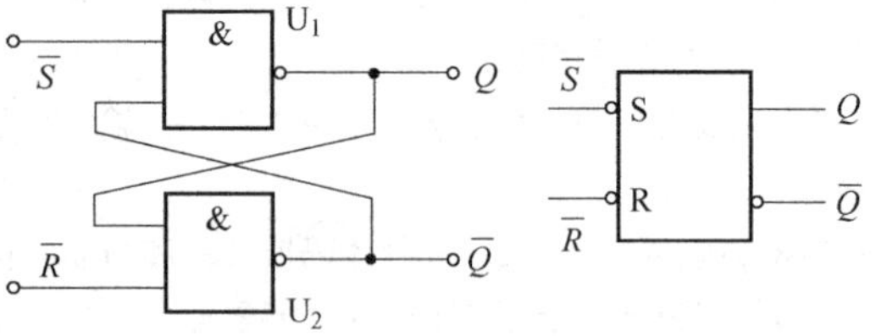

图8-1　与非门构成的基本 RS 触发器及逻辑符号

2. 工作原理与真值表

1）当$\overline{R}=0$，$\overline{S}=1$时，因$\overline{R}=0$，U_2门的输出端$\overline{Q}=1$，U_1门的两输入为1，因此U_1门的输出端$Q=0$。

2）当$\overline{R}=1$，$\overline{S}=0$时，因$\overline{S}=0$，U_1门的输出端$Q=1$，U_2门的两输入为1，因此U_2门的输出端$\overline{Q}=0$。

3）当$\overline{R}=1$，$\overline{S}=1$时，U_1门和U_2门的输出端被它们的原来状态锁定，故输出不变。

4）当$\overline{R}=0$，$\overline{S}=0$时，则有$Q=\overline{Q}=1$。

表8-1为真值表。其中Q^n表示输入信号到来之前Q的状态，称为现态，Q^{n+1}表示输入信号到来之后Q的状态，称为次态。

由上述可知，当$\overline{S}=0$，$\overline{R}=0$时，一方面使Q与$\overline{Q}$不具有互补的关系，另一方面在$\overline{S}=0$，$\overline{R}=0$之后同时出现$\overline{S}=1$，$\overline{R}=1$，将使输出状态不确定。所以该触发器在实际使用中的约束条件是：$\overline{S}+\overline{R}=1$，即不允许$\overline{S}=0$和$\overline{R}=0$同时出现。

3. 时间图

时间图又称波形图，用时间图可以很好地描述触发器功能，图 8-2 为与非门组成的基本 RS 触发器的理想时间图。

表 8-1　基本 RS 触发器的真值

$\overline{R}$	$\overline{S}$	Q^{n+1}	$\overline{Q}^{n+1}$	功能
0	1	0	1	置 0
1	0	1	0	置 1
1	1	Q^n	$\overline{Q}^n$	保持
0	0	1	1	禁用

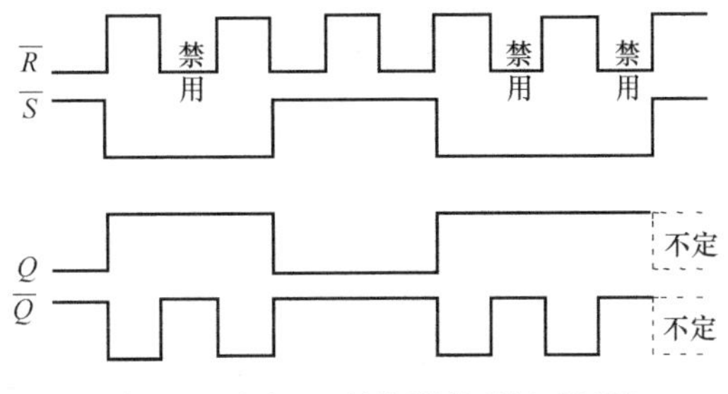

图 8-2　基本 RS 触发器的理想时间图

8.1.2　门控触发器

1. 门控 RS 触发器

在数字系统中，为了协调各触发器工作，常常要求触发器有一个控制端，在此控制端输入控制信号，则该系统内的各触发器的输出状态可以有序地变化，具有该控制信号的触发器称为门控触发器。

(1) 电路结构与符号　门控 RS 触发器的电路组成与逻辑符号如图 8-3 所示。图中 CP 为控制信号，也称为时钟脉冲 (Clock Pulse，CP)。当 CP 为 1 时，R、S 端的输入信号可以通过 U_3，U_4 门，使输出状态改变；当 CP 为 0 时，R、S 端的信号被封锁。

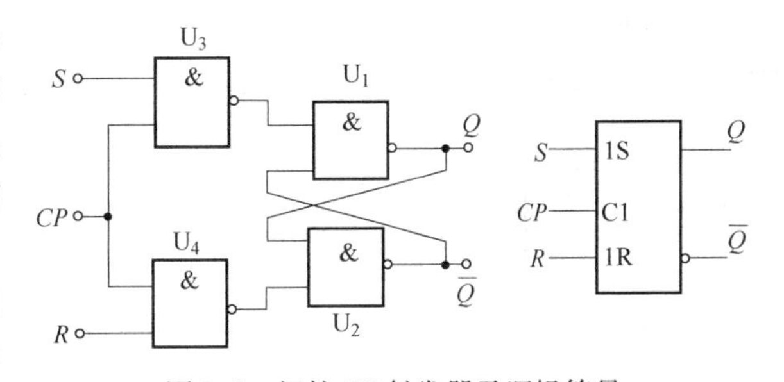

图 8-3　门控 RS 触发器及逻辑符号

(2) 真值表　由图 8-3 可见，$CP=1$ 时 R、S 的作用正好与基本 RS 触发器中的$\overline{R}$、$\overline{S}$的作用相反，由此可得到门控 RS 触发器的真值表见表 8-2。其约束条件是：$R \cdot S=0$。

(3) 特性表　由以上分析可知，在时钟脉冲作用下，触发器的次态 Q^{n+1}不仅与触发器的输入 R、S 有关，也与触发器的现态 Q^n有关。触发器的次态 Q^{n+1}与现态 Q^n 以及输入 R、S 之间的关系表称为特性表。由表 8-2 门控 RS 触发器的真值表可得到其特性表，见表 8-3。

表 8-2　门控 RS 触发器的真值表

R	S	Q^{n+1}
0	0	Q^n
0	1	1
1	0	0
1	1	×

表 8-3　门控 RS 触发器的特性表

R	S	Q^n	Q^{n+1}	功能
0	0	0	0	保持
0	0	1	1	
0	1	0	1	置 1
0	1	1	1	
1	0	0	0	置 0
1	0	1	0	
1	1	0	1	禁用
1	1	1	1	

（4）特性方程　由特性表可得门控 RS 触发器的特性方程为$Q^{n+1}=S+\overline{R}Q^{n}$和 $R\cdot S=0$（约束条件）。

2. 门控 D 触发器

把门控 RS 触发器接成图 8-4 的形式，即构成门控 D 触发器。将 $S=D$、$R=\overline{D}$代入门控 RS 触发器的特性方程 $Q^{n+1}=S+\overline{R}Q^{n}$ 中，可得门控 D 触发器的特性方程为：$Q^{n+1}=D+\overline{\overline{D}}Q^{n}=D$。

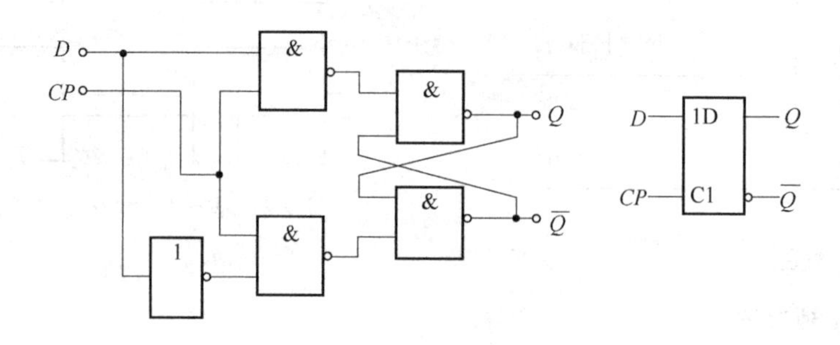

图 8-4　门控 D 触发器及逻辑符号

3. 门控 JK 触发器

门控 JK 触发器的电路如图 8-5 所示，与门控 RS 触发器相比较 $S=J\overline{Q}^{n}$，$R=KQ^{n}$。将 $S=J\overline{Q}^{n}$和 $R=KQ^{n}$ 代入门控 RS 触发器的特性方程，得到门控 JK 触发器的特性方程为：$Q^{n+1}=J\overline{Q^{n}}+\overline{K}Q^{n}$。JK 触发器不需要约束条件，其真值表见表 8-4。

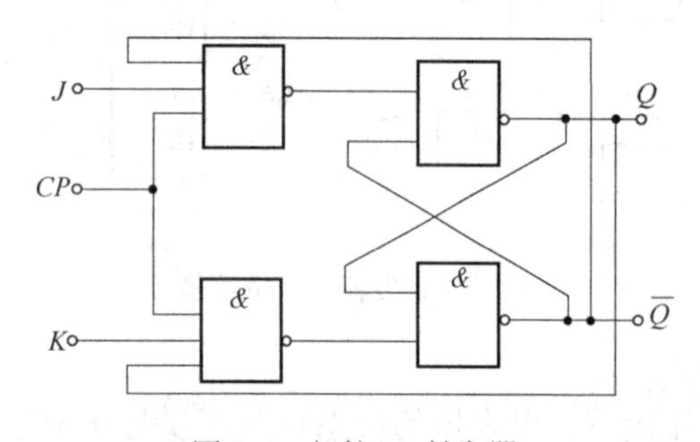

图 8-5　门控 JK 触发器

表 8-4　门控 JK 触发器的真值表

J	K	Q^{n+1}	$\overline{Q}^{n+1}$
0	0	Q^{n}	$\overline{Q}^{n}$
0	1	0	1
1	0	1	0
1	1	$\overline{Q}^{n}$	Q^{n}

门控触发器在 CP 脉冲的高电平期间接收输入信号和改变输出状态，故称为电平触发方式。电平触发的触发器存在“空翻”现象。所谓空翻就是在一个 CP 脉冲期间触发器发生多次翻转的现象，这种触发器是不能构成计数器的。为避免出现空翻现象，计数器电路应采用边沿触发器。

8.1.3　边沿触发器

边沿触发器在门控脉冲的上升沿或下降沿接收输入信号改变输出状态，故称为边沿触发方式。这种触发器的触发边沿到来之前，输入信号要稳定地建立起来，触发边沿到来之后仍需保持一定时间，即触发器的建立时间和保持时间。边沿触发器可以有效地解决

“空翻”问题，而且抗干扰能力强。以下重点介绍实际中常用的边沿 D 触发器和边沿 JK 触发器。

1. 边沿 D 触发器

图 8-6 是边沿 D 触发器的电路和逻辑符号。图中 U_1 和 U_2 组成基本 RS 触发器，U_3 和 U_4 组成门控电路，U_5 和 U_6 组成数据输入电路。

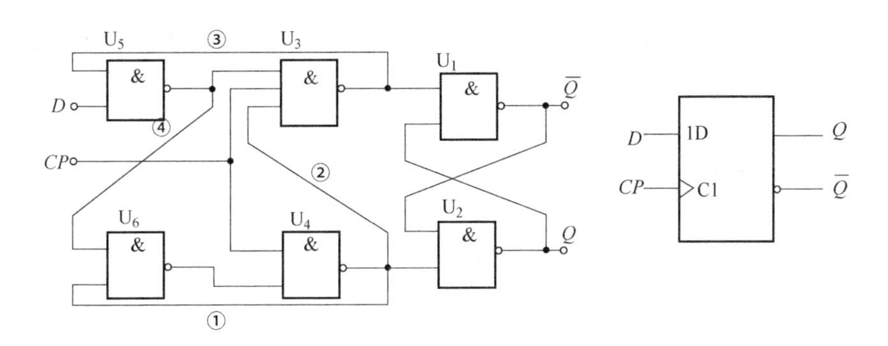

图 8-6　边沿 D 触发器及逻辑符号

在 $CP=0$ 时，U_3 和 U_4 两个门被关闭，它们的输出 $U_{3OUT}=1$，$U_{4OUT}=1$，所以 D 无论怎样变化，D 触发器输出状态不变，但数据输入电路的 $U_{5OUT}=\overline{D}$，$U_{6OUT}=D$。

CP 上升沿时，U_3 和 U_4 两个门被打开，它们的输出只与 CP 上升沿瞬间 D 的信号有关。

当 $D=0$ 时，使 $U_{5OUT}=1$，$U_{6OUT}=0$，$U_{3OUT}=0$，$U_{4OUT}=1$，从而 $Q=0$。

当 $D=1$ 时，使 $U_{5OUT}=0$，$U_{6OUT}=1$，$U_{3OUT}=1$，$U_{4OUT}=0$，从而 $Q=1$。

在 $CP=1$ 期间，若 $Q=0$，由于③线(称为置 0 维持线)的作用，仍使 $U_{3OUT}=0$，由于④线(称为置 1 阻塞线)的作用，仍使 $U_{4OUT}=1$，从而触发器维持不变。

在 $CP=1$ 期间，若 $Q=1$，由于①线(称为置 1 维持线)的作用，仍使 $U_{4OUT}=0$，由于②线(称为置 0 阻塞线)的作用，仍使 $U_{3OUT}=1$，从而触发器维持不变。

边沿 D 触发器的真值表、特性表和特性方程与门控 D 触发器相同。因为其电路中具有维持线和阻塞线，故也称为维持阻塞 D 触发器。

2. 用传输延迟时间的边沿 JK 触发器

利用传输延迟时间的边沿 JK 触发器的电路原理图与逻辑符号如图 8-7 所示。图中 U_7 和 U_8 门的延迟时间比其他门的延迟时间长。

触发器置 1 过程(设触发器初始状态 $Q=0$，$\overline{Q}=1$，$J=1$，$K=0$)：

当 $CP=0$ 时，$U_{7OUT}=1$ 和 $U_{8OUT}=1$，$U_{3OUT}=0$、$U_{6OUT}=0$、$U_{4OUT}=1$ 和 $U_{5OUT}=0$，触发器的输出不变。

当 $CP=1$ 时，U_3 与 U_6 门解除封锁，接替 U_4 与 U_5 门的作用，保持触发器输出不变，经过一段延迟后 $U_{7OUT}=0$ 和 $U_{8OUT}=1$。

当 CP 下降沿到来时，首先，$U_{3OUT}=0$，(U_{6OUT}原来就是 0)，此时 U_3、U_6 门失去作用，U_1、U_2、U_4、U_5 门组成基本 RS 触发器，在 $U_{7OUT}=0$ 和 $U_{8OUT}=1$ 的(U_7 和 U_8 存在延迟时间暂时不会改变)作用下使 $Q=1$，$\overline{Q}=0$。

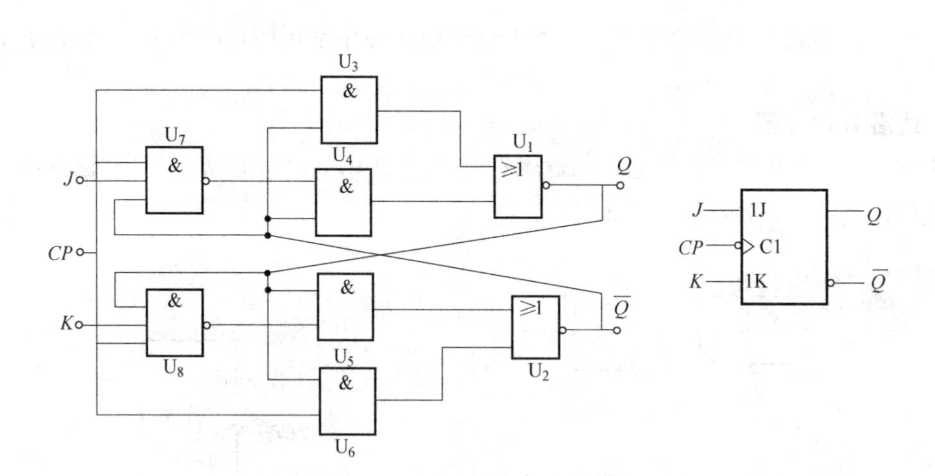

图 8-7　利用传输延迟时间的边沿 JK 触发器及逻辑符号

其后，由于 $CP=0$，$U_{7OUT}=1$ 和 $U_{8OUT}=1$，即使 J 和 K 发生变化，也不会影响 RS 触发器的状态，即触发器状态保持不变。

触发器置 0 过程同置 1 过程类似，读者可以自行分析。

【例 8-1】　试用 Multisim 软件测试 JK 触发器的逻辑功能。

解： 测试电路如图 8-8 所示，输入信号的“1”用 +5V 电源提供，“0”用地信号提供，“0”、“1”的转换用切换开关 S、R、J、K 控制，时钟信号 CP 由时钟脉冲电源提供，频率设为 10Hz，输入、输出状态用电平指示器显示，结果为“1”，测试探针发光，结果为“0”，测试探针不亮，用示波器测试输出随时钟变化的波形。测试时，打开仿真开关，通过切换开关改变输入端的状态，可得测试结果见表 8-5。

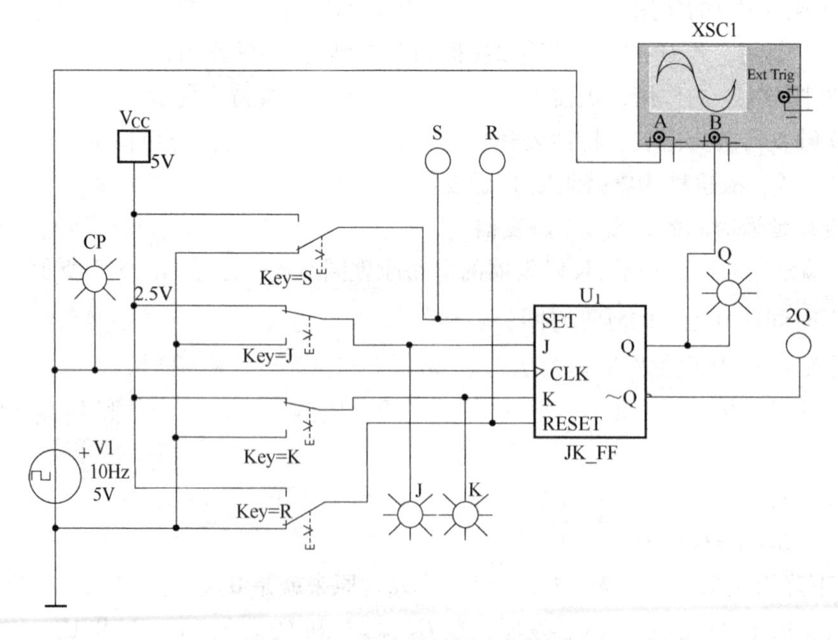

图 8-8　JK 触发器逻辑功能的测试

表 8-5　双 JK 触发器 7473 逻辑功能的测试结果

$1\overline{S_D}=1$，$1\overline{R_D}=1$			$2\overline{S_D}=1$，$2\overline{R_D}=1$		
输入 $1J$	输入 $1K$	输出 $1Q$	输入 $2J$	输入 $2K$	输出 $2Q$
0	0	保持	0	0	保持
0	1	0	0	1	0
1	0	1	1	0	1
1	1	翻转	1	1	翻转

8.2　时序逻辑电路的分析

在时序电路中，如果所有触发器的状态都是在同一时钟信号作用下发生变化，这种时序电路称为同步时序电路。若时序电路中各触发器的状态不是在同一时钟信号作用下变化，则称为异步时序电路。时序电路的分析就是由时序逻辑电路，得出状态方程、状态图、时序图、状态表等，进而分析出该电路的逻辑功能。

8.2.1　同步时序电路的分析

1. 分析步骤

1）写出各个触发器的驱动方程（又称为激励方程、控制方程和输入方程）；

2）写出时序电路的状态方程；

3）写出时序电路的输出方程；

4）由时序电路的状态方程和输出方程列状态表、画状态图；

5）画时间图。

2. 分析举例

【例 8-2】　分析图 8-9 所示的同步时序逻辑电路的逻辑功能。设 $Q_2Q_1Q_0$ 的初始状态为 000。

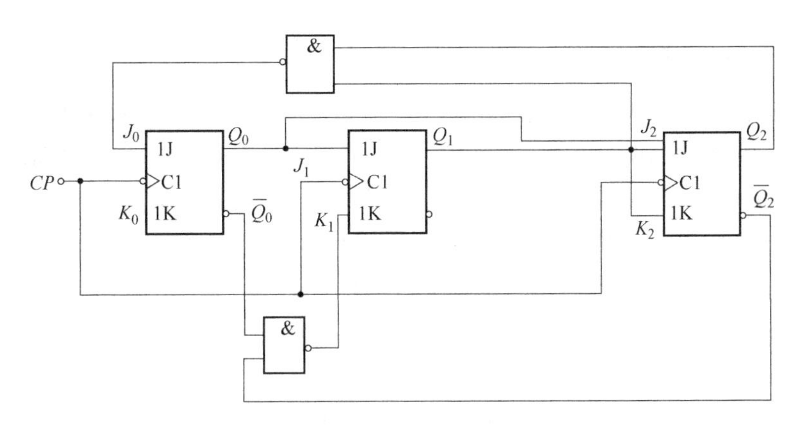

图 8-9　例 8-2 的电路图

解：

1）驱动方程。

$$J_0 = \overline{Q_2^n Q_1^n} \qquad K_0 = 1$$

$$J_1 = Q_0^n \qquad K_1 = \overline{\overline{Q_2^n}\,\overline{Q_0^n}}$$

$$J_2 = Q_1^n Q_0^n \qquad K_2 = Q_1^n$$

2）状态方程(将驱动方程代入特性方程所得到的方程)。

$$Q_0^{n+1} = J_0\overline{Q_0^n} + \overline{K_0}Q_0^n = \overline{Q_2^n Q_1^n}\,\overline{Q_0^n}$$

$$Q_1^{n+1} = J_1\overline{Q_1^n} + \overline{K_1}Q_1^n = Q_0^n\overline{Q_1^n} + \overline{Q_2^n}\,\overline{Q_0^n}Q_1^n$$

$$Q_2^{n+1} = J_2\overline{Q_2^n} + \overline{K_2}Q_2^n = Q_1^n Q_0^n\overline{Q_2^n} + \overline{Q_1^n}Q_2^n$$

3）状态表。该表功能类似组合电路中的真值表。将输入变量、现态变量、次态变量和输出变量纵向排列成一个表，该表称为状态表，见表 8-6。

4）状态图。根据状态表得到状态图，如图 8-10 所示。由状态图可见，该电路是一个能够自启动的同步七进制加法计数器。其中，111 为无效状态，另外七个状态为有效状态。在时钟脉冲作用下，111 能够从无效状态自动进入有效状态的现象称为能自启动，否则称为不能自启动。

表 8-6　例 8-2 的状态表

CP	$Q_2^n Q_1^n Q_0^n$	$Q_2^{n+1} Q_1^{n+1} Q_0^{n+1}$
1	0 0 0	0 0 1
2	0 0 1	0 1 0
3	0 1 0	0 1 1
4	0 1 1	1 0 0
5	1 0 0	1 0 1
6	1 0 1	1 1 0
7	1 1 0	0 0 0
8	1 1 1	0 0 0

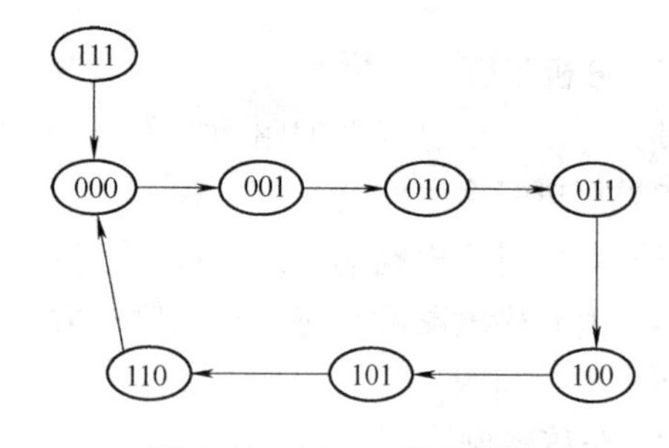

图 8-10　例 8-2 的状态图

8.2.2　异步时序电路的分析

异步时序电路的分析方法与同步时序电路的分析方法基本相同，只是由于异步时序电路中的各个触发器在各自的时钟出现之后才发生翻转，因此分析异步时序电路时，触发器的 CP 脉冲是一个必须考虑的逻辑变量。或者说，列状态方程时，应标出状态方程的有效条件。

下面通过一个例子具体说明异步时序电路的分析方法和步骤。

【例 8-3】 试分析图 8-11 所示异步时序电路的功能。

解法一：理论方法

解：1）驱动方程。

$$J_1 = \overline{Q_3^n} \quad K_1 = 1$$

$$J_2 = K_2 = 1$$

$$J_3 = Q_1^n Q_2^n \quad K_3 = 1$$

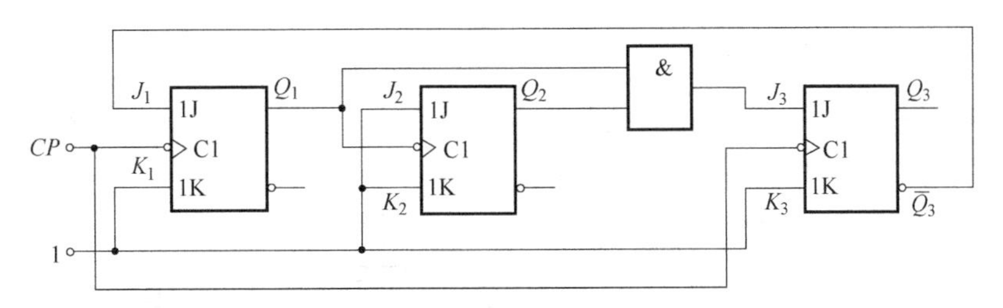

图8-11　例8-3的电路图

2）状态方程。

$$Q_1^{n+1}=\overline{Q}_3^n\overline{Q}_1^n \qquad CP\downarrow$$
$$Q_2^{n+1}=\overline{Q}_2^n \qquad Q_1\downarrow$$
$$Q_3^{n+1}=Q_1^nQ_2^n\overline{Q}_3^n \qquad CP\downarrow$$

3）状态表。状态表见表8-7。注意，本例中 Q_2 的状态方程只在 Q_1 的下降沿时才有效。

4）状态图。由状态表画状态图，如图8-12所示。从状态图可知该电路是能自启动的异步五进制加法计数器。

表8-7　例8-3的状态表

CP	Q_3^n	Q_2^n	Q_1^n	Q_3^{n+1}	Q_2^{n+1}	Q_1^{n+1}
1	0	0	0	0	0	1
2	0	0	1	0	1	0
3	0	1	0	0	1	1
4	0	1	1	1	0	0
5	1	0	0	0	0	0
1	1	0	1	0	1	0
1	1	1	0	0	1	0
1	1	1	1	0	0	0

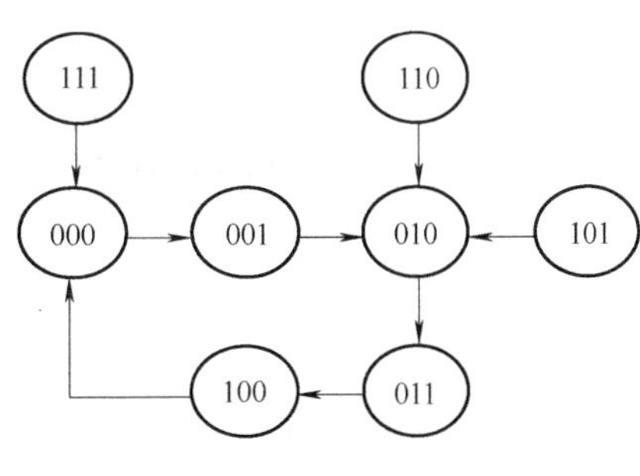

图8-12　例8-3的状态图

解法二：仿真方法

解：其仿真图如图8-13a所示。在电路的输出端，用七段译码显示器来显示电路的状态，同时将时钟信号及各触发器的输出端接到逻辑分析仪的输入端用以显示输出波形，为方便清零，在各触发器的复位端还接入了一个切换开关，分别接高、低电平。

仿真时，打开电源开关，先使复位端R接低电平清零，然后用空格键将其切换到高电平，这时计数器即开始计数。双击逻辑分析仪，在其控制面板图上，单击“Reset”按钮，并将“Clocks per division”设置为32，即可观察到时钟脉冲及各触发器的输出波形，如图8-13b所示，分析结果见表8-8。

表8-8　七段译码显示器的状态表

CP	Q_3	Q_2	Q_1	译码显示数字
0	0	0	0	0
1	0	0	1	1
2	0	1	0	2
3	0	1	1	3
4	1	0	0	4
5	0	0	0	0

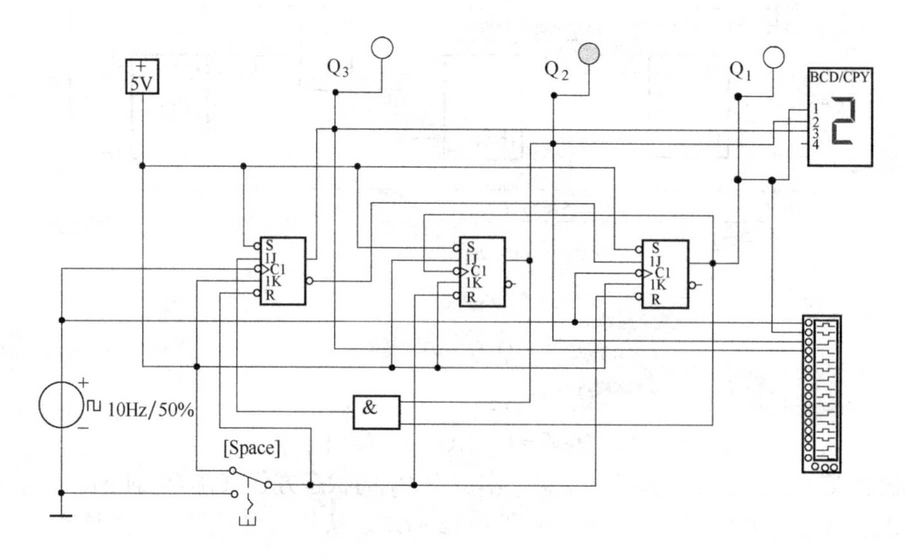

a) 计数器电路

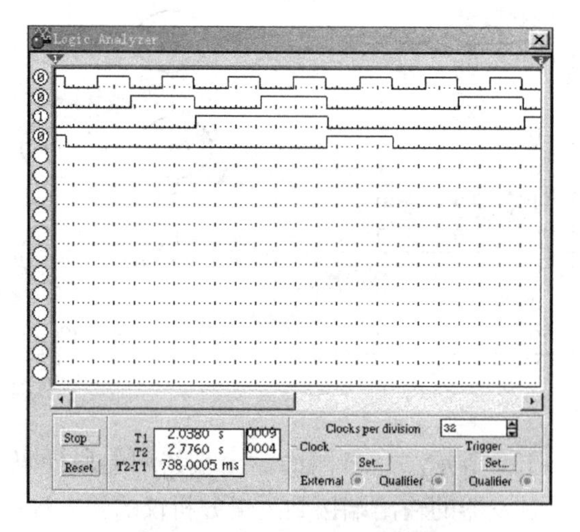

b) 逻辑分析仪显示的输出波形

图 8-13　例 8-3 仿真图

可见，该计数器是五进制异步加法计数器，而且是下降沿触发。

8.3　计数器

计数器是最常见的时序电路，常用于计数、分频、定时及产生数字系统的时钟脉冲等，其种类很多，按触发器是否同时翻转分为同步计数器和异步计数器；按计数顺序的增减，分为加计数器、减计数器和可逆计数器；按计数模数(M)和构成计数器的触发器的个数(N)之间的关系可分为二进制和非二进制计数器。计数器所能记忆的时钟脉冲个数(M)称为计数器的模。当 $M=2^N$ 时为二进制计数器，否则为非二进制计数器。

8.3.1　二进制计数器

1. 异步二进制加法计数器

图8-14和表8-9是用JK触发器实现的异步3位二进制加法计数器的电路图和状态表。由表可见其动作特点，即来一个时钟脉冲 Q_0 就翻转一次，而 Q_0 从1变0时，Q_1 才发生变化，Q_1 从1变为0时，Q_2 才发生变化。

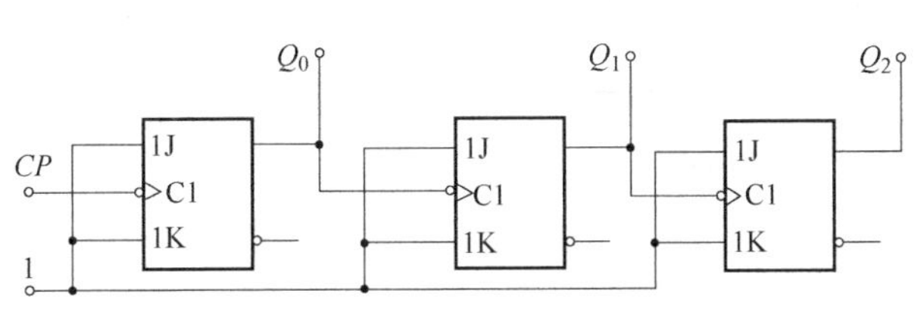

图8-14　异步3位二进制加法计数器逻辑电路

表8-9　异步3位二进制加法计数器状态表

Q_2	Q_1	Q_0	CP
0	0	0	0
0	0	1	1
0	1	0	2
0	1	1	3
1	0	0	4
1	0	1	5
1	1	0	6
1	1	1	7
0	0	0	8

2. 集成异步二进制加法计数器74293

74293是异步四位二进制加法计数器，具有二分频和八分频能力，其符号图如图8-15所示，74293的功能表见表8-10。它是由一个二进制和一个八进制计数器组成，时钟端 CK_A 和 Q_A 组成二进制计数器，时钟端 CK_B 和 Q_D、Q_C、Q_B 组成八进制计数器，两个计数器具有相同的清除端 $R_0(1)$、$R_0(2)$。两个计数器串接可组成十六进制的计数器，使用起来非常方便灵活。

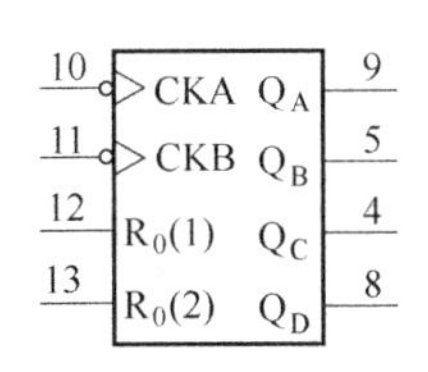

图8-15　74293逻辑符号图

表8-10　74293功能表

输入				输出				功能
$R_0(1)$	$R_0(2)$	CK_A	CK_B	Q_D	Q_C	Q_B	Q_A	
1	1	×	×	0	0	0	0	清0
有0		$CP\downarrow$	0				Q_A	二进制计数
		0	$CP\downarrow$	Q_D	Q_C	Q_B		八进制计数
		$CP\downarrow$	Q_A	Q_D	Q_C	Q_B	Q_A	十六进制计数
		Q_D	$CP\downarrow$	Q_A	Q_D	Q_C	Q_B	十六进制计数

3. 同步二进制加法计数器

表8-11是同步3位二进制加法计数器的状态表。由表可见其动作特点，即来一个时钟脉冲，Q_0 就翻转一次，而 Q_1 要在 Q_0 为1时翻转，Q_2 要在 Q_1 和 Q_0 都是1时翻转。若用JK触发器组成同步二进制加法计数器，则每一个触发器的翻转的条件是

$$J_n = K_n = Q_{n-1}Q_{n-2}\cdots Q_2Q_1Q_0$$

由此画出同步3位二进制加法计数器的逻辑电路，如图8-16所示。

4. 集成同步二进制加法计数器74161、74163

74161、74163均为同步四位二进制加法计数器。图8-17、图8-18分别是74161和74163的符号图。表8-12、表8-13分别是74161和74163的功能表。它们均具有预置端 $\overline{LOAD}$、清除端 $\overline{CLR}$、使能端 ENT 和 ENP、进位端 RCO，两者均在时钟上升沿时进行预置和

计数器操作，所不同的是 74163 在时钟上升沿进行清除操作，而 74161 的清除操作与时钟信号无关，这就是同步清除与异步清除的区别，使用时一定要注意。

表 8-11　3 位二进制加法计数器状态表

Q_2	Q_1	Q_0	CP
0	0	0	0
0	0	1	1
0	1	0	2
0	1	1	3
1	0	0	4
1	0	1	5
1	1	0	6
1	1	1	7
0	0	0	8

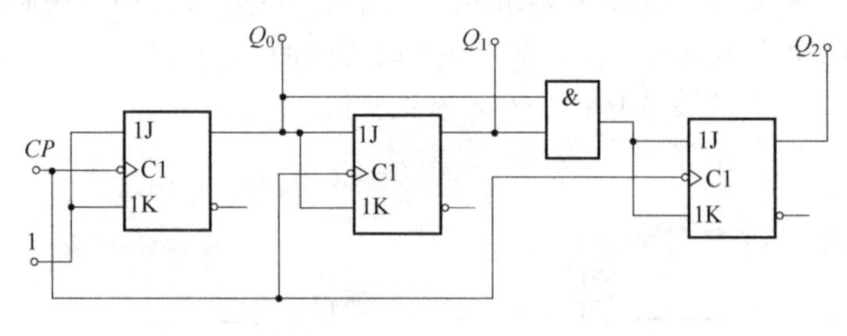

图 8-16　同步 3 位二进制加法计数器的逻辑电路

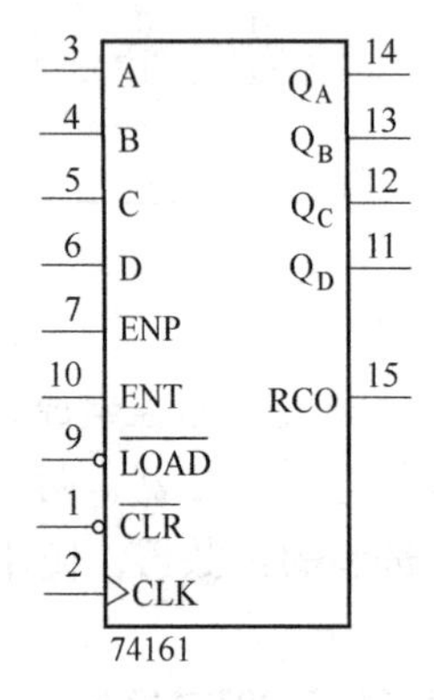

图 8-17　74161 的符号图

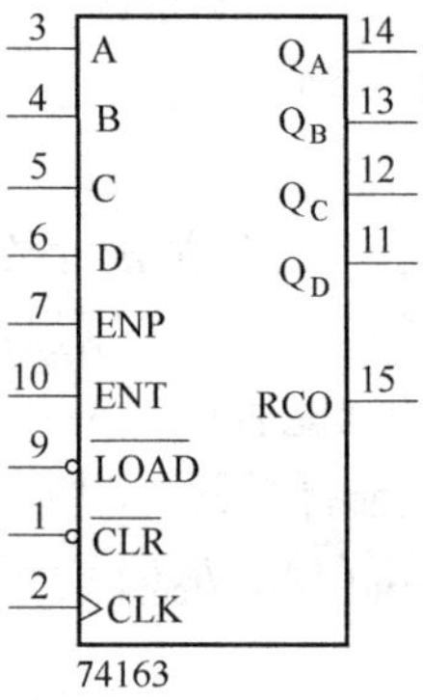

图 8-18　74163 的符号图

表 8-12　74161 功能表

输　入					输出
$\overline{CLR}$	$\overline{LOAD}$	ENT	ENP	CLK	Q^n
0	×	×	×	×	异步清除
1	0	×	×	↑	同步预置
1	1	1	1	↑	计数
1	1	0	×	×	保持
1	1	×	0	×	保持

表 8-13　74163 功能表

输　入					输出
$\overline{CLR}$	$\overline{LOAD}$	ENT	ENP	CLK	Q^n
0	×	×	×	↑	同步清除
1	0	×	×	↑	同步预置
1	1	1	1	↑	计数
1	1	0	×	×	保持
1	1	×	0	×	保持

8.3.2　十进制计数器

十进制计数器的计数规律是“逢十进一”，它是用四位二进制数表示对应的十进制数，所以又称为二-十进制计数器。目前比较典型的计数器是 8421 编码的十进制计数器。

1. 异步十进制加法计数器

图 8-19 所示的逻辑电路为异步十进制加法计数器，图中第一个触发器是一个二进制计

数器，后三个触发器是五进制计数器，两者级联便为十进制加法计数器。

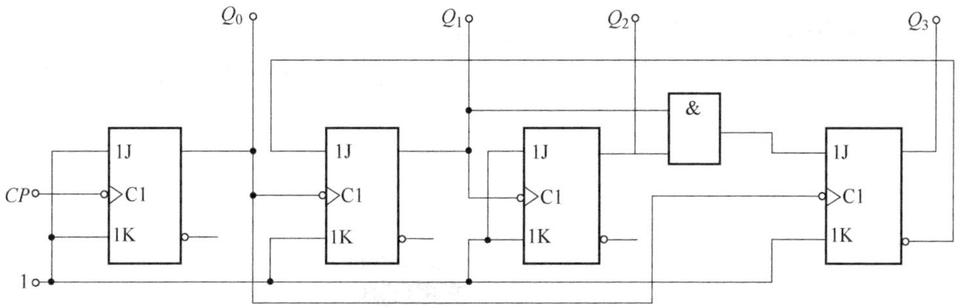

图 8-19　异步十进制计数器的逻辑电路

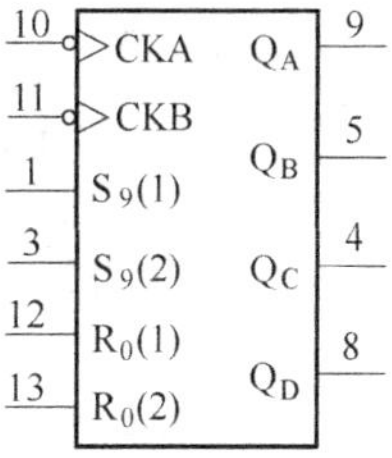

74290 就是按上述原理制成的异步十进制计数器。其中时钟 CK_A 和输出 Q_A 组成二进制计数器，时钟 CK_B 和输出端 Q_D、Q_C、Q_B 组成五进制计数器。另外这两个计数器还有公共置 0 端 $R_0(1)$、$R_0(2)$ 和公共置 9 端 $S_9(1)$、$S_9(2)$。图 8-20 是 74290 的逻辑符号图。

图 8-20　74290 的逻辑符号图

该计数器功能见表 8-14。

2. 同步十进制加法计数器

74160 是同步十进制加法计数器，其逻辑符号与功能同 74161，这里不再赘述。

表 8-14　74290 功能表

输入						输出				功能
$R_0(1)$	$R_0(2)$	$S_9(1)$	$S_9(2)$	CK_A	CK_B	Q_D	D_C	Q_B	Q_A	
1	1	0	×	×	×	0	0	0	0	清 0
1	1	×	0	×	×	0	0	0	0	
×	×	1	1	×	×	1	0	0	1	置 9
有 0		有 0		$CP\downarrow$	0	Q_A				二进制计数
				0	$CP\downarrow$	$Q_D\ Q_C\ Q_B$				五进制计数
				$CP\downarrow$	Q_A	$Q_D\ Q_C\ Q_B\ Q_A$				十进制计数(8421BCD 码)
				Q_D	$CP\downarrow$	$Q_A\ Q_D\ Q_C\ Q_B$				十进制计数(5421BCD 码)

8.3.3　任意进制计数器的设计

集成计数器一般有二进制、十进制等。设现有 N 进制计数器，若要构成 M 进制计数器，则可利用现有的计数器，并增加适当的外电路构成。这里主要介绍 $N > M$ 情况：

1. 清零法

清零法就是当计数器计数到 M 状态时，将计数器清零。异步清零，在 M 状态下将计数器清零；同步清零，在 $M-1$ 状态下将计数器清零。

【例 8-4】 试用清零法，将同步十进制加法计数器 74160 构成六进制计数器。

解：电路如图 8-21a 所示，令 $ENP = ENT = LOAD = 1$，时钟脉冲 CLK 由时钟信号源提供，设其频率为 20Hz，异步清零端“CLR”接“QB、QC”的与非输出，输出端“QD、QC、QB、QA”接译码显示器用以观察计数状态，同时接逻辑分析仪用以观察时序波形，波形如图 8-21b 所示。

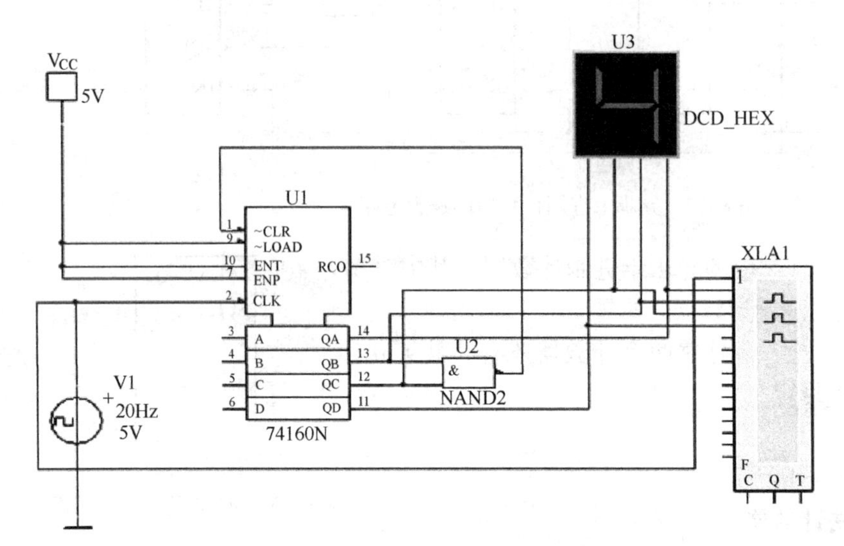

a) 用清零法构成的同步六进制加法计数器

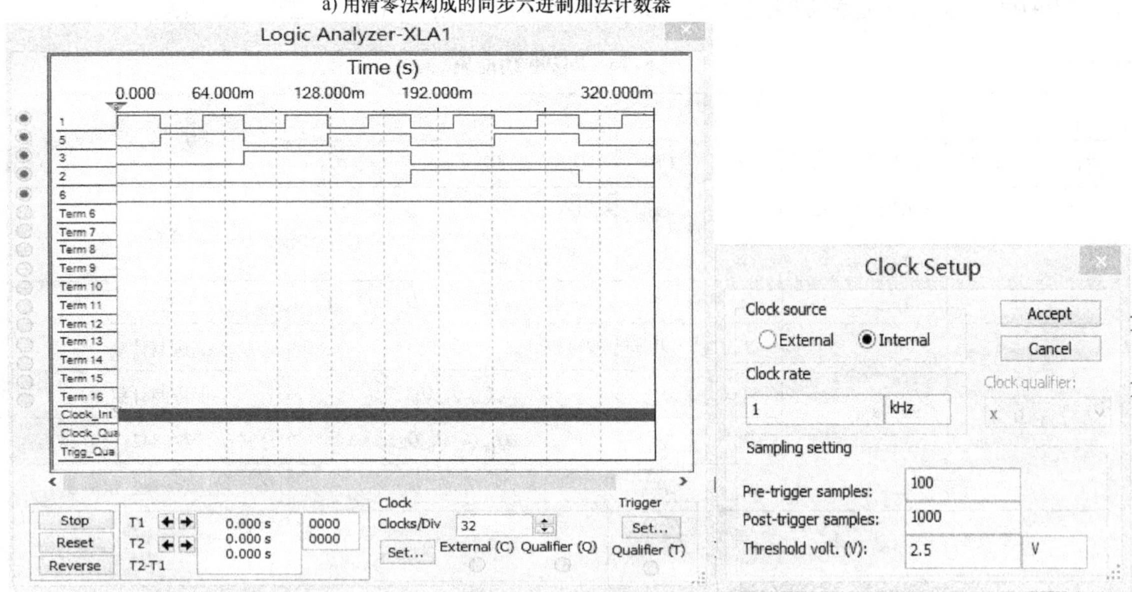

b) 用清零法构成的同步六进制计数器的时序图

图 8-21 例 8-4 图

2. 预置数法

预置数法是当计数器计数到某状态时，将计数器预置到某一数值，使计数器减少$(N-M)$个状态。

【例8-5】 试用同步十进制计数器74160的置数功能设计六进制计数器。

解法一：

解： 电路如图8-22a所示，令 $ENP=ENT=CLR=1$，时钟脉冲 CLK 由时钟信号源提供，设其频率为20Hz，同步置数端“LOAD”接“QA、QC”的与非输出，进位信号 RCO 由电平指示器监视，输出端“QD、QC、QB、QA”接译码显示器用以观察计数状态，同时接逻辑分析仪用以观察时序波形，波形如图8-22b所示。

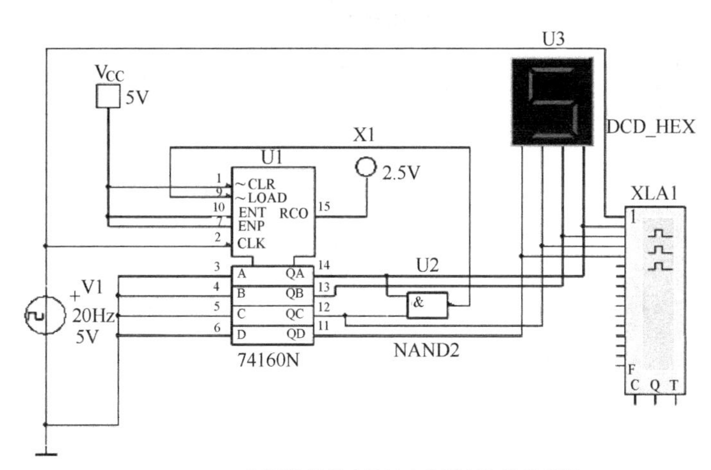

a) 用置数法构成的同步六进制加法计数器

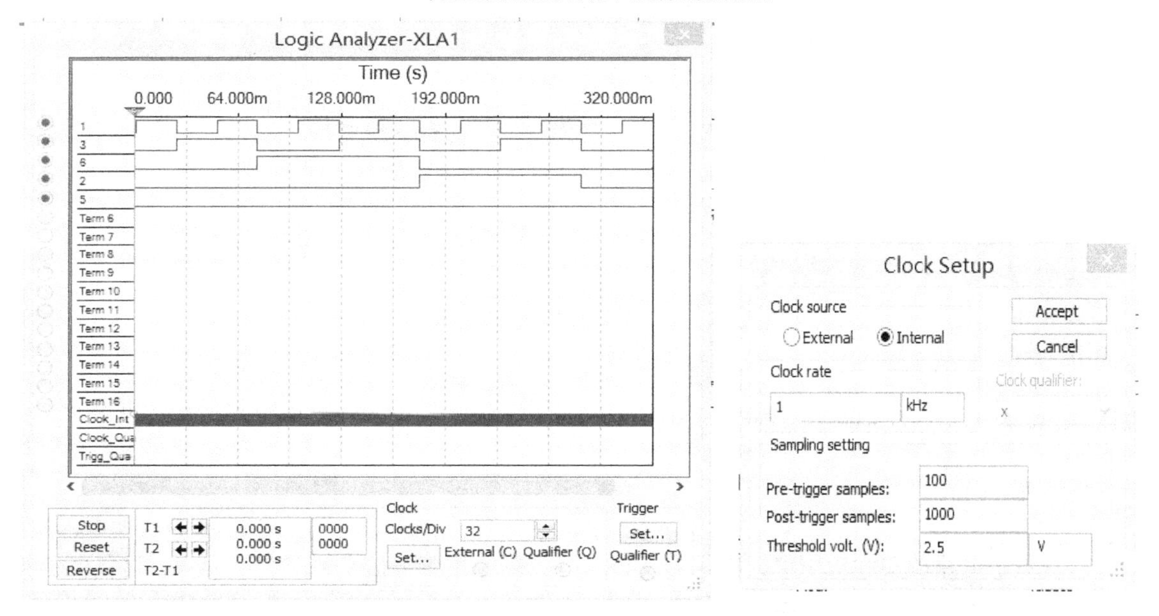

b) 用置数法构成的同步六进制计数器的时序图

图8-22　例8-5方法一图

观察结果表明，该计数器是同步六进制加法计数器，没有进位输出，输出波形良好。

解法二：

解： 电路如图8-23a所示，与方法一所不同的是该计数器的计数过程为0→1→2→3→4→9→0，这样就产生了进位输出。

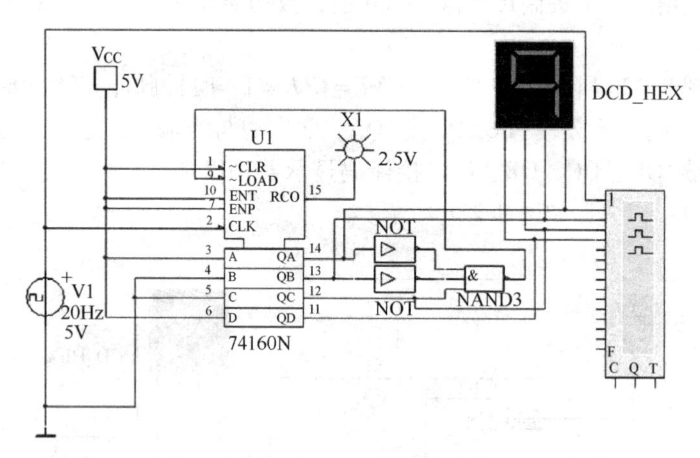

a) 用置数法二构成的同步六进制计数器

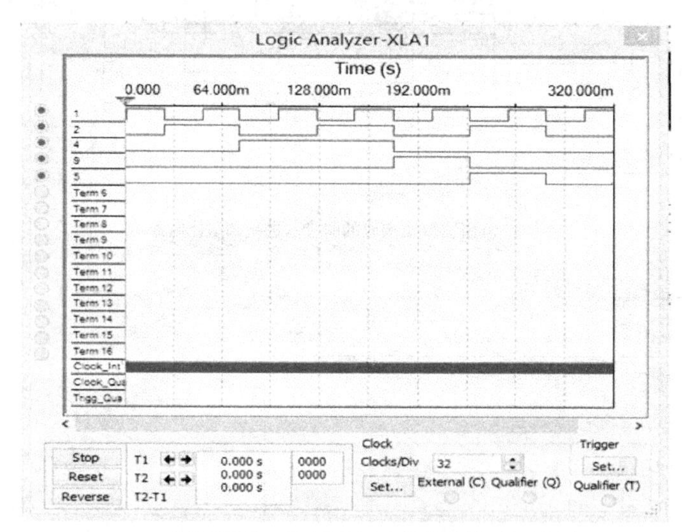

b) 用置数法二构成的同步六进制计数器的时序图

图 8-23　例 8-5 方法二图

8.4　寄存器

在数字电路的实际应用中，常常需要将一些数据、指令等信息暂时存储起来，这些能够暂时存入数据或指令的电子器件就是寄存器。寄存器由多个锁存器或触发器组成，寄存器按结构可分为数码寄存器和移位寄存器。

8.4.1　数码寄存器

74175 是触发器结构的数码寄存器，图 8-24 是 74175 的内部结构逻辑图，它是由 4 位边沿 D 触发器组成，具有 4 个数据输入端，一个公共清零端和一个时钟端，输出具有互补结构。当脉冲上升沿到来时，D 信号被送到 Q 端输出。

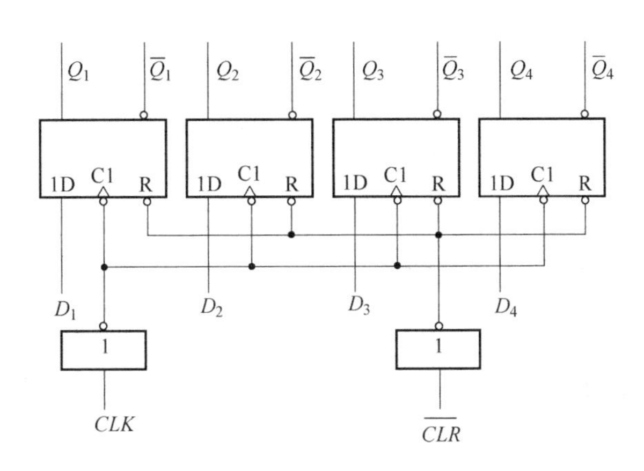

图8-24　74175内部结构逻辑图

8.4.2　移位寄存器

1. 移位寄存器的工作原理

在时钟信号的控制下，所寄存的数据依次向左或向右移位的寄存器称为移位寄存器。根据移位方向的不同，有左移移位寄存器、右移移位寄存器和双向移位寄存器之分。

由边沿D触发器组成的4位移位寄存器电路如图8-25所示，其中串行输入的数据在时钟脉冲的作用下依次输入。设4位移位寄存器的初始状态为0000，由串行输入端 D_i 输入1011，在移位脉冲 CP 的作用下1011由 Q_0 依次向 Q_1、Q_2、Q_3 移动的波形图如图8-26所示。因为由串行输入端 D_i 输入的数据1011，在移位脉冲 CP 的作用下自左向右移动，故称为右移移位寄存器。

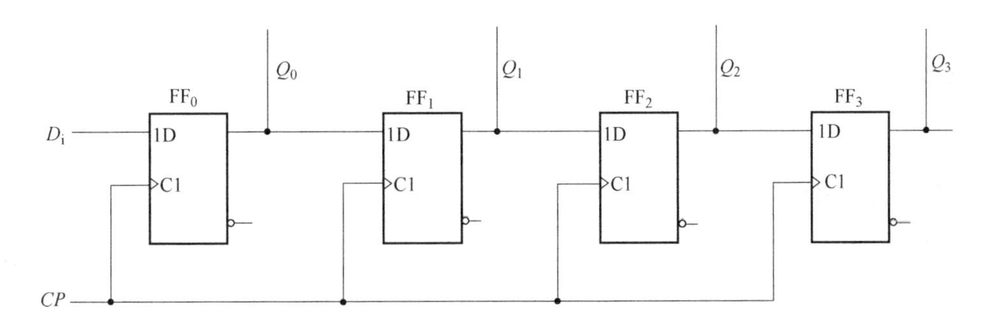

图8-25　边沿D触发器组成的移位寄存器

2. 移位寄存器74164

图8-27是8位串入并出(几位同时输出)的移位寄存器74164，它由8个具有异步清零功能的RS触发器组成，其端子分别有时钟端 CLK、清零端 $\overline{CLR}$，串行 输入端 A 和 B 以及8个输出端。输入端 A 和 B 是与逻辑关系，当 A 和 B 都是高电平时，相当于串行数据端接高电平，而其中若有一个是低电平就相当于串行数据端接低电平，一般将 A 和 B 端并接在一起使用。74164的功能见表8-15。

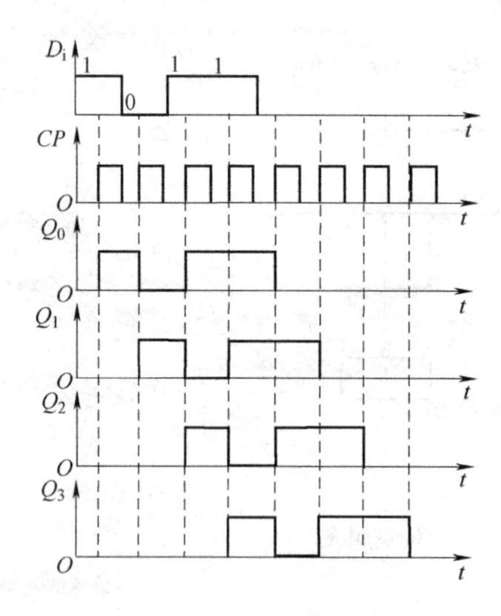

图 8-26　寄存器输入 1011 时的波形图

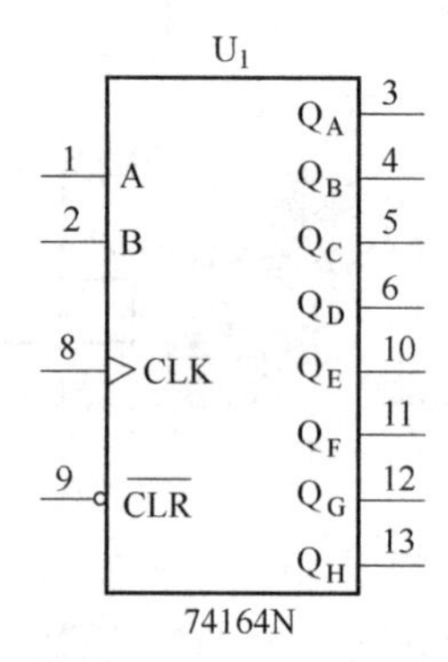

图 8-27　74164 的符号

表 8-15　74164 功能表

输　入				输　出			说　明
CLK	$\overline{CLR}$	A	B	Q_A	$Q_B\cdots$	Q_H	
×	0	×	×	0	0　…	0	清 0
0	1	×	×	Q_{A0}	$Q_{B0}\cdots$	Q_{H0}	保持
↑	1	1	1	1	$Q_{An}\cdots$	Q_{Gn}	移入 1
↑	1	0	×	0	$Q_{An}\cdots$	Q_{Gn}	移入 0
↑	1	×	0	0	$Q_{An}\cdots$	Q_{Gn}	移入 0

8.5　555 定时器

8.5.1　555 定时器的结构及工作原理

555 定时电路是一种将模拟电路与数字电路的功能结合在一起的多用途中规模集成电路芯片。如果在芯片外部配接上几个适当的电阻、电容元件，便可构成施密特触发器、单稳态触发器以及多谐振荡器等基本单元电路。由于其性能优良、可靠性强、使用灵活方便，因而在波形产生与变换、检测与控制、家用电器、医疗设备、电子玩具等方面都得到了广泛的应用。

1. 555 定时器的组成

555 定时器主要由电阻组成的分压器、电压比较器、基本 RS 触发器、反相器等部分构成，电路如图 8-28 所示。其中由三个 5kΩ 的电阻 R_1、R_2 和 R_3 组成分压器为两个比较器 C_1 和 C_2 提供参考电压，当控制端 U_M 悬空时（为避免干扰 U_M 端与地之间接一个 0.01μF 左右的电容），$U_A=\frac{2}{3}U_{CC}$，$U_B=\frac{1}{3}U_{CC}$，当控制端加电压 U_M 时，$U_A=U_M$，$U_B=U_M/2$。

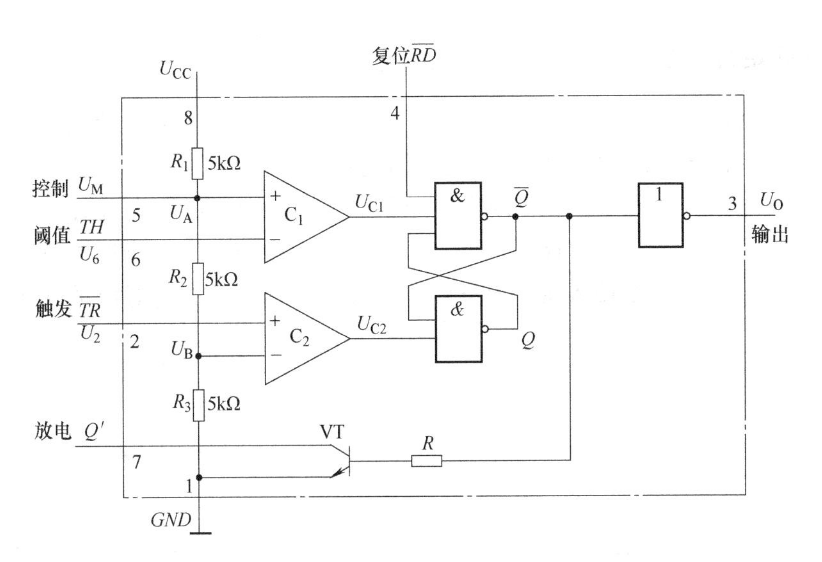

图 8-28　555 定时器结构图

放电管 VT 的输出端 Q′为集电极开路输出，其集电极最大电流可达 50mA，因此具有较大的带灌电流负载的能力。

$\overline{R}_D$ 是复位端，若 $\overline{R}_D$ 加低电平或接地，不管其他输入状态如何，均可使输出 U_o 为 0 电平。正常工作时必须使 $\overline{R}_D$ 处于高电平。

2. 555 定时电路引脚的功能

555 定时器的功能由两个比较器 C_1 和 C_2 的工作状况决定。

由图 8-28 可知，当 $U_6 > U_A$、$U_2 > U_B$ 时，比较器 C_1 的输出 $U_{C1}=0$、比较器 C_2 的输出 $U_{C2}=1$，基本 RS 触发器被置 0，VT 导通，同时输出 U_O 为低电平。

当 $U_6 < U_A$、$U_2 > U_B$ 时，$U_{C1}=1$、$U_{C2}=1$，触发器的状态保持不变，因而 VT 和输出 U_O 的状态也维持不变。

当 $U_6 < U_A$、$U_2 < U_B$ 时，$U_{C1}=1$、$U_{C2}=0$，触发器被置 1，输出 U_O 为高电平，同时 VT 截止。

由上述分析可以得到 555 定时电路的功能表见表 8-16。555 定时电路的逻辑符号如图 8-29 所示。

表 8-16　555 定时器的功能表

输　入			输　出	
阈值输入 U_6	触发输入 U_2	复位$\overline{S_D}$	输出 U_O	放电管状态 T
×	×	0	0	导通
$<U_A$	$<U_B$	1	1	截止
$>U_A$	$>U_B$	1	0	导通
$<U_A$	$>U_B$	1	不变	不变

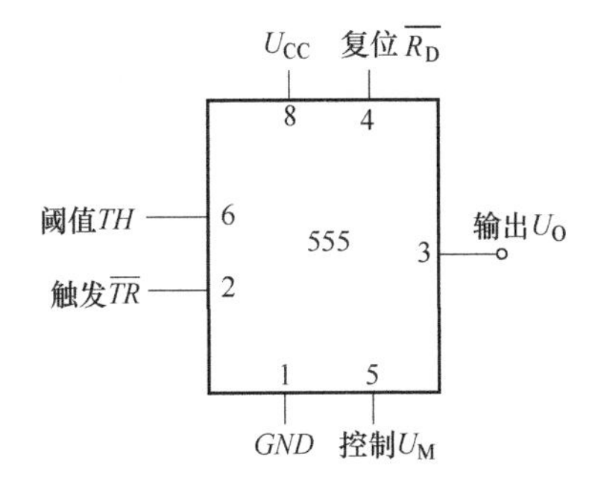

图 8-29　555 定时电路的逻辑符号

8.5.2 用 555 定时电路构成的施密特触发器

施密特触发器是一种脉冲信号的整形电路，其主要用途是将边沿缓慢的输入波形变换为边沿陡峭的矩形波，同时，施密特触发器还可利用其回差电压来提高电路的抗干扰能力，广泛应用于信号的整形、波形的变换和限幅等。555 定时器构成的施密特触发器的电路如图 8-30 所示，将 555 定时器阈值输入端 TH(引脚 6) 和触发输入端 $\overline{TR}$(引脚 2) 连接在一起作为信号输入端 U_I，设在输入端 U_I 输入如图 8-31 所示的三角波信号，则对应的输出 U_O 波形如图 8-31所示。

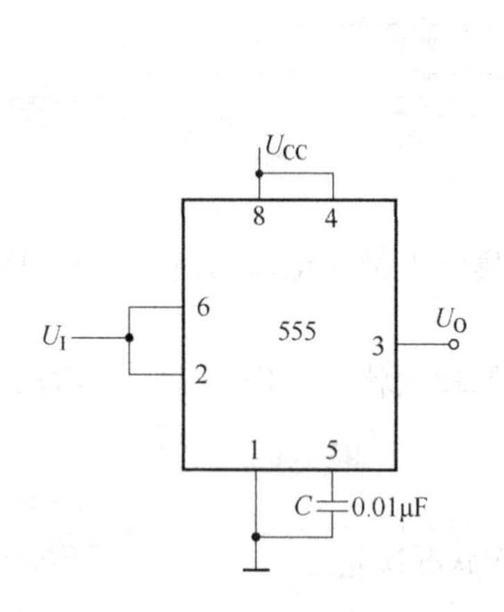

图 8-30 用 555 定时电路构成的施密特触发器

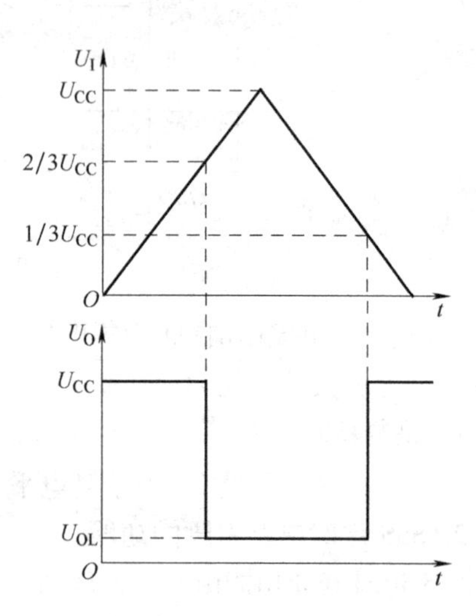

图 8-31 工作波形

上述电路中波形的整形过程可通过下列例题进一步分析。

【例 8-6】 用 Multisim 软件观察施密特触发器波形整形过程。

解： 1) 电路接法如图 8-32 所示，其中输入正弦波。

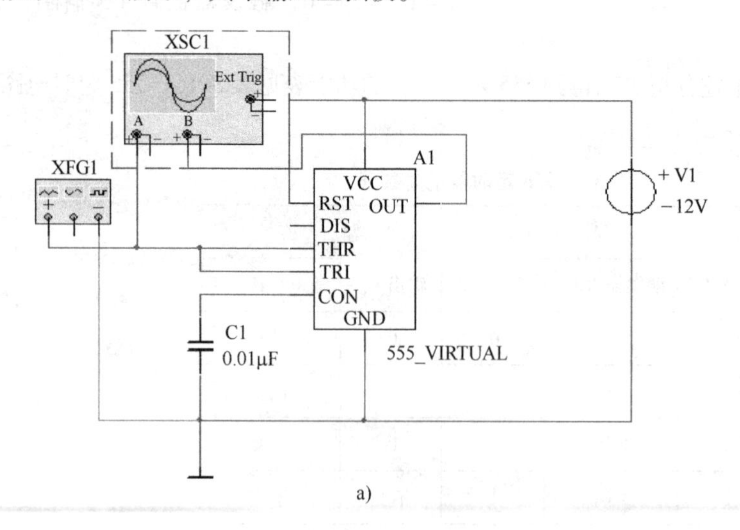

a)

图 8-32 例 8-6 输入正弦波时的施密特触发器的波形整形

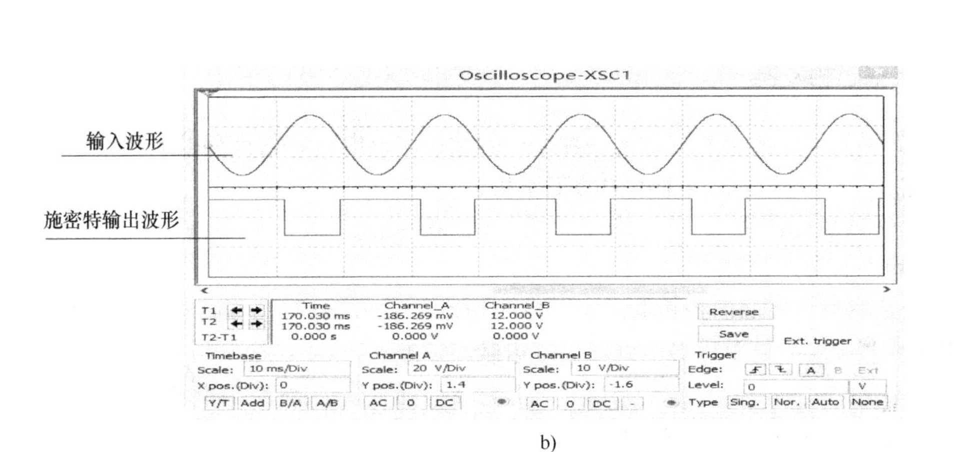

b)

图 8-32　例 8-6 输入正弦波时的施密特触发器的波形整形(续)

结论：施密特触发器可将正弦波变成方波。

2）当输入波形为三角波时，接法如图 8-33 所示。

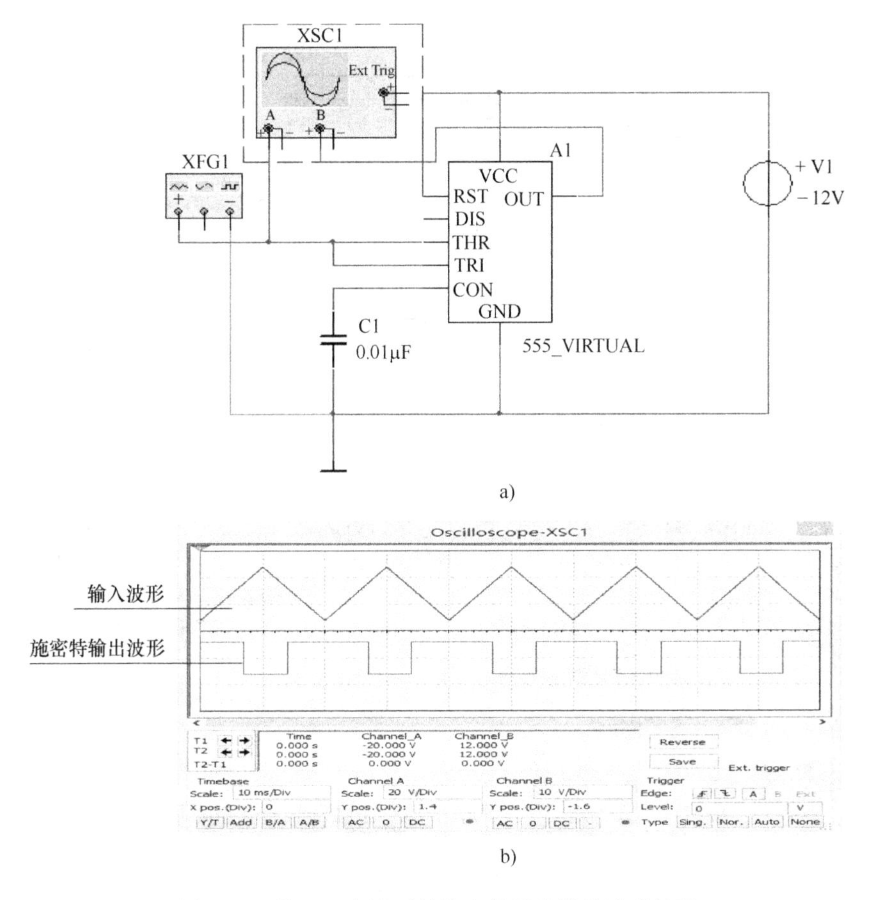

图 8-33　输入三角波时的施密特触发器的波形整形

结论：施密特触发器可将三角波变成方波。

8.5.3 单稳态触发器

单稳态触发器是数字系统中又一种常用的脉冲整形电路。它具有以下特点：

1）它有稳态和暂稳态两个不同的工作状态。

2）在外界触发脉冲作用下，能从稳态翻转到暂稳态，并在暂稳态维持一段时间后，再自动返回稳态。

3）暂稳态维持时间的长短取决于电路中电容的充电和放电时间，与触发脉冲的宽度和幅度无关，这个时间是单稳态触发器的输出脉冲宽度 t_{PO}。

用 555 定时电路构成的单稳态触发器如图 8-34a 所示，将图中电位器 R 的位置设置在 0% 的位置，其电压波形如图 8-34b 所示。

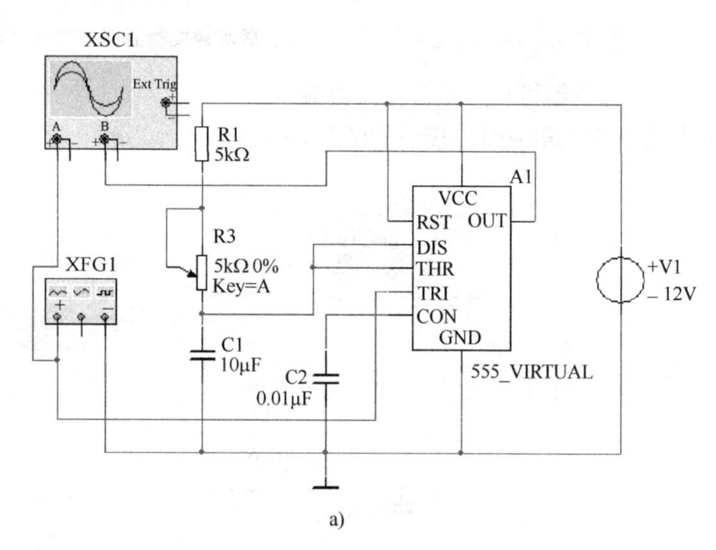

a)

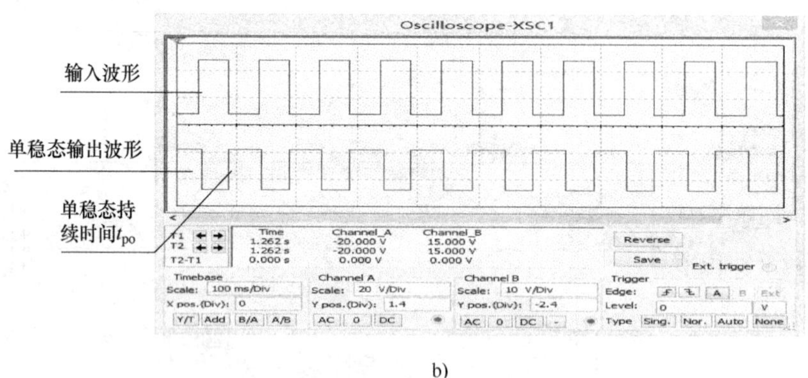

b)

图 8-34 用 555 定时电路构成的单稳态触发器的电路图及波形

上图中单稳态触发器的输出脉冲宽度 t_{PO}，即电路的暂稳态时间，也可用 RC 瞬态过程的计算方法来计算的，但在实际应用中常常用估算法公式先进行估算，然后构成电路再进行调试和修正。

经验估算公式为 $t_{PO}=RC\ln3\approx1.1RC$。

8.5.4　多谐振荡器

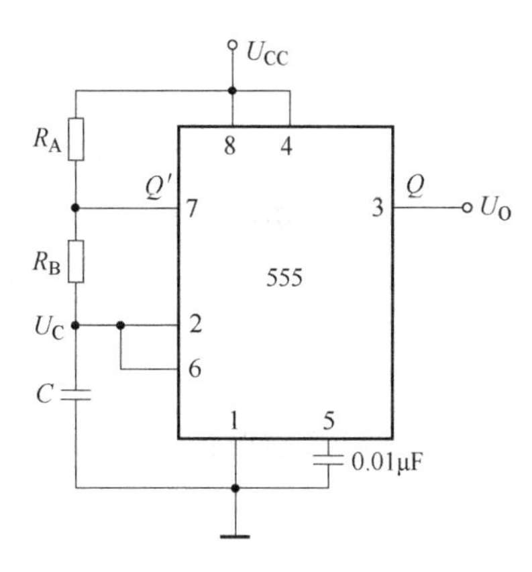

图 8-35　使用 555 定时器构成的多谐振荡器

多谐振荡器是能产生矩形脉冲波的自激振荡器，它产生的矩形波，可以作为时序电路的定时脉冲，由于矩形波具有很陡峭的上升沿和下降沿，波形中除了基波以外，包括许多高次谐波，因此矩形波也称为多谐波，这类振荡器也被称作多谐振荡器。

多谐振荡器一旦振荡起来后，电路没有稳态，只有两个暂稳态，因此它又被称为无稳态电路。

用 555 定时器构成的多谐振荡器，如图 8-35 所示。

【例 8-7】 借助 Multisim 软件设计一个多谐振荡器，并计算出该振荡器的频率和占空比。

解： 设计电路如图 8-36a 所示，由示波器观察其输出波形如图 8-36b 所示。

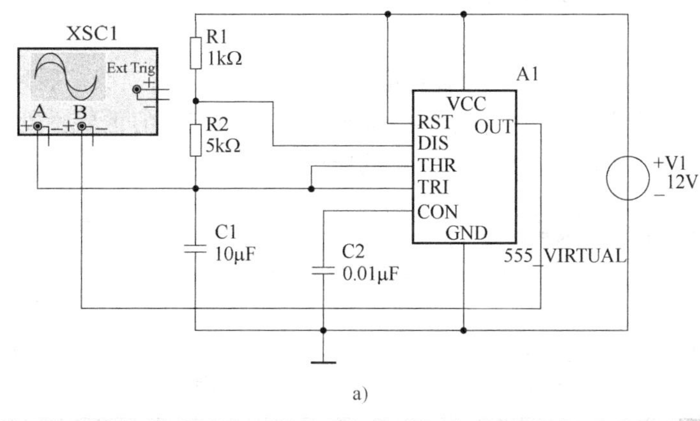

a)

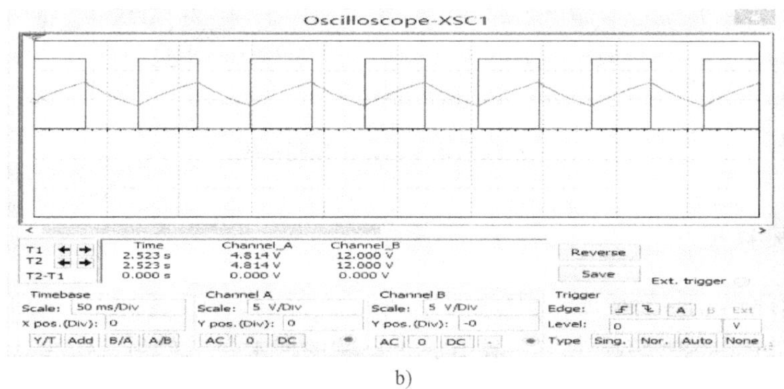

b)

图 8-36　例 8-7 图

振荡器的周期为

$$T=T_1+T_2=(R_A+2R_B)C\ln 2=(1000+2\times5000)\times10\times10^{-6}\times\ln 2\text{s}=0.076\text{s}$$

振荡频率为

$$f=\frac{1}{T}=\frac{1}{0.076}\text{Hz}=13.16\text{Hz}$$

脉冲波形的占空比为

$$q=\frac{R_A+R_B}{R_A+2R_B}=\frac{1+5}{1+2\times5}=0.54=54\%$$

由上可见，第一个暂稳态的脉冲宽度 t_{ph}，即电容 C 充电所需的时间为

$$t_{ph}=(R_A+R_B)C\ln2\approx0.7(R_A+R_B)C \tag{8-1}$$

第二个暂稳态的脉冲宽度 t_{pl}，即电容放电需要时间为

$$t_{pl}=R_BC\ln2\approx0.7R_BC \tag{8-2}$$

因此，输出矩形脉冲的周期为

$$T=t_{ph}+t_{pl}=0.7(R_A+2R_B)C \tag{8-3}$$

输出矩形脉冲的占空比为

$$q=\frac{t_{ph}}{T}=\frac{R_A+R_B}{R_A+2R_B} \tag{8-4}$$

8.6 数/模和模/数转换技术

数/模(D/A)和模/数(A/D)转换器是把微型计算机的应用领域扩展到检测和过程控制的必要装置，是把计算机和生产过程、科学实验过程联系起来的重要桥梁。图 8-37 给出了 A/D、D/A 转换器在微机检测和控制系统中的应用实例框图。

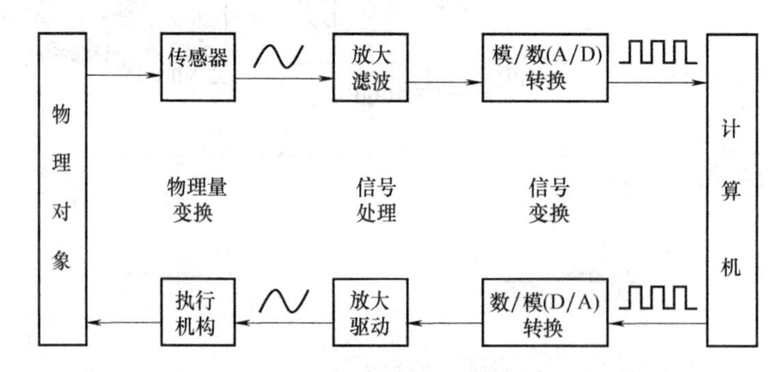

图 8-37 典型的数字控制系统

8.6.1 数/模转换技术

将数字(Digital)信号转换成模拟(Analog)信号的过程，称为数/模(D/A)转换。其功能是把二进制数字量电信号转换为与其数值成正比例的模拟量电信号，D/A 转换器一般先将数字信号转换为模拟电脉冲信号，然后通过过零保持电路将其转换为阶梯状的连续电信号。其过程如图 8-38 所示。

1. 数/模(D/A)转换电路

图 8-39 是 R/2R 电阻网络 D/A 转换器电路。图中运放输入端 U_- 的电位总是接近于 0V(虚地)，所以无论数字量 D_3、D_2、D_1、D_0 控制的模拟开关是连接虚地还是真地，流过各个支路的电流都保持不变。为计算流过各个支路的电流，可以把电阻网络等效成图 8-40 的形式。

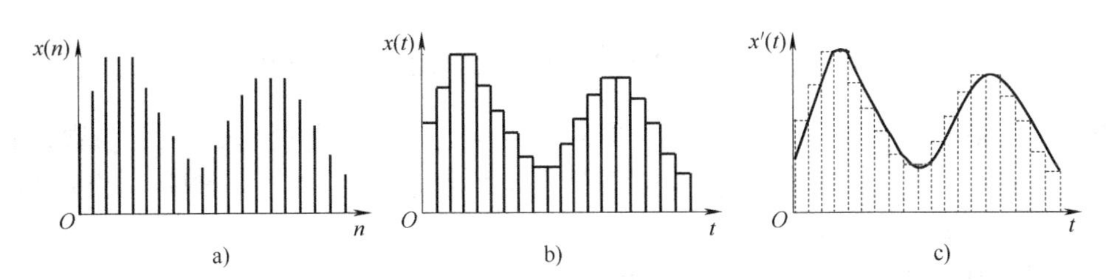

图 8-38　数模转换的过程

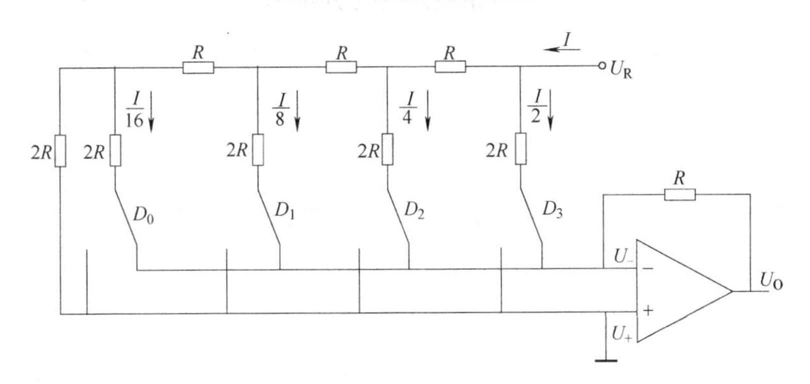

图 8-39　R/2R T 型电阻网络 D/A 转换器

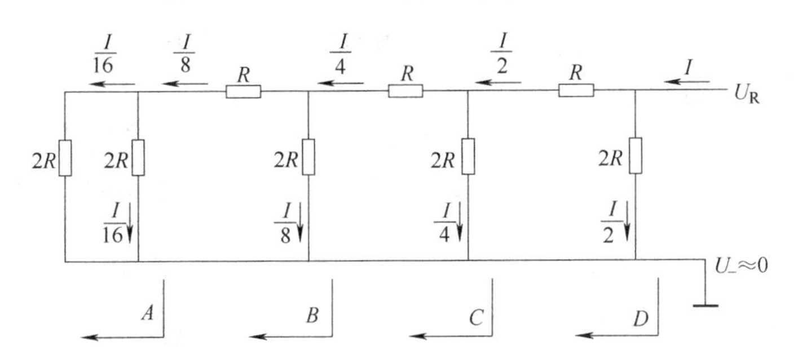

图 8-40　各支路电流的等效网络

可以看出，从 A、B、C 和 D 点向左看的等效电阻都是 R，因此从参考电源流向电阻网络的电流为 $I=U_R/R$，而每个支路电流依次为 $I/2$，$I/4$，$I/8$，$I/16$。各个支路电流在数字量 D_3、D_2、D_1 和 D_0 的控制下流向运放的反相端或地，若是数字量为 1，则流入运放的反相端，若数字量为 0，则流入地。

从而得到流入运放反相端的电流表达式为

$$I_\Sigma=\frac{I}{2}D_3+\frac{I}{4}D_2+\frac{I}{8}D_1+\frac{I}{16}D_0$$

这里 $I=U_R/R$，而运放输出的模拟电压为

$$\begin{aligned}U_O&=-I_\Sigma R=-\left(\frac{U_{REF}}{2R}D_3+\frac{U_{REF}}{4R}D_2+\frac{U_{REF}}{8R}D_1+\frac{U_{REF}}{16R}D_0\right)R\\&=-U_{REF}\left(\frac{1}{2}D_3+\frac{1}{4}D_2+\frac{1}{8}D_1+\frac{1}{16}D_0\right)\end{aligned}$$

由此，将数字量转换为与其成正比的模拟量。

例如，数字量为 1001，参考电压为 5V，则运放的输出电压为

$$U_O=-5\left(\frac{1}{2}\times1+\frac{1}{4}\times0+\frac{1}{8}\times0+\frac{1}{16}\times1\right)\text{V}=-(2.5+0.3125)\text{V}=-2.8125\text{V}$$

由上述电路结构可以看出，在 R/2R 电阻型转换器中，电阻网络只有两种参数，而且比值小。在集成电路制造技术中，精确控制不同电阻间的比值是很容易实现的。因此 R/2R 电阻型转换器的转换精度较高。

2. 数/模(D/A)转换器的主要技术指标

(1) 分辨率　D/A 转换的分辨率是指电路所能分辨的最小输出电压 U_{LSB}(输入的数字代码最低有效位为 1，其余各位为 0)与满刻度输出电压 U_m(输入的数字代码的各位均为 1)之比，即

$$\text{分辨率}=\frac{U_{LSB}}{U_m}=\frac{1}{2^n-1}$$

由上式可见，当 U_m 一定时，输入的数字代码位数越多分辨率数值越小，分辨能力就越强。例如，$n=8$ 的 D/A 转换器的分辨率为

$$\frac{1}{2^8-1}=\frac{1}{255}=0.0039=0.39\%$$

(2) 绝对误差　绝对误差是指输入端加对应满刻度的数字量时，D/A 转换器输出的理论值与实际值之差，也称为精度。一般来说，绝对误差应低于 $U_{LSB}/2$。其影响因素主要有电子开关导通的电压降，电阻网络阻值偏差、参考电压偏离和集成运放零点漂移产生的误差。

(3) 非线性误差　理想 D/A 的输入数字量和输出模拟量之间的转换关系应是线性的，然而由于电子开关的压降和电阻网络中各电阻阻值的偏差，实际的转换特性很少是线性的。在确定的输入数字量下，实际转换特性与理想直线之间产生的输出电压偏差值 Δu_0 称为转换器的非线性误差。

(4) 建立时间　建立时间是完成一次转换需要的时间，就是从 D/A 转换器的输入端接收数字量到输出稳定的模拟量需要的时间。建立时间一般由手册给出。

【例 8-8】 用 VDAC 设计一个 D/A 转换电路。

解： 单击 按钮，从 ADC_DAC 中选取“VDAC”，“VDAC”是一种电压输出型 D/A 转换器。其输出的模拟量与输入数字量之间的关系为

$$U_O=\frac{U_{REF}\times D_n}{2^n}$$

设参考电压 $U_{REF}=12\text{V}$，输入的数字量为 11001001，电路如图 8-41 所示。

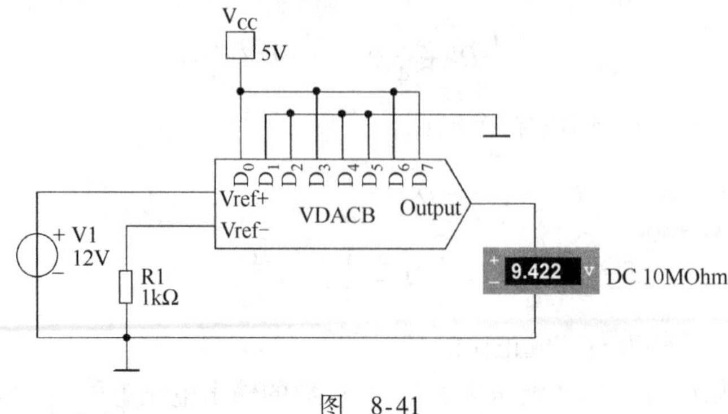

图　8-41

输出的模拟电压为

$$U_O = \frac{U_{REF} \times D_n}{2^n} = \frac{12 \times (11001001)_2}{2^8}V = \frac{12 \times 201}{256}V = 9.4218V$$

与所测结果吻合。

8.6.2　模/数转换技术

将模拟(Analog)信号转换成数字(Digital)信号的过程，称为模/数(A/D)转换。其功能是将输入的模拟电压转换成与之成正比的二进制数。

1. 模/数(A/D)转换器的工作过程

(1) 取样与保持　在模数转换中，要将连续变化的模拟信号转换成数字信号，首先应对输入的模拟信号在特定的时间上进行取样，将每次取样所得到的“样值”保存到下一个取样脉冲到来之前，图 8-42 为实现取样保持的电路，图 8-43 为取样过程的波形。

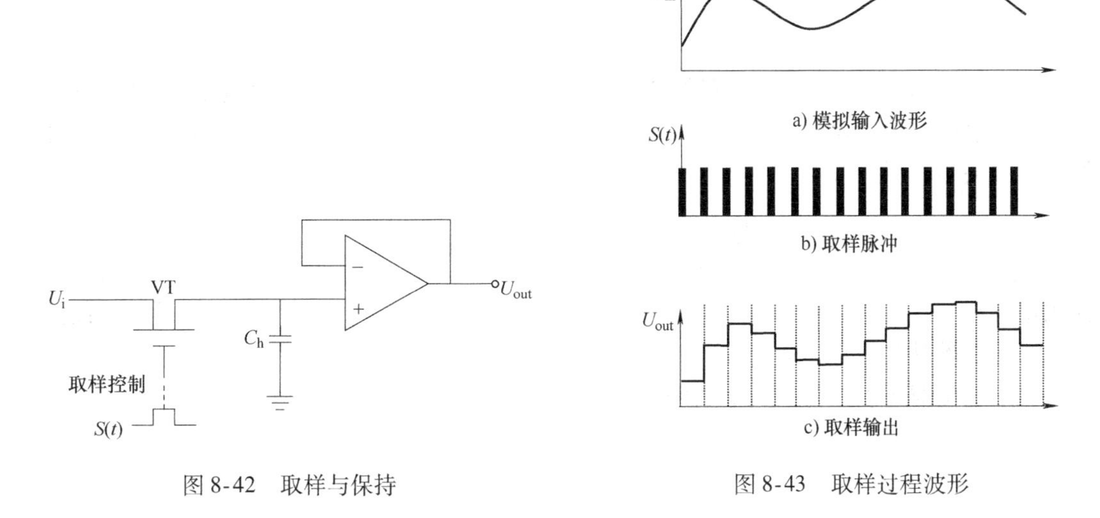

图 8-42　取样与保持　　　　图 8-43　取样过程波形

(2) 取样定理　由于连续的模拟信号是随时间在变化的，为了能够正确地反映原来模拟信号的变化规律，信号取样频率必须至少为原信号中最高频率成分的 2 倍。这是取样的基本法则，称为取样定理。通常取 $f_S = (3 \sim 5)f_{imax}$，其中 f_S 为取样频率，f_{imax} 是模拟信号的最高频率分量。

(3) 量化与编码　量化就是把取样所得到的样值电压根据其幅值转换为数字信号，并表示成某个规定的最小单位的整数倍，这个转换过程称为量化。这个最小单位即为量化单位，它是数字信号最低位为 1 时所对应的模拟量。将量化所得结果以一定规则的代码表示出来称为编码，这些代码就是 A/D 转换的输出结果。

2. 模/数(A/D)转换器的主要技术指标

(1) 分辨率　分辨率常以 A/D 转换器输出的二进制数的位数表示，它说明 A/D 转换器对输入信号的分辨能力，位数越多，则分辨能力越高。例如 A/D 转换器的输出为 10 位二进制数，输入模拟信号最大值为 5V，那么这个转换器能区分出输入模拟信号的最小电压为

$5/2^{10}$V = 4.88mV。

（2）转换误差　表示实际输出的数字量与理论上应该输出的数字量之间的差别，常以最低有效位对应的电压 U_{LSB}的倍数表示，例如：转换误差 < $\left|\frac{1}{2}U_{LSB}\right|$，表示实际输出的数字量与理论输出的数字量之间的误差小于最低有效位对应的电压 U_{LSB}的 1/2 倍。

（3）转换时间　转换时间是指 A/D 转换器完成一次转换所需的时间，即从转换控制信号到来开始，到输出端得到稳定的数字信号所需要的时间。A/D 转换器的转换时间与转换电路类型有关。

【例 8-9】 用 ADC 元件设计一个 A/D 转换电路。

解： 起动 按钮，从 ADC_DAC 选取“ADC”，“ADC”是一种 A/D 转换器件，它有四个输入端，分别为模拟输入端“V_{in}”、参考电压输入端“V_{ref+}”和“V_{ref-}”、转换控制端“SOC”；九个输出端，分别为数字量输出端“D0 ~ D7”、转换结束端“$\overline{EOC}$”。输出数字量与输入模拟量之间的关系为

$$(D_n)_2 = \left(\frac{U_{in} \times 2^n}{U_{REF}}\right)_{10}$$

由 ADC 构成的 A/D 转换电路如图 8-44 所示，其中输入的模拟量由电位器 R 上的电压提供，其值可由电压表测得，“SOC”接方波脉冲，其状态与输出端状态均由电平指示器监控。代入关系式得

$$\left(\frac{U_{in} \times 2^n}{U_{REF}}\right)_{10} = \left(\frac{3.6 \times 2^8}{8}\right)_{10} = (115.2)_{10}$$

而由电平指示器的状态可得输出的数字量为$(D)_2 = (01110011)_2 = (115)_{10}$。可见，测量结果与计算结果基本相等。

调节电位器还可以得到其他数值，但输出数字量的最大值为$(11111111)_2 = (255)_{10}$。

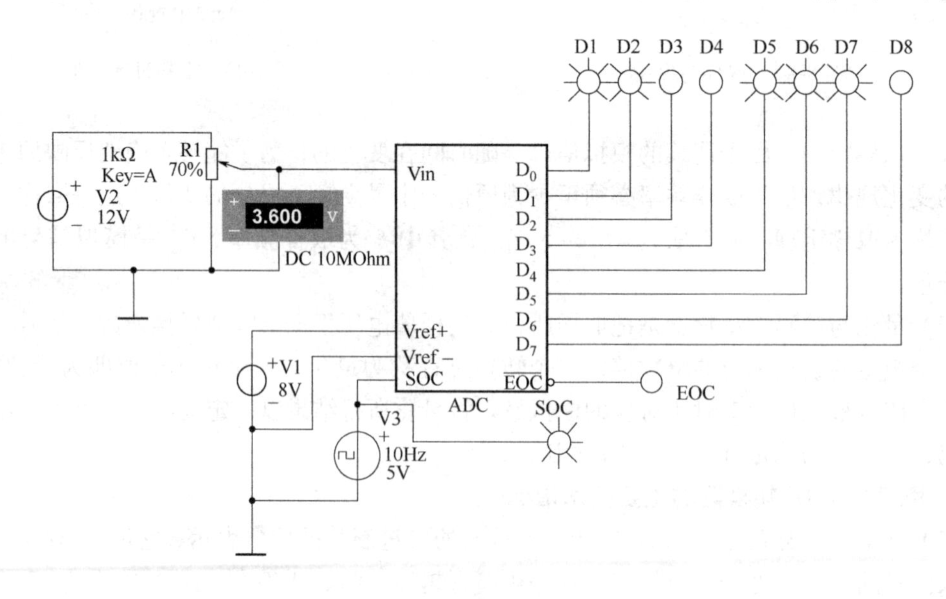

图 8-44　例 8-9 图

习题

【概念题】

8-1　触发器按功能分有哪几种？

8-2　触发器按触发方式分有哪几种？

8-3　试说明 RS 触发器在置 1 或置 0 脉冲消失后，为什么触发器的状态保持不变？

8-4　哪种类型的触发器存在“空翻”现象？

8-5　试叙述 RS、JK、D、T 触发器的逻辑功能，并写出其特性方程、列出状态表。

8-6　试说明时序逻辑电路与组合逻辑电路在结构和功能上的特点。

8-7　计数器的类型有哪几种？

8-8　数码寄存器和移位寄存器有何区别？

8-9　555 定时电路由哪几部分组成？各部分的作用是什么？

8-10　555 定时电路在下列三种情况下的输出状态是什么？

（1）TH 端、$\overline{TR}$端的电平分别大于$\frac{2}{3}U_{CC}$和$\frac{1}{3}U_{CC}$；

（2）TH 端电平小于$\frac{2}{3}U_{CC}$，$\overline{TR}$端的电平大于$\frac{1}{3}U_{CC}$；

（3）TH 端、$\overline{TR}$端的电平分别小于$\frac{2}{3}U_{CC}$和$\frac{1}{3}U_{CC}$。

8-11　施密特触发器主要有哪些用途？其电压传输特性有何特点？

8-12　由 555 定时器构成的施密特触发器中，输出脉冲宽度取决于什么？

8-13　由 555 定时器构成的单稳态触发器中，输出脉冲宽度取决于什么？

8-14　8 位 DAC 的分辨率是多少？

8-15　试画出由与非门组成的基本 RS 触发器输出端 Q 和 $\overline{Q}$ 的电压波形，输入端 $\overline{S}$、$\overline{R}$ 端的电压波形如图 8-45 所示。

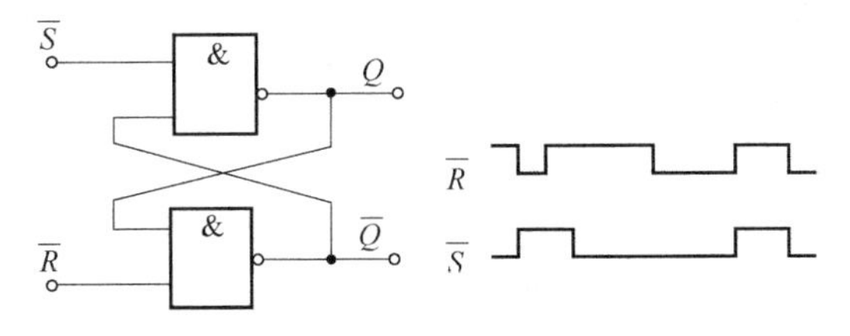

图 8-45　题 8-15 图

8-16　在图 8-46 所示电路中，已知 CP，S，R 的波形，试画出 Q 和 $\overline{Q}$ 端的波形。

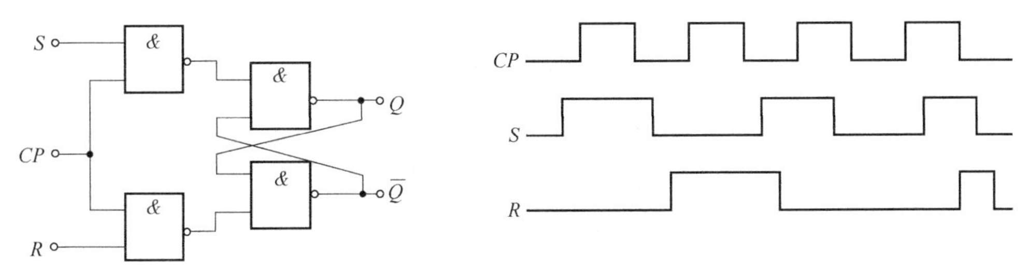

图 8-46　题 8-16 图

【计算与仿真题】

8-17　试画出图 8-47 所示触发器电路在 CP 作用下输出 Q_1 和 Q_2 的波形。

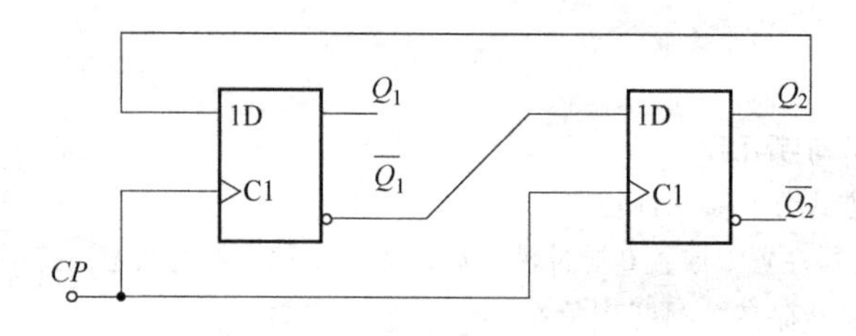

图 8-47　题 8-17 图

8-18　时序逻辑电路如图 8-48 所示，试写出驱动方程、状态方程，画出状态图，并指出电路是几进制计数器。

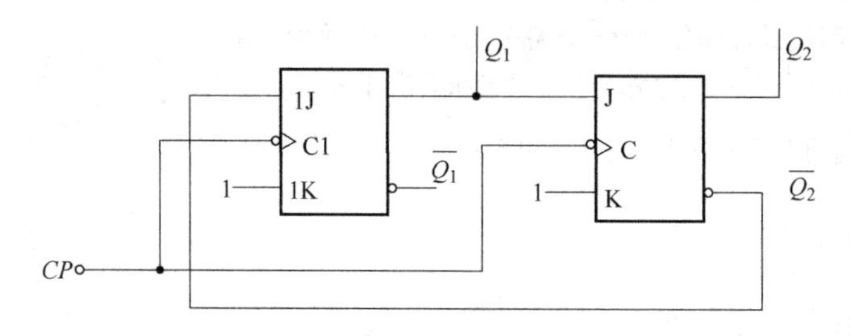

图 8-48　题 8-18 图

8-19　时序逻辑电路如图 8-49 所示，试写出驱动方程、状态方程，画出状态图，并指出电路是几进制计数器。

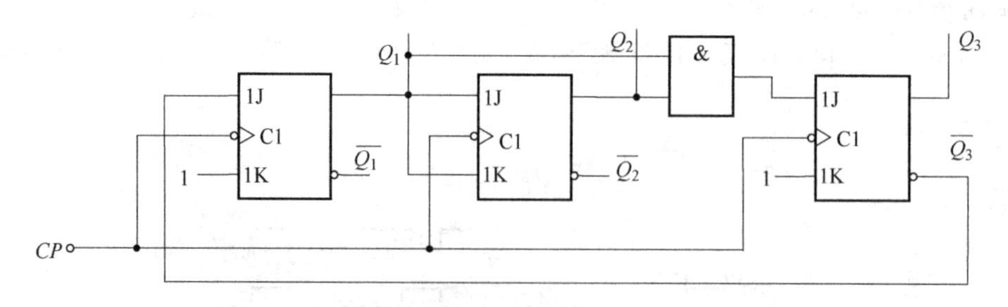

图 8-49　题 8-19 图

8-20　试说明图 8-50 所示电路为几进制计数器。

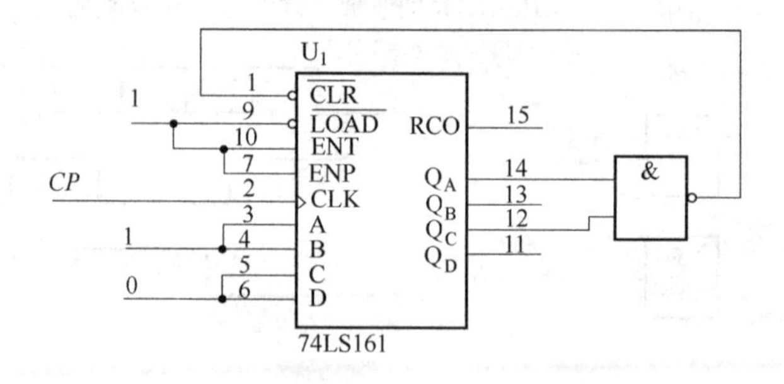

图 8-50　题 8-20 图

8-21　将74293接成图8-51所示的两个电路时，其各为几进制计数器？如何用它接成七进制计数器？

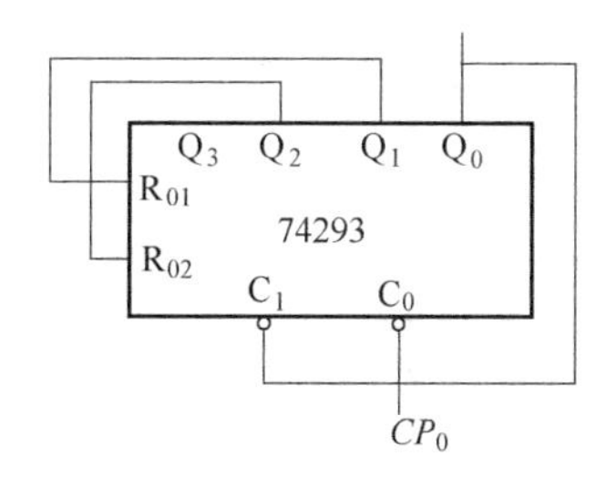

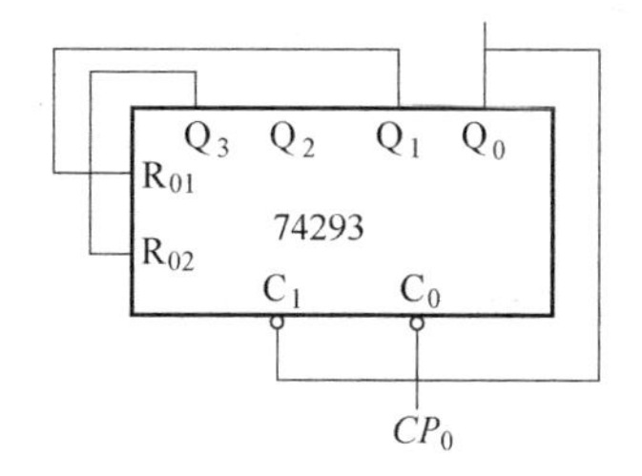

图8-51　题8-21图

8-22　试用74160构成五进制计数器。(1) 用清零法。(2) 用置数法，并上机仿真。

8-23　图8-52所示为555定时器构成的多谐振荡器，已知 $U_{CC}=15V$，$C=0.1\mu F$。$R_1=20k\Omega$，$R_2=80k\Omega$。试计算：(1) 振荡周期 T；(2) 画出 U_C 和 U_O 的波形图。

8-24　图8-53是一简易触摸开关电路，$R=200k\Omega$，$C=50\mu F$，$U_C=6V$，当手摸金属片时，发光二极管亮，经过一定时间，发光二极管熄灭。试说明其工作原理，并问发光二极管能亮多长时间？

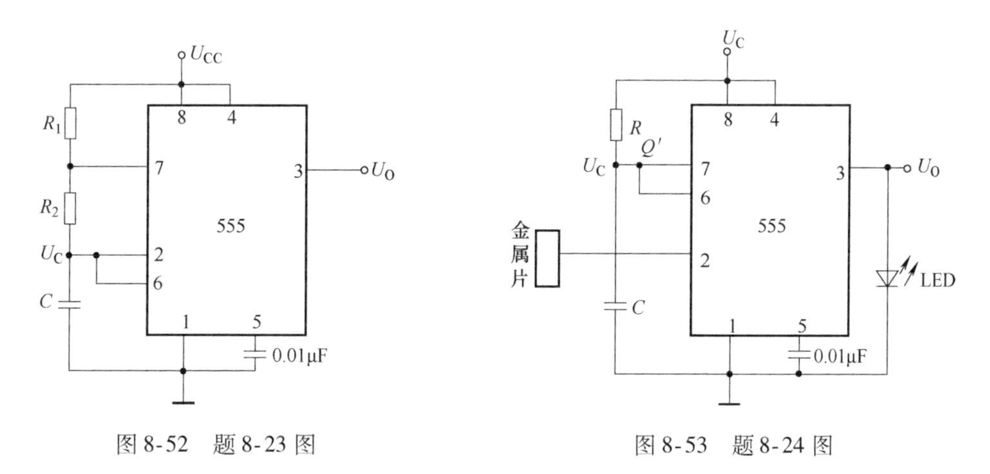

图8-52　题8-23图　　　　图8-53　题8-24图

8-25　图8-54所示的电路中，输入信号 D_0、D_1、D_2、D_3 的电压幅值为5V，试用电压表测量输出电压 U_O 在 $D_0=5V$、$D_1=0V$、$D_2=5V$、$D_3=0V$ 的值。用电流表观察各个电流之间的关系。

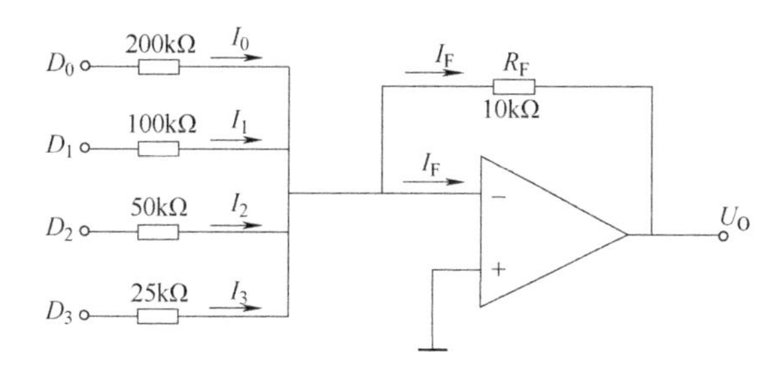

图8-54　题8-25图

8-26　图8-55所示的电路中，若输入 D_0、D_1、D_2、D_3 的值均为1，则相当于开关动触点接通运放反相端；若输入均为0则相当于连接运放同相端。试用电压表测量输出电压 U_O 在 $D_0=1$、$D_1=0$、$D_2=1$、$D_3=0$ 的值。图中 $R=1k\Omega$，参考电压为5V。用电流表观察各个电流之间的关系。

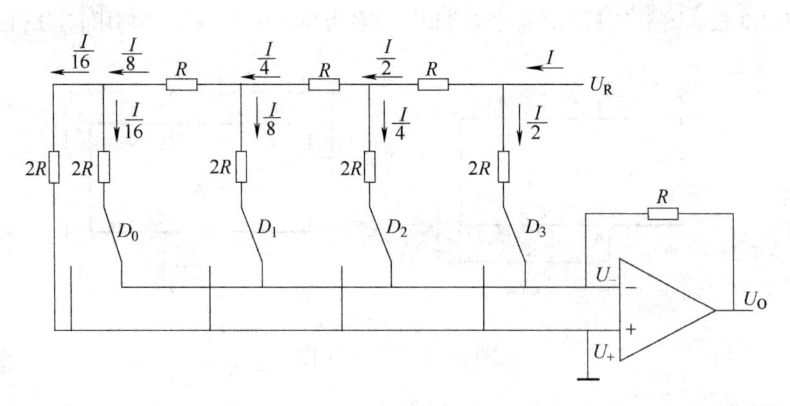

$\frac{I}{16}$
$\frac{I}{8}$
R
$\frac{I}{4}$
R
$\frac{I}{2}$
R
I
U_R
$\frac{I}{16}$
$\frac{I}{8}$
$\frac{I}{4}$
$\frac{I}{2}$
$2R$
$2R$
$2R$
$2R$
$2R$
R
D_0
D_1
D_2
D_3
U_-
U_O
U_+

图 8-55 题 8-26 图

第9章　磁路与变压器

变压器、电动机是最常用的电工设备，它们都是以电流与磁场的相互转化为基础的能量变换装置。大多数情况下，电气设备的磁场都是由电流产生的，并利用高磁导率材料将磁场集中在磁介质内，形成磁路。本章先介绍磁路分析基础，然后介绍变压器的工作原理和基本特性。

9.1　磁路分析基础

9.1.1　磁场的基本物理量

学习变压器、电机等电气设备的工作原理和应用，需要先对磁场的有关知识有所了解。磁场的特性可用以下几个基本物理量来描述。

1. 磁感应强度 $\boldsymbol{B}$

磁感应强度 $\boldsymbol{B}$ 是描述空间某点磁场的强弱和方向的物理量，它是一个矢量。垂直于磁场强度 $\boldsymbol{B}$ 的长度为 l、电流为 I 的导线，受到的力为 $F=IBl$，则其磁场表示为

$$B=\frac{F}{lI} \tag{9-1}$$

磁感应强度 $\boldsymbol{B}$ 的方向根据产生磁场的电流方向，用右手螺旋定则来确定。磁感应强度 $\boldsymbol{B}$ 的单位为特[斯拉](T)。

2. 磁通 $\boldsymbol{\Phi}$

磁通 Φ 较直观的物理定义是穿过所定义面积的磁力线的根数。磁感应强度 $\boldsymbol{B}$ 还可理解为单位面积的磁通量，即磁通密度。

在各点磁感应强度大小相等、方向相同的均匀磁场中，磁感应强度 $\boldsymbol{B}$ 的大小也可以用与磁场垂直的单位面积上的磁通来表示，即

$$B=\frac{\Phi}{S}\quad 或\quad \Phi=BS \tag{9-2}$$

式中，磁通 Φ 的单位为韦(Wb)，$1\mathrm{T}=1\mathrm{Wb/m^2}$。

3. 磁导率 $\boldsymbol{\mu}$

磁导率 μ 又称为导磁系数，用来衡量物质的导磁能力，单位是亨/米(H/m)。自然界中的物质，根据导磁能力，可分为磁性材料和非磁性材料两大类。非磁性材料如铜、铝、空气等导磁能力很差，磁导率接近于真空磁导率 $\mu_0=4\pi\times10^{-7}\mathrm{H/m}$，且为一常数。磁性材料如铁、钴、镍及其合金等导磁能力很强，其磁导率是真空磁导率 μ_0 的几百到几万倍，一般不是常数。

各种材料的磁导率通常用真空磁导率 μ_0 的倍数表示，即任一磁性材料的磁导率 μ 和真空的磁导率 μ_0 的比值称为相对磁导率 μ_r，即

$$\mu_r = \frac{\mu}{\mu_0} \tag{9-3}$$

4. 磁场强度 *H*

通电线圈内的磁场强弱(用磁感应强度 ***B*** 来表征)不仅与所通电流的大小有关，而且与线圈内磁场介质的导磁性能有关。由于不同介质的磁导率不同，且磁性材料的磁导率不是常数，这就使磁场的分析与计算变得复杂。为了简化磁场分析，便于磁场计算，引入一个不考虑介质影响的物理矢量磁场强度 ***H***，通过它可以表达磁场与产生该磁场的电流之间的关系。

在通电线圈中，磁场强度 ***H*** 只与电流的大小有关，而与线圈中被磁化的物质(即与物质的磁导率 μ 无关)。但通电线圈中的磁感应强度 ***B*** 的大小却与线圈中被磁化的物质的磁导率 μ 有关。介质中某点的磁感应强度 ***B*** 与介质磁导率 μ 之比，即磁场强度

$$\boldsymbol{H} = \frac{\boldsymbol{B}}{\mu} \tag{9-4}$$

磁场强度 H 的单位：安/米(A/m)。

9.1.2 铁磁材料的磁性质

铁磁材料(铁、镍、钴及其合金)具有高导磁性、磁饱和性、磁滞性三个主要特点。

1. 高导磁性

铁磁材料的相对磁导率 μ_r 值很高，一般几百到几万。磁性物质内部形成许多小区域，其分子间存在一种相互作用力，使每一区域内的分子磁场排列整齐显示磁性，称这些小区域为磁畴。在没有外磁场作用的普通磁性物质中，各个磁畴排列杂乱无章，磁场互相抵消，整体对外不显磁性。在外磁场作用下，磁畴方向发生变化，使之与外磁场方向趋于一致，物质整体呈现出磁性，称为磁化。即磁性物质具有被磁化(呈现磁性)的特性。

这种特性广泛应用于电工设备中，如电机、变压器及各种铁磁元件的线圈中都放有铁心。利用优质铁磁材料的铁心线圈可以实现利用较小的励磁电流，获得足够大磁通和磁感应强度的目标，可使同一容量电工设备的重量和体积大幅度减小。

2. 磁饱和性

对非磁性材料而言，相对磁导率 $\mu_r \approx 1$，即磁导率 $\mu \approx \mu_0 = 4\pi \times 10^{-7}$H/m 为常数。所以非磁性材料的磁感应强度 B 与磁场强度 H 呈线性关系，即 $B_0 = \mu_0 H$，如图 9-1 所示。

将磁性材料放入磁场强度为 H 的磁场(通常为线圈的励磁电流所产生)中，其磁化曲线(B-H 曲线)如图 9-1 所示。开始时 B 与 H 几乎成正比增加。而后随着 H 的增加，B 的增加缓慢下来，最后趋于磁饱和。为了尽可能大地获得强磁场，一般电机铁心的磁感应强度常设计在曲线的拐点附近。

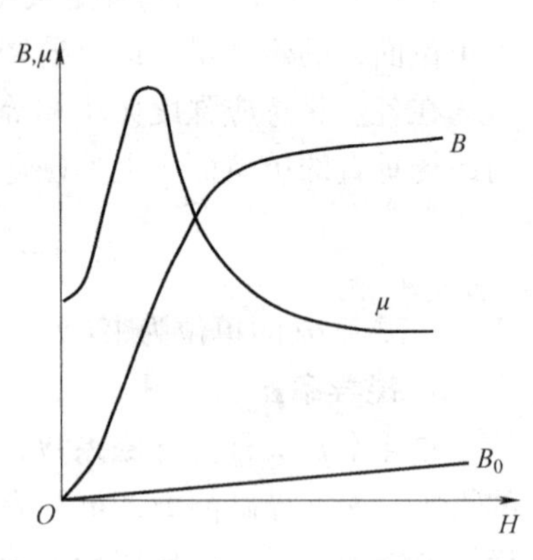

图 9-1 磁性材料的磁化曲线

铁磁性材料的磁化规律是非常复杂的，通常情况下其磁场强度 H 和磁感应强度 B 是非线性关系，也就意味着磁导率 μ 将是非线性变量形式。只有在特殊的情况下(例如励磁电流不太大)，铁磁性材料中的 H 和 B 才可近似为线性关系，也就是其磁导率 μ 近似为常数。如图 9-1 所示，由于励磁电流 I 与 H 成正比，在电流较小的时候，H

与 B 近似成正比(μ 近似为常数)，当铁磁性材料磁化将达到饱和或者已经达到饱和的时候，其铁磁性介质表现出明显的非线性磁化特性，H 与 B 不再成比例变化。

3. 磁滞性

当铁心线圈中通有交流电流时，铁心受到反复的磁化。在一个电流周期内，B 随 H 而变化的关系如图 9-2a 所示。由图可见，当磁化电流减小使 H 变为 0 时，B 的变化滞后于 H，有剩磁 B_r。为消除剩磁，须加反向磁场强度 H_c，称为矫顽磁力。这种磁感应强度滞后于磁场强度变化的性质称为铁磁材料的磁滞性。图 9-2 所示的曲线称为磁滞回线。

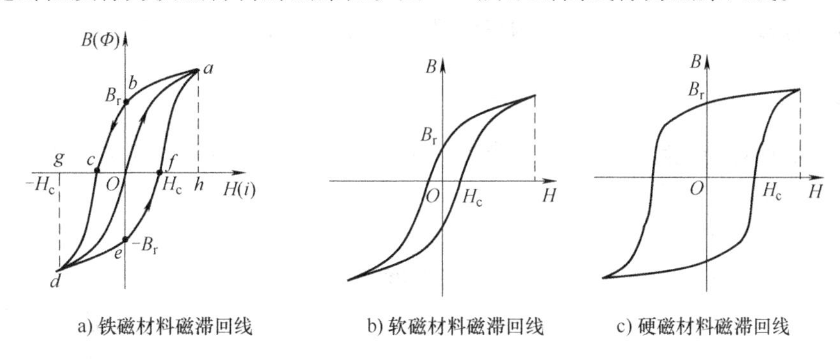

a) 铁磁材料磁滞回线　b) 软磁材料磁滞回线　c) 硬磁材料磁滞回线

图 9-2　铁磁材料磁滞回线

不同的铁磁材料，其磁滞回线的面积不同，形状也不同。按铁磁材料的磁性能可分为三类，第一类是软磁材料，如图 9-2b 所示，其回线呈细长条形，B_r 小，H_c 也小，磁导率高，易磁化也易退磁，常用作交流电器的铁心，如硅钢片、坡莫合金、铸钢、铸铁、软磁铁氧体等；第二类是硬磁性材料，如图 9-2c 所示，回线呈阔叶形状，B_r 较大，H_c 也较大，常在扬声器、传感器、微电机及仪表中使用，是人造永久磁铁的主要材料，如钨钢、钴钢等；还有一种回线呈矩形形状的铁磁材料，B_r 大，但 H_c 小，称为矩磁性材料，可在计算机和控制系统中用作记忆元件。

不同的铁磁性材料具有不同的磁化曲线，如图 9-3 所示是几种常见铁磁性材料的磁化曲线。

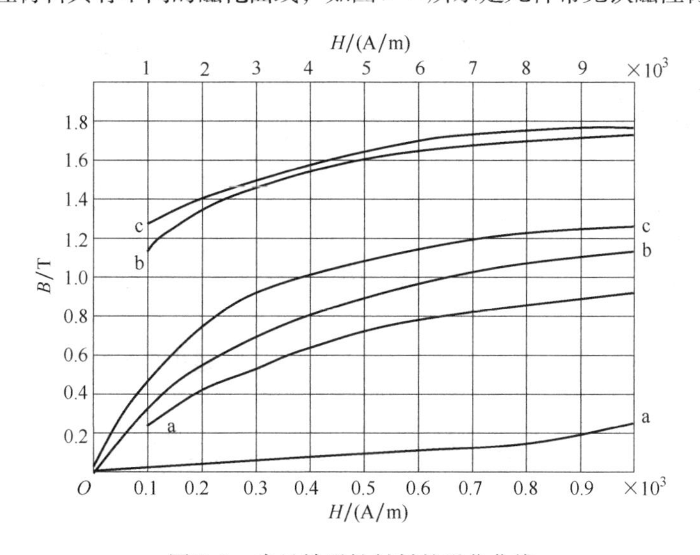

图 9-3　常见铁磁性材料的磁化曲线

a—铸铁　b—铸钢　c—硅钢片

9.1.3 磁路和磁路欧姆定律

1. 磁路的概念

为了使较小的励磁电流能产生足够强的磁场，一般的电气设备都具有铁心，将励磁线圈缠绕在铁心上，利用铁磁材料的高导磁性，把分散的磁场集中起来，使线圈电流产生的磁通绝大部分经过铁心而闭合。这种由铁心线圈构成的能使磁通集中通过的闭合路径称为磁路，如图 9-4 所示。

变压器和电机等电工设备的基本构造中既有电路部分又有磁路部分，两者相互结合组成电气设备。

2. 磁路的基本定律

磁路的分析计算与电路的分析计算类似，也用到一些类似的基本定律，其中磁路欧姆定律是分析磁路的基本定律。

（1）磁路的欧姆定律　如图 9-5 所示环形线圈，计算线圈内部各点的磁场强度（假定介质是均匀的）。在线圈内沿着磁场方向对磁场强度进行围道积分，由于闭合曲线的循环方向与电流方向符合右手螺旋定则，且 $\boldsymbol{H}$ 与 $\mathrm{d}\boldsymbol{l}$ 方向相同，所以根据安培环路定律可得

$$\oint \boldsymbol{H} \cdot \mathrm{d}\boldsymbol{l} = \sum I = H_x l_x = H_x \times 2\pi x$$

因此

$$H_x = \frac{\sum I}{2\pi x} = \frac{NI}{2\pi x} = \frac{NI}{l_x} \tag{9-5}$$

式中，N 为线圈匝数；$l_x = 2\pi x$ 为半径 x 的圆周长；H_x 为半径 x 处的磁场强度。

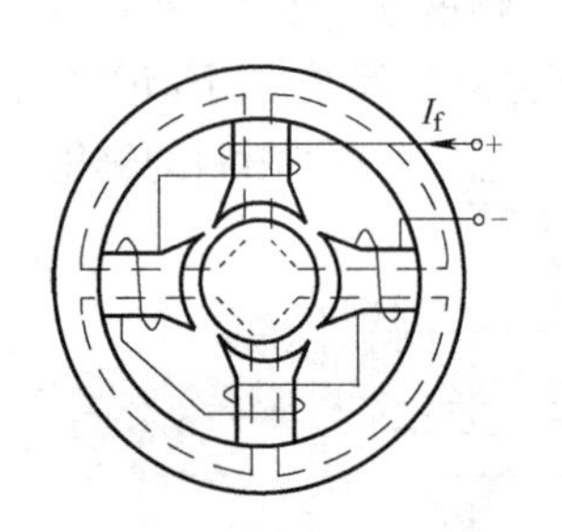

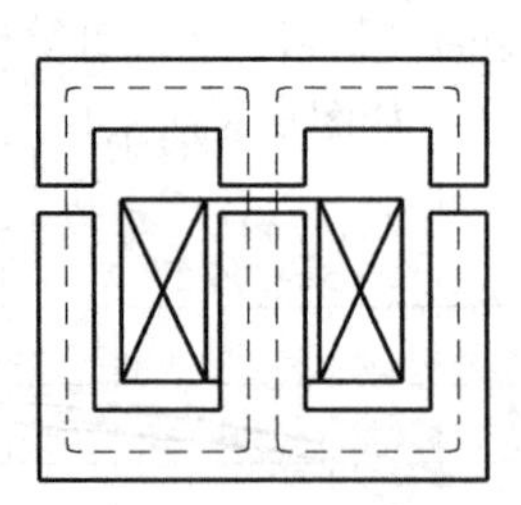

图 9-4　常见电气设备的磁路

图 9-5　环形线圈

线圈匝数与电流的乘积 NI 称为磁动势，用 F 来表示，单位为 A，即

$$F = NI \tag{9-6}$$

磁场的产生源于磁路的磁动势，类比于电路中的电流是由电动势产生。由此得出一般表达式，即

$$F = NI = Hl = \frac{B}{\mu} l = \frac{\Phi}{\mu S} l \quad \text{或} \quad \Phi = \frac{NI}{\frac{l}{\mu S}} = \frac{F}{R_m} \tag{9-7}$$

式中，R_m 与 Φ 成反比，表明 R_m 对磁通的阻碍作用，称为磁阻，单位为 H^{-1}；l 为磁路的平均长度；S 为磁路的截面积。

式(9-7)与电路的欧姆定律在形式上相似，所以称为磁路的欧姆定律。表 9-1 为磁路与

电路中物理量及关系式的对比。

表 9-1　磁路与电路中物理量及关系式的对比

磁　　路	电　　路
磁动势 $F=NI$	电动势 E
磁通 Φ	电流 I
磁感应强度 $\boldsymbol{B}$	电流密度 J
磁阻 $R_m=\frac{l}{\mu S}$	电阻 $R=\frac{l}{\gamma S}$
磁路欧姆定律 $\Phi=\frac{F}{R_m}$	电路欧姆定律 $I=\frac{E}{R}$

【例 9-1】 用 Multisim 验证无铁心线圈的电路特性。

解： Multisim 元件库中提供了无铁心线圈模块(CORELESS_COIL_VIRTUAL) 可设置的参数是绕组匝数 N，当无铁心线圈输入电流时，相当于一个铁心线圈中输入电流，可将电能变为磁能，输出电压相当于一个磁动势（Magnetomotive Force，MMF），其大小为输入电流与线圈匝数 N 的乘积，即：$F_o=NI_{in}$。理想变压器电路仿真电路如图 9-6a 所示，图 9-6b 是 Multisim 示波器输出波形，结果表明当输入电流为正弦量，其二次侧产生的电流也为正弦量。

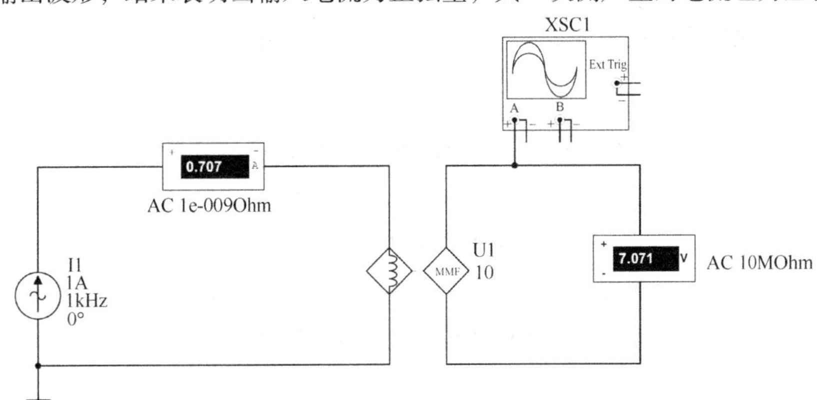

a) 无铁心线圈电路，线圈匝数N=10

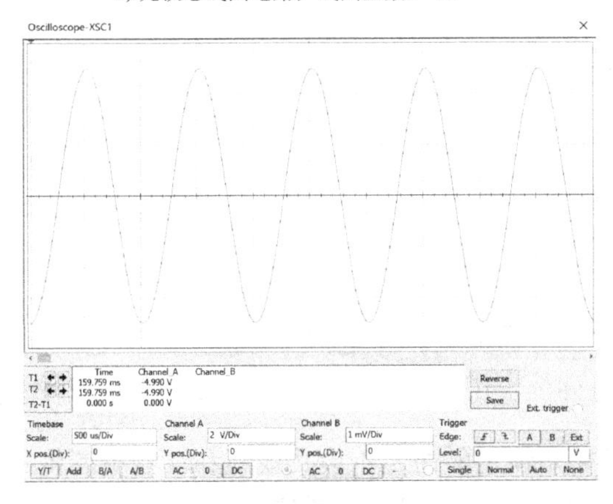

b) 磁动势(MMF)波形

图 9-6　例 9-1 仿真图

磁路欧姆定律主要用来定性分析磁路，一般不能精确用于磁路计算。因为铁磁材料的 μ 不是常数，其 R_m 也不是常数。对于由不同材料或不同截面积的几段磁路串联而成的磁路，例如带有空气隙的磁路如图 9-7a 所示。磁路总磁阻为各段磁阻之和。对空气隙这段磁路，其 δ 虽小，但因 μ_0 很小，故 R_m 很大，从而使整个磁路的磁阻大大增加。若磁动势 $F = NI$ 不变，则磁路中空气隙越大，磁通 Φ 就越小；反之，若线圈匝数 N 一定，保持磁通 Φ 不变，则空气隙越大，所需励磁电流 I 也越大。

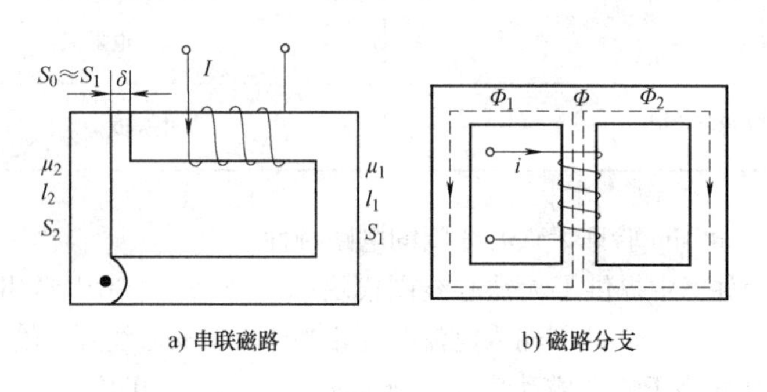

a) 串联磁路　　b) 磁路分支

图　9-7

(2) 磁路的基尔霍夫定律

① 磁路的基尔霍夫电压定律（KVL）。设磁路由不同材料或不同长度和截面积的 n 段组成，则环路磁压降定律为

$$NI = H_1 l_1 + H_2 l_2 + \cdots + H_n l_n \quad \text{即：} NI = \sum_{i=1}^{n} H_i l_i$$

如图 9-7a 所示串联磁路，满足环路磁压降定律，即

$$NI = H_1 l_1 + H_2 l_2 + H_0 \delta$$

② 磁路的基尔霍夫电流定律(KCL)。如图 9-7b 所示分支磁路的磁流定律为：

$$\Phi = \Phi_1 + \Phi_2 \quad \text{或} \quad \sum \Phi = 0$$

9.2　简单磁路分析

将线圈绕制在铁心上构成铁心线圈。根据线圈所接电源的不同，铁心线圈分为两类：直流铁心线圈和交流铁心线圈，它的磁路称为直流磁路和交流磁路。

9.2.1　直流磁路

直流铁心线圈中通入直流电流，将在铁心及空气中产生磁通 Φ 和漏磁通 Φ_σ，如图 9-8a 所示。工程中直流电机、直流电磁铁及其他直流电磁器件线圈都是直流铁心线圈，其特点是

1) 励磁电流 $I = \dfrac{U}{R}$，I 由外加电压及励磁绕组的电阻 R 决定，与磁路特性无关。

2) 励磁电流 I 产生的磁通是恒定磁通，不会在线圈和铁心中产生感应电动势。

3) 直流铁心线圈中磁通 Φ 的大小不仅与线圈的电流 I(即磁动势 NI)有关，还决定于磁路中的磁阻 R_m。例如，有空气隙的铁心磁路，在 $F = NI$ 一定的条件下，当空气隙增大，即

R_m 增加，磁通 Φ 减小；反之当空气隙减小，R_m 减小，磁通 Φ 增大。

4）直流铁心线圈的功率损耗（铜损）$\Delta P = I^2R$，由线圈中的电流和电阻决定。因磁通恒定，在铁心中不会产生功率损耗。

9.2.2　交流磁路

1. 电磁关系

图 9-8b 所示是交流铁心线圈电路图。当线圈中通过励磁电流 i，在铁心中产生磁动势。交流铁心线圈的磁动势 iN 产生两部分交变磁通，即通过铁心闭合的主磁通 Φ 和通过空气的闭合漏磁通 Φ_σ，这两个磁通又分别在线圈中产生两个感应电动势，即主磁电动势 e 和漏磁电动势 e_σ，其参考方向与磁通方向符合右手螺旋定则，如图 9-8b 所示。其电磁关系可表示为

$$u \to i(iN) \begin{cases} \Phi \to e = -N\dfrac{d\Phi}{dt} \\ \Phi_\sigma \to e_\sigma = -N\dfrac{d\Phi_\sigma}{dt} = -L_\sigma\dfrac{di}{dt} \end{cases}$$

其中，$L_\sigma = \dfrac{N\Phi_\sigma}{i}$ = 常数，称为漏磁电感。

根据基尔霍夫电压定律，铁心线圈的电压关系：

$$u = u_R - e_\sigma - e$$

由于线圈电阻上的电压 u_R 和漏磁电动势 e_σ 都很小，与主磁电动势 e 比较，均可忽略不计，故上式可写成

$$u \approx -e = N\frac{d\Phi}{dt}$$

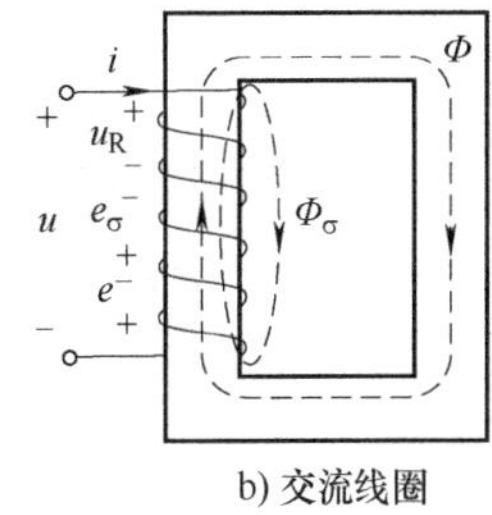

a) 直流线圈　　b) 交流线圈

图 9-8　铁心线圈

假设磁通按正弦规律变化，$\Phi = \Phi_m \sin\omega t$，则线圈两端电源电压 u 与磁通 Φ 的关系为

$$\begin{aligned} u &= N\frac{d\Phi}{dt} = N\frac{d(\Phi_m \sin\omega t)}{dt} = N\Phi_m\omega\cos\omega t \\ &= 2\pi fN\Phi_m\cos\omega t = U_m\sin(\omega t + 90°) \end{aligned}$$

此时 u 也按正弦规律变化，电压有效值为

$$U = \frac{U_m}{\sqrt{2}} = \frac{2\pi fN\Phi_m}{\sqrt{2}} = 4.44fN\Phi_m \tag{9-8}$$

式(9-8)表明，在交流磁路中，当线圈两端的外加电压有效值恒定时，铁心磁路中磁通的最大值恒定，它不随磁路的性质而改变。但由磁路欧姆定律可知，交流磁路中的磁动势（励磁电流）会随磁阻的变化而变化。对有空气隙的铁心磁路，在 U、f 和 N 一定的条件下，当空气隙增大，即 R_m 增加，则励磁电流增大（磁动势 IN 增大）；反之当空气隙减小，R_m 减小，则励磁电流减小（磁动势 IN 减小）。

【例 9-2】　如图 9-9 所示，用 Multisim 软件验证铁心磁路的特性。

解： Multisim 元件库中提供了磁心模块（Magnetic Core）可用来仿真带铁心的电路，与无

铁心线圈模块(CORELESS_COIL_VIRTUAL)结合起来，可将磁能(磁动势)转变为电能(电流)。电路仿真模型及结果如图 9-9a 所示。铁心磁路的输入为无铁心线圈的输出磁动势，铁心磁路的输出为电流，可表示磁路产生的电动势。图 9-9b 是 Multisim 磁心参数设置，为了方便假设磁性材料是线性的，即 $\mu=1$，取三个点坐标(Number of coordinates)进行仿真。实际上可根据具体铁磁材料的磁化特性曲线数据，取多点坐标并输入到其磁场强度 H 和磁感应强度 B 的参数表中进行仿真。

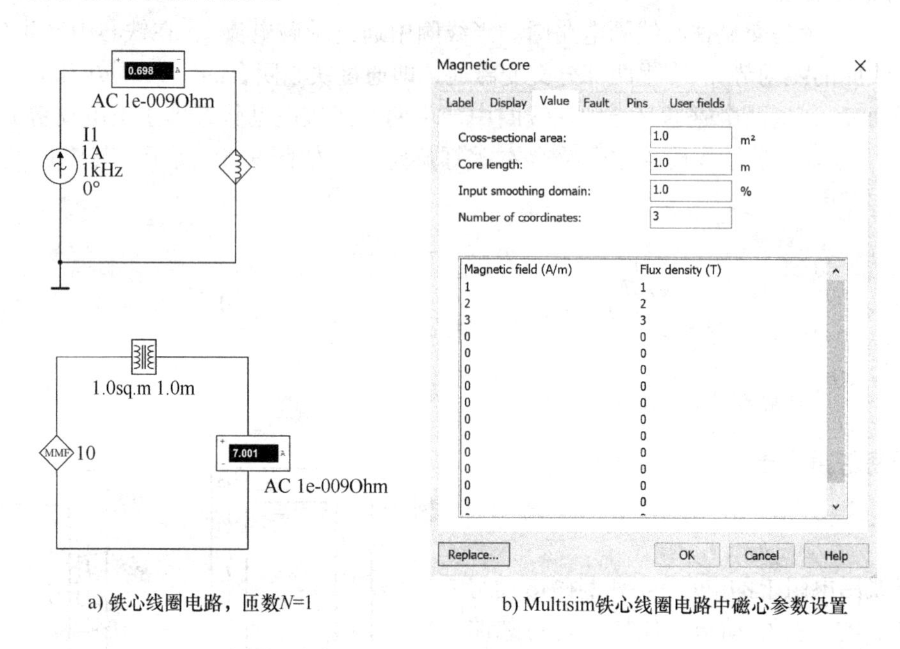

a) 铁心线圈电路，匝数N=1　　b) Multisim铁心线圈电路中磁心参数设置

图 9-9　例 9-2 图

2. 功率损耗

交流铁心线圈的功率损耗，除线圈铜损 $\Delta P_{\mathrm{Cu}}=I^2R$ 外，还有铁心在交变磁通作用下产生的磁滞损耗和涡流损耗，即铁损 ΔP_{Fe}。铁损将使铁心发热，从而影响设备绝缘材料的寿命。

磁滞损耗 ΔP_{h}：铁磁材料在交变磁化过程中磁滞现象造成的损耗。实验证明，交变磁化一周，在单位体积铁心内所产生的磁滞损耗与材料的磁滞回线所包围的面积成正比。为了减小磁滞损耗，应尽量采用软磁性材料，如硅钢等。

涡流损耗 ΔP_{e}：由于一般磁性材料具有导电性，如图 9-10a 所示，当磁性材料中的磁通变化时，在磁性材料中产生感应电动势，并形成感应电流，电流称为涡流。涡流的存在会使磁性材料发热，形成涡流损耗。实验证明涡流损耗与励磁电流频率的二次方和铁心磁感应强度的二次方成正比。为减小涡流损耗，电器设备中的铁心一般顺磁场方向用一片片相互绝缘的导磁材料叠成，如图 9-10b 所示，这样可以增大涡流的电阻，减小涡流损耗。

涡流也有可利用方面，如感应加热装置、高频冶炼炉等，就是利用涡流的热效应实现的。

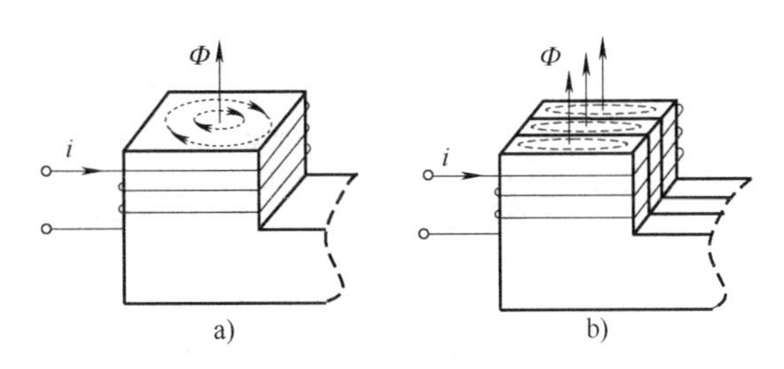

图 9-10　涡流的产生和减小

9.3　变压器

9.3.1　变压器的基本结构

变压器是一种常见的电气设备，它是利用电磁感应原理传输电能或电信号的器件，具有变压、变流和变阻抗的作用，因而在工程的各个领域得到广泛的应用。

变压器的种类很多，应用十分广泛。比如在电力系统中用电力变压器把发电机发出的电压升高后进行远距离输电，到达目的地后再用变压器把电压降低以便用户使用，以此减少传输过程中电能的损耗；在电子设备和仪器中常用小功率电源变压器改变市电电压，再通过整流和滤波得到电路所需要的直流电压；在放大电路中用耦合变压器传递信号或进行阻抗的匹配等。变压器虽然大小悬殊，用途各异，但其基本结构和工作原理却是相同的。

按照用途来分，变压器主要分成以下三大类：

1）电力变压器。其用在输配电系统，传输和分配电能。

按照相数来分，电力变压器又分为单相变压器和三相变压器。按冷却介质的不同可分为油浸变压器、干式变压器（空气冷却式）和水冷变压器。图 9-11 所示为电力变压器的外形图。

图 9-11　电力变压器

在电力工业中常采用高压输电低压配电，实现节能并保证用电安全。电力变压器的电能传输过程如图 9-12 所示。

2）特种电源变压器。其用来获得工业中特殊要求的电源，如整流变压器、电炉变压器等。

3）专用变压器。它是一类有专门用途的变压器，如电子系统提供电源的电源变压器，实现阻抗匹配的阻抗变换器，脉冲变压器，隔离变压器，自耦变压器和用于电气测量的互感器等。图 9-13 所示为几种专用变压器。

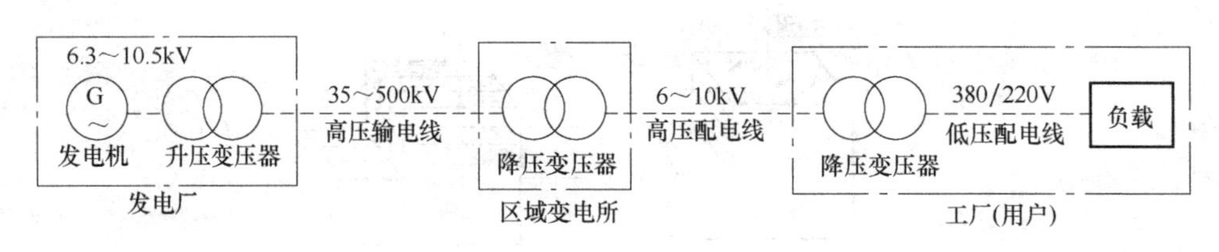

图 9-12　电能传输过程示意图

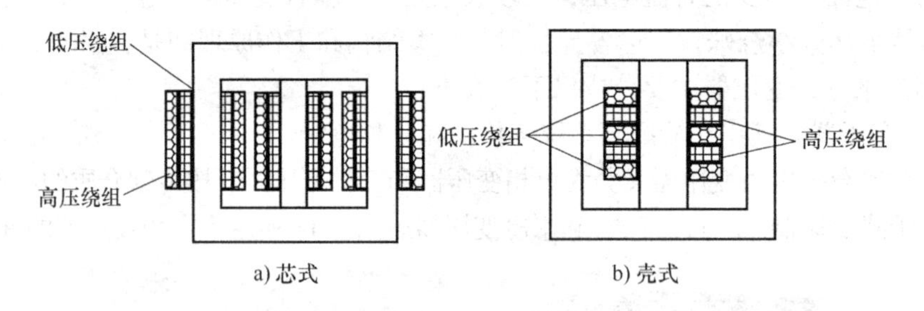

a) 电源变压器　b) 自耦变压器　c) 环形变压器　d) 隔离变压器

图 9-13　专用变压器

9.3.2　变压器的工作原理

变压器结构如图 9-14 所示，它由闭合铁心和高压绕组、低压绕组等部分构成。

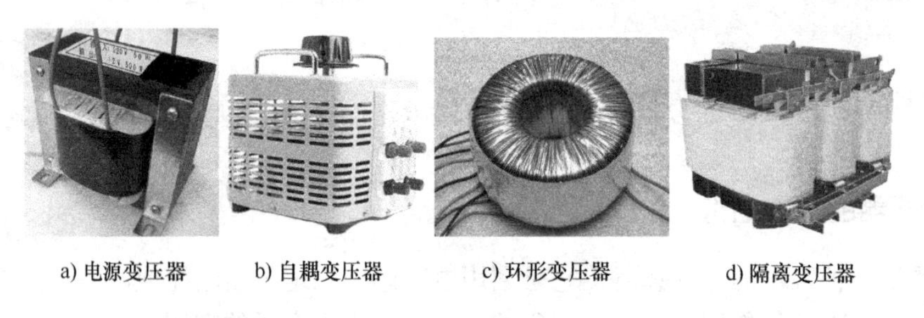

a) 芯式　b) 壳式

图 9-14　变压器的结构图

1）铁心是变压器的磁路部分，由铁心柱(柱上套装绕组)、铁轭(连接铁心以形成闭合磁路)组成，为了减小涡流和磁滞损耗，提高磁路的导磁性，铁心采用 0.35 ~ 0.5mm 厚的硅钢片间涂绝缘漆后交错叠成，如图 9-15a 变压器原理图所示。

2）绕组是变压器的电路部分，采用铜线或铝线绕制而成，一次、二次绕组同心套在铁心柱上。

3）为便于绝缘，一般低压绕组在里，高压绕组在外，但大容量的低压大电流变压器，考虑到引出线工艺困难，往往把低压绕组套在高压绕组的外面。

图 9-15a 所示为变压器的原理图，它由一个铁心和绕在铁心柱上的两个绕组组成。其中接电源的绕组叫一次绕组(又称初级绕组、原边)，匝数为 N_1，其电压和电流分别用 u_1、i_1 表示；接负载的绕组称为二次绕组(又称次级绕组、副边)，匝数为 N_2，其电压和电流分别用 u_2、i_2 表示。变压器符号如图 9-15b 所示。

1. 变压器空载运行

如图 9-16a 所示，变压器一次侧接交流电源，二次侧开路(不接负载)的情况，称为空载

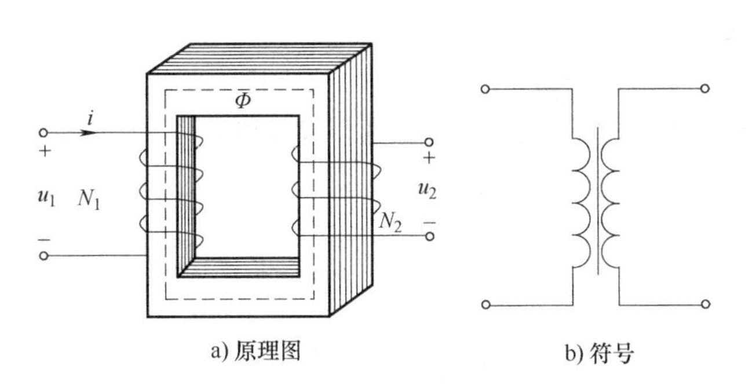

a) 原理图　　b) 符号

图9-15　单相变压器原理图及符号

运行。空载时一次绕组中通过的电流称为空载电流，用 i_0 表示；二次侧开路电压用 U_{20} 表示。

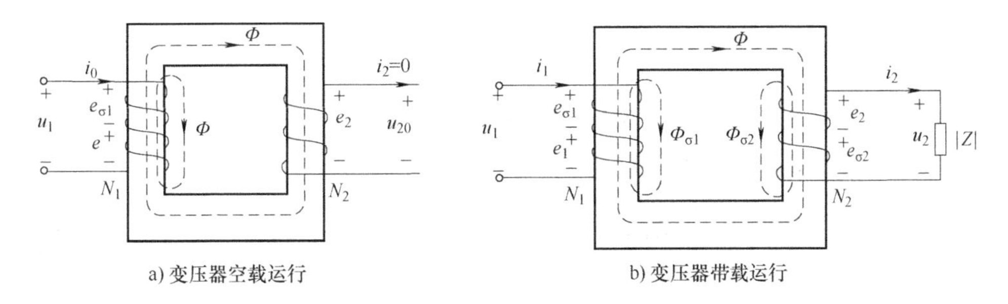

a) 变压器空载运行　　b) 变压器带载运行

图9-16　变压器运行方式

空载时，铁心中主磁通 Φ 是由一次绕组磁动势产生的。i_0 建立变压器铁心中的磁场，故又称为励磁电流。由于变压器铁心由硅钢片叠压而成，而且是闭合的、气隙小，建立主磁通 Φ 所需的励磁电流很小。主磁通用 Φ 表示，主磁感应电动势用 e_1 和 e_2 表示；漏磁通 $\Phi_{\sigma1}$ 产生漏磁感应电动势用 $e_{\sigma1}$ 表示。

$$u \to i_0(i_0N_1)\begin{cases}\Phi \begin{cases} e_1=-N_1\dfrac{\mathrm{d}\Phi}{\mathrm{d}t} \\ e_2=-N_2\dfrac{\mathrm{d}\Phi}{\mathrm{d}t}\end{cases} \\ \Phi_{\sigma1}\to e_{\sigma1}=-N\dfrac{\mathrm{d}\Phi_{\sigma1}}{\mathrm{d}t}=-L_{\sigma1}\dfrac{\mathrm{d}i}{\mathrm{d}t}\end{cases}$$

主磁感应电动势 $E_1=4.44fN_1\Phi_m$；二次绕组中的感应电动势 $E_2=4.44fN_2\Phi_m$；其中，N_1 为一次绕组匝数；N_2 为二次绕组匝数；f 为电源频率；Φ_m 为主磁通最大值。在理想情况下(忽略线圈电阻和漏抗)，变压器称为理想变压器。理想变压器空载时满足：$\dot{U}_1=-\dot{E}_1$ 和 $\dot{E}_2=\dot{U}_{20}$。

因此，理想变压器有如下电压变换关系：

$$\frac{U_1}{U_{20}}=\frac{N_1}{N_2}=k \tag{9-9}$$

其中，k 称为变压器的变比。

式(9-9)表明，一次绕组、二次绕组的电压比等于匝数之比，变压器的电压与绕组匝数成正比。

2. 变压器带载运行

如图 9-16b 所示，变压器带载运行时，一、二次绕组的磁动势共同产生的主磁通用 Φ 表示；主磁感应电动势用 e_1 和 e_2 表示；漏磁通用 $\Phi_{\sigma1}$ 和 $\Phi_{\sigma2}$ 表示；漏磁感应电动势用 $e_{\sigma1}$ 和 $e_{\sigma2}$ 表示。

变压器的电磁关系表示如下：

$$u \to i_1(i_1N_1) \begin{cases} \to \Phi \begin{cases} \to e_1 = -N_1 \dfrac{d\Phi}{dt} \\ \to e_2 = -N_2 \dfrac{d\Phi}{dt} \to i_2(i_2N_2) \to \Phi_{\sigma2} \to e_{\sigma2} \end{cases} \\ \to \Phi_{\sigma1} \to e_{\sigma1} = -N\dfrac{d\Phi_{\sigma1}}{dt} = -L_{\sigma1}\dfrac{di}{dt} \end{cases}$$

对于一次绕组和二次绕组线圈，根据基尔霍夫电压定律，有

$$u_1 = R_1i_1 + (-e_{1\sigma}) + (-e_1) = R_1i_1 + L_{\sigma1}\frac{di_1}{dt} + (-e_1)$$

$$e_2 = R_2i_2 + (-e_{\sigma2}) + u_2 = R_2i_2 + L_{\sigma2}\frac{di_2}{dt} + u_2$$

如果电源是正弦电源，可将上面两式写成相量形式

$$\left.\begin{aligned} \dot{U}_1 &= R_1\dot{I}_1 + jX_1\dot{I}_1 + (-\dot{E}_1) \\ \dot{E}_2 &= R_2\dot{I}_2 + jX_2\dot{I}_2 + \dot{U}_2 \end{aligned}\right\} \tag{9-10}$$

式中，R_1、R_2 为绕组的电阻；$X_1 = \omega L_{\sigma1}$，$X_2 = \omega L_{\sigma2}$ 称为绕组的漏磁电抗(简称漏抗)。理想变压器有关系式：$\dot{U}_1 = -\dot{E}_1$ 和 $\dot{E}_2 = \dot{U}_2$。

根据式(9-10)可得，一次绕组和二次绕组中的主磁感应电动势的有效值为

$$U_1 = E_1 = 4.44fN_1\Phi_m$$
$$U_2 = E_2 = 4.44fN_2\Phi_m$$

因此，理想变压器带载运行也满足如下电压变换关系：

$$\frac{U_1}{U_2} = \frac{N_1}{N_2} = k$$

变压器的电压与绕组匝数成正比。

【例 9-3】 用 Multisim 仿真验证理想变压器的变压特性。

解： 仿真电路如图 9-17a、图 9-17b 所示。Multisim 元件库中提供了理想变压器模块(1P1S)，可以实现电压变换，变压器的变比可通过双击该元件来设定变压器一次匝数(primary coil)与二次匝数(Secondary coil)，如图 9-17c。变压器的电压与绕组匝数成正比，输出电压 = 输入电压/k。

实际变压器在空载运行时，二次绕组中电流 $i_2 = 0$。由空载磁动势 i_0N_1，产生主磁通 Φ，建立变压器的空载磁场。当变压器负载运行时，因为电源电压的有效值与空载时相同，所以主磁通 Φ 也与空载时相同。此时，主磁通由一次绕组磁动势和二次绕组磁动势共同产生，即

$$i_1N_1 + i_2N_2 = i_0N_1$$

用相量表示，则有

$$\dot{I}_1N_1 + \dot{I}_2N_2 = \dot{I}_0N_1 \tag{9-11}$$

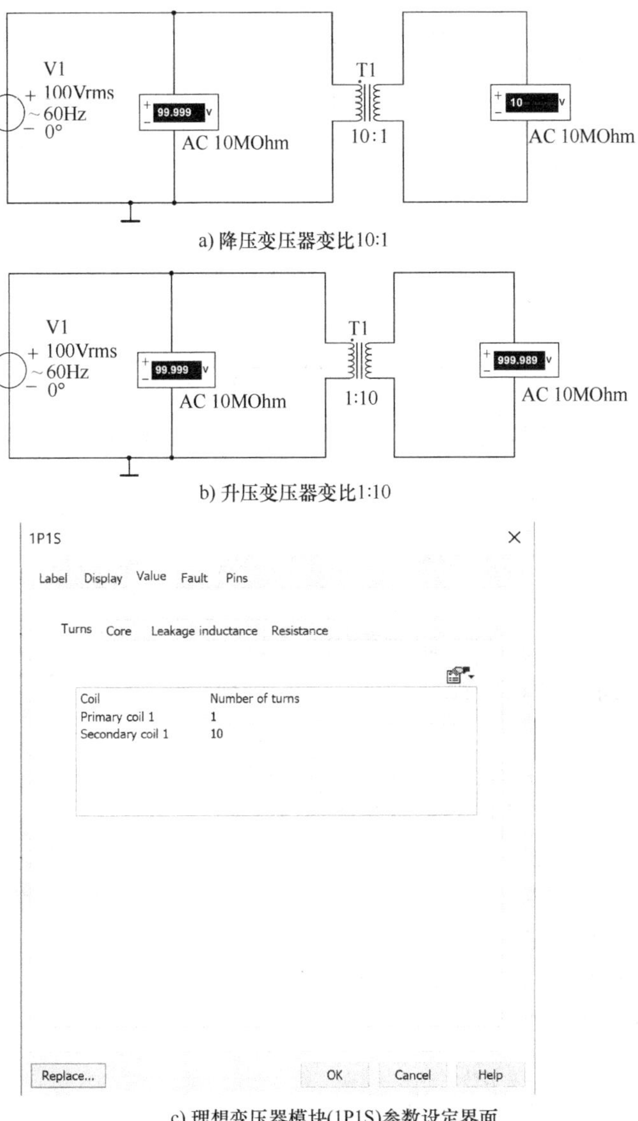

a) 降压变压器变比10:1

b) 升压变压器变比1:10

c) 理想变压器模块(1P1S)参数设定界面

图 9-17　例 9-3 图

由于变压器的铁心的磁导率很高，空载励磁电流很小($I_0 < 10\% \times I_{1N}$)，忽略空载励磁电流的情况下，由上式可导出：

$$\frac{I_1}{I_2} = \frac{N_2}{N_1} = \frac{1}{k} \tag{9-12}$$

即一、二次绕组中电流与其匝数成反比，这就是变压器的变流作用。

【例 9-4】　Multisim 仿真验证理想变压器的变流特性。

解： Multisim 元件库提供的理想变压器模块(1P1S)，也可以实现一、二次电流变换。验证电路如图 9-18 所示。可见变压器的电流与其匝数成反比。

3. 变压器阻抗变换

变压器不仅对电压、电流按变比进行变换，而且还可以变换阻抗。在正弦稳态的情况

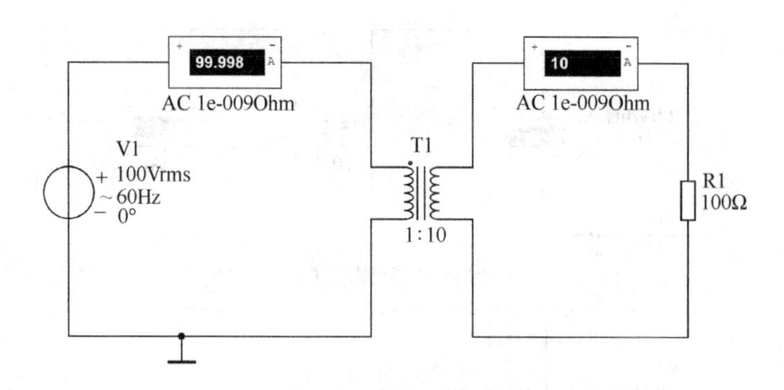

图 9-18　变压器的变流特性

下。当理想变压器的二次侧接入阻抗 Z_L 时，则变压器一次侧的输入阻抗 Z_1 为

$$|Z_1| = \frac{U_1}{I_1} = \frac{kU_2}{I_2/k} = k^2 |Z_L| \qquad (9\text{-}13)$$

式中，$k^2|Z_L|$ 即为变压器二次侧折算到一次侧的等效阻抗。图 9-19 是变压器阻抗折算示意图。

在电子技术中利用变压器的变阻抗作用，可以实现阻抗匹配。即欲使某一特定负载 $|Z_L|$ 从信号源中获取最大功率，常在其前面配置一个变压器(阻抗变换器)，使其满足 $|Z_1| = |Z_0|$ 的匹配条件。这就是所谓变压器的变阻抗作用，只要配备的变压器变比 k 合适，便可使信号源提供最大功率给负载。

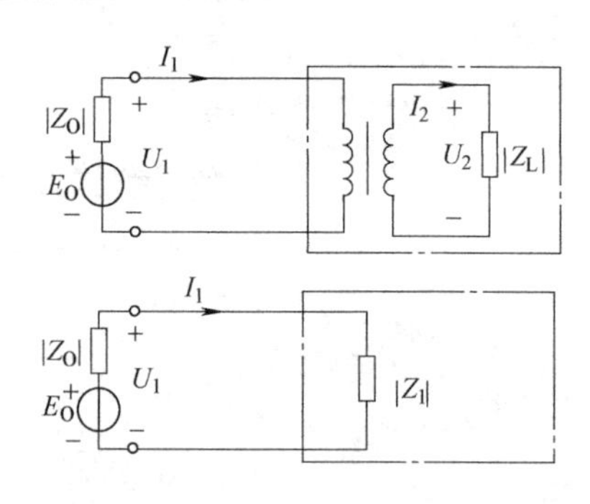

图 9-19　变压器的阻抗折算示意图

【例 9-5】　图 9-20 交流信号源 $E = 120\text{V}$，$R_0 = 800\Omega$，负载电阻为 $R_L = 8\Omega$ 的扬声器，①若 R_L 折算到一次侧的等效电阻 $R'_L = R_0$，求变压器的变比和信号源的输出功率。②若将负载直接与信号源连接时，信号源输出多大功率？

解： ① 由 $R'_L = k^2 R_L$　则变压器的变比：

$$k = \sqrt{\frac{R'_L}{R_L}} = 10$$

由：$I = \dfrac{E}{R_0 + R'_L} = 75\text{mA}$　　$U = IR'_L = 60\text{V}$

计算求得：$P_L = UI = 0.075 \times 60\text{W} = 4.5\text{W}$

② 若信号源直接带负载：

$$I = \frac{E}{R_0 + R_L} = 148.5\text{mA} \qquad U = IR_L = 1.188\text{V}$$

图 9-20　例 9-5 电路图

计算求得信号源的输出功率：$P_L = UI = 0.1485 \times 1.188\text{W} = 0.176\text{W}$

通过 Multisim 仿真可得：由变压器的变比 $k = \sqrt{\dfrac{R'_L}{R_L}} = 10$，在 Multisim 库中取理想变压器模块(1P1S)，设定理想变压器一次、二次匝数比为 10 : 1。其仿真结果如图 9-21 所示：$I = 75\text{mA}$　$U = 59.997\text{V}$。计算求得信号源输出功率：$P_L = UI = 0.075 \times 59.997\text{W} = 4.5\text{W}$

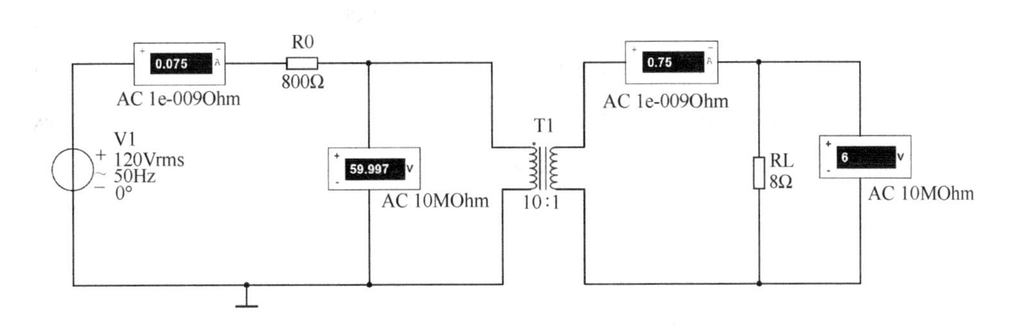

图 9-21　信号源经变压器带负载

③ 信号源直接带负载：

如图 9-22 所示，Multisim 电路仿真结果：$I = 0.149\mathrm{A}$，$U = 1.188\mathrm{V}$，信号源输出功率：$P_{\mathrm{L}} = UI = 0.149 \times 1.188\mathrm{W} = 0.177\mathrm{W}$。

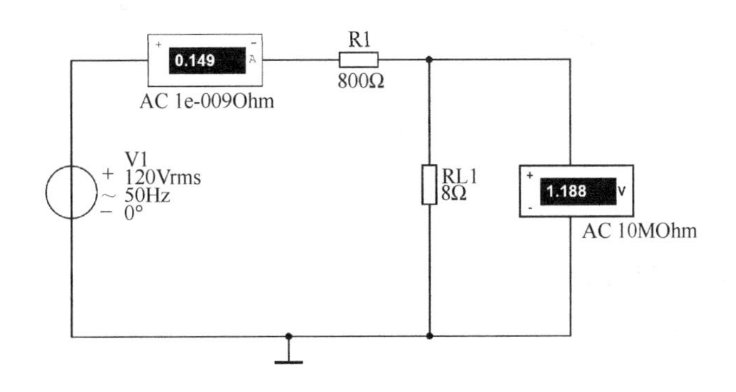

图 9-22　信号源直接带负载

比较上述结果，接入变压器以后，输出功率大大提高，在阻抗匹配情况下，负载中电压增大了 50 倍，输出功率增大了 25 倍。

4. 三相电压的变换

电能的产生、传输和分配都是三相制。因此，三相电压的变换在电力系统中占据重要的地位。变换三相电压，即可以用一台芯式的三相变压器，也可以用三台单相变压器组成的三相变压器组来完成，后者用于大容量的变换。

三相变压器的结构如图 9-23 所示，一次绕组的首末端分别为 x_1、y_1、z_1 和 u_1、v_1、w_1，二次绕组的首末端用 x_2、y_2、z_2 和 u_2、v_2、w_2 表示。三相绕组较常用的有 $\mathrm{Yy_n}$ 和 Yd 两种联结方式，图 9-24 为这两种接法示意图，并给出了电压的变换关系。对于 $\mathrm{Yy_n}$ 联结，一次相电压和对应二次的相电压满足 $U_{1\mathrm{p}}/U_{2\mathrm{p}} = k$，则一次、二次对应线电压满足变换公式 $U_1/U_2 = k$。

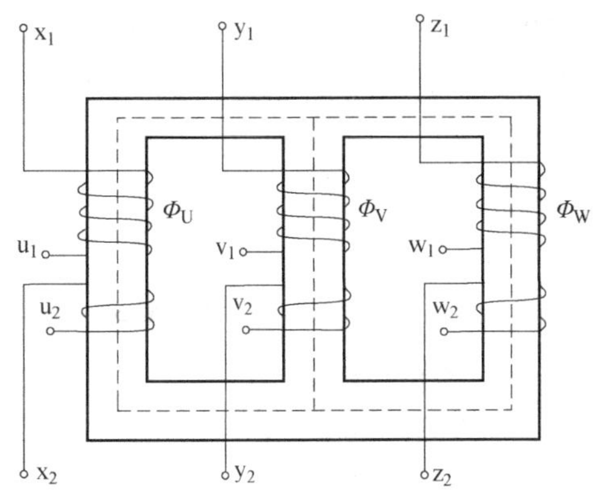

图 9-23　三相芯式变压器结构

对于 Yd 联结，同样一次、二次电压满足 $U_{1p}/U_{2p}=k$，但对于一次的Y联结方式，线电压和相电压满足$U_1=\sqrt{3}U_{1p}$，二次△联结方式对应线电压和相电压满足 $U_2=U_{2p}$，经过简单化简得到一次、二次对应线电压变换公式 $U_2=U_1/(\sqrt{3}k)$。（符号说明：U_{1p}表示一次相电压，U_1 表示一次线电压，U_{2p}表示二次相电压，U_2 表示二次线电压）

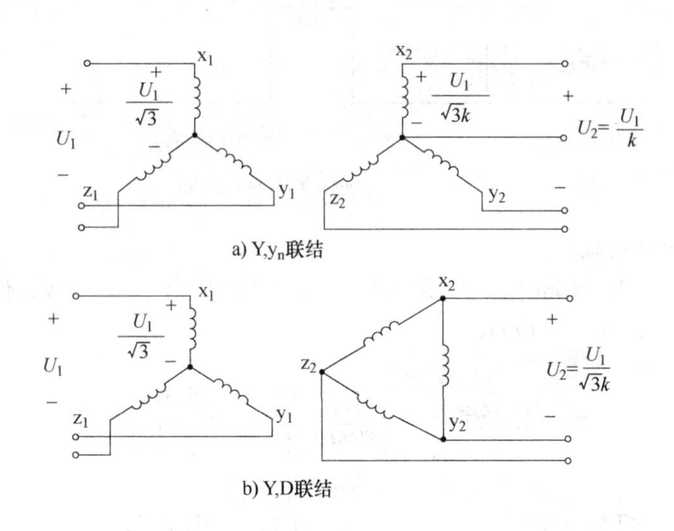

图 9-24　三相变压器的常用连接方式

【例 9-6】　如图 9-25a 所示，用三个单相变压器组成三相变压器，并接三相 10kV 交流电压源，变比为 25∶1，联结方式为 Yy_n，测量三相绕组输出电压，并对一次电压 u_1 和二次电压 u_2 波形及相位进行比较。

解：按图 9-25a 所示连接电路，电压表连入电路可测量输出电压有效值，示波器连入电路可以观察三相绕组输出电压波形、相序和一次、二次的电压波形及相序。一次线电压有效值 $U_1=10\text{kV}$，原变相电压有效值 $U_{1p}=5.7736\text{kV}$，二次交流电压表测量得到的线电压有效值 $U_2=400\text{V}$，则此三相变压器变比 $k=U_1/U_2=10000/400=25$。图 9-25b 是 Multisim 仿真时采用暂态(Transient)分析方法得到的三相变压器 Yy_n 联结时二次输出的三个线电压波形，其幅值、频率均相同，而相位彼此相差 120°，二次线电压峰值为 565.489V，则其电压有效值 $U_2=565.489/\sqrt{2}\text{V}=399.861\text{V}$，与图 9-25a 中交流电压表示数一致[此仿真方法要特别注意三个线电压符号为：v(6)-v(10)，v(10)-v(9)，v(9)-v(6)，否则输出波形相序将发生错误，相位将相差 +/−180°，数字表示对应图 9-25a 中电路节点数]。图 9-25c 是用 Multisim 四通道示波器得到的三相变压器二次侧三个相电压波形，从示波器得到的相电压峰值为 325.673V，对应二次相电压有效值 $U_{2p}=325.673/\sqrt{2}\text{V}=230.286\text{V}$，则二次线电压有效值$U_2=230.286\times\sqrt{3}\text{V}=398.867\text{V}$，近似为 400V，与图 9-25a 中交流电压表示数一致。图 9-25d 是用 Multisim 示波器输出的一次、二次线电压波形，结果表明变压器 Yy_n 联结时，一次线电压 u_1 与二次线电压 u_2 的频率、相位均相同，由示波器显示的峰值电压可计算得理想变压器的变比 $k=14139/565.549=25$，与三相理想变压器 Yy_n 联结时电压变换公式 $U_2=U_1/k$ 结论一致。

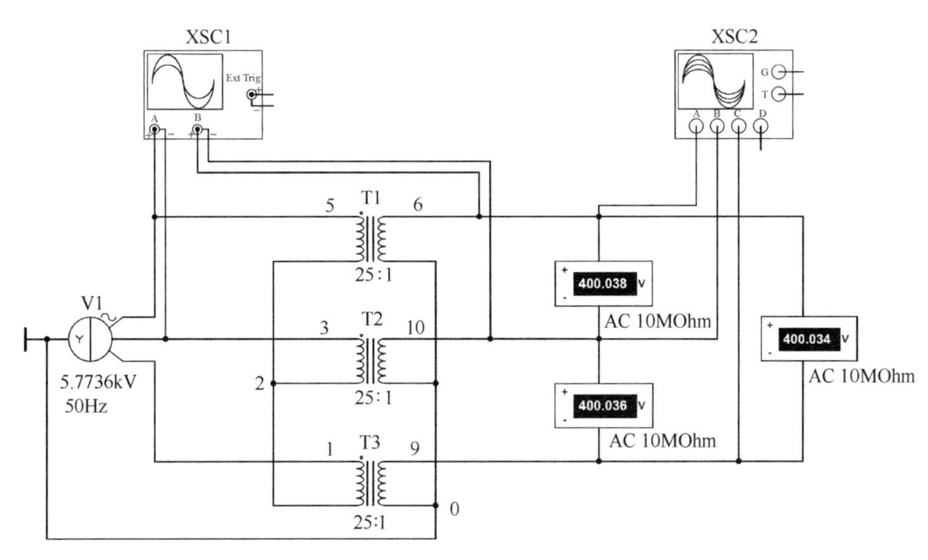

a) 三相变压器Yy_n联结电路图

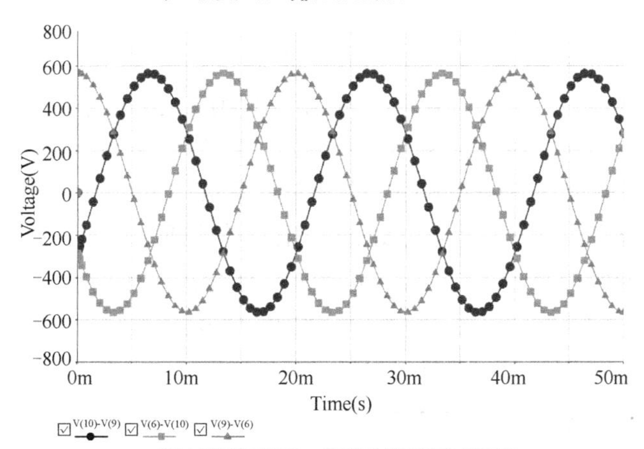

b) 三相变压器Yy_n联结时的输出电压波形

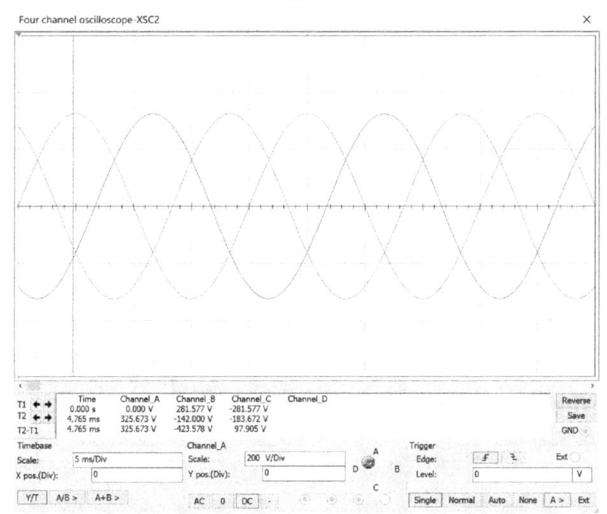

c) 三相变压器Yy_n联结时的示波器输出电压波形

图 9-25　例 9-6 图

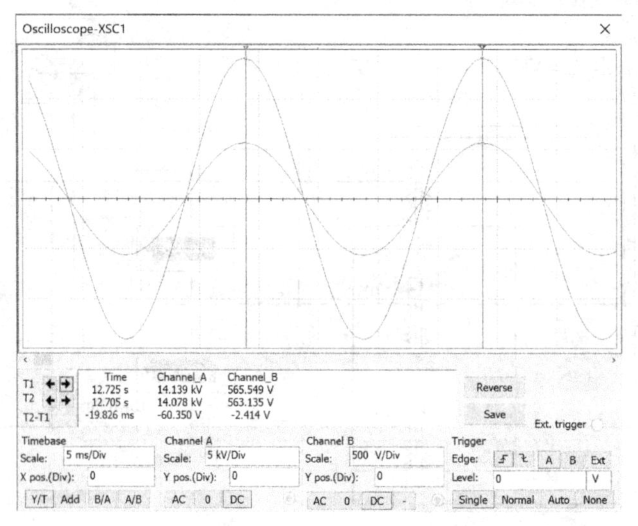

d) 三相变压器Yy_n联结时的u_1和u_2电压波形

图 9-25　例 9-6 图(续)

【例 9-7】 如果例题 9-6 中三相变压器联结方式为 Yd，其他参数设均不变，对其电压波形、有效值及相位进行比较分析。

解：Yd 联结的三相变压器仿真电路如图 9-26a 所示。一次线电压和相电压与例 9-6 电压值相同，但二次交流电压表测量得到的线电压有效值 U_2 = 231V，则此变压器变比 $k = U_1/(U_2\sqrt{3}) = 10000/(231\sqrt{3}) = 25$。图 9-26b 是 Multisim 采用暂态(Transient)分析方法得到的三相变压器 Yd 联结时输出的三相电压波形，其幅值、频率均相同，而相位彼此相差 120°[同样此仿真方法要注意线电压符号为：v(9)- v(4),v(4)- v(10),v(10)- v(9)]。二次线电压峰值为 325.585V，则二次线电压有效值 $U_2 = 325.585/\sqrt{2}\text{V} = 230.223\text{V}$，结果与图 9-26a 交流电压表示数一致。图 9-26c 是 Multisim 示波器输出结果，表明变压器 Yd 联结时，三相变压器一次线电压 u_1 与二次线电压 u_2 的频率相同，相位相差 30°，一次、二次的峰值电压比为 $14143:325.585 = 25\sqrt{3}:1$，与理想三相变压器 Yd 联结时的电压变换公式 $U_2 = U_1/(\sqrt{3}k)$ 结论一致。

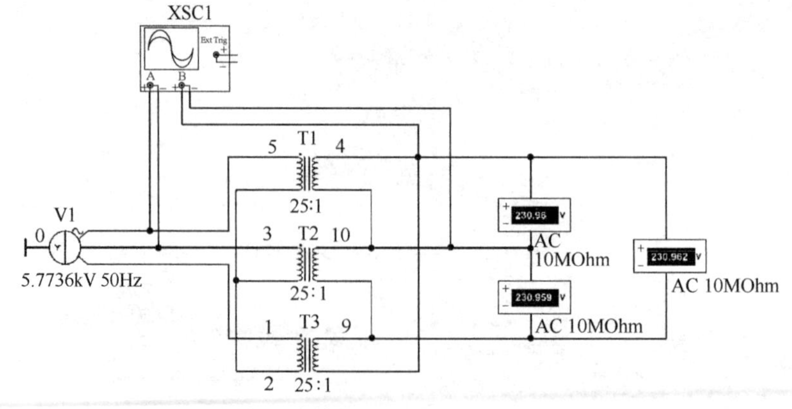

a) 三相变压器Yd联结电路图

图 9-26　例 9-7 图

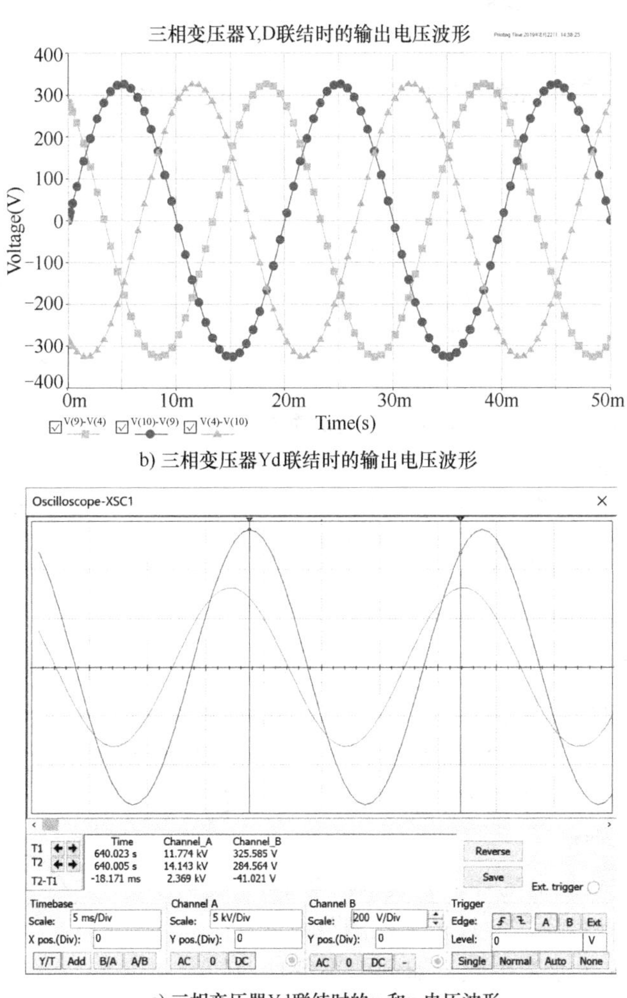

b) 三相变压器Yd联结时的输出电压波形

c) 三相变压器Yd联结时的u_1和u_2电压波形

图 9-26　例 9-7 图(续)

9.3.3　变压器的运行特性

1. 变压器的外特性及电压调整率

变压器的外特性是指一次侧输入电压和二次侧负载功率因数不变的情况下，二次输出电压 U_2 随负载电流变化的规律，既 $U_2=f(I_2)$。变压器带负载后，由于内部漏阻抗压降致使二次电压 U_2 与空载电压 U_{20}不相等，如图 9-27 所示可以看出，负载性质和功率因数不同时，从空载($I_2=0$)到额定负载($I_2=I_{2N}$)，变压器二次电压 U_2 变化趋势和程度不同。当$\cos\varphi_2=1$时，U_2 随 I_2 的增加而下降，但下降程度不大；当 $\cos\varphi_2$ 降低即在感性负载时，U_2 随 I_2 增加而下降的程度加大，负载功率因数越小，U_2 下降越大。这是因为滞后的无功电流对变压器磁路中的主磁通的去磁作用更为显著，而使 E_1 和 E_2 有所下降；但当 $\cos\varphi_2$ 为负值时，即在容性负载时，超前的无功电流有助磁作用，主磁通会有所增加，E_1 和 E_2 亦相应增大，使得 U_2 会随 I_2 的增加而升高。

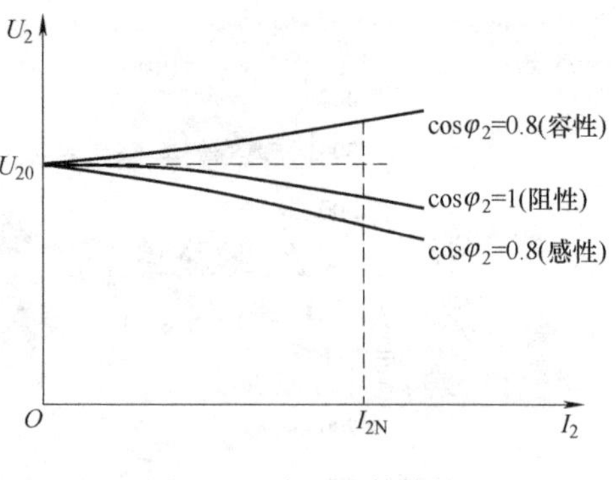

图 9-27　变压器外特性

电压调整率即电压变化率，它反映了从空载到额定负载时，二次输出电压的变化程度，即供电电压的稳定性，是变压器的重要性能指标之一。其定义为

$$\Delta U = \frac{U_{20} - U_2}{U_{20}} \times 100\% \tag{9-14}$$

式中，U_{20}是二次的空载电压，U_2 是额定负载时二次的输出电压。一般总是希望输出电压随负载的变化尽量小，ΔU 越小，说明变压器二次绕组输出的电压越稳定，因此要求变压器的 ΔU 越小越好。在一般电力变压器中，由于其电阻和漏阻抗都很小，电压变化率为 3% ~5%。

2. 变压器的功耗与效率

变压器是将一种电压的电能转换成另一种电压电能的电气设备，由于损耗的存在，输出功率小于输入功率。效率是输出功率与输入功率之比，即

$$\eta = \frac{P_2}{P_1} = \frac{P_2}{P_2 + \Delta P_{\text{Cu}} + \Delta P_{\text{Fe}}} \tag{9-15}$$

式(9-15)中，P_2 为变压器的输出功率，P_1 为输入功率。变压器的功率损耗包括绕组铜损 ΔP_{Cu}与铁心铁损 ΔP_{Fe}两部分。其中铜损 $\Delta P_{\text{Cu}} = I_1^2 R_1 + I_2^2 R_2$ 与负载电流的大小有关，叫可变损耗；铁损包括磁滞损耗 ΔP_{h} 和涡流损耗 ΔP_{e}，它与主磁通 Φ_{m}^2 或 U_1^2 成正比，它与负载大小和性能无关，电源电压 U_1 不变时，Φ_{m} 基本不变，故 ΔP_{Fe}也基本不变，称为不变损耗。

变压器工作在不同的负载电流 I_2 时，其输出功率 P_2 及铜损耗 P_{Cu}都在变化，因此变压器的效率 η 也随负载电流 I_2 的变化而变化，其变化规律通常用变压器的效率特性曲线表示，如图 9-28 为变压器的效率曲线 $\eta = f(P_2)$。由图可见，效率随输出功率而变：当变压器的不变损耗等于可变损耗时，变压器的效率最高。通常小型变压器的效率为 60% ~90%，大型电力变压器的效率可达 97% 以上，但这类变压器往往不是一直在满载下运行，因此在设计时通常使最大效率出现在 50% ~75% 额定负载。

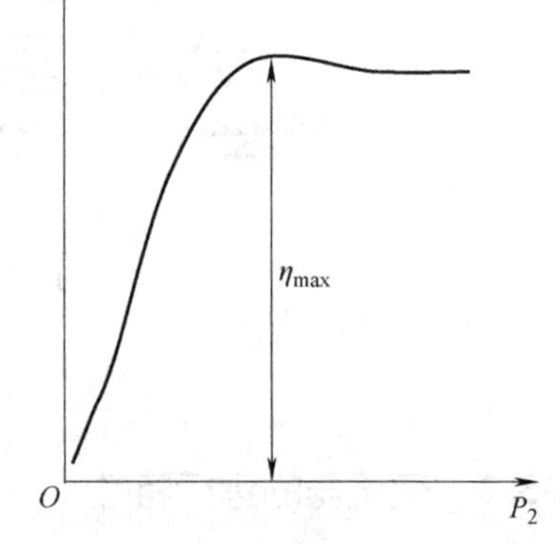

图 9-28　变压器的效率曲线

9.3.4　变压器的使用

1. 变压器的铭牌数据

变压器的铭牌主要记载着变压器的型号、额定容量、额定电压、额定电流、额定频率、相数、接线方式、冷却方式等。如图 9-29 所示，以 SL7—1000/10 为例说明铭牌上主要数据的意义。

1）型号：表示变压器的特征和性能。

如 SL7—1000/10，其中 SL7 是基本型号：S—三相，D—单相，油浸自冷式无文字表示；F—油浸风冷，L—铝线，铜线无文字表示；7—设计序号。1000/10:1000 是指变压器的额定

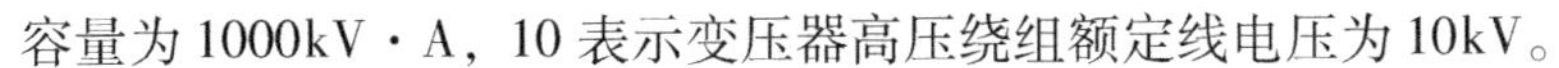

容量为 1000kV · A，10 表示变压器高压绕组额定线电压为 10kV。

2）额定电压 U_{1N} 和 U_{2N}：一次侧额定电压 U_{1N} 是在额定运行情况下，根据变压器的绝缘强度和允许温升所规定的电压有效值；二次侧额定电压 U_{2N} 是 U_{1N} 作用时的二次空载电压的有效值。对于三相变压器，额定电压指线电压的有效值，单位为 V 或 kV。

3）额定电流 I_{1N} 和 I_{2N}：变压器在额定运行情况下，根据允许温升所规定的电流值，对于三相变压器的 I_{1N} 和 I_{2N} 均指线电流值，单位为 A。

4）额定容量 S_N：变压器二次绕组输出的额定视在功率，单位为 V · A 或 kV · A。

单相变压器：　$$S_N = U_{2N}I_{2N} \approx U_{1N}I_{1N}$$

三相变压器：　$$S_N = \sqrt{3}U_{2N}I_{2N} \approx \sqrt{3}U_{1N}I_{1N}$$

此外，额定运行时变压器的效率、温升、频率等数据也是额定值。

铝线电力变压器						
产品标准：			型号：SL7-1000/10			
额定容量：1000 kV•A			相数：3		频率：50 Hz	
额定电压	高压：10000 V		额定电流		高压：57.7 A	
	低压：400/230 V				低压：1442 A	
使用条件：户外式		线圈温升：65 ℃			油面温升：55 ℃	
阻抗电压：		4.5%			冷却方式：油浸自冷式	
接线连接图		相量图		连接组标号	开关位置	分接头电压
高压	低压	高压	低压			
U_1 V_1 W_1 U_{2a} V_{2a} W_{2a} U_{2b} V_{2b} W_{2b} U_{2c} V_{2c} W_{2c}	u_1 v_1 w_1 n u_2 v_2 w_2	V U W	v u w	Y/Y-12	Ⅰ Ⅱ Ⅲ	10500 10000 9500

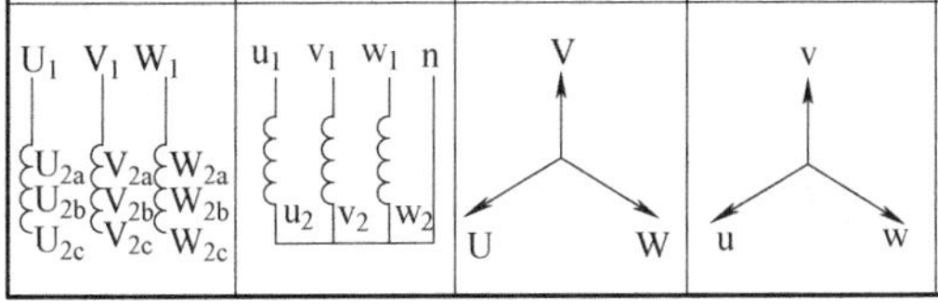

图 9-29　SL7—1000/10 变压器的铭牌

2. 变压器绕组的极性

要正确使用变压器，或者有磁耦合的互感线圈进行线圈的串并联时，必须清楚各线圈的同极性端(同名端)的概念。绕组同名端是绕组与绕组、绕组与其他电气元件间正确连接的依据，并可用来分析变压器一次、二次绕组间电压的相位关系。如图 9-30 中用“ · ”标注的 1 和 4 为同名端(相应 2 和 3 也是)。由图可见从同名端流入(或流出)电流时产生的磁通方向相同。或者说磁通变化时同名端的感应电动势极性相同。

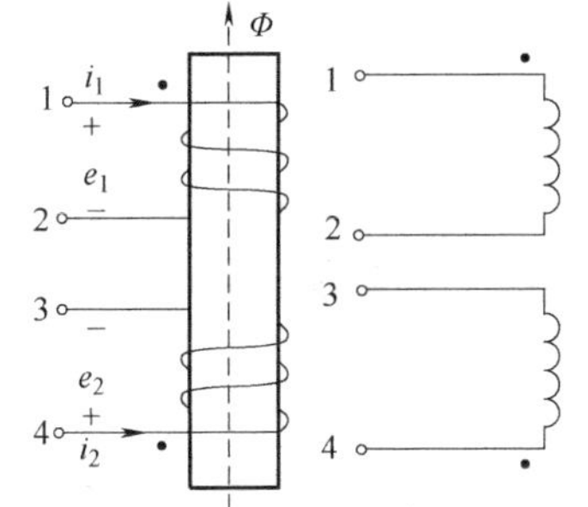

图 9-30　同极性端表示

当两个线圈需要串联时，必须将两线圈的异名性端相连。在图 9-30 中设两线圈的额定电压均为 110V，若想把它们接到 220V 电源上，可以把 2 与 4 连接起来，1 和 3 接电源。若不慎将 2 与 3 连接起来，1 和 4 接电源，由于两线圈中的磁通抵消，感应电动势消失，线圈中将出现很大电流，甚至会把线圈烧坏。同样，当线圈并联时，必须将两线圈的同名端分别相连，然后接电源。

对于已经制成的变压器或电动机，线圈的绕向是看不到的，如果输出端没有注明极性，就要通过实验方法测定同名端。测定方法如下：

（1）交流法　如图9-31a 所示，将两个绕组1-2 和3-4 的任意两端(如2 和4)连接在一起，在其中一个绕组两端加一个较小的交流电压，用交流电压表分别测量1、3 和3、4 两端的电压 U_{13} 及 U_{34}，若 $U_{13}=U_{12}+U_{34}$，则1 和4 同名；若 $U_{13}=|U_{12}-U_{34}|$，则1 和3 同名。

（2）直流法　直流法测绕组同名端的电路如图9-31b 所示，闭合开关S 瞬间，若毫安表的指针正摆，则1、3 同名端；若指针反摆，则1、4 同名端。

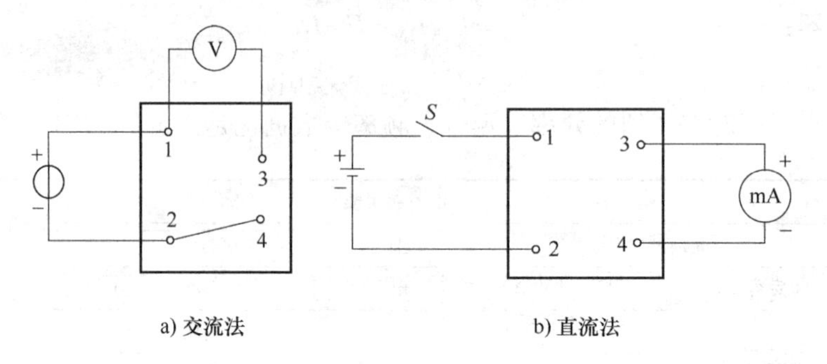

a) 交流法　　b) 直流法

图9-31　同极性端的测定方法

【例9-8】　用交流法测定单相变压器的同名端。

解：采用 Multisim 元件库中提供的理想变压器模块(1P1S)，设定一次、二次绕组匝数比为10∶1。按图9-32 所示连接电路，将两端绕组端子2 和4 连接在一起，在绕组1、2 两端加10V 的交流电压，用交流电压表分别测量1、3 和3、4 两端的电压 U_{13} 及 U_{34}。测量结果显示 $U_{13}=|U_{12}-U_{34}|$，所以1 和3 为同名端。

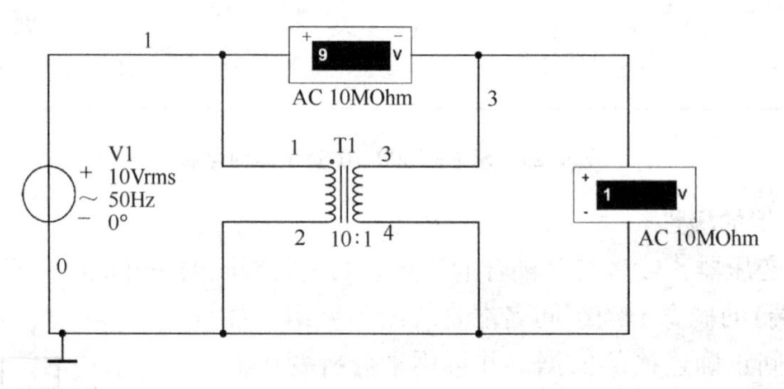

图9-32　交流法测定变压器同名端 s

9.4　特殊变压器

除了传输能量的电力变压器外，还有多种专门用途的变压器，它们虽然结构与外形不尽相同，但基本原理完全一样，下面介绍几种常见的专用变压器。

9.4.1　自耦调压器

自耦调压器有单相和三相之分，它们是实验室中常用的一种变压器，其外形及原理如图9-33 所示。其特点是一、二次共用一个绕组，二次绕组是一次绕组的一部分。

使用自耦调压器时应注意几点：①一、二次绕组不能对调使用，如把电源接到二次绕组，可能烧坏调压器或使电源短路。②接通电源前，先将滑动头旋到零位，通电后再将输出电压调到所需值。用毕应将滑动头回到零位。③因为一、二次绕组有电的直接联系，连接电源时，“1”端必须接中性线。

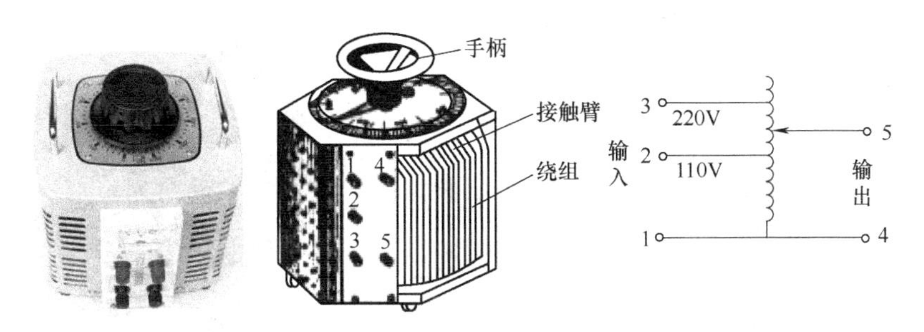

图 9-33　单相自耦调压器的外形及原理图

9.4.2　仪用互感器

仪用互感器是专供电工测量和自动保护装置使用的变压器。根据用途不同，分为电压互感器和电流互感器。

1. 电压互感器

电压互感器是利用变压器的变压作用，将高电压变换成低电压的仪器。其原理电路及其符号如图 9-34 所示。它的一次绕组匝数较多，并入被测电路中；二次绕组匝数较少，两端接电压表（表头一般为 100V）或其他测量、保护装置的电压线圈。为保证安全，二次绕组一端与互感器外壳都必须接地。另外，二次绕组侧切不可短路，否则会造成很大的短路电流，使互感器绕组严重发热，损坏设备。

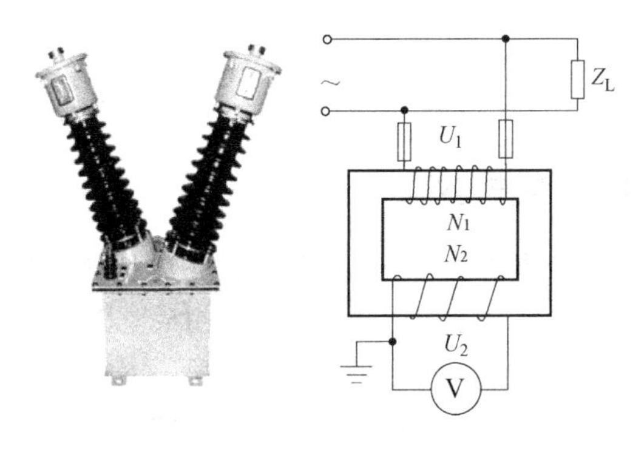

图 9-34　电压互感器

2. 电流互感器

电流互感器是利用变压器的变流作用，将大电流变换成小电流的仪器。其原理电路及其外形如图 9-35 所示。它的一次绕组匝数很少，串入被测电路中；二次绕组匝数较多，两端接电流表（表头一般为 5A）或继电保护装置的电流线圈。为保证安全，二次绕组一端与互感器外壳必须接地。另外，二次绕组侧切不可开路，除会产生危险高压外，负载电流 I_1 将使互感器铁心严重发热，导致退磁并烧毁。

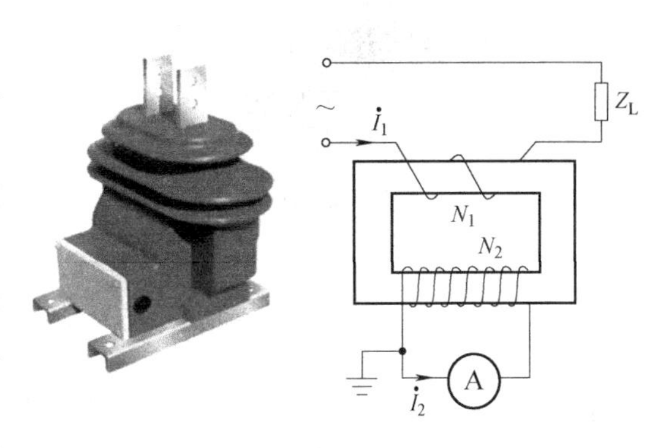

图 9-35　电流互感器

钳形电流表是电流互感器的一种应用，如图 9-36 所示，它不必断开电路就可测量电路中的电流。

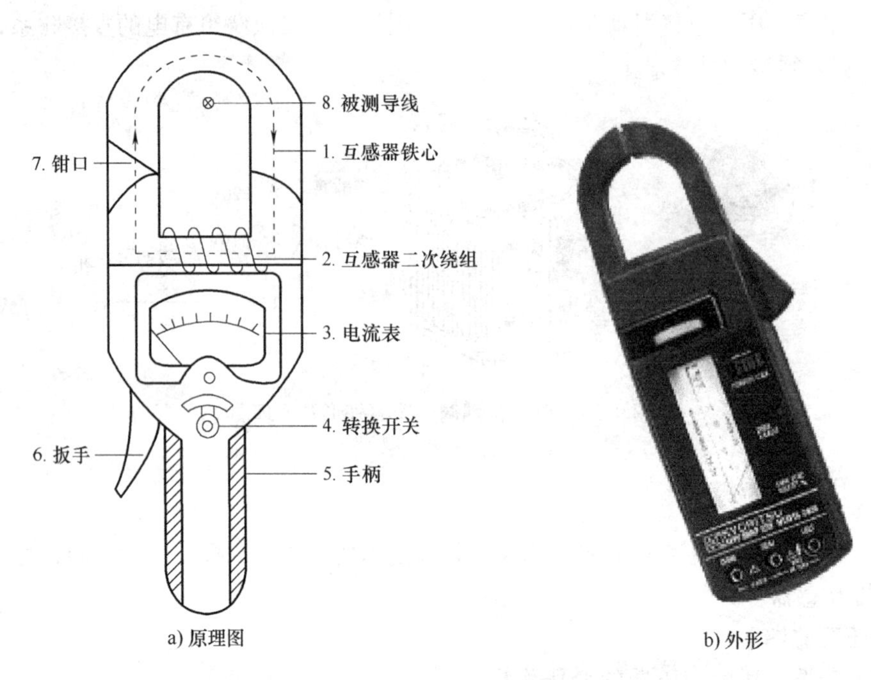

图 9-36　钳形电流表

9.4.3　交流电焊机

交流电焊机(也称交流弧焊机)结构如图 9-37 所示。它由一台特殊变压器和一个串联在变压器二次绕组中的可调电抗器组成。由于电焊变压器的漏磁通较大，且二次绕组中串有电抗器，故整个交流电焊机相当于一个内阻抗较大的电源，其外特性如图 9-38 所示。电焊变压器具有 U_2 随 I_2 增大而迅速下降的特性。

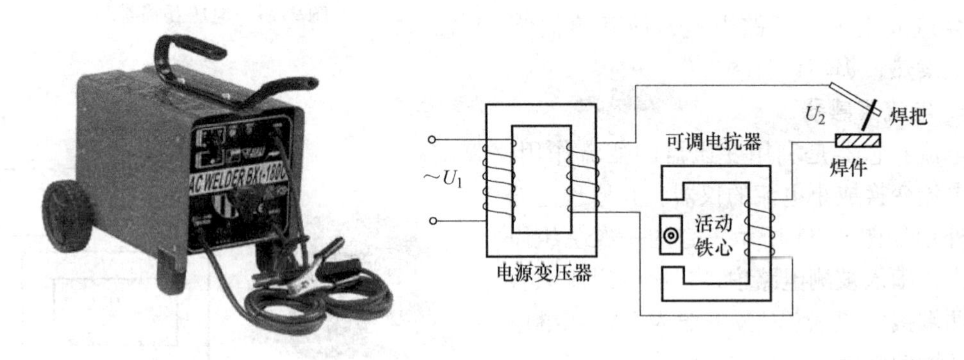

图 9-37　交流电焊机的外形及原理图

电焊机工作时，先将焊条与焊件接触，使电焊机输出短路，但由于其下坠特性短路电流不会太大。短路时焊条和焊件接触处被加热，为产生电弧做好了准备。然后迅速提起焊条(焊条和焊件之间的开路电压为 60～70V，能满足起弧的需要)，焊条和焊件之间产生电弧，焊接开始。此时的电弧相当于一个电阻，其压降为25~30V。

电焊起弧时电路处于短路状态，电压急剧下降，电流需要很大；起弧后要稳弧，这时焊条和容池的溶液还是短路过渡状态，电压还是下降，电流还是大；过渡完毕后处于正常焊接状态，电压回升，电流下降。不同的焊件和焊条要求不同的焊接电流，调节电抗器铁心的空气隙即可改变焊接电流。

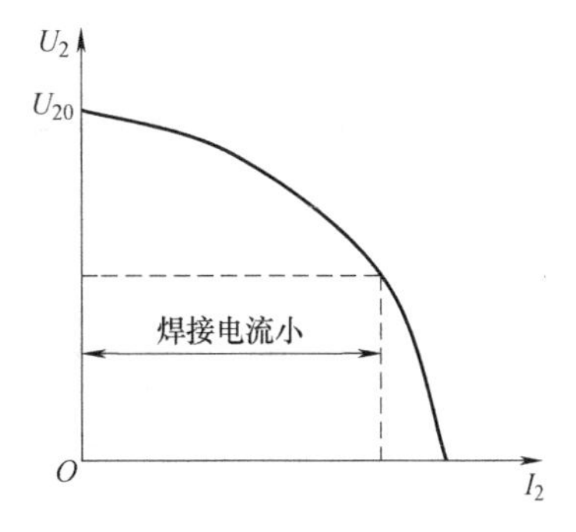

图9-38　交流电焊机的外特性

习题

【概念题】

9-1　变压器的铁心为什么不用普通的薄钢板而用硅钢片？可否用整块铁心？

9-2　铁心线圈中通过直流电流，是否有铁损？

9-3　空心线圈的电感是常数，而铁心线圈的电感不是常数，为什么？如果线圈的尺寸、形状和匝数相同，有铁心和没有铁心时，哪个电感大？铁心线圈的铁心在达到磁饱和未达到磁饱和状态时，哪个电感大？

9-4　有一空载变压器，一次侧加额定电压220V，测得一次绕组电阻 $R_1=10\Omega$，一次电流是否为22A？

9-5　什么情况下需要应用电压互感器和电流互感器？为什么在运行时，电压互感器二次侧不允许短路？而电流互感器二次侧不允许开路？

9-6　试判断图9-39的多绕组变压器最多可以输出几种电压？分别为多少V？

【分析和仿真题】

9-7　有一环形铁心线圈，其内径为10cm，外径为16cm，铁心材料为铸钢。磁路中含有一空气隙，其长度为0.2cm。设线圈中通有1A电流，如要得到0.8T的磁通密度，线圈匝数是多少？

9-8　铁心磁路如图9-40，矩形界面的铁心面积为3cm×2cm，相对磁导率 $\mu_r=1200$，线圈匝数为600匝，电流 $i=3$A，求气隙a和气隙b的磁通密度 B_a 和 B_b。

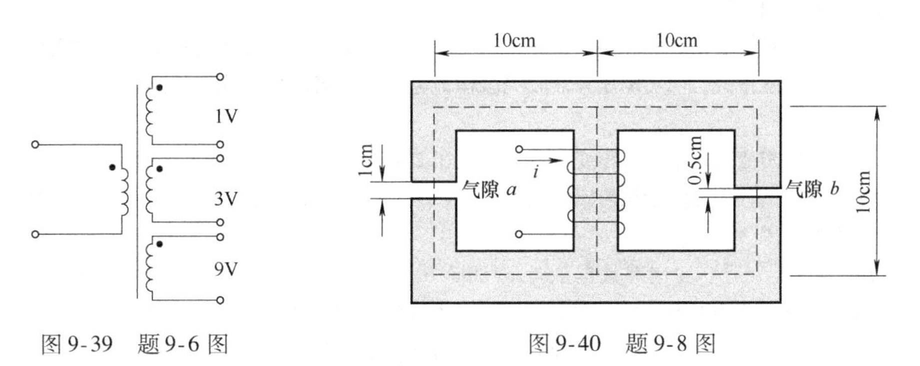

图9-39　题9-6图　　图9-40　题9-8图

9-9　考虑图9-41的磁路，铁心厚度为3cm，其相对磁导率 $\mu_r=1700$。计算(1)气隙处的磁通密度 B；(2)线圈电感。

9-10　在分析单相变压器时，一、二次绕组的绕向与图9-42所示的变压器的情况正好相反，若 $N_1/N_2=3$，$i_1=300\sqrt{2}\sin(\omega t-30^\circ)$mA，试写出 i_2 的表达式(忽略励磁电流 I_{10})。

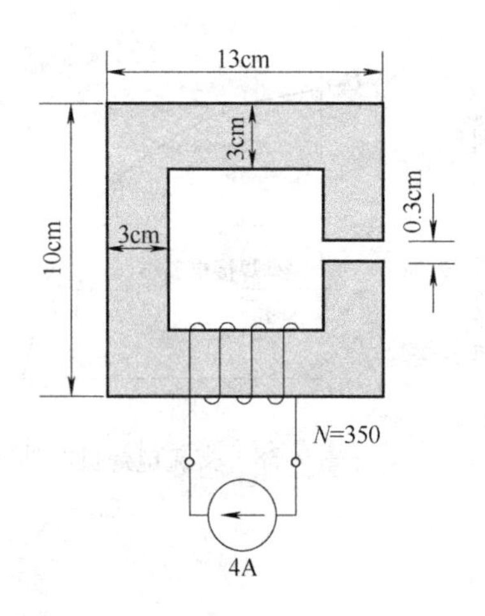

图 9-41　题 9-9 图

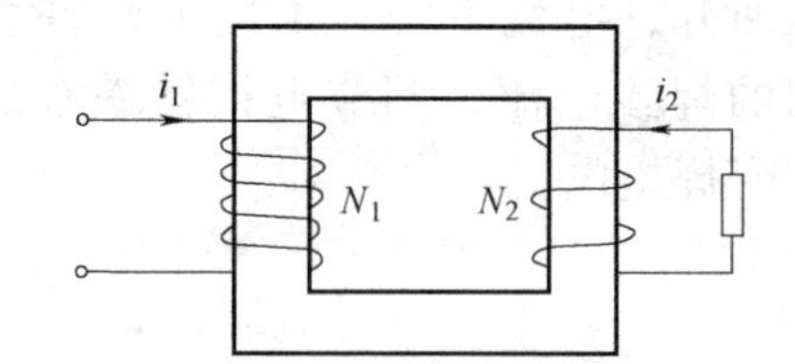

图 9-42　题 9-10 图

9-11　图 9-43 中，阻抗 $R_L=8\Omega$ 的扬声器，接在输出变压器 Tr 的二次侧，已知一次绕组 $N_1=500$，二次绕组 $N_2=100$。求：（1）变压器初级输入阻抗。（2）若信号源电压有效值 $U_S=10V$，内阻 $R_S=100\Omega$，输出到扬声器的功率是多大？（3）若不经变压器，扬声器直接与信号源连接，试求信号源的输出功率？

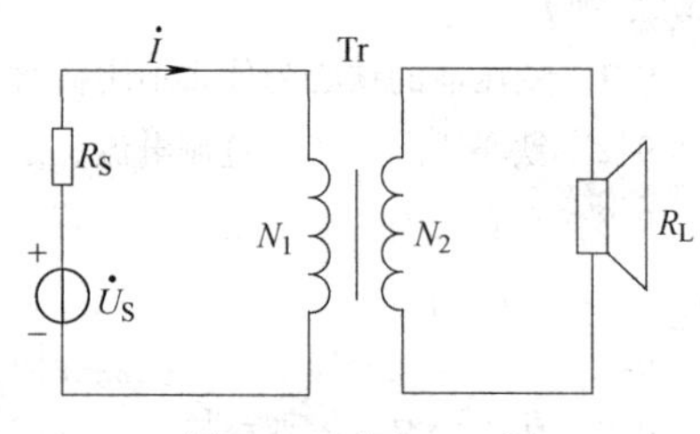

图 9-43　题 9-11 图

9-12　某单相变压器，一次侧额定电压 $U_{1N}=220V$，二次侧额定电压 $U_{2N}=36V$，一次侧额定电流 $I_{1N}=9.1A$，试求二次侧额定电流 I_{2N}。

9-13　一台容量为 $S_N=20kV\cdot A$ 的照明变压器，它的电压为 660V/220V，问它能正常供 220V、40W 的白炽灯多少盏？能供 $\cos\varphi=0.5$、220V、40W 的荧光灯多少盏？

9-14　有一台电源变压器，一次绕组匝数为 550 匝，接 220V 电压。它有两个二次绕组，一个电压为 36V，其负载电阻为 4Ω；另一个电压为 12V，负载为 2Ω 电阻。求两个二次绕组的匝数和变压器一次绕组的电流。

9-15　利用图 9-31b 的方法可以测定绕组的同名端。试述若 S 原来是闭合的，在打开之瞬，是否也可以判定同名端，并说明原因。

9-16　一台单相双绕组输出变压器，变比为 10∶1，接 220V、50Hz 交流电压源，输出绕组如何进行并联和串联使用？分别测量绕组同名端串并联时绕组输出电压和异名端串并联时绕组输出电压，以及绕组中的电流。

9-17　用三个单相变压器组成三相变压器，接三相 20kV、50Hz 交流电压源，电压比为 20∶1，三相变压器以 Yd 联结，用示波器观察三相绕组的输出电压波形，并对一次、二次侧 U_1 和 U_2 电压波形进行比较，并讨论相位差别的原因。

9-18　SJL 型三相变压器的铭牌数据：$S_N=180kV\cdot A$，$U_{1N}=10kV$，$U_{2N}=400V$，$f=50Hz$，Yd 联结。已知每匝线圈感应电动势为 5.133V，铁心截面积为 $150cm^2$。试求：（1）一次、二次绕组每相匝数。（2）电压比。（3）一次、二次绕组的额定电流。（4）铁心中的磁感应强度 B_m。

9-19　有一台 100kV·A、额定电压为 3300V/220 V 的变压器，试求当二次侧达到额定电流、输出功率为 39kW，功率因数为 0.8 时的电压 U_2。

9-20　为了求出铁心线圈铁损，先将它接在直流电源上，测得线圈电阻 $R=1.75\Omega$；然后接在交流电源上，测得电压 $U=120V$，功率 $P=70W$，电流 $I=2A$，试求铁损和线圈的功率因数。

第 10 章　异步电动机及其控制

10.1　交流异步电动机

电机是利用电磁原理完成电能与机械能相互转换的旋转机械设备。把机械能转换为电能的设备称为发电机，将电能转换为机械能的设备称为电动机。电动机可分为直流电动机和交流电动机；交流电动机又分为异步电动机和同步电动机。

交流异步电动机相比其他类型的电动机，不仅交流电源容易获取、运行可靠、工作效率高，而且结构简单、维修方便、价格低廉、坚固耐用。因此，交流电动机已经成为现代机械系统中主要的动力设备。

10.1.1　三相异步电动机的基本结构和工作原理

1. 三相异步电动机的基本构造

三相异步电动机主要由定子和转子两大部分组成，它们之间有空气隙。图 10-1 是笼型三相异步电动机的结构图：图 10-1a 是外形图；图 10-1b 是内部结构图。

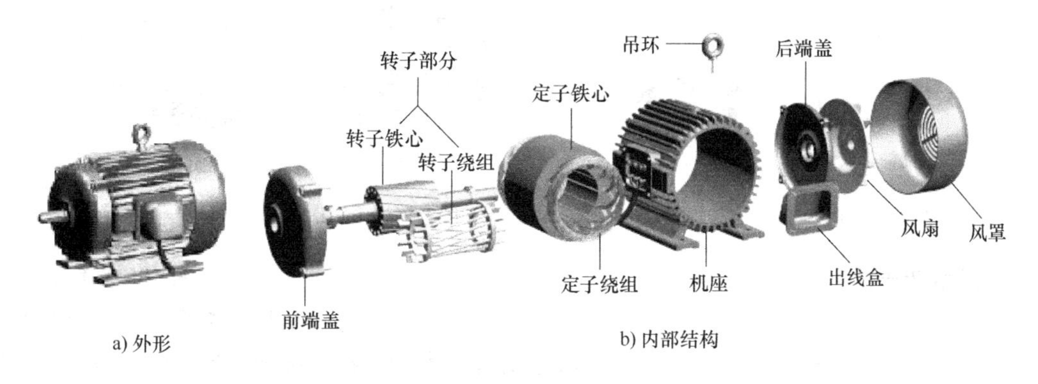

图 10-1　三相异步电动机

（1）定子　如图 10-1b 所示，定子主要由装有对称三相绕组的定子铁心放置在机座内构成，机座由铸铁或铸钢制成。

如图 10-2a 所示，定子铁心由 0.5mm 厚的硅钢片叠制而成，如图 10-2b 所示，硅钢片间涂以绝缘漆再叠压成圆筒形状，在铁心内表面有均匀分布的槽，铁心槽中对称地嵌放着匝数相同、空间互差 120°的三相定子绕组，三个绕组的首端用 U_1、V_1、W_1 表示，末端用 U_2、V_2、W_2 表示，三相共六个出线端固定在机座外侧的接线盒内。通常根据铭牌规定，定子绕组可以接成丫形或△形，如图 10-3 所示。

（2）转子　转子主要由转子铁心和转子导体（绕组）构成。如图 10-2a 所示，铁心也是由 0.5mm 厚，外表面有槽的硅钢片制成，叠压装在转轴上，用于安放转子导体。

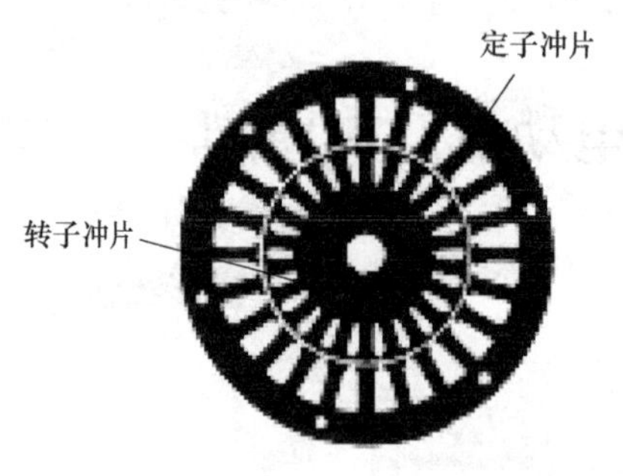

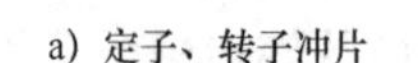

a) 定子、转子冲片

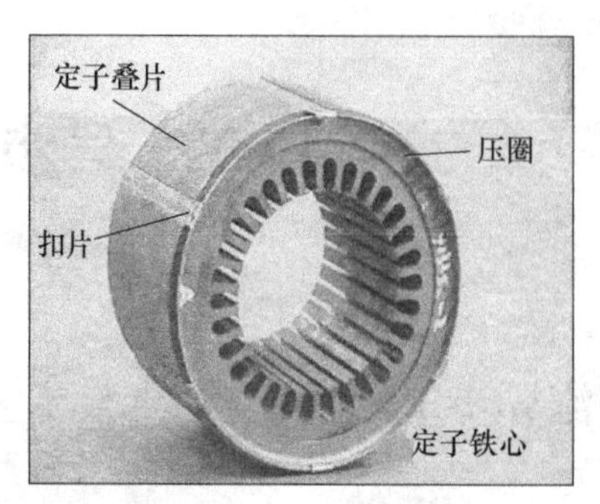

b) 三相绕组的定子铁心

图 10-2　三相绕组的定子

按转子导体的不同形式，转子可分成笼型和绕线型两种，如图 10-4 所示。笼型转子导体由铜条做成，两端焊上铜环(称为端环)，自成闭合路径。为了简化制造工艺和节省铜材，目前中、小型异步电动机常将转子导体、端环连同冷却用的风扇一起用铝液浇铸而成。具有这种转子的异步电动机称为笼型异步电动机。

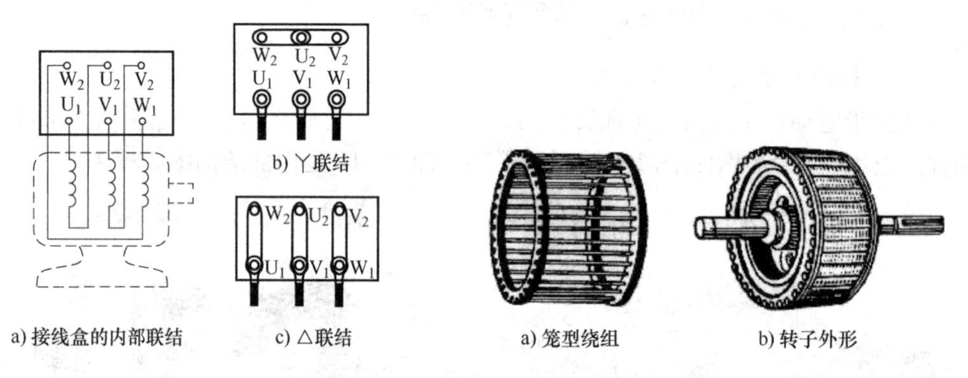

a) 接线盒的内部联结　c) △联结

图 10-3　三相异步电动机的接线图

a) 笼型绕组　b) 转子外形

图 10-4　笼型转子

绕线型转子绕组与三相定子绕组一样，由导线绕制并连接成Y形。如图 10-5a 所示，每相绕组分别连接到装于转轴上的滑环上，环与环、环与转轴之间都相互绝缘，靠集电环与电刷的滑动接触与外电路相连接，具有这种转子的异步电动机称为绕线型异步电动机，它与笼型电动机的工作原理是一样的。

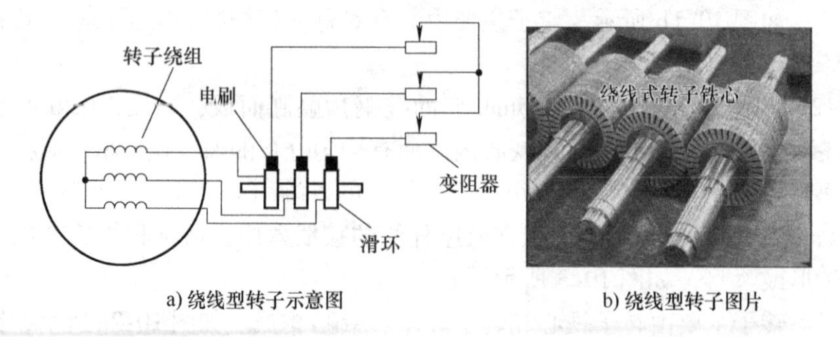

a) 绕线型转子示意图　b) 绕线型转子图片

图 10-5　绕线型转子结构图

一般中小型异步电动机的定子和转子，用装有轴承的端盖组装在一起，轴承支撑转子的转轴，端盖固定在机座上。

2. 三相异步电动机的工作原理

异步电动机也称为感应电动机，它是靠定子绕组通入对称三相电流产生的旋转磁场切割转子导体产生感应电流，此旋转磁场又使载有感应电流的转子导体受力而带动转子转动。

（1）旋转磁场的产生　电动机的定子绕组是对称的三相负载。假设将定子的三相绕组接成丫联结，如图 10-6b 所示。三相定子绕组与三相电源连接，其波形如图 10-7 所示。通入的对称三相电流为

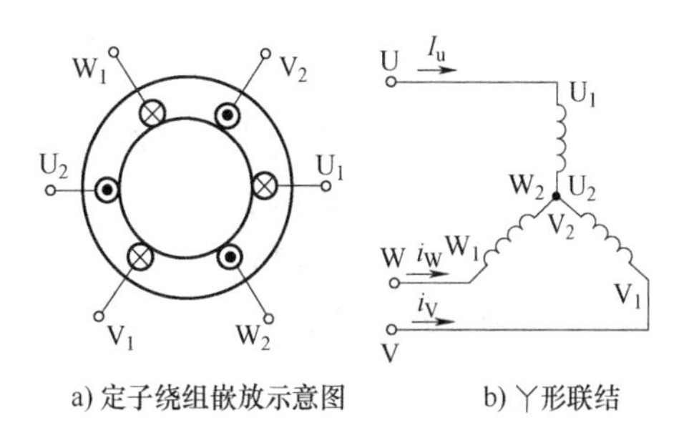

a) 定子绕组嵌放示意图　　b) 丫形联结

图 10-6　定子三相绕组

$$i_U = I_m \sin\omega t$$
$$i_V = I_m \sin(\omega t - 120°)$$
$$i_W = I_m \sin(\omega t + 120°)$$

规定：电流的参考方向是由首端流进用⊗表示，末端流出用⊙表示，如图 10-6a 所示。当电流为正时，实际方向与参考方向相同；当电流为负时，则实际方向与参考方向相反，即电流从末端流进，首端流出。

$\omega t = 0°$时，$i_u = 0$，i_V 为负，i_W 为正，其实际方向如图 10-7a。依右手螺旋定则，其合成磁场如图中虚线所示。它具有一对（即两个）磁极：N 极和 S 极，在图 10-7a 中，合成磁场轴线的方向是自上而下。同理可画出如图 10-7b ~ 图 10-7d 所示的在 $\omega t = 120°$、$\omega t = 240°$ 和 360°时合成磁场的方向，与 $\omega t = 0°$时位置相比，按顺时针方向它们分别旋转了 120°、240°和 360°。可见，当定子绕组通入对称三相电流时，它们的合成磁场将随电流的变化在空间不断地旋转，这就是旋转磁场。此旋转磁场同磁极在空间旋转所起的作用是一样的。

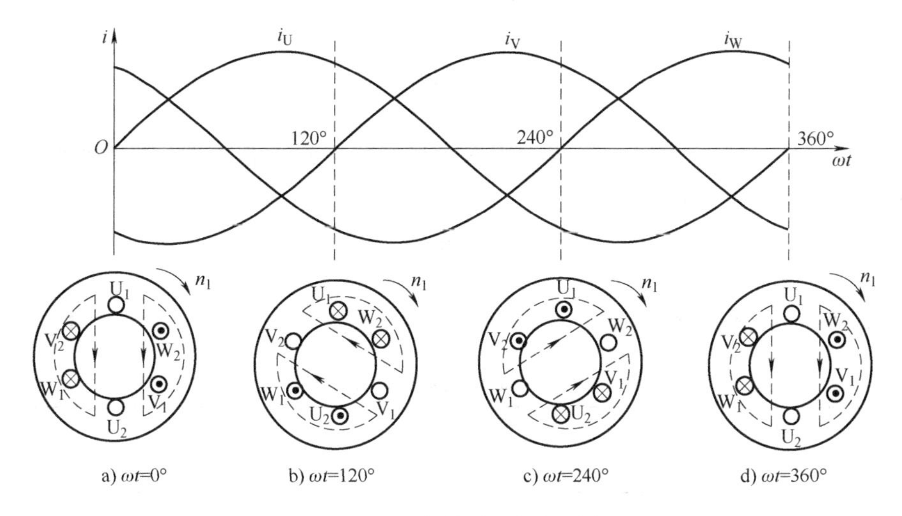

a) ωt=0°　b) ωt=120°　c) ωt=240°　d) ωt=360°

图 10-7　两极旋转磁场的形成

分析可知：三相电流产生的合成磁场是一旋转的磁场，一个电流周期，旋转磁场在空间转过 360°。

（2）旋转磁场的转向　由分析可知，合成磁场的转动方向是由 U 相绕组平面转向 V 相

绕组平面再到 W 相绕组平面，周而复始地继续旋转下去。其转向与三相绕相通入三相电流的相序是一致的。所以只要将电源连接的三根导线中的任意两根对调位置，改变电流的相序，就可以改变旋转磁场方向。

（3）旋转磁场的磁极对数 p 和转速 n_1　三相异步电动机的转速与旋转磁场的转速有关，而旋转磁场的转速决定于磁场的极数。由以上两级(即磁极对数 $p=1$)旋转磁场的分析可知，电流变化一周，磁场也正好在空间旋转一圈，若电流频率为 f_1，则两极旋转磁场的转速为 $n_1=60f_1$。

在实际应用中，常使用磁极对数 $p>1$ 的多磁极电动机。旋转磁场的磁极对数与定子绕组的排列有关，不同磁极对数的旋转磁场，产生不同的转速。

如图 10-8a、图 10-8b 所示，若每相绕组由两个线圈串联组成，各绕组首端之间在空间相差 60°，则产生四极旋转磁场，即磁极对数为 $p=2$。

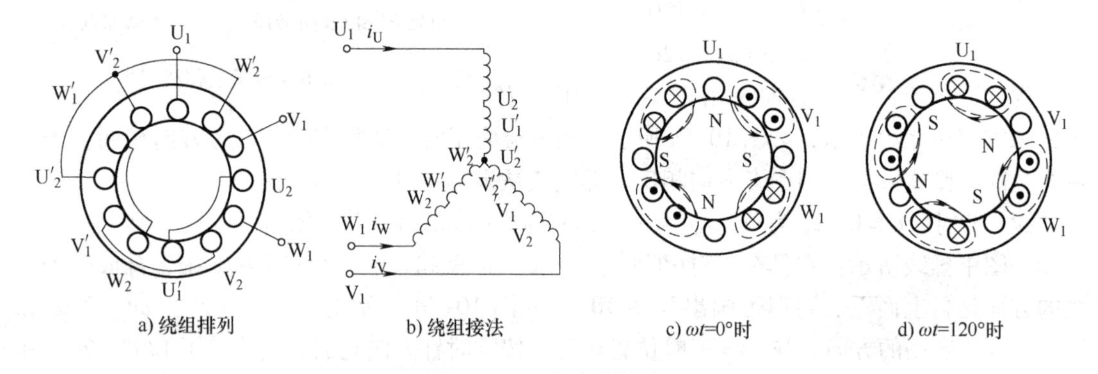

图 10-8　四极旋转磁场

由图 10-8c、图 10-8d 分析可知，电流变化一周，旋转磁场在空间只转过半圈，即转速为 n_1，单位为 r/min：

$$n_1=\frac{60f_1}{2}$$

由此可见，只要按一定规律安排和连接定子绕组，就可获得不同磁极对数的旋转磁场，产生不同的转速，其关系为

$$n_1=\frac{60f_1}{p} \tag{10-1}$$

工频交流电 $f_1=50\text{Hz}$ 时，对应不同磁极对数 p，旋转磁场转速 n_1 见表 10-1：

表 10-1　不同磁极对数 p 的旋转磁场转速 n_1

磁极对数 p	1	2	3	4	5	6
磁场转速 n_1/(r/min)	3000	1500	1000	750	600	500

（4）异步转子转动原理与转差率

1）转动原理。如图 10-9 三相异步电动机转动原理示意图，定子三相绕组按 U-V-W 的相序通入三相交流电流，将产生一个转速为 n_1 的顺时针转向的旋转磁场。由于转子导体与旋转磁场间的相对运动而在转子导体中产生感应电动势 e_2 和感应电流 i_2，其方向由右手定

则来决定，即上半部转子导体的电流是从纸面流出，下半部则是流入。载流的转子导体在磁场中又受到电磁力 F 的作用，根据左手定则，上半部的 F 方向向右，下半部的 F 方向向左。转子导体所受电磁力对转轴形成一个与旋转磁场同向的电磁转矩，使得转子以 n 的转速跟着磁场旋转方向转动起来。同理当旋转磁场反转时，转子也跟着反转。但转子的转速 n 总是小于旋转磁场的同步转速 n_1，如果 $n=n_1$，两者之间就没有相对运动，就不会产生感应电势 e_2 及感应电流 i_2，电磁转矩也无法形成，电动机不可能旋转。由于转子转动的前提是 $n<n_1$，故称为异步电动机。又因为这种电动机转子中的电流是感应产生的，也称为感应电动机。

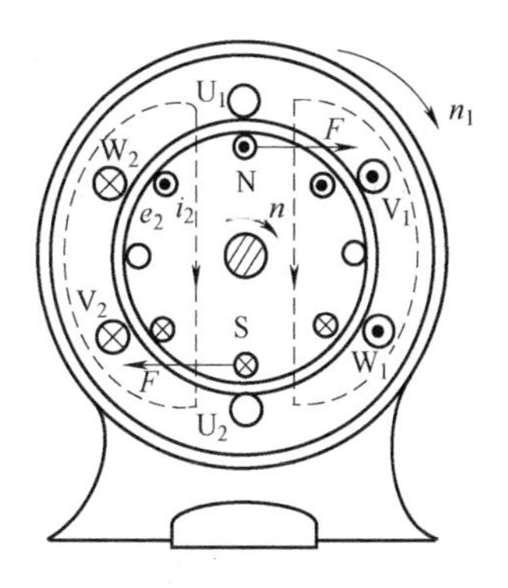

图 10-9　三相异步电动机转动原理图

2）转差率 s。旋转磁场的同步转速和电动机转子转速之差(n_1-n)与旋转磁场的同步转速 n_1 之比，称为转差率 s，即

$$s=\frac{n_1-n}{n_1} \tag{10-2}$$

转子转速亦可由转差率求得

$$n=(1-s)n_1 \tag{10-3}$$

转差率是异步电动机运行情况的重要参数。在电动机接通电源起动瞬间 $n=0$，即$s=1$。在额定负载运行时，其额定转速 n_N 与同步转速 n_1 很接近，故 s_N 很小，一般为 $s_N\approx(0.02\sim0.06)$。电动机空载时，$s<0.005$。

【例 10-1】　已知一台异步电动机的额定转速为 $n_N=720\text{r/min}$，电源频率 f 为 50Hz，试问该电动机是几极电动机？额定转差率为多少？

解：由于电动机的额定转速应接近于其同步转速，所以可知

$$n_1=750\text{r/min}$$

由式(10-1)得

$$p=\frac{60f_1}{n_1}=\frac{60\times50}{750}=4$$

所以该电动机是 8 极电动机。

额定转差率为

$$s_N=\frac{n_1-n}{n_1}=\frac{750-720}{750}=0.04$$

10.1.2　三相异步电动机的机械特性

电磁转矩和机械特性是三相异步电动机的主要特性，它表征一台电动机产生机械能力的大小和运行性能。

1. 电磁转矩特性

三相异步电动机的电磁关系与变压器相似，当电动机定子的外加电源电压和频率一定时，Φ 也基本不变。但 I_2和 $\cos\varphi_2$ 的大小与电动机的转速 n 即电动机的转差率 s 有关。图 10-10 所示为转子电流 I_2 和转子电路的功率因数 $\cos\varphi_2$ 与转差率 s 的变化关系。可以看出当电动机的

转差率 s 较低时，转子电流 I_2 较小，但功率因数 $\cos\varphi_2$ 较高；而电动机的转差率较高时，转子电流 I_2 较大，功率因数 $\cos\varphi_2$ 较低，因此电动机应尽量工作在额定转速附近。

电磁转矩 T 与转差率 s 的关系如图 10-11 所示。这条曲线称为三相异步电动机的转矩特性曲线 $T=f(s)$。

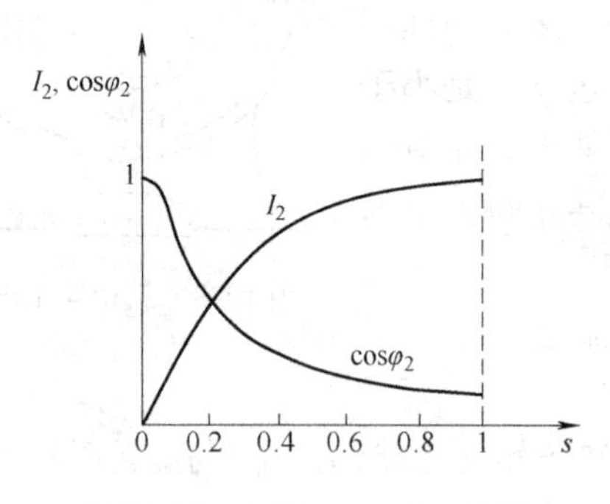

图 10-10　I_2 和 $\cos\varphi_2$ 与 s 关系

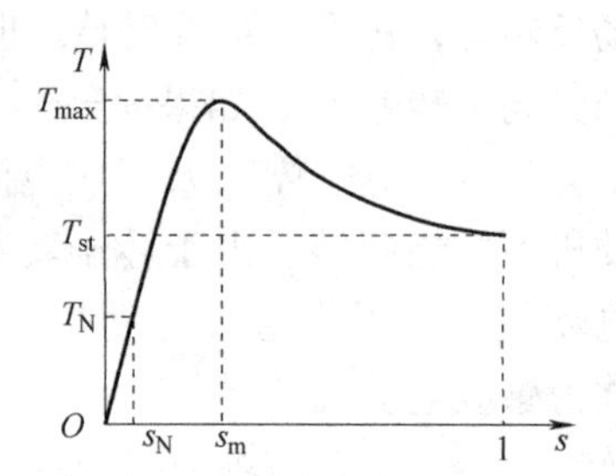

图 10-11　电磁转矩特性曲线

由电磁转矩特性曲线可见，当 s 较小时，$R_2 \gg sX_{20}$，T 与 s 成正比；当 s 较大时，$R_2 \ll sX_{20}$，T 几乎与 s 成反比。与最大转矩 T_{max} 对应的转差率 s_m 称为临界转差率；与 $s=1$ 即 $n=0$ 时对应的转矩 T_{st} 为起动转矩。

2. 异步电动机的机械特性

电磁转矩 T 和转速 n 之间 $n=f(T)$ 的关系曲线称为机械特性，如图 10-12 所示。

（1）机械运行特性分析　设电动机的负载转矩为 T_L，则当 $T=T_L$ 时，电动机以恒定速度 n 稳定运行。

如图 10-12 所示，当电动机运行于 ab 段（$s<s_m$）时，若负载变化，即 $T_L\uparrow$（或 $T_L\downarrow$），必将导致 $n\downarrow$（或 $n\uparrow$），亦即 $s\uparrow$（或 $s\downarrow$），从而电磁转矩 T 也增大（或减小），到 $T=T_L$ 又成立时，电动机将在另一稳定转速下转动。亦即在 ab 这段区间内，电动机能自动适应负载转矩的变化而稳定地运转，故称 ab 段为稳定运行区。在 ab 段内，当负载在空载与额定值之间变化时，电动机的转速变化很小，故称其有硬的机械特性。

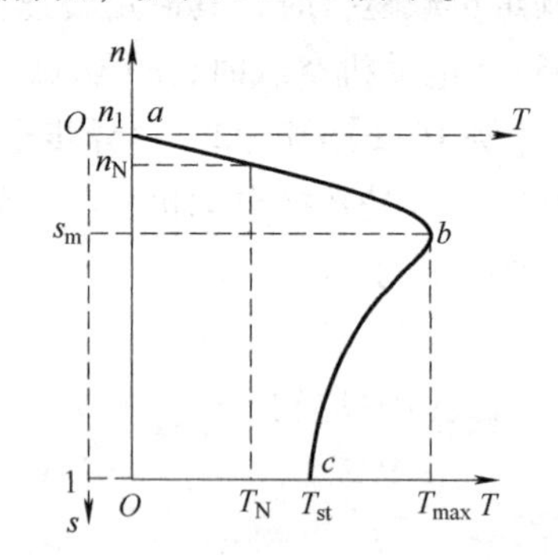

图 10-12　异步电动机的机械特性

而当负载转矩 $T_L>T_{max}$ 时，电动机将越过 b 点沿 bc 段（$s>s_m$）运行，此时只要 $T<T_L$，必将导致转速下降直至停转（俗称“闷车”），电动机的电流剧增，使电动机严重过热，甚至烧毁。在 bc 段，若 $T_L<T$，则 $n\uparrow$，电动机将过渡到 ab 段，可见 bc 段为电动机的非稳定运行区。

（2）额定转矩　额定转矩 T_N 是电动机在额定状态下运行时的转矩。而电动机铭牌上只有额定转速 n_N 与额定输出功率 P_N，由物理学公式 $P=T\omega=T\dfrac{2\pi n}{60}$ 可得

$$T_N=\frac{60}{2\pi}\frac{P_N\times10^3}{n_N}=9550\frac{P_N}{n_N} \tag{10-4}$$

通常 P_N 的单位用 kW，n_N 为 r/min，则 T_N 的单位为 N · m。

（3）电动机的起动能力及过载能力　起动转矩 T_{st} 是电动机通电瞬间（$n=0$、$s=1$）对应的转矩，它必须大于负载转矩方可带动负载起动，起动转矩 T_{st} 越大，电动机起动就越迅速、越容易。通常用 T_{st} 与额定转矩 T_N 之比来表示电动机的起动能力，称为起动系数 λ_{st}，即

$$\lambda_{st}=\frac{T_{st}}{T_N} \tag{10-5}$$

一般异步电动机的起动能力为 1.1 ~2。

最大转矩 T_{max} 一般比电动机的额定转矩 T_N 大得多，运行时短暂的过载（$T_N<T_L\leqslant T_{max}$）是允许的，因为电动机不会立即过热。当电动机负载转矩 T_L 大于最大转矩 T_{max} 时，电动机无法带动负载而停转，此时电动机电流很快升至额定电流（5 ~7）I_N，致使电动机定子绕组过热而烧毁。因此，最大转矩 T_{max} 表示了电动机短时允许过载的能力，对电动机的稳定运行具有重要的意义。

通常用最大转矩 T_{max} 与额定转矩 T_N 之比来表示电动机的过载能力，称为过载系数 λ_m，即

$$\lambda_m=\frac{T_{max}}{T_N} \tag{10-6}$$

一般异步电动机的过载能力为 1.6 ~2.5。

【例 10-2】 Y225M-4 型三相异步电动机的额定数据见表 10-2。求额定转矩 T_N、起动转矩 T_{st} 和最大转矩 T_{max}。

表 10-2　Y225M-4 型三相异步电动机的额定数据表

功率	转速	电压	电流	效率	$\cos\varphi_N$	I_{st}/I_N	$\lambda_{st}=T_{st}/T_N$	$\lambda_m=T_{max}/T_N$
45kW	1480r/min	380V	84.2A	92.3%	0.88	7.0	1.9	2.2

解：

$$T_N=9550\frac{P_N}{n_N}=9550\times\frac{45}{1480}\text{N}\cdot\text{m}=290.4\text{N}\cdot\text{m}$$

$$T_{st}=\lambda_{st}T_N=1.9\times290.4\text{N}\cdot\text{m}=551.8\text{N}\cdot\text{m}$$

$$T_{max}=\lambda_m T_N=2.2\times290.4\text{N}\cdot\text{m}=638.9\text{N}\cdot\text{m}$$

10.1.3　三相异步电动机的使用

1. 铭牌数据

电动机的机座上都固定有铭牌，如图 10-13 所示，铭牌上面标有电动机的型号、各种额定数据和连接方式，它们是合理选择和使用电动机的主要依据。

（1）型号　电动机的型号是表示电动机的类型、用途和技术特征的代号，由汉语拼音大写字母或英语字母加阿拉伯数字组成，具有确定的含义。例如：

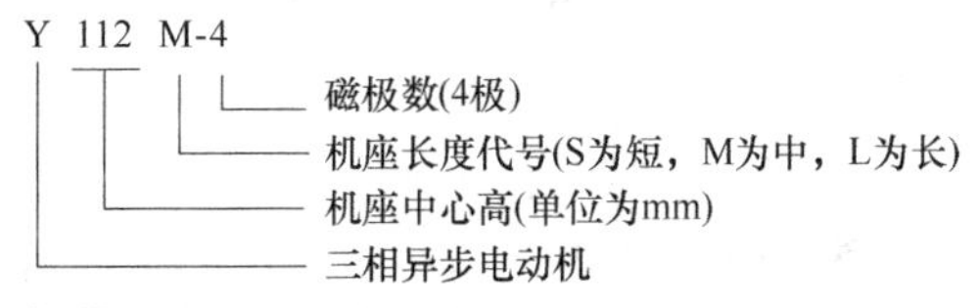

常用异步电动机产品名称代号及其汉字意义见表 10-3。

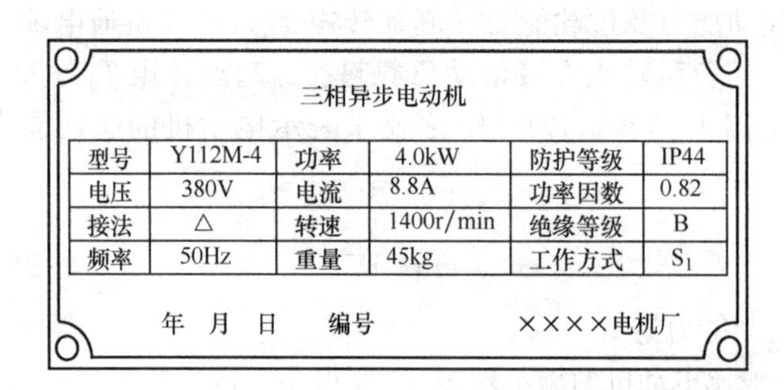

图 10-13 电动机的铭牌

表中 Y 、Y-L 系列为新产品。Y 系列定子绕组是铜线，Y-L 系列定子绕组是铝。其体积小、效率高、过载能力强。

表 10-3 常用异步电动机产品名称代号

产品名称	新代号	新代号的汉字意义	老代号
异步电动机	Y、Y-L	异	J、JO
绕线式异步电动机	YR	异绕	JR、JRO
防爆型异步电动机	YB	异爆	JB、JBS
高起动转矩异步电动机	YQ	异起	JQ、JGQ
起重冶金用异步电动机	YZ	异重	JZ
起重冶金绕线式异步电动机	YZR	异重绕	JZR

（2）电压　电压是指电动机在额定运行时定子绕组上应加的线电压，又称额定电压 U_N。一般异步电动机的额定电压有 380V、3000V、6000V 等多种。

（3）接法　接法是指电动机定子绕组在额定运行时所应采取的联结方式。有星形(Y)联结和三角形(△)联结两种(见图 10-3)。通常 Y 系列异步电动机功率 3kW 以下接成Y形；功率 4kW 以上接成△形。

（4）电流　电流是指电动机在额定运行时定子绕组的线电流，又称额定电流 I_N。

（5）功率与效率　电动机在额定运行情况下，轴上输出的机械功率 P_2 称为额定功率 P_N。效率是指额定功率与输入电功率 P_{1N}之比，即 $\eta_N=\frac{P_N}{P_{1N}}$，设计电动机时，通常使最大效率发生在 $0.7\sim1.0P_N$。

一般笼型电动机额定运行时效率为 72%～93%。

（6）功率因数 $\cos\varphi$　因为电动机是感性负载，故三相异步电动机的功率因数较低，在额定负载时为 0.7～0.9，而在轻载和空载时更低，空载时只有 0.2～0.3。因此，必须正确选择电动机的容量，防止出现“大马拉小车”的现象。

（7）转速　转速指电动机额定运行时的转速 n_N。它略低于同步转速 n_1。

（8）温升与绝缘等级　绝缘等级是指电动机绕组所用的绝缘材料按使用时的最高允许温度而划分的不同等级。常用绝缘材料的等级不同等级及其最高允许温度见表 10-4。

表 10-4　绝缘材料的绝缘等级和极限温度

绝缘等级	Y	A	E	B	F	H	C
极限温度/℃	90	105	120	130	155	180	>180

(9) 工作方式　工作方式又称定额，通常分为连续运行、短时运行和断续运行三种，分别用代号 S_1、S_2、S_3 表示。

(10) 防护等级　防护等级即电动机外壳的防护等级。具体可查阅有关电工手册。

除了上述铭牌上所标的数据外，在电动机的产品目录或电工手册中，通常还列出了其他一些技术数据，如 I_{st}/I_N，λ，λ_{st}和 η 等。

【例 10-3】　已知 Y225M-2 型三相异步电动机的有关技术数据如下：$P_N=45\text{kW}$，$f=50\text{Hz}$，$n_N=2970\text{r/min}$，$\eta_N=91.5\%$，起动能力 $\lambda_{st}=2.0$，过载系数 $\lambda_m=2.2$，求该电动机的额定转差率、额定转矩、起动转矩、最大转矩和额定输入电功率。

解： 由型号知该电动机是两极的，其同步转速为 $n_1=3000\text{r/min}$，所以额定转差率为

$$s_N=\frac{n_1-n_N}{n_1}=\frac{3000-2970}{3000}=0.01$$

额定转矩为

$$T_N=9550\frac{P_N}{n_N}=9550\times\frac{45}{2970}\text{N}\cdot\text{m}=144.7\text{N}\cdot\text{m}$$

起动转矩为

$$T_{st}=\lambda_{st}T_N=2\times144.7\text{N}\cdot\text{m}=289.4\text{N}\cdot\text{m}$$

最大转矩为

$$T_{max}=\lambda_m T_N=2.2\times144.7\text{N}\cdot\text{m}=318.3\text{N}\cdot\text{m}$$

额定输入电功率为

$$P_{1N}=\frac{P_N}{\eta_N}=\frac{45}{0.915}\text{kW}=49.18\text{kW}$$

2. 三相异步电动机的使用

(1) 起动　电动机从接通电源开始加速到稳定运行状态的过程称为起动过程。在起动瞬间，电动机的电磁关系与变压器类似。此时 $n=0$，$s=1$，旋转磁场以同步转速 n_1 切割转子导体，在转子导体中产生很大的电动势 E_2 和电流 I_2，由变压器的原理可知，定子电流必然相应增大，一般是电动机额定电流 I_N 的 5～7 倍，这就是起动电流。起动电流虽然很大，但起动时间短(一般为几秒钟)，若不是频繁起动一般不会引起电动机过热。但起动电流大会在供电线路上产生较大的电压降，影响接在同一线路上的其他用电设备的正常工作。例如电灯瞬间变暗，运行中的电动机转速减低，甚至停转。

根据异步电动机的机械特性，电动机的起动转矩 T_{st}不大。这是因为起动时($s=1$)，转子的感抗大($X_2=X_{20}$)，其功率因数 $\cos\varphi_2$ 低，故 T_{st}较小。起动转矩小，使电动机或者不能满载起动，或者使起动时间过长。

由上述可见，异步电动机的主要缺点是起动电流大，起动转矩小。故应采取适当的办法减小起动电流，并保证有足够大的起动转矩。

通常笼型异步电动机的起动方法有全压起动和减压起动两种方法。

1）全压起动。全压起动也称直接起动，它是利用开关将电动机直接接到具有额定电压的电源上，方法简便、经济，常被采用。但必须满足以下的有关规定才能直接起动。

① 容量在 10kW 及以下的三相异步电动机。

② 若是照明和动力共用同一电网时，电动机起动时引起的电网压降不应超过额定电压的 5%。

③ 动力线路若是用专用变压器供电时，对于频繁起动的电动机，其容量不应超过变压器容量的 20%；不经常起动的电动机，其容量不应大于变压器容量的 30%。如不满足上述规定，则必须采用减压起动的措施以减小起动电流 I_{st}。

2）减压起动。减压起动的目的是减小起动电流对电网的不良影响，但它同时又降低了起动转矩，所以这种起动方法只适用于空载或轻载起动时的笼型异步电动机。

① Y-△减压起动。这种方法只适用于正常运转时是△联结的电动机。可用Y-△起动器或三刀双掷开关直接操作，如图 10-14 所示。先闭合电源开关 QS_1，然后将 QS_2 从中间位置投向“起动”位置，使定子三相绕组接成星形，待电动机转速接近额定转速时，再迅速将 QS_2 合向“运行” 位置，将定子三相绕组换接成三角形转入正常工作状态。

如图 10-15 所示是定子绕组Y接法和△接法时的起动线电流的比较图。

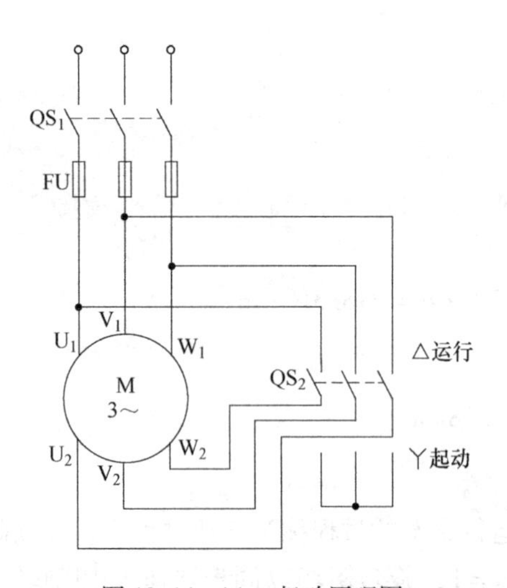

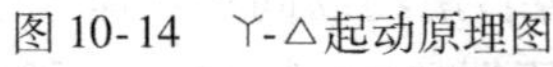
图 10-14　Y-△起动原理图

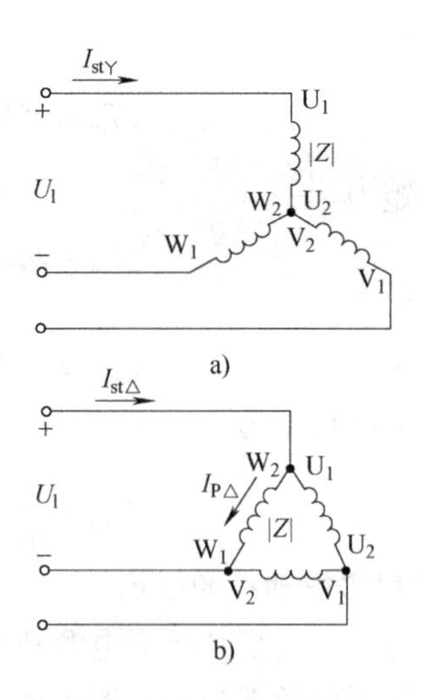

图 10-15　定子绕组Y接法和△接法的起动线电流

设电源线电压为 U_1，定子绕组起动时的每相阻抗为 $|Z|$，当定子绕组接成Y联结减压起动时，线电流为

$$I_{stY}=\frac{U_1/\sqrt{3}}{|Z|}=\frac{U_1}{\sqrt{3}|Z|}$$

当定子绕组接成△联结全压起动时，线电流为 $I_{st\triangle}=\sqrt{3}\dfrac{U_1}{|Z|}$　可得：$I_{stY}=\dfrac{1}{3}I_{st\triangle}$

即采用Y-△起动时，起动电流只是原来按△联结全压起动时的 1/3。但是由于起动转矩正比起动时每相绕组电压的二次方，故用Y-△起动时，起动转矩也降为全压起动时的 1/3。

② 自耦减压起动。图 10-16 所示是利用自耦变压器（也称起动补偿器）控制的减压起动线路。它适用于容量较大的或正常运行时为Y联结，不能采用Y-△起动方法的笼型异步电

动机。起动操作过程如下：

首先合上电源开关 QS_1，再将起动补偿器的控制手柄 QS_2 拉到“起动”位置作减压起动，最后待电动机接近额定转速时把手柄推向“运行”位置，使自耦变压器脱离电源，而电动机直接接入电源全压运行。为了适应不同起动转矩的要求，通常自耦变压器的抽头有73%、64%、55%或80%、60%、40%等规格。

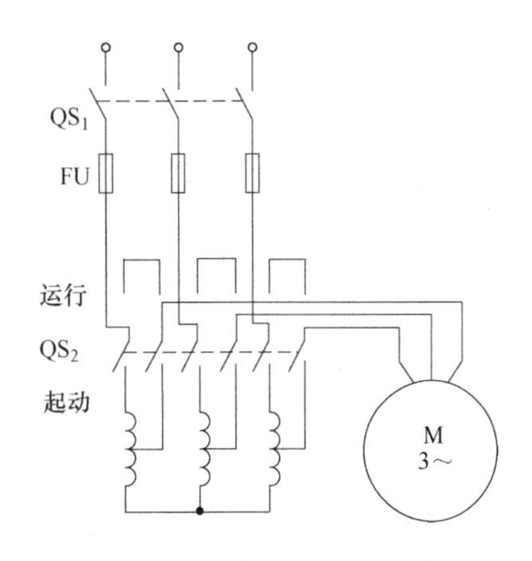

图 10-16　自耦减压起动电路图

设自耦变压器的变比为 k，直接起动时的起动电流和起动转矩分别为 I_{st} 和 T_{st}，则自耦减压起动时的起动转矩和线路（即变压器一次）的起动电流为

$$T'_{st}=\frac{1}{k^2}T_{st}\qquad I''_{st}=\frac{1}{k^2}I_{st}$$

③ 绕线型异步电动机转子串电阻起动：如图 10-17 绕线型电动机转子只要在转子电路接入适当的起动电阻 R_{st}，就可以达到减小起动电流的目的；同时，由图 10-18 特性曲线可知，起动转矩也提高了。常用于重载起动的生产机械上，例如起重机、锻压机、卷扬机等。

起动后，随着转速的上升将起动电阻逐段切除。

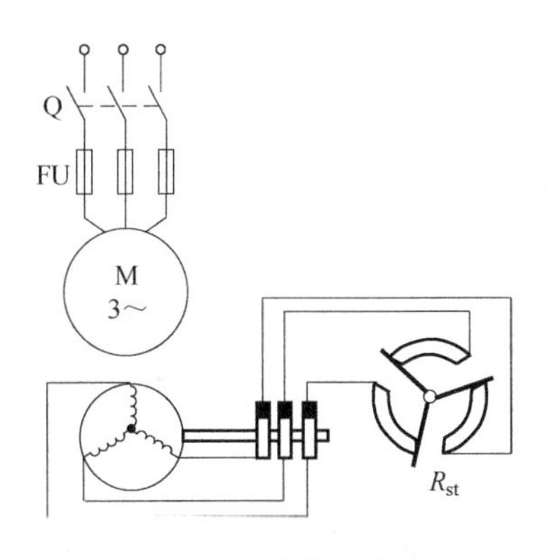

图 10-17　接线原理图

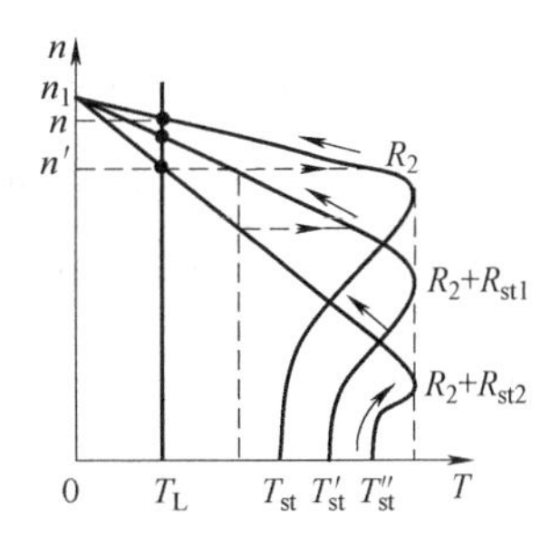

图 10-18　起动过程原理图

【例 10-4】　Y100L2-4 型三相异步电动机，查得其技术数据如下：$P_N=3.0\text{kW}$，$U_N=380\text{V}$，$n_N=1430\text{r/min}$，$\eta_N=82.5\%$，$\cos\varphi_N=0.81$，$f_1=50\text{Hz}$，$I_{st}/I_N=7.0$，$T_{st}/T_N=2.2$，$T_{max}/T_N=2.3$。试求 1）磁极对数 p 和额定转差率 s_N。2）当电源线电压为 380V 时，该电动机作Y联结，这时的额定电流及起动电流。3）当电源线电压为 220V 时，该电动机的接法，这时的额定电流是多少。4）该电动机的额定转矩、起动转矩和最大转矩是多少。

解： 1）由型号知该电动机为 4 极，所以 $p=2$。因为 $f_1=50\text{Hz}$，所以 4 极电动机的同步转速为 $n_1=1500\text{r/min}$，额定转差率：

$$s_N=\frac{n_1-n_N}{n_1}=\frac{1500-1430}{1500}\approx 0.047$$

2）Y联结时，

因为

$$P_N = P_{1N}\eta_N = \sqrt{3}U_N I_N \cos\varphi_N \eta_N$$

所以，额定电流为

$$I_N = \frac{P_N}{\sqrt{3}U_N\cos\varphi_N\eta_N} = \frac{3000}{\sqrt{3}\times380\times0.81\times0.825}A = 6.82A$$

起动电流为

$$I_{st} = 7I_N = 7\times6.82A = 47.74A$$

3）因为电源线电压为380V时作Y联结，则定子绕组的额定相电压为220V，而当电源线电压为220V时，电动机应作△联结。（注意：Y联结 $I_L = I_P$，而△联结 $I_L = \sqrt{3}I_P$）

额定电流为

$$I'_N = \sqrt{3}I_N = \sqrt{3}\times6.82A = 11.81A$$

起动电流为

$$I'_{st} = 7I'_N = 7\times11.81A = 82.67A$$

4）额定转矩为

$$T_N = 9550\frac{P_N}{n_N} = 9550\times\frac{3}{1430}N\cdot m \approx 20.03N\cdot m$$

起动转矩为

$$T_{st} = 2.2T_N = 2.2\times20.03N\cdot m = 44.07N\cdot m$$

最大转矩为

$$T_{max} = 2.2T_N = 2.2\times20.03N\cdot m = 44.07N\cdot m$$

【例10-5】 Y225M-4型三相异步电动机的额定数据见表10-5。

表10-5 Y225M-4型三相异步电动机的额定数据表

功率	转速	电压	电流	效率	$\cos\varphi_N$	I_{st}/I_N	$\lambda_{st}=T_{st}/T_N$	$\lambda_m=T_{max}/T_N$
45kW	1480r/min	380V	84.2A	92.3%	0.88	7.0	1.9	2.2

1）求额定转矩 T_N、起动转矩 T_{st} 和最大转矩 T_{max}。

2）若负载转矩为500N·m，问在 $U=U_N$ 和 $0.9U_N$ 两种情况下电动机能否起动？

3）若采用Y-△起动，求起动电流，当负载转矩为额定转矩 T_N 和50% T_N 时，电动机能否起动？

4）若采用自耦减压起动，用64%的抽头时，线路起动电流、电动机的起动转矩。

解：1）

$$T_N = 9550P_N/n_N = 9550\times45/1480N\cdot m = 290.4N\cdot m$$

$$T_{st} = \lambda_{st}T_N = 1.9\times290.4N\cdot m = 551.8N\cdot m$$

$$T_{max} = \lambda_m T_N = 2.2\times290.4N\cdot m = 638.9N\cdot m$$

2）$U=U_N$ 时，$T_{st} = 551.8N\cdot m > 500N\cdot m$，所以能起动。

当 $U=0.9U_N$ 时，$T'_{st}/T_{st} = (U'_1/U_{Nt})^2 = 0.9^2$，

$T'_{st} = 0.9^2\times551.8N\cdot m = 447N\cdot m < 500N\cdot m$，所以不能起动。

3）△联结直接起动时，$I_{st\triangle} = 7I_N = 589.4A$

$$I_{st\curlyvee}=\frac{1}{3}I_{st\triangle}=\frac{1}{3}\times589.4\text{A}=196.5\text{A}$$

$$T_{st\curlyvee}=\frac{1}{3}T_{st\triangle}=\frac{1}{3}\times551.8\text{N}\cdot\text{m}=183.9\text{N}\cdot\text{m}$$

当负载转矩为 T_N 时，$T_{st\curlyvee}=183.9\text{N}\cdot\text{m}<T_N=290.4\text{N}\cdot\text{m}$，所以不能起动。

当负载转矩为 T_N 50%时，$T_{st\curlyvee}=183.9\text{N}\cdot\text{m}>0.5T_N=145.2\text{N}\cdot\text{m}$，所以能起动。

4）直接起动时，$I_{st}=7I_N=589.4\text{A}$。

用自耦变压器64%的抽头时，其电流比 $k=1/0.64$，

减压起动时电动机中(即变压器二次侧)的起动电流为

$$I'_{st}=\frac{1}{k}I_{st}=0.64I_{st}=0.64\times589.4\text{A}=377.2\text{A}$$

线路(即变压器一次侧)的起动电流为

$$I''_{st}=\frac{1}{k}I'_{st}=\frac{1}{k^2}I_{st}=0.64^2I_{st}=0.64^2\times589.4\text{A}=241.4\text{A}$$

减压起动时的起动转矩为

$$T'_{st}=\frac{1}{k^2}T_{st}=0.64^2\times551.8\text{N}\cdot\text{m}=226\text{N}\cdot\text{m}$$

（2）调速　调速是指同一负载下，用人为的方法调节电动机的转速，以满足生产过程的需求。

由三相异步电动机转速

$$n=(1-s)n_1=(1-s)\frac{60f_1}{p}$$

可知：通过改变磁极对数 p、改变电源频率 f_1 和改变转差率 s 三种方式可以进行调速。

1）变极调速。改变电动机定子绕组的接线方式，可以改变旋转磁场的磁极对数。改变定子绕组的极对数 P，同步转速 n_1 就发生变化，例如，极对数增加一倍，同步转速就下降一半，随之电动机的转速也约下降一半。这种调速方法只能做到有级调速，而不是平滑调速。

2）变频调速。改变电源频率可以改变电动机的转速，如果频率 f_1 可以连续变化，就可以使电动机实现无级调速。如图10-19所示，利用变频调速器(一般由整流器、逆变器等组成)，将电网电源的频率进行调整后再提供给电动机的定子，从而使电动机可以在较宽的范围里实现平滑调速。

利用变频调速具有质量轻，体积小，惯性小，效率高等优点，随着电力电子器件和大规模集成电路的进一步完善和发展，变频技术逐步成熟。目前市场上变频调速器的品种多样，性能可靠，成本也较低。笼型三相异步电动机主要采用变频调速方法。

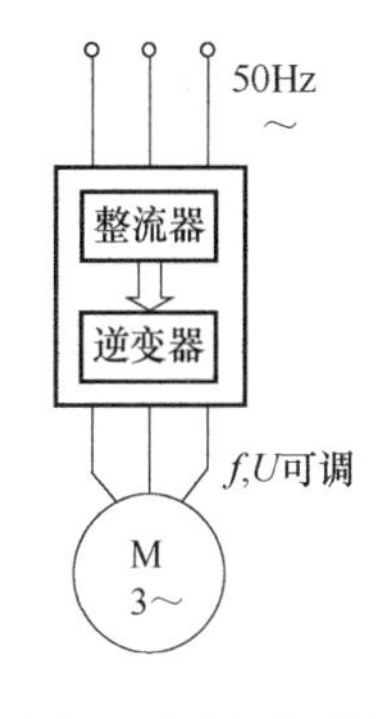

图10-19　变频调速原理图

3）变转差率调速。只要在绕线式异步电动机的转子电路中串入电阻，如图10-18所示，改变电阻的大小，就可以平滑调速。例如在一定负载转矩下，增大调速电阻 R 时，转差率 s 上升，而转速 n 下降。这种调速方法的优点是设备简单，操作方便，广泛地应用于起重机械

上。但由于串入调速电阻使机械特性变软，耗能增大。

（3）制动　电动机在断开电源后自然停车时，由于惯性会继续转动一段时间后才停转。为了缩短辅助工时，提高生产率，保证安全，有些生产机械要求电动机能准确、迅速制动，这就需要用强制的方法迫使电动机迅速制动。

制动的方法有电磁抱闸机械制动和电气制动。这里只介绍电气制动的原理。所谓电气制动，就是使电动机产生一个与转动方向相反的电磁转矩，阻碍电动机继续运转直至停车。常用的电气制动方法有能耗制动、反接制动和发电反馈制动等。

1）能耗制动　当电动机断开三相交流电时，立即向定子绕组通入直流电，定子绕组产生一个静止的磁场(不论极性如何)，这时，继续依惯性转动的转子导体便切割静止磁场而产生感应电动势和电流，其方向可用右手定则判断。转子导体电流又与磁场相互作用而产生同旋转方向相反的电磁制动转矩(可用左手定则判定其方向)，使电动机迅速停车，原理如图 10-20 所示。由于这种方法是用消耗转子的动能(转换成电能)来进行制动的，所以称为能耗制动。

调节直流电流的大小，可以控制制动转矩的大小。一般直流电流可调节为额定电流的 50% ~100% 。

这种方法准确、平稳、耗能小，但需直流电源。

2）反接制动　反接制动就是当要求电动机停车时，通过任意对调三相定子绕组的两相电源来实现的。两相电源对调后，旋转磁场反向，电磁转矩也反向而起制动作用。原理如图 10-21所示。当制动至转速接近于零时，应立即断开电源，否则电动机将反转，通常这项任务是由速度继电器来实现的。

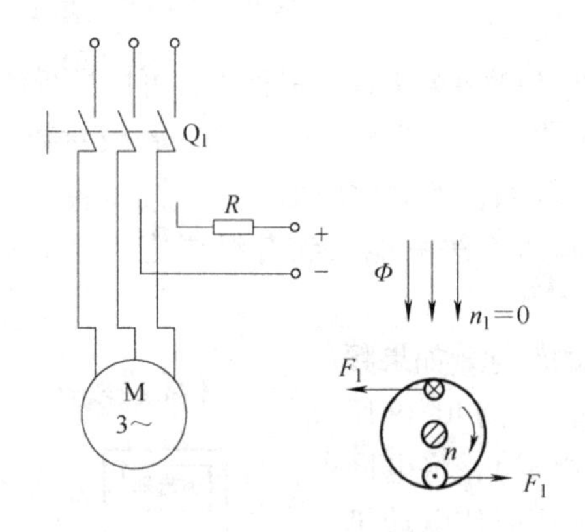

图 10-20　能耗制动原理图

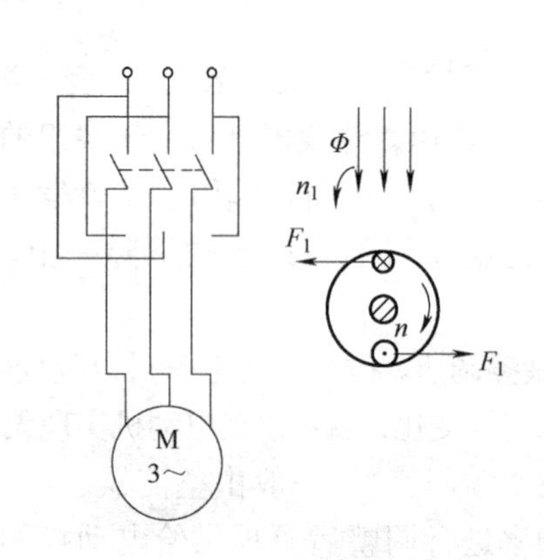

图 10-21　反接制动原理图

由于反接制动时旋转磁场与转子的相对转速(n_1+n)很大，制动电流也就很大，所以通常在制动时要在定子或转子电路中串接电阻以限制制动电流。这种制动方法简单、快速，但准确性较差，耗能大，冲击较强烈，易损坏机械零件。

3）发电反馈制动　如图 10-22 所示，电动机由于某种原因(如起重机快速下放重物)，使电动机转速 n 超过了旋转磁场的转速 n_1 就会改变电动机电磁转矩的方向，对电动机运行形成制动转

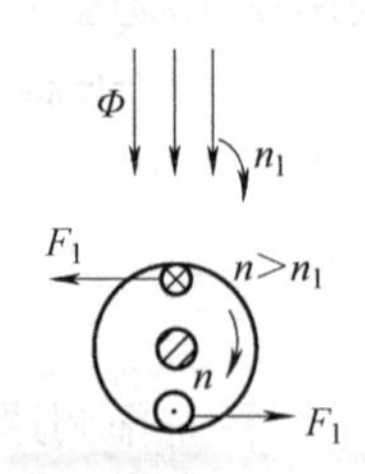

图 10-22　发电反馈制动

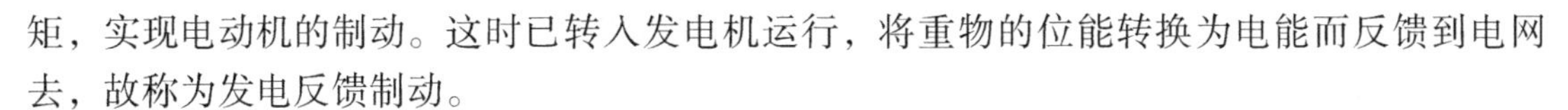

矩，实现电动机的制动。这时已转入发电机运行，将重物的位能转换为电能而反馈到电网去，故称为发电反馈制动。

3. 三相异步电动机的选择

在实际工作中，从技术的角度来考虑，选择一台异步电动机通常从以下几个方面进行。

（1）种类、形式及电气性能的选择

1）种类的选择：通常生产场所用的都是三相交流电，如果仅要求机械特性较硬而无特殊调速要求的一般生产机械应尽可能采用笼型电动机。对某些生产场所，对起动转矩和调速有特殊要求时才采用绕线型电动机。

2）结构的选择：由于生产机械种类繁多，它们的工作环境也各不相同。所以设计和生产出了能运行在不同环境条件下的各种类型的异步电动机。

开启式：在构造上无特殊防护装置，用于干燥无尘的场所。散热效果良好。

封闭式：具有全封闭式的外壳，既防水的滴洒又防粉尘等杂物。散热条件不如开启式。

密闭式：外壳严密封闭，有的密闭式电动机具有很好的防水性能（如潜水泵电动机）。由于采用密闭结构，所以这种电动机的散热条件较差，所以多采用外部冷却的方式。

防爆式：整个电动机密闭，电动机骨架能够承受巨大的压力。能够将电动机内部的火花、绕组电路短路，打火等完全与外界隔绝。这种电动机用在一些高粉尘、有爆炸气体、燃烧气体环境的场合。

3）电气性能的选择：由于生产上的需要，设计和生产出了多种电气和机械性能不同的电动机，以适合不同的机械负载的工作要求。

普通起动转矩电动机：用于一般机械负载的起动。大部分的电动机都属于这个范畴。起动系数从0.7～1.3（从15～150kW）。一般情况下，起动电流不超过额定电流的5～7倍。这些电动机用在一般的生产机械、驱动风扇、离心泵等。

高起动转矩电动机：这种电动机用于起动条件非常差的场合，如水泵、活塞式压缩机等。这些负载要求电动机的起动转矩是负载额定转矩的二倍，但起动电流同样不超过额定电流的5～7倍。一般情况下，通常采用具有良好起动转矩特性的双笼结构电动机。

高转差率电动机：运行速度通常为同步速度的85%～90%。这些电动机适用加快大惯性负载的起动过程（像离心干燥机、大飞轮）。这种电动机的鼠笼条的电阻值较大，为了防止过热，这种电动机常常在间歇工作状态下工作。这种随着负载的增加，速度下降较大的电动机也特别适合挤压和冲孔机械。

（2）功率的选择　功率的选择实际上也就是容量的选择，选择太大，容量没得到充分利用，既增加投资，也增加运行费用。如选得过小，电动机的温升过高，影响寿命，严重时，可能会烧毁电动机。

对于长期运行（长时工作制）的电动机，可选其额定功率P_N等于或略大于生产机械所需的功率；对于短时工作制或重复短时制工作的电动机，可以选择专门为这类工作制设计的电动机，也可选择长时制电动机，但可根据间歇时间的长短，电动机功率的选择要比生产机械负载所要求的功率要小一些。

（3）电压和转速的选择

1）电压的选择：电动机电压等级的选择，要根据电动机的类型，功率以及使用地点的电源电压来决定。Y 系列笼式电动机的额定电压只有 380V 一个等级。只有大功率的电动机才采用 3000V 和 6000V 的电压。

2）转速的选择：电动机的速度由于受到电源频率和电动机旋转磁场极对数的限制，选择范围并不大。一般电动机速度的选择依赖于所驱动的机械负载速度。对于速度较低的机械设备，宁可使用机械变速装置而选用速度较高的电动机，而不使用低速电动机进行直接驱动。使用变速箱有几个优点：对于给定的输出功率，高速电动机的价格和尺寸比低速电动机小得多，但其效率和功率因数却比较高；在相同的功率下，高速电动机的起动转矩要比低速电动机大得多。

在不要求速度平滑变化的场合，可以选用双速和多速电动机。

4. 三相异步电动机的缺相运行

三相异步电动机接到三相交流电源中，如果在起动时三相交流电源就缺了一相，则电动机不能起动。若运行过程中由于某种原因断开一相，此时的三相异步电动机为缺相运行状态，同单相电动机运行的原理一样，电动机还会继续旋转。

异步电动机缺相运行对机械特性也产生了严重影响，最大转矩 T_{max} 下降了大约 40%，起动转矩 T_{st} 等于零。电动机处于缺相运行状态时，如果电动机满负荷运行，这时其余两根线的电流将成倍增加，从而引起电动机过热，此时电动机有可能停车，电流将进一步加大，若没有过流继电器和过热继电器的保护，将加快电动机的损毁。

10.2 单相异步电动机

单相异步电动机是由单相交流电源供电的一种感应式电动机，如图 10-23 所示。由于结构简单、成本低廉、运行可靠及维修方便，在家用电器和医疗器械中得到了广泛应用。最常见的如电风扇、洗衣机、电冰箱和吸尘器等。它与同容量的三相感应电动机相比，单相电动机的体积较大，运行性能差，因此只做成几十到几百瓦的小容量电动机。

图 10-23 单相异步电动机

10.2.1 单相异步电动机的工作原理与机械特性

从转子构造上来看，单相电动机的定子只有一个单相绕组，转子是笼型结构，如图 10-24 所示。

单相电动机定子绕组通入单相交流电后产生的是脉动磁场，其大小及方向随时间沿定子绕组轴线方向变化。

单相电动机起动时，因电动机的转子处于静止状态，定子电流产生的脉动磁场在转子绕组内引起的感应电动势和电流如图 10-25 所示（图示为脉动磁场增加时转子绕组内感应电流情况）。由图 10-25 可以看出，由于磁场与转子电流相互作用在转子上产生的电磁转矩相互抵消，所以单相电动机起动时转子上作用的电磁转矩为零，单相异步电动机没有起动转矩，不能起动。

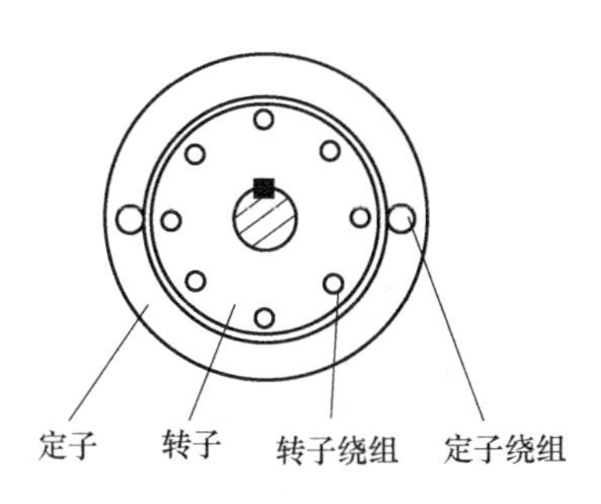

图 10-24　单相异步电动机结构图

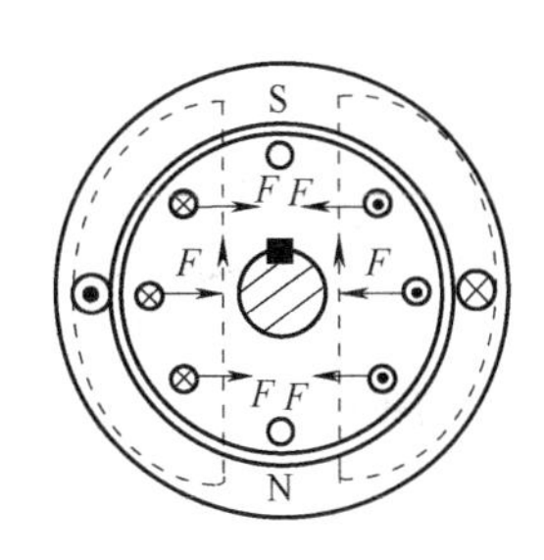

图 10-25　起动转子电流及感应电动势

单相异步电动机的机械特性如图 10-26 所示，脉动磁场分解成两个旋转磁场，这两个旋转磁场转向相反，一个顺时针方向；一个逆时针方向。每个旋转磁场都会与转子绕组作用，在转子上产生电磁转矩。顺向的 $T'-s'$曲线和逆向的 $T''-s''$曲线及合成曲线。

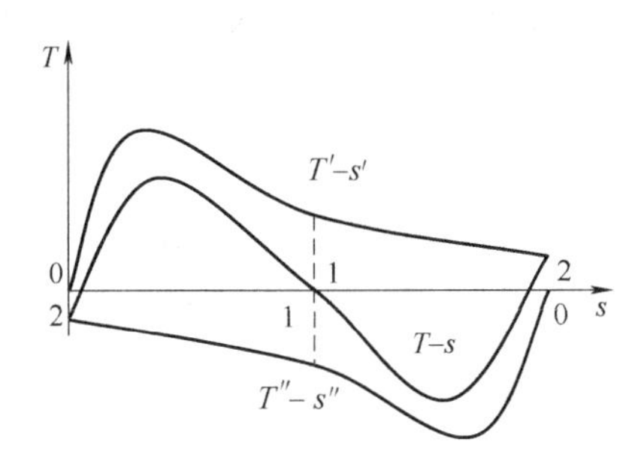

图 10-26　单相异步电动机的转矩特性

由图 10-25 可知，如果单相异步电动机的转子是静止的，即工作在图 10-26 中 $s=1$ 的那点，这时两个旋转磁场在转子上产生的电磁转矩数值相等，作用方向相反，合成转矩为零，因此无法起动。

为了使单相异步电动机起动，采取措施，可以在起动时用外力推动转子或让电动机在起动时内部产生一个旋转磁场，电动机转动起来后(此时 $s\neq1$)，再将旋转磁场变回脉动磁场，这时作用在转子上的合成转矩不再为零，单相异步电动机能够保持着起动时所具有的旋转方向继续运转并可以带动机械负荷工作。所以，单相异步电动机使用时，首先要使转子上产生转矩，使转子能够转动起来，转动起来之后，不论转动方向如何，转子上都有电磁转矩。

由于单相异步电动机中存在正转、反转两个磁场，在反向电磁转矩的作用下，合成转矩比同容量的三相异步电动机小，过载能力、功率因数和效率也都比同容量的三相异步电动机低。

10.2.2　单相异步电动机的起动方法

为了使单相异步电动机在起动时能产生起动转矩，在单相机内采用一些辅助设施使电动机在起动时产生起动转矩。常用的方法有电容分相起动法和罩极起动法。

1. 电容分相法

图 10-27 所示的为电容分相式异步电动机的接线原理图，通过主绕组 AX 和起动绕组 BY 两相绕组阻抗的方法，从单相交流中得到具有一定相位差的两相电流，在两相绕组上形成旋转磁场，产生起动转矩。如图 10-28 所示为主绕组和起动绕组电流波形。容量较大或要求起动转矩较高的异步电动机常采用这种方法起动。

电容分相式异步电动机的定子绕组由空间上相差 90°的主绕组 AX 和起动绕组 BY 构成。为了使起动绕组的电流相位与主绕组电流相位相差 90°，通常在起动绕组回路中串联一个电容器 C。其日的是在定子空间产生一个旋转磁场，使电动机起动旋转。

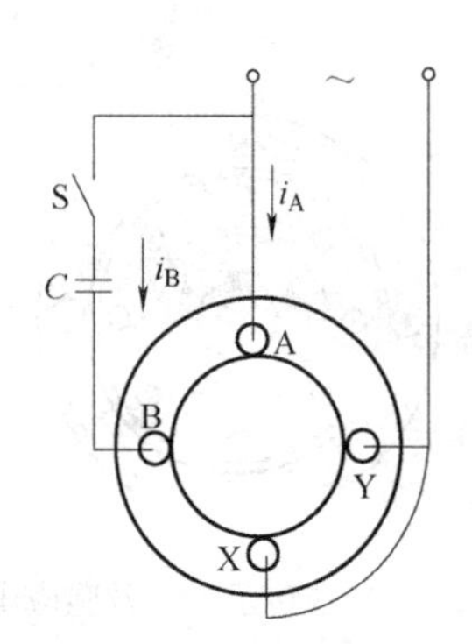

图 10-27　电容分相式异步电动机接线原理图

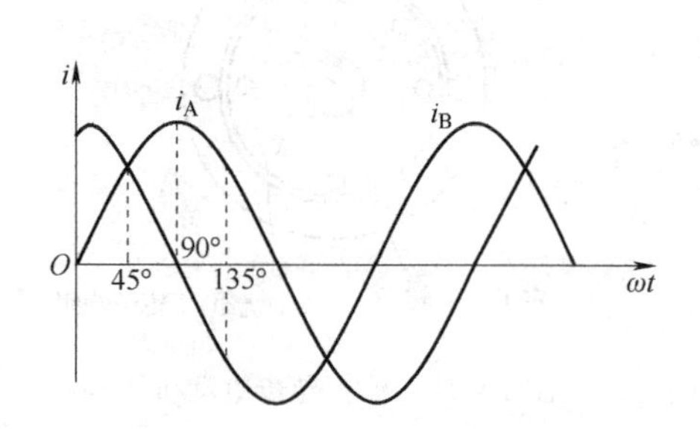

图 10-28　主绕组和起动绕组电流波形

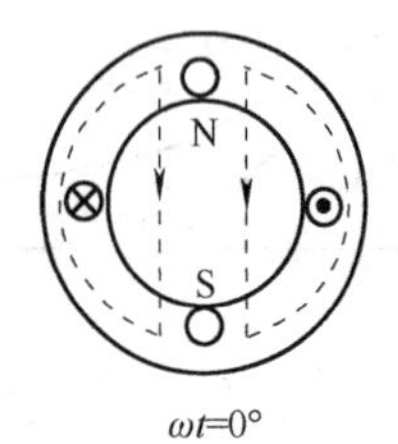

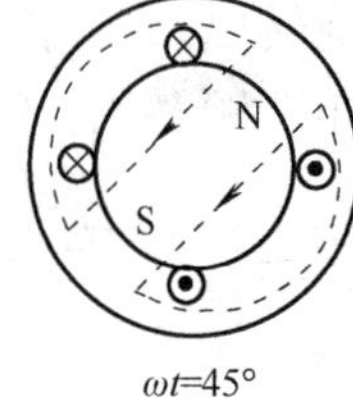

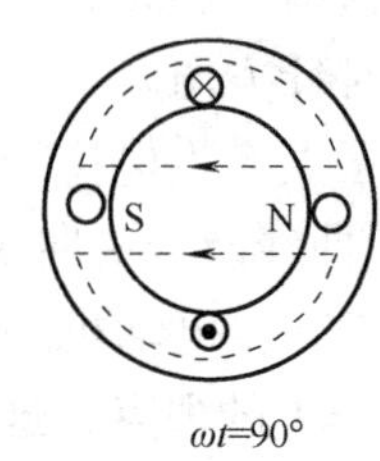

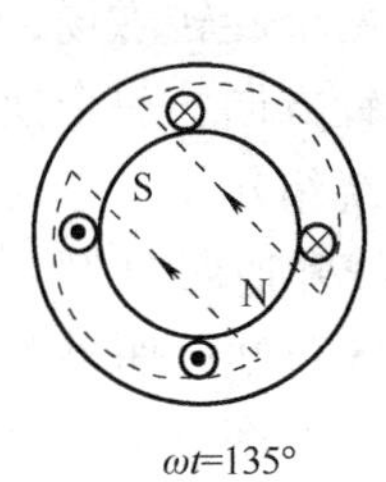

图 10-29　起动时的单相电动机旋转磁场

如图 10-29 所示，同三相旋转磁场分析方法一样，在空间位置相差 90°，流过电流相位差 90°的两个绕组，也同样能产生旋转磁场。在此旋转磁场的作用下，笼型转子将跟着一起转动。电动机起动后，当转速达到额定值时，串在起动绕组 BY 支路的离心开关 S 断开，电动机就处于单相运行状态了。欲使电动机反转，需将起动电容串入主绕组支路，而不能像三相异步电动机那样调换两根电源线来实现。

2. 罩极法

罩极式单相电动机的定子铁心多做成凸极式，结构如图 10-30 所示。在极靴表面的1/3～1/4 处开有一槽，用铜环套在磁极的窄条一边上，称为罩极。定子绕组接单相交流电源。当将电源接通时，磁极下的磁通分为两部分：即 Φ_1 与 Φ_2。由于短路铜环的作用，罩极下的 Φ_1 与在短路环下的 Φ_2 之间产生了相位差，于是气隙内形成的合成磁场将是一个有一定推移速度的移行磁场，旋转方向是从未罩极指向罩极部分，从而使电动机产生一定的起动转矩，使电动机转子从未罩极部分向罩极部转动。起动之后，电动机按单相电动机工作原理运行。

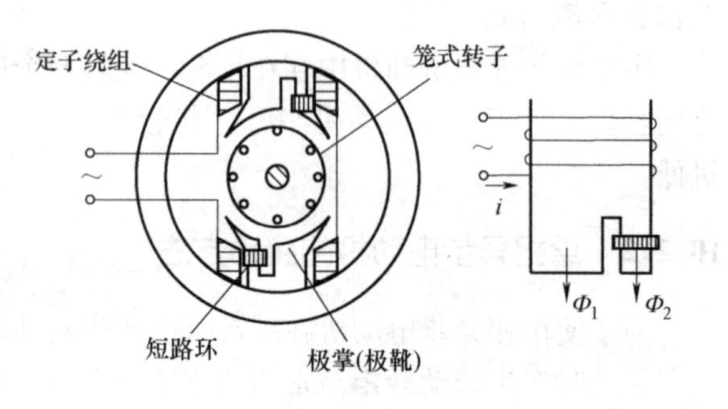

图 10-30　罩极感应电动机

罩极法得到的起动转矩较小、结构简单、制造方便，运行时噪声小，多用于小型电扇、电唱机和录音机等小型家用电器中。这种电动机由于罩极结构已确定，不能靠改变主绕组接线的方式来改变转向。

10.3　常用的低压电器

应用电动机拖动生产机械，称为电力拖动。利用继电器、接触器实现对电动机和生产设备的控制和保护，称为继电器-接触器控制。实现继电器—接触器控制的电气设备，统称为控制电器，如刀开关、按钮、继电器、接触器等。本节主要介绍几种常用的低压控制电器。

常用低压控制电器是指用于交、直流电压 1000V 及以下电路中起通断、控制、保护与调节等作用的电器设备。低压电器的种类繁多，根据其用途或所控制的对象可概括为以下两大类：

1）低压配电电器。主要用于低压配电系统中，要求在系统发生故障情况下动作准确，工作可靠、有足够的热稳定性和动稳定性。这类电器包括刀开关、熔断器、断路器和保护继电器等。

2）低压控制电器。主要用于电力传动系统中，要求寿命长，体积小、质量轻和工作可靠。这类电器包括控制继电器、接触器、起动器、调压器、包括按钮，行程开关和电磁铁等。

1. 刀开关 Q

刀开关的种类很多，适用于照明、电热设备以及直接起、停的小容量电动机控制电路中，用于接通和断开电路。在电力拖动控制线路中最常用的是由刀开关和熔断器组合而成的负荷开关。刀开关符号及外形如图 10-31 所示。

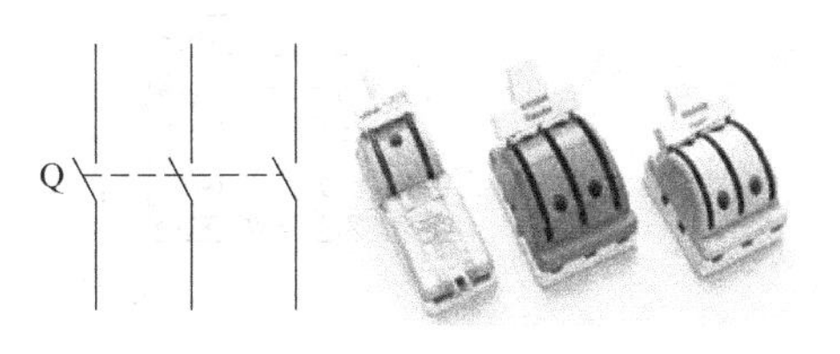

图 10-31　刀开关符号、外形

刀开关分为：单刀：用在某一相线上；双刀：用在两相上；三刀：用在三相上。

2. 断路器

断路器兼有刀开关和熔断器的作用。在低压中用于分断和接通负荷电路，控制电动机运行和停止。

图 10-32 所示为断路器原理图，三对主触点串接在被保护的三相主回路中，当合上开关 Q 时，主触点由锁扣的锁钩扣住搭钩，克服弹簧的拉力，保持闭合状态，电路正常工作。当电路发生过载和短路故障，电流超过过电流脱扣器整定值时，衔铁吸合，顶起连杆装置，使锁扣的搭钩与锁钩脱离，断开主触点，起到过载保护。当电路发生失电压、欠电压等故障时，欠压脱扣器线圈的磁力减弱，在弹簧作用下拉动衔铁顶起连杆装置，使锁扣的搭钩与锁钩脱离，断开主触点，起到失电压、欠电压保护。

3. 按钮

按钮是一种结构简单、操作方便的手动开关，额定电流较小，按钮不直接控制主电路，在控制电路中发出手动控制信号。如图 10-33 所示为复合按钮的结构、符号及外形。

如图 10-33 所示，按动按钮钮帽时，动触点桥下移，常闭触点 1、2 断开，然后动触点桥 5 与下面的常开触点 3、4 接触使其闭合。松手后复位弹簧使动触点桥复位，常开触点断开后常闭触点闭合。

在控制电路中，一般常开触点用作起动按钮，常闭触点用作停止按钮。按下按钮，常开触点闭合、常闭触点断开，因此，常开触点又称作动合触点、常闭触点又称作动断触点。

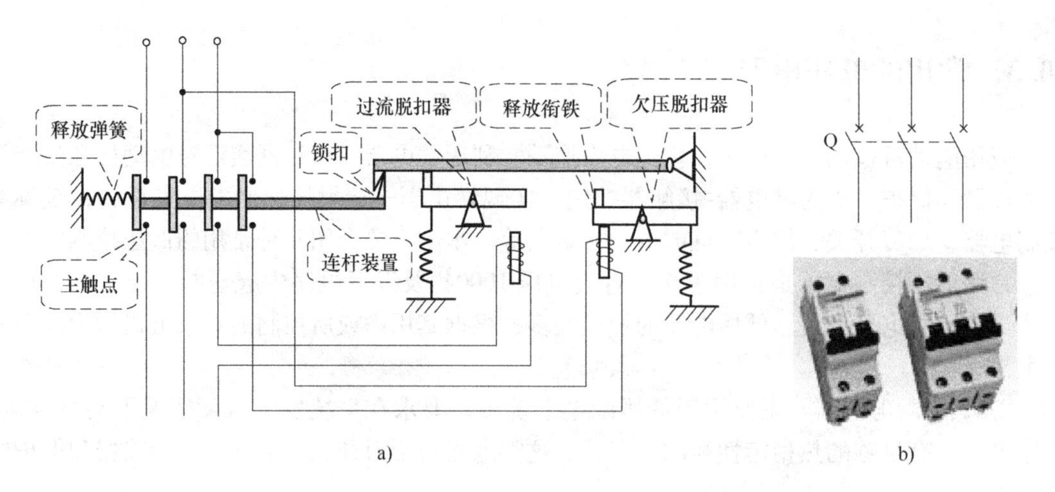

图 10-32　自动空气断路器原理图、符号

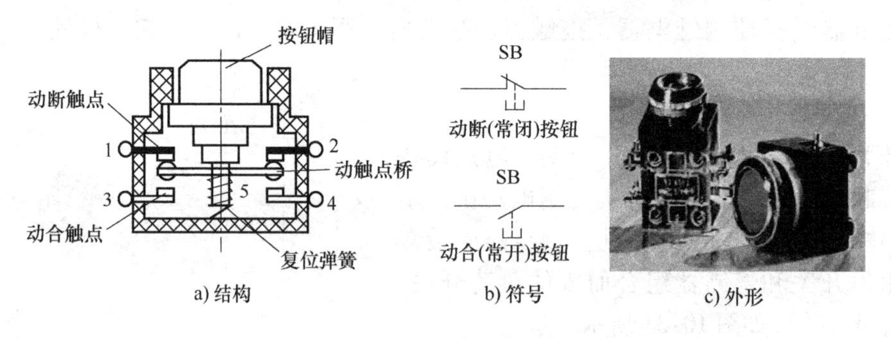

图 10-33　复合按钮

4. 接触器(KM)

图 10-34a 所示，接触器是一种利用电磁力使其触点动作的自动开关，可用来频繁地接通或切断控制电路和主电路。它分为交流接触器和直流接触器两种。接触器由电磁铁、触头和灭弧装置等几部分组成。在图 10-34b 中，固定的山字形铁心、线圈和衔铁组成电磁铁。当线圈通电后，吸合衔铁，带动与其相连的可动触点桥向右移动，使两对辅助常闭触点先断开，随后其常开触点闭合。这时接触器的状态叫“动作状态”或“吸合状态”。线圈断电后，在复位弹簧作用下，衔铁恢复原位，各对常开触点先断开，辅助常闭触点闭合，恢复到图 10-34b所示状态，电路符号如图 10-34c 所示，属于同一器件的线圈和触点用相同的文字表示。接触器主要技术指标有：额定工作电压、电流、触点数目等。

交流接触器的线圈电压在额定电压的 85% ~105% 时能保证可靠工作。电压过高，磁路趋于饱和，线圈电流将显著增大；电压过低，电磁吸力不足，通电后衔铁吸合不上，线圈感抗较小，电流较大，将使线圈严重发热甚至烧毁。

用来控制主电路并能通过大电流的触点称为主触点，主触点最少有三对。用来控制辅助电路、只能通过 5A 以下电流的触点，称为辅助触点。主触点闭合后，由它控制的负载接通电源开始工作。此时，常开辅助触点闭合或常闭辅助触点断开，使控制电路实现联锁或控制指示灯。

接触器主要用来控制电动机工作，由于通过主电路的电流很大，在断开电路时，主触点

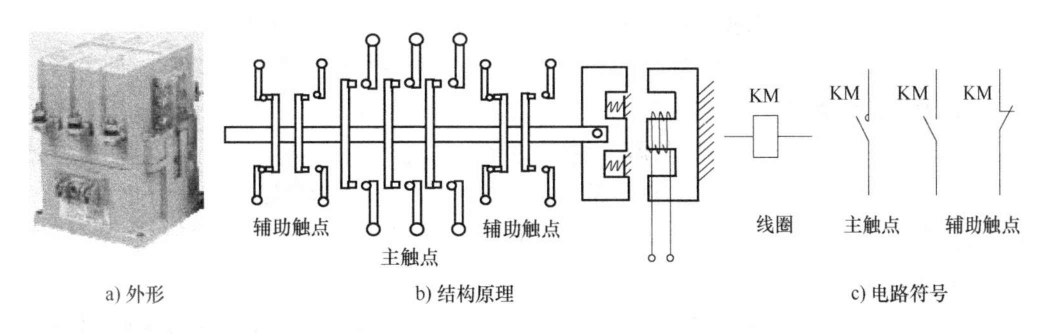

a) 外形　　b) 结构原理　　c) 电路符号

图 10-34　接触器

断开处会产生高电压，出现电弧，烧毁触点或引起相间短路，因此大容量接触器在主触点上装有灭弧罩。灭弧罩的外壳由绝缘材料制成，并使三对主触点相互隔开，隔开的空间的作用是把触点间产生的电弧分割成小段而使之迅速熄灭。小容量接触器，通过主触点的电流较小，可不用灭弧装置。

接触器的选择与使用

1）类型选择：根据接触器所控制负载电流的类型来选择交流接触器或直流接触器。

2）额定电压的选择：接触器额定电压应大于负载回路的电压。

3）额定电流的选择：接触器额定电流应大于被控回路的额定电流。

4）吸引线圈额定电压的选择：对简单控制电路可以直接选用交流 380V、220V 电压，对电路复杂，使用电器较多者，应选用 100V 或更低的控制电压。

5. 熔断器

熔断器用 FU 来表示，图 10-35 是熔断器的电路符号。熔断器在结构上主要由熔断管(或盖、座)、熔体及导电部件等部分组成。其中熔体是主要部分，熔断器的熔体串联在被保护电路中，它既是感测元件又是执行元件。熔断器的作用是当电路发生短路或过载故障时，通过熔体的电流使其发热，当达到熔化温度时熔体自行熔断，从而分断故障电路。常用的熔断器有插入式熔断器、螺旋式熔断器、管式熔断器和有填料式熔断器。

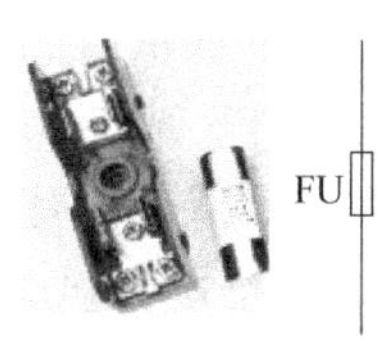

图 10-35　熔断器

熔断器在电路中作为过载和短路保护之用，主要用作短路保护。当电路正常工作时，熔体允许通过一定大小的电流而长期不熔断；当电路发生短路故障时，熔体能在瞬间熔断。而且短路电流越大，熔体熔断时间越短。

熔断器的类型选择及使用

（1）熔断器的类型选择　应根据使用场合、线路要求来选择熔断器的类型。电网配电一般用封闭管式；有振动的场合，如对电动机保护的主电路一般用螺旋式；静止场合，如控制电路及照明电路一般用玻璃管式；保护晶闸管则应选择快速熔断器。

（2）熔断器规格选择及使用　熔断器额定电压应大于等于线路的工作电压。熔体额定电流的选择是选择熔断器的核心，可分下列几种情况选择：

1）对于保护照明或电热设备的熔断器，因为负载电流比较稳定，熔体额定电流应略大于或等于负载电流。即 $I_{re} \geqslant I_e$。其中，I_{re}为熔体的额定电流；I_e 为负载的额定电流。

2）用于保护单台长期工作电动机的熔断器，考虑电动机起动时不应熔断，即 $I_{re} \geqslant (1.5 \sim 2.5) I_e$。其中，$I_{re}$为熔体的额定电流；$I_e$ 为电动机的额定电流，轻载起动或起动时间比较短时，系数可取近 1.5，带载起动或起动时间比较长时，系数可取近 2.5。

3）用于保护频繁起动电动机的熔断器，考虑电动机频繁起动时不应熔断，即 $I_{re} \geqslant (3 \sim 3.5) I_e$。其中，$I_{re}$为熔体的额定电流；$I_e$ 为电动机的额定电流。

4）用于保护多台电动机的熔断器，在出现尖峰电流时不应熔断。通常，将其中容量最大的一台电动机起动，而其余电动机正常运行时出现的电流作为尖峰电流，为此，熔体的额定电流应满足下述关系：$I_{re} \geqslant (1.5 \sim 2.5) I_{emax} + \sum I_e$，其中，$I_{emax}$为多台电动机中容量最大的一台电动机额定电流，$\sum I_e$ 为其余电动机额定电流之和。

5）为防止发生越级熔断，上下级熔断器间应有良好的协调配合，为此，应使上一级熔断器的熔断额定电流比下一级大 1～2 个级差。

6）熔断器一般做成标准熔体。更换熔片或熔丝时应切断电源，并换上相同额定电流的熔体、不得随意加大、加粗熔体或用粗铜线代替。

6. 热继电器(FR)

在电力拖动系统中，当三相交流电动机出现长期带负荷欠电压运行、长期过载运行以及长期单相运行等不正常情况时，会导致电动机绕组严重过热乃至烧坏。

在电路中当电动机出现过载时，热继电器能自动切断电路起到过载保护作用，它的动作时间可随过载程度而改变，可以充分发挥电动机的过载能力，保证电动机的正常起动和运转。

图 10-36a 是热继电器的结构原理图，电路符号如图 10-36b、图 10-36c。热元件 3 串接在电动机定子绕组中，电动机绕组电流即为流过热元件的电流。当电动机正常运行时，热元件产生的热量虽能使固定支点 1 固定的热膨胀系数不同的双金属片 2 弯曲，但还不足以使继电器动作；当电动机过载时，热元件产生的热量增大，使双金属片弯曲位移增大，经过一定时间后，双金属片弯曲到推动导板 4，并通过补偿双金属片 5 与推杆 14 将触点 9 和 6 分开，触点 9 和 6 为热继电器串于接触器线圈回路的常闭触点，断开后使接触器线圈失电，接触器的常开主触点断开电动机的电源以保护电动机。调节旋钮 11 是一个偏心轮，它与支撑件 12 构成一个杠杆，13 是一压簧，转动偏心轮，改变它的半径即可改变补偿双金属片 5 与导板 4 的接触距离，因而达到调节整定动作电流的目的。此外，靠调节复位螺钉 8 来改变常开触点 7 的位置使热继电器能工作在手动复位和自动复位两种工作状态。调试手动复位时，在故障排除后要按下按钮 10 才能使动触点恢复与静触点 6 相接触的位置。

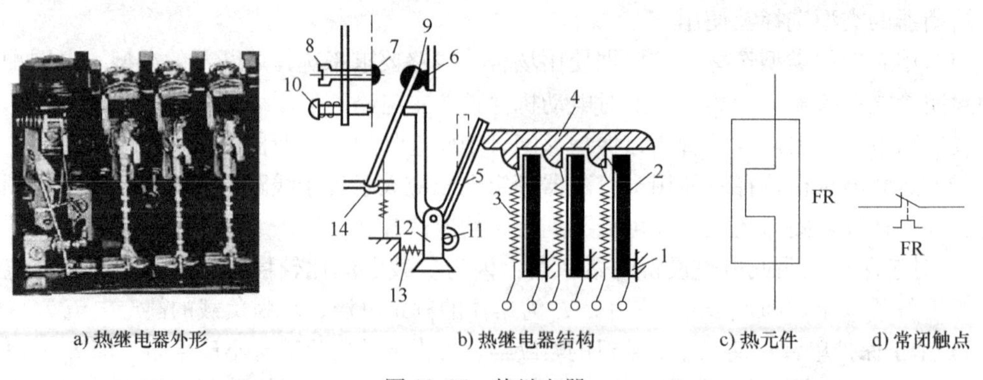

图 10-36 热继电器

热继电器通常与接触器一起使用，以保护电动机的过载。选用时，必须了解被保护电动机的工作环境、起动情况、负载性质、工作制式以及电动机的过载能力。

一般选用时应根据被控设备的额定电流(或正常运行电流)来选择相应的发热元件规格，不能过大或过小。在不频繁起动场合，要保证热继电器在电动机起动过程中不产生误动作。当电动机重复短时工作时，要注意确定热继电器的允许操作频率。

7. 行程开关

依照生产机械的行程发出命令以控制其运行方向或行程长短的电器，称为行程开关。行程开关广泛应用于各类机床和起重机械的控制，以限制这些机械的行程。根据其作用原理可分为接触式行程开关和非接触式行程开关。

1）如图 10-37 所示接触式行程开关通过机械可动部分的动作，将机械信号转换为电信号，以实现对机械的控制。按照结构分为直动式、微动式、滚轮式，分别依靠碰触顶杆、推杆及滚轮工作。在此主要介绍微动式行程开关。如图 10-37b 所示微动式行程开关的结构原理，图 10-37c 是微动式行程开关的电路符号。

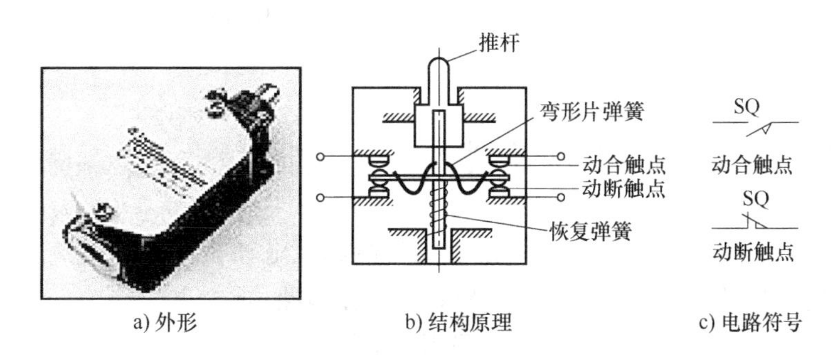

a) 外形　　b) 结构原理　　c) 电路符号

图 10-37　微动行程开关

当推杆向下压动到一定距离时，弯形片状弹簧形变，使动触点桥瞬间动作，将常闭触点断开，常开触点闭合。外力撤去后，推杆在恢复弹簧作用下迅速复位，触点立即恢复常态。采用这种瞬时动作机构，可以使开关触点动作速度不受推杆压下速度的影响，这不仅可减轻电弧对触点的烧蚀，而且也能提高触点动作的准确性。

2）由于半导体元件的出现，产生了非接触式的行程开关，分为接近开关和光电开关。

接近开关：当生产机械接近它到一定距离范围之内时，它就能发出信号，而不像接触式行程开关那样需要施加机械力。一般用来控制生产机械的位置或进行计数。接近开关有高频振荡型、感应电桥型、霍尔效应型、电容型及超声波型等多种形式。

光电开关(光电传感器)：是光电接近开关的简称，它是利用被检测物对光束的遮挡或反射来检测物体的有无。物体不限于金属，所有能反射光线的物体均可被检测。光电开关将输入电流在发射器上转换为光信号射出，接收器再根据接收到的光线的强弱或有无对目标物体进行探测。多数光电开关选用的是波长接近可见光的红外线光波型。目前使用最多的是对射式光电开关和漫反射式光电开关。

8. 时间继电器

图 10-38 所示为时间继电器的电路符号。从得到输入信号(线圈的通电或断电)开始，经过一定的延时后才输出信号(触点的闭合或断开)的继电器，称为时间继电器。

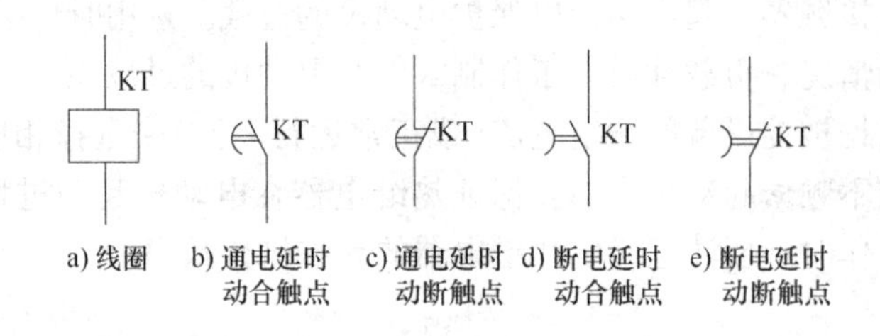

图 10-38　时间继电器的电路符号

时间继电器常用于按时间整定原则进行控制的场合。其种类很多，按工作原理划分，时间继电器可分为电磁式、空气阻尼式、晶体管式和数字式等。

时间继电器的延时方式有两种：

1）通电延时：接受输入信号后延迟一定的时间，输出信号才发生变化；当输入信号消失后，输出瞬时复原。

2）断电延时：接受输入信号时，瞬时产生相应的输出信号；当输入信号消失后，延迟一定的时间，输出才复原。

10.4　三相异步电动机的基本控制

电气线路包括主电路和控制电路两部分。从电源至电动机通过大电流的电路称为主电路；控制主电路工作状态通过小电流的电路称为控制电路(或辅助电路)。

在工业生产中几乎所有的生产机械都采用电动机拖动，同时为了完成起动、正反转、多机顺序控制及制动等各种动作，需要用各种电器组成一个电动机控制系统，以便迅速、准确地对电动机、电磁阀或其他电气设备进行控制。本节主要介绍几种基本的控制环节和保护环节的典型线路。

10.4.1　直接起动电动机的运行控制

1. 三相异步电动机的点动控制

点动控制是指按下按钮电动机通电运转；松开按钮电动机失电停转。许多生产机械在调整试车或运行时要求电动机能瞬时动作一下，如龙门刨床横梁的上、下移动，摇臂钻床立柱的夹紧与放松，桥式起重机吊钩、大车运行的操作控制等都需要点动控制。

如图 10-39 所示，电路包括主电路和控制电路两部分。主电路从电源至电动机，刀开关 Q 是电源隔离开关，熔断器 FU 和接触器 KM 的主触点串在主回路。控制回路由按钮 SB_1、接触器 KM 线圈组成。

合上电源开关 Q，按下按钮 SB_1，接触器线圈 KM 通电，动合主触点 KM 闭合，电动机 M 通电运行。放开按钮，KM 释放，电动机断电停转。

2. 基本保护环节

要确保生产安全必须在电动机的主回路和控制回路中设置保护装置。一般中小型电动机主回路有下面常用的三种基本保护环节，如图 10-40 主回路所示。

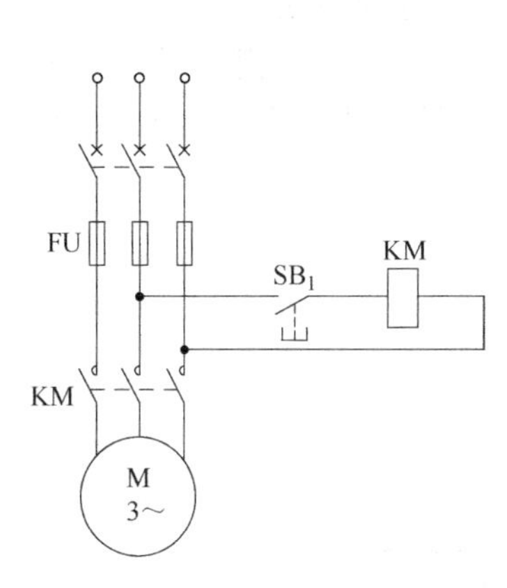

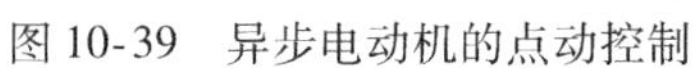
图 10-39　异步电动机的点动控制

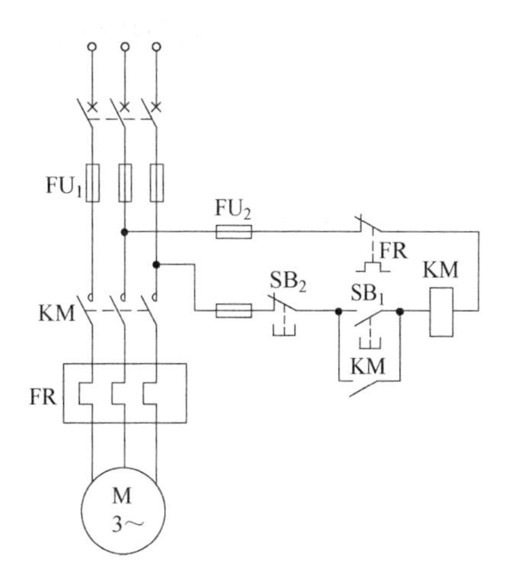

图 10-40　异步电动机的自锁控制

（1）短路保护　由熔断器 FU 来实现短路保护。它能确保在电路发生短路事故时，可靠地切断电源，使被保护设备免受短路电流的影响。

（2）过载保护　电动机长期过载运行，其绝缘材料会因过热而受损甚至烧毁。因此电动机必须增设过载保护环节。过载保护由热继电器 FR 来实现。它在电动机过载时能自动切断电源，保护电动机绕组不因超过允许温升而损坏。但由于热继电器中发热元件具有热惯性，在电路中不能做瞬时过载保护，更不能做短路保护。

（3）失电压保护(零压保护)和欠电压保护　继电器-接触器控制电路不但能实现自锁使电动机连续运转，而且具有欠电压和失电压(或零压)保护作用。因为当断电或电压过低时，接触器就释放，从而使电动机自动脱离电源；当线路重新恢复供电时，由于接触器的自锁触点已断开，电动机是不能自行起动的。这种保护可避免引起意外的人身事故和设备事故。

3. 三相异步电动机的单方向连续控制

为了实现电动机单向连续运行，可采用如图 10-40 控制回路所示的接触器自锁控制电路。

当接触器 KM 线圈通电后，辅助动合触点 KM 也闭合，这时放开 SB_1，线圈仍通过辅助触点继续保持通电，使电动机继续运行。辅助动合触点 KM 的维持自身线圈持续通电的作用称为自锁。要使电动机停止运转，可在控制电路中串联另一按钮的动断触点 SB_2，这样按下 SB_2 时，线圈断电，电动机也跟着停转，故该按钮称为停止按钮，SB_1 则称为起动按钮。

10.4.2　直接起动电动机的正、反转控制

很多生产机械都要求有正、反两个方向的运动，如起重机的升降，机床工作台的进退，主轴的正反转等。这可由电动机的正、反转控制电路来实现。

1. 电气互锁异步电动机正、反转控制电路

要使三相异步电动机反转，只要将电动机接三相电源线中的任意两根对调即可。若在电动机单向运转控制电路基础上再增加一个接触器及相应的控制电路就可实现正反转控制，如图 10-41 所示。

由主电路可以看出，若两个接触器同时吸合工作，则将造成电源短路的严重事故，所以在图 10-41 控制回路中，将两个接触器的辅助动断触点分别串联到另一接触器的线圈支路上，达到两个接触器不能同时工作的控制作用，称为电气互锁或联锁。这两个辅助动断触点称为互锁触点。这种互锁又叫接触器互锁。这种控制电路的缺点是：反转时，必须先按停止按钮后，再按反转起动按钮。

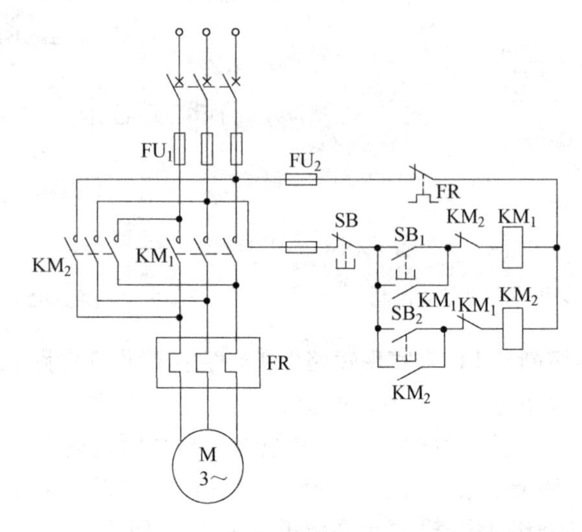

图 10-41　电气互锁异步电动机的正反转控制电路

2. 双重互锁异步电动机正、反转控制电路

图 10-42 采用了复合按钮互锁，即将两个起动按钮的动断触点分别串联到另一接触器线圈的控制支路上，这种互锁又叫机械互锁。这样，若正转时要反转，直接按反转按钮 SB_2，其动断触点断开，正转接触器 KM_1 线圈断电，主触点断开。接着串联于反转接触器线圈支路中的动断触点 KM_1 恢复闭合，SB_2 动合触点闭合，KM_2 线圈通电自锁，电动机反转。这种电路叫双重互锁控制电路。

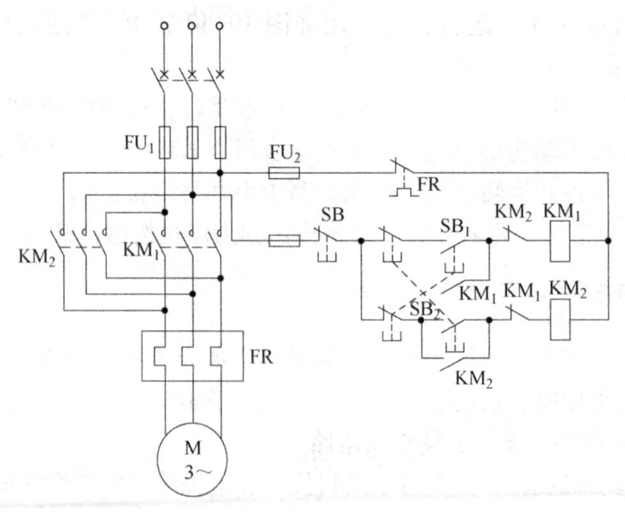

图 10-42　双重互锁异步电动机的正反转控制

10.4.3　多处控制

在万能铣床、龙门刨床上为了便于调整操作和加工，要求在不同地点都能实现同一操作控制。将起动按钮动合触点并联，停止按钮动断触点串联，便可实现多处控制。

如图 10-43 所示，由于并联，按下 SB_3 或 SB_4 任意一个，接触器 KM 均能吸合，其辅助常开触点闭合，实现自锁，起动电动机；按下 SB_1 或 SB_2，由于它们串联，接触器 KM 均能断开，停止电动机。

将起动按钮和停止按钮线连接到远端，该电路也可以作为远程起动与远程停止控制电路使用。

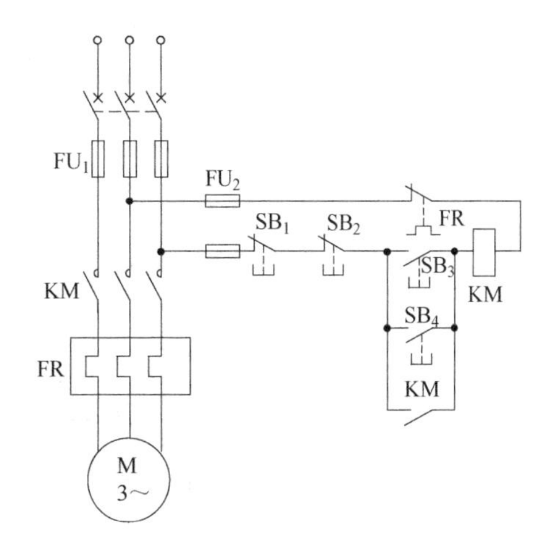

图 10-43　多处控制电路

10.4.4　多机顺序联锁控制

装有多台电动机生产机械有时要求按一定的顺序起动电动机，有的要求按顺序停机，这就要采用顺序联锁控制。例如车床主轴电动机必须在润滑油泵电动机工作后才能起动；多台连接使用的皮带运输机要逆着运料方向按顺序起动以防止堆料等。

图 10-44 为车床油泵 M_1 和主轴电动机 M_2 的联锁控制电路。要求油泵电动机 M_1 先起动，使润滑系统有足够的润滑油以后，方能起动主轴电动机 M_2。按下 SB_1，KM_1 线圈通电自锁，KM_1 主触点闭合，油泵电动机 M_1 起动。这时通过 KM_1 的自锁触点闭合，为 KM_2 的线圈通电做准备，按下 SB_2，主轴电动机 M_2 方能起动，如果 M_1 未起动时，按下 SB_2，主轴电动机 M_2 也不能起动。

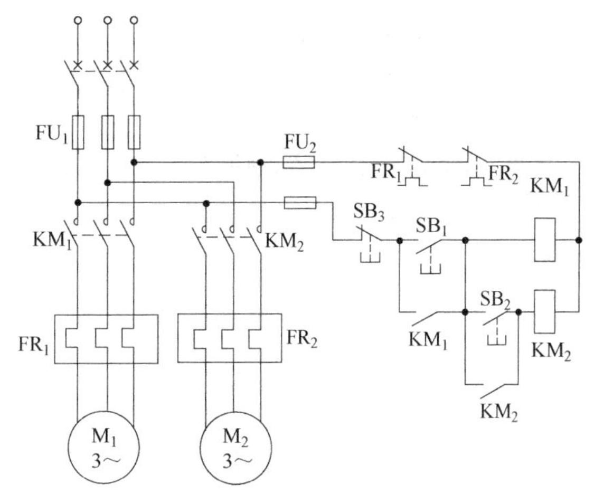

图 10-44　顺序控制电路

10.4.5　时间控制电路

按时间的长短为信号来控制电路的动作称为时间控制。它是利用时间继电器来实现的。

1. 三相笼型异步电动机Y-△减压起动的时间控制电路

Y-△减压起动的控制电路如图 10-45 所示。

工作过程如下：先合上电源开关 Q，按下起动按钮 SB_1，接触器 KM_1、KM_Y线圈得电，其主触点同时闭合，电动机定子绕组进行星形联结减压起动。KM_1 的辅助动合触点闭合自锁，KM_Y的辅助动断触点断开，与接触器 $KM_\triangle$实现互锁。由于时间继电器 KT 的线圈与 KM_1 同时得电，所以，经过预先整定好的时间（Y接起动时间），通电延时断开的动断触点 KT 断

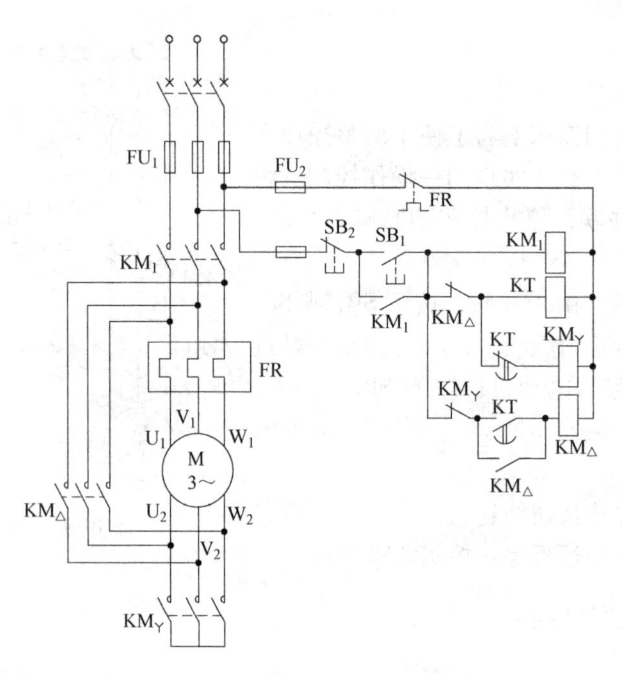

图 10-45　异步电动机Y-△起动控制电路

开使 KM_{Y}线圈失电，主触点断开，而延时闭合的动合触点 KT 闭合使 $KM_{\triangle}$线圈通电自锁，其主触点 $KM_{\triangle}$闭合将电动机定子绕组连接成△全压正常运行。

2. 能耗制动控制电路

如图 10-46 所示能耗制动控制电路，制动用直流电源由桥式全波整流器 VC 供给，用可调电阻 R_P 调节制动电流的大小。

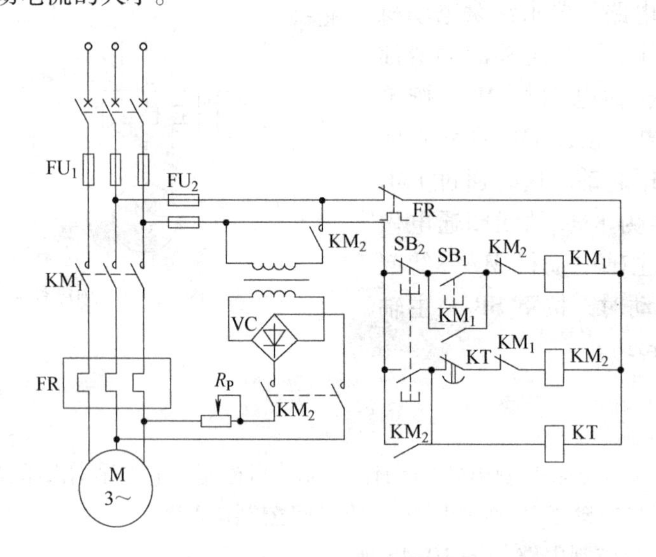

图 10-46　能耗制动控制电路

工作原理如下：先合上电源开关 Q，按下起动按钮 SB_1，接触器 KM_1 线圈得电动作并自锁，主触点闭合，电动机 M 起动运转。停车时，按下 SB_2，KM_1 线圈失电，断开电动机三相交流电路，同时 KM_2 和时间继电器 KT 线圈得电，通过接触器 KM_2 的主触点向电动机定子

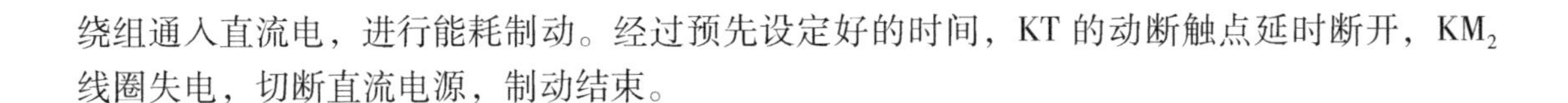

绕组通入直流电，进行能耗制动。经过预先设定好的时间，KT 的动断触点延时断开，KM_2 线圈失电，切断直流电源，制动结束。

习题

【概念题】

10-1　三相异步电动机的转子电路中，感应电动势和电流的频率是随转速而改变的，转速越高，则频率越高；转速越低，则频率越低。这种说法是否正确？为什么？

10-2　说明三相异步电动机起动电流与定子所加相电压 U_1 的关系。

10-3　三相异步电动机带动额定负载工作时，若电源电压下降过多，会产生什么问题？试说明原因。

10-4　三相异步电动机电磁转矩与哪些因素有关？

10-5　三相异步电动机在满载和空载下起动时，起动电流和起动转矩是否一样？为什么？

10-6　电源电压不变的情况下，如果将三角形联结的三相异步电动机误接成星形，或将星形联结误接成三角形，其后果如何？

10-7　一台 380V，Y联结的笼型电动机，是否可以采用Y-△换接起动？为什么？

10-8　三相异步电动机在运行过程中断开一相，可否继续运行？会产生什么问题？若在起动时就已缺了一相，能否起动？为什么？

10-9　什么是过载保护？为什么对电动机要采用过载保护？熔断器能否替代热继电器实现过载保护？

10-10　说明自锁控制电路与点动控制电路的区别，归纳一下自锁和互锁的作用与区别？

10-11　热继电器的发热元件为什么要三个？用两个或用一个是否可以？

10-12　简述单相异步电动机电容分相起动法和罩极起动法的各自特点。

【分析仿真题】

10-13　分析图 10-47 电路能否控制电动机起停？为什么？

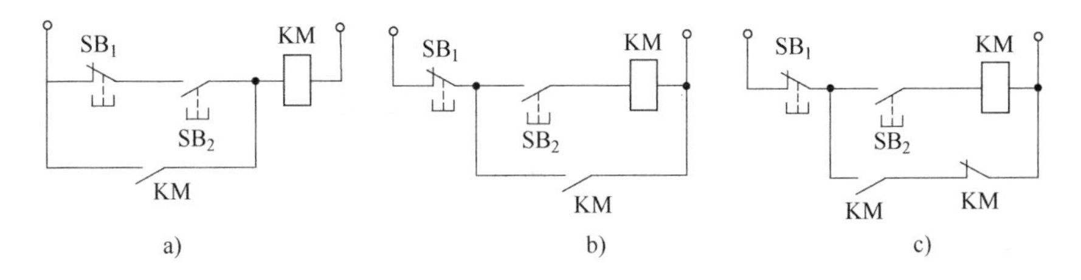

图 10-47　题 10-13 图

10-14　若用转速表测得两台笼型三相异步电动机的转速分别为 950r/min 和 1440r/min，$f=50$Hz，试问它们的旋转磁场极数、同步转速和转差率各为多少？

10-15　已知 Y160L-4 型三相异步电动机的有关技术数据如下：$P_N=15$kW，$f=50$Hz，$U_N=380$V，$I_N=30.3$A，$n_N=1440$r/min，$\cos\varphi_N=0.85$。求：(1) 求电动机的额定转矩 T_N。(2) 求额定转差率，输入功率与效率。

10-16　已知 Y100L-2 型三相异步电动机的技术数据见表 10-6：

表 10-6　Y100L-2 型三相异步电动机的技术数据

P_N	n_N	U_N	I_N	η_N	$\cos\varphi_N$	I_{st}/I_N	T_{st}/T_N	T_{max}/T_N
3.0kW	2880r/min	380V	6.4A	82%	0.87	7.0	2.2	2.2

当电源线电压为 220V 时，(1) 电动机的定子绕组应如何连接？这时电动机的额定功率和额定转速各为

多少？

（2）这时起动电流和起动转矩各为多少？

（3）若定子绕组进行Y联结，起动电流和起动转矩又各变为多少？

10-17　一台三相异步电动机 $P_N=10kW$，$f=50Hz$，$U_N=380V$，$I_N=20A$，$n_N=1450r/min$，△联结，求：

（1）这台电动机的磁极对数 P 为多少？同步转速 n_1 为多少？

（2）这台电动机能采用Y-△起动吗？若 $I_{st}/I_N=6.5$，采用Y-△起动时，起动电流 I'_{st} 为多少？

（3）如果该电动机的 $\cos\varphi_N=0.87$，额定输出时，输入的电功率 P_1 是多少 kW，效率 η_N 为多少？

10-18　一台三相异步电动机，其额定数据为：$P_{2N}=45kW$，$n_N=1480r/min$，$U_N=380V$，$\eta_N=92.3\%$，$\cos\varphi_N=0.88$，$T_{st}/T_N=1.9$，$T_{max}/T_N=2.2$。画出其主回路和既能长期工作又能点动的三相笼式异步电动机的继电器—接触器控制电路。当负载转矩为额定转矩的 80% 时，电动机能否起动？热继电器是否会动作？

10-19　某生产机械采用 Y112M-4 型三相异步电动机拖动，电动机的 $I_N=8.8A$，不频繁起动，用熔断器进行短路保护，试选择熔体的额定电流。

10-20　画出两台三相笼式异步电动机按时间顺序起停的控制电路，控制要求是：电路应具有短路、过载和失电压保护功能，电动机 M_2 在 M_1 运行一定时间后自动投入运行，同时使得电动机 M_1 停转，时间继电器 KT 线圈断电。

10-21　如图 10-48 所示，1#、2#两条皮带运输机分别由两台笼式电动机拖动，用一套起停按钮来控制两台电动机的起、停，为了避免物体堆积，在运输机上，要求两台电动机按下述顺序起动和停止：起动时，1#皮带的电动机 M_1 起动后，2#皮带的电动机 M_2 才能起动；停止时，M_2 停止后，M_1 才能停止。试画出其控制电路。

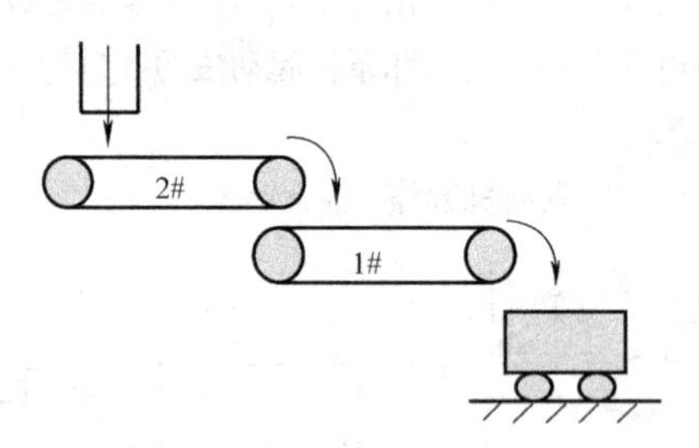

图 10-48　题 11-21 图

10-22　一运料小车由一台三相笼式异步电动机拖动，试画出控制电路。要求：（1）小车运料到位，自动停车。（2）延时一定时间后自动返回。（3）回到原位自动停车。

10-23　某水泵由笼型电动机拖动，采用Y-△减压起动，要求两处都能控制水泵的起、停，试设计该功能的主电路与控制电路。

第11章　仿真软件 Multisim 概述

11.1　仿真软件 Multisim 简介

早期的 EWB 仿真软件是由加拿大 Interactive Image Technologies 公司(简称 IIT 公司)推出的，后来该公司将 EWB 软件更名为 Multisim 并升级为 Multisim 2001、Multisim 7.0 和 Multisim 8.0；2005 年美国国家仪器有限公司(National Instruments，即 NI 公司)收购了 IIT 公司，并先后推出 Multisim 9.0-14.0。Multisim 系列软件是用软件模拟电工与电子元器件以及电工与电子仪器和仪表，实现了“软件即元器件”“软件即仪器”的效果。

自推出以来，Multisim 以其丰富的仿真分析能力以及完整的电路原理图图形输入和电路硬件描述语言输入方式，不仅很好地解决了电子电路设计中即费时费力又费钱的问题，给电子产品设计人员带来了极大的方便和实惠，而且 Multisim 方便的操作方式，电路图和分析结果直观地显示形式，也非常适合用于电工电子技术课程的辅助教学，有利于学生对理论知识的理解、掌握和创新能力的培养，成为电工电子技术教学的首选软件工具。

11.1.1　Multisim 的特点

1. 集成化、一体化的设计环境

可任意地在系统中集成数字及模拟元器件，完成原理图输入、数模混合仿真以及波形图显示等工作。当用户进行仿真时，原理图、波形图同时出现。当改变电路连线或元器件参数时，波形即时显示变化。

2. 界面友好、操作简单

用户可以同时打开多个电路，轻松地选择和编辑元器件、调整电路连线、修改元器件属性。旋转元器件的同时引脚名也随着旋转并且自动配置元器件标识。此外，还有自动排列连线、在连线时自动滚动屏幕、以光标为准对屏幕进行缩小和放大等功能，画原理图时更加方便快捷。

3. 丰富、真实的实验仿真平台

Multisim 提供了丰富的虚拟元器件和实际元器件，同时还提供了齐全的虚拟仪器。用这些元器件和仪器仿真电子电路，就如同在实验室做实验一样，非常真实，而且不必为损坏仪器和元器件而烦恼，也不必为仪器数量和测量精度不够而一筹莫展。

4. 较为详细的电路分析功能

Multisim 提供了多种仿真分析方法，利用这些分析工具，可以准确而清楚地了解电路的工作状态。

5. 可以设计、测试、演示和分析各种电路

Multisim 可以对各种电工电子电路进行测试和分析，可以对被仿真的电路中的元器件设置各种故障，如开路、短路和不同程度的漏电等，从而观察不同故障情况下的电路工作状况。

11.1.2 Multisim 软件的安装

Multisim 软件分为学生版、教育版、专业版和增强专业版，各个版本开放的资源不相同，但是安装、使用基本是相同的。Multisim 软件的安装与其他的 Windows 软件的安装基本相同，只要启动“setup”就可以安装。在 Windows 操作界面下，建议用户使用“控制面板”中的“增加/删除程序”功能。

具体安装步骤如下：

1）按屏幕左下角的“开始”按钮，将鼠标指向“控制面板”，然后单击“控制面板”项。

2）选择“添加/删除程序”，单击其图标出现对话框，选中“安装”。

3）将安装光盘插入光驱，找到安装盘的启动文件“setup. exe”，并运行该文件。

4）根据屏幕提示对话框进行安装。

安装完毕，重启电脑后，单击“开始”→“所有程序”→“National Instruments”→“NI License Manager ”，进入 NI 许可证管理器，如图 11-1 所示。

单击“选项”→“安装许可证文件”，激活两个许可证文件。

单击“开始”→“所有程序”→“National Instruments”→“Circuit Design Suite 11. 0”→“Multisim 11. 0”运行程序。

安装完毕后，桌面上会出现 Multisim 图标，如图 11-2 所示。

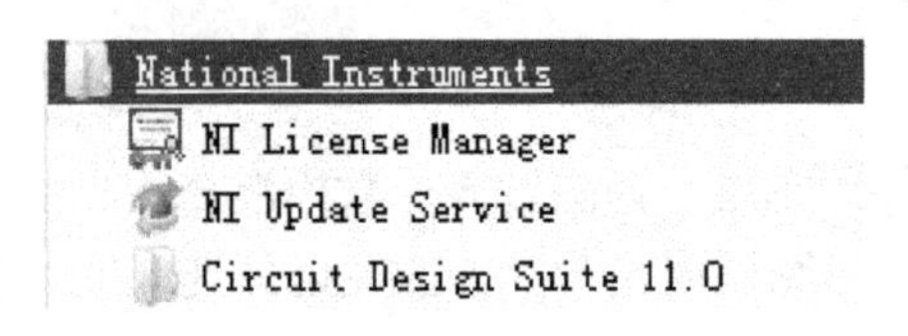

图 11-1 许可证管理器

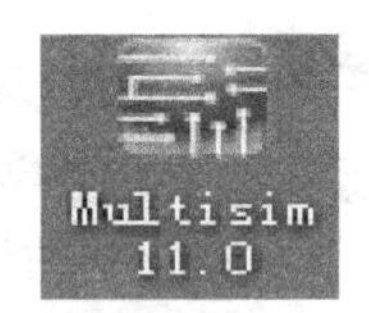

图 11-2 Multisim 11. 0 图标

11.1.3 在线帮助的使用

当用户需要查询有关信息时，可以使用 Multisim 在线帮助。进入在线帮助的两种标准的窗口帮助文件如下：

1. 执行“Help/Multisim Help”命令

执行“Help”下拉菜单中选择相应的“Multisim Help”命令，用户可以通过“目录”窗口选择一个帮助主题，或者通过“索引”窗口根据关键字查找帮助主题。

2. 执行“Help/Component Reference”命令

执行“Help”下拉菜单中选择相应的“Component Reference”命令，查找相应元器件参数的详细信息，例如可以查看 Multisim 提供的元器件家族的详细资料。

另外还可以按下“F1”键寻求上下文的相关帮助，或是用鼠标选中所要查询的元器件，然后单击鼠标右键出现的下拉菜单“Properties”中弹出的“Help”命令查询相关资料。

11.2　Multisim 的基本功能

11.2.1　Multisim 的主窗口

运行 Circuit Design Suite 11.0→ Multisim 11.0 或运行快捷方式后，进入图 11-3 所示的 Multisim 软件主窗口。主窗口主要由标题栏、菜单栏、元器件库、仪器仪表工具栏、设计工具盒、电路工作窗口、状态栏、仿真开关、暂停开关等部分组成。

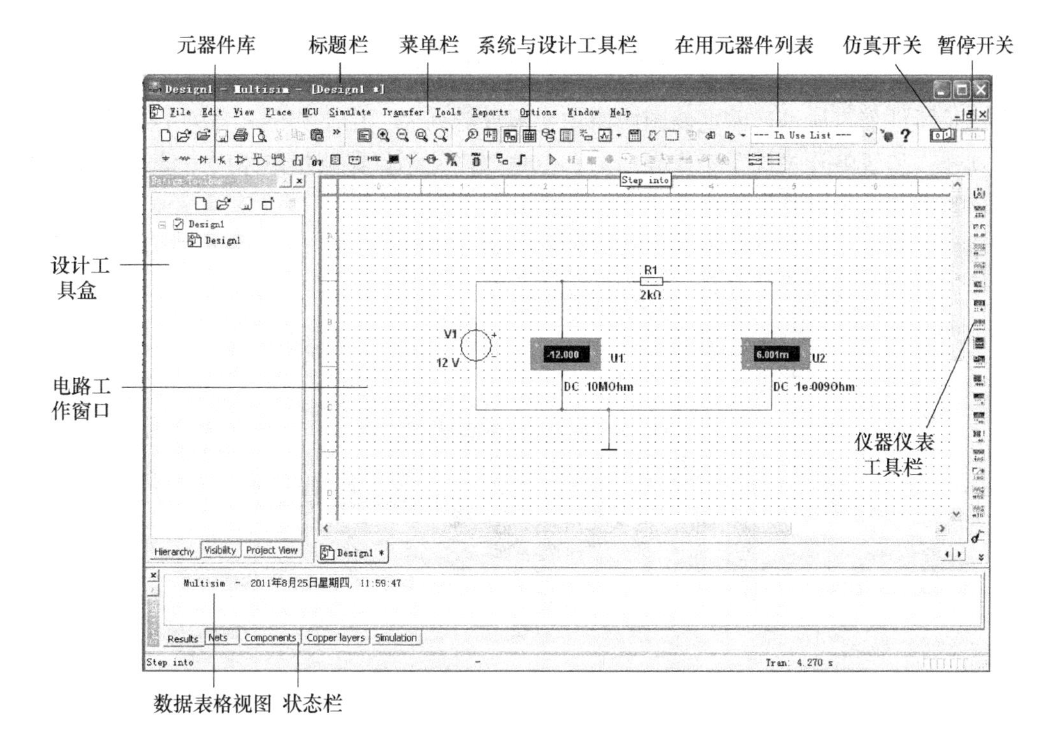

图 11-3　Multisim 的主窗口

标题栏位于主窗口的最上方，用于显示当前的应用程序名。标题栏的左侧有一个控制菜单框，单击该菜单框可以打开一个命令窗口，执行相关命令可以实现对程序窗口的操作。标题栏的右侧有三个控制按钮：最小化、最大化和关闭按钮，亦可实现对程序窗口的操作。

菜单栏用于提供电路文件的存取、电路图的编辑、电路的模拟与分析、在线帮助等。菜单栏由“File”文件、“Edit”编辑、“View”视图、“Place”放置、“MCU”微控制器、“Simulate”仿真、“Transfer”电路文件输出、“Tools”管理元器件的工具菜单、“Reports”报告菜单、“Options”软件环境设置、“Window”窗口和“Help”帮助十二个菜单项组成。而每个菜单项的下拉菜单中又包括若干条命令。

系统与设计工具栏是将常用菜单改为图形按钮，使软件的操作更加快捷，如图 11-4 所示。

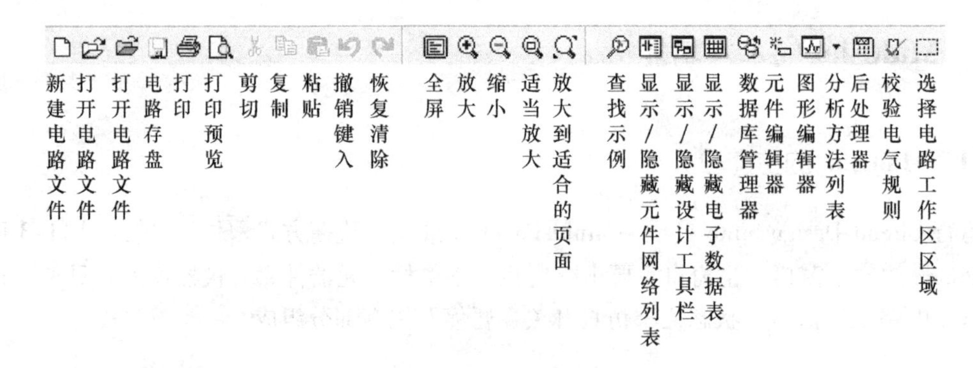

图 11-4　系统与设计工具栏

在用元器件列表显示当前电路图中所用元器件的列表，用于相同元器件的快速选取。

仿真开关和暂停开关位于工作界面的右上角。当使用仪器测量电路时，该开关控制着仿真开始、暂停和结束，其作用就像实验台上的开关。

元器件工具栏用于打开元器件库选取元器件，库中存放着各种元器件，用户可以根据需要随时调用。元器件库中的各种元器件按类别存放在不同的库中，Multisim 为每个库都设置了图标，如图 11-5 所示。

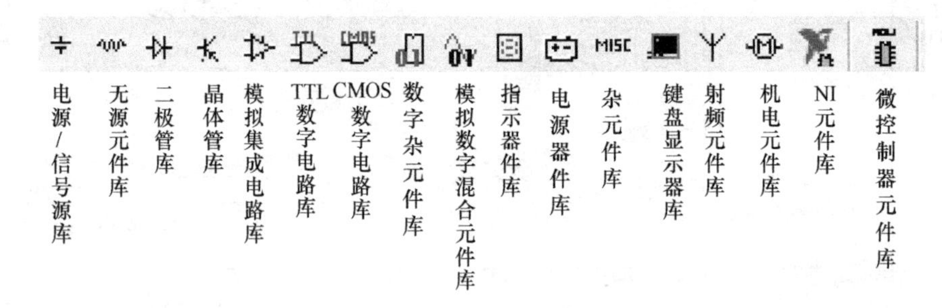

图 11-5　元器件库

仪器仪表工具栏用于快速选取实验仪器，如图 11-6 所示。

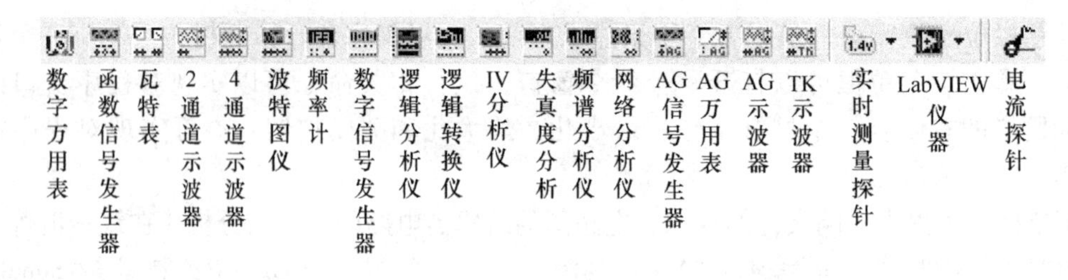

图 11-6　仪器仪表工具栏

电路工作窗口用于创建和运行电路。使用者可以将元器件库中的元器件和仪器移到该区域，搭接电路进行仿真和分析，也可以对电路进行移动、缩放等操作。

状态栏用来显示当前的命令状态、运行时间和当前仿真电路文件名等。

11.2.2　关于两套标准符号的选择

菜单栏的右侧有“Options”软件环境设置菜单，包括“Global Preferences”、“Sheet Properties”等命令，用于进行软件运行环境设置、全部参数设置、工作台界面设置等操作。选择“Options”→“Global Preferences”命令中的“Parts”页面，在“Symbol Standard”(符号标准)设置区选择“ANSI”或“DIN”，即可选择自己熟悉的符号。

Multisim 有两套标准符号可供选择。一套是美国标准符号“ANSI”，另一套是欧洲标准符号“DIN”。两套标准中大部分元器件的符号是一样的，但有些元器件的符号不一样，像部分有源器件和无源器件的符号和图形就不同，如图 11-7 和图 11-8 所示。

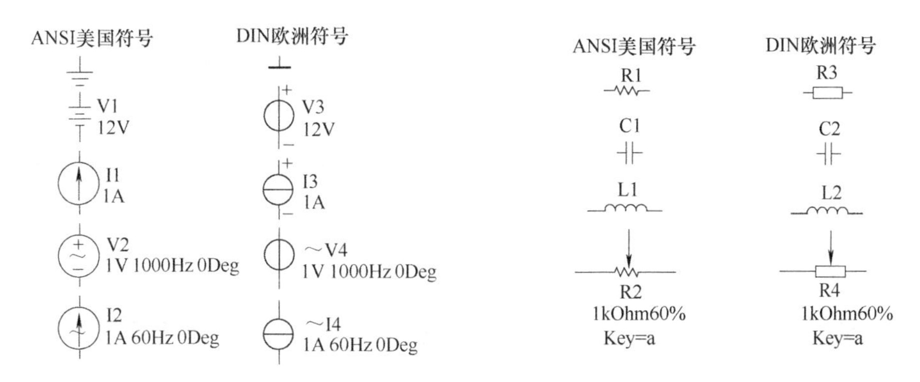

图 11-7　部分有源器件的符号比较　　　图 11-8　部分无源器件的符号比较

11.2.3　创建电路图

1. 元器件的选取

Multisim 软件的元器件库包含实际元器件、虚拟元器件和 3D 元器件，实际元器件是包含误差的、具有实际特性的元器件，这类元器件组成的电路仿真具有很好的真实性，在实际电路设计的仿真中应尽量选择实际元器件。虚拟元器件是具有模型参数可以修改的元器件，但是虚拟元器件不出现在电路板的网络图表文件中，所以不能输出到电路板软件中用于画电路板图，而且虚拟元器件在市场上买不到。3D 元器件参数不能修改，只能搭建一些简单的演示电路，但它们可以与其他元器件混合组建仿真电路。

选用元器件时，首先在元器件工具栏中用鼠标单击包含该元器件的图标，打开该元器件库。然后从选中的元器件库对话框中(见图 11-9 中的直流电流源)用鼠标单击该元器件，然后单击“OK”按钮，用鼠标拖曳该元器件到电路工作区的适当地方即可。被选中的元器件的四周会出现蓝色虚框，对选中的元器件可以进行复制、移动、旋转、删除、设置参数等操作。

如果知道某种元器件的型号，却不知道它在哪个元件库中，可以利用元器件搜索功能来查找，单击图 11-9 中的“Search...”按钮，即可搜索元器件。如果使用搜索功能时不知道准确的元器件名，可以使用模糊匹配的方法，在元器件前后加入通配符“*”，如需要查找 555 定时器，则在“Component”中输入“*555*”，如图 11-10 所示，再单击“Search”按钮，在查找的结果中根据功能描述“555 TIMER TTL”即可找到所需要的 555 基电路，如图 11-11 所示。

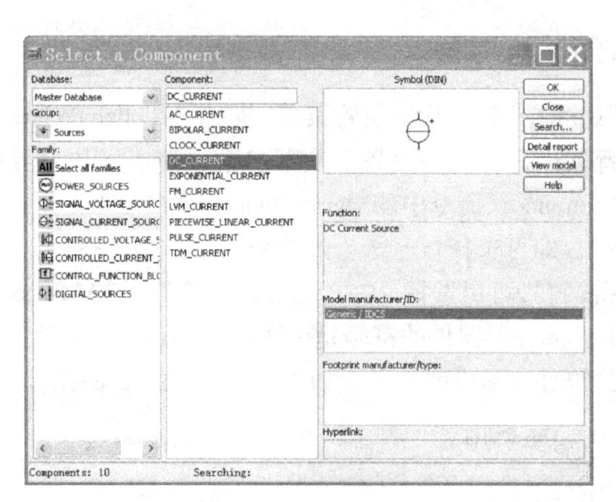

图 11-9　选用元器件

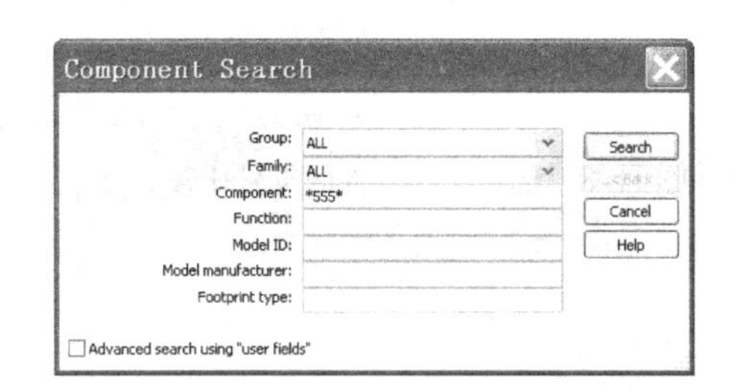

图 11-10　模糊匹配法搜索元器件

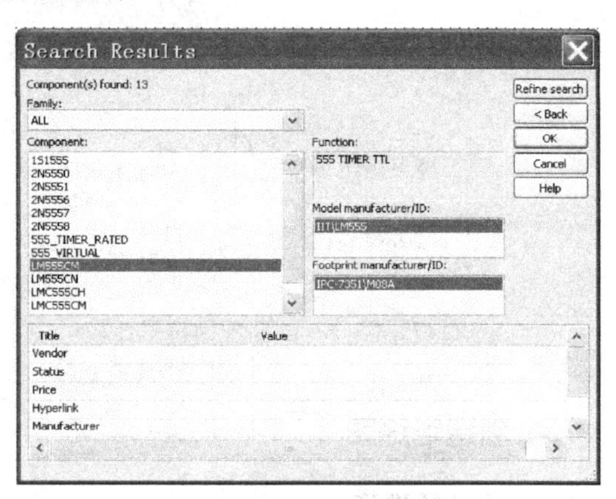

图 11-11　元器件搜索结果

2. 导线的操作

在连接两个元器件时，首先将鼠标指向一个元器件使其出现一个小圆点，按下鼠标左键并拖拽出一根导线，拉住导线并指向另一个元器件的端点使其出现小圆点，释放鼠标左键，则导线连接完成。连接完成后，导线将自动选择合适的走向，不会与其他元器件或仪器发生交叉。所有的连线都必须起始于一个元器件的引脚或一个连接点，终止于一条线或一个元器件的引脚，当终止于一条线时，会出现一个连接点，一个连接点最多可以连出四根连线。如果元器件已经连接到电路中了，要调整元器件的位置和方向时，应该先将连线断开，再移动元器件的位置或调整元器件的方向，否则连线会跟随元器件一起移动。

在连接电路时，Multisim 自动为每个节点分配一个编号，节点编号即是网络名。选择"Options"→"Sheet Properties"对话框中的"Circuit"选项可弹出电路设置页面，如图 11-12 所示。选中"Show all"即可显示网络节点。

在复杂的电路中，可以将导线设置为不同的颜色。要改变颜色，用鼠标指向该导线，单击右键可以出现菜单，选择"Change Color"选项，出现颜色选择框，然后选择合适的颜色即可。

任何电路都要有接地元件"⊥"，否则得不到正确的仿真结果。

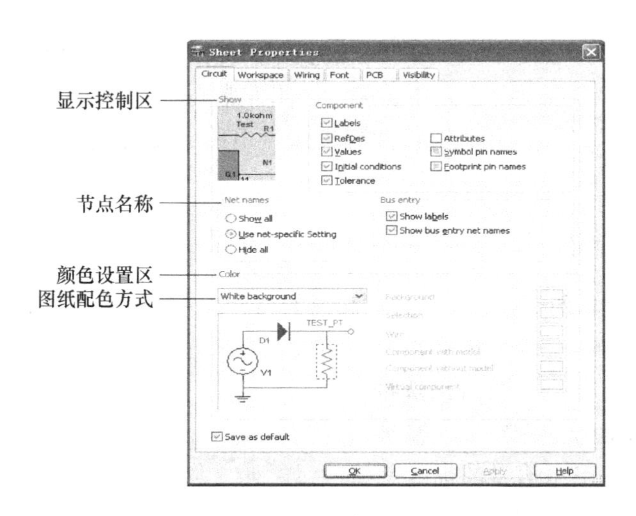

图 11-12　电路设置页

11.3　Multisim 的虚拟仪器

Multisim 仪器仪表库中提供了十几种虚拟仪器，用户可以通过这些虚拟仪器观察电路的运行状态，观察电路的仿真结果，虚拟仪器的使用、设置和读数与实际的仪器类似，使用这些仪器就像实验室中做实验一样。下面对常用的几种虚拟仪器做一简单介绍。

11.3.1　数字万用表(Multimeter)

双击数字万用表的图标，窗口出现图 11-13 所示的数字万用表面板。从面板可见，数字万用表可以测电压 V、电流 A、电阻 Ω 和分贝值 dB。需要选择某项功能时，只需在数字万用表面板上单击相应测量档位即可。

理想的数字万用表在电路测量时，对电路不会产生任何影响，即电压表不会分流，电流表不会分压，但在实际测量中都达不到这种理想要求，总会有测量误差。虚拟仪器为了仿真这种实际存在的误差，引入了内部设置。单击数字万用表面板上的“Settings”参数设置按钮，弹出数字万用表参数设置对话框，如图 11-14 所示。从中可以对数字万用表内部参数进行设置。

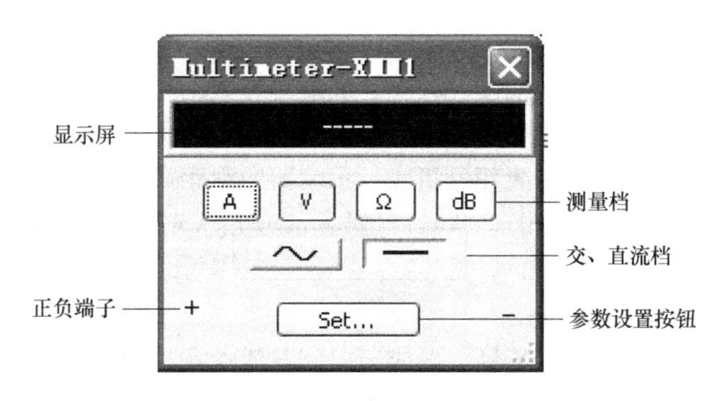

图 11-13　数字万用表面板

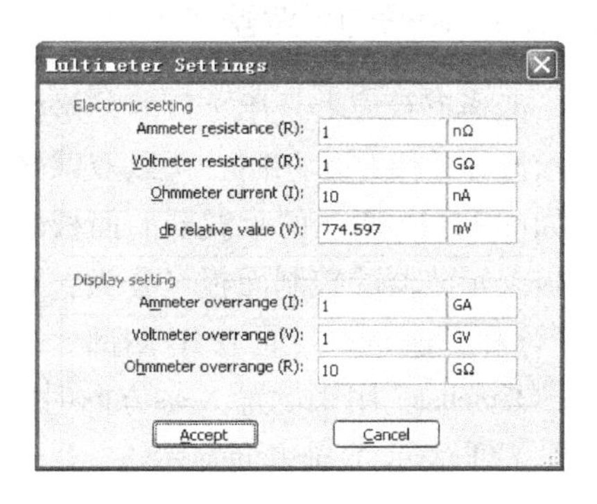

图 11-14　数字万用表参数设置对话框

数字万用表作为电压表使用时要并联在被测元器件两端，表的内阻非常大；数字万用表用作电流表使用时要串联在被测支路中，表的内阻非常小。而且要注意表的属性设置的是直流(DC)还是交流(AC)，不能用 DC 属性测量交流电路。交流电压表、电流表的读数是有效值。

11.3.2 函数信号发生器(Function Generator)

双击函数信号发生器的图标，窗口出现如图 11-15 所示的函数信号发生器的面板。面板上方有三个功能可供选择，分别是正弦波、三角波和方波按钮。面板中部也有几个参数可以选择，分别是输出信号的频率、输出信号的占空比、输出信号的幅度和输出信号的偏移量。输出信号的幅度是指“+端”或“-端”对 Common 端输出的振幅，若从“+端”和“-端”输出，则输出的振幅为设置振幅的 2 倍。偏移量是指交流信号中直流电平的偏移，如果偏移量为 0，直流分量与 X 轴重合；如果偏移量为正值，直流分量在 X 轴的上方；如果偏移量为负值，直流分量在 X 轴的下方。调整占空比，可以调整输出信号的脉冲宽度。

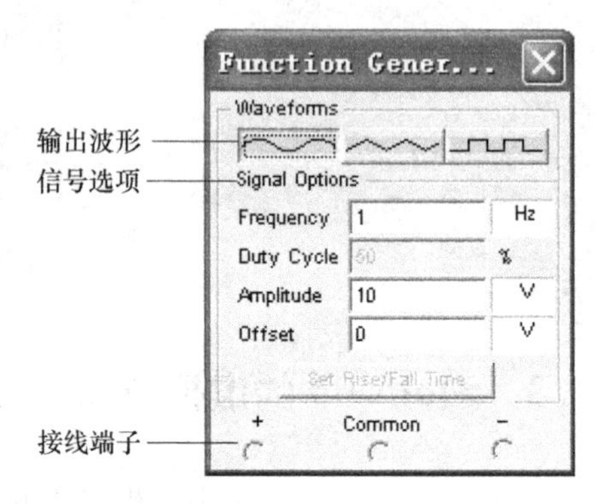

图 11-15 函数信号发生器面板

11.3.3 瓦特表(Wattmeter)

瓦特表是测量交、直流电路用电负载的平均功率和功率因数的仪器。双击瓦特表的图标，窗口出现如图 11-16 所示的瓦特表面板图，面板下方有 4 个接线端子，分别是电压正、负端子，电流正、负端子。瓦特表的使用和实际的瓦特表一样，电压要与负载并联，电流要与负载串联。负载两端电压和流过负载电流之间的角度可以通过功率因数来计算。

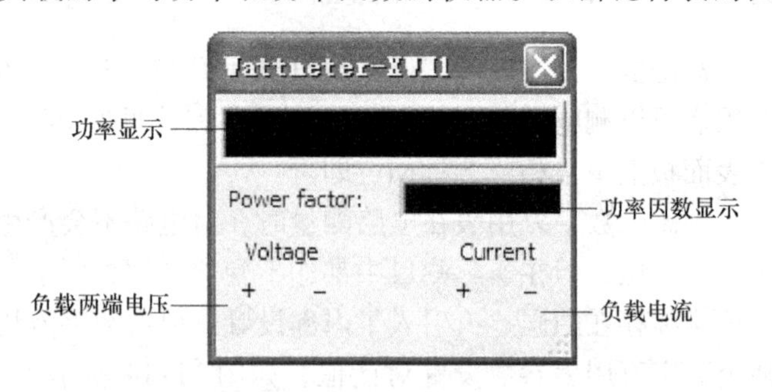

图 11-16 瓦特表面板

11.3.4 两通道示波器(2 Channel Oscilloscope)

两通道示波器是用来观察信号波形并可测量信号幅度、频率、周期等参数的仪器，和实际示波器使用基本相同，可以双踪输入，观测两路信号的波形。双击示波器的图标，窗口出现如图 11-17 所示的示波器的面板。示波器的面板由两部分组成，示波器的观察窗口和控制面板。示波器的控制面板又分为：Timebase(时间基准)、Trigger(触发部分)、Channel A(通道 A)和 Channel B(通道 B)四部分。

Timebase 用来设置 X 轴方向时间基线的扫描时间。

Y/T 表示 Y 轴方向显示 A、B 通道的输入信号，X 轴方向表示时间基线，按设置时间进行扫描。当显示随时间变化的信号波形(如正弦波、方波、三角波等)时，采用 Y/T 方式。

A/B 表示将 B 通道信号作为 X 轴扫描信号，将 A 通道信号施加在 Y 轴上。B/A 与上述

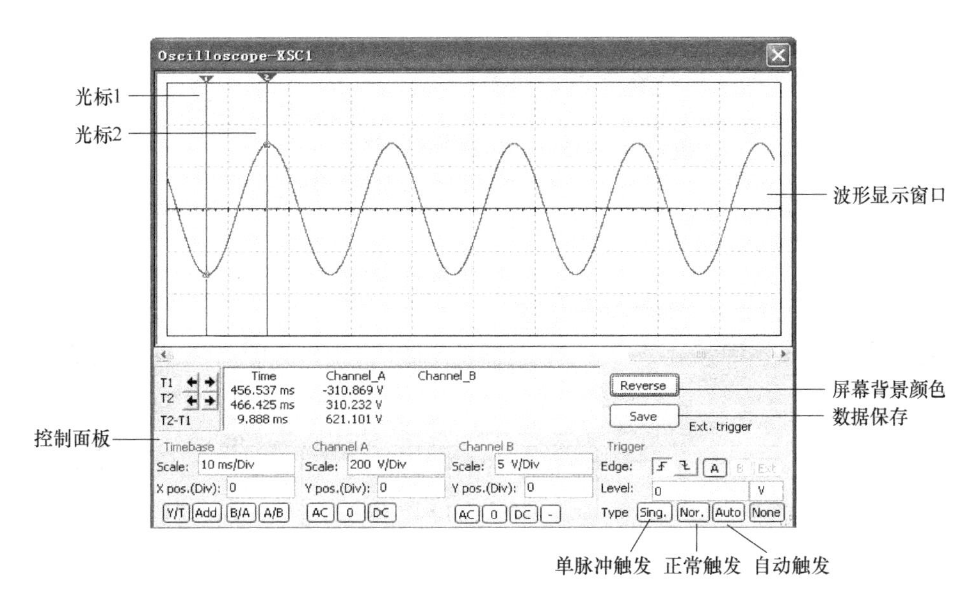

图 11-17　示波器面板

相反。当显示放大器的传输特性时，采用 B/A 方式(Vi 接至 A 通道，Vo 接至 B 通道)或A/B 方式(Vi 接至 B 通道，Vo 接至 A 通道)。

Add 表示 X 轴方向表示时间基线，按设置时间进行扫描，Y 轴方向显示 A、B 通道的输入信号之和。

示波器输入通道设置中的触发耦合方式有三种：AC(交流耦合)、0(地)、DC(直流耦合)。AC：仅显示输入信号中的交变分量；DC：不仅显示输入信号中的交变分量，还显示输入信号中的直流分量；0：输入信号接地。

11.3.5　四通道示波器(4 Channel Oscilloscope)

四通道示波器是用来观察信号波形并可测量信号幅度、频率、周期等参数的仪器，和实际示波器使用基本相同，可以四踪输入，观测四路信号的波形。示波器的图标上有 6 个接线端子，分别是 A、B、C、D 通道输入端、T 外触发端和接地端。图 11-18 所示为四通道示波器测量三相对称电压的电路，图 11-19 所示为四通道示波器测量的三相对称电压波形测试结果。在图 11-19 中点击 Y/T A/B > A+B > 按钮，出现各通道运算方法选项集合，如图 11-20 所示，A + B 表示 Y 轴方向显示 A、B 通道的输入信号之和。

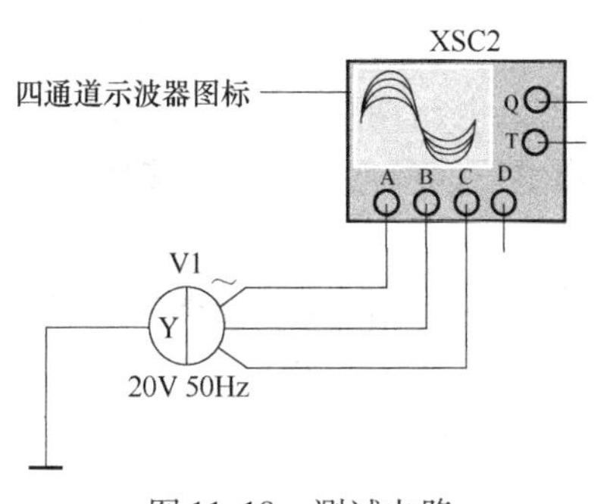

图 11-18　测试电路

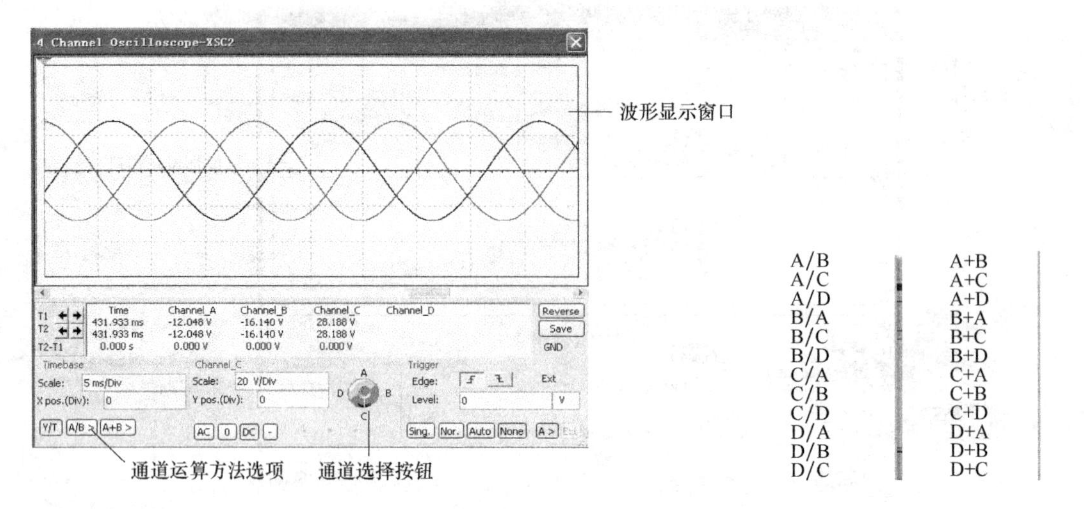

图 11-19　波形测试结果　　　　图 11-20　通道运算方法集合

11.3.6　伯德图仪(Bode Plotter)

伯德图仪是用来测量和显示电路、系统或放大器的幅频特性和相频特性的一种仪器，类似于实验室的频率特性测试仪(或扫频仪)，双击伯德图仪图标，窗口出现如图 11-21 所示的伯德图仪面板。拖动伯德图仪图标到电路工作窗口，图标上有“In”输入和“Out”输出两对端子。

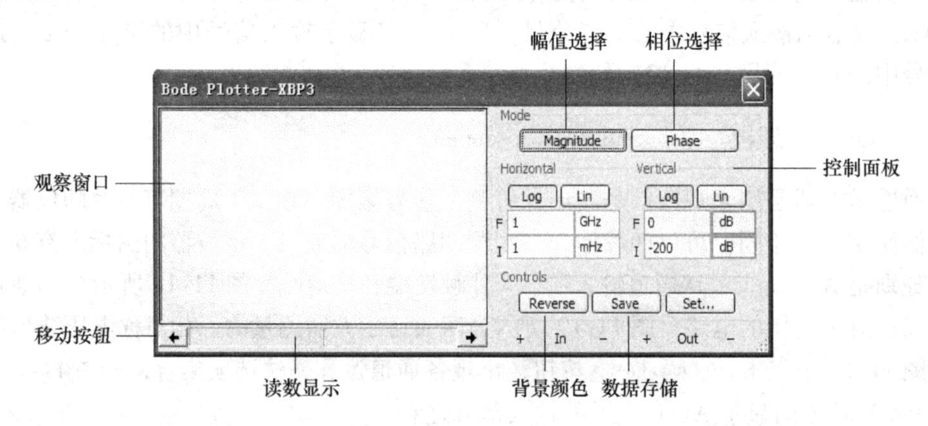

图 11-21　伯德图仪面板

其中“In”输入端子接电路输入电压两端，“Out”输出端子接输出电压两端。一般情况下，如果电路的输入电压或输出电压的参考低电位端接地，则对应的伯德图仪 In − 或 Out − 端可以接地也可以不接地。

幅频特性和相频特性是以曲线形式显示在伯德图仪的观察窗口的。单击“Magnitude”幅值按钮，显示电路的幅频特性；单击“Phase”相位按钮，显示电路的相频特性。移动读数指针 ← →，可以读出不同频率值所对应的幅度增益或相位移。“Horizontal”横轴：表示测量信号的频率，称为频率轴。“I”、“F”分别是 Inital(初始值)和 Final(最终值)。可以选择“Log”对数刻度，也可以选择“Lin”线性刻度。当测量信号的频率范围较宽时，用“Log”对数刻度比较合适，相反，用“Lin”线性刻度较好。横轴取值范围：1mHz ~ 10GHz。“Vertical”纵轴：表示测量信号的幅值或相位。

11.3.7　逻辑转换仪(Logic Converter)

逻辑转换仪这种虚拟仪器实际当中不存在。逻辑转换仪可以实现逻辑电路、真值表和逻辑表达式三者之间的相互转换以及逻辑表达式化简。逻辑转换仪的图标上有 8 个 A、B、C、D、E、F、G、H 信号输入端和 1 个 Out 信号输出端。双击逻辑转换仪的图标，屏幕上出现如图 11-22 所示的逻辑转换仪的面板。

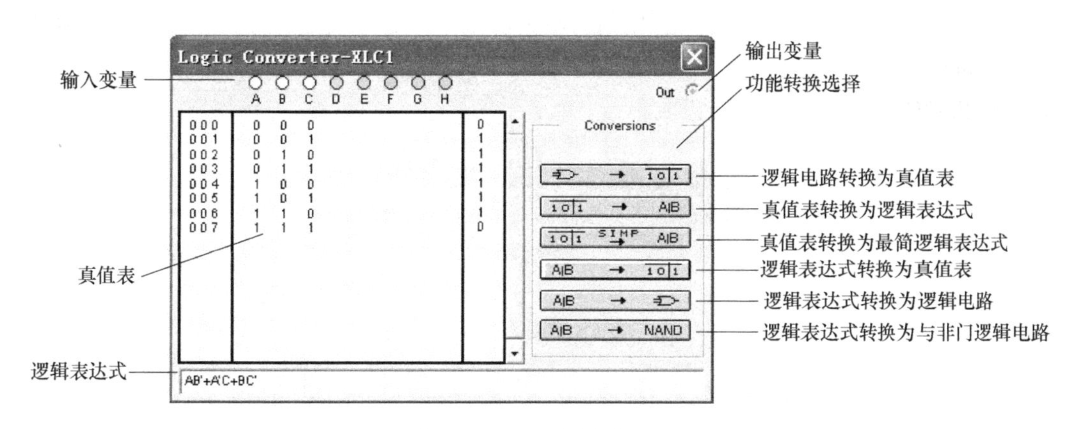

图 11-22　逻辑转换仪面板

11.3.8　字符信号发生器(Word Generator)

字符信号发生器是一个能够并行输出 32 路(位)数字信号的仪器，又称字符逻辑信号源，可用于对数字逻辑电路的测试。图标中有 32 路逻辑信号接线端子，T 是外触发信号输入端子，R 是数据准备好输出端子。双击字信号发生器的图标，窗口出现如图 11-23 所示的字符信号发生器的面板。面板由字符信号发生器的 32 路字符信号编辑窗口和字符信号发生器的控制面板两部分组成。控制面板有 Controls(控制方式)、Trigger(触发)、Frequency(频率)、Display(显示方式)、地址编辑窗口等几部分。

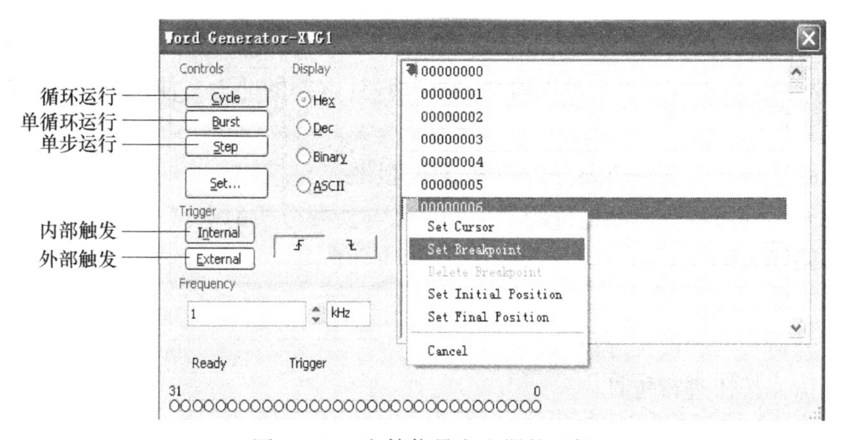

图 11-23　字符信号发生器的面板

11.3.9　逻辑分析仪(Logic Analyzer)

逻辑分析仪用于记录和显示数字电路中各个节点的波形，该仪器可以同时显示电路中16路数字信号的波形，还能够高速获取数字信号进行时域分析。逻辑分析仪的图标上的接线端子有：C外接时钟输入端子、Q时钟控制输入端子、T触发控制输入端子和16路信号输入端子。

双击逻辑分析仪的图标，窗口出现如图11-24所示的逻辑分析仪的面板。面板由显示窗口和控制面板两部分组成。显示窗口：由时间轴、16个被测信号的输入端子、节点及波形显示窗口几部分组成。控制面板：由“Stop”停止按钮、“Reset”复位按钮、“Clock”时钟设置栏、“Trigger”触发设置栏、游标“T1”处和游标“T2”处以及两游标之间的时间差“T2-T1”的时间读数和逻辑读数窗口几部分组成。

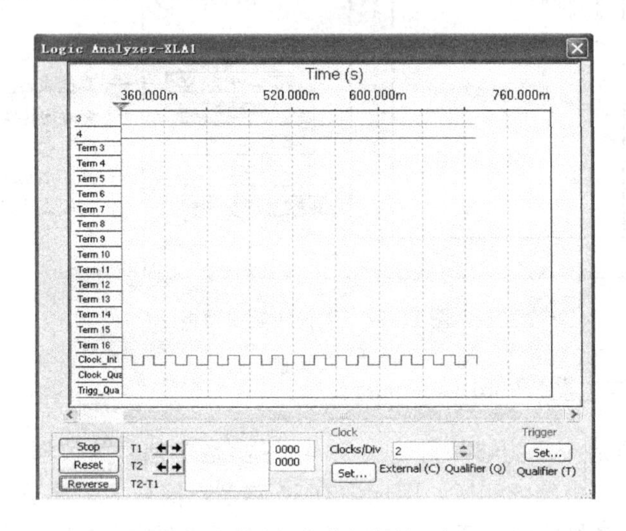

图11-24　逻辑分析仪的面板

11.4　Multisim的分析方法

Multisim提供了多种仿真分析方法，如图11-25所示。这些方法对于电路分析和设计都非常有用，学会这些分析方法，可以增加分析和设计电路的能力。使用分析方法仿真电子电路的具体步骤如下：

1）在电路工作窗口创建所要分析的电路原理图。

2）编辑元器件属性，使元器件的数值和参数与所要分析的电路一致。

3）在电路输入端加入适当的输入信号。

4）显示电路的节点。

5）选定分析功能、设置分析参数。

6）单击仿真按钮进行仿真。

7）在图表显示窗口观察仿真结果。

下面对常用的几种分析方法进行简单介绍。

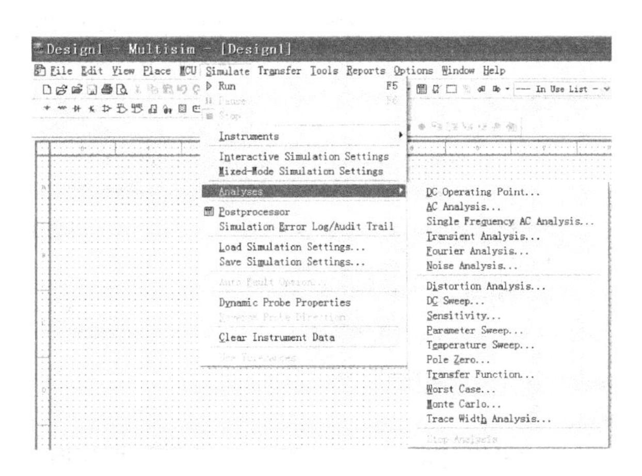

图 11-25　Multisim 仿真分析方法

11.4.1　直流工作点分析(DC Operating Point Analysis)

直流工作点分析又称为静态工作点分析，目的是求解在直流电压源或直流电流源作用下电路中的各个节点电压、支路电流、元器件电流和功率等数值。单击菜单栏"Simulate"→"Analysis"→"DC Operating Point"命令，弹出直流工作点分析对话框，如图 11-26 所示。对话框包括 3 个选项卡："Output""Analysis Options"和"Summary"。

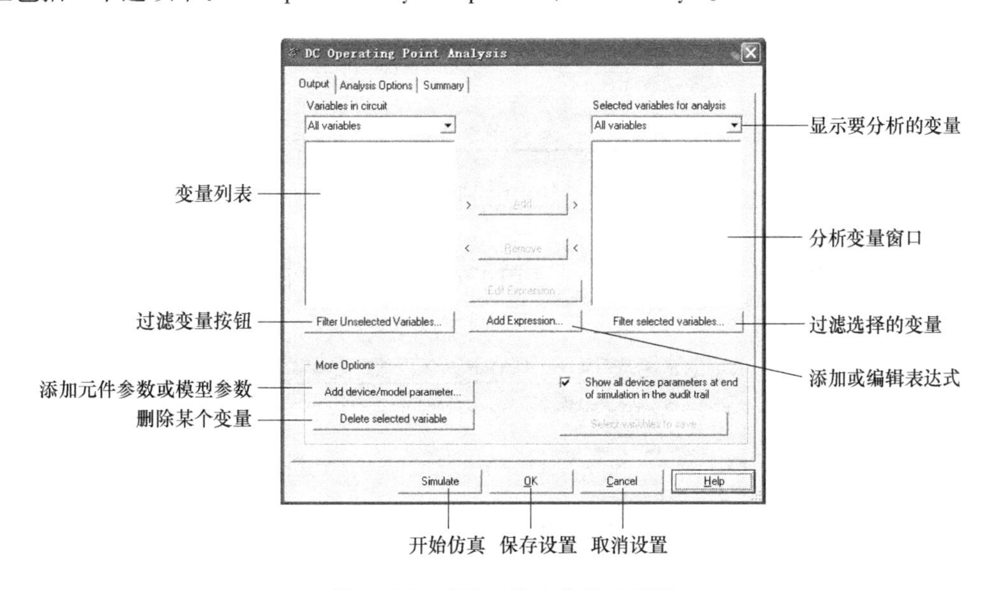

图 11-26　直流工作点分析对话框

1. Output 选项卡

Output 选项卡如图 11-26 所示，主要用于选择要分析的节点。"Variables in circuit"：在下拉列表框中选择要分析的变量。下拉列表框中有 6 个变量，分别是静态探针、电压和电流、电压、电流、元件/模型参数和所有变量，默认选项是所有变量。"Add"按钮和"Remove"按钮：在"Variables in circuit"文本框选中一个变量，单击"Add"按钮，就可把该变量添加到"Selected variables for analysis"文本框内；反向移动变量，则单击"Remove"按钮。

“Filter Unselected Variables...”按钮：单击该按钮，弹出如图 11-27 所示的过滤节点复选框。可在“Variables in circuit”下拉列表框中添加没有自动被选择的一些节点：内部节点、子模块和开路引脚。

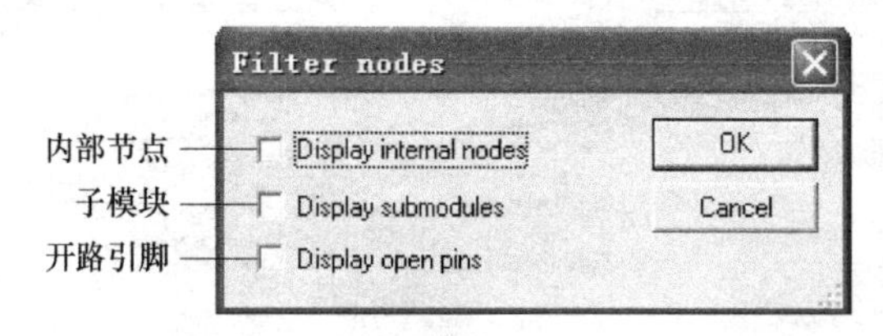

图 11-27　过滤节点复选框

2. Analysis Options 选项卡

Analysis Options 选项卡如图 11-28 所示，主要用于选择仿真环境参数。

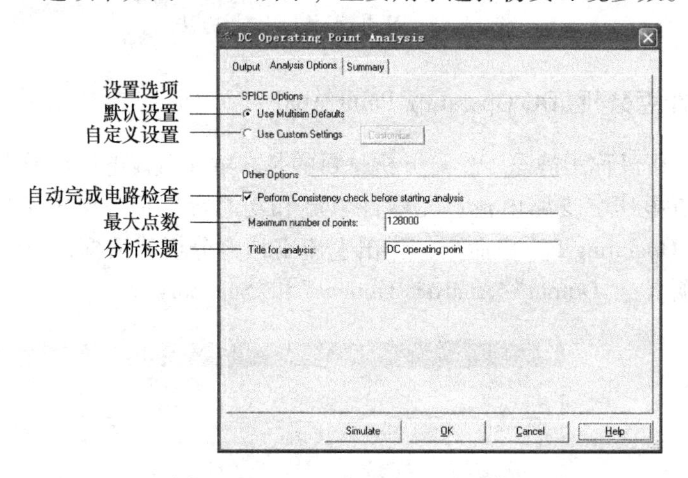

图 11-28　Analysis Options 选项卡

3. Summary 选项卡

Summary 选项卡如图 11-29 所示，主要用于对以上选择进行确认。确认无误后，单击“Simulate”开始仿真。

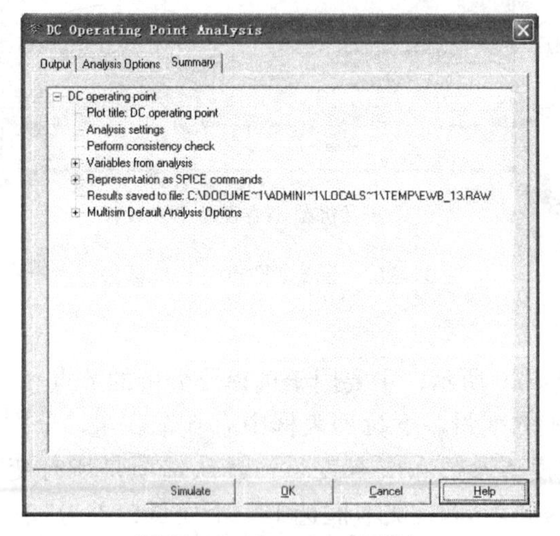

图 11-29　Summary 选项卡

11.4.2　交流分析(AC Analysis)

交流分析即频率响应分析，即用于分析电路的幅频特性和相频特性。在交流分析中，电路中所有的非线性元器件都用它们的线性小信号模型来处理。所以，Multisim 首先计算静态工作点以得到各非线性元器件的线性化小信号模型。其次，根据电路建立一个复变函数矩阵。要建立矩阵，所有直流电源需设为零，交流电源、电感、电容，则由它们的交流模型来代替，数字器件被视为高阻接地。在进行交流分析时，电路的输入信号将被忽略。最后，计算电路随频率变化的响应。如果对电路中某节点进行计算，结果会产生该节点电压幅值随频率变化的曲线(即幅频特性曲线)，以及该节点电压相位随频率变化的曲线(即相频特性曲线)。其结果与伯德图仪分析结果相同。

单击菜单栏“Simulate”→“Analysis”→“AC Analysis”命令，弹出交流分析对话框，如图 11-30 所示。对话框包括 4 个选项卡：“Frequency Parameters”“Output”“Analysis Options”和“Summary”。后 3 个选项卡的设置与直流工作点分析中的选项卡相同，在此不再介绍，下面只介绍“Frequency Parameters”选项卡的功能与设置。“Sweep type”中横坐标刻度形式有：十倍频(Decade)、线性(Linear)和二倍频程(Octave)三种，默认设置：Decade。“Vertical scale”：纵坐标刻度。纵坐标刻度有对数(Logarithmic)、线性(Linear)、二倍频程(Octave)和分贝(Decibel)四种形式。默认设置：Logarithmic。

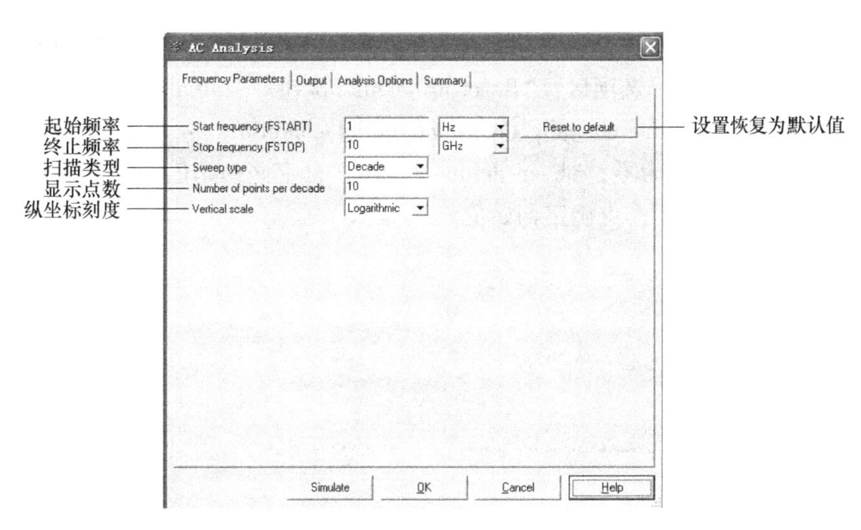

图 11-30　交流分析对话框

11.4.3　暂态分析(Transient Analysis)

暂态分析又称时域暂态分析，用于分析电路指定节点的时域响应，即观察指定节点在整个显示周期中每一时刻的电压波形。Multisim 软件把每一个输入周期分为若干个时间间隔，再对若干个时间点逐个进行直流工作点分析，这样，电路中指定节点的电压波形就是由整个周期中各个时刻的电压值所决定的。在进行暂态分析时，直流电源保持常数；交流信号源随时间而改变，是时间的函数；电感和电容由能量存储模型来描述，是暂态函数。

单击菜单栏“Simulate”→“Analysis”→“Transient Analysis”命令，弹出暂态分析对话框，

如图 11-31所示。对话框包括 4 个选项卡：“Analysis Parameters”“Output”“Analysis Options”和“Summary”。后 3 个选项卡的设置与直流工作点分析中的选项卡相同，在此不再介绍，下面只介绍“Analysis Parameters”选项卡的功能与设置。

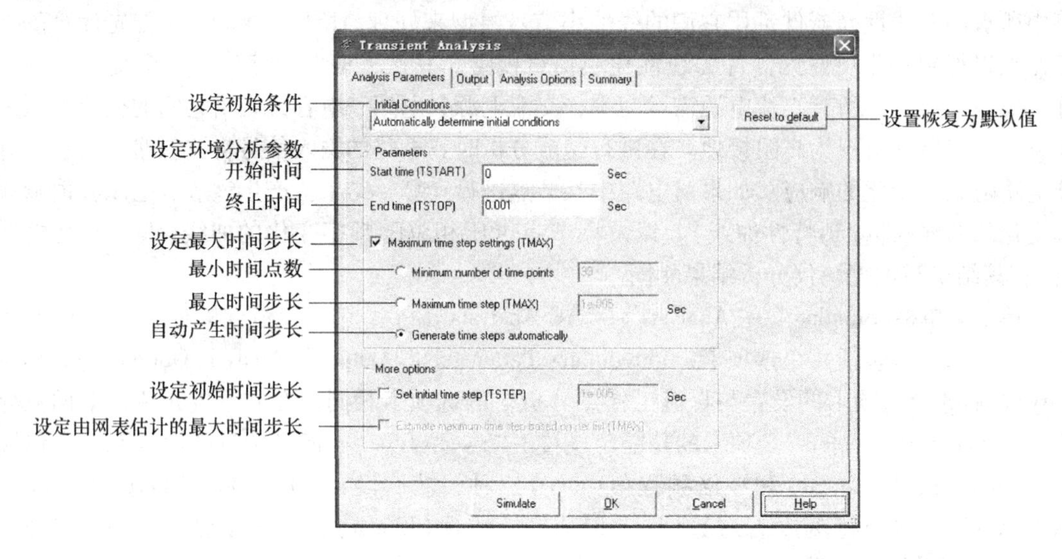

图 11-31　暂态分析对话框

“Analysis Parameters”选项卡下分为以下几个区域：“Initial Conditions”选项区，“Parameters”选项区，“More options”选项区，“Reset to default”按钮。“Initial Conditions”选项区下拉列表框中有 4 个选项：“Automatically determine initial conditions”：程序自动设定初始值；“Set to Zero”：将初始值设为零；“User-defined”：用户自定义初始值；“Calculate DC operating point”：通过计算直流工作点确定初始值。

附　　录

附录 A　电阻器、电容器及其标称值

1. 电阻器

电阻器的标称值符合表 A-1 中的数值(或表中数值再乘以 10^n，其中 n 为整数)。

表 A-1　常用固定电阻器的标称数值

允许偏差	标　称	系 列 值
±5%	E24	1.0；1.1；1.2；1.3；1.5；1.6；1.8；2.0；2.2；2.4；2.7；3.0 3.3；3.6；3.9；4.3；4.7；5.1；5.6；6.2；6.8；7.5；8.2；9.1
±10%	E12	1.0；1.2；1.5；1.8；2.2；2.7；3.3；3.9；4.7；5.6；6.8；8.2
±20%	E6	1.0；1.5；2.2；3.3；4.7；6.8

电阻器阻值常见的表示方法有直标法和色标法等。其中色标电阻的色环通常分为三色环、四色环和五色环三种，色环不同，所表示的电阻参数也不同。色标法如下图所示。

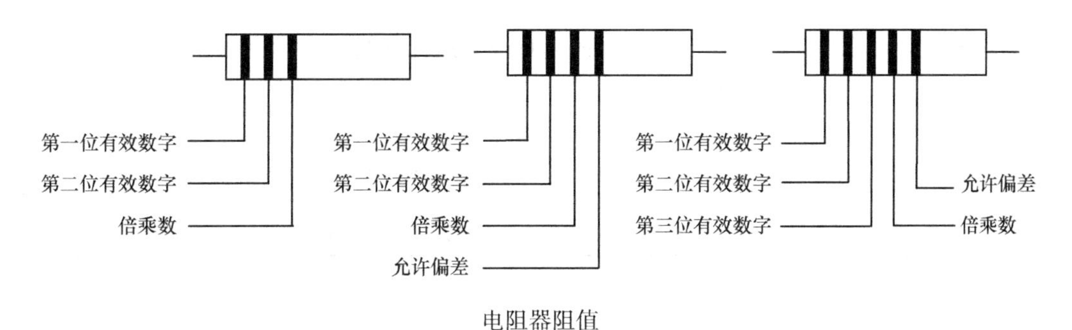

电阻器阻值

色标法中颜色代表的数值见表 A-2。

表 A-2　色标法中颜色代表的数值

颜色	有效数值	倍乘数	允许偏差	颜色	有效数值	倍乘数	允许偏差
黑色	0	10^0		紫色	7	10^7	±0.1%
棕色	1	10^1	±1%	灰色	8	10^8	
红色	2	10^2	±2%	白色	9	10^9	+50%，－20%
橙色	3	10^3		金色			±5%
黄色	4	10^4		银色			±10%
绿色	5	10^5	±0.5%	无色			±20%
蓝色	6	10^6	±0.2%				

2. 电容器

固定电容器的标称容量见表 A-3。

表 A-3　固定电容器的标称容量

<table>
<tr><th>电 容 类 别</th><th>允许偏差</th><th>容量范围</th><th>标称容量系列</th></tr>
<tr><td rowspan="2">纸介电容、金属化纸介电容、纸膜复合介质电容、低频(有极性)有机薄膜介质电容</td><td rowspan="2">±5%
±10%
±20%</td><td>100pF ~ 1μF</td><td>1.0；1.5；2.2；3.3；4.7；6.8</td></tr>
<tr><td>1 ~ 100μF</td><td>1；2；4；6；8；10；15；20；30；50；60；80；100</td></tr>
<tr><td rowspan="3">高频(无极性)有机薄膜介质电容、瓷介电容、玻璃釉电容、云母电容</td><td>±5%</td><td></td><td>1.0；1.1；1.2；1.3；1.5；1.6；1.8；2.0；2.2；2.4；2.7；3.0；3.3；3.6；3.9；4.3；4.7；5.6；6.0；6.8；7.5；8.2；9.1</td></tr>
<tr><td>±10%</td><td></td><td>1.0；1.2；1.5；1.8；2.2；2.7；3.3；3.9；4.7；5.6；6.8；8.2</td></tr>
<tr><td>±20%</td><td></td><td>1.0；1.5；2.2；3.3；4.7；6.8</td></tr>
<tr><td>铝、钽、铌、钛电解电容</td><td>±10%
±20%
±50%
−20%
+100%
−30%</td><td></td><td>1.0；1.5；2.2；3.3；4.7；6.8</td></tr>
</table>

电容器长期可靠地工作时所能承受的最大直流电压，就是电容器的耐压，也叫电容的直流工作电压。表 A-4 列出了常用固定电容直流工作电压系列。

表 A-4　常用固定电容的直流工作电压系列

1.6	4	6.3	10	16	25	32①	40	50	63
100	125①	160	250	300①	400	450①	500	630	1000

① 只限电解电容。

电容器的容量有直接表示法和数码表示法两种表示法。

直接表示法是用表示数量的字母 m(10^{-3})、μ(10^{-6})、n(10^{-9})和 p(10^{-12})加上数字组合表示的方法。例如4n7 表示 4.7nF，即 4.7×10^{-9}F = 4700pF；33n 表示 33nF，即 33×10^{-9}F = 0.033μF；4p7 表示 4.7pF 等。有时用无单位的数字表示容量，当数字大于 1 时，其单位为 pF；若数字小于 1 时，其单位为 μF。例如 3300 表示 3300pF；0.022 表示 0.022μF。

数码表示法一般三位数字来表示容量的大小，单位为 pF。前两位为有效数字，后一位表示位率，即乘以 10^n，n 为第三位数字。若第三位数为 9，则乘以 10^{-1}。如 223 表示 22×10^3pF = 22000pF = 0.022μF，又如 479 表示 47×10^{-1}pF = 4.7pF。

附录 B　半导体分立器件型号命名方法

半导体分立器件型号命名方法见表 B-1。

表 B-1　半导体分立器件型号命名方法(国家标准 GB/T 249—2017)

第一部分		第二部分		第三部分		第四部分	第五部分
用阿拉伯数字表示器件的电极数目		用汉语拼音字母表示器件的材料和极性		用汉语拼音字母表示器件的类别		用阿拉伯数字表示登记顺序号	用汉语拼音字母表示规格号
符号	意义	符号	意义	符号	意义		
2	二极管	A	N 型，锗材料	P	小信号管		
		B	P 型，锗材料	H	混频管		
		C	N 型，硅材料	V	检波管		
		D	P 型，硅材料	W	电压调整管和电压基准管		
		E	化合物或合金材料	C	变容管		
				Z	整流管		
3	三极管	A	PNP 型，锗材料	L	整流堆		
		B	NPN 型，锗材料	S	隧道管		
		C	PNP 型，硅材料	K	开关管		

为了便于读者使用 EWB 软件的元件库，这里简要介绍美国电子工业协会(EIA)的半导体分立器件型号命名方法，见表 B-2。

表 B-2　美国电子工业协会(EIA)的半导体分立器件型号命名方法

第一部分		第二部分		第三部分		第四部分		第五部分	
用符号表示器件的类别		用数字表示 PN 结的数目		美国电子工业协会(EIA)注册标志		美国电子工业协会(EIA)登记顺序号		用字母表示器件的档别	
符号	意义	符号	意义	符号	意义	符号	意义	符号	意义
JAN 或 J	军用品	1	二极管	N	该器件已在美国电子工业协会注册登记	多位数字	该器件已在美国电子工业协会登记的顺序号	A B C D	同一器件的不同档别
		2	三极管						
无	非军用品	3	三个 PN 结器件						
		n	N 个 PN 结器件						

示例：

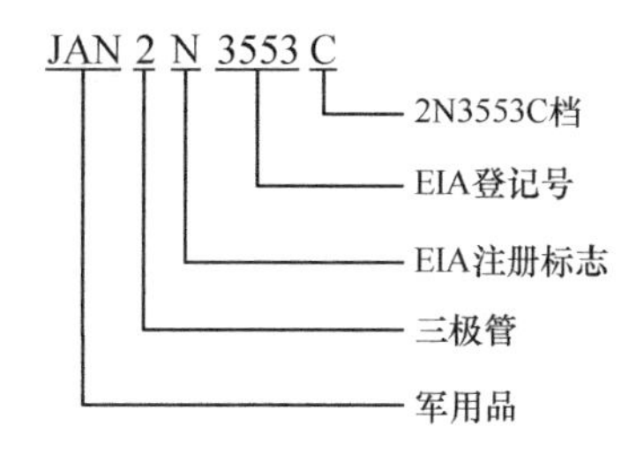

附录 C　部分半导体器件的型号和参数

部分半导体器件的型号和主要参数见表 C-1～C-3。

表 C-1　部分二极管的型号和主要参数

类型	参数名称						
	型号	最大整流电流 I_{DM}/mA	最大正向电流 I_{DM}/mA	最大反向工作电压 U_{RM}/V	反向击穿电压 U_{BR}/V	最高工作频率 f_M/MHz	反向恢复时间 t_r/ns
普通二极管	2AP1	16		20	40	150	
	2AP7	12		100	150	150	
	2AP11	25		10		40	
	2CP1	500		100		3kHz	
	2CP10	100		25		50kHz	
	2CP20	100		600		50kHz	
整流二极管	2CZ11A	1000		100			
	2CZ11H	1000		800			
	2CZ12A	3000		50			
	2CZ122G	3000		600			
开关二极管	2AK1		150	10	30		≤200
	2AK5		200	40	60		≤150
	2AK14		250	50	70		≤150
	2CK70A ~ E		10	A-20	A-30		≤3
				B-30	B-45		
	2CK72A ~ E		30	C-40	C-60		≤4
				D-55	D-75		
	2CK76A ~ E		200	E-60	E-90		≤5

表 C-2　部分稳压管的型号和主要参数

型　号	参数名称					
	稳定电压 U_Z/V	稳定电流 I_Z/mA	最大稳定电流 I_{Zmax}/mA	动态电阻 r_Z/Ω	电压温度系数 α_V/(%/℃)	最大耗散功率 P_{ZM}/W
2CW51	2.5 ~ 3.5		71	≤60	≥ -0.09	
2CW52	3.2 ~ 4.5		55	≤70	≥ -0.08	
2CW53	4 ~ 5.8	10	41	≤50	-0.06 ~ 0.04	0.25
2CW54	5.5 ~ 6.5		38	≤30	-0.03 ~ 0.05	
2CW56	7 ~ 8.8		27	≤15	≤0.07	
2CW57	8.5 ~ 9.5		26	≤20	≤0.08	
2CW59	10 ~ 11.8	5	20	≤30	≤0.09	0.25
2CW60	11.5 ~ 12.5		19	≤40		
2CW103	4 ~ 5.8	50	165	≤20	-0.06 ~ 0.04	1
2CW110	11.5 ~ 12.5	20	76	≤20	≤0.09	1
2CW113	16 ~ 19	10	52	≤40	≤0.11	1
2DW1A	5	30	240	≤20	-0.06 ~ 0.04	1
2DW6C	15	30	70	≤8	≤0.1	1
2DW7C	6.1 ~ 6.5	10	30	≤10	0.05	0.2

表 C-3　部分晶体管的型号和主要参数

类型	参数名称						
	型号	电流放大系数 β 或 h_{FE}	穿透电流 I_{CEO}/mA	集电极最大允许电流 I_{CM}/mA	最大允许耗散功率 P_{CM}/mW	集-射极击穿电压 $U_{(BR)CEO}$/V	截止频率 f_T/MHz
低频小功率管	3AX51A	40～150	≤500	100	100	≥12	
	3AX55A	30～150	≤1200	500	500	≥20	≥0.5
	3AX81A	30～250	≤1000	200	200	≥10	≥0.2
	3AX81B	40～200	≤700	200	200	≥15	≥6kHz
	3CX200B	50～450	≤0.5	300	300	≥18	≥6kHz
	3DX200B	55～400	≤2	300	300	≥18	
高频小功率管	3AG54A	≥20	≤300	30	100	≥15	≥30
	3AG87A	≥10	≤50	50	300	≥15	≥500
	3CG100B	≥25	≤0.1	30	100	≥25	≥100
	3CG120A	≥25	≤0.2	100	500	≥15	≥200
	3DG110A	≥30	≤0.1	50	300	≥20	≥150
	3DG120A	≥30	≤0.01	100	500	≥30	≥150
大功率管	3DD11A	≥10	≤3000	30A	300W	≥30	
	3DD15A	≥30	≤2000	5A	50W	≥60	
开关管	3DK8A	≥20		200	500	≥15	≥80
	3DK10A	≥20		1500	1500	≥20	≥100

附录 D　半导体集成电路型号命名方法

半导体集成电路型号命名方法见表 D-1。

表 D-1　半导体集成电路型号命名方法(国家标准 GB3430-1989)

第0部分		第一部分		第二部分	第三部分		第四部分	
用字母表示器件符合国家标准		用字母表示器件的类型		用阿拉伯数字和字符表示器件的系列和品种代号	用字母表示器件的工作温度范围		用字母表示器件的封装	
符号	意义	符号	意义		符号	意义	符号	意义
C	符合国家标准	T	TTL 电路		C	0～70℃	F	多层陶瓷扁平
		H	HTL 电路		G	-25～70℃	B	塑料扁平
		E	ECL 电路		L	-25～85℃	H	黑瓷扁平
		C	CMOS 电路		E	-40～85℃	D	多层陶瓷双列直插
		M	存储器		R	-55～85℃	J	黑瓷双列直插
		μ	微型机电路		M	-55～125℃	P	塑料双列直插
		F	线性放大器				S	塑料单列直插
		W	稳压器				K	金属菱形
		B	非线性电路				T	金属圆形
		J	接口电路				C	陶瓷片状载体
		AD	A/D 转换器				E	塑料片状载体
		DA	D/A 转换器				G	网格阵列
		D	音响、电视电路					
		SC	通信专用电路					
		SS	敏感电路					
		SW	钟表电路					

示例：

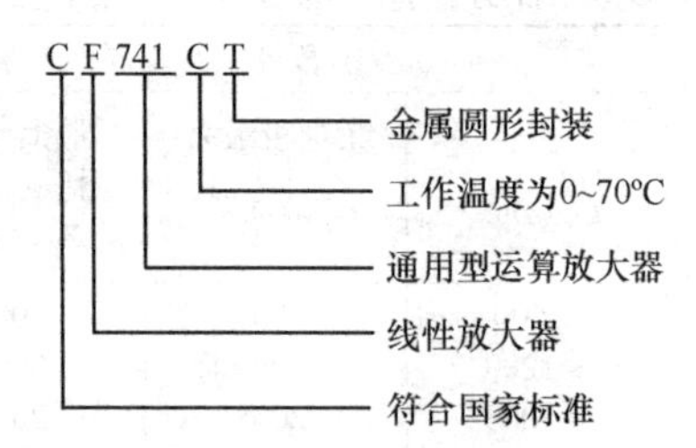

为了便于读者使用 EWB 软件的元件库，这里简要介绍美国国家半导体公司(NATIONAL SEMICONDUCTOR)的半导体集成电路型号命名方法。

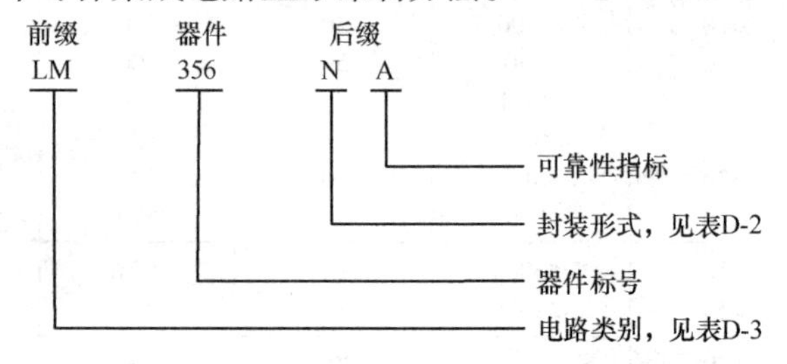

表 D-2　美国国家半导体公司半导体集成电路封装形式的表示

符　　号	意　　义	符　　号	意　　义
D	玻璃/金属双列直插	N	标准双列直插
F	玻璃/金属扁平	W00，W01	标准引线陶瓷扁平
F00，F01	标准引线玻璃/金属扁平	W06，W07	标准引线陶瓷扁平
F06，F07	标准引线玻璃/金属扁平		

表 D-3　美国国家半导体公司半导体集成电路类别的表示

符号	意　　义	符号	意　　义	符号	意　　义
ADC	模/数转换器	HS	混合电路	SF	专用 FET
ADS	数据采集	IDM	微处理器(2901)	SFW	软件
AEE	微型机产品	IMP	微处理器(接口信息处理器)	SH	专用混合器件
AF	有源滤波器	INS	微处理器(4004/8080A)	SK	专用配套器件
AH	模拟开关(混合)	IPC	微处理器(定步)	SL	专用线性集成块
ALS	高级小功率肖基特器件	ISP	微处理器(程序控制/多重处理)	SM	特殊 CMOS
AM	模拟开关(单块)	JM	军用—M38510	MY	LED 灯
BLC	单极计算机	LED	LED	NH	混合(老式)
BIMX	插件式多功能执行电路	LF	线性集成块(场效应工艺)	NMC	MOS 存储器
BLX	插件式扩展电路	LH	线性集成块(混合)	NMH	存储器混合电路
C	CMOS	LM	线性集成块(单块)	NS	微处理器组件
CD	CMOS(400 系列)	LP	线性低功率集成块	NSA	LED 数字阵列
CIM	CMOS 微型计算机插件	MA	模制微器件	NSB	LED 数字(四芯/五芯)
COP	小型控制器类	MAN	LED 显示	NSC	LED 小方块形(或片形)
DA/AD	数模/模数转换	MCA	门电路阵列	NSC	微处理器(800)

（续）

符号	意　义	符号	意　义	符号	意　义
DAC	数/模转换器	MF	单块滤波器	NSL	LED—灯
DB	开发插件	MH	MOS(混合)	NSL	光电器件
DH	数字器件(混合)	MM	MOS(单块)	SN	数字(附属厂产品)
DM	数字器件(单块)	NSM	LED—集成显示组件	SPM	开发系统器件
DP	接口电路(微处理器)	NSN	LED—数字(双)	SPX	开发系统器件
DS	接口电路	NSW	PNP. NPN. IN 电子表芯片	TBA	线性集成块(附属厂产品)
DT	数字器件	PAL	程序阵列逻辑	TDA	线性集成块
DISW	数字器件软件	PNP	分立器件	TRC	高频接收器件
ECL	射极耦合逻辑电路	RA	电阻阵列	U	FET
FOE	光纤维发射机	RMC	装配在架子上的计算机	UP	微处理器
FOR	光纤维接收机	SC/MP	存储计算机微处理器		
FOT	光纤维发送机	SCX	门电路阵列		
HC	高速 CMOS	SD	专用数字器件		

附录 E　部分集成运算放大器的型号和主要参数

部分集成运算放大器的型号和主要参数见表 E-1。

表 E-1　部分集成运算放大器的型号和主要参数

参数名称 \ 型号 \ 类型	通用型	高精度型	高阻型	高速型	低功耗型
	CF741 (F007)	CF7650	CF3140	CF715	CF3078C
电源电压 $\pm U_{CC}(U_{DD})$/V	±15	±5	±15	±15	±6
开环差模电压增益 A_O/dB	106	134	100	90	92
输入失调电压 U_{IO}/mV	1	$\pm 7\times10^{-4}$	5	2	1.3
输入失调电流 I_{IO}/nA	20	5×10^{-4}	5×10^{-4}	70	6
输入偏置电流 I_{IB}/nA	80	1.5×10^{-3}	10^{-2}	400	60
最大共模输入电压 U_{icmax}/V	±15	+2.6，−5.2	+12.5，−15.5	±12	+5.8，−5.5
最大差模输入电压 U_{idmax}/V	±30		±8	±15	±6
共模抑制比 K_{CMR}/dB	90	130	90	92	110
输入电阻 r_i/MΩ	2	10^6	1.5×10^6	1	
单位增益带宽 GB/MHz	1	2	4.5		
转换速度 SB/(V/μs)	0.5	2.5	9	100，($A_V=-1$)	

参考文献

［1］ 秦曾煌．电工学简明教程［M］．3 版．北京：高等教育出版社，2015.

［2］ 秦曾煌．电工学：下册　电子技术［M］．7 版．北京：高等教育出版社，2010.

［3］ 唐介，刘蕴红．电工学：少学时［M］．4 版．北京：高等教育出版社，2010.

［4］ 渠云田，田慕琴，高妍，等．电工电子技术：利用 Multisim 11.0 的 EDA 仿真技术［M］．3 版．北京：高等教育出版社，2013.

［5］ 王浩．电工学［M］．2 版．北京：中国电力出版社，2009.

［6］ 高福华．电工技术：电工学Ⅰ［M］．4 版．北京：机械工业出版社，2009.

［7］ 姚海彬，贾贵玺．电工技术：电工学Ⅰ［M］．3 版．北京：高等教育出版社，2008.

［8］ 童诗白，华成英．模拟电子技术基础［M］．4 版．北京：高等教育出版社，2006.

［9］ 康华光．电子技术基础：数字部分［M］．5 版．北京：高等教育出版社，2006.

［10］ 阎石．数字电子技术基础［M］．4 版．北京：高等教育出版社，2006.